Linguistische
Arbeiten 278

Herausgegeben von Hans Altmann, Peter Blumenthal, Herbert E. Brekle, Gerhard Helbig, Hans Jürgen Heringer, Heinz Vater und Richard Wiese

Satz und Illokution

Band 1

Herausgegeben von Inger Rosengren

Max Niemeyer Verlag
Tübingen 1992

Die Deutsche Bibliothek – CIP-Einheitsaufnahme

Satz und Illokution / hrsg. von Inger Rosengren. – Tübingen : Niemeyer
NE: Rosengren, Inger
Bd.1 (1992)
(Linguistische Arbeiten ; 278)
NE: GT

ISBN 3-484-30278-X ISSN 0344-6727

Printed in Germany.
Druck: Weihert-Druck GmbH, Darmstadt
Einband: Hugo Nädele, Nehren

Inhaltsverzeichnis

Vorwort		VII
Margareta Brandt, Marga Reis, Inger Rosengren, Ilse Zimmermann	Satztyp, Satzmodus und Illokution	1
Helmut Rehbock	Deklarativsatzmodus, rhetische Modi und Illokutionen	91
Helmut Rehbock	Fragen stellen – Zur Interpretation des Interrogativsatzmodus	173
Marga Reis	Zur Grammatik und Pragmatik von Echo-w-Fragen	213
Inger Rosengren	Zur Grammatik und Pragmatik der Exklamation	263
Norbert Fries	Interjektionen, Interjektionsphrasen und Satzmodus	307
Anschriften der Autoren		343

Vorwort

Der hier vorliegende Band ist der erste von zwei Bänden mit Beiträgen zu dem Thema "Satz und Illokution". Die Beiträge sind im Rahmen des Forschungsprogramms "Sprache und Pragmatik" entstanden und sind die Ergebnisse des Projekts 1 (Satz und Illokution). Der erste Aufsatz ist ein Grundsatzbeitrag zum Grammatik-Pragmatik-Verhältnis im Bereich Satz und Illokution. In Sonderbeiträgen werden die beiden zentralen Satztypen Deklarativsatz und Interrogativsatz sowie die Echo-w-Frage und der sogenannte Exklamativsatz beschrieben. Der letzte Beitrag ist der Interjektion gewidmet.

Der zweite Band enthält Beiträge u.a. zu dem Imperativsatz, dem Verb-letzt-Satz und dem Partizipialattribut sowie zu den Einstellungsausdrücken und zu Modalpartikeln.

Die Aufsätze haben von der kritischen und zugleich konstruktiven Kritik der Programmteilnehmer profitiert. Es handelt sich also im besten Sinne des Wortes um eine Gruppenarbeit. Ich will hiermit allen herzlich danken, die an der Diskussion früherer Fassungen teilgenommen haben. Herzlich danken möchte ich auch Britt-Marie Ek und Elisabet Ormelius für ihre Hilfe bei der Erstellung der Druckvorlage. Mein besonderer Dank schließlich gilt Olaf Önnerfors, der die Hauptverantwortung für die technische Endredaktion trug. Mit seiner großen Kompetenz und unglaublichen Geduld war er eine unentbehrliche Stütze für uns alle.

Lund, im Dezember 1991

Inger Rosengren

Satztyp, Satzmodus und Illokution[1]

Margareta Brandt, Lund / Marga Reis, Tübingen /
Inger Rosengren, Lund / Ilse Zimmermann, Berlin

In diesem Beitrag wird am Beispiel des Deklarativ- und des Interrogativsatzes versucht, die Satztypen des Deutschen, die mit ihnen verbundenen Satzmodi sowie die illokutiven Funktionen von Sätzen aufgrund relevanter Daten zu beschreiben und den Zusammenhang von Syntax, Semantik und Pragmatik in diesem Bereich zu erfassen. Zentrale Fragen sind u.a., welche Satztypmerkmale anzusetzen sind und wie ihre jeweiligen semantischen Korrelate aussehen, ob sich Verb-erst-, Verb-zweit- und Verb-letzt-Sätze adäquater auf eine einheitliche Struktur oder verschiedene Strukturen zurückführen lassen, welche Rolle die Sprechereinstellung in der Semantik und in der Pragmatik spielt und welche Faktoren einer konsistenten Illokutionstypologie zugrundegelegt werden sollten.

1. Einleitung
2. Zum Grammatik-Pragmatik-Verhältnis
3. Satzstruktur und Satztyp
3.1. Allgemeine Überlegungen
3.2. Die Satzstruktur
3.3. Die Uniformitäts- und die Differenzhypothese
3.4. Die Satztypen Deklarativsatz und Interrogativsatz
4. Der Satzmodusbegriff und die Satzmodi
4.1. Allgemeine Überlegungen
4.2. Der Deklarativsatz
4.3. Der Interrogativsatz
4.4. Der VERUM-Fokus
4.5. Ausblicke
5. Die Illokutionstypen
5.1. Die illokutiven Grundtypen
5.2. Die Beziehung zwischen Satztyp, Satzmodus und Illokutionstyp
6. Satzadverbien
7. Modalpartikeln
8. Satzmodus und prosodische Faktoren
9. Zusammenfassung
Literatur

1. Einleitung

In der Forschung der letzten Jahre ist man sich im großen und ganzen darüber einig, daß man neben dem Satztypbegriff auch den Begriff des Satzmodus als semantisches Gegenstück des

---

1 Vorfassungen dieser Arbeit wurden bei mehreren Treffen des Programms "Sprache und Pragmatik" sowie mit Kolleginnen und Kollegen in Tübingen und Lund diskutiert. Wir danken allen, die an diesen Diskussionen teilgenommen haben, für konstruktive Anregungen und Hinweise.

Satztyps bzw. als Vermittlungsinstanz zwischen dem Satztyp und seinem Illokutionspotential braucht.[2] Dissens besteht jedoch in Bezug auf die Beantwortung vor allem folgender Fragen:

(a) Welche Eigenschaften von Sätzen sind als Satztypmerkmale zu betrachten?

(b) Wieviele und welche Satztypen gibt es?

(c) Was genau ist unter dem Begriff des Satzmodus zu verstehen?

(d) Haben alle Sätze einen Satzmodus?

(e) Wie verhalten sich Satztyp und Satzmodus zueinander?

(f) Wie ist ein Illokutionssystem aufgebaut?

(g) Wie kommt man vom Satzmodus zur Illokution?

Die Beantwortung von (a) determiniert die Beantwortung von (b). Bei (c) geht es darum, ob der Satzmodus eine Sprechereinstellung oder einen sprecherneutralen Einstellungsoperator bzw. eine einstellungsfreie Referenztypspezifizierung involviert, und von der Beantwortung dieser Frage hängt wiederum mit ab (d), ob z.B. auch Nebensätze einen Satzmodus haben, und (e), wie die Beziehung zwischen Satztyp und Satzmodus zu explizieren ist. Die Beantwortung der beiden letzten Fragen (f)-(g) ist besonders schwierig, weil wir mit ihnen den vergleichsweise gut beschriebenen Bereich der Grammatik verlassen und uns in das unsichere und noch wenig erforschte Gebiet der Pragmatik begeben.

Wir werden – wenn auch nur skizzenhaft – ein theoretisches Modell zu entwickeln versuchen, das den ganzen Weg von der Grammatik bis hin zur Pragmatik im Bereich des Satzes und der Illokution umfaßt und mit den uns bekannten empirischen Fakten verträglich ist.[3] Nur im Rahmen eines solchen übergreifenden Modells ist es u.E. sinnvoll, Fragen wie die obigen zu beantworten zu versuchen, da sie intrinsisch miteinander verbunden sind. Das Modell läuft darauf hinaus, daß

- es nur drei grundlegende Satztypen gibt,
- jeder Satz einen Satzmodus hat,
- der Satzmodus einstellungsfrei ist und die Sprechereinstellung – wenn überhaupt – erst auf der illokutiven Ebene auftritt.

Das Kernstück dieses Modells ist der Satzmodusbegriff als Vermittlungsinstanz zwischen Satz und Illokution. Wir konzentrieren uns im folgenden auf den Deklarativsatztyp und die beiden Subtypen des Interrogativsatzes, da sie u.E. semantisch und pragmatisch eng miteinander verbunden sind, und eine Beschreibung dieser beiden Satztypen auch eine Voraussetzung für eine Beschreibung des Imperativsatztyps ist, den wir in diesem Beitrag nur am Rande

---

2 Vgl. hierzu vor allem die Beiträge in Meibauer (1987a) und in Studien zum Satzmodus I-III (1988, 1989); s. auch Altmann (1990), Altmann/Batliner/Oppenrieder (1989), Brandt/Rosengren/Zimmermann (1989), Grewendorf/Zaefferer (1991), Motsch/Pasch (1987), Motsch/Reis/Rosengren (1989), Pasch (1990a,b), Rosengren (1991a, 1991b).

3 Wir werden dabei auch auf die Resultate des Programms "Sprache und Pragmatik" zurückgreifen (s. hierzu die im Literaturverzeichnis aufgeführten Arbeitsberichte des Programms).

mitbehandeln. (Er wird von Liedtke und Rosengren [im zweiten Band] eingehend beschrieben.) Ein besonderer Abschnitt wird der Explikation der Beziehung zwischen Satztyp, Satzmodus und Illokution gewidmet. In weiteren Abschnitten werden schließlich Status und Funktion der Modalpartikeln, der Satzadverbien sowie die Rolle der Prosodie relativ zu Satzmodus und Illokution skizziert.

2. Zum Grammatik-Pragmatik-Verhältnis

Ehe wir uns unserem Hauptanliegen zuwenden, wollen wir einige allgemeine Überlegungen zu dem Verhältnis zwischen Grammatik und Pragmatik vorausschicken: Wir legen die Annahme zugrunde, daß ihr Verhältnis modular ist (s. hierzu ausführlicher Motsch/Reis/Rosengren 1989 und dort angeführte Literatur). Die beiden Bereiche sind autonom und stehen zugleich in einem interdependenten Verhältnis zueinander. Mit autonom soll gemeint sein, daß die beiden Module (möglicherweise Systeme von Modulen) eigenständige Kenntnissysteme ausmachen, d.h. durch je eigene Prinzipien, Einheiten und Regeln gekennzeichnet sind, die sich nicht auf die Prinzipien, Einheiten und Regeln des jeweiligen anderen Moduls reduzieren lassen. Mit interdependent soll gemeint sein, daß die pragmatischen Funktionen durch die Outputeinheiten der Grammatik realisiert werden, diese Outputeinheiten ihrerseits aber nur als pragmatische Einheiten aktualisiert werden können. Es gibt also keine Pragmatik ohne Grammatik. Andererseits muß die Grammatik die kommunikativen Funktionen, die in der Pragmatik definiert werden, realisieren können.

Während die Grammatik die Komponenten Syntax, Semantik, Phonologie und Lexikon umfaßt, die ihrerseits in einem systematischen Verhältnis zueinander stehen (s. hierzu das T-Modell unten), ist die Gliederung der Pragmatik noch weitgehend ungeklärt. Hier soll jedoch davon ausgegangen werden, daß zur Pragmatik u.a. auch ein Illokutionssystem gehört, dessen Einheiten in einem systematischen Verhältnis zu Sätzen als Outputeinheiten der Grammatik stehen.

Grob gesagt sehen wir den Zusammenhang wie folgt: Das grammatische System spezifiziert Sätze, das sind lexikalisch spezifizierte Gebilde mit einer syntaktischen, semantischen und phonologischen Struktur, die losgelöst von der Äußerungssituation nur eine grammatisch determinierte Bedeutung haben. Diese legt ein kommunikatives Potential fest, aus dem im Augenblick der Äußerung eine der möglichen Anwendungen aktualisiert wird, indem der Satz auf einen Sachverhalt bezogen wird und (ggf. in Interaktion mit anderen Kenntnissystemen) eine Äußerungsbedeutung sowie eine spezifische illokutive Geltung erhält (s. Bierwisch 1979, 1980), die aus dem Zusammenspiel von Äußerungsbedeutung und Illokutionssystem (im nach Bierwisch dann stets interaktionalen Aktualisierungskontext) resultiert.

Das modulare Zusammenwirken der beteiligten Kenntnissysteme zwingt uns dazu, die in diesem Zusammenhang relevanten syntaktischen (und gegebenenfalls phonologischen), semantischen und pragmatischen Aspekte, d.h. Satztyp, Satzmodus, Äußerungsbedeutung und Illokution, gesondert zu behandeln, ehe wir uns der Interdependenz zwischen ihnen zuwenden.

Wir konzentrieren uns dabei auf den Satztyp und den Satzmodus, werden aber auch zu zeigen versuchen, wie die Brücke zwischen Satz und Illokution in einem Modell wie dem unsrigen zu schlagen ist und was sie zu leisten hat.

3. Satzstruktur und Satztyp

3.1. Allgemeine Überlegungen

Welche Eigenschaften von Sätzen sind für eine Satztypologie und damit auch für eine Satzmodustheorie relevant? Die sich hier zunächst anbietenden und in oberflächenorientierten Arbeiten (vgl. Altmann 1987) benutzten Kriterien sind die Stellung des Verbs, die Existenz/Nicht-Existenz und kategoriale Füllung eines Vorfelds, der Verbmodus und die Intonation.

Folgende Fragen stellen sich:

(a) Können wir mit diesen an der Oberfläche sichtbaren Eigenschaften von Sätzen eine Satztypologie etablieren?

(b) Ist eine solche Typologie deskriptiv adäquat?

Die Fragen unterstellen ihrerseits, daß wir einigermaßen gut wissen, welche Satztypen wir definieren möchten. Es wird sich zeigen, daß diese Erwartung nicht nur auf traditioneller Schulung, sondern auch auf sprachlichem Wissen beruht.

Die folgenden Beispiele (Verb-erst-, Verb-zweit- und selbständig gebrauchte Verb-letzt-Sätze) geben uns wenig Hoffnung, daß wir mit den genannten oberflächenstrukturellen Kriterien eine deskriptiv adäquate Satztypologie erstellen können:

(1) Ein Mann kam zur Tür herein.
(2) Kam ein Mann zur Tür herein.
(3) Kam ein Mann zur Tür herein?
(4) Kommt der morgen?
(5) Der kommt morgen?
(6) Ob der wohl morgen kommt?
(7) Wen hat er gesehen?
(8) Der hat wen gesehen?
(9) Der zieht sich doch komisch an.
(10) Der zieht sich aber/vielleicht komisch an!
(11) Zieht der sich aber/vielleicht/*doch komisch an!
(12) Daß du ja dort wegbleibst!
(13) Daß der dort wegbleibt!
(14) Wen der (nicht) alles kennt!
(15) Komm du mal her!
(16) Das Buch lassen Sie bitte liegen!

Die Beispiele zeigen, daß die Oberflächenkriterien Verbstellung, Verbmodus, Füllung des Vorfelds durch eine XP-Phrase (±w-Phrase) eine merkwürdige Klassifizierung ergeben, die auch nicht mit der der traditionellen Grammatik zusammenfällt. So gibt es Deklarativsätze mit Verb-erst-Stellung, die sich oberflächenstrukturell nicht von Entscheidungsinterrogativsätzen

(E-IS) und den sogenannten Exklamativsätzen unterscheiden lassen (2)-(3), (11). Der w-IS (7) scheint durch die satzinitiale w-Phrase enger mit den durch w-Phrasen eingeleiteten "Exklamativsätzen" wie (14) zusammenzugehören als mit dem E-IS (4). Auch die "Exklamativsätze" (10)-(11), (13)-(14) bilden keine eigene formale Klasse. Die Beispiele (15) und (16) zeigen wiederum, daß weder Verbstellung noch Verbform noch besondere Syntax als solche den Imperativsatz eindeutig kennzeichnen (s. hierzu Näheres in Rosengren [im zweiten Band]). Jeder Strukturtyp kommt auch als "Exklamativsatz" vor (sogar der Verb-letzt-Satz (13), der aber auch als Aufforderung fungieren kann (12)).

Wenn wir vorläufig vom "Exklamativsatz" absehen (s. hierzu Rosengren [in diesem Band]), kann man auch nicht durch Hinzunahme des Tonmusters eine eindeutige und überzeugende Klassifizierung erhalten. Zwar ist der steigende Tonverlauf prototypisch für den E-IS, jedoch nicht obligatorisch. Für den w-IS ist das fallende Tonmuster sogar das präferierte, ohne seinerseits obligatorisch zu sein. Auch die Satztypeinordnung der sogenannten Assertionsfragen bzw. Echofragen wie (5) und (8) ist im übrigen nicht bereits dadurch entschieden, daß sie steigende Intonation verlangen; ebensowenig macht sie das notwendigerweise zu Mischtypen (s. Reis [in diesem Band] und unten 8.). Die Intonation hilft uns zwar in gewissen Fällen bei der Disambiguierung der Sätze nach Satztypen, sie ist aber als Definitionsmerkmal weder notwendig noch hinreichend.

Auch die Distribution der Modalpartikeln ist kein zuverlässiges Kriterium, weil es sich nur um eine hohe, aber keine absolute Korrelation zwischen Satztyp und Modalpartikelselektion handelt und die Modalpartikeln darüber hinaus nur selten obligatorisch sind.

Unter den obigen Beispielen finden sich einige selbständige Verb-letzt-Sätze, (6), (12)-(14). Eine Satztypologie muß selbstredend auch den Verb-letzt-Satz mit umfassen, hat aber dabei die Tatsache zu berücksichtigen, daß dieser normalerweise eingebettet vorkommt. Diese Tatsache legt nahe, daß es die primäre Funktion der Verb-letzt-Stellung ist, Einbettung zu signalisieren, was offensichtlich eine ganz andere Dimension als die vorher erörterte Satztypdimension ist. Wie die obigen Beispiele zeigen, können aber nicht-eingebettete Verb-letzt-Sätze auch illokutive Funktionen haben. Dies weist darauf hin, daß Satztypzugehörigkeit *und* Einbettung mit der Verbstellung korreliert werden müssen. Nur dann werden wir die grammatischen wie pragmatischen Übereinstimmungen und Unterschiede zwischen den Verbstellungstypen und den Satztypen in den Griff bekommen.

Die obigen Beispiele zeigen vorläufig, daß wir nicht auf dem richtigen Weg sind, wenn wir die Satztypen nur mit Hilfe von oberflächenstrukturellen Eigenschaften definieren. In dieser Situation bleiben eigentlich nur zwei Möglichkeiten:

(a) Es gibt gar keine syntaktischen Satztypen im traditionellen Sinn, sondern nur Satzmodi, die mit bestimmten Oberflächenmerkmalkonfigurationen korrelieren.

(b) Die Sätze weisen auf einer tieferen Ebene syntaktische satztypkonstituierende Eigenschaften auf, die die Oberflächenstrukturen determinieren und die Träger der Satzmodi sind.

Für jede dieser Thesen gibt es Vertreter. Welche Konsequenzen die erste These hat, wird erst richtig deutlich, wenn man versucht, sie theoretisch auszubuchstabieren und empirisch zu prüfen. Ein solches Modell hat für den Bereich des w-IS Pasch (1991) entworfen. Wie Reis (1991b) zeigt, lassen sich jedoch eine Reihe von Einwänden gegen eine solche Lösung vorbringen, die zusammengenommen darauf hinweisen, daß dieser Weg vermutlich nicht zum Ziel führen kann.

Bleibt noch der zweite Weg, den wir im folgenden gehen werden: Wir wollen die grammatischen Eigenschaften, aufgrund deren sich Sätze nach Satztypen gliedern, auf einer tieferen Ebene suchen.

Dieser unser Ausgangspunkt veranlaßt uns dazu, uns einer Grammatiktheorie zuzuwenden, die mehrere syntaktische Repräsentationsebenen unterscheidet. U.E. ist die Rektions- und Bindungstheorie (Government and Binding [GB], s. Chomsky 1981, 1986a,b) die für unsere Zwecke geeignetste. Wir gehen dabei von der klassischen GB-Konzeption aus, derzufolge die Grammatik in Form eines T-Modells organisiert ist: d.h. die Regelkomponenten bzw. Subsysteme von Prinzipien führen zu vier Repräsentationsebenen, deren Input-Output-Beziehungen in der in (17) dargestellten Weise geregelt sind (s. hierzu u.a. Chomsky 1981:5, van Riemsdijk/Williams 1986:170ff., v.Stechow/Sternefeld 1988:59ff.).

(17) (i) D-Struktur (DS)

|

(iii) Phonetische Form (PF) — (ii) S-Struktur (SS) — (iv) Logische Form (LF)

|

(v) Semantische Form (SF)

Dabei ist (i) Resultat der Interaktion von Lexikon und Phrasenstrukturkomponente, die Abbildung von (i) auf (ii) Resultat von "Move α", die Abbildung von (ii) auf (iii) einerseits und auf (iv) andererseits Resultat des Wirkens der im weitesten Sinn phonologischen Regeln bzw. der Konstruktionsregeln für die Logische Form. Es ist für unseren Zusammenhang nicht wichtig, inwieweit die verschiedenen Ebenen durch übergreifende Subsysteme von Prinzipien restringiert sind. Hervorzuheben ist jedoch die für uns wichtige Implikation des T-Modells, daß PF, also auch die intonatorische Form von Sätzen, nicht zur Eingabestruktur von LF gehört, also die i.e.S. semantische Interpretation darauf nicht zugreifen kann.

Wir haben das klassische Modell um die Ebene der Semantischen Form – SF – erweitert (s. hierzu vor allem Bierwisch 1982, 1987, 1988a, 1989), die auf LF operiert. Auf dieser Ebene wird die grammatisch determinierte Bedeutung sprachlicher Ausdrücke repräsentiert (s. Abschnitt 4.).

Wir schließen uns weiter der neueren Entwicklung innerhalb der GB an, in der zwischen lexikalischen und funktionalen Projektionen unterschieden wird (s. Chomsky 1986a, 1989;

Pollock 1989; Fanselow/Felix 1990 und Olsen/Fanselow 1991), beschränken uns aber auf die Diskussion zweier funktionaler Projektionen C und I.

Mit diesem Instrumentarium – mehreren syntaktischen Repräsentationsebenen, der Unterscheidung lexikalischer und funktionaler Projektionen und der Abbildung der Syntax auf SF – lassen sich die Satztypen und Satzmodi definieren und der Zusammenhang zwischen ihnen konsistent beschreiben.

3.2. Die Satzstruktur

3.2.1. Das Deutsche ist eine SOV-Sprache. Wenn das finite Verb in Endstellung bleibt, erhalten wir den Verb-letzt-Satz. Durch Bewegung des Verbs in eine funktionale Kopfposition, gleich ob C^0 oder I^0 (wir werden diese Alternativen unten 3.3. diskutieren), ergibt sich der Verb-erst- bzw. der Verb-zweit-Satz. Wie die obigen Beispiele zeigen, gibt uns die Verbbewegung allein jedoch nicht die gesuchten Satztypen. Trotzdem ist es sicherlich richtig, bei einer Beschreibung und Definition der Satztypen zunächst von den Verbstellungstypen auszugehen.

In letzter Zeit wurde immer wieder die Frage aufgegriffen, ob es sinnvoll ist anzunehmen, daß im Deutschen alle Sätze eine CP-Struktur aufweisen (v.Stechow/Sternefeld 1988: die Uniformitätshypothese), oder ob es nicht vielleicht gute Gründe für die Annahme gibt, daß der Verb-erst-/Verb-zweit-Satz sich strukturell von dem Verb-letzt-Satz unterscheidet (v.Stechow/Sternefeld 1988: die Differenzhypothese). Wir werden in diesem Abschnitt beide Thesen und noch einige Varianten diskutieren und auf ihre deskriptive Adäquatheit hin prüfen. Ehe wir das tun, werden wir die relevanten Daten zu den Verbstellungstypen zusammenstellen.

3.2.2. Zum Verb-letzt-Satz: 1. Der Verb-letzt-Satz, der in allen GB-Ansätzen als eine CP-Struktur behandelt wird, weist die grundlegende SOV-Struktur des deutschen Satzes sichtbar auf. Wenn er finit ist, wird er immer durch eine adverbielle Subjunktion (*als, nachdem, weil*, etc.),[4] einen Komplementierer (*daß/ob*) in C^0 oder eine der in SpecC möglichen Operatorphrasen eingeleitet:

(18) Peter kommt nicht, weil er krank ist.
(19) Ich weiß, daß/ob Peter kommt.
(20) Ich weiß, wer morgen kommt.

Subjunktionen bzw. Komplementierer und vorangestelltes finites Verb stehen dabei im Standarddeutschen gewissermaßen in komplementärer Distribution zueinander, insofern es keine durch Subjunktion bzw. Komplementierer eingeleiteten Verb-erst- und Verb-zweit-Sätze gibt.[5]

---

4 Zu den adverbiellen Verb-letzt-Sätzen, den Besonderheiten ihrer Einleitungspositionen und dem Status der dort auftretenden 'Subjunktionen', s. Zimmermann (im zweiten Band).

5 *Weil-* und *obwohl-*Verb-zweit-Sätze sind u.E. mit den *denn*-Sätzen auf eine Stufe zu stellen, was heißt, daß *weil* und *obwohl* in diesem Gebrauch zu den beiordnenden PARORD-Konjunktionen gestellt werden, vgl. Höhle (1986:331).

Das hat zu der Annahme geführt, daß die C^0-Position auch die Position des finiten Verbs in Verb-zweit-Sätzen ist. S. hierzu jedoch unten.

Infinite Konstruktionen weisen stets Verb-letzt-Stellung auf, gleich ob sie eingeleitet sind oder nicht.[6] Infinite Verbformen nehmen also an der Verbbewegung nicht teil.

2. Eine existierende SpecC-Position ist eine XP-Position, dabei eine spezifische Operatorposition. In ihr stehen nur Interrogativ-Phrasen, relative w- und d-Phrasen, exklamative w-Phrasen, *je*- und *so*-Phrasen. Im Standarddeutschen kann außerdem nur eine der beiden Positionen C^0 und SpecC besetzt sein, in bestimmten Dialekten beide Positionen (24):

(21) Ich weiß, wer kommt.
(22) (Ich bin darüber erstaunt,) was der alles weiß.
(23) Ich kenne den Mann, der dort steht.
(24) I woaß, wer daß kummt. (Bair.)

Keine anderen XP-Phrasen als diese Operatorphrasen – also auch keine Quantorenphrasen (z.B. mit *jed-*, *all-*, *kein-*) – kommen in dieser Position vor:

(25) *Ich weiß, den Peter$_i$ daß ich t_i gut leiden kann.
(26) *Ich weiß, jeder$_i$ daß t_i den Peter gut leiden kann.

Die SpecC-Position kann auch als Zwischenlandeposition für diese Operatorphrasen dienen:[7]

(27) Wen$_i$ glaubst du, t_i daß Peter gut t_i leiden kann?

Daß (28) schlecht möglich ist, ergibt sich dann aus der Tatsache, daß die Spec-Position schon besetzt ist:

(28) *?Wohin$_i$ weiß Peter nicht, wann Franz t_i gefahren ist?

Schwieriger zu deuten ist die völlige Ungrammatikalität der langen Bewegung einer w-Phrase aus *ob*-Sätzen:

(29) *Wen$_i$ weißt du nicht, ob er t_i liebt.

Unklar ist hier, inwieweit diese mit der semantischen Inkompatibilität von w-Phrasen und E-IS zusammenhängt. Da solche Extraktionen jedoch etwa im Englischen und Schwedischen weit besser sind (zum Englischen s. Fanselow 1991a:227f.),

(30) Which car did he wonder whether to fix?
(31) ?Which car did he wonder whether John fixed?

---

6 Zu den für uns besonders interessanten infiniten Konstruktionen s. unten.

7 Wir gehen davon aus, daß im Normalfall w-Bewegung zyklisch erfolgt, s. auch Fanselow (1991a:212). Dazu daß 'long movement' im Deutschen die markierte, möglicherweise sogar generell ausgeschlossene Option ist, s. Cinque (1990:42); die Extraktionen aus Verb-zweit-Sätzen (vgl. ebd.:169, Anm. 38) sind hierfür ein schlüssiger Anhaltspunkt. Ob auch andere (topikalisierte) XP-Phrasen in dieser Position zwischenlanden, sei dahingestellt. Zu einem Vorschlag, der unterschiedliche Zwischenlandepositionen für die genannten Operatorphrasen vs. topikalisierte XP-Phrasen ausweist, vgl. Müller/Sternefeld (1990).

(32) Vilken bil var det han undrade/undrade han, om Johan hade lagat?
('Welches Auto war es, das er fragte/fragte er, ob Hans repariert hatte.')

sollte man die Erklärung primär in einer strukturellen Besonderheit des *ob*-Satzes im Deutschen suchen. Eine naheliegende Annahme wäre, daß er keine SpecC-Position hat, so daß ihm die für lange Extraktionen notwendige Zwischenlandeposition fehlt.

Als Gegenargument hierzu sowie gegen die Annahme, daß die SpecC-Position eine eindeutige Operatorposition ist, werden zuweilen Sätze des folgenden Typs angeführt (s. Grewendorf 1988, der jedoch nur Dialektdaten anführt):

(33) Der Peter, ob mi mog, woaß i net.
(34) Der Peter, daß des gesogt hot, hätt i net denkt (Grewendorf 1988:254)
(35) Der/den Peter, daß ich den nicht leiden kann, ist schlimm.

Angenommen wird hier, daß die Position vor dem Komplementierer, in der die Nicht-Operatorphrase steht, eine SpecC-Position ist. Beispiele wie die folgenden zeigen jedoch, daß eine solche Annahme kaum richtig sein kann, denn in diesen Sätzen steht bereits *warum* bzw. *wann* in SpecC.

(36) Den Peter, warum du den nicht leiden kannst!
(37) Der Xaver wann (daß) kummt, dad i gern wissen.

Die Beispiele (36) und (37) lassen also darauf schließen, daß die "linksversetzte" Konstituente in Konstruktionen wie (33)-(35) nie in einer Spec-Position steht, sondern in einer "Vorvorfeld"-Position ("TOP" o.ä., s. Weerman 1989) zum Gesamtsatz.[8] Damit entfallen sie als Argument gegen die Annahme, daß SpecC eine eindeutige Operatorposition ist.

3. Verb-letzt-Sätze kommen im unmarkierten Fall nur eingebettet bzw. unselbständig vor. Wenn sie selbständig auftreten, erhalten sie ebenso wie andere selbständige Sätze (vgl. hierzu auch Reis 1985, Oppenrieder 1989) eine illokutive Funktion (s. die Beispiele (6) und (12)-(14) oben).

4. Wichtig in diesem Zusammenhang ist ohne Zweifel auch der VERUM-Fokus (s. Höhle 1988, 1991a). Der Komplementierer im eingebettteten Verb-letzt-Satz kann betont werden mit dem Resultat, daß die Wahrheit der Proposition bzw. die Existenz des von der Proposition denotierten Sachverhalts fokussiert wird:

(38) Ich weiß, DASS er kommt, jedoch nicht WANN er kommt.
(39) Ich weiß nicht, OB er mich besuchen wird.

Bei Betonung des finiten Verbs tritt dieser Effekt nicht auf. Auf diese Frage können wir jedoch erst gründlicher eingehen, wenn wir die VERUM-Daten beim Verb-zweit-Satz beschrieben haben (s. unten 3.2.3.5., s. auch 4.4.)

---

8 Ebenso, auf der Basis von Bindungsargumenten, v.Stechow/Sternefeld (1988:388).

3.2.3. Zum Verb-zweit-Satz: 1. Im Verb-zweit-Satz steht das finite Verb an zweiter Stelle, d.h. er hat eine präverbale Position, die besetzt sein muß. Die Frage stellt sich hier, welche Phrasen in dieser Position auftreten können.

Wir haben in 3.2.2. konstatiert, daß nur Operatorphrasen eines bestimmten Typs und Komplementierer den nichtadverbiellen Verb-letzt-Satz einleiten, und daß sie dies im Standarddeutschen nicht gleichzeitig tun können. In Verb-zweit-Sätzen hingegen sind stets beide Einleitungspositionen besetzt, sowohl die Kopfposition (durch das finite Verb), wie die Spec-Position, das sogenannte Vorfeld. In diesem stehen, mit einigen Ausnahmen, die sich unabhängig begründen lassen, alle Typen von XP-Phrasen, auch expletives *es*:

(40) Mein Vater/Jeder kommt morgen./Wer kommt morgen?
(41) Gestern kam Peter.
(42) Es kam ein Mann zur Tür herein.

Diese Offenheit des Vorfelds für alle Typen von XP-Phrasen unterscheidet es eindeutig von der SpecC-Position des Verb-letzt-Satzes, was nicht notwendigerweise bedeuten muß, daß es sich nicht auch hier um eine SpecC-Position handeln könnte. Wenn man eine solche annimmt, muß aber auf andere Weise dem Unterschied bezüglich der Besetzungsmöglichkeiten Rechnung getragen werden.

2. Im Vorfeld des Verb-zweit-Satzes treten eine Reihe von Phrasen auf, die im Mittelfeld selber in der Regel nicht umstellbar sind, so etwa Verbprojektionen, Spaltkonstituenten, prädikative Ergänzungen:

(43) Verlieren kann Boris nur sehr schwer.

Weiterhin sind Phrasen im Vorfeld häufig durch eine Rise-Kontur als Teil des sogenannten I-Topikalisierungsmusters ausgezeichnet, die sie als Topik markiert;[9] auch diese Rise-Kontur tritt in postfiniten Mittelfeldern nur unter so eingeschränkten Bedingungen auf (s. Jacobs 1982:374ff.), daß man sie als vorfeldtypische Eigenschaft betrachten kann.

Nun treten jedoch auch in bestimmten Typen von Verb-letzt-Sätzen markierte Umstellungen solcher vorfeldtypischen Konstituenten auf, wobei die umgestellten Konstituenten stets I-topikalisiert sind. Diese Umstellungen führen u.a. auch in eine Position, in die nie gescrambelt werden kann, nämlich in die Prä-Wackernagel-Position, und sogar lange Umstellungen sind möglich, was für die Zuordnung dieser Umstellungen zur – wiederum typischerweise vorfeldgebundenen – syntaktischen Topikalisierung spricht.

(44) Obwohl ver*lie*ren (/) er nur sehr SCHWER (\) kann, lächelte er doch beim Abschied.
(45) Obwohl ver*lie*ren (/) er nie und NIMmer glaubte, jemals lernen zu müssen, ...

Das legt nahe, die Position, in der *verlieren* in (44)-(45) steht, parallel mit dem Vorfeld des Verb-zweit-Satzes zu setzen. Wenn *verlieren* hier nicht in einer SpecC-Position steht, muß man daraus entweder schließen, daß auch das Vorfeld im Verb-zweit-Satz keine SpecC-Position ist (s. Reis/Rosengren 1988, 1991b), oder man muß Daten wie (44)-(45) anders – etwa als 'main

9 Generell zum Topik und zur I-Topikalisierung, s. Molnár (1991).

clause phenomena', die analogisch zur regulären Satzstruktur sind – erklären (dazu, daß das möglich ist, s. Reis 1991c).

3. Der Verb-zweit-Satz kommt normalerweise nicht eingebettet vor. Es ist jedoch bekannt, daß bestimmte Verben, Adjektive und Nomina (die sogenannnten 'Brücken'-Prädikate) für Verb-zweit-Sätze alternativ zu *daß*-Sätzen subkategorisiert sind. Interessant ist dabei ihr unterschiedliches Verhalten im Vergleich zu den entsprechenden eingebetteten Verb-letzt-Sätzen. Verb-zweit-Sätze können nämlich nur im Nachfeld oder rechtsadjazent zu Nomina auftreten:

(46) Anna hatte geglaubt, Peter kommt.
(47) Es ist klar, Peter ist krank.
(48) Seine Vorstellung, man würde ihn zum Vorsitzenden machen, wurde nie Wirklichkeit.

Die entsprechenden Verb-letzt-Sätze sind ebenfalls nicht besonders gut im Mittelfeld (vgl. demgegenüber die Infinitivkonstruktionen, z.B. in (49)):[10]

(49) weil der Mensch die Krone der Schöpfung zu sein sich einbildet (v.Stechow/Sternefeld 1988)
(50) ?weil sich der Mensch, daß er die Krone der Schöpfung ist, so gerne einbildet.
(51) ?weil sich der Mensch, daß er die Krone der Schöpfung sei, nur dann so gerne einbildet, wenn er dafür einen guten Grund findet.
(52) *weil sich der Mensch, er ist die Krone der Schöpfung, einbildet.

Im Vorfeld können sie – im Unterschied zu den Verb-zweit-Sätzen – jedoch problemlos stehen:

(53) Daß Peter gearbeitet hat, meint RUTH.
(54) Daß Peter kommen würde, meint RUTH.
(55) *Peter habe gearbeitet, meint RUTH.
(56) *Peter würde kommen, meint RUTH.
(57) PEter hat gearbeitet, meint Ruth.
(58) Peter würde KOMmen, meint Ruth.

Die minimale Fokussierung von *Ruth* in (55)-(56) ist ein Indiz dafür, daß es sich bei diesen ungrammatischen Strukturen tatsächlich um Einbettungen und nicht um selbständige Verb-zweit-Sätze mit parenthetischem Zusatz handelt, wie man für (57)-(58) annehmen muß. Vgl. auch:

(59) (Ich nehme an,) daß er schon HIER wäre, wünschen sich alle.
(60) *(Ich nehme an,) er wäre schon HIER, wünschen sich alle.

in der Interpretation, in der die ganze Struktur von *er* bis *alle* eingebettet in den Matrixsatz ist, also angenommen wird, daß alle sich wünschen, daß er schon hier wäre: Die Einbettung schließt die parenthetische Interpretation für *wünschen sich alle* aus, so daß die Ungrammatikalität der einzig verbleibenden strukturellen Interpretation von *wünschen sich alle* als

---

10 Die Frage, ob die Verb-letzt-Sätze in dieser Position ungrammatisch i.e.S. oder nur aufgrund perzeptueller Gegebenheiten relativ unakzeptabel sind, ist kontrovers, s. Bayer (1990:388ff.).

Matrixsatz mit Verb-zweit-Satz im Vorfeld deutlich wird.[11]

Entsprechend können nur *daß*-Sätze, Infinitivkonstruktionen und VPs, jedoch nicht Verb-zweit-Sätze linksversetzt werden:

(61) Daß der Mensch die Krone der Schöpfung ist, das bildet er sich immer wieder ein.
(62) Die Krone der Schöpfung zu sein, das bildet sich der Mensch immer wieder ein.
(63) [*]Der Mensch ist die Krone der Schöpfung, das bildet er sich immer wieder ein.

Fälle wie (63) bilden dazu keine Gegenbeispiele, da sie sich strukturell anders interpretieren lassen: Es handelt sich um zwei asyndetisch verknüpfte selbständige Sätze, wobei der zweite durch *das* den ersten anaphorisch wieder aufgreift. Der erste Satz ist also nicht Satzglied (auch nicht linksversetztes Satzglied) in dem zweiten, wie dies in (61) der Fall ist. Diese Auffassung läßt sich stützen, wenn man die Skopusverhältnisse in dem strukturell ganz analogen Fall (64) mit entsprechenden zweifelsfreien Linksversetzungskonstruktionen vergleicht:

(64) Jeder$_i$ möchte gern glauben, daß er$_i$ unheimlich beliebt ist.
(65) Daß er$_i$ unheimlich beliebt ist, (das) möchte jeder$_i$ gern glauben.
(66) *Er$_i$ ist unheimlich beliebt, (das) möchte jeder$_i$ gern glauben.

Bei (65), mit linksversetztem *daß*-Satz, nimmt *jeder* Skopus über *er*, mit dem Ergebnis einer gebundenen Variablen-Lesart für *er*. Dies ist nicht der Fall in (66), der nur grammatisch ist, wenn diese Lesart nicht angenommen wird, genau wie man es beim Vorliegen zweier selbständiger Sätze erwarten würde.

Die bisher angeführten Daten zeigen also eindeutig, daß die topologische Distribution von Verb-zweit- und Verb-letzt-Komplement-Sätzen sehr verschieden ist:

(67) (+ = Vorkommen, – = Nicht-Vorkommen)

	Vorvorfeld	Vorfeld	Mittelfeld	Nachfeld
Verb-letzt (+finit)	+	+	?	+
Verb-letzt (-finit)	+	+	+	+
Verb-zweit	–	–	–	+

[11] Man kann gegen die parenthetische Analyse solcher Konstruktionen nicht anführen, daß die Koreferenzmöglichkeiten von Pronominalen parallel zu denen zweifelsfreier Komplementkonstruktionen sind, vgl. (i)-(ii) mit (iii)-(iv), da zweifelsfrei parenthetische Konstruktionen wie (v)-(vi) das gleiche Verhalten zeigen:

(i) Er$_i$ hat immer Pech, glaubt/sagt Hans$_j$. (i = j möglich)
(ii) Hans$_i$ hat immer Pech, glaubt/sagt er$_j$. (i = j unmöglich)
(iii) Daß er$_i$ immer Pech hat, glaubt/sagt Hans$_j$. (i = j möglich)
(iv) Daß Hans$_i$ immer Pech hat, glaubt/ sagt er$_j$. (i = j unmöglich)
(v) Er$_i$ hat immer das Pech, glaubt/sagt Hans$_j$, das andere nicht haben. (i = j möglich)
(vi) Hans$_i$ hat immer das Pech, glaubt/sagt er$_j$, das andere nicht haben. (i = j unmöglich)

Andererseits sind Koreferenzdaten jedoch ohnehin keine sehr zuverlässigen Strukturindizien, zumal sie diskurssemantisch beeinflußbar sind (s. Takami 1985; Kuno 1987:Kap 2.; vgl. auch Höhle 1991c:169f.).

Man fragt sich natürlich, warum das so ist. Darauf gibt es noch keine völlig befriedigende Antwort. Einen traditionellen Weg skizzieren v.Stechow/Sternefeld (1988:397f.), die vorschlagen, den Mittelfeldunterschied so zu erklären, daß die dortigen Argumentpositionen nur durch kasus- bzw. statusregierte 'nominale' bzw. 'verbale' Phrasen besetzt sein können, und gerade CPs, jedoch z.B. nicht IPs, Kasus (bzw. Status) zugewiesen werden kann. Ergänzt man diesen Vorschlag durch die – empirisch vertretbaren – Annahmen, daß das Vorfeld vom Mittelfeld aus besetzt wird, und im Vorvorfeld wiederum keine Konstituenten stehen, die nicht auch im Vorfeld stehen könnten, ergibt sich daraus, wie erwünscht, als einzige Position, in der Verb-zweit-Sätze stehen können, das Nachfeld (eine nichtregierte und Nicht-Kasus-Position). Daß der Verb-zweit-Satz dennoch eine Thetarolle des Verbs sättigen kann, müßte man entsprechend als einen Fall 'kotextueller' Thetarollenzuweisung ohne strukturelle Basis deuten, so wie er zweifelsfrei in Fällen wie (68)-(69) und auch bei Parenthesen wie (70)-(72) vorliegt (hier wird die jeweilige Sättigung der vom hervorgehobenen Verb verlangten Objektthetarolle mit dem Matrixsatz assoziiert):

(68) Ich habe mich *entschlossen*: Ich fahre mit.
(69) Ich *sag* dir. Geh mit!
(70) Meier ist, wie gerade *verlautete*, von seinem Amt zurückgetreten.
(71) Meier ist, *glaubt* Franz, gerade von seinem Amt zurückgetreten.
(72) Meier ist gerade von seinem Amt zurückgetreten, hab ich *gehört*.

Eine Schwierigkeit dieses Ansatzes liegt schon darin, daß er einen scharfen Grammatikalitätsgegensatz zwischen Verb-zweit- und finiten Verb-letzt-Sätzen im Mittelfeld voraussetzt, der nicht greifbar ist (s. (67) oben). Dieser Schwierigkeit könnte man möglicherweise in Extension der Überlegungen von Bayer (1990) durch eine außergrammatische Erklärung zu begegnen versuchen. Ein größeres Problem ist u.E. jedoch die Grundannahme selbst, daß eingebettete Sätze überhaupt Kasus erhalten können sollten, da es hierfür keine empirische Evidenz zu geben scheint.[12] Dies legt nahe, umgekehrt zu versuchen, statt von den unklaren Verhältnissen im Mittelfeld von dem klaren Unterschied in Vorfeld- und Linksversetzungsposition auszugehen, wobei man die diesbezügliche Stellungsrestriktion des eingebetteten

---

12 Stowells (1981) Prinzip der Kasusresistenz, auf das auch v.Stechow/Sternefeld (1988:ebd.), wenngleich kritisch, Bezug nehmen, setzt voraus, daß Sätze qua angenommener +N, –V-Eigenschaft im Prinzip unter die Kasustheorie fallen sollten. Dies ist jedoch keineswegs evident, da Sätze u.a. aus klar kasusmarkierten Positionen (z.B. als ECM-Subjekte) ausgeschlossen zu sein scheinen (vgl. Tappe 1984:56ff.) und, soweit testbar, auch nicht an der Kongruenzbeziehung teilhaben (vgl. Reis 1982:194f.), die für Nominativzuweisung ausschlaggebend sein soll. Kein schlüssiges Argument ist auch die oft erwähnte Beschränkung von Verb-zweit-Komplementen auf Objektstatus (die man als Verbot struktureller Nominativkasuszuweisung interpretieren könnte, was wiederum Subsumption von Satzkomplementen unter die Kasustheorie voraussetzt), die so nicht stimmt, vgl. Fälle wie *klar ist, er lügt*, wo der Verb-zweit-Satz die Rolle des Nominativarguments einnimmt. Sie dadurch wegzuargumentieren, daß man auf den besonderen nicht-agentiven Charakter der betreffenden Subjektargumente verweist (vgl. Webelhuth 1990), ist self-defeating, da dieser auch für alle Subjekt-Verb-letzt-Sätze gilt. Das soll nicht besagen, daß Satzargumente nicht der c-Selektion unterliegen. Prädikate selegieren nicht nur (contra Webelhuth 1990) dafür, ob sie nominale und/oder sententiale Realisierung ihrer Argumente zulassen (vgl. *geruhen, sich weigern*: *DP, CP), sondern auch, ob sie ±finite Realisierung zulassen, vgl. Frey 1989:55, Anm.9). Das heißt aber, daß CP-Status selber als (Teil der) mit Kasus vergleichbaren Markierung aufzufassen ist. S. dazu unten. (Kritisch gegenüber Kasuszuweisung an Sätze auch u.a. Bayer 1990).

Verb-zweit-Satzes mit dem Fehlen eines expliziten Einbettungsmerkmals bzw. Unselbständigkeitsmerkmals in Verbindung bringen könnte, das der Verb-letzt-Satz in jedem Fall besitzt. Da dem Verb-zweit-Satz dieses Merkmal fehlt, könnte er auf die Stellung nach dem thetarollenvergebenden Verb stärker angewiesen sein als der Verb-letzt-Satz. Die prinzipielle Nichtvertauschbarkeit der Reihenfolge in Fällen wie (68)-(69), vgl. (73)-(74), könnte eine solche Hypothese stützen, zumal diese Fälle den eingebetteten Verb-zweit-Konstruktionen ähnlicher sind als (70)-(72), insofern die 'Matrixstruktur' fokussiert sein kann.

(73) ?Ich fahre mit. Ich habe mich entschlossen.
(74) *Geh mit. Ich sag dir.

Dabei ist (73) akzeptabler als (74), was vermutlich darauf zurückzuführen ist, daß das Satzargument in (74) obligatorisch, in (73) jedoch optional ist. Wie auch immer, in dem hier wichtigen Punkt stimmen beide hier referierten Erklärungsansätze überein: Sie rekurrieren darauf, daß Verb-zweit- und Verb-letzt-Sätze in ihrer kategorialen Struktur verschieden sind.[13]

In diesem Zusammenhang erwähnenswert ist auch, daß Verb-zweit-Sätze generell nicht adjazent zu den sogenannten Korrelaten (*es* und Pronominaladverbien mit *da(r)-*) auftreten können, vgl. (75) vs. (76); bei *es*-Korrelat sind auch im Nachfeld stehende Verb-zweit-Sätze unmöglich (77) vs. (78) (s. Reis 1985:290f., zu einer Deutung des unterschiedlichen Verhaltens der Korrelate, s. Cinque 1989):

(75) Darauf, daß man ihn wählen würde, hatte er stark gehofft.
(76) *Darauf, man würde ihn wählen, hatte er stark gehofft.
(77) Er hat mir gesagt, er wünscht sich ein Buch.
(78) *Er hat es mir gesagt, er wünscht sich ein Buch.
(79) Natürlich hatte er stark darauf gehofft, man würde ihn wählen.[14]

Die bisher angeführten Daten weisen also darauf hin, daß es einen Unterschied zwischen Verb-zweit- und Verb-letzt-Sätzen gibt. Dies muß jedoch nicht bedeuten, daß der Verb-letzt-Satz eine nominale und der Verb-zweit-/Verb-erst-Satz eine verbale Kategorie ist (wie es z.B. v.Stechow/Sternefeld 1988 annehmen), wobei diese Kategorien ohnehin einer Präzisierung bedürfen. Wir kommen unten auf diese Frage zurück.

4. Zu verweisen ist schließlich noch auf nicht subkategorisierte eingebettete Verb-zweit-Sätze wie in (80)-(85), alles Fälle sogenannter asymmetrischer Koordination (Höhle 1990):

---

13 v.Stechow/Sternefeld (1988) skizzieren auch einen Erklärungsansatz auf der Basis einer einheitlichen Satzstruktur (1988:398f.). Dieser hängt aber wesentlich ab davon, daß a) Verb-zweit-Hauptsätze keine ±w-Merkmale besitzen, b) der Doppel-COMP-Filter zur Verfügung steht, und das in einer gesteigert stipulativen Form. Beide Annahmen scheinen uns fragwürdig.

14 Satzgefüge wie (i) können nicht ohne weiteres als Gegenevidenz betrachtet werden:

(i) Besser wäre es, du bliebest zu Hause.
(ii) Besser wäre es, wenn du zu Hause bliebest.

Wie die Paraphrase (ii) zeigt, handelt es sich um einen Satz mit konditionalem Charakter. Verb-zweit-Sätze mit dieser Semantik verlangen eine andere Beschreibung (s. hierzu Fabricius-Hansen 1980 und Zimmermann [im zweiten Band]).

(80) Wenn jemand nach Hause kommt und der Gerichtsvollzieher steht vor der Tür, ist seine gute Laune hin.
(81) Kommst du nach Hause und da steht der Gerichtsvollzieher vor der Tür, ist …
(82) Wenn jemand nach Hause kommt und sieht da den Gerichtsvollzieher vor der Tür, ist …
(83) Wann holst du die Fahrkarten und Karl packt sein Zeug ein?
(84) Bist du schon mal in Urlaub gefahren und es hat die ganze Zeit geregnet?
(85) Daß man nach Hause kommt und der Gerichtsvollzieher steht vor der Tür, erlebt man nicht alle Tage.

Empirisch interessant ist vorerst, daß es überhaupt möglich ist, asymmetrisch zu koordinieren. Von Relevanz ist ferner, daß es keine asymmetrisch koordinierten Strukturen mit einem Verb-letzt-Satz als zweitem Konjunkt gibt. Entweder sind solche Koordinationen symmetrisch oder aber ungrammatisch:

(86) Wenn jemand nach Hause kommt und (wenn) da der Gerichtsvollzieher vor der Tür steht, ist …
(87) *Kommt jemand nach Hause und da der Gerichtsvollzieher vor der Tür steht, ist …
(88) *Bist du schon mal in Urlaub gefahren und es die ganze Zeit geregnet hat?

Auch Verb-erst-Sätze verwehren sich als zweites Konjunkt einer asymmetrischen Koordination:

(89) *Wenn du nach Hause kommst und steht da der Gerichtsvollzieher vor der Tür, ist …

Der Grund ist hier jedoch kaum in der Struktur selbst, sondern – wie auch in Höhle (1990) angedeutet – in der Semantik zu suchen. Wir wollen deshalb hier vor allem den Unterschied zwischen den Verb-zweit- und Verb-letzt-Sätzen hervorheben. Welche Konsequenzen dieser Unterschied für unsere Fragestellung hat, soll jedoch erst unten diskutiert werden.

Schließlich weisen möglicherweise auch folgende Koordinationsdaten (Höhle, m.K.) auf einen Unterschied zwischen Verb-zweit- und Verb-letzt-Sätzen hin: Eingebettete und durch *oder* koordinierte Sätze mit Verb-zweit-Stellung unterscheiden sich hinsichtlich der Reichweite des Skopus der Konjunktion von entsprechenden Verb-letzt-Sätzen:

(90) Glaubt Karl, daß Hans mehr arbeiten müßte oder daß Susi weniger ausgeben müßte?
(91) Glaubt Karl, daß Hans mehr arbeiten müßte oder Susi weniger ausgeben müßte?
(92) Glaubt Karl, Hans müßte mehr arbeiten oder Susi müßte weniger ausgeben?

In (90) handelt es sich nach Höhle um zwei Glaubensinhalte, in (91) um einen und in (92) seien beide Interpretationen möglich. Offensichtlich liegt in (91) eine symmetrische Koordination unterhalb der Subjunktion vor. Diese Tatsache ist sicher dafür verantwortlich, daß die beiden Konjunkte im Normalfall nicht als separate Glaubensinhalte aufgefaßt werden. Unklar ist jedoch sowohl empirisch als auch theoretisch, wie (92), das beide Interpretationen zuläßt, zu erklären ist. Wie auch immer, in diesem Zusammenhang interessiert wiederum in erster Linie der offensichtliche Unterschied zwischen Verb-zweit- und Verb-letzt-Stellung, der beim Vergleich von (92) mit (90) und (91) deutlich wird.

5. Weiter zu beachten sind die schon oben (3.2.2.4.) angesprochenen VERUM-Daten. Während im Verb-letzt-Satz der Komplementierer VERUM-betont wird, wird dies im Verb-zweit-Satz das finite Verb (s. hierzu Höhle 1988, 1991a):

(93) Er HÖRT ja mit dem Rauchen auf. (VERUM)
(94) Er hört ja mit dem Rauchen AUF.

In (93) handelt es sich offensichtlich um den VERUM-Fokus. Von diagnostischem Wert ist der Gegensatz zu (94), wo die Verbbedeutung durch Betonung des Verbzusatzes hervorgehoben wird, ohne daß dabei der VERUM-Effekt entsteht. Offensichtlich wird mit dem VERUM-Fokus ein inhaltliches Element WAHR, FAKT oder Ähnliches hervorgehoben, das mit der Existenz des zur Rede stehenden Sachverhalts zusammenhängt. Die Positionierung dieses Inhaltselements muß in Zusammenhang mit der linksperipheren Position des Finitums gebracht werden. Wir kommen unten auf die Frage zurück, um welches Inhaltselement es sich handeln kann und in welcher Position es steht.

Zusammenfassend können wir feststellen: Die bisherige Analyse zeigt, daß es neben Gemeinsamkeiten auch relevante Unterschiede zwischen den Verb-zweit- und Verb-letzt-Sätzen gibt, die von einer Satzstrukturtheorie expliziert werden müssen.

3.2.4. Zum Verb-erst-Satz: 1. Der Verb-erst-Satz kommt vor allem selbständig vor. Er kann sowohl ein E-IS als auch ein Verb-erst-Deklarativsatz sein. Die Erstposition des Verbs ist an sich also nicht satztypdiagnostisch:

(95) Kommt Peter heute?
(96) Kam da ein Mann zur Tür herein.[15]

2. Nichts spricht dafür, daß der Verb-erst-Satz eine Spec-Position hat. (Vgl. hier auch den Verb-letzt-E-IS (3.2.2.2.)). Insbesondere ist es nicht möglich, von der Tilgung irgendwelcher "leerer" Vorfeldelemente auszugehen. Gegen die Ellipse von *da* in Verb-erst-Deklarativsätzen sprechen Sätze wie (96), und gegen die Ellipse von Vorfeld-*es* spricht die unterschiedliche Grammatikalität von (97) und (98):

(97) Regnet es da plötzlich ins Haus
(98) *Es regnet es da plötzlich ins Haus.

3. Der E-IS und der Verb-erst-Deklarativsatz können nicht als Komplementsätze nach den für Interrogativ- bzw. Deklarativsätze subkategorisierten Verben und Nomina auftreten:

(99) *Er fragt sie, komme sie.
(100) *Die Frage, komme sie, wurde nie wieder gestellt.
(101) *Er muß es wissen, kommt sie.
(102) *Er sagte ihr, käme/kam ein Mann zur Tür herein.

Über die Gründe, weshalb dies so ist, wollen wir hier nicht spekulieren. Für Verb-erst-Deklarativsätze käme aufgrund ihrer besonderen 'präsentativen' Geltung auch eine nichtstrukturelle Erklärung in Betracht. Die prinzipielle Nicht-Selegierbarkeit der Verb-erst-Sätze stützt jedoch auf jeden Fall die Annahme, daß sie strukturell von den Verb-zweit-Sätzen zu unterscheiden

---

15 Ebenso haben Parenthesen des Slifting-Typs (s.o. 3.2.3.) immer Verb-erst-Form: *Er hat, scheint es/glaube ich (*es scheint/ich glaube), viel zu tun.*

sind. Dagegen können eingebettete Verb-erst-Sätze als Adverbiale auftreten, sowohl im Vorfeld als auch linksversetzt bzw. in Linksstellung :

(103) Hätte ich ihm gehorcht, wäre dies jetzt nicht passiert.
(104) Hätte ich ihm gehorcht, dann wäre dies jetzt nicht passiert.
(105) Und wäre er noch so häßlich, ich würde ihn lieben.

Dieser Typ von Konditionalsatz kann auch im Mittelfeld auftreten:

(106) Dem Peter würde ich, hätte ich ihn in meiner Nähe, was zu sagen haben.

Die Verb-erst-Adverbialsätze verlangen offensichtlich eine eigene Beschreibung (s. hierzu Brandt/Rosengren/Zimmermann 1989 und Zimmermann [im zweiten Band]).

Die Daten unter 3.2.1.-3.2.4. sprechen für die Annahme eines kategoriellen Unterschieds zwischen den Verbpositionsstrukturen, wobei die entscheidende Trennlinie u.E. zwischen dem Verb-letzt-Satz und den beiden anderen Strukturen liegt.

3.3. Die Uniformitäts- und die Differenzhypothese

3.3.1. In diesem Abschnitt wollen wir anhand der in 3.2. vorgestellten Daten einige mögliche Satzstrukturtheorien auf ihre deskriptive Adäquatheit überprüfen. Wie bereits gesagt, lassen sie sich in zwei Hauptklassen unterteilen: Varianten der Uniformitätshypothese einerseits, der Differenzhypothese andererseits. Der wesentliche Kern der Uniformitätshypothese ist die Gleichsetzung der Verb-erst- bzw. Verb-zweit-Position mit der C^0-Position und damit verbunden die Annahme einer uniformen CP-Struktur. Diese maßgeblich von den Besten (1981) initiierte Auffassung ist noch immer die Mehrheitsauffassung (vgl. u.a. Lenerz 1984; Scherpenisse 1985; Haider 1986ff.; Grewendorf 1988ff.; den Besten 1989; Vikner/Schwartz 1991; Holmberg/Platzack [erscheint]; Rizzi 1990; Cinque 1989). Schon früh (s. Reis 1983, 1985) wurde jedoch dafür argumentiert, daß – in heutiger Terminologie – nur Verb-letzt-Sätze C-Projektionen, Verb-erst- und Verb-zweit-Sätze dagegen I-Projektionen seien; aktuelle Vertreter einschlägiger Varianten der Differenzhypothese sind etwa Höhle (1990, 1991c), Diesing (1988, 1990).

Im folgenden werden wir diese beiden Haupthypothesen einander gegenüberstellen, wobei wir die Argumentation auf den Deklarativ- und Interrogativsatz beschränken und zu zeigen versuchen, daß sich eine spezielle Form der Differenzhypothese an den Daten am besten bewährt.

Bevor wir in den Vergleich einsteigen, möchten wir einige Grundannahmen nennen und kurz rechtfertigen, die die möglichen Beschreibungen der deutschen Satzstruktur einschränken:

1. Wir gehen mit v.Stechow/Sternefeld (1988) davon aus, daß die obersten funktionalen Projektionen wie alle syntaktischen Kategorien Projektionskategorien sind. Wenn also mehrere sententiale Projektionen unterschieden werden, müssen sie Projektionen unterschiedlicher Merkmalbündel sein. Diese Forderung ist vor allem für Uniformitätshypothesen brisant, die die Annahme, daß die Komplementierer im Verb-letzt- und finite Verben im Verb-zweit-Satz in der gleichen Position angesiedelt sind, mit der Annahme mehrerer sententialer Positionen (durch die hindurch sich das Verb nach C^0 bewegt) vereinen wollen. Im Rahmen neuerer Vorstellungen, die eine ganze Reihe getrennt projizierender funktionaler Merkmale vorsehen (man vgl. die Aufspaltungen in AGR_S, AGR_O, TENSE, NEG, ASPECT und PASSIV, s. Pollock 1989, Chomsky 1989, Grewendorf 1990, 1991), ist diese Forderung auch bei den genannten Ausgangsannahmen (vgl. z.B. Holmberg/Platzack [erscheint]; Grewendorf 1990; Kosmeijer 1991) relativ leicht erfüllbar.

Wir selbst nehmen mit Bierwisch (1990) und Zimmermann (1988a, 1988b, [im Druck]) an, daß flektierte Verbformen als Produkte des Lexikons in der D-Struktur unter V^0 eingesetzt werden; darauf, wie und inwieweit die dabei relevanten Flexionsmerkmale (Ko-)Projektionen aufbauen (analog etwa zu Reuland/Kosmeijer 1988), können wir nicht eingehen.

2. Unabhängig davon, ob man eine oder mehrere funktionale Projektionen vorsieht und ob man von einer Uniformitäts- oder einer Differenzhypothese ausgeht, ist dazu Stellung zu nehmen, welche Eigenschaften die Landeposition des finiten Verbs in Verb-erst- und Verb-zweit-Sätzen kennzeichnen. In dieser Position können nur sogenannte finite Verben stehen. Daraus wird in der Regel der Schluß gezogen, daß die Merkmale dieser Position Finitheitsmerkmale sind, wobei man als deren Charakteristika vorrangig Kongruenz bzw. die damit verbundene Fähigkeit zur Nominativkasuszuweisung und Tempus nennt. Es ist dabei jedoch keineswegs klar, ob diese Phänomene im Deutschen wirklich mit Finitheitsmerkmalen zu assoziieren sind: Nominativ tritt auch in infiniten Konstruktionen auf, vgl. die Subjekt-Appositionen in *zu*-Infinitiven (107) und *zu*-lose Infinitive mit Subjekt wie (108); umgekehrt treten die 'Kongruenzmerkmale' auch auf, wenn es keine kongruierende Größe im Nominativ gibt (109):[16]

(107) Man schlug ihnen vor, einer nach dem andern zurückzutreten.
(108) Keiner aufstehen.
(109) Ihm liegt sehr an dir.

Auch Tempus ist als Finitheitskategorie in Zweifel gezogen worden (s. Weerman 1989). Übrig bleibt u.E. nur Verbmodus als klar mit Finitheit des Verbs zu korrelierende Kategorie, was jedoch nicht bedeuten muß, daß Verbmodusmerkmale im obersten funktionalen Kopf angesiedelt sind. Wir nehmen zum einen an, daß der oberste funktionale Kopf des Verb-erst- und Verb-zweit-Satzes keine spezifischen Verbmerkmale enthält, zum anderen, daß es einen gesetzmäßigen Zusammenhang zwischen den in diesem Kopf repräsentierten Bedeutungsanteilen der semantischen Kategorie Satzmodus (s. unten) und dem Modus des Verbs (Indikativ, Konjunktiv, Imperativ) derart gibt, daß Verbmodus das morphosyntaktische Pendant bestimmter Bedeutungsanteile des Satzmodus ist. Wenn diese Annahme richtig ist, ist

---

[16] Daraus ergibt sich, daß wir einige gängige Annahmen über den Trigger für Verbbewegung (für eine Zusammenstellung, s. Kosmeijer 1991), so etwa Nominativzuweisung unter Adjazenz oder Sichtbarmachung von z.B. I = AGR-Merkmalen, aber auch die Annahme, daß durch Verbbewegung der Skopus des Tempus-Operators über die Prädikation S-strukturell sichtbar gemacht werde (Trigger: Obligatorik dieser Markierung, vgl. Kosmeijer 1991), nicht für richtig halten.

auch zu erwarten, daß im selbständigen Satz das Verb in diese Position geht, um den Satzmodus sichtbar zu machen. (Zum Verb-letzt-Satz und den infiniten Konstruktionen, s. unten.)

3. Wichtig für die weitere Diskussion ist auch die Frage der Nominativzuweisung ans Subjekt und – nicht unabhängig davon – der Existenz und des Status einer entsprechenden funktionalen A-Position. Was ersteres anlangt, kommt man u.E. um die Zulassung VP-interner Nominativzuweisung nicht herum (s. auch Haider 1986, 1988; Fanselow 1991a,b; Höhle 1990; Frey 1989, um nur einige zu nennen); Daten wie (107)-(109) verstärken den Eindruck, daß Nominativ im Deutschen nicht Kongruenzkasus i.e.S. ist und also auch nicht zwingend von einem entsprechenden funktionalen Kopf zugewiesen werden sollte. Wenn das aber so ist, dann besteht auch keine Notwendigkeit, eine funktionale Spec-Position als strukturelle Subjekt-Position zum Zweck der Kasuszuweisung zu reservieren. Insbesondere ist damit die Vorfeld=Spec-Position frei für eine einheitliche Interpretation als A-bar-Position (zur Begründung einer solchen Interpretation s. die Daten in Höhle 1991c). Die Frage, ob eine dem Vorfeld entsprechende Position in Verb-letzt-Sätzen in gleicher Weise zur Verfügung steht, ist damit noch nicht entschieden. (Zu diesbezüglich festlegenden Überlegungen s.unten.)

3.3.2. Die reine Uniformitätshypothese: Daraus, daß bei dieser Hypothese das Verb und der Komplementierer in derselben Position, d.h. C^0, zu stehen kommen, folgt, daß C^0 mit beiden verträgliche Merkmale aufweisen muß. Da wir die Verben flektiert aus dem Lexikon kommen lassen und deshalb keine weiteren funktionalen Projektionen vom Typ TENSE, AGR etc. vorsehen, diskutieren wir nur eine CP-VP-Version dieser Hypothese.

Die Uniformitätshypothese könnte sich zunutze machen, daß nach Abney (1987) funktionale Projektionen einen funktionalen und einen lexikalischen Kopf haben. Wird ein Kopf inkorporiert (head-to-head-movement, mit Adjunktion des einen Kopfes an den anderen), projizieren die Merkmale beider Köpfe gleichzeitig. Unter dieser Voraussetzung haben Verb-erst-/Verb-zweit- und Verb-letzt-Strukturen gleiche kategoriale Ausgangsstruktur (CP-VP) aber trotzdem verschiedene satzinitiale Projektionen: beim Verb-letzt-Satz eine reine C-Projektion, beim Verb-erst-/Verb-zweit-Satz, infolge Bewegung von V nach C, eine unifizierte Projektion von V- und C-Merkmalen.

Die CP-VP-Uniformitätshypothese kann also explizieren, daß Verb-erst-/Verb-zweit-Sätze verbal sind, während Verb-letzt-Sätze dies nicht sind. Sie ist auch mit den VERUM-Daten verträglich, insofern der Komplementierer und das finite Verb in derselben Position stehen.

Die These weist aber auch Probleme auf: Damit überhaupt beim Verb-erst-/Verb-zweit-Satz eine CP-Projektion entsteht, muß in C^0 ein lexikalisches Element stehen, das projizieren kann. Eine Möglichkeit wäre, daß man in C^0 einen Nullkomplementierer ansiedelt, der die finite Verbphrase selegiert. Im Falle der Adjunktion projizieren dann Merkmale der Verbphrase von V^0 zusammen mit denen von C^0 und machen den Satz verbal. Diese Lösung ist jedoch wenig attraktiv, weil das Hauptproblem nicht geklärt ist: Wenn es sich tatsächlich um einen Komplementierer handelt, wie kommt es, daß das Verb, wenn es nach C^0 geht, diesen Komplementierer sozusagen neutralisiert oder dominiert und den Satz "verbal" macht?

Abgesehen davon würde sich die Frage stellen, inwieweit die bei der Annahme eines *daß* vergleichbaren Nullkomplementierers gesehenen Parallelitäten von deklarativen Verb-zweit- und Verb-letzt-Sätzen sowie von C^0 und D^0 zutreffen (s. Zimmermann 1990, 1991a,b). Es scheint durchaus möglich, neben C^0 auch mit I^0 zu rechnen und I^0 parallel zu D^0 zu sehen, indem beiden funktionalen Kategorien die Aufgabe zufällt, den Referenztyp des betreffenden Syntagmas zu spezifizieren (s. dazu unten). C^0 dagegen hat die spezielle Aufgabe, syntaktische Unselbständigkeit zu signalisieren.

Ein zweites Problem ist das folgende: Wir müssen ein Prinzip finden, das die Verbbewegung im Verb-zweit-Satz und ihr Unterbleiben im Verb-letzt-Satz erklärt. Aber welches? Das einzig denkbare ist wohl das folgende: Die oberste maximale Projektion muß in ihrer Kopfposition sichtbar gemacht werden. Ist diese nicht durch einen Komplementierer besetzt, geht das Verb nach C^0. Gleiches gilt dann auch für konditionale Verb-erst-Sätze, was immer deren oberste Projektion ist. Allerdings müßte das Prinzip für eingebettete CPs mit einer Operatorphrase in SpecC entsprechend abgeschwächt werden, denn in diesen Sätzen wandert das finite Verb nicht nach C^0.

Wie steht es mit den übrigen oben angeführten Daten? Die unterschiedliche Besetzung von C^0 erlaubt uns zwar, zwischen Verb-erst-/Verb-zweit- bzw. Verb-letzt-Sätzen zu unterscheiden. Allein die Tatsache, daß in C^0 beim Verb-erst- und Verb-zweit-Satz das Finitum steht, erklärt aber noch nicht, daß die einleitende Spec-Position im einen Fall nur bestimmte Operatorphrasen aufnimmt, im anderen Fall alle XP-Phrasen, d.h. auch Nicht-Operatorphrasen erlaubt. Dies kann nicht – wenigstens nicht ohne weiteres – aus der Existenz des Verbs in C^0 abgeleitet werden. v.Stechow/Sternefeld (1988:401) weisen deshalb auch darauf hin, daß die Uniformitätshypothese überhaupt nur dann die Unterschiede zwischen den Satzstrukturen beschreiben kann, wenn man davon ausgeht, daß C^0 unterschiedliche und für die verschiedenen Satztypen jeweils charakteristische Merkmale aufweist. Sie bieten folgende Lösung an: SpecC ist eine Operatorposition, wenn in C^0 $\pm w$ steht, sonst nicht, fügen dann aber auch gleich hinzu, daß diese Stipulation die Uniformitätshypothese gewissermaßen schon trivialisiert.

Besonders problematisch sind die von Höhle (1990) beschriebenen asymmetrischen Koordinationsdaten, s. oben (80)-(85). Offensichtlich werden in diesen Fällen Konstruktionen miteinander koordiniert, die eine unterschiedliche Struktur aufweisen. Dies zu erklären ist nicht leicht, da Koordinationen normalerweise symmetrisch sein müssen. Der Ausgangspunkt von Höhle (1990) ist, daß Verb-letzt-Sätze CPs und Verb-zweit-Sätze IPs sind, er vertritt also eine Differenzhypothese. Auf dieser Grundlage (und unter der hier nicht weiter problematisierten Voraussetzung, daß konditionales *wenn* ein Repräsentant von C^0 ist,) beschreibt er die asymmetrische Koordination als eine Koordination zwischen VP und der IP von CP (s. hierzu auch unten).

Die Frage stellt sich hier natürlich, ob eine Uniformitätshypothese die asymmetrischen Koordinationen beschreiben könnte. Die Daten machen dies nicht gerade plausibel. Eine Uniformitätshypothese müßte eine asymmetrische Koordination mit einer Verb-zweit-CP erlauben und zugleich eine asymmetrische Koordination mit einer Verb-erst- und einer Verb-letzt-CP verhindern. Wieso die Position des Verbs in C^0 im Verb-zweit-Satz eine asymmetrische Koordination erlauben sollte, ist jedoch völlig unklar. Man fragt sich vor allem, weshalb man überhaupt eine uniforme CP annehmen sollte, wenn die Daten eine kategorielle Differenzierung verlangen. Eine Theorie, die erlaubt, zwischen Verb-zweit- und Verb-letzt-Satz als unterschiedlichen kategorialen Strukturen zu unterscheiden, ist deshalb u.E. der Uniformitätshypothese vorzuziehen.

3.3.3. Die reine Differenzhypothese: Eine reine Differenzhypothese verlangt die Unterscheidung zweier verschiedener funktionaler Projektionen, die wir der Tradition folgend mit CP und IP identifizieren. Wir werden unten zeigen, daß IP in allen Sätzen eine semantisch unverzichtbare Projektion ist (wobei I in unserem System einen anderen Inhalt hat als in Chomsky 1981). Wir diskutieren die reine Differenzhypothese in der Form, in der der Verb-erst- und Verb-zweit-Satz nur eine IP bzw. I^1 aufweist, während der Verb-letzt-Satz über CP und IP verfügt. Bei einer CP steht in C^0 der Komplementierer. Beim Verb-erst- und Verb-zweit-Satz steht das finite Verb in I^0.

Mit dieser Aufgliederung der obersten funktionalen Projektion befreien wir die CP von ihrer doppelten Aufgabe (die eine konzeptuell wenig ansprechende Merkmalkonfiguration für C^0 voraussetzt), sowohl Landeplatz für das Verb als auch Position für den Komplementierer zu sein. Die CP kann nun als Projektion fungieren, deren einzige Aufgabe es ist, die Unselbständigkeit von Sätzen zu markieren, was in den meisten Fällen Einbettung bedeutet, jedoch auch für Sätze wie die sogenannten weiterführenden und nicht-integrierten Nebensätze gilt (s. etwa Brandt 1990; König/van der Auwera 1988). Daß damit ein wesentliches Merkmal der lexikalischen C-Elemente gefaßt wird, ist evident. Die IP ist, wie sich zeigen wird, die für den Satztyp und Satzmodus entscheidende funktionale Projektion.

Die Differenzhypothese zwingt uns dazu, im Verb-erst- und Verb-zweit-Satz I^0 links zu plazieren. Aus Konsistenzgründen nehmen wir an, daß I^0 auch im Verb-letzt-Satz links steht.[17] Ausgehend von einer reinen Differenzhypothese, erhalten wir somit folgende zwei Strukturtypen:

---

17 Wir schließen uns damit der Minderheitsmeinung an (Haider 1986ff., Tappe 1984, Frey 1989, Frey/Tappe 1991, Höhle 1990). Die ausschlaggebenden Argumente sind vor allem Extrapositionsphänomene plus entsprechende Topikalisierungskonstruktionen, die bei Annahme einer von V stets anzusteuernden satzfinalen I-Position nicht erklärbar wären, s. Tappe 1984, sowie die Diskussion in Vikner/Schwartz 1991, ebenso Höhles Argument (1991b), das auf verbalen Pseudo-Komposita basiert. Damit kompatibel ist, daß funktionale Köpfe im Deutschen (auch AGR) offenbar stets nach rechts regieren, und das auf Kathol (1989) basierende Lernbarkeitsargument für "stummes" I links von VP in Verb-letzt-Sätzen (s. Höhle 1991c).

Man beachte, daß wir die SpecI-Position nicht als strukturelle Subjekt-Position benötigen (s. oben). Die weitgehend darauf basierenden Argumente pro Uniformitätshypothese bei Vikner/Schwartz (1991) werden damit hinfällig.

(110a) Verb-letzt-Deklarativsatz
und Verb-letzt-w-IS

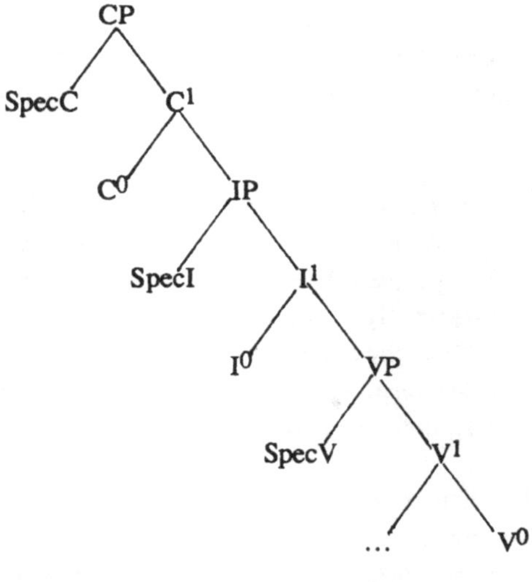

(110b) Verb-letzt-E-IS

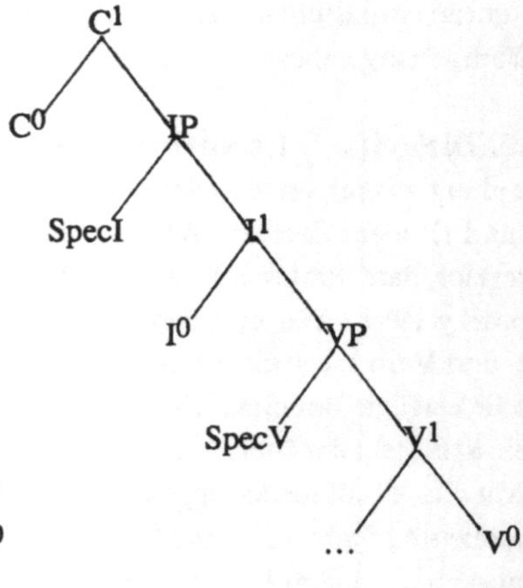

(110c) Verb-zweit-Deklarativsatz
und Verb-zweit-w-IS

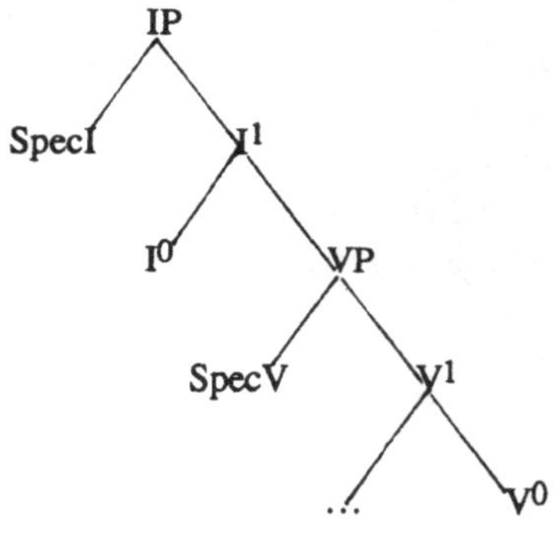

(110d) Verb-erst-Deklarativsatz
und Verb-erst-E-IS

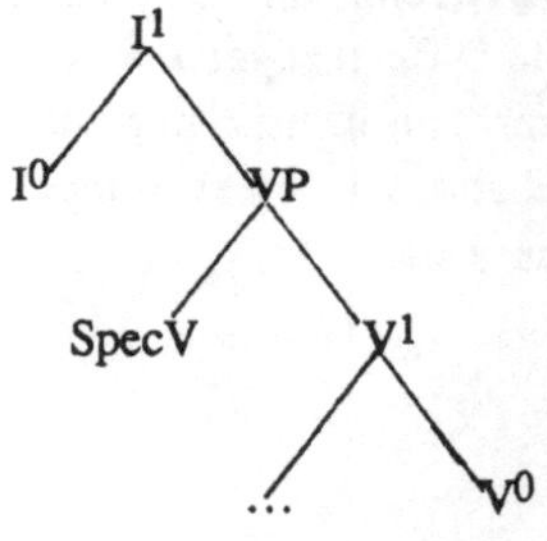

Diese Hypothese kommt im Prinzip mit fast allen obigen Daten, die auf einen Unterschied zwischen Verb-zweit- und Verb-letzt-Sätzen hinweisen, gut zurecht. Die beiden unterschiedlichen Projektionen erlauben eine eindeutige Bestimmung der ausgezeichneten Operatorposition im Verb-letzt-Satz, SpecC. Die SpecI-Position wäre dagegen sowohl eine Operatorposition als auch eine Topikalisierungsposition. Auch die unterschiedliche Besetzbarkeit beider einleitenden Positionen von Verb-zweit- vs. Verb-letzt-Satz im Standarddeutschen ist wegerklärbar: Nur für einleitende C-Positionen gilt das Verbot doppelter Besetzung, während in Verb-zweit-Sätzen sowohl I^0 als auch SpecI besetzt sein müssen.

Wie oben gezeigt wurde, lassen sich mit einer solchen Theorie auch die asymmetrischen Koordinationen problemfrei erklären. Ein Problem auch für diese These ist jedoch die Verbbewegung. Was zwingt das Verb, im Verb-zweit-Satz nach I^0 zu wandern? Wie bei der Uniformitätshypothese könnte man auch hier das Sichtbarkeitskriterium bemühen. Die Differenzhypothese läßt darüber hinaus die Möglichkeit zu, daß das Verb in einem CP-Satz nach I^0 geht, was im Deutschen nicht zulässig ist (im Gegensatz zum Jiddischen, wo genau dies der Fall ist, s. auch unten 3.3.4.). In diesem Punkt ist die reine Differenzhypothese der Uniformitätshypothese also eher unterlegen. Wie bei der Uniformitätshypothese bleibt außerdem ungeklärt, weshalb das Verb auch dann nach I^0 geht, wenn SpecI schon besetzt ist.

Auch der VERUM-Fokus macht Schwierigkeiten. Wenn man von einer reinen Differenzhypothese ausgeht, muß man zugleich annehmen, daß der VERUM-Fokus einmal durch den Komplementierer in der C^0-Position, das andere Mal durch das finite Verb in der I^0-Position realisiert wird. Dies ist natürlich unbefriedigend, ganz zu schweigen von den semantischen Hypotheken, die man sich damit auflädt (s. unten vor allem 4.).

3.3.4. Hybride Varianten: Die reine Uniformitätshypothese und die reine Differenzhypothese haben also beide bestimmte Nachteile. Es lohnt sich deshalb, nach einer "hybriden" These zu suchen. die keine dieser Nachteile oder zumindest weniger Nachteile aufweist. Wir wollen im folgenden zwei solche hybriden Satzstrukturhypothesen diskutieren.[18]

3.3.4.1. Eine hybride Uniformitätshypothese (Alternative 1): Alle Sätze haben eine gemeinsame CP-IP-Struktur. Im Verb-erst-/Verb-zweit-Satz werden jedoch die beiden obersten funktionalen Projektionen "teleskopiert" (sei es im Sinne des CONFL-Knotens, erstmals vorgeschlagen von Platzack 1983, oder des "matching projection"-Vorschlags von Haider 1988).

---

18 Eine weitere Alternative wurde von Müller/Sternefeld (1990) ausgearbeitet: Sie zeichnet sich vor allem dadurch aus, daß sie neben C^0 und I^0 noch einen Topik-Kopf vorsieht. Wir wollen auf diese These nicht näher eingehen, da wir der Meinung sind, daß ein TOP- Kopf erst erwogen werden sollte, wenn man zeigen kann, daß die empirischen Daten ohne einen solchen Kopf nicht beschrieben werden können. Dies ist u.E. aber nicht der Fall. S. hierzu auch Molnár (1991).

(111a) Verb-letzt-Deklarativsatz und Verb-letzt-w-IS

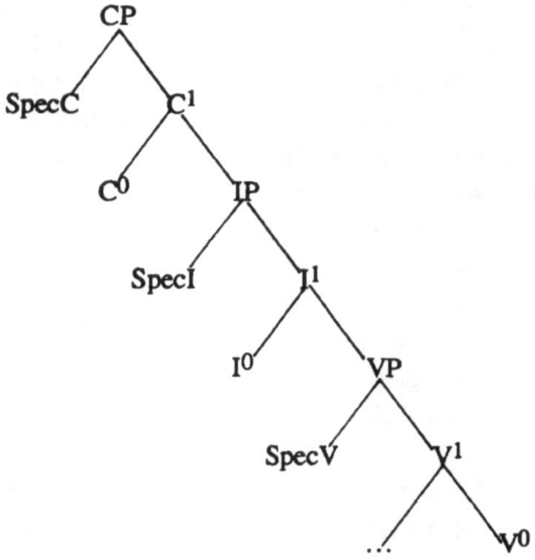

(111b) Verb-letzt-E-IS

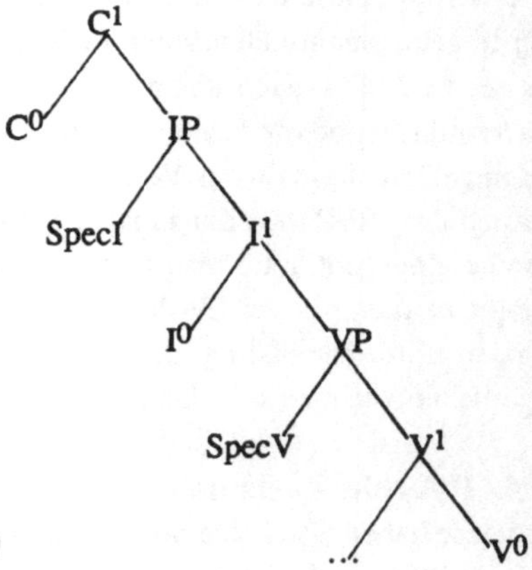

(111c) Verb-zweit-Deklarativsatz und Verb-zweit-w-IS

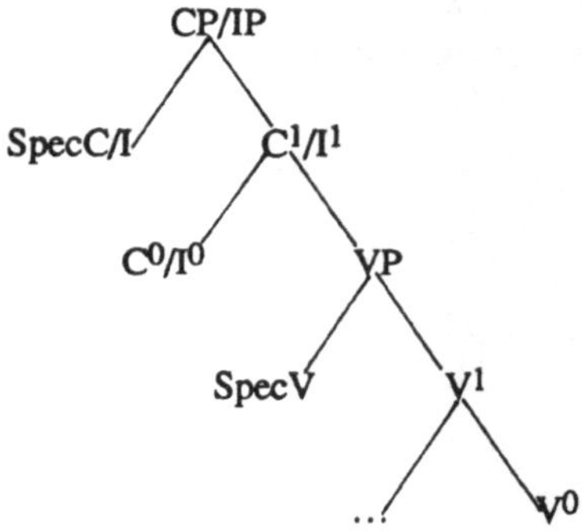

(111d) Verb-erst-Deklarativsatz und Verb-erst-E-IS

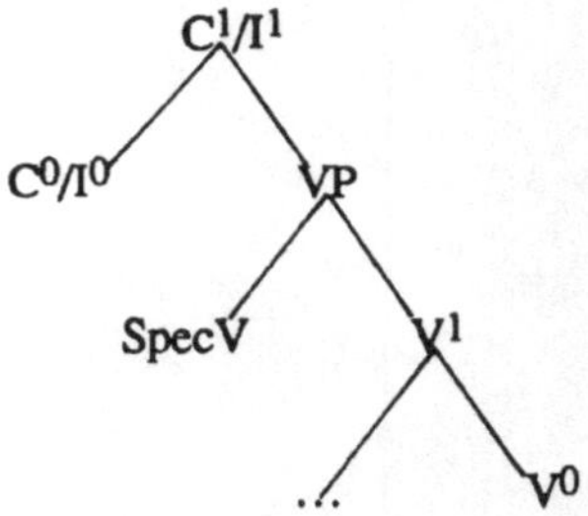

3.3.4.2. Eine hybride Differenzhypothese (Alternative 2): Zwischen Verb-erst-/Verb-zweit- und Verb-letzt-Satz wird unterschieden, indem die beiden Typen distinkte oberste funktionale Projektionen aufweisen:

(112a) Verb-letzt-Deklarativsatz und Verb-letzt-w-IS

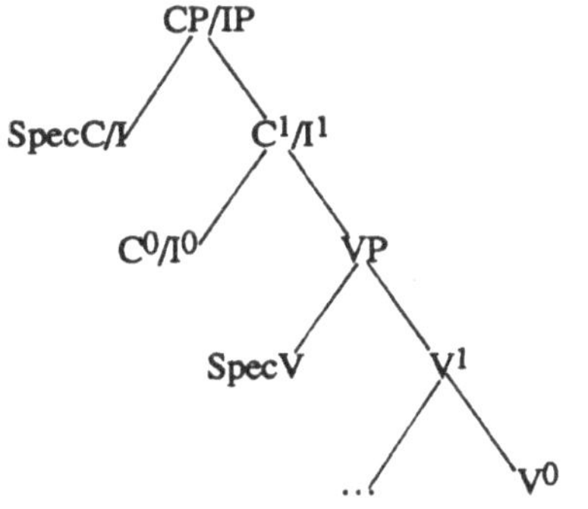

(112b) Verb-letzt-E-IS:

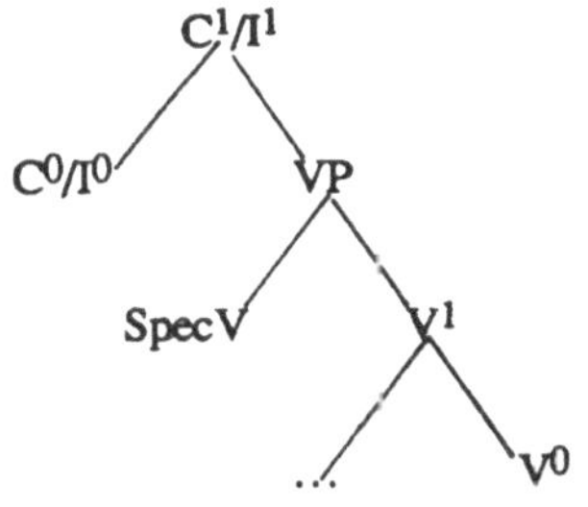

(112c) Verb-zweit-Deklarativsatz und Verb-zweit-w-IS

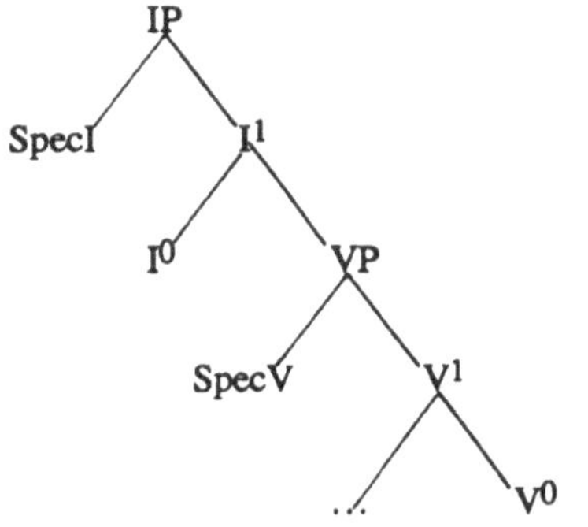

(112d) Verb-erst-Deklarativsatz und Verb-erst-E-IS:

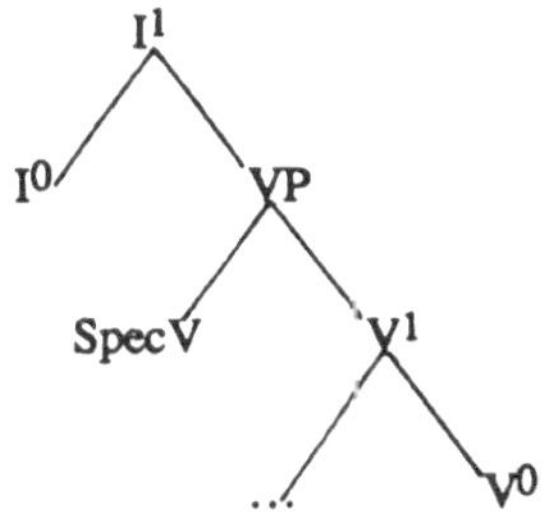

Der Unterschied zwischen den beiden Alternativen kann folgendermaßen zusammengefaßt werden: In der ersten Alternative entsteht der Verb-erst- und der Verb-zweit-Satz dadurch, daß die C-Projektion und die I-Projektion ineinander zusammenfallen, mit der Konsequenz, daß es in diesen Sätzen nur noch einen funktionalen Kopf gibt, der die Merkmale beider funktionaler Projektionen gleichberechtigt enthält. Der Verb-letzt-Satz behält seine beiden funktionalen Köpfe als separate Köpfe. In der zweiten Alternative sitzt demgegenüber im Verb-letzt-Satz der I-Projektion eine C-Projektion wie ein Hut auf. Das bedeutet, daß der Verb-erst-/Verb-zweit-Satz eine reine I-Projektion ist, während der Verb-letzt-Satz eine unifizierte funktionale C/I-Projektion aufweist. Der funktionale Kopf des Verb-letzt-Satzes hat demnach solche Merkmale, die ihn für die Einbettung in einen Matrixsatz vorbereiten.

Zwischen den beiden Alternativen zu entscheiden, ist nicht ganz leicht. Bei einem genaueren Vergleich zeigt sich jedoch, daß nur die zweite Alternative auf eine vergleichsweise einfache Weise mit den diagnostischen Gegebenheiten fertig wird, die oben herausgearbeitet wurden.

Beide Alternativen weisen vorerst bestimmte Vorteile sowohl gegenüber der reinen Uniformitätshypothese als auch gegenüber der reinen Differenzhypothese auf. Gegenüber der reinen Uniformitätshypothese unterscheiden beide eindeutig strukturell zwischen dem Verb-erst-/Verb-zweit-Satz und dem Verb-letzt-Satz. Gegenüber der reinen Differenzhypothese können beide Alternativen den VERUM-Fokus in derselben Position lokalisieren. Bei der ersten Alternative müßte aber diese Position die C^0-Position sein, bei der zweiten wäre sie die I^0-Position. Daß das letztere aus semantischen Gründen das richtigere ist, wird sich in den folgenden Abschnitten, in denen die Satztypen und der Satzmodus charakterisiert werden, zeigen.

Es ist ferner nicht ganz leicht zu sehen, wie die erste Variante mit den Koordinationsdaten fertig werden soll, die für die zweite Variante kein Problem bereiten. Sie hat aufgrund der allen Satzstrukturen zugrundeliegenden CP-Struktur im Prinzip dieselben Probleme wie die Uniformitätshypothese, auch wenn sie aufgrund der Unterscheidung zwischen den beiden Strukturtypen durch Konflation im einen Fall möglicherweise leichter mit ihnen zurechtkommt.

Wesentlich ist weiter, daß die zweite Variante als einzige Strukturvariante die Verbbewegung einigermaßen problemfrei erklärt: Wenn wir annehmen, daß C^0 die Funktion als Subordinationskopf hat, d.h. C^0 funktional auf unselbständige Sätze festgelegt ist, können wir weiter annehmen, daß die CP-Projektion über die IP-Projektion dominiert (vgl. die Hut-Metapher oben) und nur Komplementierer im unifizierten Kopf erlaubt. Sie kann auch leer bleiben, wenn die Spec-Position durch eine w- oder d-Phrase gefüllt wird, sie kann aber kein Verb enthalten. Wenn CP fehlt, geht das finite Verb in den funktionalen Kopf I^0 und dient der Sichtbarmachung der in I^0 repräsentierten Referenztypspezifizierung selbständiger Sätze (s. oben). Mit dieser Alternative ist nun auch kompatibel, daß in einem Dialekt wie dem Bairischen im Verb-letzt-Satz finite Affixe an den Komplementierer klitisieren: *daßste, obste*, etc. Die Alternative 1 kann das Verbbewegungsproblem ebensowenig lösen wie die Uniformitätshypothese und die reine Differenzhypothese.

Nur die Alternative 2 kann weiter erklären, weshalb die SpecC-Position im Verb-letzt-Satz eine reine Operatorposition ist, in die nur solche Operatorphrasen gehen, die auch für die Subkategorisierung von Matrixprädikaten (z.B. +w-Sätze) bzw. für die Einbettung unter ein Antezedens (Relativsätze) relevant sind, und die SpecI-Position dagegen für alle Typen von Phrasen offen ist, also für XPs wie *der Mann, es, morgen*, die (u.a. aus informationsstrukturellen Gründen) im Vorfeld zu stehen kommen. Nur diese Hypothese erlaubt nämlich die notwendige Merkmalunterscheidung zwischen der CP/IP und IP, die garantieren soll, daß in der SpecC/I-Position nur Operatorphrasen auftreten. Wir werden unten im Abschnitt 3.4. darauf zurückkommen, welche Merkmale diesen Unterschied zwischen den Projektionskategorien letztendlich gewährleisten.

Bisher haben wir die beiden Alternativen in erster Linie deskriptiv verglichen. Auch theoretisch hat aber die Alternative 1 ihre Schwächen. Beide Verbstellungstypen sind CP-Strukturen, d.h. es handelt sich eindeutig um eine Uniformitätshypothese. Die Merkmale beider Projektionen liegen in beiden Strukturen vor. Es ist damit nicht klar, was die Konflation eigentlich bedeutet. Ist sie nur ein strukturelles Mittel, eine Projektionsstufe loszuwerden, u.a. damit die Operatorphrasen immer in derselben Position zu stehen kommen, hat sie stipulative Züge. Schlimmer ist jedoch, daß die CP-Eigenschaften ja nicht ohne weiteres durch die Konflation beim Verb-erst-/Verb-zweit-Satz verschwinden können. Es bleibt in dieser Alternative ebenso unklar wie bei der reinen Uniformitätshypothese, was eigentlich eine CP ist, da sie in beiden Verbstellungstypen vorkommt. Wie können wir weiter erzwingen, daß die IP bei einer solchen Konflation über die CP dominiert und die C^0-Eigenschaften des Satzes unterdrückt?[19]

Bei der Alternative 2 sieht es genau umgekehrt aus: Gemeinsam für beide Strukturen ist nur die IP. Durch das Hinzukommen einer funktionalen Projektion kommen auch neue Merkmale hinzu, die irgendeine Rolle spielen müssen und die C-Struktur auch eindeutig von der I-Struktur unterscheiden.[20] Aus dieser Perspektive ist also die zweite Alternative der ersten auch theoretisch klar vorzuziehen.

Wir haben bisher nur finite Konstruktionen diskutiert. Die Frage stellt sich, wie infinite Konstruktionen des folgenden Typs in unserem Modell zu beschreiben sind (zu den Typen, s. Fries 1983):

(113) Alle mal herhören!
(114) Aufgepaßt!
(115) Wen noch einladen?
(116) Einmal nach Venedig fahren!

Solche infiniten Konstruktionen sind Entsprechungen zu Imperativsätzen, Interrogativsätzen und Wunschsätzen. Im letzteren Fall ist die finite Entsprechung ein selbständiger *wenn*-Satz oder Verb-erst-Satz. Vermutlich gibt es keine syntaktisch selbständigen infiniten Entsprechungen zu Deklarativsätzen. Auf die Frage, weshalb dies so ist, können wir hier jedoch nicht eingehen.

Da diese infiniten Konstruktionen nicht einbettbar sind,[21] gibt es wohl keinen Grund, sie als CPs zu betrachten. Dagegen muß man annehmen, daß sie eine I-Projektion haben, um die Bewegung der w-Phrase in (115) zu erklären (s. hierzu Reis 1985). Es gibt übrigens auch lange Extraktion in diese Position:

---

19 Vgl. hierzu auch Müller/Sternefeld (1990), die ad hoc unterschiedliche Aktivierungsprozeduren annehmen müssen, um zu erklären, welche Projektion die dominierende ist.

20 Im Gegensatz zu Müller/Sternefeld (1990), aber in Übereinstimmung mit Haider (1988) resultiert also Konflation bei uns in einem einzigen CP/IP-Knoten, so daß sich in jedem Satz nur ein sententialer XP-Knoten oberhalb von VP befindet. Was das für das Barrierenkonzept und davon abhängige Beschreibungen bedeutet, können wir hier nicht behandeln. Hingewiesen sei jedoch darauf, daß Vikner/Schwartz' (1991) darauf basierendes Argument gegen die Differenzhypothese, daß sie illegitime Extraktionen aus Verb-zweit-Sätzen wie **Wohin glaubst du Peter sei t gegangen?* nicht verhindern könne, nicht stichhaltig ist, da es die Existenz von 'long movement' im Deutschen voraussetzt. Dies ist jedoch keineswegs zwingend, s. Anm. 7.

21 Ähnlich aussehende Infinitivkonstruktionen (ohne *zu*) in Subjekt- und Objektstellung sind keine Evidenz gegen diese Annahme. Sie haben andere Eigenschaften als die hier behandelten zweifelsfrei sententialen Konstruktionen.

(117) Wohin hoffen, daß er sie schicken wird?

Wir nehmen an, daß in infiniten Konstruktionen wie (113)-(116) I^0 durch die leere Kette *e* repräsentiert ist, d.h. keinerlei Beitrag zur semantischen Interpretation leistet. Das ist in unserem Modell der Grund, weshalb in solchen Konstruktionen keine Verbbewegung nach I^0 stattfindet. I^0 beinhaltet nichts, was sichtbar zu machen wäre. Diese Annahme impliziert, daß Satzmoduscharakteristika infiniter Äußerungen durch nichtkompositionale Anreicherungen der betreffenden Bedeutungsrepräsentationen zu erfassen sind.

Unser Vorschlag fürs Deutsche läuft also darauf hinaus, daß die hybride Differenzhypothese das richtige trifft und es sich beim Verb-erst-/Verb-zweit-Satz um eine I^1 bzw. IP und beim Verb-letzt-Satz um eine C^1/I^1 bzw. CP/IP handelt. Während IP also die funktionale Projektion ist, die eine VP zu einem Satz macht, ist CP in unserem Modell eindeutig der Knoten, der durch die in ihm stehenden Elemente Unselbständigkeit signalisiert. Seine Funktion könnte man vergleichen mit dem Kasus bei subkategorisierten XPs (s. hierzu die Diskussion oben 3.3.2.). CP-Haftigkeit ist also demnach nicht gleichzusetzen mit "nominal" (wie v.Stechow/Sternefeld 1988 meinen). Daß CPs nicht notwendig Termstatus haben, machen im übrigen die weiterführenden und nicht-integrierten Nebensätze deutlich, die uns veranlaßt haben, von CP als einem Unselbständigkeits- und nicht als einem Einbettungsknoten zu sprechen. Selbständige Verb-letzt-Sätze sind die Ausnahme, die die Regel in dem Sinne bestätigen, daß ihr Unselbständigkeitsmerkmal ihre besondere illokutive Funktion mitbestimmt.

Die fürs Deutsche angenommene Konflation soll als ein Parameter verstanden werden, der sprachspezifisch unterschiedlich belegt sein kann.[22] Ein Blick auf das Jiddische macht eine solche Annahme auch plausibel. Jiddisch ist wie das Deutsche vermutlich eine Verb-letzt-Sprache (s. hierzu zuletzt Geilfuß 1990), belegt jedoch den Konflationsparameter anders (s. Diesing 1988, 1990). Aus der Tatsache, daß das Jiddische im eingebetteten Satz das Verb nach I^0 bewegt und das Vorfeld im eingebetteten Satz durch *es* besetzen kann, müßte man nämlich schließen, daß es im eingebetteten Satz neben der CP auch eine selbständige IP gibt.

Auch Spracherwerbsdaten erhärten das hier vertretene Konzept einer Unterscheidung von IP- und CP-Strukturen. Letztere werden erst sehr spät erworben, während IP und VP mit je einer charakteristischen Verbstellungsposition schon in frühen Erwerbsphasen unterschieden werden (s. Clahsen 1989 und vor allem Fritzenschaft et al. 1990). Die CP-Meisterung könnte in unserem Modell auf den Erwerb von C^0- bzw. C^0/I^0-Formativen zurückgeführt werden. Die Daten bei Müller (1991) stützen eine solche Annahme.

---

[22] Der Gedanke, daß Sprachen danach parametrisiert sein können, ob die Subordinations- und die Referenztypmarkierung konflatiert oder getrennt erfolgen, findet sich auch in dem völlig unabhängig entstandenen Ansatz von Bhatt/Yoon (1991). (Dort auch überzeugendes Material zu morphologisch sichtbarer distinktiver Markierung in einigen nichteuropäischen Sprachen, ebenso ein Versuch, aus der COMP-Parametrisierung gewisse Verbstellungsunterschiede in den germanischen Sprachen zu erklären.)

3.4. Die Satztypen Deklarativsatz und Interrogativsatz

Die *hybride Differenzhypothese* (Alternative 2 oben) unterscheidet konsistent zwischen Verb-erst-/Verb-zweit-Sätzen und Verb-letzt-Sätzen. Sie sagt aber vorerst nichts darüber aus, welche Satztypen anzusetzen sind. Wenn es syntaktische Satztypen gibt – und dies ist u.E. der Fall – müssen sie also durch weitere Merkmale definiert sein, die sich mit den Verbstellungstypen bzw. den ihnen zugrundeliegenden Strukturen zu Satztypen verbinden.

Wir gehen davon aus, daß Sätze, die dem semantischen Typ S angehören, der Selegierung unterliegen, und zwar entweder durch Matrixprädikate oder durch Faktoren der Illokutionstypspezifizierung auf der pragmatischen Ebene. Inwieweit für Sätze mit Modifikatorfunktion, das sind Relativsätze und adverbielle Nebensätze, die dem semantischen Typ S/N angehören, eine solche selektive Beziehung zu bestimmten Matrixprädikaten bestehen kann, bedarf genauerer Untersuchung. Wir klammern sie, ebenso wie die weiterführenden bzw. nichtintegrierten Nebensätze, aus den folgenden Betrachtungen aus.

Die Frage stellt sich nun, um welche Art von Merkmalen es sich bei der Auszeichnung der Satztypen handelt. Hier lohnt es sich, den w-IS zu betrachten. Wenn sich zeigen läßt, daß man für die Beschreibung des w-IS ein unabhängig gerechtfertigtes Merkmal braucht (s. hierzu Reis/Rosengren 1991a sowie Reis 1991b und Reis [in diesem Band]), das sich auch als Satztypmerkmal eignen würde, wäre dies nicht nur ein gutes Argument, Satztypmerkmale anzusetzen, sondern auch ein Anlaß, den Rang dieses Merkmals in der Satztypologie zu untersuchen.

Für den w-IS ist konstitutiv, daß er mindestens eine interrogative w-Phrase enthält, die Skopus über ihn hat. Zu den Definitionsmerkmalen des w-IS gehört also nicht nur die interrogative w-Phrase, die sich strukturell und semantisch (s. unten) von den indefiniten w-Phrasen unterscheidet, sondern auch die Markierung der Skopusdomäne. Im Standardfall ist diese durch die Stellung der w-Phrase selbst gegeben: Sie hat Skopus über den Gesamtsatz, den sie einleitet.

Wenn dies immer der Fall wäre, bräuchten wir zumindest fürs Deutsche kein weiteres Definitionsmerkmal: Alle und nur die Sätze, die durch eine interrogative w-Phrase eingeleitet sind, wären w-Interrogativsätze. So einfach ist es aber nicht: Im Deutschen gibt es Fälle, wo die w-Phrase nicht in Initialstellung steht und trotzdem Skopus über den Gesamtsatz hat, der dann der eigentliche Interrogativsatz ist, und umgekehrt Fälle, wo sie in Initialstellung steht und trotzdem keinen Skopus über den Gesamtsatz hat, den sie einleitet. Der einfachste Fall ist hier die multiple Frage:

(118) Wem hat Peter was wohin getragen?

In diesem Satz haben alle w-Phrasen dieselbe Skopusdomäne wie die satzeinleitende. Hier könnte man aber immer noch sagen, daß die erste w-Phrase die Skopusdomäne auch aller anderen Phrasen markiert.

Ein schwierigerer Fall ist die interrogative *was*-Konstruktion, die genau so interpretiert wird wie die entsprechende 'lange' Standardkonstruktion:

(119) Was meinte er, wen wir anrufen sollten?
(120) Wen meinte er, daß wir anrufen sollten?

Zwar wird auch hier die Skopusdomäne der w-Phrase im eingebetteten Satz durch eine w-Phrase, nämlich *was*, gekennzeichnet. Diese w-Phrase ist aber von ganz anderer Art, was sich daran zeigt, daß sie nicht fragerelevant ist ((120) ist eine einfache *wen*-Frage) und in einer multiplen Frage nicht im Satzinnern stehen kann:

(121) *Wer meinte was, wen wir anrufen sollten?

Offensichtlich ist also die einzige Funktion von *was*, die Skopusdomäne der fragerelevanten w-Phrase im eingebetteten Satz zu kennzeichnen. Umgekehrt steht die fragerelevante w-Phrase in (119) zwar in Initialstellung, aber in der Initialstellung des eingebetteten Satzes, der jedoch weder ihre Skopusdomäne ist noch ein Interrogativsatz sein kann: Verben wie *meinen* sind nicht für Interrogativsätze subkategorisiert, vgl. (122):

(122) *Er meinte, wen wir anrufen sollten.

Die w-Phrase in (119) bleibt mit anderen Worten in einer Zwischenlandeposition (SpecC/I) stehen, während ihr Skopus durch basisgeneriertes *was* angezeigt wird.

Daß eine fragerelevante w-Phrase in Einleitungsposition w-Interrogativsätze weder notwendig noch hinreichend definiert, wird noch deutlicher an sogenannten w-Imperativen wie (123), die genau wie Imperativsätze mit eingebettetem w-Interrogativsatz (124) interpretiert werden:

(123) Wieviel schätz mal, daß das Kleid gekostet hat!
(124) Schätz mal, wieviel das Kleid gekostet hat!

(123) ist also eindeutig ein Imperativsatz, obwohl er von einer interrogativen w-Phrase eingeleitet wird, und umgekehrt hat diese Skopus genau über den *daß*-eingeleiteten Satz, der somit der eigentliche w-IS ist, auch wenn die konstitutive w-Phrase oberflächenstrukturell nicht in ihm steht.

Diese Skopusverhältnisse müssen ausgezeichnet werden. Die obigen Daten zeigen, daß dafür ein abstraktes Merkmal (+w) in Anspruch genommen werden muß, das die Spec-C/I-Position bzw. SpecI-Position des Satzes auszeichnet, der für die jeweilige(n) w-Phrase(n) Skopusdomäne ist (s. hierzu Reis/Rosengren 1988, 1991b). Dieses Merkmal zieht im Standardfall die w-Phrase an, so daß sie auch overt Skopus über ihre Domäne nimmt. In den oben angeführten sonstigen Fällen bestimmt +w allein die Skopusdomäne, wobei man das skopusmarkierende *was* in (119) vielleicht als Lexikalisierung des +w auffassen darf.

Das Vorgehende hat gezeigt, daß wir aus Skopusgründen ein +w-Merkmal brauchen. Wie oben schon gesagt, ergibt sich daraus von selbst, daß dieses Merkmal für den w-IS konstitutiv, also ein Satztypmerkmal ist. Zugleich gilt fürs Deutsche, daß es durch (genau) eine der vorkommenden interrogativen Operatorphrasen (mit demselben Merkmal) abgedeckt sein muß. Das Zusammenwirken zwischen Satztypmerkmal und +w-Phrase ergibt den besonderen Typ des w-IS.

Wenn wir nun den w-IS mit +w definieren, stellt sich natürlich die Frage, ob es entsprechende Gründe gibt, auch für den E-IS ein +w anzusetzen, das dann den gewünschten Zusammenhang zwischen den beiden Interrogativsätzen abgäbe. In Brandt/Rosengren/Zimmermann (1989) und Reis/Rosengren (1991a) wurde dies angenommen. Ein erster Grund für eine solche Annahme sind die Subkategorisierungsverhältnisse:

(125) Ich weiß nicht, ob er ihn gesehen hat.
(126) Ich weiß nicht, wen er gesehen hat.

Daß dieselben Matrixprädikate sowohl w-IS als auch E-IS einbetten, erklärt sich am leichtesten dadurch, daß sie für ein ihnen gemeinsames Merkmal +w subkategorisiert sind.

Ein weiterer Grund, auch für den E-IS +w anzunehmen, ist die strukturelle Homonymie zum Verb-erst-Deklarativsatz. Da beide Sätze auch kategorial gleiche D-Struktur haben, kann der semantische Unterschied nur darauf zurückgeführt werden, daß sich der E-IS vom Verb-erst-Deklarativsatz durch ein Merkmal (+w) unterscheidet. Damit ist nun auch klar, was die beiden Interrogativsätze verbindet: Nicht die Struktur als solche, sondern das +w-Merkmal ist das Verbindungsglied. Wir haben aber darüber hinaus auch die Tür für eine Merkmalcharakterisierung des Deklarativsatzes geöffnet. Wenn die Interrogativsätze durch +w ausgezeichnet sind, liegt die Annahme nahe, daß der Deklarativsatz –w hat.

Mit der Annahme von Satztypmerkmalen haben wir uns nur teilweise festgelegt, wo sie anzusetzen sind. Hier ist nun genauer dazu Stellung zu nehmen, in welchen funktionalen Projektionen und Positionen sich ihr Auftreten erwarten läßt. Die von uns gewählte Satzstrukturhypothese besagt, daß die C-Projektion Unselbständigkeit signalisiert. Sie sollte also nicht unmittelbar etwas mit Satztypen zu tun haben. Da umgekehrt der interrogative wie auch der deklarative Satztyp sowohl als Verb-erst-, Verb-zweit- wie auch als Verb-letzt-Struktur vorkommen können (s. oben 3.2., 3.3.), liegt es nahe anzunehmen, daß die Satztypmerkmale sich in der I-Projektion befinden, über die alle Sätze verfügen. Wir gehen davon aus, daß jeder Satz in seinem funktionalen Kopf entweder +w oder –w hat, wobei der E-IS als einziger Typ +w und der Deklarativsatz wie auch der w-IS –w in ihrer Kopfposition haben. Es soll weiter angenommen werden, daß neben I^0 bzw. C^0/I^0 auch SpecI bzw. SpecC/I ein Satztypmerkmal aufweisen kann, und die Konstellationen +w –w, –w –w möglich sind. Dies bedeutet, daß –w nie links von +w zu stehen kommt (s. Zimmermann 1991a).

Eine Stütze für diese Annahme ist auch die Doppelbesetzung von SpecC/I und C/I wie in:

(127) Sag mir, wen daß du kennst.

In (127) ist in der Kopfposition nur *daß* möglich.[23] Diese Annahme korreliert an sich auch korrekt mit der unten entwickelten Semantik.

Wir nehmen also im Gegensatz zu Fukui (1986) und vielen anderen nicht an, daß zwischen einer Konstituente in der Spec-Position und dem entsprechenden funktionalen Kopf Spec-head-

---

[23] Zu beachten ist jedoch, daß das Holländische bei entsprechender Doppelbesetzung der Projektion *of* im Kopf hat, weshalb man aus der Besetzung des Kopfes durch *daß* im Deutschen keine allzu weitreichenden theoretischen Schlüsse ziehen kann.

agreement besteht, derart daß die XP in der Spec-Position ihre Legitimierung durch Kopfmerkmale – hier von I^0 bzw. C^0/I^0 – erhält. In der Satztypologie scheint das Konzept des Spec-head-agreement nicht am Platze zu sein, weder syntaktisch noch semantisch. Es ist wenig plausibel anzunehmen, daß die verschiedenartigen XPs in SpecI (*es*, Topik- oder Fokusphrasen, w-Phrasen) von formal und semantisch invariantem I^0 legitimiert werden.[24]

Nicht leicht entscheidbar ist, ob die SpecI-Position im Deklarativsatz immer –w hat oder ob sie –w nur optional aufweist. Wie schon oben ausgeführt, fungiert die SpecC/I-Position als ausgezeichnete Operatorposition, d.h. sie läßt nur ganz bestimmte (u.E. durch ±w ausgezeichnete) Operatorphrasen zu. Dies ist nicht der Fall für SpecI. Mit der Annahme, daß diese Position auch einfach leer, unspezifiziert bleiben kann, können wir nun garantieren, daß sie, wenn sie kein –w enthält, andere Phrasen als die genannten Operatorphrasen optional erlaubt bzw. vom Vorfeld-*es* besetzt wird. Diese Annahme bietet sich schon deshalb an, weil diese anderen Phrasen selbst keine spezifischen Merkmale, z.B. –w haben sollten. Sie gehen ja nicht in diese Position, weil sie müssen, sondern wahlfrei und in Konkurrenz miteinander, mit unterschiedlichen informativen Effekten (z.B. Fokuseffekten). Vieles spricht also dafür, die SpecI-Position durch das optionale Fehlen eines Satztypmerkmals für alle Phrasen offenzuhalten.[25]

Die hier gemachten Annahmen ergeben nun folgende Satztypen:

(128) Verb-letzt-Dekl.satz: $[_{CP/IP}$ SpecC/I $[_{C^1/I^1}$ C^0/I^0 $[\ldots]]]$
–w –w

(129) Verb-zweit-Dekl.satz: $[_{IP}$ SpecI $[_{I^1}$ I^0 $[\ldots]]]$
(–w) –w

(130) Verb-erst-Dekl.satz: $[_{I^1}$ I^0 $[\ldots]]$
–w

(131) Verb-letzt-w-IS: $[_{CP/IP}$ SpecC/I $[_{C^1/I^1}$ C^0/I^0 $[\ldots]]]$
+w –w

(132) Verb-zweit-w-IS: $[_{IP}$ SpecI $[_{I^1}$ I^0 $[\ldots]]]$
+w –w

---

[24] Daß Satztypmerkmale nicht den gleichen Mechanismen wie sonstige Merkmale unterliegen, zeigt sich auch daran, daß eingebettete w-IS nicht als +w-CP-Phrasen fungieren können (d.h. Sätze wie ***Wohin Susi gegangen ist, weiß niemand*** sind als ganzes Deklarativsätze, nicht w-IS) (s. hierzu auch Lutz/Trissler [i.V.]). Die primäre Lokalisierung von +w in der Spec-Position ohne zwangsläufige Annahme von Spec-head-agreement bietet die Möglichkeit, den Unterschied zu Phrasen mit lexikalischer +w-Kopf-Charakteristik (und entsprechender +w-Geltung der Gesamt-XP) im Ansatz zu erfassen.

[25] Die Nichtexistenz von w-Deklarativen, die in Reis/Rosengren (1991b) essentiell auf der Grundlage einer –w-Auszeichnung der SpecI-Position von Deklarativsätzen (vs. fehlender Auszeichnung der entsprechenden Position in Imperativsätzen) erklärt wurde, muß dann allerdings anders begründet werden. Da zwischen der präverbalen Position in Deklarativ- und Imperativsätzen in vieler Hinsicht Unterschiede bestehen (s. Rosengren [im zweiten Band]), scheint es allerdings nicht unmöglich, den Gegensatz zwischen beiden Positionen auch strukturell anders zu fassen.

(133) Verb-letzt-E-IS: $[_{C^1/I^1}\ C^0/I^0\ [...]]$
$\qquad\qquad +w$

(134) Verb-erst-E-IS: $[_{I^1}\ I^0\ [...]]$
$\qquad\qquad +w$

Die vorgeschlagene Satztypologie expliziert auf eine befriedigende Weise die Verwandtschaft zwischen den Satztypen: Durch +w als Merkmal wird der intuitiv empfundenen Verwandtschaft zwischen dem E-IS und dem w-IS Rechnung getragen. Durch –w im Kopf des w-IS wird aber auch die Nähe zwischen dem w-IS und dem Verb-zweit- bzw. Verb-letzt-Deklarativsatz expliziert.

Mit dieser Satztypologie erhalten wir eine Einteilung, die – im Einklang mit den Fakten – quer zu den Verbstellungstypen liegt. Nicht die Verbstellung an sich, sondern die Merkmalspezifizierung des Kopfes bzw. der Spec-Position entscheidet darüber, ob es sich um einen Deklarativsatz oder Interrogativsatz handelt, wobei die Spec-Position über die Kopfposition und plus (+) über minus (-) dominiert.

Wir haben mit der vorgeschlagenen Analyse weiter eine gute Grundlage für die Erklärung der VERUM-Fokusdaten gefunden: Durch unsere Strukturhypothese garantieren wir vorerst, daß immer dieselbe Position, d.h. die oberste Kopfposition, betont wird, das heißt, durch die VERUM-Fokussierung wird jeweils die satztypspezifische Position hervorgehoben, also C^0/I^0 bzw. I^0. Aus der Satztypologie allein ergibt sich aber nicht, daß man auch bei Interrogativsätzen einen VERUM-Fokus haben kann. Für eine einheitliche Erklärung müssen wir vielmehr auf die semantischen Gegenstücke der Satztypen, die Satzmodi, rekurrieren. Wir kommen deshalb nochmals (Abschnitt 4.4.) auf den VERUM-Fokus zurück.

Zusammenfassend können wir feststellen: Es gibt gute Gründe, ein satztyprelevantes +w-Merkmal für Interrogativsätze (in ihrer jeweils obersten funktionalen Position) anzunehmen. Es gibt entsprechend gute Gründe, ein –w-Merkmal als Satztypmerkmal von Deklarativsätzen anzunehmen. Der Verwandtschaft zwischen Deklarativ- und w-Interrogativsatz ist dadurch Rechnung getragen, daß auch der w-IS –w als Kopfmerkmal aufweist. Die –w-Auszeichnung entspricht also dem Defaultcharakter des Deklarativsatzes; entsprechend dominiert gleichzeitig vorhandenes +w über –w. Durch die optionale Kennzeichnung der SpecI-Position können wir weiter zwischen SpecC/I als einer reinen Operatorposition und SpecI als einer auch für andere Phrasen offenen Position unterscheiden.

Für die weiteren Betrachtungen genügt es, vorerst mit den syntaktischen Satztypmerkmalen +w, –w zu rechnen. Es sei dahingestellt, ob weitere Satztypmerkmale anzunehmen sind und wenn ja, welche (s. dazu Zimmermann 1991a). Zum Imperativsatz s. Rosengren (im zweiten Band).

4. Der Satzmodusbegriff und die Satzmodi

4.1. Allgemeine Überlegungen

Ist oder involviert der Satzmodus eine Sprechereinstellung oder handelt es sich um eine einstellungsfreie Referenztypspezifizierung für Sätze? Diese Frage ist oft, dabei kontrovers diskutiert worden (s. hierzu Doherty 1987; Jacobs 1991b; Motsch/Reis/Rosengren 1989; Pasch 1989, 1990a, 1990b, 1991; Reis 1991b; Rosengren 1990 u.a.m.). Wir wollen hier nicht noch einmal die ganze Diskussion wiederholen, sondern begnügen uns mit einer Auflistung der Konsequenzen, die sich u.E. für eine Satzmodustheorie ergeben, die Satzmodus mit Sprechereinstellungen gleichsetzt: Eine solche Hypothese führt einerseits dazu, Verb-letzt-Sätzen als in der Regel eingebetteten Sätzen einen Satzmodus abzusprechen, da sie eingebettet keine Sprechereinstellung aufweisen können. Damit werden selbständige Verb-letzt-Sätze zum Problem, da sie eigentlich eine Sprechereinstellung haben müßten. Andererseits bleibt unklar, wie ein eingebetteter Verb-zweit-Satz seine Sprechereinstellung verliert. Problematisch sind auch die performativ verwendeten Sätze, für die man Umdeutung der Einstellung annehmen muß. Darüber hinaus gibt es eine Reihe von Problemen im Zusammenhang mit dem Imperativsatz (s. hierzu Rosengren [im zweiten Band]). Schließlich sind auch die spezifischen strukturellen und pragmatischen Eigenschaften von sogenannten Echo-Fragen (s. Reis [in diesem Band]) und sogenannten Exklamativsätzen oder Exklamationen (s. Rosengren [in diesem Band]) nur schlecht zu erklären.

Die aufgezählten Probleme können auf einen gemeinsamen Nenner zurückgeführt werden. Die Einstellungshypothese läuft im Prinzip auf eine 1:1-Beziehung, wenn nicht Identifikation, zwischen grammatischen und pragmatischen Faktoren hinaus, da grammatisch von denselben Einstellungen ausgegangen wird, die man auf der illokutiven Ebene als konstitutive Merkmale von Illokutionen ansetzen zu müssen meint. Ganz abgesehen davon, daß das 1:1-Verhältnis an sich keine empirische Stütze findet (s. die oben aufgelisteten Probleme), spricht die Gleichsetzung von Satzmodus und Einstellung gegen unsere modulare Grundthese. Wir gingen oben davon aus, daß die beiden Module, das grammatische und das pragmatische, durch je eigenständige Kenntnissysteme gekennzeichnet sind, die sich nicht auf die Prinzipien, Einheiten und Regeln des jeweiligen anderen Moduls reduzieren lassen. Wenn jedoch dieselben Einstellungen in beiden Modulen figurieren, wobei die pragmatische die grammatische Beschreibung außerdem zu determinieren scheint, nimmt man von Anfang an der modularen Grundthese den Wind aus den Segeln. Eine Theorie, die Satzmodus einstellungsfrei definiert, tut das klarerweise nicht.[26] Im folgenden wollen wir deshalb die Hypothese, daß Satzmodus

---

[26] Die oft angeführten Satzadverbien wie *leider, vermutlich* usw., die Einstellungen ausdrücken, sind nicht nur kein Gegenargument gegen eine einstellungsfreie Satzmodustheorie, sondern stützen eine solche geradezu. Besonders deutlich wird das hier angesprochene Problem bei *vermutlich* (zu *leider* s. 5.1.6.), da keine Satzmodustheorie, die Satzmodus als Einstellung definiert, befriedigend erklären kann, wieso ein Sprecher zugleich zwei Einstellungen desselben Typs in derselben Äußerung ausdrücken kann:

(i) Peter kommt vermutlich.

eine einstellungsfreie Referenztypspezifizierung für Sätze ist, die in Brandt/Rosengren/Zimmermann (1989) programmatisch entwickelt wurde, weiter verfolgen.[27]

Bei der Entwicklung unserer Satzmodustheorie machen wir von der in (17) skizzierten Grammatikkonzeption Gebrauch, in der mit der Syntaxtheorie, die unserer Satztypologie zugrundeliegt, eine Theorie der Semantischen Form (SF) systematisch zusammenwirkt (s. Bierwisch 1987, 1988a, 1989).

Bierwisch (1988a:17) unterscheidet zwischen fünf unterschiedlichen Domänen: (a) A = der Objekte, (b) M = der Substanzen, (c) L = der Lokationen, (d) T = der Zeitintervalle, (e) E = der Sachverhalte. Wir werden im folgenden vor allem die grundlegende Theorie von der Instantiierung von Propositionen durch Sachverhalte für unsere Zwecke fruchtbar machen. Sachverhalte unterliegen Bedingungen, die in Termen von Propositionen charakterisiert werden. Eine Proposition "is a (partial) characterization of an event, i.e. a representation of its structure in terms of participants and subevents [...]. As by definition a proposition is a condition together with its appropriate arguments, it cannot apply to elements of E directly" (ebd.: 23). Bierwisch schlägt nun vor, daß Propositionen durch einen bestimmten Funktor zu Bedingungen für Entitäten e aus E werden. Dieser Funktor ist ein zweistelliges Prädikat INST $\in$ (S/N)/S, das die Referenz auf Sachverhalte ermöglicht und aus einer Proposition p und einem Element aus E eine neue Proposition bildet:

(135) [e INST p]

die folgendermaßen zu lesen ist: "e instantiiert p". INST p ist somit ein Prädikat, das dem Sachverhalt e zukommt. Es ist ein Charakteristikum von Verben, in ihrer SF diesen durch die Konstante INST hergestellten Bezug auf Sachverhalte aufzuweisen. Ein Verb im Lexikon stellt somit nicht nur Argumentstellen für valenzabhängige Argumente bereit, sondern eröffnet auch eine referentielle Argumentstelle, die im Satz durch die Bedeutung eines funktionalen Kopfes

---

In (i) drückt der Sprecher seine Vermutung aus, daß Peter kommt. Wenn der Satztyp aber auch eine epistemisch/doxastische Einstellung zum Ausdruck bringt, vermutet/glaubt der Sprecher sozusagen zweimal, daß Peter kommt. Dies ist natürlich nicht möglich. Eine Einstellungshypothese muß deshalb die eine Einstellung der anderen unterordnen oder sie irgendwie verschwinden lassen. Pasch (1990a), die prinzipiell davon ausgeht, daß Satzmodus nie lexikalisch ausgedrückt wird, läßt deshalb in diesem Fall zu, daß das Satzadverb den Satzmodus realisiert, indem es ihn spezifiziert (s. hierzu Rosengren 1990). Eine solche Lösung weist jedoch u.E. – ganz abgesehen davon, daß sie intuitiv nicht überzeugt – alle Anzeichen auf, eine post-hoc-Lösung zu sein. Eine einstellungsfreie Satzmodustheorie hat hier kein Problem.

27 Hier weichen wir also von Bierwischs (1979, 1980) Modell ab, der Einstellungen schon in der Grammatik vorsieht. U.E. treten Sprechereinstellungen erst auf der Ebene des 'kommunikativen Sinns' hinzu, also auf der illokutiven Ebene. Im übrigen ist unsere Position ohne weiteres mit dem allgemeinen Rahmen von Bierwischs Theorie verträglich. (Es sei daran erinnert, daß nach Bierwisch die grammatisch determinierte Bedeutung eines Ausdrucks B(A) "zusammen mit den Alltagskenntnissen über den Sachzusammenhang, auf den ein Exemplar t von A bezogen wird," die wörtliche oder auch je nach Umständen nichtwörtliche Äußerungsbedeutung M(t) determiniert, und daß Bierwisch auf einer (mindestens analytischen) Trennung von Äußerungsbedeutung und kommunikativem Sinn insistiert (1979:128ff.): "M(t) [determiniert] zusammen mit den allgemeinen Kenntnissen über Interaktionsbedingungen den kommunikativen Sinn CS(t) in Abhängigkeit von der Kommunikationssituation.") Dagegen, daß der kommunikative Sinn seinerseits in Interaktion mit den Griceschen Maximen entsprechende Implikaturen determinieren kann, was unsere Auffassung voraussetzt, spricht nichts. – Eine mit der unseren in diesem Punkt völlig vergleichbare Auffassung vertritt Wunderlich (1979:281f.).

gebunden werden muß. Über diese referentielle Argumentstelle wird also der lexikalische Kopf mit dem funktionalen Kopf kompositionell verbunden und die virtuelle Referenz des propositionalen Gehalts des Satzes garantiert.

Oben wurde angenommen, daß das Merkmal ±w die bisher behandelten Satztypen in solche untergliedert, die in ihrer obersten Strukturdomäne +w bzw. –w haben. Wir wollen nun annehmen, daß die beiden Merkmale +w und –w mit dem Satzmodus systematisch korrespondieren. Das bedeutet, daß alle Sätze, also auch Verb-letzt-Sätze (unselbständige und selbständige) einen Satzmodus haben.

4.2. Der Deklarativsatz

Wir wenden uns zunächst dem *Deklarativsatz* als dem syntaktischen Defaulttyp zu und fragen uns, ob er auch semantisch als Defaulttyp zu beschreiben ist. Ausgehend von dem System von Bierwisch und anschließend an einen Vorschlag von Zimmermann (1988b), wollen wir die semantische Form des Deklarativsatzes durch folgende Formel wiedergeben:

(136) $\exists e$ [e INST p]

In dieser Formel wird die Variable e durch den Existenzoperator gebunden. Und zwar ist

(137) λQ [$\exists e$ [Q e]] mit $Q \in S/N$

die Bedeutung von I^0 (bzw. von C^0/I^0 vermöge des Enthaltenseins von I^0) mit der Kennzeichnung –w. Sie korrespondiert mit der Artikelbedeutung in Substantivgruppen insofern, als hier wie dort das referentielle Argument des Verbs bzw. des Substantivs gebunden und damit der Referenztyp des entsprechenden Syntagmas festgelegt wird (s. Zimmermann 1987, 1988a, 1990, 1991b und Steube 1987). Das funktionale Komplement von C^0/I^0 bzw. I^0 ist die VP, deren SF ein einstelliges Prädikat mit einer referentiellen Argumentstelle ist.

C^0/I^0 wird realisiert durch den Komplementierer *daß*, I^0 entspricht in der D-Struktur ein phonetisch stummer Repräsentant. $\exists e$ in der Formel (136) drückt also virtuelle Existenz des Sachverhalts oder Faktizität aus (nicht zu verwechseln mit Faktivität, vgl. hier auch die Unterscheidung von Oakeshott-Taylor 1984a,b zwischen *factivity* und *factuality* und den *event*-Begriff in Peterson/Wali 1985) und hat auf der Ebene der Semantischen Form nichts mit dem Wahrheitswert des Satzes zu tun. Genauer: (136) repräsentiert in verallgemeinerter Form wahrheitswertfähige Einheiten, die auf mögliche Welten beziehbar sind.

Mit der Annahme, daß der Deklarativsatz der Defaulttyp ist, verbindet sich dann auch problemlos die weitere Annahme, daß seine Bedeutung Teilbedeutung eines jeden anderen Satztyps ist. Dazu jedoch mehr unten. Durch die Abbindung des referentiellen Arguments wird die Struktur zu einem Satz, der virtuell auf einen Sachverhalt referiert.

Die Formel (136) auf einen Satz wie (138) anwendend:

(138) Peter schläft.

erhalten wir, wenn wir von dem folgenden Lexikoneintrag für *schlafen* ausgehen:

(139) $\lambda x\ \lambda e$ [e INST [SCHLAF x]]

die semantische Form:

(140) $\exists e$ [e INST [SCHLAF PETER]]

die kompositional durch Lambdakonversion entstanden ist und in der (wie auch im folgenden) von der Tempussemantik abgesehen wird. Der syntaktische Baum hat auf der LF-Ebene, auf der Verb-erst- bzw. Verb-zweit-Stellung und im allgemeinen auch Topikalisierung[28] nicht sichtbar sind, die Struktur von (141).

(141)

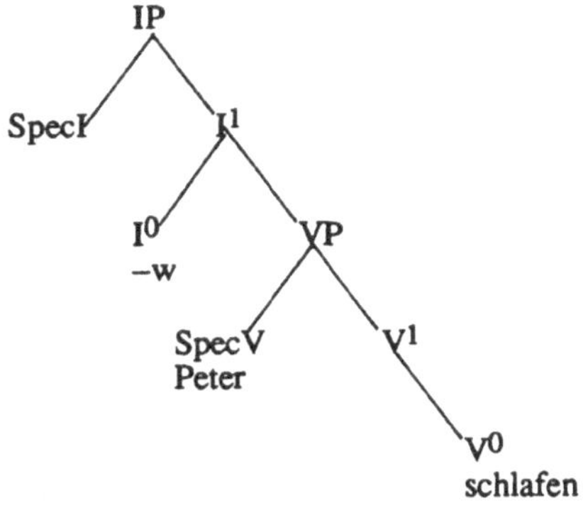

Wir wollen nun annehmen, daß es Übersetzungsregeln gibt, die den syntaktischen Baum in einen entsprechenden semantischen Baum übersetzen. Der semantische Baum hat dann die Struktur von (142), in der (wie auch im folgenden) für verzweigende Einheiten auf die entsprechenden syntaktischen Kategorien hingewiesen wird.

(142)

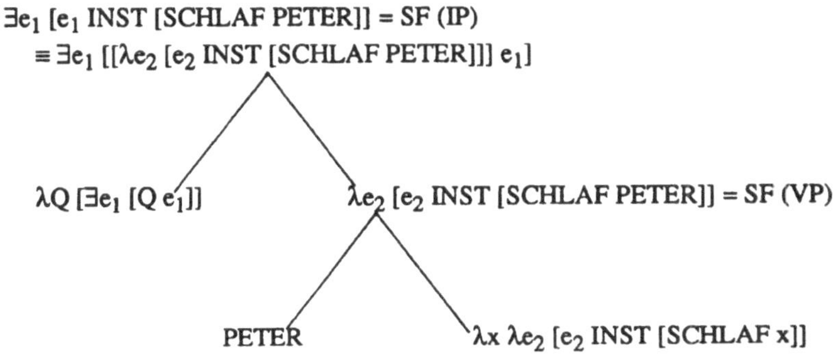

---

28 Dazu, daß Topikalisierung im Sonderfall von Quantorenphrasen zur Veränderung relativer Skopuseffekte führen kann, s. Pafel (1991).

Es handelt sich also um eine im Prinzip homomorphe Abbildung der Syntax, wie sie auf der LF-Ebene gegeben ist, auf die Semantik.

4.3. Der Interrogativsatz

4.3.1. Der E-Interrogativsatz: Für den E-Interrogativsatz, der sich syntaktisch vom Deklarativsatz in C^0/I^0 bzw. I^0 durch das Merkmal +w absetzt, nehmen wir hier wie in Brandt/Rosengren/Zimmermann (1989) zunächst an, daß er in seiner Semantik in dieser Position über $\exists$e hinaus den Funktor OFFEN aufweist (zur Revision dieser Analyse s. unten). Wir wollen also annehmen, daß I^0 bzw. C^0/I^0 mit dem Satztypmerkmal +w folgende Bedeutungscharakterisierung hat:

(143) λQ [OFFEN [$\exists$e [Q e]]] mit OFFEN $\in$ S/S

Mit +w gekennzeichnetes C^0/I^0 bzw. I^0 wird in der D-Struktur durch *ob* bzw. durch einen phonetisch stummen Repräsentanten realisiert, abhängig davon, ob es sich um einen CP/IP- oder einen IP-Satz handelt. Hier stellt sich natürlich die Frage, was uns dazu veranlaßt, auch im E-IS einen Existenzoperator anzusetzen, der außerdem nicht durch –w, sondern durch +w eingeführt wird. Die obige Annahme, daß jeder Satz einen Existenzoperator enthält und die weitere Annahme, daß +w über –w dominiert, gibt uns die Möglichkeit, die Semantik von C^0/I^0 bzw. I^0 mit der Kennzeichnung +w durch die Formel (143) wiederzugeben. OFFEN ist ein Funktor des Typs S/S (s. jedoch unten), d.h. ein einstelliger propositionaler Funktor wie NEG.[29] (Zur näheren semantischen Explikation dieses Operators, s. Rehbock [in diesem Band, b]). Angewandt auf die SF der VP, erhalten wir dann für den E-IS (144) folgende Formel (s. auch Zimmermann 1988b):

(144) Schläft Peter?
(145) OFFEN [$\exists$e [e INST [SCHLAF PETER]]]

Der syntaktische LF-Baum hat die Struktur (146):

(146)

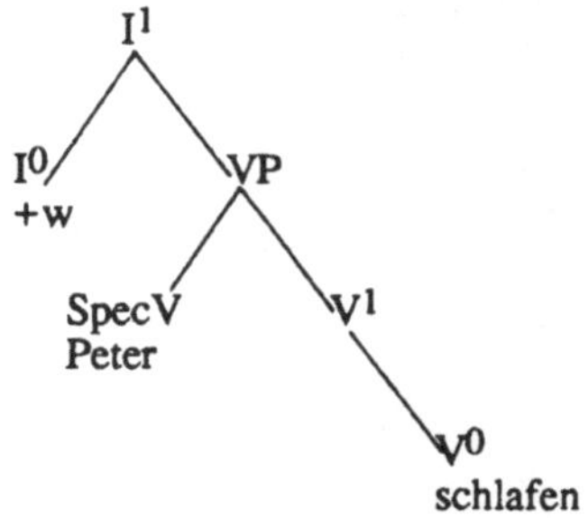

[29] Vgl. hier die Klassifizierung der Funktoren bei Bierwisch (1988b), bei dem ein Funktor OFFEN jedoch nicht vorgesehen ist.

Die semantische Entsprechung hat die Struktur (147):

(147) $\text{OFFEN} [\exists e_1 [e_1 \text{ INST } [\text{SCHLAF PETER}]]] = \text{SF} (I^1)$
$\equiv \text{OFFEN} [\exists e_1 [[\lambda e_2 [e_2 \text{ INST } [\text{SCHLAF PETER}]]] e_1]]$

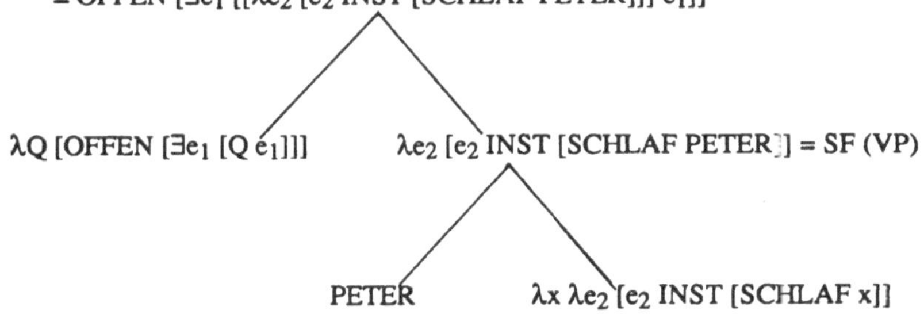

4.3.2. Der w-Interrogativsatz: Wir gingen oben von der Annahme aus, daß der w-IS ein +w in der Spec-Position aufweist und daß das +w die w-Phrase, die ebenfalls ein +w enthält, spätestens in LF attrahiert. Die bewegte w-Phrase hinterläßt eine Spur. Über die w-Phrase wissen wir nun, (a) daß sie eine Operatorphrase und ein Argument bzw. Modifikator zugleich ist und (b) daß sie wesentlich am Ausdruck des Satzmodus beteiligt ist. Die Position in SpecC/I bzw. in SpecI, d.h. in einer non-A-Position links C^1/I^1 bzw. I^1 mit der Bedeutung von ∃e [e INST p], hat zur Folge, daß die Phrase Skopus über ∃e [e INST p] erhält. Von der Annahme ausgehend, daß in w-IS und in E-IS an der linken Peripherie die syntaktische Kennzeichnung +w auftritt, wollen wir nun auch annehmen, daß +w in beiden Fällen mit OFFEN in der SF der betreffenden Konstituenten korrespondiert. Dies hat wiederum zur Folge, daß OFFEN ein Funktor teils des Typs S/S, d.h. ein einstelliger propositionaler Funktor, teils des Typs ((S/S)/S)/N, d.h. ein Funktor desselben Typs wie der Alloperator (zu diesem Operator, s. Bierwisch 1988b; zum OFFEN-Operator, s. Rehbock [in diesem Band, b]) ist. Für *wer* ergibt sich die semantische Form (148). Diese Form werden wir jedoch weiter unten modifizieren.

(148)

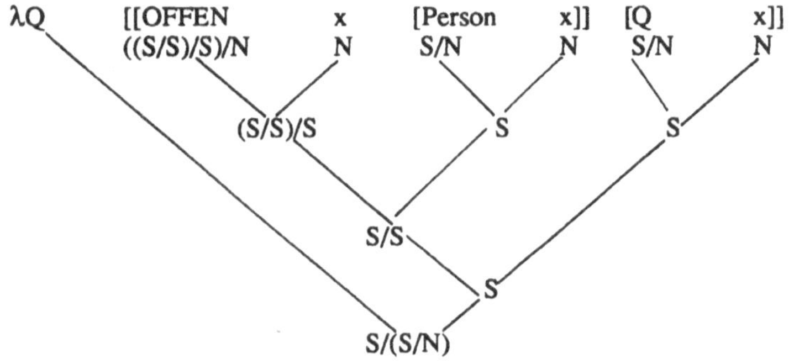

Die SF für:

(149) Wer schläft?

sieht dann folgendermaßen aus:

(150) [[OFFENx [Person x]] [∃e [e INST [SCHLAF x]]]]

Auf der Basis von (150) läßt sich auch die sogenannte Existenzimplikatur [∃x ∃e [e INST [SCHLAF x]]] ableiten (gleich ob als generalisierte oder partikuläre konversationelle Implikatur (s. Reis [in diesem Band] sowie Jacobs 1991a und Meibauer 1991).

Angenommen, daß LF die durch das Merkmal +w nach SpecC/I bzw. SpecI bewegten Operatorphrasen sieht (s. hierzu Reis/Rosengren 1991a), hat der LF-Baum für (149) dann die Struktur (151):

(151)

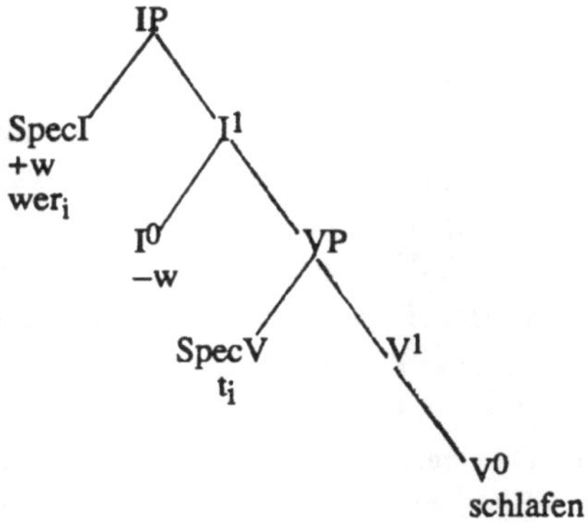

Der semantische Baum hat entsprechend die Struktur (152):

(152) [[OFFENx [PERSON x]] [∃e_1 [e_1 INST [SCHLAF x]]]] = SF (IP)
≡ [[OFFENx [PERSON x]] [[λx_i [∃e_1 [e_1 INST [SCHLAF x_i]]]] x]]

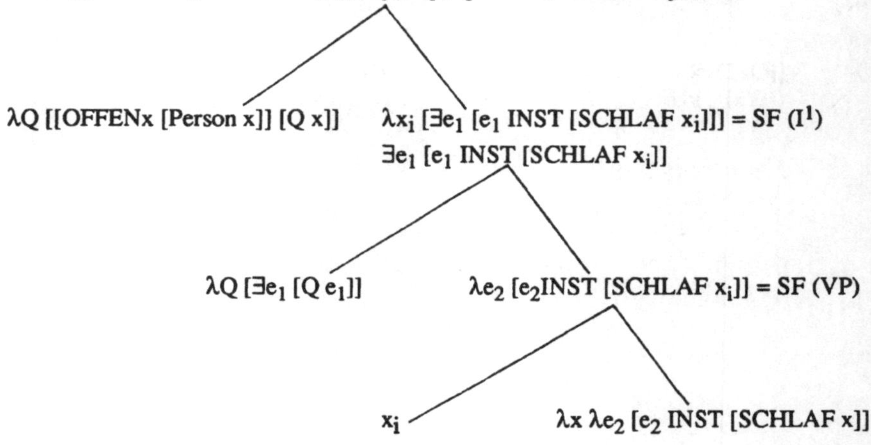

In dieser Bedeutungsrepräsentation wird wie üblich vorausgesetzt, daß die Spur t_i der bewegten w-Phrase *wer* als Variable x_i interpretiert wird und zunächst als ungebundene Variable in die SF des Satzes eingeht. Gleichzeitig wird angenommen, daß die SF der Schwesterkonstituente der in SpecC/I bzw. SpecI befindlichen w-Phrase mit λx_i präfigiert wird, so daß für die Amalgamierung mit der Operatorphrase ein Prädikat vom Typ S/N zur Verfügung steht.

Es ist nötig, diese Verfahrensweise so zu generalisieren, daß sie auch auf komplexe operatorhaltige Einheiten wie *wessen Kind, mit wem, wo* usw. anwendbar ist. Ferner ist der Tatsache Rechnung zu tragen, daß die w-Wörter mehrfunktional sind und neben ihrer Funktion als Interrogativpronomen auch als Indefinit-, Definit- oder als Relativpronomen fungieren. Es ist deshalb angezeigt, zwischen dem in allen diesen Funktionsweisen gemeinsamen Bedeutungsanteil und dem für die jeweilige Funktion spezifischen Bedeutungsanteil dieser Operatorausdrücke zu unterscheiden. Für *wer* als Interrogativpronomen ergäbe sich so folgende wortinterne Repräsentation, wobei (a) den variablen eigentlichen Operatorteil und (b) den invarianten den Referenten charakterisierenden, deskriptiven SF-Teil ausmacht:

(153) $$\underbrace{[[\lambda P\,[\lambda Q\,[[\text{OFFEN}x\,[P\,x]]\,[Q\,x]]]]}_{\text{(a)}}\quad\underbrace{[\lambda x\,[\text{PERSON}\,x]]]}_{\text{(b)}}$$

Durch Lambdakonversion ergibt sich aus (153) (148). Wenn man den Operatorteil (a) in (153) mit dem Determinierer *welcher* assoziiert und ihn statt auf (b) auf die SF des Substantivs *Hund* anwendet, ergibt sich

(154) $$[[\lambda P\,[\lambda Q\,[[\text{OFFEN}x\,[P\,x\,]]\,[Q\,x\,]]]][\lambda x\,[\text{HUND}\,x]]]$$

und nach Lambdakonversion

(155) $$\lambda Q\,[[\text{OFFEN}x\,[\text{HUND}\,x]][Q\,x]]$$

Wir sehen also den Operatorteil (153a), der durch den Determinierer *welcher* lexikalisiert sein kann und in das Interrogativpronomen *wer* inkorporiert ist, in komplementärer Distribution mit anderen Operatorbedeutungen, die ihrerseits in Pronominalausdrücke inkorporiert sein können oder sich lexikalisch realisieren als *ein, kein, jeder* u.a.m.

Die SF des Indefinitpronomens *wer* wiese dann anstelle von OFFEN den Existenzquantor, die des Definitpronomens *wer*, wie es an der Spitze von sogenannten Exklamativsätzen auftreten kann (s. Rosengren [in diesem Band]), eine dem Jota-Operator entsprechende Repräsentation und die des Relativpronomens den Lambda-Operator auf.

Zu erwägen ist, ob zwischen den beiden in Operatorausdrücken beteiligten Propositionen [P x] und [Q x] eine Verknüpfung vorzusehen ist. Im Falle des Existenzquantors könnten [P x] und [Q x] konjunktiv (durch '$\wedge$') verknüpft werden, im Falle des Allquantors durch '$\rightarrow$' und im hier interessierenden Fall der w-Ausdrücke durch das unsymmetrische Konnektiv ':', das "derart daß" zu lesen ist (s. dazu Bierwisch 1988a). Statt (153) ergäbe sich demnach für *wer* die SF (153'):

(153') [[λP [λQ [OFFEN x [[P x] : [Q x]]]]] [λx [PERSON x]]]
mit OFFEN ∈ (S/S)/N

Statt (150) erhielte man als SF des w-IS (149) die folgende Repräsentation:

(150') [OFFEN x [[PERSON x] : [∃e [e INST [SCHLAF x]]]]]

Wir werden im folgenden diese zweite Analyse von w-Phrasen bevorzugen (s. auch Brandt/Rosengren/Zimmermann 1989:13 und Rehbock [in diesem Band, b]).

Wir gehen also von einer syntaktischen und semantischen Polyfunktionalität solcher w-Wörter wie *wer* aus (vgl. auch Reis 1991b) und rechnen mit einem variablen Operatorteil, den wir in (156) (a)-(d) für die Verwendung von *wer* als Interrogativ-, Indefinit-, Definit- und Relativpronomen separat angeben. Dabei korrespondiert die in (a) verzeichnete Operatorbedeutung mit der syntaktischen Kategorisierung von *wer* mit +w –rel –def, die in (b) mit –w –rel –def, die in (c) mit –w –rel +def und die in (d) mit –w +rel αdef.[30]

(156) (a) [λP [λQ [OFFENx [[P x] : [Q x]]]]]
(b) [λP [λQ [∃x [[P x] ∧ [Q x]]]]]
(c) [λP [λQ [∃y [∀x [[P x] ↔ [y = x]]] ∧ [Q y]]]]
(d) [λP [λQ [$(\lambda x)_{-\alpha}$[[P x] : [Q x]]]]]

Angewendet auf den deskriptiven SF-Teil von *wer* (s. (153b)), ergeben sich die vier Bedeutungen von *wer*, wie sie diesem Pronomen in Sätzen wie (157)-(160) zugeschrieben werden.

(157) Wer schläft?
(158) In der hinteren Reihe schläft wer.
(159) Wer da hinten wieder schläft!
(160) Wer schläft, lügt nicht.

(156c) repräsentiert den Operatorteil, der dem ι-Operator entspricht, wie er in Exklamativsätzen mit einer w-Phrase an der Spitze benötigt wird. (Zu diesen Sätzen s. die Einzelheiten bei Rosengren [in diesem Band]). Das Relativpronomen *wer* in freien Relativsätzen wie in (160) hat unserer Annahme zufolge die Bedeutung eines auf Personenbezug eingeschränkten Relativpronomens, das Skopus über die C^1/I^1-Bedeutung des Relativsatzes hat. Der gesamte Relativsatz ist als Prädikatausdruck mit der Bedeutung eines phonetisch stummen Antezedens zu verknüpfen (s. dazu Steube 1991, [im Druck]).

Es sei hier noch auf eine Möglichkeit hingewiesen, w-Phrasen in situ in die SF zu integrieren (s. auch Brandt/Rosengren/Zimmermann 1989). Sie korrespondiert mit der Annahme, daß zwischen S- und N-Einheiten bildenden Operatoren zu unterscheiden ist. ∃, ∀,

30 Zur Kovariation von αdef und der An- bzw. Abwesenheit des Lambdaoperators in (d) bei restriktiven vs. appositiven Relativsätzen s. Zimmermann ([im zweiten Band], [im Druck]).

OFFEN (oder: Ω, s. Rehbock [in diesem Band, b]) sind S-Macher, ε, α, o, ι sind N-Macher. Man könnte dann folgende Äquivalenzen gelten lassen (die beiden ersteren korrespondieren mit Formeln bei Bierwisch 1987:95, die letzteren vgl. mit (156a) und (156c) oben):

(161) (a) $[_A \ldots [\varepsilon x\, [P\, x]] \ldots] \equiv \exists x\, [P\, x] \wedge [_A \ldots x \ldots]$
(b) $[_A \ldots [\alpha x\, [P\, x]] \ldots] \equiv \forall x\, [P\, x] \rightarrow [_A \ldots x \ldots]$
(c) $[_A \ldots [o x\, [P\, x]] \ldots] \equiv \text{OFFEN}x\, [P\, x] : [_A \ldots x \ldots]$
(d) $[_A \ldots [\iota x\, [P\, x]] \ldots] \equiv \exists y\, [\forall x\, [[P\, x] \leftrightarrow [y = x]] \wedge [_A \ldots y \ldots]]$

Wenn man für w-IS und für Exklamativsätze mit einer w-Phrase an der Spitze annimmt, daß sie in SpecI bzw. SpecC/I eine den Skopus markierende Kennzeichnung, +w für interrogativische w-Phrasen und –w für exklamative w-Phrasen, aufweisen,[31] könnten die Äquivalenzen (161c, d) so aufgefaßt werden, daß A die I^1- bzw. C^1/I^1-Bedeutung repräsentiert und nicht – was sonst für die Äquivalenz zu gelten hat – die kleinste Domäne vom Typ S ist.

(161c) angewendet auf (150') ergäbe:

(162) $\exists e\, [e\ \text{INST}\ [\text{SCHLAFEN}\ [o x\, [\text{PERSON}\ x]]]] \equiv$
$\text{OFFEN}x\, [[\text{PERSON}\ x] : [\exists e\, [e\ \text{INST}\ [\text{SCHLAFEN}\ x]]]]$

Fehlt eine w-Markierung in SpecI bzw. SpecC/I wie in vielen Echofragen (s. Reis [in diesem Band]), gilt die Äquivalenz (161c) nicht und die w-Phrase bleibt in ihrer Wirkung lokal beschränkt.

Diese hier skizzierte Möglichkeit rechnet für DP-Bedeutungen nicht mit generalisierten Quantoren vom Typ S/(S/N), sondern mit SF-Einheiten vom Typ N. Die für das Verhältnis von Syntax und Semantik sich daraus ergebenden weitreichenden Konsequenzen können wir hier nicht diskutieren. Jedenfalls würden sehr viele quantifier-raising-Fälle überflüssig sein. w-Phrasenbewegung an die Satzperipherie könnte in den Sprachen, in denen sie auftritt, als rein syntaktische Operation gelten, die der Abdeckung der Skopus- und zugleich Satzmodusmarkierung an der betreffenden peripheren Position in der Struktur von Sätzen dient.

Nach diesem Exkurs wollen wir uns nochmals dem OFFEN-Operator zuwenden. Unbefriedigend bleibt die Zwiegesichtigkeit von OFFEN in E- und in w-IS. In der SF von E-IS handelt es sich um einen der Negation vergleichbaren Funktor vom Typ S/S (s. oben). Im Falle der w-Phrasen haben wir OFFEN in paradigmatische Beziehung mit Quantoren wie dem Existenz- oder dem Allquantor gestellt, deren Funktion es ist, in den beiden beteiligten Propositionen mindestens je eine Variable zu binden. Es ergibt sich die drängende Frage, welchen Charakter die angenommene semantische Komponente OFFEN wirklich hat und ob sich eine noch engere Korrespondenz zwischen ihrem Auftreten in E- und in w-IS finden läßt. Das läuft eigentlich darauf hinaus zu klären, ob beide durch +w gekennzeichnete Interrogativsatztypen nicht auch semantisch auf einen Nenner zu bringen sind. Der folgende Vorschlag

---

31 Zimmermann (1990, 1991a) rechnet damit, daß w-Phrasen in Exklamativsätzen mit +w+def gekennzeichnet sind und so von DPs mit der Kennzeichnung –w+def abgehoben sind, die nicht an die Satzspitze bewegt werden müssen.

stammt von Zimmermann (im zweiten Band) und knüpft an Anregungen an, die Jacobs (1991a,b) zur Behandlung der Interrogativsätze gegeben hat.

Allgemein kann für Interrogativsätze gelten, daß sie auf etwas referieren, dessen Identität offen ist. Bei w-IS gehört das zu identifizierende Referenzobjekt zur Klasse derjenigen x, denen die den Suchbereich und den Erfüllungsbereich charakterisierenden Prädikate zukommen (s. Rehbock [in diesem Band, b]). Bei E-IS ist es eine ausgezeichnete, zweielementige Klasse von Gültigkeitsprädikaten, in der eines zu identifizieren ist, so daß der betreffende Satz als zutreffend bzw. als nicht zutreffend anzusehen wäre. Diese Auffassung des E-IS würde es möglich machen, ihn an die SF von w-IS anzupassen, und zwar durch die Annahme folgender SF für C^0/I^0 bzw. I^0, wo OFFEN nicht als Funktor, sondern wie in w-IS als ein spezifischer Variablenbinder auftritt.

(163) λQ [OFFENG [G [$\exists e$ [Q e]]]] mit OFFEN $\in$ (S/S)/(S/S)
und G $\in$ S/S

G ist wie bei Jacobs (1991a) eine Variable vom Typ S/S für Gültigkeitsprädikate. Anders als bei Jacobs ist, daß diese Variable für E-IS als durch den OFFEN-Operator gebunden angesehen wird, ganz wie in w-IS der OFFEN-Operator als Variablenbinder gilt. Jacobs hat diesen speziellen Operator nicht. Er repräsentiert IS als "offene Propositionen", gekennzeichnet durch Lambdaabstraktion. Es ist allerdings ganz unklar, wie sich IS und Relativsätze unterscheiden sollen. Ein weiterer Unterschied zu Jacobs ergibt sich daraus, daß in (163) die Prädikatvariable G die Proposition [$\exists e$ [Q e]] in ihren Skopus nimmt, d.h. die Existenzquantifizierung der Sachverhaltsvariablen e mit der Charakterisierung Q, wobei Q in unserem System als λe [e INST [p]] zu verstehen ist. Bei Jacobs bezieht sich G direkt auf p. Er hat kein Instantiierungsprädikat. Auf die Konsequenzen dieses Verzichts u.a. für die ganz parallele Referenztypspezifizierung von Substantivgruppen und Sätzen und für die Integrierung von Modifikatoren können wir hier nicht eingehen. Jedenfalls meinen wir, mit der Entscheidung für Bierwischs (1988a) Instantiierungsprädikat als integralem Bestandteil von Verbbedeutungen ein Instrument in der Hand zu haben, das gestattet, sehr viele Parallelitäten von Sätzen und Substantivgruppen als referierende Syntagmen dingfest zu machen (s. dazu Zimmermann [im Druck]).

Die in (163) vorgeschlagene Repräsentation der für E-IS charakteristischen Bedeutung von C^0/I^0 bzw. von I^0 ermöglicht nun die gesuchte Generalisierung, nämlich daß in Interrogativsätzen das syntaktische Merkmal +w im funktionalen Kopf C^0/I^0 bzw. I^0 oder in der Spec-Position mit dem OFFEN-Operator in der SF der relevanten Konstituenten korrespondiert, wobei OFFEN dem Typ (S/S)/α angehört und in w-IS wie auch in E-IS der für IS charakteristischen Variablenbindung und damit der Referenztypspezifizierung dient.

4.4. Der VERUM-Fokus

Mit der oben vorgestellten semantischen Explikation des deklarativen und interrogativen Satzmodus ergibt sich auch die Möglichkeit, den VERUM-Fokus zu explizieren: Der VERUM-

Fokus ist nach diesem Modell nichts anderes als eine Fokussierung des in beiden Satzmodi enthaltenen Existenzoperators.

Zuerst zum Deklarativsatz und E-IS: Da der Existenzoperator immer in C^0/I^0 oder in I^0 steht, ist damit erklärt, daß der VERUM-Fokus entweder durch Betonung des Komplementierers (im CP/IP-Satz) oder aber durch Betonung des finiten Verbs (im IP-Satz) realisiert wird. Mit der Annahme, daß der Existenzoperator hervorgehoben wird, korreliert auch die besondere Wirkung des VERUM-Fokus, die nicht wahrheitsfunktional ist (s. Höhle 1988). Im Interrogativsatz wird durch die Betonung von *ob* ebenfalls nicht die interrogative Bedeutung des Satzes hervorgehoben, sondern daß es genau um die Existenz des von der Proposition denotierten Sachverhalts geht.

Darüber hinaus gibt unsere Deutung der Satzmodi auch die Möglichkeit zu verstehen, wieso die Verb(teil)betonung in Verb-letzt-Stellung einen dem VERUM-Fokus sehr ähnlichen, jedoch nicht identischen Effekt hat:

(164) (A: Ist es möglich, daß Peter seinen CHEF beleidigt hat?)
B: Ja, Peter hat seinen Chef beLEIdigt, das weiß ich bestimmt.
(165) (A: Es wäre gut, wenn das Haus angestrichen würde, und Peter ist für diese Aufgabe am besten geeignet.)
B: Dann kann man nur hoffen, daß Peter das Haus auch ANstreicht.
(166) (A: Hat Peter denn auch die TÜR zugemacht?)
B: Ja, Peter hat die Tür ZUgemacht.

In diesen Beispielen kann es sich nach unserem Modell nicht um den oben beschriebenen VERUM-Fokus handeln, da rein positional nicht die Betonung des Existenzoperators vorliegt. Es handelt sich auch nicht um Kontrastfokus oder sonstigen minimalen Fokus auf der Verbbedeutung als solcher. Der VERUM-ähnliche Effekt erklärt sich u.E. folgendermaßen: Das, was hier hervorgehoben wird, ist der durch die Proposition charakterisierte Sachverhalt selbst, d.h, formal das p in der Formel (136), also nicht der Existenzoperator. Bei Hervorhebung der Proposition als Ganzer scheint es natürlich, daß das Verb bzw. die Verbpartikel betont wird, da das Verb mit seinen Argumenten die spezifische Proposition liefert. Da es auch in diesen Beispielen einen Existenzoperator gibt, versteht es sich von selbst, daß der inhaltliche und Gebrauchsunterschied gegenüber dem VERUM-Fokus nicht groß ist.[32]

Die Frage stellt sich, ob man einen ähnlichen Effekt beim E-IS bekommen kann.

(167) Holt er sie denn morgen auch sicher AB?

In (167) liegt u.E. derselbe Effekt vor wie in (164)-(166).

Höhle (1991a) hat schließlich anhand folgender Beispiele darauf hingewiesen, daß sowohl in Relativsätzen als auch in w-IS Betonung des Pronomens VERUM-Effekt haben kann:

---

[32] Man vgl. hier auch das vieldiskutierte Beispiel (i):

(i) Has he read Slaughterhouse five?
No he doesn't READ books.

Im Englischen kann man das Hilfsverb (VERUM-Fokus), die Negation (wie auch im Deutschen) oder das Verb betonen. Die letztere Betonung würde der deutschen Verbbetonung in (164)-(166) entsprechen.

(168) (Ich kenne wenige Leute, die das Kapital gelesen haben.)
Aber jeder, DER es gelesen hat, ist davon tief beeindruckt.
(169) (Du hast mir erzählt, wen du nicht reingelegt hast.)
Jetzt möchte ich wissen, WEN du reingelegt hast.

Dies ist mit unserer Theorie, nach der im w-IS wie auch im Relativsatz der Existenzoperator in C^0/I^0 steht, auf demselben Weg vereinbar, den Höhle (1991a) skizziert hat (wobei er jedoch nur allgemein von einem Inhaltselement in Kopfposition spricht): Da im Standarddeutschen die Kopfposition in diesen Fällen phonetisch leer ist, übernimmt die w- bzw. d-Phrase in der Spec-Position die Aufgabe der Hervorhebung des Existenzoperators mit. Diese Hypothese (vgl. wiederum Höhle 1991a) würde dann auch implizieren, daß bei VERUM-Fokussierung in Verb-zweit-IS das finite Verb den Akzent trägt und in Dialekten, die beide Positionen lexikalisch besetzen, wie z.B. das Bairische, der Komplementierer betont wird. Dies scheint auch der Fall zu sein:

(170) Wen HAST du besucht?
(171) *WEN hast du besucht?
(172) Bair: ...wen DASS du reingelegt hast. (aus Höhle 1991a)

Im Relativsatz würde es sich entsprechend verhalten.

Schließlich soll noch gefragt werden, ob wir auch bei diesem Satztyp p hervorheben können. Wir meinen, daß dies wohl möglich ist, sogar im gleichen Kontext, vgl. (173):

(173) Jetzt möcht ich wissen, wen du REINgelegt hast.

4.5. Ausblicke

Zusammenfassend können wir feststellen: Die Bedeutung jedes Satzes beinhaltet die durch Formel (136) ausgedrückte Bedeutung. Einen Satz, der nur diese Bedeutung aufweist, nennen wir Deklarativsatz: er ist der Defaulttyp. Die übrigen Satztypen haben darüber hinaus weitere Bedeutungsmerkmale in Form von anderen Operatoren und ggf. den jeweiligen Suchbereich charakterisierenden Faktoren. Das skizzierte Modell erlaubt uns auch, den VERUM-Fokus zu erklären. Wenn der VERUM-Fokus die Fokussierung des Existenzoperators ist, der als Teil des Satzmodus stets in der gleichen Position (I^0) steht, wird bei einer Satzstrukturtheorie wie der unseren fürs Deutsche richtig vorausgesagt, daß beim Verb-letzt-Satz die Konjunktion in C^0/I^0 und beim Verb-erst- und Verb-zweit-Satz das finite Verb in I^0 den entsprechenden Akzent realisiert.

Auf eine schon mehrfach erwähnte Voraussetzung, die unsere Analyse beinhaltet, nämlich daß alle nichtmodifikatorischen Sätze dem semantischen Typ S angehören, ganz gleich ob es sich um CP/IP oder um IP handelt, wollen wir am Schluß unserer semantischen Analyse zurückkommen. Warum machen wir diese Voraussetzung? Wäre es nicht folgerichtig, CP/IP und IP auch semantisch zu unterscheiden? Warum betrachten wir nicht I^0 als den S-Macher und C^0/I^0 als N-Macher (oder ggf. als S/(S/N)-Macher)?

Entscheidend für unsere Annahme ist die Tatsache, daß in SpecC/I Relativpronomen auftreten, die aus S/N-Entitäten S/N-Entitäten, also Prädikate, machen. Ebenso maßgebend ist, daß in SpecC/I bzw. SpecI in LF eine oder mehrere w-Phrasen figurieren können, die jede für sich aus S/N-Einheiten S-Einheiten machen. Dabei ist wichtig, sich zu erinnern, daß die SF der Schwesterkonstituente eines Operatorausdrucks in SpecC/I bzw. in SpecI, also von C^1/I^1 oder von I^1, Lambdaabstraktion unterzogen wird, die ihrerseits auf einer S-Einheit mit einer entsprechenden ungebundenen Variablen operiert, also S in S/N überführt (s. oben (152)). Und der S-Macher, der die referentielle Argumentstelle der VP bindet, sitzt immer in C^0/I^0 bzw. in I^0. Niemand hat unseres Wissens bis jetzt gezeigt, wie kompositionell zu verfahren wäre unter der Voraussetzung, daß C^0 bzw. C^0/I^0 ein N-Macher sei, wenn in SpecC bzw. SpecC/I Operatorausdrücke auftreten.

N-Macher sind unseren Vorstellungen zufolge das stumme Antezedens freier Relativsätze, Korrelatausdrücke und substantivische Einbetter. Vgl.:

(174) Wer einmal lügt, dem glaubt man nicht.
(175) Wir hatten es vorausgesehen, daß Hans nicht kommt.
(176) Gerda erkundigte sich danach, wer wann wen auf dem Klavier begleitet hat.
(177) Sie beschäftigen sich mit der Frage, ob es Universalien gibt.

Es ist eine separate Aufgabe zu zeigen, wie sich Nebensätze (und auch Infinitivkonstruktionen) mit solchen nominalen Einbettungsstützen wie in den angeführten Beispielen syntaktisch und semantisch verknüpfen (s. dazu Steube 1987, 1991, [im Druck] und Zimmermann [im zweiten Band]).

Eine weitere Ergänzung unserer Analyse, die wir hier zum Schluß machen wollen, betrifft den syntaktischen Status der Kategorien C, I, C/I und P im Verhältnis zu D und ihre semantische Funktion. Gibt es ggf. durch Kreuzklassifizierung zu erfassende Parallelitäten? Ist es berechtigt, funktionale Kategorien wie C, I, D und lexikalische Kategorien wie V, N, A, P ggf. Kreuzklassifizierungen zu unterziehen? Was für Kategorien stellen eigentlich Konflationen wie C/I dar? Welche Konflationen sind erlaubt, welche nicht? Die Beantwortung dieser Fragen kann nur schrittweise erfolgen. Wir wollen hier nur im Zusammenhang mit unserer Analyse von Satztypen und den entsprechenden Satzmodi einige Überlegungen anstellen.

1. Wir haben oben adverbielle Konjunktionen wie *weil, obwohl, während* aus der Betrachtung ausgenommen. Sie sind wie adverbielle Präpositionen Prädikatausdrücke und unterscheiden sich insofern wesentlich von Komplementierern, die das nicht sind. Andererseits sind adverbielle Konjunktionen wie Komplementierer Subjunktionen. Das ließe sich durch Kreuzklassifizierung erfassen, derart daß wir neben den differenziellen Merkmalen ±V, ±N für lexikalische Kategorien noch Merkmale wie ±C, ±I, ±D für funktionale Kategorien haben und bestimmte Kreuzklassifizierungen zulassen. Komplementierer könnten dann als +C-Lexeme, adverbielle Konjunktionen als –V–N+C-Lexeme und adverbielle Präpositionen als –V–N-Lexeme angesehen werden. Die Subjunktion *wie* könnte für ihre Verwendung als Komplementierer bzw. als adverbielle Konjunktion die Kategorisierung +C $(-V\ -N)_\alpha$ haben, wobei der Wert für α mit Gegebenheiten der SF von *wie* kovariiert (s. Zimmermann 1991a).

2. Wir haben oben bestimmte semantische Parallelitäten von I und D genannt. Beide funktionale Kategorien dienen semantisch der Referenztypspezifizierung von Sätzen bzw.

Substantivgruppen, indem sie mit ihrer SF das referentielle Argument des lexikalischen Kopfs ihres funktionalen Komplements binden. Es ist nun zu erwarten, daß sich aus dieser gemeinsamen Funktion auch Parallelen in der syntaktischen Kategorisierung ergeben. ±w als differenzielles Merkmal ist nach allem, was wir wissen und oben dargelegt haben, ein solches Merkmal, das sowohl I- als auch D-Einheiten subklassifiziert. Der Determinierer *welcher* hat als Fragepronomen die Kennzeichnung +D+w. Der phonetisch stumme Satzeinleiter Ø für E-IS hat die Kennzeichnung +I+w. Und wenn C und I konflatieren, ist C^0/I^0 zu verstehen als +C+I±w, wobei *daß* mit –w und *ob* mit +w gekennzeichnet ist.

3. Wenn das richtig ist, könnte man damit rechnen, daß bei Vorliegen von Konflationen wie X^0/Y^0 immer auch mit Nichtkonflation zu rechnen ist, derart daß X^0 Y^0 unmittelbar c-kommandiert, wie wir es oben für C und I fürs Jiddische angenommen haben. Auch für die Kategorisierung adverbieller Konjunktionen als –V–N+C-Einheiten könnte dieses Prinzip gelten. *Bis* beispielsweise kann mit C konflatieren, muß es jedoch nicht, was die Kombination *bis daß* belegt.[33] Wir verallgemeinern hier unsere Hypothese zur Parametrisierung der Konflation dahingehend, daß von Sprache zu Sprache und von Lexem(klasse) zu Lexem(klasse) in ein und derselben Sprache in verschiedenem Maße mit Kreuzklassifizierungen syntaktischer Kategorien gerechnet werden muß, die in anderen Systemen distinkt sind und zueinander in einem strengen c-Kommandierungsverhältnis stehen. Eine Vorstufe zu Konflation wird außer c-Kommandierung Adjazenz von X^0 und Y^0 sein.

Mit diesen Ausblicken schließen wir unsere Satztyp- und Satzmodusanalyse ab, wie sie sich aus dem hier angenommenen Grammatikkonzept mit wohlunterschiedenen Repräsentationsebenen ergibt.

5. Die Illokutionstypen

5.1. Die illokutiven Grundtypen

5.1.1. In Übereinstimmung mit unserer modularen Auffassung des Grammatik-Pragmatik-Verhältnisses gehen wir davon aus, daß die illokutiven Grundtypen unabhängig von Satztypen und Satzmodi zu definieren sind. (Auf die Frage, ob es sich dabei um ein eigenständiges Illokutionsmodul handeln muß, kommen wir unten zurück.) Das von uns hier zu erstellende Modell ist lediglich als eine Skizze zu verstehen. Mit dieser Skizze wollen wir jedoch eine Illokutionstypologie umreißen, die mit unserem Satzmodusmodell theoretisch und empirisch kompatibel ist und den systematischen Zusammenhang zwischen der grammatischen Struktur von Sätzen und der pragmatischen Struktur von Illokutionen zu explizieren erlaubt. Insbesondere soll der gesetzmäßige Zusammenhang zwischen Satztyp und Illokutionstyp (bei dem es

---

33 Die Tatsache, daß Verbindungen wie *bis daß* hochsprachlich möglich sind (vgl. auch *auf daß, statt daß, bevor daß* etc.), bestätigt, daß sie auf jeden Fall syntaktisch anders als die nur dialektal möglichen Verbindungen wie *wieviel daß, der wo* analysiert werden müssen.

sich nicht um ein 1:1-Verhältnis handelt) in unserem Modell in der Weise beschreibbar sein, daß sich das Illokutionspotential eines Satztyps aus der Interaktion seines Satzmodus mit der Illokutionstypologie ergibt. Auf eine Diskussion anderer Typologien und Vorschläge (Bach/Harnish 1979; Ballmer/Brennenstuhl 1981; Fraser 1975; Habermas 1971; Motsch 1979; Motsch/Pasch 1987; Rosengren 1979; Searle 1982; Searle/Vanderveken 1985; Wunderlich 1976, um nur einige zu nennen) müssen wir hier verzichten. Keine dieser Typologien leistet das, was wir brauchen, auch wenn einige der Vorschläge unserem Modell sehr nahe stehen.

Da Illokutionen per definitionem sprachliche Handlungen mit Bezug auf die Wirklichkeit (eine bestimmte Welt) sind, die von einem Sprecher vollzogen werden und in der Regel an einen Adressaten gerichtet sind, scheint es plausibel, die Definientia für Illokutionstypen in der kommunikativen Situation, d.h. in der Beziehung zwischen Sprecher, Adressat und Welt zu suchen. In der Forschung der letzten Jahre wurde dabei häufig davon ausgegangen, daß die Sprechereinstellungen als konstitutive Eigenschaften von Illokutionen mit den sogenannten illocutionary points (s. Searle 1969, 1982; Searle/Vanderveken 1985) mindestens gleichberechtigt, wenn nicht primär sind. Es kommt auch vor, daß die Sprechereinstellung mit der Absicht, eine bestimmte Wirkung beim Adressaten zu erreichen (*A soll glauben, daß p; A soll p ausführen*, etc.) assoziiert und beides zusammen der Gliederung in Illokutionstypen zugrundegelegt wird.[34]

U.E. kann die Sprechereinstellung als Klassifikationskriterium für illokutive Grundtypen nicht herangezogen werden, schon deshalb nicht, weil sie bei den meisten Grundtypen kein konstitutives Merkmal ist (s. unten). Das heißt aber nicht, daß wir die mit diesen Grundtypen oder Subtypen eventuell verbundenen Sprechereinstellungen als illokutiv irrelevant betrachten, und wir werden entsprechend für jeden Grundtyp festzustellen versuchen, welche Rolle Einstellungen für ihn spielen. Was dagegen die adressatenbezogenen Ziele betrifft, schließen wir sie – in Übereinstimmung mit Searle – aus der illokutiven Definition ganz aus. Als grundlegendes Definitions- und Klassifikationskriterium betrachten wir (ebenfalls im Anschluß an Searle) den 'illocutionary point' (im folgenden I-Funktion genannt) und damit verbunden die Richtung der Wort-Welt-Beziehung ('direction of fit', vgl. Searle 1982:19f.). In einigen wichtigen Punkten werden wir jedoch trotz der großen Übereinstimmung zu einem anderen Ergebnis als Searle kommen.

Die I-Funktionen definieren wir primär über die drei oben genannten universellen Grundfaktoren der Kommunikation, nämlich Sprecher, Adressat und Welt. In teilweiser Analogie zu dem Bühlerschen Organonmodell (Bühler 1933:90, 1934:28), das bekanntlich zwischen drei generellen Funktionen des sprachlichen Zeichens unterscheidet: Es ist Symbol (d.h. es bezieht sich auf einen Sachverhalt, hat Darstellungsfunktion), es ist Symptom (d.h. es hat

[34] So bei Motsch/Pasch (1987:19), die bei der Absicht im Anschluß an Grice von 'Intention' und bei der beabsichtigten Wirkung von 'Ziel' sprechen. Vgl. auch Brandt et al. (1983:107ff.), wo die Termini 'Absicht' und 'Ziel' synonym verwendet werden. Hier schließen wir uns Searle an und verstehen unter 'Intention' die jeder Illokution zugrundeliegende Absicht, dem Adressaten etwas mitzuteilen, und wir unterstellen, ebenfalls mit Searle, daß der Adressat (vermöge der betreffenden Äußerung) erkennt, welche Mitteilungsabsicht der Sprecher hat. Da diese Mitteilungsintention, ebenso wie das Ziel, allen Illokutionen unabhängig von ihrem Inhalt und Ziel gemeinsam ist, ist sie als Klassifikationskriterium nicht relevant.

Ausdrucksfunktion) und es ist Signal (d.h. es appelliert an einen Rezipienten, hat Appellfunktion), nehmen wir zunächst drei I-Funktionen an. Dabei gehen wir davon aus, daß jedem Illokutionstyp primär genau eine der drei Funktionen entspricht: Mit der *Darstellungshandlung* verweist der Sprecher auf einen Sachverhalt, mit der *Ausdruckshandlung* drückt er Gefühle und Wertungen aus, mit der *Regulierungshandlung*[35] wendet er sich explizit an den Adressaten. Die Regulierungshandlungen decken alle sprachlichen Handlungen, in denen nicht nur der Sprecher, sondern auch der Adressat eine (mit)konstitutive Rolle in Hinblick auf den herbeizuführenden Sachverhalt spielt, d.h. die Beziehung des Adressaten zum Sprecher bzw. zum Sachverhalt essentieller Teil der Illokution ist. Beim ersten Typ geht es also um die Darstellung der sprecher- und adressatenunabhängigen Welt, beim zweiten um den Ausdruck von Sprechergefühlen und -bewertungen, beim dritten um den Vollzug von Handlungen, deren Ausführung an eine Regulierung zwischen Sprecher *und* Adressat gebunden ist. Gefühle und Wertungen, sprecherunabhängige Sachverhalte und Sprecher- oder Adressatenhandlungen sind somit die Sachverhalte, auf die sich die drei Typen von Illokutionen beziehen. Wir wollen sie als die für die Illokution relevanten Sachverhalte bezeichnen und kommen unten vor allem in 5.2. (im Zusammenhang mit den performativen Ausdrücken), aber auch in 5.1.4., auf die Frage zurück, in welchem Verhältnis die Proposition(en) der Äußerung zu ihnen steht/stehen. In diesem Zusammenhang nicht behandelt wird die *Exklamation* (s. hierzu Rosengren [in diesem Band]).

Wie sich die genannten drei Grundtypen zu den Searleschen Klassen verhalten, ist unschwer zu erkennen (s. Searle 1982; Searle/Vanderveken 1985:51ff.): Die Darstellungshandlungen (jedoch nur ein Subtyp, s. unten) entsprechen den Assertiva, die Ausdruckshandlungen den Expressiva. Die Regulierungshandlungen umfassen die Direktiva und Kommissiva.

Die Deklarationen, die bei Searle einen eigenständigen Typ bilden, tun das auch bei uns, da ihre I-Funktion von besonderer Art ist: Bei den bisher besprochenen drei Grundtypen sind wir davon ausgegangen, daß sich die I-Funktion auf vom illokutiven Akt unabhängige Sachverhalte richtet. Die Funktion der Deklaration ist es demgegenüber, einen neuen Sachverhalt mit Hilfe der Sprache zu schaffen ("saying makes it so"): Aufgrund der Illokution ist die Sitzung eröffnet, hat das Kind einen Namen, ist das Buch verschenkt; der Sprecher ändert also mit seiner Äußerung die Welt. Dieser Typ liegt insofern außerhalb des Bühlerschen Dreiecks – auch wenn es sich um eine Sachverhaltsbeziehung handelt –, als dieses weltverändernde Zeichen nicht berücksichtigt. (Zu diesem vielbehandelten Typ s. vor allem Falkenberg 1989, Liedtke 1989, Rehbock [in diesem Band, a] und die dort angeführte Literatur.)

Als Sammelterminus wählen wir – um später eine andere Art von Illokutionen einführen zu können – für die bisher definierten Typen den Terminus *Handlungserklärung* (im Sinne von *declare*, nicht von *explain*). Wie jede andere Handlung ist die Handlungserklärung einklagbar, d.h. der Adressat kann zu der Handlung selbst Stellung nehmen, sie zurückweisen oder akzeptieren etc. In Tabelle 1 sind die vier Typen von Handlungserklärungen zusammengefaßt.

---

35 Den Terminus wählen wir in Anlehnung an Habermas (1971), um die naheliegende Verwechslung zwischen Aufforderung und Appell zu vermeiden; zum erweiterten Verständnis dieses Begriffs, s. schon Bühler (1933:87ff.).

Tabelle 1: Handlungserklärungstypen

	I-Funktion	*Typ*
1.	Weltveränderung	Deklaration
2.	Ausdruck	Ausdruckshandlung
3.	Darstellung	Darstellungshandlung
4.	Sprecher-Adressat-Regulierung von zukünftiger Handlung	Regulierungshandlung

Es sei darauf verwiesen, daß die von uns angenommenen vier Typen von Handlungserklärungen mit den vier möglichen Richtungen der Wort-Welt-Beziehung exakt korrelieren: Darstellungshandlungen haben "Wort-zu-Welt"-Ausrichtung, d.h. es geht darum, die Worte der Welt (d.h. dem im Augenblick der Äußerung relevanten Weltausschnitt) anzupassen, Regulierungshandlungen haben entsprechend "Welt-zu-Wort"-Ausrichtung, Deklarationen vereinen "Welt-zu-Wort"- und "Wort-zu-Welt"-Ausrichtung, Ausdruckshandlungen haben keine Ausrichtung, da sie allenfalls Weltzustände als gegeben voraussetzen. Insofern dieses Kriterium nach Searle/Vanderveken (1985:52) Art und Zahl möglicher Illokutionsklassen begründet, wird unsere Typologie durch die bestehende 1:1-Beziehung bestätigt.

Wir werden uns im folgenden den Grundtypen 2-4 und deren Subklassifizierung zuwenden. Zuerst behandeln wir die Darstellungshandlungen als den einfachsten Typ, danach die Regulierungshandlungen und zuletzt die Ausdruckshandlungen.

5.1.2. Die Darstellungshandlungen gliedern sich in zwei Subtypen: die *Assertion* und die *Frage*. Für die Assertion ist konstitutiv, daß ein Sachverhalt als gegeben dargestellt und, damit verbunden, ein Wahrheitsanspruch erhoben wird (s. dazu auch Rehbock [in diesem Band, a]). Die Frage ist ein komplizierterer Fall. Sie wird in den bisherigen Illokutionstypologien meist entweder als Bitte um eine Antwort unter die Direktiva eingestuft (vgl. Searle 1969:69; Searle/Vanderveken 1985:199f.; Bach/Harnish 1979:48 u.a.m.) oder als eigener illokutiver Grundtyp behandelt (so etwa bei Wunderlich 1976). Beides scheint uns nicht das Richtige zu treffen. Gegen die Einstufung unter Direktiva (d.h. unter die Regulierungshandlungen) sprechen monologische Fragen, wie etwa :

(178) (in einer Vorlesung): Wer war nun die treibende Kraft, die hinter diesen Reformen stand? Alles deutet darauf hin, daß es Bismarck war.
(179) (Überschrift über einen Zeitungsartikel:) Ist der Kommunismus am Ende?

wo die vorausgesetzte Wissenslücke beim Hörer und ihre Schließung beim Sprecher liegt (vgl. auch Wunderlich 1976:213), die für Direktiva geltende Ausrichtung auf eine Adressatenhandlung also nicht vorliegt. Daß die Frage keine Aufforderung ist, zu antworten, zeigt sich auch an den unterschiedlichen Reaktionen auf Fragen und Aufforderungen zu sprachlichen Handlungen:

(180) Wer ist der beste Tennisspieler der Welt?
(181) Nenne mir den besten Tennisspieler der Welt!

Während die positive Reaktion in beiden Fällen dieselbe sein kann (z.B. *Edberg* oder *Becker*), unterscheidet sich die negative Reaktion. Sie lautet bei (180) *Das weiß ich nicht/Das kann ich dir nicht sagen*, bei (181) dagegen entweder *Das kann ich/will ich nicht* oder einfach *Nein*. Nur bei den Aufforderungen ist also eine direkte Verweigerung der erwünschten Handlung möglich. Diese unterschiedlichen Reaktionsmöglichkeiten machen klar, daß bei Aufforderungen vs. Fragen die Wort-Welt-Ausrichtung fundamental verschieden ist, was ihre einheitliche Einstufung verbieten sollte: Während es bei Aufforderungen darum geht, die Welt den Worten anzupassen, geht es bei Fragen um die Anpassung der Worte an die Welt.

Gegen die Behandlung der Frage als Grundtyp neben Darstellungs- und Regulierungshandlungen ist anzuführen, daß so die größere Nähe zwischen Fragen und Assertionen in der Typologie nicht zum Ausdruck kommt: Beide sind kognitiv relevante Illokutionstypen mit Wort-zu-Welt-Ausrichtung, was u.a. zur Folge hat, daß es systematische pragmatische Misch- bzw. Übergangsformen (assertive Fragen, Tag-Fragen verschiedener Art) gibt.

Abweichend von den bisher vorgeschlagenen Typisierungen zählen wir deshalb Fragen zum Grundtyp der Darstellungshandlungen (s. hierzu auch Rosengren 1984, 1986). Während mit der Assertion der betreffende Sachverhalt als gegeben dargestellt und damit auch ein Wahrheitsanspruch erhoben wird, wird mit der Frage auf die Spezifizierungsbedürftigkeit der Proposition hinsichtlich ihrer Gültigkeit oder eines beteiligten Referenzobjektes abgehoben. Der unleugbaren Besonderheit der Frage, daß sie auf eine Antwort abzielt, läßt sich trotzdem Rechnung tragen: Die Antworterwartung ergibt sich aus dem konstitutiven Moment, daß Fragen die Spezifizierungsbedürftigkeit der Proposition thematisieren; es handelt sich also gewissermaßen um eine generalisierte Implikatur.

5.1.3. Auch die Regulierungshandlungen untergliedern sich in Subtypen. Wir haben bisher nur festgestellt, daß das Direktivum wie auch das Kommissivum zu diesem Grundtyp gehören. Hier stellt sich nun die Frage, ob es weitere Subtypen gibt und gegebenenfalls welche diese sind. Da es bei der Regulierungshandlung um die Regulierung der Ausführung einer zukünftigen Handlung des Sprechers oder des Adressaten geht, versteht es sich fast von selbst, daß die für diese Regulierung wesentlichen Faktoren auch die relevanten Parameter für die Untergliederung sind. Die Faktoren sind u.E., bei wem (a) der Wunsch, daß eine bestimmte Handlung ausgeführt wird (Sprecher- vs. Adressatenwunsch), (b) die Entscheidung, daß diese Handlung ausgeführt wird (Sprecher- vs. Adressatenentscheidung) und (c) die Ausführung der Handlung (Sprecher- vs. Adressatenhandlung) liegt. Zu betonen ist, daß es vorrangig auf die Sprecherperspektive ankommt, d.h. der Sprecher macht durch seine Illokution deutlich, wer seiner Meinung nach die Ausführung der Handlung wünscht und über ihre Ausführung entscheidet.

Die Parameter ergeben bei einer Kreuzklassifizierung acht Subtypen. Von diesen acht Subtypen sind nur sechs echt interaktional. Die zwei denkbaren Subtypen, bei denen alle positiven Werte auf entweder der Sprecher- oder der Adressatenseite liegen, können per definitionem keine Regulierungshandlungen sein. Die Konstellationen der sechs echt interaktionalen Subtypen sind in Tabelle 2 aufgeführt:

Tabelle 2: Subtypen der Regulierungshandlungen

Forderung S will S entscheidet A handelt	– A will A entscheidet S handelt
Bitte S will A entscheidet A handelt	*Versprechen* A will S entscheidet S handelt
Bitte um Erlaubnis S will A entscheidet S handelt	*Erlaubnis* A will S entscheidet A handelt

In der linken Spalte finden wir die Handlungen, bei denen der Sprecher selbst will, daß sie ausgeführt werden. In der rechten Spalte stehen die Handlungen, deren Ausführung der Adressat will. Die Subtypen in der jeweiligen Zeile unterscheiden sich außerdem maximal, was die Merkmalkonstellation betrifft. Interessant ist schließlich, daß die Subtypen in der letzten Zeile durch den Zusammenfall von Wunsch und Handlung beim Sprecher bzw. beim Adressaten sich systematisch von den beiden anderen in der jeweiligen Spalte, den herkömmlichen Direktiva und Kommissiva, unterscheiden. Insgesamt zeigt sich jedoch, daß die Faktoren, mit denen man traditionell Direktiva und Kommissiva als Hauptklassen voneinander unterscheidet, auch bei den beiden letzten Typen eine Rolle spielen. Dies spricht für unsere Annahme eines alle sechs Typen subsumierenden Grundtyps von Regulierungshandlungen.

Aus der Tabelle 2 geht auch hervor, daß wir keinen metasprachlichen Terminus für den ersten reaktiven Subtyp finden konnten. Wie sich unten zeigen wird, gibt es aber einen sprachlichen Ausdruckstyp für ihn.

Über die hier definierten Subtypen hinaus gibt es noch Subtypen von Regulierungshandlungen, die durch eine Verbindung der o.a. Merkmalkonstellationen mit weiteren Merkmalen bzw. Gebrauchsbedingungen gekennzeichnet und dadurch auch komplexer sind, z.B. *Vorschlag* und *Angebot*. Bei diesen beiden Regulierungshandlungen kommt noch die Zustimmung des Adressaten zu der Adressaten- bzw. Sprecherhandlung als weiterer definierender Faktor hinzu. Von diesen zu unterscheiden sind Regulierungshandlungen, die eine Reaktion auf eine andere Regulierungshandlung sind, wie die *Einwilligung*. Zu den Regulierungshandlungen gehören auch noch andere Typen, die komplexer sind als die bisher behandelten: so z.B. der *Ratschlag* (nach Wunderlich 1976 eine konditionale Illokution, s. auch Hindelang 1978 und Eklund Simonsson 1990). Wiederum anders zu erklären sind z.B. *Drohungen* (s. Falkenberg [im zweiten Band]).

Neben den bisher behandelten Typen, die alle nicht-konfliktär sind, gibt es schließlich die konfliktären Illokutionen (zu ihrer Beziehung zu den nicht-konfliktären, s. Rosengren 1987):

(182) Ich weigere mich, an der Sitzung teilzunehmen.
(183) Ich verbiete dir, ihn zu besuchen.

Diese konfliktären Illokutionen können auf die obige Typologie zurückgeführt werden. So entspricht die Weigerung wohl dem Versprechen (d.h. ist ein "negiertes" Versprechen) und das Verbot der Erlaubnis (d.h. ist eine "negierte" Erlaubnis).

5.1.4. Wir kommen nun zu der Beschreibung und Subklassifizierung von Ausdruckshandlungen. Diese Handlungen haben die I-Funktion, eine emotive/evaluative Sprechereinstellung gegenüber Sachverhalten bzw. gegenüber dem Adressaten zum Ausdruck zu bringen. Der Ausdruck dieser Einstellung ist an einen lexikalischen (performativen) Ausdruck semantisch gebunden, der stets eine adressatengerichtete Handlung denotiert. Die Einstellung kann sich dabei nur auf den Adressaten richten (vgl. Grüßen oder Willkommenheißen) oder primär auf einen Sachverhalt, in dem der Adressat aber stets wesentlich involviert ist (vgl. Dank, Glückwunsch, Kondolation). Mögliche Subklassifizierungen von Ausdruckshandlungen ergeben sich demnach zum einen aus der inhaltlichen Gliederung der zum Ausdruck gebrachten emotiven/evaluativen Einstellungen (zu Emotionen und Wertungen, s. Fries 1991a,b) zum anderen daraus, ob sich die Einstellung nur auf den Adressaten oder (auch bzw. primär) auf den Sachverhalt bezieht. In Searles Redeweise handelt es sich im ersteren Fall um Illokutionen ohne propositionalen Gehalt (vgl. 1969:32 und vor allem 67), im letzteren Fall um Illokutionen mit einem präsupponierten propositionalen Gehalt (Searle 1982:34f.). Ganz zweifellos ist die letztere Untergliederung relevant gerade dann, wenn man die Zuordnung zu verschiedenen linguistischen Ausdruckstypen im Auge hat;[36] deshalb führen wir sie hier ein. Eine Beschreibung des Unterschieds in Searleschen Termini scheint uns jedoch mißverständlich. U.E. hat zum einen eine Begrüßung wie

(184) Ich heiße Sie willkommen.

im gleichen Sinne einen propositionalen Gehalt wie Deklarationen: Es wird durch die Proposition genau der relevante Sachverhalt (s. oben) (mit)bezeichnet, um den es in der Illokution geht (zu dem die Einstellung also gehört) und der in diesem Fall durch einen performativen Ausdruck realisiert wird. Zum anderen liegt dieser Gleichlauf von performativem Ausdruck und relevantem ('illokutionärem') propositionalem Gehalt nicht nur bei den sogenannten "propositionslosen" Ausdruckshandlungen vor, sondern bei allen Ausdruckshandlungen, also auch bei solchen wie:

(185) Ich danke dir, daß du mir geholfen hast.
(186) Ich danke dir für deine Hilfe.

---

36 Dem ersteren Typ gehören viele syntaktische Randsatztypen an (etwa Grußformeln wie *Hallo, Tach, Tschüß*, oder Ausdruckstypen wie *Du Armer, Du Süße* etc., *Du Linguist du*, etc.); vgl. hierzu Fries (1987).

Der Sachverhalt, um den es dem Sprecher geht, wird also – anders als etwa bei Forderungen oder Versprechen – nicht durch die Proposition des eingebetteten Satzes bzw. der Nominalisierung denotiert, sondern diese ist lediglich die Voraussetzung für die im Matrixsatz verbalisierte Illokution. In dieser Hinsicht geht die Ausdruckshandlung mit der Deklaration zusammen und unterscheidet sich von den beiden anderen Grundtypen, bei denen der illokutionär relevante propositionale Gehalt beim performativen Vollzug die Proposition des eingebetteten Satzes ist (s. hierzu weiter unter 5.2.).

5.1.5. Wir haben bisher ein System von vier illokutiven Grundtypen mit relevanten Subklassen skizziert, in dem die Sprechereinstellung nur beim zweiten Typ (den Ausdruckshandlungen) eine konstitutive Rolle spielt, weil sie zum relevanten propositionalen Gehalt gehört. Auch bei den beiden anderen Grundtypen, den Darstellungshandlungen und den Regulierungshandlungen, sind aber die mit ihnen assoziierten Sprechereinstellungen u.E. illokutiv relevant, und zwar in folgendem Sinne:

Wir gehen davon aus, daß auch bei diesen Handlungen die illokutiv relevanten Sprechereinstellungen Einstellungen des Sprechers zu dem in der betreffenden Äußerung/Illokution thematisierten Sachverhalt sind. Ihr Verhältnis zu den Illokutionstypen und dem propositionalen Gehalt unterscheidet sich jedoch von dem der Ausdruckshandlung insofern, als die je assoziierten Sprechereinstellungen aus den konstitutiven Merkmalen des jeweiligen illokutiven Typs ableitbar, also lediglich Implikaturen sind.

Bei der Darstellungshandlung tritt eine epistemische/doxastische Einstellung zu dem illokutiv relevanten Sachverhalt auf. Diese Einstellung ist im Falle der Assertion aus der konstitutiven I-Funktion als (generalisierte) Implikatur in folgender Weise ableitbar: Da die I-Funktion von Assertionen ist, einen Wahrheitsanspruch zu erheben, muß dem Äußerer einer Assertion aus Konsistenzgründen in der Regel unterstellt werden, daß er an die Existenz des bezeichneten Sachverhalts glaubt. Ob es dazu überhaupt Ausnahmen gibt, ist schwer zu entscheiden; mögliche Kandidaten sind jedoch Handlungen wie Thesen aufstellen, Annahmeeinführung in wissenschaftlichen Argumentationskontexten (zum Zwecke des Beweises oder der Widerlegung), die unseres Erachtens von der Funktion her eher den Assertionen als den Deklarationen zuzurechnen sind. Es spricht für die Implikatur-Deutung, daß in diesen Fällen, und zwar ableitbar aus dem besonderen Verwendungskontext, die epistemische/doxastische Sprechereinstellung entfällt.

Bei Fragen wäre die entsprechende epistemische Sprechereinstellung das Nicht-Wissen. Eine solche Einstellung ist jedoch keineswegs immer vorhanden. Im Grunde genommen liegt sie nur bei Informationsfragen vor. Bei monologischen Fragen wird dem Adressaten Nicht-Wissen unterstellt, während in anderen Fällen überhaupt keine Nicht-Wissens-Einstellung zu dem betreffenden Sachverhalt vorhanden ist: Bei der Prüfungsfrage beispielsweise geht es dem Sprecher nicht um den Sachverhalt selbst, sondern darum, ob der Adressat über das betreffende Wissen verfügt. Soweit spezielle Nicht-Wissens-Einstellungen bei Sprecher oder Adressat vorliegen, sind diese also aus der Interaktion des jeweiligen Ko-/Kontexts und dem konstitutiven Merkmal der Frage, die auf die Spezifizierungsbedürftigkeit der Proposition abhebt, ableitbar.

Bei den Regulierungshandlungen verhält es sich wiederum anders: Eine für alle Typen gemeinsame Sprechereinstellung gibt es nicht. Wie schon oben festgestellt, ist die volitive Einstellung konstitutives Merkmal, und zwar entweder auf der Sprecher- oder auf der Adressatenseite. Beim Kommissivum wird die Intention des Sprechers unterstellt, die Handlung auszuführen. Die intentionale Einstellung ist an sich nicht konstitutiv, da sie aus der konstitutiven Sprecherentscheidung bzw. aus der daraus entstehenden Handlungsverpflichtung ableitbar ist, d.h. aus einem der konstitutiven Faktoren, die das Kommissivum definieren. Vermutlich gibt es auch Regulierungshandlungen ohne jede ableitbare Sprechereinstellung. Ein solcher Kandidat ist u.E. die Erlaubnis, wo die volitive Einstellung auf seiten des Adressaten liegt und keine spezielle Sprechereinstellung vorliegen muß.

5.1.6. Was noch zu besprechen bleibt, ist die illokutive Geltung von Äußerungen wie (187)-(191).

(187) Ich bedaure, daß du nicht kommen kannst.
(188) Ich finde es gut, daß du ihn besucht hast.
(189) Ich bezweifle, daß er recht hat.
(190) Ich möchte, daß du heute noch kommst.
(191) Ich beabsichtige, ihn morgen zu besuchen.

Solche Äußerungen werden oft als Assertionen eingestuft (s. hierzu vor allem Lang/Pasch 1988; Pasch 1985 und Motsch/Pasch 1987). U.E. vollzieht man damit jedoch im unmarkierten Fall keine Assertion einer Einstellung, sondern eine Illokution besonderen Typs.

Das Besondere gegenüber der Assertion einer Einstellung ist, daß kein Wahrheitsanspruch erhoben wird. Die I-Funktion von Äußerungen wie (187)-(191) ist also nicht, einen Einstellungssachverhalt darzustellen, sondern ihn zum Ausdruck zu bringen.[37] Wir wollen sie deshalb Einstellungsbekundungen nennen.[38]

Einstellungsbekundungen sind aber auch keine Ausdruckshandlungen. Bei der Ausdruckshandlung wird eine emotive/evaluative Einstellung dadurch zum Ausdruck gebracht, daß sie an den performativen Ausdruck – durch den primär eine jeweils verschiedene sozial bedingte Handlung beschrieben wird – semantisch gebunden ist (s. oben): So wird durch ***danken*** (u.a.) mit ausgedrückt, daß der Sprecher eine positive Einstellung zu einem Sachverhalt, mit ***begrüßen***, daß er eine positive Einstellung zum Adressaten hat. Die Ausdruckshandlung ist als sozial bedingte Handlung jedoch immer eine adressatengerichtete Handlung. Demgegenüber ist es die Funktion von Einstellungsbekundungen, eine bestimmte Sprechereinstellung auszudrücken, die das Verb explizit denotiert. Ferner ist die Einstellungsbekundung anders als die

37 S. hierzu die kontroverse Diskussion zwischen Lang/Pasch (1988), Pasch (1985 etc.) und Rosengren (1985), die aus Platzgründen nicht wiedergegeben werden kann.

38 Sachverhaltsbeschreibungen über Einstellungen kann man also im Verständnis von Jakobson (1957) als Teilmenge von Sätzen in der 1.Ps.Präs. betrachten, die 'Shifter'-Charakter haben.

Ausdruckshandlung nicht direkt an einen Adressaten gerichtet bzw. der Adressat ist nicht in die Einstellungsbekundung involviert. Der Unterschied zwischen den beiden Typen spiegelt sich schließlich darin, daß der Sprecher sich mit der Einstellungsbekundung anders als mit einer Ausdruckshandlung nicht auf ein erst durch die Illokution gegebenes Fakt bezieht (zu diesem letzteren Bezug, s.unten 5.2.2.).

Daß man ohne die Annahme eines illokutiven Typs der Einstellungsbekundung nicht auskommt, auch wenn man die obigen Äußerungen (187)-(191) als Assertionen oder Ausdruckshandlungen einstufen würde, zeigen schließlich die durch Satzadverbien wie *leider* und *klugerweise* zum Ausdruck gebrachten Einstellungen. Offensichtlich sind solche Adverbien gegenüber dem (assertierten) Rest der Äußerung als Träger einer eigenen Illokution anzusehen. Es kann sich dabei jedoch nicht um eine zweite Assertion handeln, denn man spricht nicht über seine Einstellung, sondern man drückt sie aus. (Was *vermutlich* betrifft, s. Rehbock [in diesem Band, a].) Wenn man nun den Typ ohnehin braucht, gibt es keinen Grund, davon auszugehen, daß er nicht auch durch andere sprachliche Ausdrücke, z.B. Deklarativsätze realisiert werden kann.

Man fragt sich natürlich, welchen Status dieser Typ von Illokution in unserer Illokutionstypologie hat. Einstellungsbekundungen sind nicht einklagbar, d.h., der Adressat kann nicht zu der Handlung selbst Stellung nehmen, sie zurückweisen oder akzeptieren; das stellt sie von vornherein in Gegensatz zur Gesamtheit der Handlungserklärungen. Mit diesem Unterschied korreliert die unterschiedliche Rolle der Sprechereinstellungen: Während bei Handlungserklärungen die mit ihnen gegebenenfalls verbundene Sprechereinstellung niemals explizit ausgedrückt (in der Regel implikatiert) wird, drücken Einstellungsbekundungen Einstellungen stets explizit lexikalisch aus (ohne sie zugleich zu assertieren).

Wenn aber die Einstellungsbekundung der Handlungserklärung gegenübersteht, müssen wir bezogen auf die obige Tabelle 1 eine neue Spalte eröffnen (s. Tabelle 3), in der sie neben den Handlungserklärungen aufgeführt wird. Wie zu erwarten, unterscheiden sich die Subtypen der Einstellungsbekundungen jedoch nicht strukturell voneinander, sondern nur durch den Typ der explizit ausgedrückten Einstellung. Mit ihnen kann auch jede denkbare Einstellung, auch solche, die nichts mit Handlungserklärungen zu tun haben, ausgedrückt werden (z.B. Wertschätzung von Personen und Dingen). Die Parallelen zwischen den verschiedenen Typen von Handlungserklärungen und den Subtypen von Einstellungsbekundungen ergeben sich daraus, daß die Einstellungen, die mit dem jeweiligen Handlungserklärungstyp typischerweise assoziiert sind (s. oben), auch Gegenstand von Einstellungsbekundungen sind; die obengenannte distinktive Eigenschaft dieses Illokutionstyps, Einstellungen stets explizit lexikalisch auszudrücken, ermöglicht dabei eine breite Variation bekundbarer Einstellungen innerhalb jedes Subtyps.

Tabelle 3: Handlungserklärung und Einstellungsbekundung

Handlungserklärung	*Einstellungsbekundung*
1. Deklaration	-
2. Ausdruckshandlung	emotiv/evaluativ
3. Darstellungshandlung	epistemisch/doxastisch
4. Regulierungshandlung	volitiv/intentional

Die folgenden Beispiele illustrieren den Zusammenhang zwischen Handlungserklärung und Einstellungsbekundung:

1. *Deklaration:*

(192) Ich eröffne hiermit die Sitzung.

2. *Ausdruckshandlung:*

(193) Ich danke dir für deine Hilfe.

Einstellungsbekundung:

(194) Ich bin dir dankbar, daß du mir geholfen hast.

3. *Darstellungshandlung:*

Assertion:

(195) Es regnet.
(196) Ich kann Ihnen mitteilen, daß die Transaktion abgeschlossen ist. (performativ)

Einstellungsbekundung:

(197) Ich glaube, daß es regnet.

Frage:

(198) Regnet es?
(199) Wann kommst du?
(200) Ich frage dich, wann du kommst. (performativ)

Einstellungsbekundung:

(201) Ich weiß nicht, ob es regnet.

4. *Regulierungshandlung:*

Direktivum:

(202) Komm sofort!
(203) Ich bitte dich, daß du sofort kommst. (performativ)

Einstellungsbekundung:

(204) Ich möchte, daß du sofort kommst.

Bitte um Erlaubnis:

(205) Darf ich baden gehen?
(206) Ich bitte dich, baden gehen zu dürfen. (performativ)

Einstellungsbekundung:

(207) Ich möchte baden gehen.

Kommissiv:

(208) Ich werde dir helfen.
(209) Ich verspreche dir, daß ich komme. (performativ)

Einstellungsbekundung:

(210) Ich beabsichtige, dir zu helfen.

Erlaubnis:

(211) Du darfst baden gehen.
(212) Ich erlaube dir, baden zu gehen. (performativ)

5.1.7. In diesem Zusammenhang soll noch kurz auf die weitere Subkategorisierung der grundlegenden Illokutionstypen eingegangen werden. Wir gehen davon aus, daß es eine ganze Reihe pragmatischer Merkmale gibt, die zu einer Subklassifizierung der bisher genannten Typen und Subtypen bis hinab zur Einzelillokution führen. Welche Merkmalsdimensionen dabei relevant sind[39] und welchen Status sie gegenüber den bisher diskutierten haben, können wir hier nicht klären. Klar ist aber, daß die performativen Verben oft gerade Unterscheidungen auf niedrigeren Klassifikationsebenen ausdrücken. Gewöhnlicherweise wird etwa zwischen zwei Subtypen von Assertionen unterschieden: *Behauptungen* und *Feststellungen*. Mit einer Behauptung deutet der Sprecher an, daß der Wahrheitsanspruch für die betreffende Proposition strittig, bei der Feststellung geht er davon aus, daß seine Auffassung unproblematisch ist. Wenn kein entsprechender performativer Ausdruck verwendet wird, wird die Frage, ob eine Assertion als Behauptung oder Feststellung aufgefaßt werden soll, in der Regel ko- oder kontextuell entschieden. Entsprechend verhält es sich bei den Direktiva. Der Imperativsatz ist an sich neutral bezüglich Subtypen wie Forderung und Bitte. Jeder dieser Subtypen läßt sich aber weiter untergliedern: Verlangen, Befehlen etc. und Anflehen, Bedrängen etc., die sich auch mit Imperativsätzen vollziehen lassen, sei es in Kombination mit entsprechenden sprachlichen Mitteln (Modalpartikeln, Intonation, Spezifika des propositionalen Gehalts) oder allein abhängig vom Kontext. Auch hier kann man durch performative Äußerungen mit den entsprechenden Verben diese Unterschiede explizit sprachlich ausdrücken (s. hierzu auch Rehbock [in diesem Band, a]).

Wir wollen jedoch nochmals betonen, daß die Existenz eines Subtyps nicht an die Existenz entsprechender performativer Verben gebunden werden darf, wie der o.a. regulative Subtyp (208) zeigt, für den es keinen performativen Ausdruck gibt (Näheres hierzu unten): Sprachliche Ausdrückbarkeit, ggf. durch Zusammenwirken der verschiedenen sprachlichen Mittel, genügt.[40]

5.1.8. Es soll noch kurz auf die schon oben gestellte Frage eingegangen werden, ob es sich bei dem oben beschriebenen Illokutionstypmodell um ein eigenständiges illokutives Submodul

---

[39] Vgl. etwa die Annahme von insgesamt zwölf bzw. sieben solcher Merkmalsdimensionen bei Searle (1982) bzw. Searle/Vanderveken (1985).

[40] Hier sei auf Funktionen von Äußerungen wie die der Begründung, Folgerung und Ergänzung hingewiesen, die oft zu den Illokutionstypen gezählt werden (Rolf 1991). U.E. handelt es sich hier jedoch nicht um Illokutionstypen, sondern um relationale Funktionen, die Illokutionen oder Teile von Illokutionen vereinen. Mit einer begründenden Illokution bezieht sich der Sprecher auf eine andere seiner Illokutionen, indem er entweder diese Illokution selbst oder aber einen von ihr wiedergegebenen Sachverhalt begründet.

Ein ganz anderer Fall ist die Begründung im Sinne der Anführung von Gründen für eine bestimmte Handlung etc. (*Ich habe es getan, weil* ...). Eine solche Begründung wird in der Regel durch eine Assertion realisiert, und die Ansetzung eines besonderen Illokutionstyps erscheint uns auch hier nicht gerechtfertigt. Für eine ausführlichere Diskussion verweisen wir hier auf Brandt/Rosengren (1991).

innerhalb eines größeren pragmatischen Moduls handelt. Unsere Definition der Illokutionstypen nimmt, in teilweiser Anlehnung an das Organonmodell, nur auf allgemeine kommunikative Faktoren Bezug. Von daher muß jedenfalls ein autonomes Modul mit eigenen determinierenden Prinzipien nicht angenommen werden.[41]

5.2. Die Beziehung zwischen Satztyp, Satzmodus und Illokutionstyp

Das hier erstellte Modell gibt nun zu folgenden Fragen Anlaß:

(a) Wie sieht die Beziehung zwischen Satztyp/Satzmodus und Illokutionstyp aus?

(b) Können alle Illokutionen in dieses System eingeordnet werden?

Diesen beiden Fragen wollen wir im folgenden kurz nachgehen.

5.2.1. Bei der Erfassung des Bezugs zwischen Satztyp und Illokutionstyp verfolgen wir den Weg weiter, der schon in Motsch/Reis/Rosengren (1989) im Ansatz skizziert wurde: Wir gehen aus von den oben beschriebenen drei Satztypen und den ihnen zugeordneten Satzmodi und bringen das Faktum, daß jeder dieser Satztypen ein spezifisches Illokutionspotential aufweist, mit ihren Satzmodi in einen systematischen Zusammenhang.

Es wird sich zeigen, daß keine 1:1-Beziehung zwischen Satzmodus und illokutivem Grundtyp vorliegt.[42] Dies bedeutet jedoch nicht, daß es nicht Defaultbeziehungen zwischen ihnen gibt. Beim Deklarativsatz, der das größte Potential hat, besteht ein Defaultbezug zur Assertion; er eignet sich aber darüber hinaus (im Zusammenwirken mit dem propositionalen Gehalt) im Prinzip für die direkte Realisierung von Illokutionen eines jeden Typs. Der Interrogativsatz hat einen Defaultbezug zur Frage, kommt aber (als E-IS) wieder im Zusammenwirken mit dem propositionalen Gehalt, auch als Realisator bestimmter Regulierungs-

---

41 Auch nach Motsch (1991:55ff.) ist das Illokutionssystem (Sill) ein System, das über keine eigenständigen Prinzipien verfügt (vgl. auch Bierwisch 1980). Seine Sicht von Sill ist dennoch eine weitgehend andere, da für ihn in der Illokutionstypologie sprachliche und Handlungsaspekte zusammengeführt werden, wobei die ersteren im Sprachsystem SL, die letzteren und maßgeblichen im System sozialer Interaktionsstrukturen (SI) verankert sind. Unsere Ableitung der Illokutionstypologie aus allgemeinen Faktoren der Kommunikationssituation (wie auch die Korrelierung mit Wort-Welt-Ausrichtung) beinhaltet letzteres gerade nicht; ebensowenig sollte u.E. die Zuordnung zu sprachlichen Ausdrucksmitteln in der Definition von Illokutionstypen verankert (geschweige denn illokutionstypspezifizierend) sein, zumal dies letztlich auf eine konventionelle Zuordnung hinausliefe. Vielmehr hat sich die Zuordnung, vermittelt durch die Instantiierung des Satzmodus, im Äußerungskontext zu ergeben (s. unten). Insofern steht unsere Begründung der Nichteigenständigkeit von Sill der Auffassung von Sperber/Wilson (1986: 242ff.) weit näher, bzw. anders ausgedrückt: Unsere Illokutionstypologie ist eine kommunikativ 'natürliche', sprachnahe Typologie, die den grundsätzlichen Einwänden von Sperber/Wilson (ebd.:244) gegen die Sprechakttheorie im berechtigten Kern Rechnung trägt.

42 Es geht uns hierbei nur um direkte Zuordnungen, d.h. um Illokutions(sub)typen, die sich mit einem bestimmten Satztyp direkt realisieren lassen. Unter direkten Realisierungen von Illokutionen verstehen wir dabei solche, bei denen es nicht zu Umdeutungen der illokutiven Funktion bzw. des illokutionsrelevanten propositionalen Gehalts kommt; unter indirekten Illokutionen solche, bei denen es zu solchen Umdeutungen kommt. Direktheit in unserem Sinn schließt also Inferenzprozesse bzw. den Einfluß von Kontextfaktoren nicht grundsätzlich aus (vgl. etwa unten 5.2.2.). Zu einem vergleichbaren Verständnis von illokutiver Direktheit vs. Indirektheit vgl. Bach/Harnish (1979:10f. und 70).

handlungen vor. Der Imperativsatz schließlich ist in erster Linie für die Realisierung von Direktiva geeignet. (Zu den anderen Verwendungsweisen, s. Liedtke [im zweiten Band]).

Im folgenden wollen wir im Ansatz zeigen, wie aus den einzelnen Satzmodi im Zusammenwirken mit dem propositionalen Gehalt das jeweilige gesamte Illokutionspotential eines Satztyps und seine jeweilige Defaultzuordnung zu einem Illokutionstyp abgeleitet werden kann. In früheren Ansätzen (Motsch/Pasch 1987; Pasch 1989, 1990a,b u.a.) wird die letztere Aufgabe gewissermaßen trivialisiert (s. oben), dadurch daß man einerseits davon ausgeht, daß Satzmodi Sprechereinstellungen sind, andererseits ebendiese Einstellungen als primär konstitutive Eigenschaften von Illokutionstypen ansetzt; daraus ergibt sich die Zuordnung automatisch. U.E. ist jedoch auf der Satzmodusseite von einstellungsfreien Satzmodi, auf der Illokutionsseite von primär über I-Funktionen definierten Illokutionstypen auszugehen, wobei wir nicht einmal für jeden Illokutionstyp eine Sprechereinstellung als konstitutives Merkmal annehmen. Damit ist die sich stellende Aufgabe der Zuordnung keineswegs trivial, sondern der eigentliche Prüfstein unserer Satzmodustheorie: Zu rechtfertigen ist, daß der jeweilige Satzmodus von einer solchen Art ist, daß er genau mit den Illokution(styp)en verträglich ist, die zu seinem Potential gehören.[43] Ein Teil der Rechtfertigung liegt darin, daß die Zuordungsprobleme, die in den Theorien, die den Satzmodus als Einstellung definieren, bei Nicht-Defaultverwendungen entstehen und zur Annahme bestimmter Umdeutungsmechanismen führen, bei uns nicht auftauchen. Im folgenden konzentrieren wir uns auf den Deklarativsatz und den Interrogativsatz. Auf den Imperativsatz wird nur punktuell im Zusammenhang mit den anderen Satztypen eingegangen (s. Liedtke und Rosengren [im zweiten Band]).

5.2.2. Zunächst zum Deklarativsatztyp und seinem illokutiven Potential. Wie oben ausgeführt, stiftet der deklarative Satzmodus einen potentiellen Referenzbezug zu einem Sachverhalt, der im Augenblick der Äußerung realisiert wird. Rehbock (in diesem Band, a) folgend, unterscheiden wir auf der Ebene der Äußerungsbedeutung zwischen *konstativem* und *konstitutivem* Referenzmodus: Die Existenz des von der Proposition denotierten Fakts ist illokutionsunabhängig gegeben bzw. nicht gegeben. Falls der Sprecher sich auf dieses Fakt als illokutionsunabhängig gegeben bezieht (konstativer Referenzmodus), liegt automatisch eine wahrheitswertfähige Äußerung vor, also eine Assertion. In der Regel gilt dabei gleichzeitig, daß der Sprecher auch an die Existenz des Sachverhalts glaubt (s. oben).

Die interessantere Frage ist, wie sich die Realisierbarkeit der anderen Illokutionstypen in Deklarativsatzform ableiten läßt. Hier wird Rehbocks Annahme des konstitutiven Referenzmodus und seine zusätzliche Unterscheidung von zwei Arten des konstitutiven Deklarativsatzgebrauchs (resultativ vs. explizit performativ) wichtig, die ihn zu folgender Deutung führt.

---

[43] Es sei nochmals betont, daß wir auch die Auffassung der Zuordnung von Satztyp und Illokutionstyp als 'konventionell', wie sie nicht nur sprechakttheoretisch (etwa von Searle), sondern auch in linguistischen Ansätzen (etwa dem der Illokutionssemantik, vgl. Zaefferer 1979, Jacobs 1991b) vertreten wird, als eine Form der Trivialisierung des Zuordnungsproblems betrachten und ablehnen. Zur Kritik der Konventionalitätsauffassung aus sprechakttheoretischer Sicht s. Bach/Harnish (1979).

Der resultative Deklarativsatzgebrauch umfaßt Fälle wie:

(213) Dies ist ein Schiff. (in einem Spielkontext)
(214) Karl wird ab morgen das Kommando übernehmen.
(215) Ich werde den Sekt nicht vergessen.

in ihren illokutiven Interpretationen als Deklaration (213), als Direktiv (214) und als Versprechen (215), wie sie in geeigneten Kontexten auftreten, die – vor allem aufgrund der Proposition – auf konstitutiven Referenzmodus schließen lassen. Diese Lesarten sind gegenüber der Lesart als Assertion, die dem konstativen Referenzmodus entspricht, markiert; resultativ heißen sie deshalb, weil der vom Sprecher als Fakt konstituierte Sachverhalt jeweils eine nachzeitige Wirkung der mit der Äußerung vollzogenen Illokution ist. Die entsprechende illokutive Geltung ergibt sich über den Rückschluß vom Resultat auf die illokutive Handlung als notwendige bzw. hinreichende Bedingung für sein Eintreten. Da dieser Schluß nicht die Umdeutung einer Einstellung oder einer illokutiven Geltung beinhaltet (ebensowenig die des propositionalen Gehalts), kann man zu recht von einer direkten Zuordnung sprechen. Damit sind die in Deklarativsätzen ohne performative Formel vollziehbaren Deklarationen, Kommissiva, Direktiva im Prinzip erfaßt.

Bei explizit performativem Deklarativsatzgebrauch liegt *streng gleichzeitige* Referenz auf die eben ablaufende Illokution vor, so daß die Äußerung im Normalfall als genau die Illokution interpretiert wird, auf die der performative Ausdruck referiert:

(216) Hiermit eröffne ich die Ausstellung.
(217) Ich danke dir für deine Hilfe.
(218) Ich bitte dich, dies nie wieder zu tun.
(219) Ich verspreche dir, dies nie wieder zu tun.
(220) Ich erlaube dir, Peter zu besuchen.

Diese unmarkierte Interpretation kann jedoch durch geeignete ko- und kontextuelle Faktoren blockiert werden, mit der Folge, daß die betreffende Äußerung im konstativen Modus als eine Assertion der durch die performative Konstruktion beschriebenen Illokution verstanden wird (s. hierzu auch Brandt et al. 1989). Da der Sprecher im konstitutiven Modus mit dem Deklarativsatz auf die gleichzeitig vollzogene Illokution referieren kann, versteht es sich von selbst, daß der Deklarativsatz geeignet ist, im Zusammenwirken mit der jeweiligen performativen Konstruktion die unterschiedlichsten Illokutionen zu realisieren. Dabei gilt, daß Illokutionen eingeleitet durch performative Ausdrücke wie *ich behaupte, wir teilen Ihnen mit* etc. ebenso Assertionen (und zwar bezüglich des gleichen Sachverhalts) sein können wie die entsprechenden Assertionen ohne die performative Konstruktion (s. hierzu auch Liedtke 1989). Wenn die performative Konstruktion eine nicht-assertive Illokution beschreibt, wird die Äußerung entsprechend einem anderen Illokutionstyp, nämlich dem von der performativen Konstruktion beschriebenen, zugewiesen.

Im Zusammenhang mit performativen Äußerungen ist nochmals auf die schon oben thematisierte Frage einzugehen, wie sich die Proposition eines Satzes, auf die sich der Satzmodus bezieht, und der propositionale Gehalt, um den es in der mit der betreffenden Äußerung vollzogenen Illokution geht, zueinander verhalten. Im allgemeinen wird angenommen, daß in explizit performativen Äußerungen der performative Ausdruck auf die zugleich vollzogene Illokution verweist und der Rest der Satzproposition dem propositionalen Gehalt entspricht. Eine genauere Analyse verlangt aber, wie schon angedeutet, eine Unterscheidung zwischen performativen Ausdrücken für Illokutionstypen, die eine der beiden Wort-Welt-Ausrichtungen haben (Regulierungs- und Darstellungshandlungen) und solchen, die das nicht haben (Deklarationen und Ausdruckshandlungen). Bei den letzteren bezieht sich der performative Ausdruck auf den propositionalen Gehalt, um den es illokutionär geht. Deklarationen zeichnen sich dabei dadurch aus, daß der performative Ausdruck keine potentielle Referenz auf einen sprachlichen Sachverhalt hat:

(221) Ich eröffne hiermit die Sitzung.
(222) Ich schenke dir hiermit das Haus.

Die Proposition der Deklaration beschreibt also einen nicht-sprachlichen Sachverhalt, der genau durch die Referenz der Äußerung auf diesen Sachverhalt zustandekommt. Dies ist der Grund, weshalb bei diesem Typ eine Vielzahl von semantisch nicht verwandten Verben vorkommen kann, nämlich solche Verben, die auf Sachverhalte referieren, die man mit sprachlichen Äußerungen bewirken kann. Wir wollen sie verba operandi nennen.

Bei den Ausdruckhandlungen verhält es sich wie schon oben (5.1.4.) dargestellt wurde, analog, mit dem einen vom Illokutionstyp her erwartbaren Unterschied, daß die einschlägigen performativen Verben stets verba dicendi sind:

(223) Ich danke dir, daß du mir geholfen hast.
(224) Ich heiße dich herzlich willkommen.

Im Gegensatz dazu expliziert bei den Illokutionstypen mit spezifischer Wort-Welt-Ausrichtung der performative Ausdruck nur den Illokutionstyp selbst; den relevanten propositionalen Gehalt repräsentiert die eingebettete Proposition:

(225) Wir teilen Ihnen mit, daß die Transaktion abgeschlossen ist.
(226) Die Transaktion ist abgeschlossen.
(227) Ich verlange von dir, daß du sofort kommst.
(228) Komm sofort!

Nur hier ist also u.E. die Searlesche F(p)-Analyse performativer Äußerungen bzw. seine Auffassung des propositionalen Gehalts am Platze. Die in (225) und (227) beobachtbare Arbeitsteilung zwischen der Matrixproposition und der eingebetteten Proposition ist vermutlich auch der Grund dafür, daß Darstellungs- und Regulierungshandlungen sehr wohl ohne performativen Ausdruck vollzogen werden bzw. vollzogen werden können.

Schließlich noch zu den Einstellungsbekundungen: Wie oben dargestellt, ist die I-Funktion der Einstellungsbekundung genau die Bekundung der von ihr denotierten Einstellung. Darin unterscheidet sie sich von der Assertion, mit der ein Wahrheitsanspruch erhoben wird. Mit der konstativen Assertion hat sie aber gemeinsam, daß sie einen konstativen Referenzmodus aufweist. Den performativen Äußerungen wiederum ähnelt sie dadurch, daß die Matrixproposition die Einstellung (bei den performativen: die Illokution) denotiert, um deren Ausdruck (bei den performativen: um deren Vollzug) es dem Sprecher geht. Im Unterschied zu den performativ realisierten Illokutionen, bei denen die Illokution im Äußerungsaugenblick streng gleichzeitig entsteht, kommt diese Einstellung aber nicht durch die Einstellungsbekundung zustande. Die Einstellungsbekundung ist also aufgrund der Kombination eines konstativen Referenzmodus mit der I-Funktion, eine Einstellung zum Ausdruck zu bringen, ein eigenständiger Illokutionstyp, was die performativen Äußerungen nicht sind. Es versteht sich daher von selbst, daß die Äußerungen genau derselben Sätze – wie auch die performativen Äußerungen – unter geeigneten kontextuellen Bedingungen als Assertionen einer Äußerung verstanden werden können.

5.2.3. Wie der Deklarativsatz referiert auch der Interrogativsatz potentiell auf einen Sachverhalt, der durch den Interrogativsatzmodus jedoch als spezifizierungsbedürftig ausgewiesen wird (s. oben und Rehbock [in diesem Band, b]). Bei der Äußerung von Interrogativsätzen wird entsprechend nicht auf existierende Sachverhalte referiert, sondern beim w-IS geht es um eine Referenz auf noch nicht identifizierte aber identifizierbare Objekte etc., bzw. beim E-IS um eine Referenz auf einen Sachverhalt, dessen Existenz noch nicht entschieden ist. Dieser besondere Typ von Referenz ist die Brücke, die im Defaultfall vom Satzmodus mit seinem Offenoperator zu dem konstitutiven Merkmal der Frageillokution, der Spezifizierungsbedürftigkeit, führt.

Das Illokutionspotential der w-IS ist klein: Es umfaßt eigentlich – möglicherweise abgesehen von Assertionen in Form von rhetorischen Fragen, die man aber als indirekte Illokutionen betrachten kann (s. hierzu Meibauer 1986) – nur Ergänzungsfragen.

Demgegenüber hat der E-IS ein breiteres Illokutionspotential, das wiederum aus seinem Satzmodus abzuleiten ist. Zunächst zu den Illokutionstypen, die nicht in E-IS-Form realisierbar sind: Da man bei der Äußerung eines E-IS nicht auf einen existierenden Sachverhalt referiert, gibt es selbstredend in E-IS-Form weder Deklarationen noch Ausdruckshandlungen, die beide konstitutiven Referenzmodus, ebensowenig Einstellungsbekundungen und Assertionen, die beide konstativen Referenzmodus voraussetzen. (Die Erklärung der o.a. Übergangsfälle und 'Mischtypen' wird dadurch nicht behindert.)

Im Gegensatz dazu sind einige Subtypen von Regulierungshandlungen in Form von E-IS vollziehbar, und zwar genau die, in denen es um die Sprecherhandlung geht und die Entscheidung beim Adressaten liegt, vgl. (229), das den Subtyp realisiert, den wir oben Bitte um Erlaubnis genannt haben, sowie (230), das den obigen namenlosen Subtyp realisiert:

(229) Darf ich baden gehen?
(230) Soll ich Kaffee kochen?

Es liegt auf der Hand, weshalb der E-IS zur Realisierung genau dieser Regulierungshandlungen geeignet, und sogar deren unmarkierte Realisierungsform ist: Für diese Illokutionen ist konstitutiv, daß der Sprecher es nicht in der Hand hat, also auch nicht weiß, ob der Sachverhalt, um den es in den betreffenden Illokutionen geht, zukünftige Wirklichkeit ist oder nicht; diese Offenheit entspricht der Satzmodusbedeutung des E-IS. Von offensichtlicher Wichtigkeit ist dabei die Interaktion mit dem propositionalen Gehalt, insbesondere mit der

Bedeutung von *dürfen* und *sollen: dürfen* drückt aus, daß die volitive Einstellung beim Subjekt = Sprecher und die Entscheidung über die betreffende Handlung nicht bei diesem liegt, *sollen* drückt aus, daß sowohl die volitive Einstellung als auch die Entscheidung nicht beim Subjekt = Sprecher liegt.[44]

Sätze wie (229) und (230) haben auch eine Fragelesart, die aber nur dann auftritt, wenn der Adressat nicht derjenige ist, dem die Entscheidung über die Sprecherhandlung zufällt. Dies ist aber aus offensichtlichen Gründen der markierte Fall. Normalerweise befindet sich in diesen Fällen der Adressat in der Rolle dessen, der nicht nur eine kognitive Lücke schließen, sondern auch die betreffende Handlung freigeben bzw. explizit wünschen soll. Entsprechend ist die Lesart als Regulierungshandlung die unmarkierte Lesart.

Hier soll noch kurz auf die Rolle der Proposition eingegangen werden. Bei allen Regulierungshandlungen wird durch die Proposition die Handlung denotiert, um die es in der Interaktion zwischen Sprecher und Adressat eigentlich geht. Dies ist trivial bei den beiden einfachsten Typen, dem Direktivum und dem Kommissivum. Bei der Bitte um Erlaubnis ist die Sachlage komplizierter. Die Proposition drückt auch hier die Handlung aus, um die es geht. Auch das Modalverb gehört aber zur Proposition (wie übrigens auch bei der durch einen Deklarativsatz realisierten Erlaubnis). Dem Sprecher geht es nicht nur um eine Handlung, die er oder der Adressat ausführen wird, sondern um das Ausführendürfen bzw. -sollen dieser Handlung. Dies ist der propositionale Gehalt sowohl der regulativen wie der Fragelesart von (229)-(230). In dieser Hinsicht sind die bisher diskutierten direkten Realisierungsformen von Regulierungshandlungen durch einen E-IS mit Modalverb von Fällen wie (231), den sogenannten indirekten Illokutionen, zu unterscheiden:

(231) Kannst du das Fenster öffnen?

Auch hier wird die Handlung, um die es geht, propositionalisiert, und ein Modalverb kommt vor. Ebenso ist neben der regulativen eine Fragelesart markiert möglich. Anders als bei (229)-(230) gehört das Modalverb jedoch nur in der Fragelesart zur relevanten Proposition, um die es illokutiv geht. In der regulativen Lesart referiert das Modalverb nicht auf die erwünschte Handlung (wie beim Handeln-dürfen/-sollen), sondern drückt eine Bedingung für das Ausführen dieser Handlung und somit für den Erfolg der Sprachhandlung aus (s. hierzu das Modell bei Rosengren 1983a). Das Modalverb hat somit hier eine ganz andere Funktion als in (229)-(230). Kein Zufall ist es natürlich, daß auch diese (und offenbar auch alle sonstigen) durch E-IS indirekt realisierten direktiven Regulierungshandlungen Bitten sind. Forderungen bzw. Befehle können normalerweise nicht durch einen E-IS realisiert werden, da bei diesen im Prinzip der Sprecher die Handlung festlegt.

---

44 S. zu *sollen* auch Glas (1984) und zu den Modalverben u.a. Öhlschläger (1989).
Eine mögliche Variante zu (230) oben ist auch:

(i) Willst du, daß ich Kaffee koche?

Gegenüber (230) liegt in (i) jedoch kein expliziter Bezug auf den Faktor der Entscheidung vor. Man kann also diskutieren, ob es sich in (i) um eine Regulierungshandlung oder nur um eine normale Frage handelt.

5.2.4. Zusammenfassung: Es hat sich am Beispiel des Deklarativ- und Interrogativsatztyps gezeigt, daß ihr illokutiver Defaultwert aus dem Verhältnis von Satzmodus und Illokutionstyp bzw. der dafür zuständigen I-Funktion abzuleiten ist, wobei sich beim Deklarativsatztyp der Defaultwert aus der Normalität des konstativen Referenzbezugs auf die Welt (gegenüber dem konstitutiven) ergibt. Die weiteren illokutiven Funktionen der einzelnen Satztypen wurden auf der Grundlage des jeweiligen Satzmodus, in regulärer Interaktion mit der Bedeutung der sonstigen an der Äußerung beteiligten lexikalischen und grammatischen Mittel und kontextuellen Faktoren, abgeleitet. Besondere Aufmerksamkeit wurde dabei der Rolle des propositionalen Gehalts, insbesondere der Bedeutung der performativen Ausdrücke und einiger Modalverben gewidmet (zum Beitrag prosodischer Faktoren zur Spezifizierung des Illokutionspotentials von Sätzen und Satztypen s. unten 8.). Nochmals zu betonen ist, daß nur durch die Annahme eines einstellungsfreien Satzmodus zu erklären ist, wie es kommt, daß der Deklarativsatztyp auch einstellungsfreie Illokutionstypen wie die Deklaration realisieren kann und – wenn entsprechend lexikalisch ausgebaut – geeignet ist, alle Illokutionstypen zu realisieren. Ebenso ist es möglich, bestimmte regulative Gebrauchsweisen von E-IS auf der Basis des Satzmodus und der Bedeutung der sonst beteiligten lexikalischen Mittel abzuleiten. Die Kontextfaktoren, die bei einer Ableitung der Nicht-Defaultwerte heranzuziehen sind, haben spezifizierende oder vereindeutigende Funktion; zu einer Umdeutung des Satzmodus bzw. der Einstellungen kommt es nicht. Insofern ist auch die Ableitung der Nicht-Defaultwerte direkt, und die Möglichkeit der Unterscheidung zu genuin indirekt vollzogenen Illokutionen gegeben. Auch dies scheint uns ein Vorteil gegenüber der Annahme, daß der Satzmodus eine Einstellung sei, die bedeutet, daß für alle Nicht-Default-Realisierungen ein Mechanismus eingeführt werden muß, der die nicht gewünschten Einstellungen entsprechend umdeutet oder unterdrückt. Dieser kontraintuitive Weg wird in unserem Ansatz vermieden.

6. Satzadverbien

Eine weitere Frage, die sich aufdrängt, ist die nach der Beziehung zwischen den Satzmodusoperatoren und den sogenannten Satzadverbien. Wir werden uns im folgenden auf einige Klassen von Satzadverbien beschränken und dabei von der Annahme ausgehen, daß es sich bei diesen um Klassen von Operatorausdrücken handelt. Damit unterscheiden wir sie von Prädikaten (vgl. hier auch Espinal 1987). Auch wenn es uns in diesem Abschnitt vor allem um die Beziehung zwischen Satzmodus und Satzadverbien geht, werden wir bei Satzadverbien, die eine Sprechereinstellung ausdrücken, kurz auf ihre Beziehung zu den Einstellungsbekundungen eingehen.

Es soll weiter angenommen werden, daß die Satzadverbien Adjunkte lexikalischer Projektionen sind (s. Hetland 1989). Wir werden uns im folgenden auf VP-Adjunkte konzentrieren. Als Kokonstituenten von Verbprojektionen nehmen sie VP in ihren Skopus, stehen aber selbst im Skopus der Satzmodusoperatoren (vgl. hierzu auch Lang 1983). Nicht näher eingehen wollen wir auf die Frage, ob sie in ihrer Skopusposition basisgeneriert werden oder erst durch Anhebung dorthin gelangen. (Vgl. hierzu vor allem Hetland 1989 und Haftka 1988a,b).

Wir unterscheiden im folgenden vier Klassen von Satzadverbien nach ihrer semantischen Funktion (verkürzend sprechen wir fortan von Operatoren statt von Operatorausdrücken): Die Klasse der Faktizitätsoperatoren (FO) mit der Aufgabe, die Instantiierung der Proposition zu verstärken bzw. hervorzuheben (Beispiele: *wirklich, tatsächlich, wahrhaftig, gewiß*), die Klasse der Modaloperatoren (MO), die *M (Möglich)* und *N (Notwendig)* wiedergeben (Beispiele: *vielleicht, notwendigerweise, unbedingt)*, die Klasse der epistemischen/doxastischeen Operatoren (EpO) (Beispiele: *vermutlich, wahrscheinlich, zweifellos*) und die Klasse der evaluativen Operatoren (EvO) (Beispiele: *leider, bedauerlicherweise, glücklicherweise*). Die beiden letzteren Operatortypen drücken Einstellungen aus, sind also Einstellungsoperatoren. Zu der Frage, ob es sich dabei um eine Sprechereinstellung handeln muß, s. unten. Auf die Negation und auf affirmative Satzadverbien als positives Gegenstück der Negation gehen wir nur vergleichend ein.

Die Faktizitätsoperatoren können sowohl im Deklarativsatz als auch im Interrogativsatz stehen.

(232) Peter kommt tatsächlich/wirklich.
(233) Kommt Peter tatsächlich/wirklich?
(234) Hat Peter es wahrhaftig getan?
(235) Wann kommt nun Peter tatsächlich?
(236) Was hast du nun wirklich gesagt?

Wenn die Annahme richtig ist, daß sie die Instantiierung von p unterstreichen bzw. verstärken, ist dieses Auftreten in Interrogativsätzen auch zu erwarten. (Zum Vergleich s. den VERUM-Fokus in 4.4.) Man muß die faktische Existenz eines Sachverhalts bzw. eines Partizipanten erfragen können. Das bedeutet dann auch, daß der Interrogativoperator Skopus über die FO hat. Als semantische Form für FO geben wir die von *tatsächlich* an:

(237) λp [~~ FAKT p]

Durch funktionale Komposition ergibt sich für die VP-Bedeutung von (238) die semantische Form (239).

(238) Schläft Peter tatsächlich?
(239) λe [~~ FAKT [e INST [SCHLAF PETER]]]

Mit den FO haben die MO gemein, sowohl in Deklarativsätzen als auch in E-IS stehen zu können. In w-IS scheinen sie uns weniger akzeptabel zu sein (von sogenannten Echo-Fragen ist hierbei natürlich abzusehen, s.unten 8.).

(240) Kommt er vielleicht?
(241) Muß er unbedingt gerade heute kommen?
(242) ?Wer kommt vielleicht?
(243) ?Wann kommt er vielleicht?

Diese Restriktionen erklären sich bei den MO – wie bei den FO – aus ihrer Bedeutung: Man muß die Existenz eines Sachverhalts, der möglicher-/notwendigerweise p instantiiert, erfragen können. Die Bedeutung von *vielleicht* wollen wir folgendermaßen wiedergeben:

(244) λp [Mp]

Die MO würden durch funktionale Komposition mit der VP-Bedeutung die Proposition [e INST p] in ihren Skopus nehmen, was für den Deklarativsatz:

(245) Vielleicht schläft Peter.

folgende SF ergeben würde:

(246) ∃e [M [e INST [SCHLAF PETER]]]

Die EpO unterscheiden sich von den MO dadurch, daß sie eine Einstellung (nicht notwendigerweise des Sprechers, s. unten) ausdrücken. In ihrer semantischen Form gibt es deshalb eine Variable für den Einstellungsträger. Die SF für *vermutlich* wäre dann

(247) λp [x VERMUT p]

Man vergleiche hier die SF von *vermuten*:

(248) λp λx λe [e INST [x VERMUT p]]

Die Verbbedeutung stellt die Bezugnahme auf einen zur Rede stehenden Einstellungssachverhalt her. Das ist bei den entsprechenden EpO nicht der Fall. Ein weiterer Unterschied zwischen EpO und vergleichbaren Verben besteht – wie (247) und (248) zeigen – darin, daß x als Variable für den Einstellungsträger nur in der Verbbedeutung für syntaktische Spezifizierung zugänglich gemacht ist. In der EpO-Bedeutung geht x als freier Parameter in die Äußerungsbedeutung ein und ist damit nicht notwendig auf den Sprecher festgelegt. Dies erklärt den Unterschied zwischen einer Einstellungsbekundung ausgedrückt durch *vermuten* und einer ausgedrückt durch *vermutlich*:

(249) Ich vermute, daß Peter kommt.
(250) Peter kommt vermutlich.

Im ersteren Fall wird durch die Matrixproposition auf den Sachverhalt der Einstellung referiert. Es liegt konstativer Referenzmodus vor. Die ganze Äußerung ist eine Einstellungsbekundung. Im zweiten Fall liegt beim Adverb keine solche Referenz auf einen Sachverhalt vor. Die Bedeutung des Adverbs wird mit der Satzbedeutung amalgamiert und die Referenz auf den Sprecher wird erst ko- oder kontextuell festgelegt, wobei zugleich – im Falle einer Sprecherreferenz – die Äußerung als eine Einstellungsbekundung aufgefaßt wird. Diese Einstellungsbekundung unterscheidet sich aber von der in (249) gerade dadurch, daß es nur einen Existenzoperator gibt, der den Einstellungsausdruck in seinem Skopus hat, und deshalb auch nur eine Sachverhaltsreferenz vorliegt. Demgegenüber nimmt der Existenzoperator des Matrixsatzes mit *vermuten* (249) den Existenzoperator des Konstituentensatzes in seinen

Skopus. Das Ergebnis der Amalgamierung der Deklarativsatzbedeutung mit der Bedeutung des Adverbs in (250) hat deshalb auch zu Folge, daß der geäußerte Deklarativsatz nicht als Behauptung aufgefaßt werden kann, denn man kann nicht zugleich etwas vermuten und behaupten, daß es existiert.

Wie die MO nehmen die EpO [e INST p] in ihren Skopus. Anders als die MO können die EpO jedoch nicht in E-IS, dagegen wohl in w-IS auftreten:

(251) *Kommt er vermutlich?
(252) Wann kommt er vermutlich?

Dieser Unterschied zwischen MO und EpO sollte auf ihre unterschiedliche Bedeutung zurückzuführen sein, nämlich darauf, daß EpO aber nicht MO Einstellungen denotieren. Mit Sicherheit ist dies der Grund dafür, daß (253) grammatisch und (254) ungrammatisch ist:

(253) Er kommt vielleicht, vielleicht aber auch nicht. (s. Rosengren 1984)
(254) *Er kommt vermutlich, vermutlich aber auch nicht.

Wenn *vielleicht* ein EpO wäre, könnten die beiden Sätze nicht zusammen geäußert werden, ohne daß dabei ein Einstellungskonflikt entstünde, der mit dem Mooreschen Paradox zu vergleichen wäre, vgl. (255):

(255) *Ich behaupte, daß er kommt. Ich glaube es aber nicht.

Diese Erklärung des Unterschieds zwischen den MO und den EpO wird auch nicht außer Kraft gesetzt durch die Tatsache, daß kein Modaloperator des Typs N in (253) auftreten kann. Der Grund, weshalb dies nicht möglich ist, ist in der Bedeutung von N zu suchen.

Die bisherige Analyse bedeutet, daß wir davon ausgehen, daß MO und EpO denselben syntaktisch-semantischen Status haben, sich in ihrer SF jedoch unterscheiden.

Die EvO haben wie die EpO mit Einstellungen zu tun. Sie können auch nicht in E-IS stehen, in w-IS sind sie eventuell möglich:

(256) *Kommt Peter leider?
(257) ?Wann kommt Peter leider?

Die Ungrammatikalität von (256) und möglicherweise (257) erklärt sich aus der Bedeutung von *leider*:

(258) λp [x BEDAUER p]

Für den Deklarativsatz (259) ergibt sich dann die SF (260):

(259) Peter schläft leider.
(260) $\exists$e [x BEDAUER [e INST [SCHLAF PETER]]]

Da *leider* ein faktiver Operator ist, impliziert [x BEDAUER p], daß [x GLAUB p]. Deshalb sind die EvO nicht mit dem Interrogativsatzmodus verträglich.

Wie bei den EpO handelt es sich also bei den EvO um eine Einstellung. Aufgrund der Faktivität der EvO kann man aber mit einem Satz wie (259) zugleich eine Assertion und eine Einstellungsbekundung vollziehen (s. hierzu Rosengren 1984).

Die bisherigen Daten sprechen nicht gegen unsere Annahme, daß die Adverbien im Skopus der Satzmodusoperatoren stehen. Schwieriger ist es, die gegenseitigen Skopusverhältnisse der einzelnen Satzadverbiengruppen in den Griff zu bekommen.

Wie Hetland (1989) zeigt, spielen die (oberflächenstrukturellen) Wortfolgeregularitäten eine ganz andere Rolle im Bereich der Adverbien als z.B. in dem Bereich der Quantoren. Wir wissen u.a., daß Satzadverbien normalerweise nicht nach Modaladverbien stehen:

(261) Er würde es wahrscheinlich gern tun.
(262) *Er würde es gern wahrscheinlich tun.

Sie stehen normalerweise vor der Negation:

(263) Er würde es wahrscheinlich nicht tun.
(264) *Er würde es nicht wahrscheinlich tun.

Mit diesen Abfolgeregularitäten sind entsprechende Skopusverhältnisse verbunden. Satzadverbien haben offensichtlich Skopus über andere Adverbien. Sie haben auch Skopus über die Negation bzw. können nicht negiert werden (s. hierzu Lang 1983 und Hetland 1989). Sätze wie die folgenden widersprechen dieser Annahme im Prinzip nicht:

(265) Er hat während der Vorlesung wirklich nicht geschlafen.
(266) Er hat während der Vorlesung nicht wirklich geschlafen.

Diese beiden Sätze sind nicht äquivalent. Während *nicht* in (265) VP negiert, scheint es in (266) nur Skopus über *wirklich* zu haben. Im letzteren Fall ist *wirklich* eher als ein Artadverbial zu betrachten. Mit dem Skopusunterschied korreliert ein Fokusunterschied und ein Informationsunterschied, da es sich in (266) um einen minimalen Fokus und dabei wahrscheinlich um einen Kontrastfokus handelt. Auf diese Problematik wollen wir jedoch nicht weiter eingehen, da sie für die hier abgehandelten Fragen keine entscheidende Rolle spielt.

Die Abfolgeregularitäten und Skopusverhältnisse zwischen Satzadverbien und anderen Adverbien lassen uns nun weiter die Frage stellen, ob auch die einzelnen Satzadverbienklassen Abfolgeregularitäten aufweisen, aus denen man Folgerungen hinsichtlich ihrer gegenseitigen Skopusverhältnisse ziehen kann. Aufgrund ihrer Bedeutung sind bestimmte Typen von Satzadverbien nicht kompatibel: so z.B. MO des Typs M und EvO. Besonders interessant für unsere Grundannahme, daß alle Adverbien im Skopus der Satzmodusoperatoren stehen, ist in diesem Zusammenhang jedoch vor allem das Verhältnis zwischen EpO und EvO. Lang (1983) geht davon aus, daß die EpO im Skopus der EvO stehen. Hetland (1989) schließt aus der Abfolge im Mittelfeld:

(267) Er wird vermutlich leider kommen.
(268) *Er wird leider vermutlich kommen.

daß die EpO die EvO in ihren Skopus nehmen. Dieser Annahme widerspricht nicht notwendigerweise ein Satz wie der folgende:

(269) Leider wird er vermutlich kommen.

Wenn wir davon ausgehen, daß die Skopusdomäne VP ist, bedeutet eine Plazierung im Vorfeld nämlich nicht, daß das Adverb von dort aus Skopus über den ganzen Satz ausübt. Es ist eher anzunehmen, daß die Spur in der Skopusposition den Skopus des Adverbs angibt. Andererseits spricht die Abfolge im Mittelfeld nicht notwendigerweise für die Annahme, daß EpO Skopus über EvO haben.

Die Frage, ob *vermutlich leider* oder *leider vermutlich* in seinen Skopus nimmt, ist möglicherweise falsch gestellt. Äußerungen wie (267) und (269) sind nicht nur selten. Sie sind auch schwer interpretierbar. Die folgenden beiden Konstruktionen weisen auf eine andere Lösung hin:

(270) Er wird vermutlich kommen und das ist zu bedauern.
(271) *Er wird leider kommen und das ist zu vermuten.

Man kann etwas bedauern, was nicht sicher stattfinden wird. Man kann jedoch nichts vermuten, von dem man schon glaubt (s. oben 5.1. zu der Bedeutung von *leider*), daß es stattgefunden hat oder stattfinden wird. Uns scheint, daß beide Adverbien nur Skopus über die Proposition oder in unserer Terminologie über [e INST p] haben. Durch die Abfolge der Satzadverbien in (267) wird suggeriert, daß es sich um ein Skopusverhältnis zwischen zwei Operatoren handelt. Semantisch muß dies aber nicht der Fall sein.

Wenn diese Analyse richtig ist, wird sie auch für die Beziehungen zwischen anderen Satzadverbien und den EvO Gültigkeit haben. Zu erwarten ist, daß z.B. FO und EpO zusammen auftreten könnten. Dies ist auch tatsächlich der Fall:

(272) Er kommt wahrscheinlich tatsächlich.
(273) Er wird ihr vermutlich wirklich ein Auto schenken.

Die beiden Satzadverbien haben hier unterschiedliche Bedeutungen und Funktionen, ohne daß die FO zugleich faktiv sind. Sie sind also miteinander kompatibel (vgl. hierzu auch Dieling 1986).

Zusammenfassend meinen wir also: Die Satzadverbien FO, MO, EpO, EvO sind Operatorausdrücke mit derselben Skopusdomäne, nämlich VP, unterscheiden sich aber semantisch. Die FO verstärken und unterstreichen die Instantiierung von p, die MO realisieren die Modaloperatoren M und N; die EpO und EvO sind Realisierungen von Einstellungsoperatoren. Sie nehmen u.a. die Negation in ihren Skopus. Keiner der Typen hat Skopus über den Satzmodusoperator, der also alle anderen bisher behandelten Operatoren in seinen Skopus nimmt.

7. Modalpartikeln

In diesem Zusammenhang interessant sind nun auch die Modalpartikeln, *bloß, denn, doch, eben, etwa, ja, nur, schon, vielleicht, wohl,* etc. Es ist nicht ohne weiteres klar, wie sich diese Klasse von Partikeln von den Satzadverbien und von anderen Typen von Partikeln abgrenzen läßt, und somit auch nicht, wie sie zu definieren ist. Die Modalpartikeln werden bekanntlich oft als Einstellungsausdrücke und manchmal als illokutive Indikatoren bezeichnet. Über ihre Semantik und ihr syntaktisches Auftreten wissen wir u.a. folgendes (vgl. auch Helbig 1988; Thurmair 1989): (a) ihre lexikalische Bedeutung ist im Verhältnis zu der der Homonyme abgeschwächt; dafür haben sie eine spezifische kommunikative Funktion; (b) sie können nicht allein im Vorfeld auftreten und damit haben sie auch keinen Satzgliedstatus im strikten Sinn des Wortes; (c) sie sind i.d.R. unbetont; (d) sie sind nicht negierbar; (e) sie lassen sich untereinander und mit Satzadverbien kombinieren; (f) sie treten i.d.R. in spezifischen Satztypen auf. Diese Eigenschaften der Modalpartikeln weisen darauf hin, daß sie als grammatische Klasse einen Sonderstatus haben, der sich am besten an dem fehlenden Satzgliedwert und der diffusen Semantik festmachen läßt. Ihre Eigenart erfaßt man prätheoretisch vielleicht am ehesten, indem man sie von den Wortklassen, die sich morphologisch/syntaktisch definieren lassen, als Funktionsklasse absetzt. Das, was sie als Klasse zusammenhält, ist ihre kommunikative Funktion. Das muß natürlich nicht bedeuten, daß sie keine grammatisch determinierte Bedeutung haben. Gegenüber den meisten anderen lexikalischen Kategorien haben sie aber keine potentielle Referenz.

Eine Einordnung in unser Satzmodusmodell präzisiert das bisher Gesagte. Wir nehmen an, daß die Modalpartikeln die modalen Operatoren sind, die dem Satzmodus (sowohl positional als auch inhaltlich) am nächsten stehen. Wir nehmen weiter an, daß sie im Skopus des Satzmodusoperators stehen und die ganze restliche Proposition in ihren Skopus nehmen (vgl. Jacobs 1991c, der davon ausgeht, daß die Modalpartikeln den Illokutionstyp, der am ehesten unserem Satzmodus entspricht, modifizieren und Skopus über ihn haben; s. hierzu die Kritik Königs 1991). Syntaktisch sind sie basiseingesetzte Adjunkte. Semantisch werden sie wie alle anderen lexikalischen Einheiten kompositional verarbeitet. Da sie nicht referieren, fügen sie auch nichts zu dem referierenden propositionalen Gehalt hinzu (s. hier auch König 1991). Man kann sie deshalb nicht kommentieren, und sie haben auch keinen direkten Einfluß auf die Zuweisung einer Äußerung zu einem bestimmten Illokutionstyp.

Nun zu ihrer lexikalischen Bedeutung, die in einem bestimmten Zusammenhang mit der Bedeutung ihres Homonyms steht. Während die Satzadverbien Einstellungen (meist des Sprechers), hypothetische oder faktische Hintergründe wiedergeben, haben die Modalpartikeln Aufgaben, die in der umfänglichen Literatur in folgender Weise beschrieben worden sind: Mit ihnen kann der Sprecher eine Äußerung in einen Argumentationszusammenhang einordnen (s. hierzu Borst 1985, Brauße 1986) bzw. er kann seine Äußerung auf vorausgehende Äußerungen oder nur auf die Situation beziehen, indem er signalisiert, welchen Stellenwert er ihr in der ablaufenden Kommunikation zuweist (vgl. u.a. König 1977; Franck 1980; Wolski 1986; Helbig 1988 und König 1991, der Modalpartikeln als metakommunikative Instruktionen bezeichnet). Daß man sie trotzdem oft als Einstellungsindikatoren betrachtet hat (s. hierzu u.a. Doherty 1987), ist sicherlich darauf zurückzuführen, daß es sich bei den Funktionen der Modalpartikeln um – wenn auch nicht ausschließlich – sprecherbezogene Funktionen handelt. König (1991) unterscheidet drei Subfunktionen der Modalpartikeln: (a) Identifikation von Inkonsistenzen, (b) Indikation von argumentativem Druck, (c) Selektion von kontextuellen Implikationen. Diese Subfunktionen können als die Bedeutungen der Modalpartikeln betrachtet werden. Aus ihrer spezifischen kommunikativen Funktion heraus ergibt sich dann auch ihre besondere Nähe zum Satzmodus und dadurch auch ihre starke Beziehung zu den illokutiven Typen. Die Modalpartikeln sind damit also nicht illokutive Indikatoren im strikten Sinne des Wortes; die einzelnen Partikeln sind auch nicht direkt an bestimmte Illokutionstypen gebunden. Ihre Affinität zu bestimmten Illokutionstypen ist auf ihre kommunikative Funktion zurückzuführen, die mit dem Illokutionstyp kompatibel sein muß.

Wir wollen nun der Frage nachgehen, ob die Stellungsregularitäten der Modalpartikeln mit unserer Hypothese über ihren Skopus und ihre Funktion im Einklang stehen. Abraham (1988) meint, daß die Modalpartikeln im Deutschen immer im Mittelfeld stehen und daß es keine einheitliche Stellungssyntax für sie gibt. Keine dieser Annahmen stimmt jedoch. Die Modalpartikeln können unter bestimmten Bedingungen auch im Vorfeld auftreten. Vor allem aber weisen sie bestimmte Wortstellungsregularitäten im Mittelfeld auf. Wir wenden uns zuerst dem Mittelfeld zu.

Jacobs (1991c) weist darauf hin, daß die Modalpartikeln normalerweise vor der Negation, den Gradpartikeln und den Modaladverbien stehen. Er schließt daraus, daß sie über diese Adverbien Skopus haben. Normalerweise stehen sie auch vor den Satzadverbien. Unter bestimmten Bedingungen können sie aber auch hinter ihnen stehen:

(274) Peter kommt ja vermutlich.
(275) *Peter kommt vermutlich ja.
(276) Kommt Peter denn vielleicht?
(277) Wann kommt denn Peter vermutlich ?
(278) *Wann kommt Peter vermutlich denn?
(279) Peter kommt ja/wohl leider.
(280) *Peter kommt leider ja/wohl.
(281) Peter kommt vielleicht/wahrscheinlich/vermutlich ja/doch erst am MONTAG.
(282) ?Peter kommt leider/vermutlich ja/doch am MONTAG.
(283) Peter kommt leider/vermutlich ja NIE zu uns.
(284) Peter kommt leider/wahrscheinlich ja GERN zu uns.
(285) ?Peter kommt leider/vermutlich ja zu UNS.

Wie die Beispiele zeigen, scheint diese letztere Abfolge aber nur dann voll akzeptabel, wenn die Modalpartikel nicht ganz am Ende des Satzes steht und die Konstituente direkt hinter ihr fokussiert ist (zur Fokusproblematik s. auch unten). Die Beispiele reichen natürlich nicht aus, um irgendwelche generellen Schlüsse bezüglich der Beziehung zwischen Modalpartikel und Satzadverb zu ziehen. Für unsere Zwecke reicht es jedoch hier, festzustellen, daß sie ihre normale Position vor dem Satzadverb haben.

Jacobs (1991c) weist auch darauf hin, daß die Modalpartikeln keine Fokusindikatoren sind. Darin unterscheiden sie sich von Gradpartikeln, die normalerweise direkt vor der Fokuskonstituente stehen:

(286) weil Peter Gerda ja [sein AUTO] geliehen hat.
(287) weil Peter ja Gerda [sein AUTO] geliehen hat.
(288) weil ja Peter Gerda [sein AUTO] geliehen hat.
(289) weil Peter Gerda auch [sein AUTO] geliehen hat.
(290) ??weil Peter auch Gerda [sein AUTO] geliehen hat.

Krivonosov (1965a, 1965b, 1966) hat in drei Aufsätzen zu zeigen versucht, daß die Modalpartikeln mit dem Prädikat nahe verbunden sind. Ihre normale Position ist nach Krivonosov direkt nach dem Prädikat. Zwischen Prädikat und Modalpartikel können s.E. nur unbetonte Konstituenten stehen, die Träger alter Information sind.

(291) Das fühlt doch jeder.
(292) Das fühlt jeder doch.
(293) Haben Schmidts denn Mäuse?
(294) Haben denn Schmidts Mäuse?

Krivonosov hat jedoch nicht gesehen, daß die Modalpartikeln in (291) und (293) nicht hinter dem Prädikat, sondern hinter dem sich in I^0 befindlichen finiten Verb stehen, was deutlich wird, wenn man ein Hilfsverb einsetzt:

(295) Wer läutet denn draußen?
(296) Wer hat denn draußen geläutet?

Auch Hentschel (1986) ist der Meinung, daß die Modalpartikeln nicht hinter neuer Information (dem Rhema in Hentschels Terminologie) stehen können. Dies ist oberflächenstrukturell gesehen nur sehr bedingt richtig. Hentschel führt selbst die folgenden Beispiele an (1986:207ff.):

(297) SpenDIERT Onkel Donald seinen Neffen das Rieseneis denn?
(298) Warum spenDIERT Onkel Donald seinen Neffen das Rieseneis denn?

Diese Beispiele lassen sich jedoch auch mit Hentschels (und Krivonosovs) Auffassung vereinbaren, wenn man von Verb-letzt als der Basisposition des Verbs ausgeht, und weiter davon, daß Verbbewegung die Fokusverhältnisse nicht beeinflußt (so schon Höhle 1982). Daß dies richtig ist, zeigt (299), das ohne Zweifel die gleiche Informationsstruktur wie (298) aufweist:

(299) Warum hat Onkel Donald seinen Neffen das Rieseneis denn spenDIERT?

Ähnliches gilt für Beispiele mit vorangestellten (meist minimal) fokussierten XP-Konstituenten im Vorfeld, deren Basisposition man gleichfalls hinter der Modalpartikel im Mittelfeld ansetzen kann:

(300) Dem PEter kann man doch nicht helfen.
(301) GEstern ist er doch nicht dagewesen.
(302) WaRUM mußt du denn immer solchen Krach machen?
(303) PEter kann doch nichts dafür/kann doch nicht kommen.

Die minimale Fokussierung im Mittelfeld links von der Modalpartikel ist demgegenüber schlecht bzw. stark kontrastiv.

(304) Einmal hat PEter doch einen Versuch gemacht.
(305) Peter hat GEstern doch seine Mutter besucht.
(306) Peter hat GEstern ja alles eingereicht.
(307) Peter hat die ganze NACHT doch nicht geschlafen.
(308) Wer wird MORgen wohl der Mutter helfen?

Wie ist der Unterschied zwischen Vorfeld und Mittelfeld zu erklären? Zuerst zum Mittelfeld: Bei Lerner (1987) finden wir die in unserem Zusammenhang wichtige Hypothese, daß keine Fokuserweiterung (= Fokusprojektion) an der Modalpartikel vorbei stattfinden kann, wenn sie rechts von ihrer Normalposition steht. Dies scheint eine richtige empirische Generalisierung zu sein, die sich auf dem Hintergrund unseres Modells und ausgehend davon, daß Fokusprojektion eine grammatische Angelegenheit ist (sie also nicht mit der Thema/Rhemadistinktion verwechselt werden darf), folgendermaßen erklären läßt: Wir nehmen an, daß die Modalpartikel immer in ihrer Grundposition – die die Position direkt nach I^0 ist – steht (s. z.B. (295)-(296)); sie befindet sich also nicht – wie Lerner und andere meinen – in unterschiedlichen Positionen. An ihr vorbei können im Prinzip alle XP-Phrasen bewegt werden. Wenn XP-Phrasen im Mittelfeld links von einer Modalpartikel zu stehen kommen, stehen sie also nicht mehr in ihrer Basisposition, sondern sind gescrambelt. Gescrambelte Konstituenten können normalerweise nicht fokussiert sein (vgl. v.Stechow/Sternefeld 1988), also auch kein grammatisches Fokusmerkmal haben bzw. erhalten (zu den Fokussierungsmöglichkeiten von bewegten Konstituenten, s. Rosengren 1991a) und werden auch nicht von einer möglichen Fokusprojektion ausgehend von einem Fokusexponenten mit umfaßt. Die Modalpartikel erscheint damit automatisch als die Grenze für die Fokusprojektion im Mittelfeld, sie determiniert sie aber nicht. Vielmehr wird diese durch Scrambling begrenzt. (Auf die Verhältnisse bei Modalpartikeln nach Pronomina in der Wackernagelposition gehen wir nicht ein.) Dies ist der Grund, weshalb die obigen Beispiele (304)-(308) alle mehr oder weniger schlecht sind. Am besten ist wohl (308), was wir nicht erklären können.

Die Verhältnisse im Vorfeld sind anders zu erklären: Die Konstituenten sind nicht gescrambelt und können im Vorfeld den Satzakzent tragen und damit auch (oft minimal) fokussiert sein. Nicht-fokussierte XP-Phrasen im Vorfeld werden nur dann aus einer (sonst) möglichen maximalen Projektion ausgeschlossen, wenn im Mittelfeld eine XP-Phrase an der Modalpartikel vorbeibewegt wurde und/oder es sich nicht um Grundabfolge handelt:

(309) Peter hat seiner Mutter ja das BUCH geschenkt.
(310) Seiner Mutter hat Peter ja gestern ein BUCH geschenkt.

Dies folgt aber ebenfalls aus den allgemeinen Fokussierungsprinzipien. In (309) liegt also keine maximale Projektion vor, wie sie vorliegen würde, wenn es keine Modalpartikel gäbe.

Wir können nun zusammenfassen: Es ist nicht oder nur unter ganz bestimmten kontextuellen Bedingungen möglich, eine Konstituente im Mittelfeld vor der Modalpartikel (minimal) zu fokussieren. Dagegen können sehr wohl Konstituenten vor dem Mittelfeld den Satzakzent tragen und damit auch fokussiert sein.

Hier soll noch darauf hingewiesen werden, daß die Modalpartikeln auch im Vorfeld des w-IS als Kokonstituente einer w-Phrase stehen können. Gewöhnlich ist die w-Phrase dann auch fokussiert.

(311) Warum nur ruft er mich nicht an?
(312) Wie bloß habe ich den Schlüssel verlieren können? (aus Abraham 1988:446)
(313) Wer schon wird kommen? (rhetorische Frage, s. unten)

(314) Warum denn verklagen Sie uns nicht, weil wir solche Stoffe angeblich produzieren? (aus Meibauer 1986:224)
(315) Warum bloß hat er sich hier nicht an den englischen Originalton gehalten? (aus Meibauer 1986:234)

Daß die Modalpartikeln überhaupt im Vorfeld stehen können, läßt sich möglicherweise auf die enge Beziehung zwischen Satzmodus und Modalpartikeln zurückführen: Die w-Phrasen im Vorfeld realisieren ja den Satzmodusoperator, an den sich die Modalpartikeln anlehnen und mit dem zusammen sie Skopus über die übrige instantiierte Proposition haben. Dies würde auch erklären, weshalb sie nicht im Vorfeld des Deklarativsatzes auftreten können, wenn dieser kein Satzmodusmerkmal im Vorfeld hat.

Die Frage stellt sich natürlich, ob die Modalpartikeln auch in Konstituentensätzen in der entsprechenden Position vorkommen. Beispiele, wo Modalpartikeln in Konstituentensätzen hinter einer w-Phrase stehen, sind an und für sich häufig. Das zeigen die reichlichen Belege im Mannheimer Korpus, aus dem auch die folgenden Beispiele stammen:

(316) ... stand sie vor der Frage, wie denn nun die Realität, in der wir leben, überhaupt beschaffen sein könne.
(317) Doch Fragen werden lauter: Wieso denn die Deutschen ihren Salat und die Milch wegschmeißen, die Franzosen ein paar Kilometer weiter aber nicht einmal Meßwerte erfahren?
(318) Ich will nicht darüber nachdenken, was nur passiert sein kann.

In diesen Beispielen kann die Modalpartikel jedoch sehr wohl am Beginn des Mittelfeldes (der VP) stehen, wo ohnehin die Adjunktion der Partikeln vorgesehen ist. Diese Annahme wird von folgenden Beispielen gestützt, die zeigen, daß die Modalpartikeln normalerweise rechts von schwach betonten Pronomina stehen:

(319) Er erkundigte sich, wann sie denn angekommen sei.
(320) *Er erkundigte sich, wann denn sie angekommen sei.

Da die Pronomina in der Wackernagelposition stehen, die sicherlich zwischen C^0/I^0 und VP anzusetzen ist, kann dies nur bedeuten, daß die Partikel zumindest in (319) nicht in SpecC/I an die w-Phrase klitisiert, wenn die Wackernagelposition besetzt ist. Dies braucht aber nicht zu bedeuten, daß sie es auch sonst nicht kann, wie das folgende zwar nicht gute, aber nicht unakzeptable Beispiel zeigt:

(321) Er erkundigte sich, warum denn/warum eigentlich man immer auf ihn Rücksicht nehmen müsse.

Weshalb Beispiele wie (321) unakzeptabel oder nur halbwegs akzeptabel sind, können wir jedoch hier nicht weiter verfolgen.[45]

Ein weiteres Problem, das noch kurz berührt werden soll, ist die Funktion von Modalpartikeln in Sätzen, mit deren Satzmodus sie auf den ersten Blick nicht kompatibel sind, die

---

[45] Leider fällt die beste Testmöglichkeit – Dialekte mit Besetzung sowohl der SpecC/I-Position wie der C/I-Kopfposition, bei denen eine klitisierte Modalpartikel vor *daß* zu stehen kommen müßte – aus, weil dort solche MP-Klitisierungen insgesamt (also auch im Verb-zweit-Satz) ungebräuchlich sind (Altmann, m.K.).

aber trotzdem nicht zu ungrammatischen Äußerungen führen. Ein solches Beispiel ist die rhetorische Frage mit der affirmativen Partikel *schon* (s. hierzu Meibauer 1986):

(322) Wer wird schon kommen?
(323) Wer schon wird kommen?

Schon tritt normalerweise nicht in Interrogativsätzen auf. Eine mögliche Deutung für den damit verbundenen rhetorischen Effekt könnte deshalb sein, daß in (322)-(323) Satzmodus und Modalpartikel in zwei verschiedene Richtungen ziehen und bei diesem Konflikt die Modalpartikel über den Satzmodus siegt, was die pragmatische Funktion des Satzes betrifft. Auf jeden Fall handelt es sich bei der Modalpartikel *schon* nicht um ein *konstitutives* Merkmal der rhetorischen Frage, da ein Interrogativsatz auch ohne die Partikel *schon* als rhetorische Frage gebraucht werden kann. Ein *schon* in einem Interrogativsatz des Typs (322)-(323) monofunktionalisiert aber die Äußerung pragmatisch. Man könnte den Konflikt zwischen Satzmodus und Modalpartikel, der zugunsten der Modalpartikel abläuft, dahingehend interpretieren, daß mit der Äußerung des Satzes immer die interrogative Bedeutung zum Ausdruck gebracht wird, daß aber die Modalpartikel verhindert, daß wir die Äußerung als (echte) Frage verstehen, weil sie in echten Fragen nicht auftreten kann. Wir interpretieren die Äußerung also als indirekte Assertion, was selbstredend nicht bedeutet, daß ihre Funktion als Frage pragmatisch verschwindet.

Nicht diskutiert haben wir die Möglichkeit bzw. den Zwang, bestimmte Modalpartikeln zu betonen. Auf die Frage, welche Partikeln betont werden können und welche Funktion die Betonung genau hat bzw. ob die Betonung auf einen gemeinsamen Nenner zurückgeführt werden kann, können wir hier jedoch nicht eingehen. Wir verweisen für *ja* auf Meibauer (im zweiten Band) und für *schon* auf Ormelius (im zweiten Band).

8. Satzmodus und prosodische Faktoren

Schließlich wollen wir uns noch dem Verhältnis von Satzmodus und prosodischen Eigenschaften von Sätzen zuwenden.

Zu unterscheiden ist hier zwischen Intonation und Akzentuierung. Zuerst zur Intonation: Daß es gesetzmäßige Zusammenhänge zwischen intonatorischer Form und illokutiver Geltung von Äußerungen gibt, ist unleugbar. Der zentrale Fall, auf den wir uns hier konzentrieren wollen, ist der Bezug zwischen Fragehandlungen und steigendem Tonmuster: Dieses Muster ist mit Interrogativsätzen, den Defaultrealisierungen von Fragen, fest – wenngleich nicht 1:1 – korreliert (wie bereits oben gesagt, tritt es bei selbständigen E-IS normalerweise, bei w-IS markierterweise auf). Wenn es sich mit anderen Satztypen bzw. Satzstrukturen verbindet, vgl. (324)-(330), sind diese ausschließlich zum Vollzug von Fragehandlungen besonderer Art – sogenannten 'assertiven Fragen' u.ä., 'Echo-Fragen' – geeignet.

(324) Peter kommt nicht? (/)
(325) Peter hat Schnaps gesoffen? (/)
(326) Weg mit dem Geld? (/)
(327) Ihm Geld geben? (/)

(328) Peter hat WArum gesoffen? (/)
(329) Nieder mit WEM? (/)
(330) Der und WAS wählen? (/)

Diese Zusammenhänge haben in vielen Arbeiten dazu geführt, daß der Intonation im allgemeinen und dem steigenden Tonmuster im besonderen eine entscheidende Rolle in der Konstitution von Satztypen und Satzmodi eingeräumt wird (s. Altmann 1987, 1990; Wunderlich 1988; Oppenrieder 1991). Im Gegensatz dazu vertreten wir die dem T-Modell am zwanglosesten entsprechende Auffassung, daß die Intonation ein grammatisches Mittel ist, das rein pragmatische Aufgaben hat, das heißt, daß sein Beitrag zur Interpretation von Äußerungen nicht über die Semantik läuft.[46]

Für diese Auffassung spricht unmittelbar, daß steigende Intonation nie in den eingebetteten interrogativischen Verb-letzt-Sätzen vorkommt, dagegen sehr wohl in selbständigen interrogativischen Verb-letzt-Sätzen: Das zeigt, daß die intonatorische Kennzeichnung nicht mit Satz als (auch einbettbarer) grammatischer Einheit, sondern mit Illokution als (durch selbständige Sätze realisierter) pragmatischer Einheit korreliert.[47] Die Korrelation kann dabei von zweierlei Art sein: Entweder ist die steigende Intonation nur eine konventionalisierte Begleiterscheinung – dies ist der Fall bei den normale Fragen realisierenden E-IS und w-IS, deren Zuordnung zur Frage-Illokution über den interrogativen Satzmodus läuft – oder aber sie ist ein die Zuordnung einer Äußerung zur Frageillokution (mit)determinierendes Merkmal – dieser Fall liegt bei den die besondere Fragearten realisierenden sogenannten Mischtypen (324)-(330) vor, bei denen steigende Intonation praktisch obligatorisch ist. Wie sich der Determinationszusammenhang im letzteren Fall ergibt, wollen wir kurz am Beispiel der sogenannten Assertionsfrage skizzieren (zur Analyse der insgesamt komplizierteren Echo-w-Fälle s. Reis 1991a und Reis [in diesem Band]):

(331) Peter KOMMT doch? (/)
(332) Peter hat sich leider mit KARL verabredet?(/)

Assertive Fragen weisen die Verb-zweit-Struktur der Deklarativsätze und durchgängig steigendes Tonmuster auf. Da *doch, leider* in Deklarativsätzen, aber nicht in E-IS vorkommen bzw. nicht mit dem Interrogativmodus semantisch kompatibel sind, gehen wir davon aus, daß auch (331)-(332) Vertreter des Deklarativsatztyps sind, deren Semantik an keiner Stelle einen Offen-Operator enthält. Um die durchgängige Fragegeltung dennoch ableiten zu können, genügt eine relativ schwache, nichtzirkuläre Annahme über die Funktion des steigenden Tonmusters, nämlich daß es Unabgeschlossenheit der Äußerung indiziert (vgl. vor allem Ward/Hirschberg 1985). Aus dieser Funktion ist in praktisch allen Kontexten die Spezifizierungsbedürftigkeit der geäußerten Proposition und damit zusammenhängend die Antworterwartung als Implikatur ableitbar, womit der Bezug zu den konstitutiven Eigenschaften der Frageillokution gegeben ist. Das 'assertive' Charakteristikum dieser Illokution ergibt sich aus

[46] Eine vergleichbare Position vertritt Selting (1991).

[47] Die Vergleichbarkeit mit der Rolle und Funktion der Modalpartikeln ist suggestiv, wir können ihr aber hier nicht weiter nachgehen.

dem zugrundeliegenden Satzmodus; auch die weiteren Besonderheiten (insbesondere die Affinität zur 'Echo'-Verwendung) lassen sich aus der Interaktion der beteiligten grammatischen Mittel ableiten.

Daß steigendes Tonmuster allein zwischen Deklarativsätzen in Frage- vs. assertiver Lesart unterscheidet, reicht also – das zeigt die unabhängige Ableitbarkeit der Fragegeltung – keineswegs aus, dieses Formmerkmal als konstitutives Satztypmerkmal bzw. als satzmodusrelevant zu etablieren. Selbstverständlich können wir nicht im vorhinein sicher sein, daß in allen Fällen, in denen der Intonation illokutive Relevanz zugeschrieben wird, die entsprechende Ableitung gelingt. Der Befund am zentralen Fall des steigenden Tonmusters spricht jedoch u.E. dafür, daß es durchaus aussichtsreich, auf keinen Fall abwegig ist, unsere Annahme einer rein pragmatischen Funktion der Tonmuster weiter zu verfolgen.

Ein besonders komplexes Verhältnis zwischen Prosodie, Syntax und Semantik liegt bei der Exklamation vor, wo die Fokus-Hintergrund-Gliederung bzw. die Akzentuierung mit anderen prosodischen Merkmalen, dem Satzmodus und dem propositionalen Gehalt zusammenwirkt und die exklamative Funktion (mit)determiniert. Wir können diese komplizierte Frage hier jedoch nicht weiter verfolgen (vgl. hierzu die Beiträge in Altmann/Batliner/Oppenrieder 1989 sowie Rosengren [in diesem Band]).

9. Zusammenfassung

Wir haben ein Modell zu entwickeln versucht, das im Rahmen einer übergreifenden grammatisch-pragmatischen Theorie die Beziehungen zwischen Satztyp, Satzmodus und Illokution konsistent beschreibt. Ihm zugrunde liegt eine modulare Sehweise, die strikt zwischen Grammatik und Pragmatik unterscheidet.

Die Darstellung geht von der Syntax über die Semantik zur Pragmatik. Im syntaktischen Teil wird zunächst (Abschn. 3.) anhand der drei Verbstellungstypen Verb-letzt, Verb-zweit und Verb-erst und der speziellen Restriktionen dieser Strukturen der Satztypbegriff diskutiert. Es zeigt sich, daß ausschließlich oberflächenstrukturelle Merkmale keine konsistente Typologisierung von Sätzen erlauben und daß zur Erfassung der relevanten Eigenschaften der traditionellen grundlegenden Satztypen Deklarativ, Interrogativ und Imperativ ein syntaktisches Modell mit mehreren Repräsentationsebenen, wie es in der neueren GB-Theorie vorliegt, notwendig ist. Bei der Wahl zwischen einer einheitlichen Beschreibung aller deutschen Sätze (der sog. Uniformitätshypothese) und einer Unterscheidung zwischen Verb-erst-/Verb-zweit-Sätzen einerseits und Verb-letzt-Sätzen andererseits (Differenzhypothese) entscheiden wir uns für die letztere Lösung als die deskriptiv adäquateste. Es wird eine modifizierte Differenzhypothese vorgeschlagen, bei der der Verb-letzt-Satz eine konflatierte CP/IP bzw. C^1/I^1 aufweist, während der Verb-erst- und der Verb-zweit-Satz reine I-Projektionen darstellen.

Bei der Beschreibung der Satztypen konzentrieren wir uns auf den Deklarativsatz und den Interrogativsatz. Dabei wird anhand der Skopusverhältnisse im w-IS für die Annahme eines satztyprelevanten Merkmals +w in der obersten funktionalen Projektion beider IS-Typen argumentiert. Der Deklarativsatz wird demgegenüber durch das Merkmal –w gekennzeichnet. Somit kann der Deklarativsatz als Defaulttyp und der IS als markierter Typ bezeichnet werden. Dem Unterschied zwischen den beiden IS-Subtypen und der Ähnlichkeit des w-IS mit dem Deklarativsatz wird durch das Merkmal –w in der Kopfposition der beiden letzteren Rechnung getragen.

Die semantische Beschreibung (Abschn. 4.) baut auf der Annahme auf, daß der Satzmodus einstellungsfrei beschrieben werden kann und muß. Daraus ergibt sich u.a., daß allen Sätzen, also auch eingebetteten, ein Satzmodus zugesprochen werden muß, was u.a. der Tatsache Rechnung trägt, daß Modalpartikeln und Satzadverbien auch in diesen Sätzen auftreten können.

Die Beschreibung der einzelnen Satzmodi bedient sich der von Bierwisch entwickelten Theorie der Semantischen Form, besonders der grundlegenden Annahme von der Instantiierung von Propositionen durch Sachverhalte. Für die einzelnen Satztypen wird demonstriert, wie sich die Syntax homomorph auf die Semantik abbilden läßt. Dabei wird der Deklarativsatz auch semantisch als Defaulttyp beschrieben. Seine Bedeutung, charakterisiert als die Abbindung der Sachverhaltsvariablen durch den Existenzoperator, ist in der Bedeutung jedes anderen Satztyps enthalten. Für die beiden IS-Typen wird als semantisches Korrelat des syntaktischen Merkmals +w ein gemeinsamer Operator OFFEN angenommen.

Die semantische Beschreibung eröffnet eine Möglichkeit, den sog. VERUM-Fokus im Deutschen zu explizieren, dadurch nämlich, daß dieser als Fokussierung des Existenzoperators gedeutet wird.

In Abschnitt 5. wird eine von den Satztypen unabhängige Illokutionstypologie skizziert, wobei die illokutiven Grundtypen im Vordergrund stehen, aber auch die wichtigsten Subklassifizierungen diskutiert werden.

Auch bei der Definition der illokutiven Grundtypen wird – wie bei den Satzmodi – auf die Sprechereinstellungen als generelle Definientia verzichtet. Nur bei einem einzigen Grundtyp ist eine Sprechereinstellung als konstitutive Eigenschaft anzunehmen. Die Sprechereinstellungen, die den illokutiven Grundtypen oft zugesprochen werden, sind in den übrigen Fällen entweder aus anderen konstitutiven Eigenschaften ableitbar (so bei Behauptungen) oder überhaupt nicht vorhanden (so bei Deklarationen und monologischen Fragen).

Stattdessen werden anhand allgemeiner Faktoren der kommunikativen Situation und der unterschiedlichen Formen der Wort-Welt-Ausrichtung drei Grundtypen mit je einer speziellen I-Funktion (illokutiven Grundfunktion), nämlich Darstellungshandlungen, Ausdruckshandlungen und Regulierungshandlungen, ermittelt. Als vierter Grundtyp, charakterisiert durch seine spezielle Wort-Welt-Ausrichtung, kommen die Deklarationen hinzu. Bei diesen Grundtypen handelt es sich um einklagbare Illokutionen; wir nennen sie Handlungserklärungen. Ihnen gegenübergestellt werden als nicht einklagbare Illokutionen die sog. Einstellungsbekundungen, die zu jedem der obigen Grundtypen außer den Deklarationen als Pendant auftreten.

Die vorgeschlagene Illokutionstypologie weist große Ähnlichkeit mit der traditionellen, auf Searle zurückgehenden Klassifizierung auf, ohne jedoch mit ihr völlig übereinzustimmen. Vor allem werden die Illokutionstypen auf einer anderen Erklärungsgrundlage definiert. Außerdem wird an einer wichtigen Stelle eine andere Lösung gewählt, nämlich bei den Fragehandlungen. Diese werden u.a. aufgrund der mit den Assertionen übereinstimmenden Wort-Welt-Ausrichtung nicht zu den Direktiva, d.h. zu den Regulierungshandlungen, sondern zu den Darstellungshandlungen gezählt.

Anschließend wird die Beziehung zwischen den Satztypen, den entsprechenden Satzmodi und den illokutiven Grundtypen erläutert. Dabei wird davon ausgegangen, daß jeder Satztyp ein illokutives Potential hat und der Satzmodus als Vermittlungsinstanz zwischen Satztyp und Illokutionstyp fungiert. Zwischen den grundlegenden Satztypen und den Grundtypen der Illokutionen bestehen Defaultbeziehungen, aber keine 1:1-Relationen. Besonders erörtert wird das Illokutionspotential des Deklarativsatzes, das außer Assertionen u.a. performative Äußerungen jeder Art, Einstellungsbekundungen und Deklarationen umfaßt. Es wird argumentiert, daß nur eine einstellungsfreie Semantik diesen Tatsachen gerecht werden kann.

Abschließend wird (in Abschn. 6.-8.) die syntaktische, semantische und pragmatische Funktion der Satzadverbien bzw. Modalpartikeln sowie die Rolle der Prosodie diskutiert. Von den Satzadverbien wird angenommen, daß sie Operatorausdrücke verschiedenen Typs darstellen, die VP in ihren Skopus nehmen und selbst im Skopus des Satzmodus stehen. Letzteres ist auch bei den Modalpartikeln der Fall; diese stehen jedoch dem Satzmodus noch näher als die Satzadverbien und nehmen diese samt dem Rest des Satzes in ihren Skopus. Die einzelnen Modalpartikeln haben verschiedene kommunikative Funktionen, sie sind aber u.E. weder Einstellungsindikatoren, noch haben sie einen direkten Einfluß auf die Zuweisung der Äußerung zu einem bestimmten Illokutionstyp.

Was schließlich die Prosodie betrifft, wird anhand des steigenden Tonmusters bei Fragetypen dafür argumentiert, daß die Intonation für die Definition des Satzmodus nicht konstitutiv ist. Es handelt sich u.E. um ein Ausdrucksmittel mit rein pragmatischer Funktion.

Literatur

Abney, S.P. (1987), The English Noun Phrase in Its Sentential Aspect. Doct. Diss., MIT. Cambridge, Mass.

Abraham, W. (1982) (Hg.), Satzglieder im Deutschen. Vorschläge zur syntaktischen, semantischen und pragmatischen Fundierung. Tübingen. (= Studien zur deutschen Grammatik 15)

— (1985) (Hg.), Erklärende Syntax des Deutschen. Tübingen. (= Studien zur deutschen Grammatik 25)

— (1988), Vorbemerkungen zur Modalpartikelsyntax im Deutschen. In: Linguistische Berichte 118, 443-465.

— (1991) (Hg.), Discourse Particles. Descriptive and Theoretical Investigations of the Logical, Syntactic, and Pragmatic Properties of Discourse Particles in German. Amsterdam/Philadelphia. (= Pragmatics and Beyond, New Series. 12)

Abraham, W./Kosmeijer, W./Reuland, E. (1991) (Hgg.), Issues in Germanic Syntax. Berlin/New York. (= Trends in Linguistics 44)

Altmann, H. (1987), Zur Konstitution der Satzmodi als Formtypen. In: Meibauer, J. (Hg.), 22-56.

— (1988) (Hg.), Intonationsforschungen. Tübingen. (= Linguistische Arbeiten 200)

— (1990), Satzmodus. [erscheint in: Jacobs, J./v. Stechow, A./Sternefeld, W./Vennemann, Th. (Hgg.) (i.V.)]

Altmann, H./Batliner, A./Oppenrieder, W. (1989) (Hgg.), Zur Intonation von Modus und Fokus im Deutschen. Tübingen. (= Linguistische Arbeiten 234)

Bach, K./Harnish, R.M. (1979), Linguistic Communication and Speech Acts. Cambridge, Mass./London.

Bayer, J. (1990), Interpretive Islands: Evidence for Connectedness and Global Harmony in Logical Form. In: Grewendorf, G./Sternefeld, W. (Hgg.), 341-421.

Ballmer, Th./Brennenstuhl, W. (1981), Speech Act Classification. A Study in the Lexical Analysis of English Speech Activity Verbs. Berlin.

den Besten, H. (1977), On the Interaction of Root Transformations and Lexical Deletive Rules. Unveröff. Ms. Amsterdam. [repr. in: GAGL 20 (1981) I-III und 1-78.; in rev. und erw. Fassung in: Abraham, W. (1983) (Hg.), On the Formal Syntax of the West Germania. Amsterdam/Philadelphia, 47-138]

— (1989), Studies in West Germanic Syntax. Amsterdam/Atlanta.

Bhatt, R./Yoon, J. (1991), On the Composition of COMP and Parameters of V2. Unveröff. Ms. Univ. of Illinois, Urbana-Champaign.

Bierwisch, M. (1979), Wörtliche Bedeutung – eine pragmatische Gretchenfrage. In: Grewendorf (Hg.), 119-148.

— (1980), Semantic Structure and Illocutionary Force. In: Searle, J.R./Kiefer, F./Bierwisch, M. (Hgg.), 1–35.

— (1982), Formal and Lexical Semantics. In: Linguistische Berichte 80, 3-17. [auch in: Bierwisch, M. (1983)]

— (1983), Essays in the Psychology of Language. Berlin. (= Linguistische Studien, Reihe A, 114)

— (1987), Semantik der Graduierung. In: Bierwisch, M./Lang, E. (1987) (Hgg.), 91-286. [englische Fassung: The Semantics of Gradation. In: Bierwisch, M./Lang, E. (1989) (Hgg.), 71-261]

— (1988a), On the Grammar of Local Prepositions. In: Bierwisch, M./Motsch, W./Zimmermann, I. (Hgg.), 1-66.

— (1988b), Cognitive Linguistics: Framework and Topics. A Series of Seminars. Ms. Berlin.

— (1989), Event Nominalizations: Proposals and Problems. In: Motsch, W. (Hg.), 1-73.

— (1990), Verb Cluster Formation as a Morphological Process. In: Booij, G./van Marle, J. (Hgg.), Yearbook of Morphology 1990, 173-190.

Bierwisch, M./Lang, E. (1987) (Hgg.), Grammatische und konzeptuelle Aspekte von Dimensionsadjektiven. Berlin. (= studia grammatica XXVI + XXVII)

— (1989) (Hgg.), Dimensional Adjectives: Grammatical Structure and Conceptual Interpretation. Berlin/Heidelberg. (= Springer Series in Language and Communication 26)

Bierwisch, M./Motsch, W./Zimmermann, I. (1988) (Hgg.), Syntax, Semantik und Lexikon. Berlin. (= studia grammatica XXIX)

Borst, D. (1985), Die affirmativen Modalpartikeln *doch, ja* und *schon*. Tübingen. (= Linguistische Arbeiten 164)

Brandt, M. (1990), Der weiterführende Relativsatz im Deutschen. Stockholm. (= Lunder germanistische Forschungen 57)

Brandt, M./Falkenberg, G./Fries, N./Liedtke, F./Meibauer, J./Öhlschläger, G./Rehbock, H./Rosengren, I. (1989), Die performativen Äußerungen – eine empirische Studie. In: S&P 12, 1-21. [auch in: ZPSK 43 (1990), 355-369]

Brandt, M./Koch, W./Motsch, W./Rosengren, I./Viehweger, D. (1983), Der Einfluß der kommunikativen Strategie auf die Textstruktur – dargestellt am Beispiel des Geschäftsbriefes. In: Rosengren, I. (Hg.), 105-135.

Brandt, M./Rosengren, I. (1991), Zur Handlungsstruktur des Textes. In: S&P 24, 3-46.

Brandt, M./Rosengren, I./Zimmermann, I. (1989), Satzmodus, Modalität und Performativität. In: S&P 13, 1-42. [auch in: ZPSK 43 (1990), 120-149]

Braußе, U. (1986), Zum Problem der sogenannten Polyfunktionalität von Modalpartikeln. In: ZPSK 39, 206-223.

Bühler, K. (1933), Die Axiomatik der Sprachwissenschaften. In: Kantstudien 38. [wiedererschienen Frankfurt a.M. 1969]

— (1934), Sprachtheorie. Die Darstellungsfunktion der Sprache. Jena. [wiedererschienen Stuttgart 1965]

Cardinaletti, A./Cinque, G./Giusti, G. (1988) (Hgg.), Constituent Structure. Papers from the 1987 GLOW Conference. Dordrecht.

Chomsky, N. (1981), Lectures on Government and Binding. Dordrecht.

— (1986a), Barriers. Cambridge, Mass.

— (1986b), Knowledge of Language: Its Nature, Origin, and Use. New York.

— (1989), Some Notes on Economy of Derivation and Representation. In: MIT Working Papers in Linguistics 10, 43-74.

Cinque, G. (1989), On Embedded Verb Second Clauses and Ergativity in German. In: Jaspers, K. et al. (Hgg.), 77-96.

— (1990), Types of Ā-Dependencies. Cambridge, Mass.

Clahsen, H. (1989), Constraints on Parameter Setting. A Grammatical Analysis of Some Acquisition Stages in German Child Language. Ms.

Cole, P./Morgan, J.L. (1975) (Hgg.), Syntax and Semantics. Vol. 3: Speech Acts. New York.

Dieling, K. (1986), Zur Subklassifizierung der deutschen Modalwörter I., II. In: Deutsch als Fremdsprache 3/1986, 144-148; 4/1986, 207-214.

Diesing, M. (1988), Bare Plural Subjects and the Stage/Individual Contrast. In: Krifka, M. (Hg.), 107-154.

— (1990), Verb Movement and the Subject Position in Yiddish. Natural Language and Linguistic Theory 8, 41-79.

Doherty, M. (1987), Epistemische Bedeutung. Berlin.

Eklund Simonsson, E. (1990), Briefberatung. Unveröff. Liz.arb., Lund.

Espinal, M.T. (1987), Modal Adverbs and Modality Scales. In: Lingua 72, 293-314.

Fabricius-Hansen, C. (1980), Sogenannte ergänzende wenn-Sätze. Ein Beispiel syntaktisch-semantischer Argumentation. In: Festschrift für Gunnar Bech, 160-188.

Falkenberg, G. (1981), Epistemische Operatoren und illokutionäre Kraft. In: Hindelang, G./Zillig, W. (Hgg.), Bd. 2, 193-203.

— (1989), Explizite Illokutionen. In: S&P 12, 22-42. [auch in: ZPSK 43 (1990), 500-514]

— [im zweiten Band], Drohungen.

Fanselow, G. (1991a), Minimale Syntax. In: Groninger Arbeiten zur Germanistischen Linguistik 32. 1-402. [= Habilschrift Univ. Passau]

— (1991b), "Ergative" Verben und die Struktur des deutschen Mittelfelds. [erscheint in: Hoffmann, L. (Hg.)]

Fanselow, G./Felix, S. (1990) (Hgg.), Strukturen und Merkmale syntaktischer Kategorien. Tübingen. (= Studien zur deutschen Grammatik 39)

Franck, D. (1980), Grammatik und Konversation. Königstein.

Fraser, B. (1975), Hedged Performatives. In: Cole, P./Morgan, J.L. (Hgg.), 187-210.

Frey, W. (1989), Syntaktische Bedingungen für die Interpretation. Über Bindung, implizite Argumente und Skopus. Phil.Diss. Universität Stuttgart. (= Arbeitspapiere des Instituts für Maschinelle Sprachverarbeitung Nr. 1)

Frey, W./Tappe, H.-T. (1991), Zur Interpretation der X-Bar-Theorie und zur Syntax des Mittelfelds. Unveröff. Ms. Universität Stuttgart.

Fries, N. (1983), Syntaktische und semantische Studien zum frei verwendeten Infinitiv und zu verwandten Erscheinungen im Deutschen. Tübingen. (= Studien zur deutschen Grammatik 21)

— (1987), Zu einer Randgrammatik des Deutschen. In: Meibauer, J. (Hg.), 75-95.

— (1991a), Bewertung. Linguistische und konzeptuelle Aspekte des Phänomens. In: S&P 23, 1-31.

— (1991b), Emotionen. Experimentalwissenschaftliche und linguistische Aspekte. In: S&P 23, 32-70.

Fritzenschaft, A./Gawlitzek-Maiwald, I./Tracy, R./Winkler, S. (1990), Wege zur komplexen Syntax. In: Zeitschrift für Sprachwissenschaft 9, 52-134.

Fukui, N. (1986), A Theory of Category Projection and Its Application. Doct. diss., MIT. Cambridge, Mass.

Geilfuß, J. (1990), Jiddisch als SOV-Sprache. In: Zeitschrift für Sprachwissenschaft 9, 170-183.

Glas, R. (1984), 'sollen' im heutigen Deutsch. Tübingen. (= Studien zur deutschen Grammatik 17)

Grewendorf, G. (1979) (Hg.), Sprechakttheorie und Semantik. Frankfurt a.M.

— (1988), Aspekte der deutschen Syntax. Tübingen. (= Studien zur deutschen Grammatik 33)

— (1990), Verbbewegung und Negation im Deutschen. In: Groninger Arbeiten zur Germanistischen Linguistik 30, 57-125.

— (1991), Parametrisierung der Syntax. Zur "kognitiven Revolution" in der Linguistik. Frankfurt a.M. (= Sprachwissenschaft in Frankfurt. Arbeitspapier Nr. 1)

Grewendorf, G./Sternefeld, W. (1990) (Hgg.), Scrambling and Barriers. Amsterdam/Philadelphia. (= Linguistik Aktuell 5)

Grewendorf, G./Zaefferer, D. (1991), Theorien der Satzmodi. In: Stechow, A. v./Wunderlich, D. (Hgg.), Sp. 270-286.

Habermas, J. (1971), Vorbereitende Bemerkungen zu einer Theorie der kommunikativen Kompetenz. In: Habermas, J./Luhmann, N., 101-141.

Habermas, J./Luhmann, N. (1971), Theorie der Gesellschaft oder Sozialtechnologie. Frankfurt.

Haftka, B. (1988a), Ob *vielleicht* vielleicht tatsächlich nicht gern reist? Ein Beitrag zur Topologie (auch des Satzadverbiales). In: Studien zum Satzmodus, 25-58.

— (1988b), Linksverschiebungen. Ein Beitrag zur Diskussion um die Konfigurationalität des Deutschen. In: Bierwisch, M./Motsch, W./Zimmermann, I. (Hgg.), 89-146.

Haider, H. (1986), V-Second in German. In: Haider, H./Prinzhorn, M. (Hgg.), 49-75.

— (1988), Matching Projections. In: Cardinaletti, A./Cinque, G./Giusti, G. (Hgg.), 101-121.

Haider, H./Netter, K. (1991) (Hgg.), Representation and Derivation in the Theory of Grammar. Dordrecht. (= Studies in Natural Language and Linguistic Theory 22)

Haider, H./Prinzhorn, M. (1986) (Hgg.), Verb Second Phenomena in Germanic Languages. Dordrecht. (= Publications in Language Sciences 21)

Haiman, J./Thompson, S.A. (1988) (Hgg.), Clause Combining in Grammar and Discourse. Amsterdam.

Helbig, G. (1988), Lexikon deutscher Partikeln. Leipzig.

Hentschel, E. (1986), Funktion und Geschichte deutscher Partikeln. *Ja, doch, halt* und *eben*. Tübingen. (= Reihe Germanistische Linguistik 63)

Hetland, J. (1989), Satzadverbien im Fokus. Diss. Wuppertal. [erscheint in: Studien zur deutschen Grammatik]

Hindelang, G. (1978), Auffordern. Die Untertypen des Aufforderns und ihre sprachlichen Realisierungsformen. Göppingen.

Hindelang, G./Zillig, W. (1981) (Hgg.), Sprache: Verstehen und Handeln. Akten des 15. Linguistischen Kolloquiums Münster 1980. Tübingen. (= Linguistische Arbeiten 99)

Hoffmann, L. (Hg.) [erscheint], Deutsche Syntax. Ansichten und Aussichten. Mannheim. (= Sprache der Gegenwart)

Höhle, T.N. (1982), Explikationen für "normale Betonung" und "normale Wortstellung". In: Abraham, W. (Hg.), 75–153.

— (1986), Der Begriff 'Mittelfeld'. Anmerkungen über die Theorie der topologischen Felder. In: Weiss, W./Wiegand, H. E./Reis, M. (Hgg.), 329-340.

— (1988), VERUM-Fokus. In: S&P 5, 1-7.

— (1990), Assumptions about Asymmetric Coordination in German. In: Mascaró, J./Nespor, M. (Hgg.), 221-235.

— (1991a), Über VERUM-Fokus und Verwandtes. Handout zu einem Vortrag 4/1991. Tübingen.

— (1991b), Projektionsstufen bei V-Projektionen. Bemerkungen zu F[rey]/T[appe 1991]. Unveröff. Ms. Univ. Tübingen.

— (1991c), On Reconstruction and Coordination. In: Haider, H./Netter, K. (Hgg.), 139-197.

Holmberg, A./Platzack, Ch. [erscheint], The Role of Inflection in the Syntax of the Scandinavian Languages. Oxford University Press.

Jacobs, J. (1982), Syntax und Semantik der Negation im Deutschen. München. (= Studien zur Theoretischen Linguistik 1)

— (1991a), Implikaturen und 'alte Information' in w-Fragen. In: Reis, M./Rosengren, I. (Hgg.), 201-221.

— (1991b), Einbettung und Satzmodus. Handout 4/1991. Tübingen.

— (1991c), On the Semantics of Modal Particles. In: Abraham, W. (Hg.), 141-162.

Jacobs, J./Stechow, A.v./Sternefeld, W./Vennemann, Th. (Hgg.) [i.V.], Handbuch der Syntax.

Jakobson, R. (1957), Shifters, Verbal Categories, and the Russian Verb. In: Russian Language Project. Department of Slavic Languages and Literatures. Harvard University, 1-14. [auch in: Jakobson, R. (1971), Selected Writings II. Word and Language. The Hague/Paris, 130-147]

Jaspers, K. et al. (1989) (Hgg.), Sentential Complementation and the Lexicon. Studies in Honour of Wim de Geest. Dordrecht.

Kathol, A. (1989), V2 and Licensing in German. Unveröff. Ms. [Vorfassung]

Katny, A. (Hrsg.), Studien zur kontrastiven Linguistik und literarischen Übersetzung. Frankfurt/M.. (= Akten der 2. Internationalen Konferenz "Theorie und Praxis der deutsch-polnischen Konfrontation und Translation", Rzeszow)

König, E. (1977), Modalpartikeln in Fragesätzen. In: Weydt, H. (Hg.), 115-130.

— (1991), The Meaning of Focus Particles: a Comparative Approach. London.

König, E./van der Auwera, J. (1988), Clause Integration in German and Dutch Conditionals, Concessive Conditionals, and Concessives. In: Haiman, J./Thompson, S.A. (Hgg.), 101-133.

Kosmeijer, W. (1991), Verb Second, Nominative Case and Scope. In: Abraham, W./Kosmeijer, W./Reuland, E. (Hgg.), 197-221.

Krifka, M. (1988) (Hg.), Genericity in Natural Language. Proceedings of the 1988 Tübingen Conference. November 1988. SNS-Bericht 88-42.

Krivonosov, A. (1965a), Die Rolle der modalen Partikeln in der kommunikativen Gliederung der Sätze in bezug auf die Nebensatzglieder. In: ZPSK 18, 487-503.

— (1965b), Die Wechselbeziehung zwischen den modalen Partikeln und der Satzintonation im Deutschen. In: ZPSK 18, 573-589.

— (1966), Die Rolle der modalen Partikeln in der kommunikativen Gliederung der Aussagesätze, der Fragesätze, der Befehlsätze und der Nebensätze in bezug auf die Hauptsatzgliederung. In: ZPSK 19, 134-140.

Kuno, S. (1987), Functional Syntax. Anaphora, Discourse, and Empathy. Chicago, Ill.

Lang, E. (1983), Einstellungsausdrücke und ausgedrückte Einstellungen. In: Růžička, R./Motsch, W. (Hgg.), 305-341.

Lang, E./Pasch, R. (1988), Satzmodus – ein Projektentwurf. In: Studien zum Satzmodus I, 1-24.

Lenerz, J. (1984), Syntaktischer Wandel und Grammatiktheorie. Eine Untersuchung an Beispielen aus der Sprachgeschichte des Deutschen. Tübingen. (= Linguistische Arbeiten 141)

Lerner, J.Y. (1987), Bedeutung und Struktursensitivität der Modalpartikel *doch*. In: Linguistische Berichte 109, 203-229.

Liedtke, F. (1989), Performativität, Sprechhandlung, Wahrheit. In: S&P 12, 43-67. [auch in: ZPSK 43 (1990), 515-532]

— [im zweiten Band], Imperativsatz und Adressatenbezug.

Lutz, U./Trissler, S. [i.V.], Einige Überlegungen zu w-Interrogativsätzen, w-Merkmalen und w-Phrasen im Fragment. Unveröff. Ms. Universität Tübingen.

Mascaró, J./Nespor, M. (1990) (Hgg.), Grammar in Progress. GLOW Essays for Henk van Riemsdijk. Dordrecht.

Meibauer, J. (1986), Rhetorische Fragen. Tübingen. (= Linguistische Arbeiten 167)

— (1987a) (Hg.), Satzmodus zwischen Grammatik und Pragmatik. Tübingen. (= Linguistische Arbeiten 180)

— (1987b), Probleme einer Theorie des Satzmodus. In: Meibauer, J. (Hg.), 1-21.

— (1989), *Ob sie wohl kommt?* In: Kątny, A. (Hrsg.), 11-34.

— (1991), Existenzimplikaturen bei rhetorischen w-Fragen. In: Reis, M./Rosengren, I. (Hgg.), 223-242.

— [im zweiten Band], Auf dem JA-Markt. Zur (partiellen) Identität der Modalpartikeln *ja* und *JA*.

Molnár, V. (1991), Das TOPIK im Deutschen und im Ungarischen. Stockholm. (= Lunder germanistische Forschungen 58)

Motsch, W. (1979), Einstellungskonfigurationen und sprachliche Äußerungen. Aspekte des Zusammenhangs zwischen Grammatik und Kommunikation. In: Rosengren, I. (Hg.), 169-187.

— (1991), Anforderungen an eine modulare Textanalyse. In: S&P 24, 47-61.

Motsch, W. (1987) (Hg.), Satz, Text, sprachliche Handlung. Berlin. (= studia grammatica XXV)

Motsch, W. (1988) (Hg.), The Contribution of Word-Structure Theories to the Study of Word Formation. Berlin. (= Linguistische Studien, Reihe A 179)

Motsch, W. (1989) (Hg.), Wortstruktur und Satzstruktur. Berlin. (= Linguistische Studien, Reihe A, 194)

Motsch, W./Pasch, R. (1987), Illokutive Handlungen. In: Motsch, W. (Hg.), 11-80.

Motsch, W./Reis, M./Rosengren, I. (1989), Zum Verhältnis von Satz und Text. In: S&P 11, 1-36. [auch in: Deutsche Sprache, Heft 2 (1990), 97-125]

Müller, N. (1991), The Acquisition of COMP and Word Order Patterns in Bilingual Children (German/French). Ms. Universität Hamburg.

Müller, G./Sternefeld, W. (1990), Improper Movement. Konstanz. (= Fachgruppe Sprachwissenschaft der Universität Konstanz, Arbeitspapier Nr. 26)

Oakeshott-Taylor, J. (1984a), Factuality and Intonation. In: Journal of Linguistics 20, 1-21.

— (1984b), Factuality, Tense, Intonation and Perspective. In: Lingua 62, 289-317.

Öhlschläger, G. (1989), Zur Syntax und Semantik der Modalverben des Deutschen. Tübingen. (= Linguistische Arbeiten 144)

Olsen, S./Fanselow, G. (1991) (Hgg.), DET, COMP und INFL. Zur Syntax funktionaler Kategorien und grammatischer Funktionen. Tübingen. (= Linguistische Arbeiten 263)

Oppenrieder, W. (1989), Selbständige Verbletzt-Sätze: Ihr Platz im Satzmodussystem und ihre intonatorische Kennzeichnung. In: Altmann, H./Batliner, A./Oppenrieder, W. (Hgg.), 163-244.

— (1991), Zur intonatorischen Form deutscher Fragesätze. In: Reis, M./Rosengren, I. (Hgg.), 243-261.

Ormelius, E. [im zweiten Band], Die Modalpartikel *schon*. Wortstellung und FHG.

Pafel, J. (1991), Zum relativen Quantorenskopus im Deutschen. (= Arbeitspapiere des SFB 340 "Sprachtheoretische Grundlagen für die Computerlinguistik" Nr. 5)

Pasch, R. (1985), Typen von Einstellungsbekundungen. In: Zeitschrift für Germanistik, 6/1, 53-63.

— (1989), Überlegungen zum Begriff des "Satzmodus". In: Studien zum Satzmodus. II, 1–88.

— (1990a), "Satzmodus" – Versuch einer Begriffsbestimmung. In: ZPSK 43/1, 92–110.

— (1990b), Satzmodus als Grundlage illokutiver Funktionen: Kritische Fragen zu Brandt/Rosengren/Zimmermann: Satzmodus, Modalität und Performativität. In: ZPSK 43/6, 810-822.

— (1991), Überlegungen zur Syntax und zur semantischen Interpretation von w-Interrogativsätzen. In: Deutsche Sprache 19, 193-212.

Peterson, P.L./Wali, K. (1985), Event. In: Linguistic Analysis 15, 3-18.

Platzack, Ch. (1983), Germanic Word Order and the COMP/INFL Parameter. In: Working Papers in Scandinavian Syntax 2, Univ. Trondheim.

Pollock, J.-Y. (1989), Verb Movement, UG, and the Structure of IP. In: Linguistic Inquiry 20, 365-424.

Rehbock, H. [in diesem Band, a], Deklarativsatzmodus, rhetische Modi und Illokutionen.

— [in diesem Band, b], Fragen stellen – Zur Interpretation des Interrogativsatzmodus.

Reis, M. (1982), Zum Subjektbegriff im Deutschen. In: Abraham, W. (Hg.), 171-211.

— (1983), Les phrases têtues de l'allemand. COMP, propositions principales et subordonnées, W-mouvement et le RESTe. In: DRLAV. Revue de Linguistique 28, 97-132.

— (1985), Satzeinleitende Strukturen im Deutschen. Über COMP, Haupt- und Nebensätze, w-Bewegung und die Doppelkopfanalyse. In: Abraham, W. (Hg.), Erklärende Syntax des Deutschen. Tübingen, 271-311.

— (1991a), Echo-w-Sätze und Echo-w-Fragen. In: Reis, M./Rosengren, I. (Hgg.), 49-76.

— (1991b), Was konstituiert w-Interrogativsätze? Gegen Paschs Überlegungen zur Syntax und Semantik interrogativer w-Konstruktionen. In: Deutsche Sprache 19, 213-238.

— (1991c), Zur Topikalisierung in deutschen Verbletzt-Sätzen. Unveröff. Ms. Tübingen.

— [in diesem Band], Zur Grammatik und Pragmatik von Echo-w-Fragen.

Reis, M./Rosengren, I. (1988), Wh-Imperatives?! In: S&P 10, 1-49.

— (1991) (Hgg.), Fragesätze und Fragen. Referate anläßlich der 12. Jahrestagung der Deutschen Gesellschaft für Sprachwissenschaft Saarbrücken 1990. Tübingen. (= Linguistische Arbeiten 257)

— (1991a), Einleitung. In: Reis, M./Rosengren, I. (Hgg.), 1-11.

— (1991b), What do wh-Imperatives Tell us about wh-Movement? [erscheint in: Natural Language and Linguistic Theory]

Reuland, E./Kosmeijer, W. (1988), Projecting Inflected Verbs. In: Groninger Arbeiten zur Germanistischen Linguistik 29.

Riemsdijk, H. v./Williams, E. (1986), Introduction to the Theory of Grammar. Cambridge, Mass.

Rizzi, L. (1990), Speculations on Verb Second. In: Mascaró, J./Nespor, M. (Hgg.), 375-385.

Rolf, E. (1991), Information ohne Mitteilung? In: S&P 24, 101-119.

Rosengren, I. (1979), Die Sprachhandlung als Mittel zum Zweck. Typen und Funktionen. In: Rosengren, I. (Hg.), 188-213.

— (1979a) (Hg.), Sprache und Pragmatik. Lunder Symposium 1978. Malmö. (= Lunder germanistische Forschungen 48)

— (1983) (Hg.), Sprache und Pragmatik. Lunder Symposium 1982. Lund. (= Lunder germanistische Forschungen 52)

— (1983a), Die Textstruktur als Ergebnis strategischer Überlegungen des Senders. In: Rosengren, I. (Hg.), 157-191.

— (1984), Die Einstellungsbekundung im Sprachsystem und in der Grammatik. In: Stickel, G. (Hg.), Pragmatik in der Grammatik. Düsseldorf, 152-174.

— (1985), Die Beziehung zwischen Sprachhandlungssystem und Sprachsystem am Beispiel der Einstellungsbekundung. In: Zeitschrift für Germanistik, 6, 322-337.

— (1986), Syntaktisch-semantische Struktur – illokutive Funktion: zwei interdependente Seiten einer Äußerung. In: Weiss, W./Wiegand, H.E./Reis, M. (Hgg.), 341-353.

— (1987), Konfliktäre Sprachhandlungen und ihre sprachliche Realisierung. In: Meibauer, J. (Hg.), 207-233.

— (1990), Satzmodus als Sprechereinstellung? – Korreferat zu Renate Pasch, "Satzmodus – Versuch einer Begriffsbestimmung". ZPSK 43/1, 111-119.

— (1991a), Zur Fokus-Hintergrund-Gliederung im Deklarativsatz und im w-Interrogativsatz. In: Reis, M./Rosengren, I. (Hgg.), 175-200.

— (1991b), Satztyp, Satzmodus und Illokution aus modularer Sicht. In: Hoffmann, L. (Hg.).

— [in diesem Band], Zur Grammatik und Pragmatik der Exklamation.

— [im zweiten Band], Zur Grammatik und Pragmatik des Imperativsatzes.

Růžička, R./Motsch, W. (1983) (Hgg.), Untersuchungen zur Semantik. Berlin. (= studia grammatica XXII)

Santorini, B. (1988), Against a Uniform Analysis of All Verb-Second Clauses. Ms. Univ. of Pennsylvania.

Scherpenisse. W. (1985), Die Satzstruktur des Deutschen und des Niederländischen im Rahmen der GB-Theorie. Eine Reaktion auf Marga Reis' Doppelkopfkritik. In: Abraham, W. (Hg.), 313-334.

Searle, J.R. (1969), Speech Acts. Cambridge.

— (1982), Eine Taxonomie illokutionärer Akte. In: Searle, J.R., Ausdruck und Bedeutung. Frankfurt a.M., 17-50.

Searle, J.R./Kiefer, F./Bierwisch, M. (1980) (Hgg.), Speech Act Theory and Pragmatics. Dordrecht.

Searle, J.R./Vanderveken, D. (1985), Foundations of Illocutionary Logic. Cambridge, UK u.a.

Selting, M. (1991), w-Fragen in konversationellen Frage-Antwort-Sequenzen. In: Reis, M./Rosengren, I. (Hgg.), 263-288.

Sperber, D./Wilson, D. (1986), Relevance. Communication and Cognition. Oxford.

Stechow, A. v./Sternefeld, W. (1988), Bausteine syntaktischen Wissens. Opladen.

Stechow, A. v./Wunderlich, D. (1991) (Hgg.), Semantik. Internationales Handbuch der zeitgenössischen Forschung. Berlin.

Steube, A. (1987), Grammatical Relations between Prepositions, Conjunctions and the Complementizer "daß" in a REST-grammar of German. In: Linguistische Arbeitsberichte 61. Leipzig, 54-74.

— (1990) (Hg.), Syntaktische Repräsentationen mit leeren Kategorien oder Proformen und ihre semantischen Interpretationen. Berlin. (= Linguistische Studien, Reihe A, 206)

— (1991), W-Wörter als Konnektoren in den sog. weiterführenden Nebensätzen der deutschen Gegenwartssprache. In: Reis, M./Rosengren, I. (Hgg.), 95-111.

— [im Druck], Syntax und Semantik freier Relativsätze in der deutschen Gegenwartssprache. In: Zimmermann, I./Strigin, A. (Hgg.).

Stowell, T. (1981), Origins of Phrase Structure. Doct. Diss. MIT. Cambridge/Mass.

Studien zum Satzmodus (1988/89), Bd. I-III. Berlin. (= Linguistische Studien, Reihe A, 177; 185; 193)

S&P (1ff.), Sprache und Pragmatik. Arbeitsberichte des Forschungsprogramms "Sprache und Pragmatik" hrsg. v. I. Rosengren. Lund:1988ff.

Takami, K.I. (1985), Definite NP Anaphora and Adverbial Clauses. Arguments against Syntactic Analyses. In: Linguistic Analysis 15, 269-303.

Tappe, H.-T. (1984), Struktur und Restrukturierung. Eine Untersuchung zur Strukturkonzeption der generativen Grammatik. Phil. Diss. Göttingen.

Thurmair, M. (1989), Modalpartikeln und ihre Kombinationen. Tübingen. (= Linguistische Arbeiten 223)

Travis, L. (1986), Parameters of Phrase Structure and V2 Phenomena. Ms. McGill University. [erscheint in rev. Fassung in: Freidin, R. (Hg.), Proceedings of the 1986 Workshop on Comparative Syntax]

Vikner, St./Schwartz, B.D. (1991), The Verb Always Leaves IP in V2 Clauses. Unveröff. Ms. [Rev. und erw. Fassung von Schwartz, B.D./Vikner, St. (1989), All Verb Second Clauses are CPs. In: Working Papers in Scandinavian Syntax 43, 27-49]

Ward, G./Hirschberg, J. (1985), Implicating Uncertainty. In: Language 61, 747-777.

Webelhuth, G. (1989), Syntactic Saturation Phenomena and the Modern Germanic Languages. Doct. Diss., Univ. of Mass., Amherst, Mass.

— (1990), Diagnostics for Structure. In: Grewendorf, G./Sternefeld, W. (Hgg.), 41-75.

Weerman, F. (1989), The V2 Conspiracy. A Synchronic and a Diachronic Analysis of Verbal Positions in Germanic Languages. Dordrecht. (= Publications in Language Sciences 31)

Weiss, W./Wiegand, H. E./Reis, M. (1986) (Hgg.), Kontroversen, alte und neue, Akten des VII. Internationalen Germanisten-Kongresses Göttingen 1985. Bd. 3: Textlinguistik contra Stilistik? – Wortschatz und Wörterbuch – Grammatische oder pragmatische Organisation von Rede? Tübingen.

Weydt, H. (1977) (Hg.), Aspekte der Modalpartikeln. Studien zur deutschen Abtönung. Tübingen.

Wolski, W. (1986), Partikellexikographie. Ein Beitrag zur praktischen Lexikologie. Tübingen.

Wunderlich, D. (1976), Studien zur Sprechakttheorie. Frankfurt a.M.

— (1979), Was ist das für ein Sprechakt? In: Grewendorf, G. (Hg.), 275-324.

— (1988), Der Ton macht die Melodie – Zur Phonologie der Intonation des Deutschen. In: Altmann, H. (Hg.), 1–40.

Zaefferer, D. (1979), Sprechakttypen in einer Montague-Grammatik. Ein modelltheoretischer Ansatz zur Behandlung illokutionärer Rollen. In: Grewendorf, G. (Hg.), 386-417.

— (1987), Satztypen, Satzarten, Satzmodi – Was Konditionale (auch) mit Interrogativen zu tun haben. In: Meibauer, J. (Hg.), 259-285.

Zimmermann, I. (1987), Syntactic Categorization. In: Bahner, W./Schildt, J./Viehweger, D. (Hgg.), Proceedings of the Fourteenth International Congress of Linguists. Berlin/GDR, August 10 - August 15, 1987. Berlin (1991), 864-867.

— (1988a), Wohin mit den Affixen? In: Motsch, W. (Hg.), 157-188.

— (1988b), Zur Syntax und Semantik von Satzeinbettungen. Arbeitsmaterial.

— (1990), Zur Legitimierung leerer Köpfe. In: Steube, A. (Hg.), 75-90.

— (1991a), Die subordinierende Konjunktion *wie*. In: Reis, M./Rosengren, I. (Hgg.), 113-122.

— (1991b), Die Syntax der Substantivgruppe: Weiterentwicklung der $\bar{x}$-Theorie. In: Zimmermann, I. (Hg.), 1-32.

— [im Druck], Der Skopus von Modifikatoren. Erscheint in: Zimmermann, I./Strigin, A. (Hgg.).

— [im zweiten Band], Zur Syntax und Semantik eingebetteter Sätze.

— (1991) (Hg.), Syntax und Semantik der Substantivgruppe. Berlin. (= studia grammatica XXXIII)

Zimmermann, I./Strigin, A. (Hgg.) [im Druck], Fügungspotenzen. Berlin. (= studia grammatica XXXIV)

Deklarativsatzmodus, rhetische Modi und Illokutionen[1]

Helmut Rehbock, Braunschweig

Mit der Äußerung von Deklarativsätzen kann man alle illokutiven Handlungen vollziehen. Aus dieser Tatsache wird häufig gefolgert, der Deklarativsatzmodus sei semantisch neutral. In dieser Arbeit soll demgegenüber versucht werden, die illokutiven Verwendungen von Deklarativsätzen auf die im Eingangsbeitrag dieses Bandes vorgestellte Satzmoduskonzeption formal stringent zurückzuführen. Der Satzmodus determiniert semantisch eine spezifische Weise der Sachverhaltsreferenz, welche zwei grundsätzliche Ausprägungen erlaubt, die sich auf der Ebene der Äußerungsbedeutung als 'rhetische Modi' konkretisieren. Aus diesen lassen sich durch weitere Differenzierungen sowohl die 'bekundenden' und (explizit) performativen Vollzugsformen von Illokutionen als auch die assertiven und nicht-assertiven Lesarten nicht-performativer Deklarativsatzäußerungen eindeutig und vollständig ableiten. Die rhetischen Modi bilden somit die Schnittstelle zwischen Satzmodus und Illokution.

1. Vorbemerkung
2. Deklarativsatzmodus und Referenzmodi
2.1. Satzmodus und Referenz
2.2. Argumente gegen Searles Referenztheorie
2.3. 'Sachverhalt' als konzeptuelles Modell
2.4. Projektive Referenz und Referenzmodi
2.5. Deklarativer Selbstbezug und rhetische Modi
3. Rhetische Modi und Illokution
3.1. "Feststellungen" und "Festlegungen"
3.2. Konstative Deklarativsatzäußerungen
3.2.1. Der konstative Modus und seine illokutiven Interpretationen
3.2.1.1. Rhetischer Akt im konstativen Modus
3.2.1.2. Assertionen
3.2.1.3. Bekundungen
3.2.1.4. Konstative Illokutionen und doxastische Einstellungen
3.2.2. Typen von Assertion und Bekundung
3.2.2.1. Subklassen der ASSERTIVA
3.2.2.2. Arten der Bekundung
3.3. Nicht-konstative Deklarativsatzäußerungen
3.4. Konstitutive Modi
3.4.1. Performative Deklarativsatzäußerungen
3.4.2. Resultative Deklarativsatzäußerungen
3.4.2.1. DEKLARATIVA
3.4.2.2. KOMMISSIVA
3.4.2.3. DIREKTIVA
3.5. Zusammenfassende Übersicht
4. Resümee
Literatur

---

[1] Eine theoretisch knappere Version dieses Beitrags erschien in S&P 15 (= Rehbock 1989); das dortige 4. Kapitel ("Pragmatische Bedingungen der Interpretation des Referenzmodus") ist hier fortgelassen. Für zahlreiche konstruktiv-kritische Hinweise habe ich S.-G. Andersson, A. Burkhardt, G. Falkenberg, F. Liedtke, R. Pasch, I. Rosengren und I. Zimmermann zu danken.

1. Vorbemerkung

Brandt/Rosengren/Zimmermann (1989)[2] haben den Versuch unternommen, den Satzmodus des Deklarativsatzes (künftig: D-Satz) ohne Rekurs auf eine Sprechereinstellung zu beschreiben. Damit wird diesem Satztyp eine semantische Interpretation zugewiesen, die nicht schon einen Urteilsoperator enthält, der die Illokution des geäußerten Satzes präformiert. Performative Verwendungen "potentiell performativer Konstruktionen" (abgekürzt: PPK; Brandt u.a. 1989:6) müssen dementsprechend nicht als indirekt – etwa als Uminterpretation einer "Mitteilung" (Motsch/Pasch 1987) – verstanden werden (ähnlich auch Recanati 1987), wogegen sich ernsthafte Argumente vortragen lassen (Brandt u.a. 1989; Falkenberg 1989b; Liedtke 1989). Ebensowenig stellt sich dann das Problem einer Uminterpretation bei denjenigen D-Sätzen, die keine PPK enthalten und dennoch zum Vollzug von nicht-assertiven Illokutionen, nämlich DEKLARATIVA (DEKLARATIONEN), KOMMISSIVA und DIREKTIVA, dienen. Eine Theorie des D-Satzmodus, die für die Erklärung dieser Zuordnungen auf den Begriff der Indirektheit verzichten möchte, muß dementsprechend drei Aufgaben leisten:

a. Sie muß zeigen, daß die postulierte semantische Struktur *allen* genannten illokutiven Aktualisierungen zugrundeliegt/ -liegen kann;
b. sie muß zeigen, daß diese Struktur eine *notwendige* Basis der illokutiven Interpretationen bildet;
c. sie muß schließlich den jeweiligen *Übergang* von der Semantik zur Pragmatik erklären, d.h. sie muß die Prozesse rekonstruieren, mittels derer der Satzmodusbedeutung die jeweilige Illokution interpretativ zuzuordnen ist.

Die folgenden Überlegungen sollen als ein Versuch zur Lösung dieser Aufgaben verstanden werden. In ihnen soll die von Brandt/Rosengren/Zimmermann (1989) erarbeitete semantische Strukturformel des D-Satzes

(I) $\exists e\ [\text{INST}\ (e, p)]$[3]

expliziert und als notwendige Grundlage der assertiven und nicht-assertiven Illokutionslesarten von D-Satzäußerungen untersucht werden. Zugleich soll damit gegenüber Pasch (1989:36ff.) der Nachweis geführt werden, daß es auf der Basis eines Satzmoduskonzepts ohne Urteilsoperator sehr wohl möglich ist, "die Beschränkung der performativen Interpretation auf D-Sätze" nicht nur zu beschreiben, sondern auch "kompositionell (zu) erklären".

Eine andere Aufgabe kann hier nur angedeutet, aber nicht weiter verfolgt werden:
Ein einstellungsfreies Satzmoduskonzept ermöglicht es, auch Nebensätzen entgegen der herrschenden Meinung einen Satzmodus zuzusprechen und damit z.B. das Vorkommen von Mo-

---

2 Diese für den vorliegenden Aufsatz grundlegende Untersuchung bildet in erweiterter und revidierter Form den Eingangsbeitrag dieses Bandes (= Brandt/Reis/Rosengren/Zimmermann 1991; abgekürzt BRRZ). Hier finden sich die für meine Arbeit wichtigen Darlegungen in substantiell unveränderter Form auf den Seiten 33-47.

3 Bei Brandt/Rosengren/Zimmermann (1989) und BRRZ im Anschluß an Bierwisch: $\exists$ e [e INST p].

dalpartikeln und VERUM-Fokus, das Auftreten syntaktisch selbständiger Verb-letzt-(VL-)Sätze und auch nur schlicht den Bedeutungsunterschied von (1a) und (1b) zu erklären:

(1) Sven wird dir sagen,
(a) daß das Schiff *Mary* getauft wird.
(b) ob das Schiff *Mary* getauft wird.

Offensichtlich reicht die häufig vertretene (Searle 1969:29) Ansicht, *daß*–Sätze brächten bloße Propositionen zum Ausdruck, nicht hin, um dem durch die Konjunktion *daß* indizierten deklarativen Gehalt des Objektsatzes (1a) gerecht zu werden. Durch die Opposition der Konjunktionen in (1a) und (1b) wird ein je unterschiedlicher Bezug der Proposition zur Diskurswelt hergestellt, ohne daß damit der Sprecher eine Einstellung zum Ausdruck bringt oder gar eine Illokution vollzieht. Eben dies gilt auch für abhängige Verb-zweit-(V2-)Sätze, die demnach allein durch die Einbettung ihren Satzmodus verlieren müßten, wenn dieser notwendig eine Einstellung denotierte:

(2) Das Schiff heißt *Mary*.
(a) Sven glaubt/sagt, das Schiff heißt/heiße *Mary*.
(b) Sven glaubt/sagt nicht, das Schiff heiße *Mary*.

Auch ohne den Konjunktiv als Distanzmarker sagt (2a) nichts über die Einstellung des Sprechers zur Proposition des Objektsatzes aus. Beispiel (2b) zeigt überdies, daß eingebettete V2-Sätze nicht daran gebunden sind, daß das Matrixprädikat eine 'positive Einstellung' bezeichnet. Natürlich ergibt sich daraus kein einfacher Rückschluß auf den selbständigen Satz (2); doch dürften die Vorzüge einer Satzmodustheorie auf der Hand liegen, die den gemeinsamen semantischen Nenner der selbständigen und eingebetteten Sätze beschreibt.

Diese Bemerkungen zeigen allerdings nur die Spitze des Eisbergs. V2-Sätze unterliegen rigiden Einbettungsbeschränkungen, die ebenso mit dem hier vertretenen Satzmoduskonzept in Einklang zu bringen sind wie die funktionale Vielfalt der deklarativen VL-Sätze. Im Rahmen dieses Aufsatzes kann ich der Fülle der hier anliegenden Probleme nicht nachgehen und beschränke deshalb im Gegensatz zu Brandt/Rosengren/Zimmermann (1989) und BRRZ meine Untersuchung auf selbständige V2-D-Sätze.[4]

Auch meine Beispiele habe ich beschränkt: Die meisten von ihnen sind Variationen über den bekannten Austinschen Satz

(3) I name this ship the *Queen Elizabeth*.

den auch Liedtke (1989) seinen Untersuchungen zu "Performativität, Sprechhandlungen, Wahrheit" zugrundelegt.

---

4 Zu deklarativen Nebensätzen vgl. Brandt (1990), Butulussi (1991), Zimmermann (im zweiten Band); zu den interrogativen VL-Sätzen vgl. meinen zweiten Beitrag in diesem Band.

2. Deklarativsatzmodus und Referenzmodi

2.1. Satzmodus und Referenz

Brandt/Rosengren/Zimmermann (1989) gründen ihre Strukturformel auf den von Bierwisch (1988:22ff.) eingeführten Begriff "event or state of affairs", eine konzeptuelle Einheit, deren Struktur propositional repräsentiert werden kann. Propositionen sind demnach "conditions on events" bzw. "(partial) characterizations of events". Diese Beziehung modelliert Bierwisch mit Hilfe eines zweistelligen Funktors *inst*, der der Proposition p die entsprechende referentielle Variable e (= *event* = 'Sachverhalt') zuordnet.

Bierwisch beruft sich dabei auf Reichenbachs (1947:268ff.) "event-function" oder "fact-function".[5] Der wichtigere Begriff bei Reichenbach ist allerdings "the term *situation* to designate the object corresponding a proposition" (268); an anderer Stelle sagt er:

> Physical objects divide into *things*, such as individual human beings, tables, atoms, and *situations*, also called *states of affairs*, which constitute the denotata of sentences. Thus the sentence 'the battle-ship *Bismarck* was sunk' denotes a situation; the ship itself is a thing. (14f.; Unterstreichung: H.R.)

Hier sind die beiden referentiellen Ebenen der Semantik Bierwischs vorgebildet: N vs. S, DP vs. IP; Sprecher referieren nicht nur auf Welt-'Gegenstände', sondern beziehen auch den gesamten Satz, besser: den die Proposition instantiierenden Sachverhalt auf (eine für die Äußerung relevante) 'Weltsituation' (vgl. auch Zimmermann 1983, 1991).

Referenz wird vollzogen in der mentalen und ggf. kommunikativen Aktualisierung von Sprache, also z.B. bei der Äußerung von Sätzen. Aber die Art und Weise, *wie* dieser Bezug auf 'Welt' hergestellt werden kann, ist präformiert in der Satzbedeutung, speziell im Satzmodus, der als 'Satztypbedeutung' definiert werden kann. Ob sich der Adressat einer Äußerung den Sachverhalt e als Fakt-in-der-Welt oder als 'offen' hinsichtlich der Faktizität zu denken hat, wird ihm durch 'deklarative' oder 'interrogative' Satztypmerkmale indiziert. Es liegt deshalb nahe, die Metaproposition INST (e, p) *(e inst p* bei Bierwisch) dadurch in eine D-Satzformel zu überführen, daß man die Variable e durch den Operator ∃ bindet: ∃e [INST (e, p)]. Dem Operator kommt dann allerdings über seine formal-logische Bedeutung hinaus die Funktion zu, 'virtuelle Faktizität' zu denotieren:[6]

---

5 Diese hat bei Reichenbach die Aufgabe, "event *arguments*" zu formalisieren. Reichenbach unterscheidet "two ways of splitting the situation": "thing-splitting" (Beispiel: '*George VI is crowned.*') und "event-splitting" (Beispiel: '*The coronation of George VI takes place.*').

6 Vermutlich wäre es im Sinne dieser Explikation angebrachter, den unbestimmten Existenzquantor ('es gibt mindestens ein ..') durch den bestimmten zu ersetzen: !ι (nach Menne 1985); Formel (I) würde dann lauten:

(Ia) ∃ !ιe [INST (e, p)],

zu deutsch: "Es gibt genau dasjenige e, welches p instantiiert." Ich werde wegen des Bezugs auf Brandt/Rosengren/Zimmermann (1989) und BRRZ in dieser Arbeit an (I) festhalten.

> Die Formel beschreibt den D-Satz als eine Aussage (nicht Äußerung) über die Existenz von Sachverhalten. ∃e drückt also virtuelle Existenz des Sachverhalts oder Faktizität aus. (BRRZ:35).

Im Falle der nicht-deklarativen Satzmodi wird die durch das ∃e symbolisierte Faktizität ihres sozusagen kategorischen Charakters entkleidet, also etwa im interrogativen Falle als 'offen' markiert; formal kann dies durch Vorschaltung eines OFFEN-Operators ausgedrückt werden (vgl. BRRZ sowie Rehbock [in diesem Band]). Die Satzmodusbedeutung kann demnach allgemein paraphrasiert werden als: *'Modus der virtuellen Faktizität des Sachverhalts e, den die Proposition p beschreibt'*.

Zu dieser Analyse des Satzmodus paßt es, daß er nach Brandt/Rosengren/Zimmermann (1989) nicht unmittelbar das Illokutionspotential des Satzes, sondern primär die im "rhetischen Akt" konstituierte Äußerungsbedeutung determiniert:

> Der Sprecher vollzieht einen von der Bedeutung determinierten rhetischen Akt. Mit dem rhetischen Akt hat der Sprecher aber zu der Existenz des von dem Satz denotierten Sachverhalts nicht Stellung genommen, z.B. in der Form eines Urteils oder einer Behauptung, daß es diesen Sachverhalt gibt, denn die Semantik des Satzes enthält keine Sprechereinstellung, aus der sich eine solche Stellungnahme ergeben würde. (Brandt/Rosengren/Zimmermann 1989:35)

Im rhetischen Akt gebraucht der Sprecher nach Austin das "pheme" "with a certain more-or-less definite sense and reference" (1962:95), wobei "the same pheme [...] may be used on different occasions of utterance with a different sense or reference, and so be a different rheme" (97). Wenn man – vielleicht nicht ganz im Einklang mit Austins Skepsis gegenüber nicht-aktuellen Bedeutungen (Austin 1975a) – davon ausgeht, daß auch das "pheme" als "unit of language" eine (grammatisch determinierte) Bedeutung mitbringt,[7] so kann der wechselnde 'Sinn' desselben "pheme" nur die Folge unterschiedlicher 'Referenz' sein. Indem der Sprecher die grammatisch determinierte Bedeutung des Satzes auf einen Weltzustand bezieht. präzisiert und konkretisiert er sie zur Äußerungsbedeutung. Das "referring" ist also sicherlich nicht nur ein "ancillary act" (97) des rhetischen Aktes, sondern dessen zentrales pragmatisches Moment.

Auf diesen referentiellen Teilakt ist die oben gegebene Explikation des D-Satzmodus hingeordnet; dessen grammatische Bedeutung determiniert die Sachverhaltsreferenz, die ein 'Sprecher' im rhetischen Akt vollzieht, zu einer 'Als-faktisch-Referenz'. Anders gewendet: Mit dem D-Satzmodus gibt der Sprecher dem Hörer die 'Anweisung' (vgl. Kallmeyer u.a. 1980), innerhalb der kontextuell gegebenen (realen, fiktionalen...) 'Welt' den benannten Sachverhalt als Fakt aufzusuchen oder einzuordnen. (Van Dijk/Kintsch 1983:116ff. verwenden in vergleichbarer Weise "the notion of *fact* as the referent of a proposition".)

---

7 "The pheme is a unit of *language*: its typical fault is to be nonsense – meaningless. But the rheme ist a unit of *speech*; its typical fault is to be vague or void or obscure, etc." (1962:98; Unterstreichung: H.R.)

2.2. Argumente gegen Searles Referenztheorie

Die hier vorgetragene Auffassung steht im Widerspruch zu der einflußreichen und suggestiven Referenztheorie Searles (1969), der sie in seinen neueren Arbeiten (Searle 1979b, 1983) nur ausgebaut, nicht aber revidiert hat. Folgt man seiner Analyse (1969:23ff.), so sind Sätze funktional[8] in referierende und prädizierende Ausdrücke aufzuteilen. Die Sprecherin des folgenden Satzes:

(4) Uwe hat in Bremerhaven die Arabella getauft.

"identifiziert" mit den "referring expressions" *Uwe, in Bremerhaven, die Arabella* "'object(s)' or 'entitie(s)' or 'particular(s)' apart from other objects", über die sie *hat getauft* prädiziert. Das Prädizieren wird somit von Searle als *pragmatischer* Teilakt aufgefaßt, gerichtet auf identifizierte Gegenstände, nicht etwa auf Ausdrücke; es verbindet sich mit dem Referieren zum "propositional act", allerdings mit einer entscheidenden Asymmetrie:

> One might express this difference by saying reference always comes neutrally as to its illocutionary force; predication never comes neutrally but always in one illocutionary mode or another. Even though reference is an abstraction from the total illocutionary act, it is a separate speech act. [...] Predication is also an abstraction, but it is not a separate act. It is a slice from the total illocutionary act; just as indicating the illocutionary force is not a separate act, but another slice from the illocutionary act. (1969:123)

Der Prädikatausdruck benennt den Inhalt der den Gegenstand betreffenden Sprachhandlung, das 'IFID' dagegen den illokutionären Modus der Prädikation; demgegenüber hat der Referenzakt die von der illokutionären "Kraft" unabhängige Funktion, die Voraussetzung für die Prädikation zu schaffen:

> In order for the speaker to predicate an expression of an object, he must have successfully referred to that object. (126)

Umgekehrt – und dieser Widerspruch in seiner Theorie ist Searle nicht ganz entgangen – ist Prädikation eine wesentliche Vorbedingung für Referenz. Da ein erfolgreicher Referenzakt erfordert, daß "the hearer must be given sufficient means to identify the object from the speaker's utterance of the expression" (82), ist es notwendig, "that either the expression must be an identifying description or the speaker must be able to produce an identifying description on demand." (87f.) Das bedeutet aber:

> the principle of identification might be regarded as saying that reference is identification via predication. (119)

Und ferner:

---

8 "The distinction between subject and predicate is one of function. The subject serves to identify an object, the predicate, if the total illocutionary act is one of describing or characterizing, serves to describe or characterize the object which has been identified." (Searle 1969:119)

> But we never get referring completely isolated from predication for to do so would be to violate the principle of identification, without conformity to which we cannot refer at all. (174)

In diesen Kontexten kann "predication" kaum etwas anderes bedeuten als den *semantischen* Prozeß der Erzeugung eines "descriptive or predicative content" (119).

Daß Searles Prädikations-Begriff demnach zwischen Semantik und Pragmatik changiert und entsprechend auch der Begriff des "propositionalen Aktes" undeutlich bleibt – einerseits "expression of a proposition" "concerning an object" (29/125), andererseits die Erzeugung einer pragmatisch angewandten Proposition durch Identifizierung eines Objekts und Prädikation darüber –, resultiert nicht nur aus der Einfachheit seiner Subjekt-Prädikat-Beispiele.[9] Ein gewichtigeres Motiv ist Searles berechtigte Kritik an der philosophischen Auffassung, daß Sprecher auch mit Prädikaten referieren, und zwar auf Universalien (Frege, Strawson). Referiert man mit der Äußerung "*Sam is drunk*" nicht nur auf Sam, sondern auch auf 'die Trunkenheit'? Referiert die Sprecherin von (4) auch auf ein Universale 'taufen'? Searle weist dies mit guten Gründen zurück (97-121), übersieht jedoch völlig die Möglichkeit der Referenz auf die konkreten Weltereignisse 'Sams Trunkenheit' oder 'Uwes Schiffstaufe in Bremerhaven', die sprachlich nicht als Prädikat, sondern als Prädikat-Argument-Struktur repräsentiert werden.

Wenn man den Begriff 'Referenz' definiert als 'aktuelle Bezugnahme auf einen Weltzustand mittels Semiose'[10], so reicht es hinsichtlich der Äußerung z.B. von (4) nicht aus, den Referenzakt lediglich als Summe der Einzelreferenzen auf Aktanten und Umstände aufzufassen. Deren Zusammentreffen in einem raum-zeitlichen Weltereignis ist der primäre Bezugspunkt der Sprecherin, und dieses Ereignis identifiziert sie gegenüber einem Hörer mittels einer Proposition, die die Ereignisstruktur modellhaft repräsentiert:

(4') INST [e, TAUF (Uwe, Arabella) : IN (e, Bremerhaven)]

Entsprechend dem 2. Referenzaxiom Searles, dem "Identitätsaxiom" (1969:78), könnte die Sprecherin das Ereignis ebenso identifizieren mit Hilfe von Sätzen, in denen (entsprechend Searle) die Nominalphrasen (in (4a/c)), aber auch das Hauptprädikat (in (4b/c)) verändert wären:

(4) (a) Mein Bruder hat an seinem Heimatort die Yacht getauft.
(b) Uwe hat in Bremerhaven die Arabella eingeweiht.
(c) Dein Sohn hat in Bremerhaven seine neue Yacht begossen.

---

9 Im Hinblick auf komplexere Sätze, vor allem solche mit spezifischer Fokus-Hintergrund-Gliederung ließe sich nicht so leicht sagen: "The speaker refers to or mentions or designates a certain object Sam, and he predicates the expression 'smokes habitually' (..) of the object referred to." (1969:23) Wie würde Searle dies bezogen auf (1) formulieren?

(1) Aber das Rauchen aufgegeben hat doch SALLY!

10 Mit diesem allgemeinen Begriff möchte ich hier alle Arten und Komplexitätsgrade des Zeichengebrauchs offen halten.

Andererseits: Habe ich, der ich die Sätze (4)-(4c) absolut nicht-referentiell als linguistische Beispielsätze gebildet und verwendet habe, keinen Prädikationsakt vollzogen? Ich meine, Searle hat in seinem "propositionalen Akt" Birnen und Kuchenbeläge zusammengezählt. Prädikation ist ein semantischer 'Akt', bezogen auf *virtuell* "hinweisende Ausdrücke"; Referenz ist dagegen ein pragmatischer 'Akt', der einfache oder komplexe S/N-Gefüge auf Weltzustände und deren 'individuelle' Komponenten bezieht. Zur Veranschaulichung dieser Auffassung diene Abbildung 3, die ich Searles Diagrammen (Abb. 1/2) gegenüberstelle:

Abb. 1:
Strawson

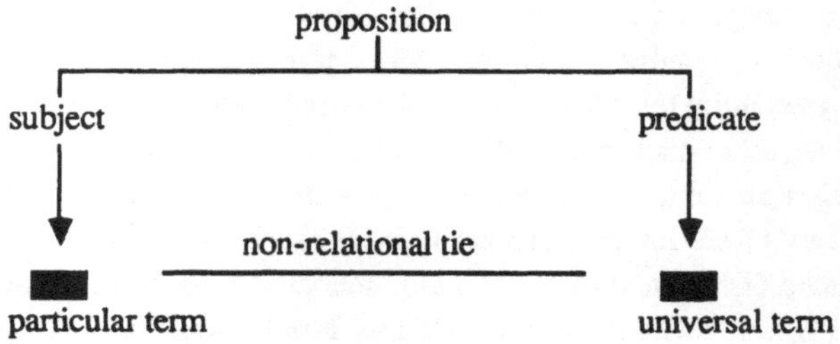

Abb. 2:
Searle

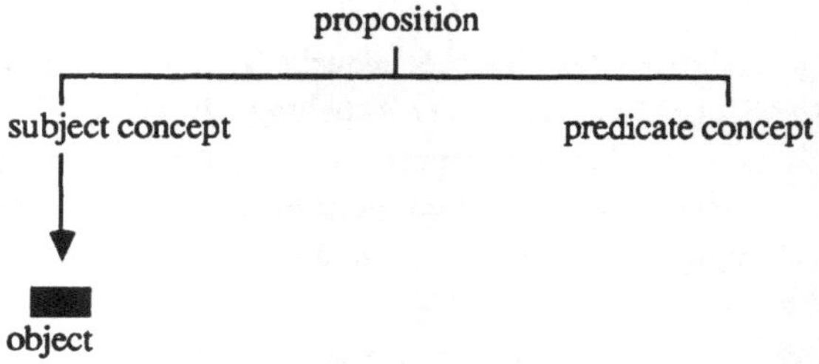

Abb. 3

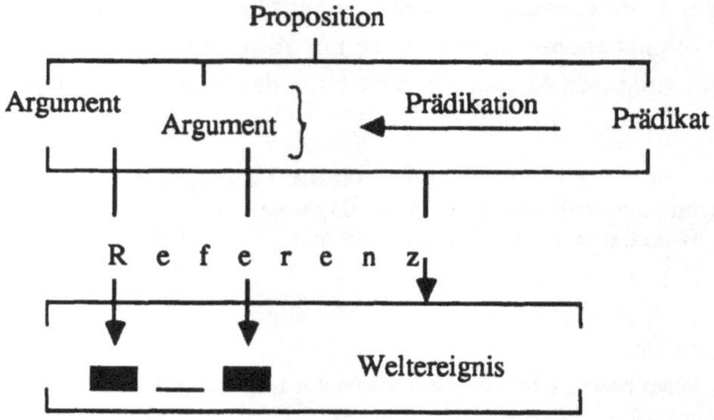

2.3. 'Sachverhalt' als konzeptuelles Modell

Wie paßt die Variable e, die in Abb. 3 zur Vereinfachung fortgelassen ist, in den hier vorgetragenen Erklärungsrahmen? Formel (4') zeigt, daß schon für eine semantische Analyse lokaler und temporaler Adverbialgruppen (sowie des in (4') unterschlagenen Tempus) ein 'event'-Argument vonnöten ist. Dennoch bedarf der Status von e als konzeptueller Einheit der Klärung, wenn man bedenkt, daß mit 'event' oder 'Sachverhalt' in der Regel jener Weltzustand bezeichnet wird, den der Sprecher mit seiner Äußerung zu beschreiben trachtet – so auch von Searle (1969:125): "If a speaker asserts a proposition concerning an object, he commits himself to there being the state of affairs in the world in which the predicate is true of the object [...]."

Daß die Beispielsätze (4)-(4c) – wie oben angenommen – mit Bezug auf ein und dasselbe Weltereignis (ew) geäußert werden, ist keineswegs selbstverständlich. Nicht nur könnten Sprecher mit ihnen über unterschiedliche 'tokens' desselben Ereignistyps berichten (was ja trivial ist), sondern auch über unterschiedliche Ereignisverläufe, und dies vor allem aufgrund der verschiedenen Prädikate. Alle vier Sätze beschreiben einen je verschiedenen Sachverhalt e, selbst dann, wenn die Sprecherin diese auf dasselbe Weltereignis ew bezieht. In diesem Fall würde man die Verschiedenheit des "deskriptiven Gehalts", insbesondere der Prädikate *getauft*, *eingeweiht* und *begossen*, unterschätzen, wenn man darin lediglich stilistische Varianten erblickte, mit denen die Sprecherin einen objektiv vorgegebenen "state of affairs" subjektiv beleuchtet. Es könnte ja auch der Fall sein, daß sie dasselbe ew auf Grund unterschiedlicher Vorkenntnisse und Beobachtungen ernsthaft als 'Taufe', 'Einweihung' oder 'Begießen' interpretiert. Und angenommen, Uwe habe an jenem Tage auf dem Schiff versehentlich einen Eimer Wasser ausgeschüttet und die Sprecherin spielte mit (4) ('*Uwe ... hat getauft.*') scherzhaft darauf an: so hätten es die Hörer in der Hand, ob sie die ihnen bekannte Begebenheit nicht oder lachend identifizieren, und dann mit einem Lachen, welches weniger der Inadäquatheit eines Prädikats, als vielmehr der Überblendung eines Sachverhalts durch einen anderen gölte.

Nicht das objektive Geschehen ist der 'Sachverhalt', sondern das, was wahrnehmende, denkende und interagierende Subjekte als *konzeptuelles Modell* des Geschehens mit Hilfe von Prädikat-Argument-Strukturen entwerfen. Modelle aber sind im Hinblick auf ihr 'Original' in der 'Welt' zugleich imitativ und projektiv: imitativ, insofern sie einen gegebenen oder postulierten (z.B. herzustellenden) Weltzustand strukturanalog 'abbilden'; projektiv, insofern der Modellierende selektiv und kreativ ein mentales Produkt als Abbild des Weltzustands setzt. Auch das maximal imitative Modell ist insofern projektiv, als jede Nachbildung eines gegebenen Originals notwendig selektiv und abstraktiv verfahren muß; und auch das maximal kreative Modell eines (z.B.) erst zu realisierenden 'Originals' ist insofern imitativ, als es ein solches darstellen soll, mithin von seinem Schöpfer referentiell auf eine reale oder fiktionale Welt bezogen wird. Imitativität und Projektivität sind demnach komplementäre, aber notwendige Eigenschaften modellhaften, d.h. referentiellen Sprachgebrauchs, dessen Gattungen vom Polizeibericht bis zum Lügenmärchen reichen, während konkrete Poesie und linguistische Beispielsätze das heitere Reich des Nicht-Referentiellen bevölkern.

2.4. Projektive Referenz und Referenzmodi

Nach der hier vorgetragenen Auffassung gebraucht eine Sprecherin, die den folgenden Satz ernsthaft und träumerisch äußert, diesen als ganzen und in seiner Subjektphrase referentiell:

(5) Und ein Schiff mit acht Segeln und mit fünfzig Kanonen wird liegen am Kai.

Gerate ich hier in Widerspruch mit Searles 1. Referenzaxiom:

> Whatever is referred to must exist. (1969:77)

das er "axiom of existence" nennt? Nicht, insofern Satz (5) von einer fiktionalen Jenny in einer fiktionalen Welt gesprochen wird (vgl. Searles Ausführungen zu Sherlock Holmes 1969:78), und auch nicht durch das futurische Tempus: "One can refer to [...] what will exist" (1969:77). Diese Aussage wäre jedoch hier nur anwendbar, wenn Jenny ein (in ihrer Welt) faktisches Ereignis aus sicherem Wissen voraussagte. Doch nehmen wir an, sie äußere einen imaginativen Tagtraum und beziehe sich auf ein höchst zweifelhaftes Zukunftsereignis und auf ein Schiff, dessen Realität erheblich windiger ist als die von Donnellans "*Smith's murderer*". Wenn Searle (1979b) im Hinblick auf Donnellan (1971:102ff.) mit Recht darauf insistiert, daß in all seinen "attributiven" Beispielen der Sprecher anhand "primärer Aspekte" referiere, so kann er von der erwiesenen Existenz des – allerdings unbekannten – Referenzobjekts ausgehen. Denn in der Äußerung z.B. des Satzes "*Smith's murderer is insane.*" machen Sprecher nach Donnellan "an attributive use of the definite description", falls sie "come upon poor Smith foully murdered" und ihre Meinung kundtun über den Täter, den sie nicht als "some particular person" kennen, dessen Existenz aber durch die Tat bezeugt ist. Eine derartige "attributive" Referenz ist sicherlich ein Musterbeipiel für Projektivität, verletzt jedoch nicht Searles "axiom of existence"; Jennys Zukunftsschiff dagegen hat keinen Anker in ihrer Wirklichkeit. Ist ihr "hinweisender Ausdruck" also referentiell leer, oder entscheidet es sich erst im Nachhinein, ob sie referiert hat oder nicht?

Man könnte versucht sein, das Problem dadurch zu umgehen, daß man sagt, die Sprecherin referiere eben auf ein Objekt in einer 'möglichen Welt'. Doch deckt dieser, in einem ganz anderen theoretischen Kontext beheimatete Begriff einen Unterschied zu, auf den es hier gerade ankommt: den Unterschied zwischen 'Welt' und 'Weltzustand'. Tagträume oder Projekte konstituieren keine 'Welt'; in ihnen werden mögliche, vielleicht niemals existierende Weltzustände entworfen, und das kann hier und jetzt in Wolfenbüttel geschehen oder in Schilda oder im Satelliten über Solaris. Jennys Tagtraumschiff bleibt also hinsichtlich der Existenzbedingung ein Ärgernis, es sei denn, man erinnert sich, daß Searle vor der Formulierung seines Axioms einen wichtigen Referenzmodus von der weiteren Untersuchung ausgeschlossen hat: den hypothetischen.

> Some [referential occurrences] are hypothetical. Thus, in an utterance of 'He will inherit the money', 'he' ist used to refer categorically. But in an utterance of 'If they have a son, he will inherit the money', 'he' refers only contingently on the truth of the antecedent proposition. (1969:73)

Hätte Searle das Konzept der *bedingten Referenz*, für die das Existenzaxiom, so wie er es formuliert, nicht zutrifft, weiter verfolgt, so hätte er der hypothetischen Referenz sicherlich die kontrafaktische ('*If they had a son, he would inherit the money.*') hinzugefügt und auch bemerkt, daß die das Referenzobjekt einführende Bedingung in sehr vielen Fällen optimistisch ausgespart wird: so in Jennys Tagtraum oder in der Aufforderung:

(6) Bau mir ein Schloß mit acht Türmen und fünfzig Zimmern!

Hier stützt sich die Referenz auf die Erfüllungsbedingung des DIREKTIVS. Erhellend sind in diesem Zusammenhang Suchanzeigen, speziell Bekanntschafts-/Heiratsanzeigen. In diesen wird "attributiv", aber ohne Existenzgewähr ein Partnermodell entworfen und dann recht häufig unversehens angeredet. Gelegentlich ist sich der/die Suchende der Existenzbedingung sogar bewußt wie in der folgenden Anzeige (Braunschweiger Zeitung):

(7) Sie 29 J., 1.65, sucht schlanken, intelligenten, romantischen, einfühlsamen Nichtraucher mit vielen Interessen (Theater, Tanz) für gemeinsame Zukunft. Bitte schreibe mir, falls es Dich gibt.

Auch auf w-Interrogativsätze läßt sich der Begriff der (implizit) bedingten Referenz anwenden und bietet dort einen intuitiv befriedigenden Erklärungsrahmen für die mit den Pronomina *wer* oder *was* verbundene Existenzimplikatur (vgl. Rehbock [in diesem Band:182]).

Referenz ist demnach *grundsätzlich* projektiv und präsupponiert nur unter bestimmten Bedingungen die vergangene, gegenwärtige oder zukünftige Existenz ihres Gegenstandes. Salopper formuliert: Sofern Denker und Sprecher referieren wollen, tun sie dies auch, unter Umständen allerdings ins Leere. Und man kann sogar auf eine solche Leerstelle im Bewußtsein ihrer Leere referieren, falls sie der Ort einer (fremden) Projektion ist:

(8) Nina macht mit ihren fliegenden Untertassen die ganze Familie verrückt.
(9) Ninas fliegende Untertassen gibt es nicht.

Mit Beispiel (9) möchte ich andeuten, daß die Aufweichung des Existenzaxioms auch das damit verbundene Russelsche Paradox zum Verschwinden bringt und nun keine Notwendigkeit mehr besteht, Existenzsätzen kontraintuitiv Referenz und Prädikation abzustreiten. Kontraintuitiv ist eine solche Lösung des Paradoxes vor allem aus der Sicht des Linguisten, weil sie u.a. auch ein Verb wie *leben* beträfe, und zwar nur in bestimmten Kontexten: In den Sätzen "*Sherlock Holmes/Shakespeare hat gelebt/hat nie gelebt.*" referieren die Eigennamen angeblich nicht,[11] wohl dagegen in: '*Sherlock Holmes/Shakespeare hat gern gelebt*''. Daß Searle daran festhält angesichts solcher Beispiele wie "*The Golden Mountain/Cerberus does not exist.*" (1969:77f., 164f.), ist verwunderlich, da er im gleichen Atemzug *Santa Claus* und *Sherlock Holmes* fiktionale Existenz zubilligt (78). Unter dieser Annahme ergeben aber die von ihm genannten Beispiele überhaupt kein Paradox, denn sie besagen ja nichts anderes, als daß fiktional existierende Referenzobjekte nicht in der wirklichen Welt vorkommen. Demgegenüber entgehen Beispiel (9)

---

11 Searle (1969:164f.) verwendet diesen Gedanken als Argument für seine Auffassung, daß Eigennamen "have some conceptual or descriptive content".

oder der Satz '*Shakespeare hat nie gelebt.*' dem Russelschen Paradox nur dann, wenn man Referenz nicht notwendig an Existenz koppelt und die Sätze folgendermaßen paraphrasiert: 'Das Objekt, das Nina/die literarische Gemeinschaft in der wirklichen Welt zu sehen glauben (und auf das ich *als solches* hinweise), existiert dort nicht, (sondern ist nur die Projektion eines mentalen Konzepts).'

Man kann also offenbar auch dann erfolgreich referieren, wenn es in der Bezugswelt keine Gegebenheit (Gegenstand, Zustand, Ereignis) gibt, die das konzeptuelle Modell erfüllt. Ich möchte deswegen zwischen *erfolgreicher* und *erfüllter Referenz* unterscheiden: *Repräsentational erfolgreich* referiert der Sprecher, wenn es ihm gelingt, eine grammatisch korrekte Beschreibung sinnvoll, d.h. prinzipiell verstehbar auf Welt zu beziehen; *kommunikativ erfolgreich* referiert er, wenn überdies ein Adressat seine Bezugnahme aufgrund seiner Äußerung nachvollziehen kann; und *erfüllt* kann man die Referenz dann nennen, wenn deren intendierter Gegenstand zum angegebenen Zeitpunkt in der Bezugswelt tatsächlich existiert, anders gesagt: wenn es in der Bezugswelt etwas gibt, das den "Erfüllungsbedingungen" der sprachlichen Beschreibung genügt. Für die Ebene der Sachverhaltsreferenz bedeutet dies: Durch die Proposition p und deren adverbiale (temporale, lokale, modale, ..) Spezifizierungen werden die referentiellen Erfüllungsbedingungen für e festgelegt; falls in der Bezugswelt ein ew existiert, das sie erfüllt, ist e faktisch in dieser Welt. Ich werde hierzu sagen: ew erfüllt e.

Mit dem Begriff der 'Erfüllung(sbedingungen)' beziehe ich mich auf Searle (1983:10ff.),[12] der die "(conditions of) satisfaction" zwar hauptsächlich für die Unterscheidung von Illokutionsklassen und "psychological modes", jedoch auch im Hinblick auf Referenz verwendet: "Linguistic reference is a special case of Intentional reference, and Intentional reference is always by the way of the relation of fitting or satisfaction." (1983:197f.) Allerdings fallen für Searle "conditions of success" und "conditions of satisfaction" zusammen (1983:10), während nach meiner Auffassung der Erfolg einer Bezugnahme nur dann von der Existenz des Referenzobjekts abhängt, wenn diese Existenz mit der Äußerung kategorisch gesetzt wird.

Wenn es stimmt, daß Referenz in dem hier dargelegten Sinn projektiv ist, dann gibt es grundsätzlich *zwei Referenzmodi* mit zwei "Ausrichtungen" zur Welt: Das konzeptuelle Modell kann auf eine vergangen, gegenwärtig oder zukünftig existierende Weltgegebenheit bezogen werden, um diese deskriptiv zu repräsentieren ("words to world"); oder es bildet eine denkbare Gegebenheit ab, die die Welt einzuholen hat, insofern dies als möglich oder gar intendiert hingestellt wird ("world to words"). Ich behaupte also, daß Searles berühmtes Begriffsinstrument zur Klassifikation der Illokutionen ("directions of fit": Searle 1979a, 1983; Searle/Vanderveken 1985:52ff., 92ff.) primär die beiden grundlegenden Referenzmodi beschreibt.[13] Von seinem Referenzbegriff aus konnte Searle dies nicht sehen und ordnete deshalb die "Ausrichtungen" zunächst den "illocutionary points" (1979a)[14] der Sprechhandlungen,

---

[12] Desgleichen mit der Dichotomie "representation" vs. "communication". S. auch unten und Liedtke (1990).

[13] Zu den beiden anderen Ausrichtungstypen Searles ("the double direction of fit" und "the null or empty direction of fit"), die ich für überflüssig halte, vgl. S. 157f. (DEKLARATIVA) und Anm. 71.

[14] "Direction of fit is always a consequence of illocutionary point." (1979a:4)

später (1983, 1985) auch den dahinterstehenden "psychological modes of representation", also den "propositional attitudes" "belief", "desire", "intention" (1983:7ff.) zu. Daß diese Einstellungen eine der beiden Ausrichtungen aufweisen, will ich natürlich nicht bestreiten; doch haben sie sie sozusagen 'geerbt' von dem jeweils zugrundeliegenden umfassenderen Teilakt der Bezugnahme auf Welt, der als logische Fundierung der genannten Einstellungen nicht in Einstellungstermini beschrieben werden kann. Der auf dieser 'rhetischen' Ebene konstituierten Äußerungsbedeutung werden relativ zum "interactional setting" (Bierwisch 1980:6) Einstellungen und Ziele als "communicative sense" zugeschrieben, und es ist unausweichlich, daß dieser den zugrunde liegenden Modus der Referenz als "direction of fit" übernimmt.

2.5. Deklarativer Selbstbezug und rhetische Modi

Nach diesem langen referenztheoretischen Exkurs ist es Zeit, wieder zu unserem eigentlichen Untersuchungsgegenstand zurückzukehren und zu fragen, wie sich die Satzmodusbedeutung, die oben als 'Modus der virtuellen Faktizität von e' bestimmt wurde, zu den soeben beschriebenen Referenzmodi verhält. Sind die Satzmodi jeweils einem Referenzmodus eindeutig zugeordnet oder sind die Modi eher kreuzklassifiziert? Für die nicht-deklarativen Satzmodi möchte ich hier ohne weitere Begründung die erste Alternative annehmen: Dem Interrogativsatzmodus entspricht grundsätzlich eine Sachverhaltsreferenz mit Wort→Welt-Ausrichtung (vgl. dazu meinen zweiten Beitrag in diesem Band), während für den Imperativmodus ausschließlich eine Sachverhaltsreferenz mit Welt→Wort-Ausrichtung in Frage zu kommen scheint. Anders beim D-Satzmodus: Ich nehme an und werde dies in meinen folgenden Ausführungen zu erhärten versuchen, daß sich der D-Satzmodus mit beiden Referenzmodi verbinden kann[15] und eben daraus sein typisch breites Illokutionspotential gewinnt.

Allerdings kann damit nicht jene Doppelinterpretation gemeint sein, die wir oben anläßlich von Beispiel (5) feststellten: Jennys Vision der ungewissen Ankunft eines Wunsch-Schiffes vs. Voraussage der gewissen Ankunft eines real existierenden Schiffes. Wenn die Verbindung der Referenzmodi mit dem D-Satzmodus dessen Illokutionspotential determinieren soll, kann diese Differenzierung nicht auf dem Gegensatz von hypothetischer und kategorischer Referenz beruhen; denn sonst müßten sich aus (10a) und (10b) Illokutionen verschiedener Illokutionsklassen ableiten lassen:

(10) (a) John Longshaw hat die *Queen Elizabeth* getauft.
(b) Falls ich mich nicht irre./Vielleicht/Hoffentlich hat John Longshaw die *Queen Elizabeth* getauft.

Mit allen vier Sätzen vollziehen Sprecher zweifelsohne unter normalen Umständen Assertionen. Und bei genauerem Hinsehen zeigt sich, daß die Welt→Wort-Ausrichtung der Sätze aus (10b)

[15] Vgl. auch Oppenrieder (1987:182), der aus der Analyse der vielfältigen Realisierungen von "Aussagesätzen" dazu gelangt, diese als "Korrespondenzform" zu bestimmen: "Mit ihrer Verwendung bringt der Sprecher zum Ausdruck, daß zwischen Ausgesagtem und einem bestimmten Ausschnitt der 'intendierten Realität' (...) Übereinstimmung besteht. In welche 'Richtung' die Übereinstimmung geht, zeigt sich dann durch die Einbeziehung eines weiteren Verwendungskontexts."

eine andere ist als etwa in der Aufforderung: '*Taufe die 'Queen Elizabeth'!*'. Ein Vermutender, Wünschender oder Hoffender möchte, daß die Welt sich sozusagen aus freien Stücken seinem konzeptuellen Modell anpaßt, daß dieses also in Wort→Welt-Ausrichtung einen Zustand beschreibt, den die Welt von selbst, nicht aufgrund seiner Vermutung, seines Wunsches oder seiner Hoffnung einnimmt oder erreicht. Aufforderungen dagegen sind selbstbezüglich: "It is part of their conditions of satisfaction that the desired event, state or process comes into being as a result of the expression of that Desire." (Liedtke 1991:208) Bei ihnen soll sich die Welt den Worten *aufgrund* der Worte, genauer: aufgrund der damit vollzogenen Sprachhandlung anpassen.

Selbstbezüglichkeit ist bei den Imperativsätzen vermutlich in einem normativen Merkmal der Satzmodusbedeutung vorgebildet. Gibt es auch bei den D-Sätzen oder D-Satzäußerungen ein solches Bedeutungsmoment, das einen entsprechenden spezifischen Referenzmodus ermöglichen könnte? Eine positive Antwort auf diese Frage ergibt sich aus der genaueren Analyse des Beitrags, den der D-Satzmodus zur Äußerungsbedeutung leistet. Dieser Beitrag ist in zwei Stufen zu explizieren:

a. Ausgehend von der allgemeinen Paraphrase 'virtuelle Faktizität von e' läßt sich sagen: Wenn jemand einen D-Satz im Bezug auf Welt aktualisiert ('äußert'[16]), bezieht er den darin ausgedrückten Sachverhalt e *unter dem Faktizitäts-/Erfüllungsaspekt* auf die derzeit relevante (Diskurs-)Welt, wobei er den Faktizitätsgrad konditional und modal, etwa durch Verbmodus oder epistemische Modaladverbien[17], abstufen kann.

   Diese Minimalbestimmung die nichts darüber sagt, ob es wirklich ein ew (Weltzustand oder -ereignis) gibt, das den Sachverhalt erfüllt, gilt für alle D-Satzäußerungen, also auch für Aktualisierungen eingebetteter D-Sätze. Sie ist so schwach, daß man mit ihr allenfalls *daß*-Sätze von *ob*-Sätzen unterscheiden kann, andererseits aber weit genug, daß sie der ganzen Bandbreite der Sachverhaltsreferenz in *daß*-Sätzen Rechnung trägt. Sie läßt es zu, daß z.B. der folgende *daß*-Satz als D-Satz mit einem Als-Fakt-Bezug aufgefaßt werden kann:

   (11) Onassis hofft nicht mehr, daß Jackie seinen neuen Dampfer taufen wird.

b. In der Äußerung *selbständiger* D-Sätze wird ein weiteres, selbstbezügliches Bedeutungsmoment aktiviert: Der Ursprung der Als-Fakt-Referenz liegt in der Äußerung selbst. Mit selbständigen D-Sätzen wird die Faktizität weder als bloßer Aspekt eines referen-

---

16 Wenn man mentale intentionale Akte mit in Betracht bezieht, so wird Bezugnahme auf Welt das entscheidende Kriterium dafür, daß eine bloße 'Formulierung' zur 'Äußerung' wird, der eine "Äußerungsbedeutung" (im Sinne von Bierwisch 1980) zukommt. Äußerungen im kommunikativen, sprechakttheoretischen Sinn sind dann Spezialfälle der 'Äußerungen' i.w.S.. Für 'einen Satz äußern' in diesem weiten Sinn sage ich: 'einen Satz aktualisieren'.

17 Das Verhältnis von Satzmodus und (u.a. einstellungsindizierenden) Modalisierungen bedürfte näherer Ausführungen, insbesondere in Auseinandersetzung mit Doherty (1987), die deren Verhältnis genau umgekehrt sieht: Satzmodus/"attitudinal mood" als Operator, der die durch Modalwörter etc. ausgedrückten Einstellungen an das Sprechersubjekt "bindet", gleichsam als beglaubigende Signatur. In diesem Punkt befinde ich mich im Einklang mit Lang/Pasch (1988) und Pasch (1989; vgl. S.63).

tiellen Arguments eingeführt noch kann sie 'faktiv' vorausgesetzt werden, wie dies mit *daß*-Sätzen möglich ist; sie wird in der Äußerung, und das heißt *durch den Sprecher projektiv gesetzt.*

Ist damit nun doch eine unvermeidliche assertive Sprechereinstellung zutage getreten? Ebenso wenig als "my hitting X is an assertion that X exists" (Searle 1969:160). Allerdings: Wenn der Sprecher sozusagen in eigener Regie einen Sachverhalt als Fakt 'in die Welt setzt', impliziert er die (reale, fiktionale, ...) Existenz eines den Sachverhalt erfüllenden ew. Was er jedoch damit nicht voraussetzt, ist die *sprachhandlungsunabhängige* Existenz des ew und damit eine wesentliche Assertionsbedingung (dazu mehr im nächsten Kapitel). Der Selbstbezug der projektiven Setzung läßt es zu, daß das als existent implizierte ew durch die Sprachhandlung selbst geschaffen wird. Damit ist die Voraussetzung für die situative Ausdifferenzierung zweier illokutionsrelevanter Referenzmodi gegeben, die sich (neben der W-W-Ausrichtung) durch das Merkmal der Sprachhandlungs(un)abhängigkeit unterscheiden.

Offen lassen muß ich hier, ob der genannte Äußerungs- und Sprecherbezug ein pragmatisches Merkmal der selbständigen Aktualisierung von D-Sätzen ist oder aber durch ein mit der V2-Struktur korrespondierendes, spezielleres Satzmodusmerkmal determiniert wird. Auf diesen letzteren Gedanken gelangt man durch vornehmlich zwei Beobachtungen:

- Man kann keine Assertion mit selbständig gebrauchten *daß*-Sätzen vollziehen, während man mit selbständig gebrauchten *ob*-Sätzen Fragen stellen kann.
- Faktive *daß*-Sätze können in der Regel nicht durch abhängige V2-Sätze substituiert werden; diese sind überwiegend an faktizitätssetzende Verba dicendi und cognizandi gebunden.

Verantwortlich für diese Restriktionen könnte ein zusätzliches semantisches Merkmal des V2-Satzes sein, das etwa durch einen Operator POS (parallel zu OFFEN im Interrogativsatz) zu symbolisieren wäre. Dieses würde einerseits die Kompatibilität mit den Matrixverben beschränken, andererseits im Falle der selbständigen Aktualisierung deren Selbstbezug semantisch fundieren. Wie weit dieser Gedanke trägt, läßt sich nur durch eine exakte Distributionsanalyse der bislang unzureichend erforschten abhängigen V2-Sätze klären. Das Ergebnis würde zwar die semantische Beschreibung des D-Satzmodus tangieren, nicht aber die hier vertretene Grundkonzeption und auch nicht den weiteren Gang der Untersuchung, der auf der Äußerungsbedeutung selbständiger D-Sätze aufbaut.

Die obige Analyse des Beitrags, den der D-Satzmodus zum rhetischen Akt leistet, läßt sich in vereinfachter Form (z.B. ohne Modalisierung) in den Formeln (IIIa-c) verdeutlichen; (II) formuliert eine Äquivalenzregel zwischen 'faktisch' und 'erfüllen'. In diesen wie in den folgenden Formeln ist es erforderlich, eine zweite Repräsentationsebene einzuführen: Unterstrichene Argumente bezeichnen Welt-Gegebenheiten und unterstrichene Prädikate reale Handlungen (und später auch: Einstellungen).

(II) $\forall e\ \ \forall \underline{w}\ [\text{FAKT}\ (e, \underline{w}) \leftrightarrow \exists \underline{ew}\ [\text{SAT}\ (\underline{ew}, e)]]$

(III) $\forall \underline{s}\ \ \forall \underline{ds}\ \ \forall \underline{w}\ \ \forall p$

(a) $[\ \ \underline{\text{AKT}}\ (\underline{s}, \underline{ds}(e), \underline{w})\ \ \mid\ \ SF_{ds} = \exists e\ [\text{INST}\ (e, p)]$

(b) $\leftrightarrow \underline{\text{REF}}\ (\underline{s},\ \ \iota e\ [\text{INST}\ (e, p) : \text{FAKT}\ (e, \underline{w})], \underline{w})$

(c) $\leftrightarrow \underline{\text{POS}}\ (\underline{s},\ \ \exists \underline{ew}\ [\text{SAT}\ (\underline{ew},\ \ \iota e\ [\text{INST}\ (e, p)])])\ ]$

Erläuterung:

$\underline{w}$: Bezugswelt; $\underline{ew}$: Ereignis/Zustand in der Bezugswelt;
$\underline{s}$: Sprecher; $\underline{ds}$: D-Satz; SF_{ds}: D-Satzbedeutung;
FAKT: ist faktisch in; SAT erfüllt;
$\underline{\text{AKT}}$: aktualisiert ('äußert'); $\underline{\text{REF}}$: bezieht auf;
$\underline{\text{POS}}$: setzt.

(II): Diese Regel formuliert den referentiellen Übergang von e auf $\underline{ew}$: Für alle Sachverhalte e in allen Bezugswelten $\underline{w}$ gilt: Genau dann, wenn e faktisch in $\underline{w}$ ist, existiert dort ein Weltereignis $\underline{ew}$, welches e erfüllt.

(III) ist eine einzige Formel, auf vier Zeilen verteilt:

(IIIa) beschreibt den 'Äußerungsakt': Ein Sprecher $\underline{s}$ aktualisiert (mental oder auch sprachlich) einen D-Satz $\underline{ds}$ über e mit der Satzbedeutung SF_{ds} bezogen auf eine Bezugswelt $\underline{w}$.

(IIIb): Genau dann, wenn $\underline{s}$ dies tut, bezieht er den die Proposition p instantiierenden Sachverhalt e[18] in dem Sinne, daß er faktisch in der Bezugswelt $\underline{w}$ ist, auf $\underline{w}$. Der Doppelpunkt symbolisiert eine asymmetrische Konjunktion: 'so daß', 'in dem Sinne daß', hier zur Paraphrase von 'als' (Fakt). FAKT (e, $\underline{w}$) aktualisiert das $\exists e$ der Satzmodusformel, das ja nicht die (triviale) Existenz der konzeptuellen Einheit, sondern virtuelle Faktizität symbolisieren soll.

(IIIc): Mit der Bezugnahme (IIIb) impliziert $\underline{s}$ nach (II) notwendig und hinreichend die Existenz eines $\underline{ew}$, welches e erfüllt. Daß diese Implikation nur aus der Sicht von $\underline{s}$ gegeben ist, deutet das neutrale Akt-Prädikat POS ('setzt') an. Und wohlgemerkt: POS bedeutet *nicht*: GLAUBT oder ASSERTIERT, sondern ist für unterschiedliche Interpretationen offen.

Die Formel ist der Beginn einer Ableitung und wird unten fortgesetzt.

Die referentielle Selbstbezüglichkeit der Äußerungsbedeutung von V2-Sätzen ist der entscheidende Ansatzpunkt für die illokutive Interpretation der Äußerung: Daß der Sprecher ein e als Fakt in die Welt und damit ein $\underline{ew}$ als existent setzt, läßt auf zugrunde liegende Einstellungen und Ziele schließen. Um *welches* Ziel und *welche* Einstellung es sich handelt, ergibt sich jedoch erst unter Berücksichtigung des situativen Kontextes, der letztlich über die Sprachhandlungsabhängigkeit des $\underline{ew}$ und damit über den spezifischen referentiellen Modus entscheidet. Um diesen terminologisch handhabbar zu machen, führe ich den Begriff *'rhetischer Modus'* ein, dem folgende Merkmale zukommen:

---

18 Der Jota-Operator vor e ist gerechtfertigt, weil die Existenz dieser konzeptuellen Einheit aus der Aktualisierung gegeben ist.

a. Rhetische Modi sind Referenzmodi mit einer der beiden W-W-Ausrichtungen;
b. sie betreffen allein die Sachverhaltsreferenz (während die W-W-Ausrichtungen für jegliche Referenz gelten);
c. sie kommen nur der Äußerung selbständiger Sätze zu (Nebensätze haben teil am rhetischen Modus des Gesamtsatzes);
d. sie differenzieren die aktualisierten Satzmodi unter dem zusätzlichen Merkmal der (Un)Abhängigkeit von der Sprachhandlung: [±INDEP];[19]
e. sie determinieren deshalb die illokutive Interpretation der Äußerung und bilden somit die Schnittstellen zwischen Satzmodus und Illokution.

Aufgrund der Zuordnungen am Anfang dieses Abschnittes nehme ich vier rhetische Modi an, von denen zwei vorerst anonym bleiben:

Abb. 4a: Rhetische Modi

Satzmodi		Referenzmodi: Wort —> Welt	Referenzmodi: Welt —> Wort	
deklarativ		????	????	Rhet. Modi
nicht-deklarativ	interrogativ	erotetisch		
	imperativ[20]		voluntativ	
		[+INDEP]	[–INDEP]	

Die Ausführungen des dritten Kapitels sollen den beiden oben unbezeichneten rhetischen Modi zum begrifflichen Leben verhelfen.

---

19 Ich wähle als Merkmalsbezeichnung das negative Prädikat INDEP(endent), da die unabhängige Gegebenheit des Referenzobjekts den Defaultfall darstellt. Von welchem Teilakt ggf. eine Abhängigkeit besteht, lasse ich vorerst offen (vgl. unten Kap. 3.3.).

20 Ob den 'Wunschsatz'-Typen ein 'optativer' Satzmodus zukommt, ist umstritten. Aufgrund ihrer sprachhandlungsunabhängigen Referenz nehme ich an, daß ihre Bedeutung anders herzuleiten ist – entsprechend den Exklamativsätzen: vgl. Rosengren (in diesem Band).

3. Rhetische Modi und Illokution

3.1. "Feststellungen" und "Festlegungen"

Motsch/Pasch (1987:47) ordnen dem D-Satzmodus einen "Grundtyp von illokutiven Funktionen" zu, den sie "Mitteilungen" nennen und in die "Untertypen" "Feststellungen und Festlegungen" differenzieren. Zu den ersteren rechnen sie die Repräsentative, Kommissive und Expressive, zu den letzteren die Deklarative (= Deklarationen), die mit explizit performativen Formeln (EPF) vollzogenen Illokutionen und die Einstellungsbezeugungen. Den gemeinsamen Nenner zwischen Feststellungen und Festlegungen sehen Motsch/Pasch darin, "daß der Sprecher den durch die Proposition identifizierten Sachverhalt als Tatsache hinstellt" (52), den Unterschied dagegen erfassen sie im Anschluß an Austins 'constative'-'performative'-Unterscheidung durch das Kriterium der Abhängigkeit/Unabhängigkeit dieser Tatsache von der Sprecherillokution:

> Feststellungen beziehen sich auf Sachverhalte, die unabhängig von illokutiven Handlungen bestehen.
> Bei Festlegungen tritt der mitgeteilte Sachverhalt erst durch die illokutive Handlung ein.(49)

Das Merkmal der Sprachhandlungs(un)abhängigkeit, das sich in Kap. 2 bei der Untersuchung der Sachverhaltsreferenz als mögliches Kriterium zur Unterscheidung zweier rhetischer Modi herausstellte, führt also zurück zur Geburtsstunde der Sprechakttheorie: Man kann nach Austin (1975b) D-Sätze "konstativ" gebrauchen, um damit wahre oder falsche Aussagen über unabhängige Weltgegebenheiten zu machen, und man kann bestimmte D-Sätze "performativ" verwenden, um mit ihnen Tatsachen zu erschaffen, die nicht falsch sein können, sondern allenfalls einem Unglück zum Opfer fallen. Und viele D-Sätze – so kann man hinzufügen – kann man je nach Kontext so oder so gebrauchen; sie sind illokutiv bi- oder polyfunktional.

Es geht demnach in den folgenden Darlegungen nicht darum, ein wohl begründetes Kriterium zur Abgrenzung assertiver und nicht-assertiver Lesarten (s. Liedtke 1989) durch ein anderes zu ersetzen, sondern seinen rhetischen Status und seine Bedeutung vor allem für die nicht-assertiven Interpretationen zu erhellen. Nicht die Basis für die Unterscheidung der Illokutionen, sondern die Interpretationswege vom D-Satzmodus zu ihnen hin stehen zur Diskussion. Ich kann dafür allerdings aus mehreren Gründen nicht die Begriffe 'Mitteilung', 'Feststellung' und 'Festlegung' übernehmen:

a. Die Bedeutung des Terminus 'Mitteilung' ist bei Motsch/Pasch (1987) geprägt durch ihre Analyse des Satzmodus, der im Gegensatz zu der hier vertretenen Auffassung durch einen Einstellungsoperator definiert ist. Die "semantische Grundstruktur *ü(sv)*" einer Mitteilung besagt, daß "der Sprecher (aus)drückt [...], daß er davon überzeugt ist, daß ein Sachverhalt bestimmten Typs entweder unabhängig von seiner Äußerung existiert oder durch seine Äußerung geschaffen wird." (49) Somit sind nicht nur 'Feststellungen', sondern auch 'Festlegungen' "Urteilsäußerungen"; und mit diesen wird "stets zum Ausdruck gebracht [...], daß der Sprecher erreichen will, daß der Hörer bereit ist, den in der eigentlichen Bedeutung beschriebenen Sachverhalt zu glauben, d.h. als Tatsache anzuerkennen." (52)[21]

Ich möchte hier nicht die Argumente gegen eine solche Auffassung wiederholen, die z.B. von Rosengren (1988) und Brandt/Rosengren/Zimmermann (1989) vorgetragen worden sind, sondern lediglich auf den gemeinsamen Nenner in unseren Beschreibungen des Satzmodus ("einen Sachverhalt als Tatsache hinstellen" – "einen Sachverhalt als Fakt-in-der-Welt setzen") aufmerksam machen, im übrigen aber darauf bauen, daß der Fortgang dieser Untersuchung zeigen wird, daß eine einstellungsbezogene Paraphrase des Satzmodus diesen illokutiv überspezifiziert.

b. 'Feststellung' und 'Mitteilung' eignen sich eher als etablierte Unterbegriffe zur Klasse der ASSERTIVA denn als Oberbegriffe; desgleichen verweist die Semantik von 'Festlegung' allzu sehr auf die Klasse der DEKLARATIVA und verwischt als Oberbegriff den Unterschied dieser Klasse zu den performativen Illokutionen. Insbesondere ist es nicht zutreffend, daß alle 'Festlegungen', und damit auch die Unterklasse der DEKLARATIVA, "durch Äußerungen vollzogen (werden), die die Eigenschaft der Performativität aufweisen, d.h. die die illokutive Funktion der Äußerung in der Äußerung selbst beschreiben." (52) Mit der Äußerung:

(12) Ab heute heißt du *Queen Elizabeth*!

könnte eine Sprecherin unter gewissen Umständen ein geglücktes DEKLARATIV 'Schiffstaufe' vollziehen.

Darüber hinaus ist aber auch die Einordnung der performativen Illokutionen in die Klasse der 'Festlegungen' schon deshalb unglücklich, weil sie die Autoren zwingt, die mittels EPF vollzogenen Illokutionen als "Spezialfall von 'indirekten' illokutiven Handlungen" (53) zu betrachten: 'Direkt' vollzieht eine Sprecherin (nach Motsch/Pasch) mit der Äußerung *'Ich bitte dich darum, mein Schiff zu taufen.'* eine Festlegung (vgl. S. 49; vgl. auch die Taxonomie auf S. 54), 'indirekt' ("durch einen Schluß") eine Bitte. Im folgenden soll demgegenüber die Strategie von Brandt u.a. (1989) verfolgt werden, explizit performativ vollzogene Illokutionen *direkt* aus der Äußerungsbedeutung des D-Satzes herzuleiten.

---

[21] Bei Motsch (1984) ist die Analyse des Deklarativsatzmodus noch auf die "Feststellungen" und die zugehörige Einstellung 'S *glaubt*, daß p' beschränkt; ähnlich bei Rolf (1987). Dagegen rechnet Motsch (1984) die "Intention, der Hörer möge p glauben, nicht zur Bedeutung" (1984:20); ebenso Pasch (1989:27ff.).

3.2. Konstative Deklarativsatzäußerungen

3.2.1. Der konstative Modus und seine illokutiven Interpretationen

3.2.1.1. Rhetischer Akt im konstativen Modus

Nehmen wir die Äußerung des Satzes (4) (*'Uwe hat in Bremerhaven die Arabella getauft.')* wieder dort auf, wo wir sie im 2. Kapitel verlassen haben: Die Sprecherin bezieht einen Sachverhalt e ohne epistemische Modalisierung als Fakt auf die Diskurswelt, setzt damit ein Ereignis e<u>w</u>, das e erfüllt, als existent und gibt (ggf.) einer Adressatin die 'Anweisung', e<u>w</u> in der Diskurswelt zu identifizieren. Dadurch, daß e als vergangen bezeichnet ist, muß auch e<u>w</u> vor dem Sprechzeitpunkt liegen und somit von der vollzogenen Sprachhandlung unabhängig sein. Es ist hier also die Satzbedeutung, die der Sachverhaltsreferenz das zusätzliche Merkmal der Sprachhandlungsunabhängigkeit zuweist; ob es sich bei diesem wirklich um ein 'rhetisches', d.h. genuin pragmatisches Phänomen handelt, ist aus (4) und aus ähnlichen Beispielen nicht zu entscheiden. Erst in Abschnitt 3.3 wird sich bei der Analyse bifunktionaler Beispiele klar erweisen, daß das Abhängigkeitsmerkmal nur in bestimmten Fällen semantisch determiniert, grundsätzlich aber pragmatisch zugewiesen wird. In jedem Fall ist es *nicht der Satzmodus*, der die illokutiv relevante, sprachhandlungsunabhängige Referenz festlegt; und in jedem Fall wird sie *rhetisch vollzogen*.

Ich möchte diesem rhetischen Modus (künftig R-Modus) den ehrwürdigen Namen *'konstativ'* geben. Der Vorteil dieses Terminus liegt darin, daß er mit dem Terminus 'assertiv' semantisch verwandt, aber nicht synonym ist. Wir werden sehen, daß konstative Äußerungen zwar im Defaultfall, aber nicht immer als Assertionen zu interpretieren sind; eben diese Default-Beziehung des 'konstativen R-Modus' zur Illokutionsklasse ASSERTIV[22] kommt in der Bezeichnung sinnfällig zum Ausdruck. Der konstative R-Modus hat die Wort→Welt-Ausrichtung; unter dieser Bedingung möchte ich die Beziehung von e und e<u>w</u> *'repräsentativ'* nennen: Sprecher formulieren den Sachverhalt als mentales Modell, das eine unabhängige Weltgegebenheit repräsentiert (unten notiert als REPR).

In abstracto haben vollständige Propositionen Wahrheitswerte relativ zu Mengen von Welten, und diese Eigenschaft ist natürlich nicht gebunden an ein Merkmal 'Sprachhandlungsunabhängigkeit'. Konkret jedoch macht eine solche Betrachtung, zumal im Hinblick auf die Bedeutung des D-Satzmodus, wenig Sinn: Wahrheitswerte werden in mentalen Urteilsakten relativ zu einer Bezugswelt *zugewiesen,* sei es, daß mit der Äußerung eines D-Satzes ein Sachverhalt als wahr gesetzt wird, sei es, daß man einen vorliegenden D-Satz mittels eines Meta-D-Satzes hinsichtlich seiner Wahrheit beurteilt. In jedem Fall erfordert die *Zuweisung* eines Wahrheitswertes, daß dessen außersprachlicher Bezugspunkt unabhängig vom Zuweisungsakt existiert/existiert hat/existieren wird.

---

[22] Ich gebrauche im folgenden den Ausdruck 'ASSERTIV' für die Illokutionsklasse, dagegen 'Assertion' für die einzelne assertive Handlung.

Uns interessiert hier vor allem der erstgenannte Fall, daß Sprecher und Sprecherinnen mit der Äußerung eines D-Satzes dessen intentionalem Gehalt *implizit* den Wert WAHR zuweisen; eben dies tun sie, wenn sie via Sachverhaltsreferenz eine Weltgegebenheit $\underline{ew}$ dergestalt als existent setzen, daß sie als unabhängig von der Sprachhandlung gedacht werden kann. D-Satz-Äußerungen im konstativen Modus sind also auf der rhetischen Beschreibungsebene als "Urteilsäußerungen" (vgl. Pasch 1985) oder 'Als-wahr-Setzungen' zu charakterisieren.

Formal ergeben sich aus dem Gesagten folgende Beziehungen:

(IV) $\forall \underline{s}\ \forall p\ \forall \underline{w}$

(a) $[\underline{POS}\ (\underline{s}, \exists \underline{ew}\ [SAT\ (\underline{ew}, \iota e\ [INST\ (e, p)]) : INDEP\ (\underline{ew})])$

(b) $\leftrightarrow \underline{POS}\ (\underline{s}, \exists \underline{ew}\ [REPR\ (\iota e\ [INST\ (e, p)], \underline{ew})])$

(c) $\rightarrow \underline{POS}\ (\underline{s}, WAHR\ (\exists e\ [INST\ (e, p)], \underline{w}))\ ]$

Wenn ein Sprecher eine Weltgegebenheit $\underline{ew}$, die den die Proposition p instantiierenden Sachverhalt e erfüllt, als 'aktunabhängig' existent setzt und damit zugleich e den Status erteilt, eine solche unabhängige Weltgegebenheit zu 'repräsentieren', setzt er den intentionalen Gehalt des aktualisierten D-Satzes[23] als wahr in der Bezugswelt $\underline{w}$. Das letztere könnte er auch explizit tun ("Es ist wahr, daß ..."); insofern folgt (IVc) aus (IVa/b) nur implikativ.

Das Unabhängigkeitsprädikat INDEP in (IVa) steht als Konsequenz der Erfüllungsrelation im Skopus der Sprechersetzung, da es weder eine objektive Eigenschaft von $\underline{ew}$ bezeichnet noch sich obligatorisch aus der Satzbedeutung (als Eigenschaft von e) ergibt.

Will man (IV) in (III) einsetzen und damit die oben begonnene Ableitung fortführen, so ist zu bedenken: (IVa) erweitert (IIIc) um die Bedingung INDEP ($\underline{ew}$) und kann deswegen (IIIc) nicht ersetzen; (IVa) ist gerade nicht äquivalent mit (IIIa/b), sondern kommt als 'rhetische' Bedingung (IIId) neu hinzu. Da aber (IIIc) in (IIId) enthalten ist, kann diese Zeile als redundant fortgelassen werden. (III) sieht nunmehr folgendermaßen aus:

(III) $\forall \underline{s}\ \forall \underline{ds}\ \forall \underline{w}\ \forall p$

(a) $[\ [\ [\underline{AKT}\ (\underline{s}, \underline{ds}(e), \underline{w})\ \mid\ SF_{ds} = \exists e\ [INST\ (e, p)]$

(b) $\leftrightarrow \underline{REF}\ (\underline{s}, \iota e\ [INST\ (e, p) : FAKT\ (e, \underline{w})], \underline{w})]$

(d=IVa) $\&\ \underline{POS}\ (\underline{s}, \exists \underline{ew}\ [SAT\ (\underline{ew}, \iota e\ [INST\ (e, p)]) : INDEP\ (\underline{ew})])$

(e=IVb) $\leftrightarrow \underline{POS}\ (\underline{s}, \exists \underline{ew}\ [REPR\ (\iota e\ [INST\ (e, p)], \underline{ew})])]$

(f=IVc) $\rightarrow \underline{POS}\ (\underline{s}, WAHR\ (\exists e\ [INST\ (e, p)], \underline{w}))]$

Wenn ein Sprecher in der Aktualisierung eines D-Satzes über den die Proposition instantiierenden Sachverhalt e diesen als Fakt auf eine Welt bezieht und damit ein von der Sprachhandlung unabhängiges $\underline{ew}$ als existent setzt, welches e erfüllt bzw. von e repräsentiert wird, setzt er den intentionalen Gehalt des aktualisierten D-Satzes als wahr in der Bezugswelt.

23 Da Interrogativsätze nicht wahr oder falsch sein können, muß die gesamte Satzbedeutung Argument von WAHR sein, nicht etwa nur p oder e.

3.2.1.2. Assertionen

Damit ist umrissen, was Sprecher mit der Aktualisierung von D-Sätzen im konstativen R-Modus 'rhetisch tun'. Drücken sie damit aber auch eine entsprechende Einstellung aus, nämlich daß sie an die Wahrheit des Gesagten GLAUBEN? Und ist damit eine notwendige Ankoppelung der ASSERTIVA an den konstativen R-Modus gegeben? Nach Searle (1983:9) erschiene dies zwingend: "The performance of the speech act is necessarily an expression of the corresponding Intentional state";[24] und dies wäre für das ASSERTIV: "Belief" = GLAUBEN in einem sehr weiten Sinn. In der Tat scheint das Mooresche Paradox nahezulegen, daß mit Assertionen generell und konstitutiv eine GLAUBENS-Einstellung ausgedrückt wird. Denn die Sprecherin von (4) könnte kaum mit (4d) fortfahren:

(4) Uwe hat in Bremerhaven die Arabella getauft,
(d) aber das glaube ich nicht.

Diese pragmatische Paradoxie resultiert jedoch daraus, daß (4) als ein Subtyp der ASSERTIVA, nämlich als MITTEILUNG (s. unten S. 124f.) zu lesen ist; wird diese Interpretation von vornherein unterbunden, ist die Äußerung in bestimmten Kontexten nicht paradox:

(4) (e) Ich glaube es zwar nicht, aber gehen wir einmal davon aus: Uwe hat in Bremerhaven die Arabella getauft.
(f) Aus all dem geht also hervor: Uwe hat in Bremerhaven die Arabella getauft. Trotzdem glaube ich das nicht.

Ohne Zweifel assertiert die Sprecherin auch in diesen beiden Äußerungen den Inhalt von (4); entgegen ihrer wirklichen Einstellung stellt sie (4) als wahr 'in den Raum' einer Diskussion - sei es als Prämisse (4e), sei es als Konklusion (4f) -, möglicherweise zu dem Zweck, die Konsequenzen des versuchweise übernommenen Wahrheitsanspruchs in der folgenden Argumentation kritisch zu prüfen.

Da es somit offensichtlich nicht konstitutiv für Assertionen ist, daß man mit ihnen eine GLAUBENS-Einstellung ausdrückt, kann diese nicht das Bindeglied zwischen dem rhetischen 'Akt' des Als-wahr-Setzens und den zuzuordnenden Illokutionen bilden. Im Einklang mit BRRZ nehme ich vielmehr an, daß Illokutionen funktional "im Sinne der illocutionary points bei Searle" zu definieren sind. Einstellungen werden dagegen bestimmten Illokutionen wie den ASSERTIVA durch Implikatur zugeordnet und sind dann allerdings konstitutiv zur Abgrenzung von Subtypen. Sie können folglich im gegenwärtigen Ableitungskontext außer Betracht bleiben; ich komme am Ende dieses Abschnitts auf den Zusammenhang von Assertieren und GLAUBEN zurück.

Searle/Vanderveken (1985:37) definieren den "point" eines Illokutionstyps als "the purpose which is internal to its being an act of the type"; den "assertive point" bestimmen sie wie folgt:

> In utterances with the assertive point the speaker presents a proposition as representing an actual state of affairs in the world of utterance.

---

24 Vgl. aber auch seine Anm. 3, wo er Ausnahmen nennt.

Diese Formulierung zeigt deutlich sowohl die Default-Beziehung als auch die Differenz zwischen dem rhetischen Akt im konstativen Modus und der Assertion: In ihrem letzten Teil liest sie sich wie eine Paraphrase der obigen Formel (IVb), während das Prädikat 'present' recht gut bezeichnet, was auf der illokutiven Ebene neu hinzukommt: das Hineinstellen in einen textuellen und (im Falle kommunikativer Äußerung) interaktiven Kontext. Relativ zu diesem 'präsentiert' ein assertierender Sprecher den Bezugspunkt seiner Aussage als existent bzw. deren Inhalt als wahr und erhebt damit einen (kategorischen oder modal/konditional abgestuften) Anspruch, der prinzipiell bestritten werden kann und oft schon im Ansatz strittig ist. Diesen überantwortet er der Relativierung durch Kotext und Situation sowie der Ratifikation durch die Interaktionspartner und verpflichtet sich zugleich, seinen Wahrheitsanspruch im Maße des erhobenen Anspruchs zu rechtfertigen und dessen Konsequenzen anzuerkennen.

Ich fasse die Definition von Searle/Vanderveken und die obige Erläuterung in folgender Formel zusammen:

(V) $\forall \underline{s}\ \forall \underline{ct}\ \forall p$

(a) $[\ \underline{ASS}\ (\underline{s}, \underline{ct}, \exists e\ [INST\ (e, p)])$

(b) $\leftrightarrow [\underline{PRÄS}\ (\underline{s}, \underline{ct}, \iota e\ [INST\ (e, p) : \exists \underline{ew}\ [REPR\ (e, \underline{ew})]])$

(c) $\rightarrow \underline{COMM}\ (\underline{s}, \underline{ct}, WAHR\ (\exists e\ [INST\ (e, p)], \underline{w}))]\ ]$

Ein Sprecher assertiert den intentionalen Gehalt seiner D-Satz-Äußerung relativ zu einem Kontext ct genau dann, wenn er relativ zu ct den die Proposition instantiierenden Sachverhalt e als Repräsentation einer als existent gesetzten Weltgegebenheit ew präsentiert. Eben damit impliziert er relativ zu ct einen verpflichtenden Anspruch auf die Wahrheit des Inhalts seiner Aussage.

Der Kontext ct ist für alle (auch mentale) Aktualisierungen als textueller Kontext, für kommunikative Äußerungen zusätzlich als interaktionaler Kontext (incl. Adressaten und deren Einstellungen) zu spezifizieren.

3.2.1.3. Bekundungen

Bevor (V) in die Ableitung (III) eingeordnet werden kann, muß eine zweite illokutive Nutzung des konstativen R-Modus besprochen werden. Denn mit BRRZ nehme ich gegen Lang (1981, 1983) und Pasch (1985) an, daß eine Einstellung nicht nur mit einem Adverbial wie *leider* (13), sondern auch mit einer D-Satz-Äußerung wie (14) *bekundet* werden kann und im letzteren Falle nicht "vom Sprecher als beim Sprecher vorhanden seiend behauptet" (Lang 1983:330) wird:

(13) Deine Yacht kann leider noch nicht getauft werden.
(14) Mir tut es echt leid/Ich bedaure sehr, daß deine Yacht noch nicht getauft werden kann.

Nach Koch/Rosengren/Schonebohm (1981), Rosengren (1984, 1985) und BRRZ hat (14) zwei Lesarten: Man kann damit bei minimal fokussiertem Matrixverb die benannte Einstellung assertieren (z.B. als Antwort auf eine skeptische Frage); "im unmarkierten Fall" jedoch wird man damit keinen Wahrheitsanspruch erheben, sondern die Einstellung schlicht bekunden, d.h. "zum Ausdruck bringen". Mit eben dieser Formel kann man die Bekundung in förmlichen Kontexten auch performativ vollziehen:

(14) (a) Hiermit möchte ich Ihnen mein Bedauern zum Ausdruck bringen, daß Ihre Yacht noch nicht getauft werden kann.

Daß die mit einer D-Satz-Äußerung vollzogenen 'Einstellungsbekundungen' Assertionen zu sein scheinen – was Pasch mit dem Terminus "Urteilsäußerung" (Pasch 1985:56) umschreibt–, erklärt sich nach BRRZ aus ihrem konstativen R-Modus; mit (14) referiert eine Sprecherin auf eine sprachhandlungsunabhängige psychische Gegebenheit, setzt also den Inhalt des Satzes implizit als wahr, ohne für diese Wahrheit einen interaktiven Anspruch zu erheben. Ich möchte diese Auffassung hier ohne Für und Wider übernehmen[25] und untersuchen, wie die Ableitung derartiger Bekundungen aus dem konstativen R-Modus aussehen könnte. Des weiteren klammere ich hier die Frage aus, wie die Bekundungen entsprechend den zum Ausdruck gebrachten Einstellungsarten (doxastische/epistemische, volitive, intentionale, evaluative/emotive) in die Illokutionstypologie einzuordnen seien. Darauf komme ich unten in Kap. 3.2.2.2. zurück; hier beschränke ich mich – ausgehend von Beispiel (14) – auf die illokutiv unproblematischen Bekundungen von Emotionen und Evaluationen.

Zeichentheoretisch handelt es sich bei allen 'ausdrückenden' Verhaltensweisen und Handlungen darum, daß aus diesen auf einen momentanen 'inneren' Zustand des Emittenten *als Ursache* des Geäußerten geschlossen werden kann oder soll. Im Falle nicht-intentionalen Ausdrucksverhaltens vollziehen Perzipienten einen Erfahrungsschluß aus dem Symptom auf dessen Ursache. In intentionalen expressiven Handlungen dagegen werden nonverbale oder verbale Zeichen gebraucht, *damit* sie deren Existenz als Wirkung einer 'inneren' Ursache kausal indizieren[26]; eben darin liegt ihr 'point'. Auf eine unmittelbare Weise ist dies der Fall, wenn Sprecher und Sprecherinnen Empfindungen, Emotionen oder Einstellungen gestisch, mimisch, prosodisch, interjektional oder stilistisch, mithin in der Regel zusätzlich zum propositionalen Gehalt einer Äußerung 'ausdrücken'.

In Bekundungen kommt ein weiteres Element hinzu: Die betreffenden Zeichen(sequenzen) denotieren, was sie indizieren sollen, nämlich die Existenz des momentanen psychischen Zustands, und zwar in zwei Stufen:

a. Im 'nicht-propositionalen' Falle wie in (13) denotiert ein Lexem (z.B. *leider*) in der syntaktischen Funktion eines Satzadverbials eine bestimmte Emotion/Einstellung als momentanen psychischen Zustand eines Sprechers;
b. im 'propositionalen' Fall wie in (14) denotiert die Matrixproposition des D-Satzes eine bestimmte Emotion/Einstellung als 'präsentischen' Sprecherzustand, und der Satzmodus denotiert die Faktizität des die Proposition instantiierenden, d.h. auf den konkreten Sprecher bezogenen Sachverhalts e. Durch e wird somit in einer konstativen

[25] Die Einwände von Lang (1981) gegen Koch/Rosengren/Schonebohm (1981) und von Pasch (1985) gegen Rosengren (1984) weisen Schwächen der genannten Arbeiten nach, widerlegen den Ansatz aber nicht. Ich kann hier nicht im einzelnen auf diese Diskussion eingehen, greife aber unten einige Punkte kritisch auf.

[26] Vgl. auch Lang (1983:332f.): "ausgedrückte, d.h. durch absichtsvoll produzierte Indizien signalisierte Einstellungen". Die intentionalen (Lang: "zeigenden") indikatorischen Zeichen habe ich in Henne/Rehbock (1980:151) "inferentiell" genannt.

Wort→Welt-Verwendung des Satzes der als existent gesetzte *momentane* (= aktsimultane) *psychische Sprecherzustand* reflexiv[27] repräsentiert. Dieser ist Teil der (realen oder fiktionalen) Bezugswelt, auf den Sprecher/innen referieren können; das sei ausdrücklich festgehalten, da Searles Analyse der EXPRESSIVA eine gegenteilige Auffassung nahezulegen scheint.[28]

Die Bekundung – speziell die uns hier interessierende propositionale, besser: 'sententiale' (b.) – ist also komplexer als die Assertion. Während bei der letzteren die konstative Referenz auf eine Gegebenheit nur dazu dient, für deren Existenz einen interaktiven Anspruch zu erheben, setzt der Bekundende eine 'innere' Gegebenheit konstativ als existent, um damit diese Existenz unmittelbar, nämlich kausal zu indizieren. Er erhebt *keinen Anspruch* auf Wahrheit des Gesagten, sondern präsentiert die zwar reflexive und bewußte Äußerung *als* dennoch unmittelbare *Wirkung* seines momentanen psychischen Zustands: eben als dessen 'Ausdruck'. Wenn man darin einen impliziten Anspruch entdecken möchte, so ist es nur der auf Aufrichtigkeit, d.h. auf den kausalen Konnex zwischen 'Innen' und 'Außen', zwischen psychischem Zustand und indizierendem Ausdruck. Und da ein reflexives Ausdrucksmittel wie die Bekundung den Gewinn an Eindeutigkeit mit einem Verlust an Unmittelbarkeit bezahlt, bedarf sie in der Regel einer Aufrichtigkeitssignatur: der nonverbalen expressiven Ausgestaltung.

Im Gegensatz zu den Bekundungen können "Ausdruckshandlungen" (BRRZ) – der traditionelle Kernbereich der EXPRESSIVA[29] – nicht konstativ, sondern nur performativ ('*Ich danke/gratuliere dir...*') oder mit Hilfe von Routineformeln ('*Herzlichen Dank!*'; '*Mein Kompliment!*') vollzogen werden. In ihnen soll die formelhafte oder explikative Benennung einer einstellungsindizierenden Handlung als Vollzug dieser Handlung gelten. Der Bezug von 'Innen' und 'Außen' ist hier also um eine weitere Stufe vermittelter als bei den Bekundungen; Aufrichtigkeit wird weniger mit der Handlung selbst als vielmehr mit einer fakultativen expressiven Ausgestaltung unterstellt.

Zur formalen Notation 'ausdrückender' Verhaltensweisen und Handlungen verwende ich den Implikationspfeil als Symbol für das kausale Indizieren. Die damit unterstellte eindeutige Wirkung-Ursache-Zuordnung vereinfacht die Sachlage, ist aber dennoch angemessen, da kontextuelle Interpretationen von Ausdrucksverhalten in der Regel auf 'praktischen Idealisierungen' beruhen. Zumal bei Bekundungen wird der eindeutige Bezug auf den Momentanen

---

27 In der momentan-reflexiven Referenz besteht eine der Ähnlichkeiten zwischen Bekundungen und performativen Äußerungen (vgl. genauer unten S. 137f.). Die letzteren sind allerdings 'streng gleichzeitig' und aktreflexiv (s. unten Kap. 3.4.1.).

28 Da Searle (1979a:15f., 1983:173f.) und Searle/Vanderveken (1985:94, 211ff.) die Klasse der EXPRESSIVA lediglich mit Hinweisen auf performative "Ausdruckshandlungen" belegen, ist nicht zu erkennen, ob sie auch für konstative Bekundungen von Emotionen und evaluativen Einstellungen "the null or empty direction of fit" (Searle/Vanderveken 1985:94) annehmen und somit "psychological states" aus der Welt, dem Bezugspunkt der Ausrichtung ausklammern würden. Vgl. auch unten Anm. 71.

29 Einen dritten, hier nicht näher zu besprechenden Typ der EXPRESSIVA bilden nicht (eindeutig) einstellungsbezogene 'Behabitativa' wie: '*Auf Wiedersehen!*' oder '*Ich begrüße Sie auf unserer Tagung.*'.

Psychischen Zustand (unten: MPZ) durch die reflexiv-repräsentationale Formulierung gesichert.

1. Nicht-intentionales Ausdrucksverhalten:

$$\text{(E1)}\quad \lambda E\, \lambda B\, \forall \underline{b}\, \forall \underline{x}$$
$$[\, B\, (\underline{b})\ \&\ \underline{\text{VPRO}}\, (\underline{x}, \underline{b}) : [\underline{\text{EXPR}}\, (\underline{b},\ \iota \underline{y}\, [E\, (\underline{y})\ \&\ \text{MPZ}\, (\underline{y}, \underline{x})])$$
$$\leftrightarrow [\underline{\text{VPRO}}\, (\underline{x}, \underline{v}) \rightarrow\ \exists \underline{y}\, [E\, (\underline{y})\ \&\ \text{MPZ}\, (y, x)]]]\ \ ]$$

Ein Verhalten b einer Art B, das eine Person x 'produziert' (VPRO), drückt deren MPZ y einer Art E genau dann aus, wenn dieses Sich-so-Verhalten die Existenz eines derartigen MPZ indiziert (= kausal impliziert).

2. Intentionales Ausdrucksverhalten:

$$\text{(E2)}\quad \lambda E\, \forall \underline{x}$$
$$[\, \underline{\text{EXPR}}\, (\underline{x}, \iota \underline{y}\, [E\, (\underline{y})\ \&\ \text{MPZ}\, (\underline{y}, \underline{x})])$$
$$\leftrightarrow\ \exists \underline{b}\, [\underline{\text{VPRO}}\, (\underline{x}, \underline{b}) : [\underline{\text{VPRO}}\, (\underline{x}, \underline{b}) \rightarrow \exists \underline{y}\, [E\, (\underline{y})\ \&\ \text{MPZ}\, (\underline{y}, \underline{x})]]]\ ]$$

Jemand drückt seinen MPZ einer Art E intentional aus ("zeigt" ihn) genau dann, wenn er ein Verhalten b derart produziert, daß eben dies die Existenz eines solchen MPZ indiziert.

3. Lexikalische ('nicht-propositionale') Bekundung:

$$\text{(E3)}\quad \lambda E\, \forall \underline{s}$$
$$[\, \underline{\text{BEKUND}_L}\, (\underline{s}, \iota \underline{y}\, [E\, (\underline{y}) : \text{MPZ}\, (\underline{y}, \underline{s})])$$
$$\leftrightarrow \exists \underline{z}\, \exists \underline{sct}\, [\text{DENOT}\, (z, sct, \text{MPZ}\, (\iota y\, [E\, (y)], s))$$
$$\&\ [\underline{\text{ÄUSS}}\, (\underline{s}, \underline{sct}, \underline{z}) : [\underline{\text{ÄUSS}}\, (\underline{s}, \underline{sct}, \underline{z}) \rightarrow \exists \underline{y}\, [E\, (y) : \text{MPZ}\, (\underline{y}, \underline{s})]]]]]$$

Ein Sprecher s bekundet lexikalisch seinen MPZ y einer Art E genau dann, wenn es ein Sprachzeichen z/z und einen syntaktisch-semantischen Kontext sct/sct derart gibt, daß z in sct einen Zustand von der Art E als momentanen psychischen Sprecherzustand denotiert, und wenn s ein Token z in sct derart intentional äußert (ÄUSS), daß diese Äußerung die Existenz des betreffenden MPZ des Sprechers indiziert.

4. Sententiale ('propositionale') Bekundung:

$$\text{(VI)}\quad \lambda E\, \forall \underline{s}$$
$$\text{(a)}\quad [\ \underline{\text{BEKUND}_S}\, (\underline{s},\ \iota \underline{y}\, [E\, (\underline{y}) : \text{MPZ}\, (\underline{y}, \underline{s})])$$
$$\text{(b)}\quad \leftrightarrow\ \exists p\, [\text{DENOT}\, (p, (\text{PZ}\, (\iota y\, [E\, (y)], s))_{PRS})$$
$$\text{(c)}\quad \&\ \underline{\text{PRÄS}}\, (\underline{s}, \underline{ct},\ \iota e\, [\text{INST}\, (e, p) : [\underline{\text{ÄUSS}}\, (\underline{s},\ \exists e\, [\text{INST}\, (e, p)])$$
$$\rightarrow\ \exists \underline{y}\, [\text{REPR}\, (e, \underline{y}) : \text{MPZ}\, (\underline{y}, \underline{s})]]])]]$$

Ein Sprecher bekundet sentential seinen MPZ y einer Art E genau dann, wenn er – mit Hilfe einer Proposition, welche einen Zustand von der Art E als 'präsentischen' psychischen Zustand (PZ) eines Sprechers denotiert, – den diese Proposition instantiierenden Sachverhalt e relativ zu einem Kontext ct derart präsentiert, daß die Äußerung des Satzinhalts die Existenz desjenigen y indiziert, das von e als MPZ des Sprechers repräsentiert wird.

(VIa-c) läßt sich vereinfachen zu (VId/e):

(VI) (d) $\forall \underline{s}\ [\underline{\text{BEKUND}}_{S}\ (\underline{s},\ \iota \underline{y}\ [\text{MPZ}_{E}\ (\underline{y}, \underline{s})])$

(e) $\leftrightarrow \underline{\text{PRÄS}}\ (\underline{s}, \underline{ct},\ \iota e\ [\text{INST}\ (e, (\text{PZ}_{E}\ (s))_{PRS}) : [\underline{\text{ÄUSS}}\ (\underline{s},\ \exists e\ [\text{INST}$
$(e, (\text{PZ}_{E}\ (\underline{s}))_{PRS})]) \rightarrow\ \exists \underline{y}\ [\text{REPR}\ (e, \underline{y}) : \text{MPZ}\ (\underline{y}, \underline{s})]]]])]$

Hier wurde einerseits die Denotationsbedingung (VIb) in (VIc) eingesetzt, andererseits die Prädikatvariable E dem Prädikat (M)PZ als spezifizierender Index beigesellt.

5. Für die hier nicht interessierenden "Ausdruckshandlungen" erspare ich mir eine Formalisierung.

Zur sententialen Bekundung (4.) kann folgendes zusammenfassend festgehalten werden:

a. Damit sich eine konstative Äußerung illokutiv als Bekundung interpretieren läßt, müssen drei Bedingungen erfüllt sein:

1. Die (Matrix-)Proposition muß präsentisch eine Emotion/Einstellung über ein Sprecher-Ich prädizieren;
2. in der Äußerungsbedeutung muß der referentielle Bezug auf den momentanen (aktsimultanen) psychischen Zustand des Sprechers gesichert sein;
3. der aus 1. und 2. via Implikatur zu erschließenden Sprecherintention, mittels der Äußerung den MPZ zu indizieren, dürfen keine Merkmale der Äußerung oder der Situation widersprechen.

Da es für die Gegenstände einer Assertion keine Beschränkung gibt, vermögen die Bedingungen 1. und 2. der Bekundungslesart nur einen *Default*-Status zu sichern; die Assertion eines MPZ ist mit Sicherheit der markierte Fall.

b. (VI) zeigt einerseits, wie sich die Bekundung als komplexe Variante in das Spektrum intentionalen Ausdrucksverhaltens einreiht, und andererseits, daß ihr die konstative Setzung ($\exists \underline{ew}$ [REPR (e, $\underline{ew}$)]; s. oben (IIIe)) zugrundeliegt – mit der Spezifizierung des $\underline{ew}$ zu $\underline{y}$. Diese Teilformel steht jedoch – anders als im Falle der Assertion (vgl. (Vb)) – nicht im unmittelbaren Skopus des Aktes <u>PRÄS</u>(entieren als), sondern eine Ebene tiefer als Konsequens der kausalen Implikation. Entsprechend unterschiedlich ist der Gegenstand des mit dem Präsentieren implizit erhobenen verpflichtenden Anspruchs: Dieser bezieht sich nicht auf die konstativ gesetzte Wahrheit des Satzes (wie in (Vc)), sondern auf das Zutreffen der kausalen Indikation, d.h. auf die Aufrichtigkeit der Bekundung:

(VI) (f) (VIc) $\rightarrow \underline{\text{COMM}}\ (\underline{s}, \underline{ct}, \text{AUFRICHTIG}\ (\underline{s},\ \iota \underline{b}\ [\text{BEKUND}\ (\underline{s}, \underline{b})]))$

Der Sprecher $\underline{s}$ erhebt implizit den verpflichtenden Anspruch, in seiner Bekundung aufrichtig zu sein; oder in analytischerer Paraphrase: er beansprucht, daß das, was er als indikatorisches Zeichen präsentiert, auch wirklich ein solches ist, daß also seine Bekundung einen real vorhandenen MPZ 'zum Ausdruck bringt'.

c. Evaluative/emotionale Bekundungen sind zwar in der Regel eingebettet in oder untermalt durch 'intentionales Ausdrucksverhalten' (im Sinne von 2.); keineswegs jedoch werden sie dadurch konstituiert. Auch expressiv zurückhaltende Personen können emotionale Bekundungen mit konstativen Äußerungen vollziehen, wenn diese den drei unter b. genannten Bedingungen genügen. Und von der Bekundung doxastischer, volitiver oder intentionaler Einstellungen erwartet man ohnehin nicht oder nur in geringerem Maße eine expressive Ausgestaltung.

3.2.1.4. Konstative Illokutionen und doxastische Einstellungen

Es ist nunmehr an der Zeit, die oben bis zum konstativ-rhetischen Akt geführte Ableitung (III) illokutiv zu komplettieren, d.h. durch (V) und (VI) zu ergänzen. Dabei ist zweierlei zu beachten:

a. Unter illokutivem Aspekt ist die Formel von Anfang an durch den textuellen/interaktiven Kontext $\underline{ct}$ zu ergänzen.

b. Es sind zwei Ableitungen vonnöten: eine für den Fall, daß die Proposition einen gegenwärtigen psychischen Zustand des Sprechers beschreibt, und eine für D-Satz-Äußerungen ohne diese propositionale Bedingung. Die letzteren führen notwendig zur Assertion, die ersteren im Default-Fall zur Bekundung, im markierten Fall zur Assertion.

Wenn man dieses 'Entweder-Oder' als Exklusion ASS / BEKUND notiert, wird der Default-Charakter nicht erkennbar. Ich führe daher den Äquivalenz-Junktor ←D> bzw. <D→ ein, dessen D(efault)-Spitze die Richtung markiert, in der die Implikation nur unter konversationell löschbaren Bedingungen gilt, Bedingungen, die in einer analytischeren Notation ausbuchstabiert werden könnten. Die ASS-Alternative kann man dann in (III_BEK) fortlassen, da die propositional unspezifische Ableitung (III_ASS) den propositional spezifischen Fall inkludiert.

(III_ASS) $\forall \underline{s}\ \forall \underline{ds}\ \forall \underline{w}\ \forall \underline{ct}\ \forall p$

(a) $[\ \ [\underline{\text{AKT}}\ (\underline{s}, \underline{ds}(e), \underline{w}, \underline{ct}) \ \mid\ SF_{ds} = \exists e\ [\text{INST}\ (e, p)]$

(e) $\&\ \underline{\text{POS}}\ (\underline{s}, \exists \underline{ew}\ [\text{REPR}\ (\iota e\ [\text{INST}\ (e, p)], \underline{ew})])]$

(ga) $\leftrightarrow\ [\underline{\text{PRÄS}}\ (\underline{s}, \underline{ct}, \iota e\ [\text{INST}\ (e, p) : \exists \underline{ew}\ [\text{REPR}\ (e, \underline{ew})]])$

(ha) $\leftrightarrow\ \underline{\text{ASS}}\ (\underline{s}, \underline{ct}, \exists e\ [\text{INST}\ (e, p)])]\ ]$

Innerhalb dieser verkürzten Ableitung beschreibt (IIIa) die Aktualisierung eines Deklarativsatzes $\underline{ds}$(e) beliebiger Proposition p relativ zu einer Bezugswelt $\underline{w}$ und einem Kontext $\underline{ct}$. (IIIe) formuliert das konstative Als-existent-Setzen einer Weltgegebenheit $\underline{ew}$, die durch e repräsentiert wird; (IIIe) fügt sich wegen REPR hier besser ein als (IIId) oder auch (IIIf) (Als-wahr-Setzung). Die Konjunktion von (IIIa) und (IIIe) ist äquivalent dem Präsentieren von e als eines Sachverhalts, der ein existierendes $\underline{ew}$ repräsentiert, womit beschrieben ist, was ein Sprecher tut, wenn er den Inhalt eines D-Satzes assertiert.

$$
\begin{array}{lll}
\text{(III\_BEK)} & \forall\underline{s}\ \forall\underline{w}\ \forall\underline{ct}\ \forall\underline{ds} & \\
& \text{(a)} & [\quad [\underline{\mathrm{AKT}}\ (\underline{s}, \underline{ds}(e), \underline{w}, \underline{ct}) \mid SF_{ds} = \exists e\ [\mathrm{INST}\ (e, (PZ_E\ (\underline{s}))_{PRS})] \\
& \text{(e)} & \quad\ \&\ \underline{\mathrm{POS}}\ (\underline{s},\ \exists\underline{y}\ [\mathrm{REPR}\ (\iota e\ [\mathrm{INST}\ (e, (PZ_E\ (\underline{s}))_{PRS})], \underline{y})])] \\
& \text{(gb)} & \leftarrow\!\!D\!\!>\ [\underline{\mathrm{PRÄS}}\ (\underline{s}, \underline{ct},\ \iota e\ [\mathrm{INST}\ (e, (PZ_E\ (\underline{s}))_{PRS}) \\
& & \qquad\qquad : [\underline{\mathrm{ÄUSS}}\ (\underline{s},\ \exists e\ [\mathrm{INST}\ (e, (PZ_E\ (\underline{s}))_{PRS})]) \\
& & \qquad\qquad \rightarrow\ \exists\underline{y}\ [\mathrm{REPR}\ (e, \underline{y}) : \mathrm{MPZ}\ (\underline{y}, \underline{s})]]]) \\
& \text{(hb)} & \qquad\quad \leftrightarrow\ \underline{\mathrm{BEKUND}_S}\ (\underline{s},\ \iota\underline{y}\ [\mathrm{MPZ}_E\ (\underline{y}, \underline{s})])\ ]\ ]
\end{array}
$$

p ist hier entsprechend (VId/e) spezifiziert durch $(PZ_E(\underline{s}))_{PRS}$; dem Sprecher wird präsentisch ein Prädikat 'psychischer Zustand der Art E' zugesprochen. Die Zeilen (IIIgb) und (IIIhb) geben (VIe) und (VId) wieder.

Der Junktor ←D> besagt: Wer sentential bekundet, vollzieht notwendig einen verbalen konstativ-rhetischen Akt mit dem spezifizierten propositionalen Gehalt; aus diesem folgt umgekehrt die Bekundung nur als Default-Implikatur. Im markierten Fall gilt dagegen (III_ASS).

In (III) fehlt aufgrund der oben (S. 112) vorgetragenen Argumente jeglicher Rekurs auf Sprechereinstellungen. Dies ist insofern eine Beschreibungslücke, als im Defaultfall mit Assertionen doxastische Einstellungen ausgedrückt werden und es auch zu den Sprecherzielen gehört, dem Adressaten das Bestehen einer solchen Einstellung mit Hilfe der Assertion zu signalisieren. Ich fasse im folgenden doxastische Einstellungprädikate wie ÜBERZEUGT SEIN, ANNEHMEN, VERMUTEN, HOFFEN, ERWARTEN etc. unter dem 'Archilexem' GLAUBEN zusammen, das somit eine nicht näher spezifierte kognitive Basiseinstellung ("Bel" bei Searle 1983:29ff.) bezeichnet.

Wie ist es möglich, daß ein assertierender Sprecher "expresses the belief that p" (Searle 1979a:4), und wie ist ein solches 'Ausdrucksverhalten' einzuordnen? Die erste dieser beiden Fragen beantwortet Searle (1983:10) mit der Feststellung: "[...] the conditions of satisfaction of speech act and expressed psychological state are identical." Innerhalb des hier vorgetragenen Erklärungsrahmens bedeutet das: GLAUBEN hat selbst die Struktur einer (kategorischen oder hypothetischen) Als-wahr-Setzung; anders formuliert: GLAUBEN ist als 'Setzung einer unabhängig existierenden Weltgegebenheit' zu bestimmen:

- Während WISSEN die Faktizität des gewußten Sachverhalts präsupponiert, ist GLAUBEN faktizitätssetzend; faktive vs. nicht-faktive *daß*-Satz-Komplemente der entsprechenden Verben sind die bekannte satzsemantische Folge dieses Unterschieds. Während WISSEN die Wahrheit des intentionalen (propositionalen) Gehalts voraussetzt, wird diese durch GLAUBEN zugeschrieben.

- Ein Glaubender mag zwar den Gegenstand seines GLAUBENS durch Setzung erschaffen – von außen betrachtet; würde er selbst dies glauben, glaubte er nicht. GLAUBEN als kognitive Einstellung ist intentional gerichtet auf einen unabhängig von der Einstellung existierenden Gegenstand. Mit dieser Intentionalität setzt er den propositionalen Gehalt seines GLAUBENS als wahr; denn die unabhängige Existenz einer den Gehalt erfüllenden Gegebenheit in der Bezugswelt ist die 'Wahrheitsbedingung'

> des GLAUBENS. "Every Intentional state with a direction of fit is a posing[30] of its conditions of satisfaction", könnte man – Searle (1983:13) abwandelnd – formulieren, um den 'setzenden' Charakter der Einstellungen "Belief, Desire, Intention" zu unterstreichen.

Die Einstellung GLAUBEN teilt also das Moment der konstativen Referenz mit den mentalen oder kommunikativen Akten, in denen sie ausgedrückt werden kann: Sie hat die Struktur eines Urteils[31] und bedarf zur Beschreibung eines konstativ verwendeten D-Satzes. *Hegen* jedoch kann man Einstellungen auch vorreflexiv und somit vorsprachlich, als Teil dessen, was Searle (1983:141ff.) den "nonrepresentational background" nennt. Entsprechend kann ich das unformulierte Urteil, daß *'ein mir entgegenkommendes Auto'* noch weit genug entfernt ist, dadurch manifestieren, daß ich zum Überholen ansetze; und ich setze einen *'vor mir liegenden Apfel'* auch dadurch als unabhängig existent, daß ich ihn ergreife und hineinbeiße. Dabei habe ich natürlich keineswegs die Intention, eine solche urteilende Einstellung im Sinne von (E2) auszudrücken; vielmehr drückt sich die Einstellung nichtintentional – im Sinne von (E1) – in meinem Verhalten aus.

Eben dies trifft im Regelfall auch auf den Vollzug eines rhetischen Aktes im konstativen Modus zu: Die Referenz auf eine sprachhandlungsunabhängige Gegebenheit läßt – falls nicht kontextuelle Bedingungen dagegen sprechen – darauf schließen, daß der Sprecher an die Faktizität der Gegebenheit GLAUBT. Interpretiert man aber einen derartigen rhetischen Akt als Assertion, so unterstellt man zugleich – wie oben angedeutet -, daß der Sprecher die Schlußfolgerung des Adressaten intendiert, daß er also seine aktuelle Einstellung *intentional ausdrückt*, im Sinne von (E2).[32] Genau das tut er mit einer Bekundung nicht; eine Bekundung deutet zwar immer (im Sinne von (E1)) darauf hin, daß der Sprecher seinen momentanen psychischen Zustand für faktisch gegeben hält, also an dessen Existenz GLAUBT, keineswegs jedoch, daß er eine solche doxastische Einstellung intentional ausdrücken möchte. Vielmehr 'bringt' er eine andere Einstellung 'zum Ausdruck': die im Matrixsatz propositional benannte.

---

30 Bei Searle heißt es statt 'posing': "representation".

31 Dieser Begriff ist nur oberflächlich an Frege anzuschließen. Dieser definiert (1966:35) das "Urteilen" als "Anerkennung der Wahrheit eines Gedankens", und zwar mittels "der Form des Behauptungssatzes". Der "Gedanke" ist ein "unsinnliches" Element eines zeitlosen "dritten Reiches", das "sich in das sinnliche Gewand des Satzes kleidet", allerdings oft unvollständig, sodaß der Wortlaut durch nonverbale Zeichen und durch Wissen zu ergänzen ist (38). Mit anderen Worten: Freges "Gedanke" ist 'Äußerungsbedeutung minus Satzmodus' und wegen der mitgedachten Referenz wahrheitsfähig ("Der gleiche das Wort 'ich' enthaltende Wortlaut wird im Munde verschiedener Menschen verschiedene Gedanken ausdrücken", jeweils zeitlos wahr oder falsch). Insofern werden Gedanken von Menschen "gefaßt" (nicht "erzeugt" (50)), in Urteilen "als wahr anerkannt" und diese schließlich "kundgegeben", im "Behaupten".
Wenn man Freges ontologische Voraussetzungen hinsichtlich der "Gedanken" nicht nachvollziehen kann, bekommt das "Urteil" ein anderes Gesicht: Ob es sich nun als vorreflexives im Handeln oder aber im sprachlichen 'Gewand' manifestiert (s. dazu unten), in jedem Fall wird in ihm ein Sachverhalt als wahr *gesetzt*. Urteilen ist mehr als bloße Akklamation.

32 Dabei muß natürlich seine wirkliche Einstellung mit der ausgedrückten Einstellung durchaus nicht identisch sein. "Ausgedrückte Einstellungen müssen nicht gehegte Einstellungen sein." (Lang 1983:312)

Die Ableitung (III_ASS) (nicht dagegen (III_BEK)) ist folglich unter Rückgriff auf (E2) und (VII) um eine weitere Zeile zu ergänzen:

(VII) $G =_{df}$ GLAUB (s, $\exists$e [INST (e, p)])

(III_ASS) $\forall \underline{s}$ $\forall \underline{ct}$ $\forall p$

(ha) [$\underline{\text{ASS}}$ ($\underline{s}$, $\underline{ct}$, $\exists$e [INST (e, p)])

(ia) $\leftarrow$D> $\underline{\text{EXPR}}$ ($\underline{s}$, $\iota \underline{y}$ [$\underline{G}$ ($\underline{y}$) & MPZ (y, s))]

Wenn jemand den Inhalt eines D-Satzes relativ zu einem Kontext $\underline{ct}$ assertiert, drückt er im Default-Fall intentional seinen MPZ aus, der von der Art G, nämlich – nach (VII) – einer GLAUBENS-Einstellung gegenüber dem assertierten Inhalt ist. Der MPZ gilt natürlich innerhalb eines weiteren zeitlichen Rahmens, der aufgrund allgemeiner Plausibilitätsannahmen und ggf. textueller/kontextueller Spezifikationen anzusetzen ist.

Die umgekehrte Implikation von der sentential ausgedrückten Einstellung auf die Assertion gilt streng; eine GLAUBENS-Einstellung mit Hilfe einer D-Satz-Äußerung ausdrücken heißt, den Einstellungsinhalt zu assertieren.

Die zuletzt genannte strenge Implikation ist von besonderem Interesse für die Interpretation bestimmter Bekundungen; dazu mehr im folgenden Abschnitt.

Hier soll zunächst ein kontrastierendes Fazit im Blick auf eine einstellungsbezogene Satzmodusanalyse gezogen werden:

1. Bei Motsch/Pasch (1987) dient das Kriterium der Sprachhandlungs(un)abhängigkeit lediglich zur Ausdifferenzierung der Untertypen ‘Feststellung’ und ‘Festlegung’ aus einem “illokutiven Grundtyp ‘Mitteilung’”, dessen assertiver Charakter durch den Satzmodus determiniert sei, welcher eine Einstellung “überzeugt sein, daß *p*” ausdrücke (Motsch/Pasch 1987:46). In der hier vorgetragenen Ableitung trägt das Kriterium die Funktion der ersten Weichenstellung; und nur die eine, konstative Schiene führt möglicherweise zur Assertion, mit der zumeist, wenn auch nicht immer eine doxastische Einstellung ausgedrückt wird.

2. Schon auf dem Hintergrund dieses einen Interpretationsstranges erscheint es überflüssig, die ggf. “ausgedrückte Sprechereinstellung *att*” in einen semantischen “Einstellungsoperator ATT” (Lang/Pasch 1988:3), speziell “*Dekl*” als dessen “Belegung” (Lang 1983:324) zurückzuprojizieren.[33] Da aber nach der ersten, referentiellen noch eine zweite, funktionsbezogene Weiche Assertion und Bekundung trennt, wird ein semantischer Operator “*Dekl*” vollends unplausibel: Da dieser in der Bekundung das Einstellungsprädikat in seinen Skopus nähme, über das aber der Sprecher gerade keine doxastische Einstellung ausdrücken will, müßte er durch irgendeinen Mechanismus weginterpretiert werden.

33 Und es ist auch nicht notwendig, eine “abstrakte Einstellung [...], die auf einem etwas allgemeineren Begriff als dem der Wahrheit beruht”, nämlich “*sagen, daß*” zu hypostasieren, wie es Oppenrieder (1987:182) tut, dessen kurze Funktionsskizze am Ende seines Aufsatzes über “Aussagesätze” dem hier vertretenen Ansatz ansonsten recht nahe steht.

3. Umso mehr gilt dieses Argument für die andere Abzweigung der ersten Weiche: für die nicht-konstativen Verwendungen von D-Sätzen, von denen im nächsten Kapitel die Rede sein wird. Wenn die Annahme zutrifft (gegen Pasch 1989:34ff.), es sei "logically impossible" (Hartnack 1963:138), sie als "Urteilsäußerungen" aufzufassen, dann müßte eine einstellungsbezogene Satzmodusbeschreibung für alle D-Sätze, die sowohl konstative als auch nicht-konstative Lesarten zulassen, Bedingungen angeben, warum im einen Fall die Interpretation von ATT als *att* blockiert wird und im anderen nicht. "Das, was ich unter dem Begriff des Satzmodus erfassen will, soll eine Invariante aus allen Arten von Verwendung sein, die man von einem Satz machen kann" (Pasch 1989:30); eben deshalb erscheint es plausibler, die nur in einem Teil der Verwendungen auftretende GLAUBENS-Einstellung nicht als Aktualisierung der "grammatisch determinierten Bedeutung", sondern als Implikatur eben jener spezifischen Verwendungen aufzufassen.[34]

4. Gegen Bierwisch (1980) ist diese Argumentation nicht vorzutragen, weil er die semantische Struktur *sem* des D-Satzes frei hält von einem "attitude specifier", allerdings nur bei diesem Satztyp im Gegensatz zu Interrogativ- und Imperativsätzen. "Hence the semantic structure of a declarative sentence is normally of the form *pc* only" (1980:22). Der Nachteil dieser Enthaltsamkeit ist, daß die Zuordnung der 'assertiven' Einstellung *D* als Teil der "neutralen"/"unmarkierten"/"normalen" Äußerungsbedeutung nur postuliert und nicht erklärt wird, während nach der hier vorgetragenen Auffassung die Satzbedeutung ein keineswegs "leeres" Moduselement enthält, das zusammen mit den spezifischen Referenz- und Interaktionsbedingungen die Zuordnung (oder Nicht-Zuordnung) von "*D*" steuert.

3.2.2. Typen von Assertion und Bekundung

3.2.2.1. Subklassen der ASSERTIVA

Wenn sich auch GLAUBENS-Einstellungen als nicht konstitutiv für ASSERTIVA erwiesen haben, so können sie doch zur Ausdifferenzierung der obersten Ebene assertiver Subklassen dienen:

---

[34] Zu zeigen bliebe allerdings (was im Rahmen dieser Arbeit ausgespart werden muß), daß die insbesondere von Doherty (1987) zusammengestellten Kookkurrenzbeziehungen und -beschränkungen von Satzmodus und einstellungsbezogenen Satzadverbien/ Modalpartikeln pragmatischer und nicht grammatisch-semantischer Natur sind. Daß dies so ist, legen die in Brandt u.a. (1989) zusammengestellten Daten nahe: Wenn PPK-Sätze in jeder Verwendung "Urteilsausdrücke" (Pasch 1989:36) sind, bleibt rätselhaft, warum deren performative Lesart durch assertive Modalpartikeln wie *ja*, *doch* etc. blockiert wird.

1. ASSERTIVA mit ausdrücklich negierter Sprechereinstellung nenne ich (mit terminologisch verengter Bedeutung)[35] THESEN. Vgl. Beispiel (4e):

   (4) (e) Ich glaube es zwar nicht, aber gehen wir einmal davon aus: Uwe hat in Bremerhaven die Arabella getauft.

Dagegen steht die Mehrheit der ASSERTIVA mit ausgedrückter doxastischer Einstellung. Je nach deren Spezifik (VERMUTEN, ANNEHMEN, HOFFEN, GLAUBEN, ÜBERZEUGT SEIN) lassen sich viele Subklassen definieren.[36] Ich fasse sie hier dichotomisch nach dem Merkmal [±SICHER] zusammen.

2. Die konditional oder modal als [-SICHER] eingeschränkten ASSERTIVA nenne ich VERMUTUNGEN, z.B.:

   (15) Hoffentlich kommt Timo zur Taufe.
   (16) Der Sekt hat vermutlich zu lange in der Sonne gestanden.

   Eine Sprecherin setzt einen unabhängigen Sachverhalt als faktisch *unter Vorbehalt*; indem sie den Vorbehalt (z.B. durch Modaladverbien) zum Ausdruck bringt, übernimmt sie eine entsprechend reduzierte Wahrheitsverpflichtung.[37] Irrelevant für die Einstufung als VERMUTUNG ist die kommunikative Akzeptanz der Äußerung; der assertierte Sachverhalt kann mehr oder weniger strittig sein, und insofern kann es auch in unterschiedlichem Maße das Ziel der Sprecherin sein, den Hörer von ihrer Vermutung zu überzeugen.

THESEN und VERMUTUNGEN werden vor allem von philosophischer Seite gewöhnlich aus dem Bereich der ASSERTIVA ausgeklammert. Für Assertionen im engeren Sinne gilt, daß Sprecher/innen mit ihnen ein 'SICHERES GLAUBEN', eine 'Überzeugung' ausdrücken (vgl. auch oben zu Motsch/Pasch 1987) und somit einen *kognitiv* unproblematischen Wahrheitsanspruch erheben. Assertionen in diesem Sinne werden häufig in 'Behauptungen' und 'Feststellungen' untergliedert (Wunderlich 1976:172ff.; Grewendorf 1979a:214; Motsch/Viehweger 1980:147; weitere Hinweise bei Rolf 1983:130ff.).[38] Dabei rekurriert man auf eine weitere Ebene der Sprecher-'Einstellung': auf die Einschätzung, ob der erhobene Wahrheitsanspruch relativ zu dem Kontext, in den er gestellt wird, strittig ist oder nicht. Mit dieser

---

35 '(Bloße) Setzung' wäre ein naheliegender Ausdruck. Da aber 'Setzung' im vorliegenden Ansatz schon terminologisch vergeben ist, wähle ich das griechische Pendant.

36 Dabei sind z.T. auch nicht-doxastische Einstellungskomponenten anzusetzen, z.B. bei HOFFEN; vgl. Searle (1983:31ff.).

37 Öhlschlägers (1986:376) Argument, Selbstfestlegung auf Wahrheit sei nicht graduierbar und Unterschiede in der Stärke des 'Behauptens' lägen allein "auf der propositionalen Ebene", überzeugt mich nicht. Die Wahrheit auf die man sich festlegt, ist nicht graduierbar, zugegeben; aber die Stärke der Festlegung, die Sicherheit des Anspruchs ist hier wie überall sonst beliebig fein abzustufen.

38 Aus dialoggrammatischer Perspektive rücken bei Rolf Merkmale wie "präsentativ", "reaktiv" und "re-initiativ" (1983:96) in der Taxonomie an die oberste Stelle, und die von mir genannten Subklassen finden sich auf der untersten Ebene. Dagegen wäre im einzelnen manches einzuwenden; ich belasse es hier bei dem Hinweis auf unterschiedliche Analyseinteressen.

Formulierung lasse ich gedachte oder monologische BEHAUPTUNGEN und FESTSTELLUNGEN ausdrücklich zu: Relativ zum gedanklichen oder textuellen Kontext, also zu dem, was die Sprecherin bislang gedacht hat, was sie bereits gesagt/geschrieben hat und sagen/schreiben wird, ergibt sich die (Un)Strittigkeit ihrer Assertion. Im Falle einer kommunikativen Äußerung kommt als interaktiver Kontext die antizipierte Einstellung der Adressaten hinzu:

3. Eine Sprecherin postuliert mit einer (kommunikativen) BEHAUPTUNG entweder ein ew, dessen Existenz bestreitbar ist oder bestritten wird, oder bezieht den formulierten Sachverhalt auf ein ew, für das die Adressaten eine andere, mit der Aussage der Sprecherin mehr oder weniger unvereinbare Sachverhaltsbeschreibung favorisieren (könnten). Insofern erhebt die Sprecherin mit ihrer Äußerung einen Wahrheitsanspruch *gegen Vorbehalt*, mit dem Ziel, eine vorhandene Überzeugung der Hörer mindestens zu modifizieren. Daß sie ihren Wahrheitsanspruch als *kommunikativ* problematisch einschätzt, manifestiert sich auf der textuellen Ebene oft in Widerspruchs- und Strittigkeitsmarkierungen sowie (entsprechend den kognitiv problematischen VERMUTUNGEN) in Begründungen:

   (17) Nein, das Schiff hat den Namen *Rita* bekommen; denn ...

   Nicht alle Sprecher/innen begründen jederzeit ihre Behauptungen; wenn sie es aber tun, erfüllen sie freiwillig eine einforderbare Obligation und stufen ihre Äußerung damit als BEHAUPTUNG ein (vgl. genauer: Grewendorf 1979b; Bartsch 1979).

ASSERTIVA mit kontextuell unproblematischem Wahrheitsanspruch kann man in erster Näherung und hinreichend für den gedanklich-monologischen Vollzug als FESTSTELLUNGEN bezeichnen. Ob ich für mich ein neues Faktum registriere oder in innerer Argumentation auf eine altbekannte Tatsache zurückgreife, in jedem Fall STELLE ich FEST. In der kommunikativen Verwendung dagegen bekommt die Feststellung einer für den Adressaten vermutlich neuen Tatsache die spezifische Funktion, ein Wissensgefälle auszugleichen; die Sprecherin handelt dem Adressaten gegenüber, wie sie gegenüber sich selbst nicht handeln kann: Sie TEILT ihm etwas MIT. Ich unterscheide also kommunikative FESTSTELLUNGEN (i.w.S.) in MITTEILUNGEN und FESTSTELLUNGEN (i.e.S.):

4. MITTEILUNGEN (im Sinne von Bartsch 1979:226) bilden das eigentliche Gegenstück zu den problematischen ASSERTIVA: Sie sind ASSERTIVA *ohne Vorbehalt* und dienen dem Zweck, bei dem Adressaten eine antizipierte oder (z.B. fragend) geäußerte kognitive Lücke zu schließen:

   (18) Übrigens hat die Annabel bei der Regatta verloren.
   (19) Roter Sekt ist bei Schiffstaufen verpönt.

   Für die Sprecherin ist die gegebene Information eine sichere Tatsache und sie antizipiert auch keinerlei Anfechtung von seiten des Adressaten; sie reicht einfach ein Stück ihres

Wissens weiter,[39] als Glied einer "chain of causation" (Vendler 1980:277). Insofern wird ein kritischer Adressat, der die Mitteilung als solche akzeptiert, nicht fragen: *'Warum glaubst du das?'*, sondern: *'Woher weißt du das?'* oder kritischer: *'Woher willst du das wissen?'* Nicht Begründbarkeit ist die Voraussetzung für eine erfolgreiche Mitteilung, sondern glaubhafter, womöglich privilegierter Zugang zu den Fakten.

5. Mit einer FESTSTELLUNG (i.e.S.) reicht ein Sprecher nicht Wissen weiter, sondern aktiviert Wissen, das er der Adressatin unterstellt. Falls das ew, das die Sachverhaltsbeschreibung erfüllt, nicht ohnehin voraussehbar in einem gemeinsamen Wissens- oder Evidenzbereich liegt,[40] gibt er der Hörerin (z.B. mit Hilfe der Abtönungspartikeln *ja* oder *doch*) zu verstehen, daß sie den Sachverhalt so und nicht anders in ihrer mentalen Repräsentation der Bezugswelt vorfinden könne:

   (20) Uwe hat doch gestern euer Schiff getauft. Darum ...

   Den Wahrheitsanspruch seiner Aussage markiert der Sprecher als im voraus erfüllt, auch seitens der Adressatin; und eben deswegen ist es die wichtigste Textfunktion der Feststellungen, den Wahrheitsanspruch von Behauptungen und Vermutungen argumentativ abzustützen. Rolf (1983:150ff.) stellt weitere Funktionen zusammen; ihnen gemeinsam ist die kommunikativ relevante 'Fest-Stellung' von Konsens, als Basis für folgende Text- und Gesprächsillokutionen und für das Verhalten jenseits des Gesprächs. Keineswegs jedoch geht es bei Feststellungen darum, Hörer erst zum Glauben an den betreffenden Sachverhalt zu bewegen, wie dies Motsch/Pasch als Intention aller "Urteilsäußerungen" annehmen (1987:52).

Die beschriebenen fünf Subklassen THESE, VERMUTUNG, BEHAUPTUNG, MITTEILUNG und FESTSTELLUNG decken den gesamten Bereich der ASSERTIVA ab; sie weiter auszudifferenzieren, gehört nicht in den Rahmen dieser Arbeit. Hier interessiert nur die erste taxonomische Stufe, die – sozusagen als Verlängerung der Ableitung (III) – durch Spezifizierung des Wahrheitsanspruchs entsteht. Ihre Struktur soll der folgende Baumgraph verdeutlichen:

39 Rolf (1983) hat für diese Klasse darum den Terminus "Transmissive" geprägt.

40 Unter 'Weltgegebenheiten' (ew) verstehe ich keineswegs nur konkrete Zustände, Ereignisse oder Prozesse, sondern auch allgemeine Gesetzmäßigkeiten, abstrakte Relationen und geltende Bewertungen oder Normen (etc.), auf die man mit Sentenzen oder Gemeinplätzen wie: *'Man lernt nie aus.'*, *'Hochmut kommt vor dem Fall.'*, *'Versprochen ist versprochen.'* oder *'Ordnung muß sein.'* verweisen kann. Daß diese häufig zum Vollzug von Feststellungen verwendet werden, betont Rolf (1983:144, 152); zu ihren phatischen und argumentativen Funktionen vgl. Gülich (1977).

Abb. 5: Subklassen der ASSERTIVA

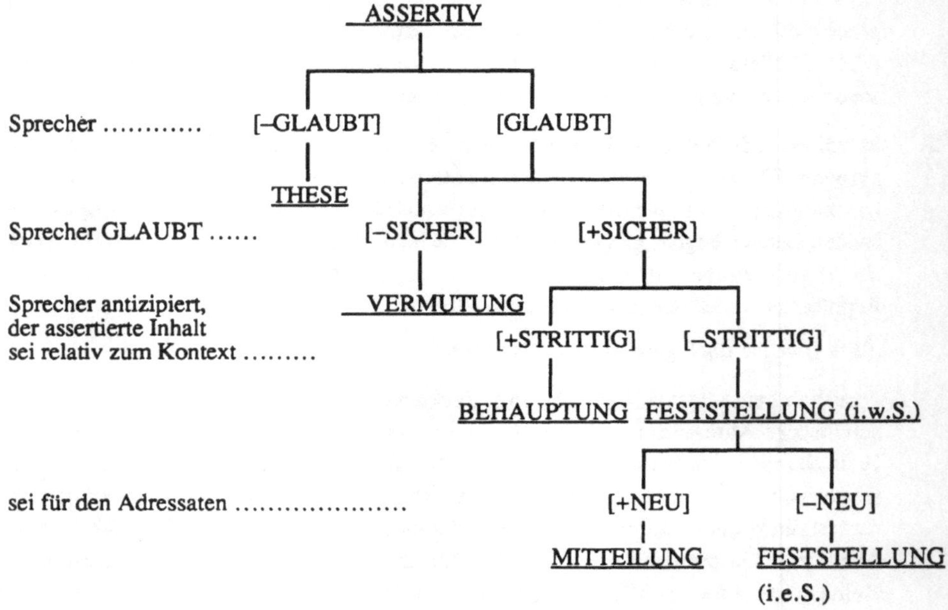

Die obige Charakterisierung der Subklassen MITTEILUNG und FESTSTELLUNG (Punkte 4. und 5.) gibt ein Problem auf, dessen Besprechung den Schluß dieses Abschnitts bilden soll: Das 'doxastische' GLAUBEN wurde dort plötzlich durch das 'epistemische' WISSEN ersetzt. Eine Mitteilung oder eine Feststellung vollziehen heißt ja, einem Wissen, nicht bloß einem 'Glauben' Ausdruck zu geben und die Wahrheit des Äußerungsinhalts vorauszusetzen, anstatt sie neu zu 'setzen'. Andererseits ist es aber eine semantische Tatsache, daß man V2-D-Sätze nicht faktiv, also mit präsupponierter Faktizität des Sachverhalts verwenden kann. Folgt daraus die höchst unangenehme und kontraintuitive Annahme, daß bei der Interpretation einer D-Satz-Äußerung als Mitteilung oder Feststellung ein zentrales Element der Satzmodusbedeutung zu eliminieren ist?

Ein Fingerzeig, daß diese Frage getrost verneint werden darf, ist Rolf (1983:153) zu entnehmen:

> Wer p konstatiert, beansprucht die Geltung für einen für intersubjektiv evident gehaltenen Sachverhalt. Da die Anerkennung eines Geltungsanspruchs nicht per se gegeben ist, muß S (zumindest im Prinzip) damit rechnen, daß ihm widersprochen werden könnte. [...] (Vermeintliche) Evidenz besagt also noch nichts über die intersubjektive Anerkennung eines Sachverhalts, und eine Feststellung wird oftmals gerade zum Zwecke einer diesbezüglichen Abklärung und Absicherung gemacht.

Daß man beim Vollzug einer Mitteilung oder Feststellung die Faktizität des Sachverhalts bzw. die Wahrheit des intentionalen Gehalts nicht einfach voraussetzt, zeigt eine Gegenüberstellung:

(21) (a) Beate weiß noch nicht, daß Uwe die Arabella getauft hat.
(b) Übrigens: Uwe hat die ArabELla getauft.
(c) Uwe hat doch die ArabELla getauft; (und deshalb ...)
(d) $\exists e$ [INST (e, TAUF (Uwe, Arabella)) : VOR (t_e, t_s)][41]

Wer (21a) (faktischer *daß*-Satz) sagt, *präsupponiert* damit die Wahrheit von (21d); wer (21b) (MITTEILUNG) oder (21c) (FESTSTELLUNG) sagt, tut dies nicht, sondern beansprucht die Wahrheit von (21d), angereichert um einen Geltungsindikator. Mit (21b/c) wird die Faktizität des Sachverhalts – als (gemeinsam) gewußte – neu in den Text-/Diskurszusammenhang eingeführt und als gültig gesetzt. In der "*Fixierung* des Sachverhalts als eines Elements gemeinsamen Wissens" (Rolf 1983:153) – eines als bestehend festgestellten oder eines durch die Mitteilung geschaffenen – liegt der Zweck der Sprachhandlung; ihr intentionaler Gehalt gilt fortan als wahr, sofern ihm nicht widersprochen wird. Was also setzt der Sprecher voraus in seiner Mitteilung oder Feststellung? Nicht daß das Gesagte wahr sei, sondern daß es über die Wahrheit keinen Disput zu geben braucht.

Die vom Satzmodus determinierte 'Als-Fakt-Setzung' bleibt in der Äußerungsbedeutung *aller* assertiven D-Satz-Aktualisierungen erhalten, und das heißt: Mit ihnen können unmittelbar nur doxastische Einstellungen ausgedrückt werden. Doch erreicht eine solche GLAUBENS-Einstellung die maximale Stärke einer ÜBERZEUGUNG vor allem dann, wenn sie *auf* allgemeinem oder speziellem WISSEN *beruht*. WISSEN ist kein 'psychischer Modus' der Assertion selbst, sondern der Modus, wie deren Inhalt dem Sprechenden mental vorgegeben sein kann: als erfahrene oder verbürgte, unproblematisierte Tatsache. Wenn ich z.B. weiß, daß Uwe die Arabella getauft hat, weil ich es als Gast bei der Schiffstaufe selbst gesehen habe, kann ich mein Wissen später zum Inhalt einer Assertion machen. Die darin ausgedrückte Überzeugung ist *fundiert* durch Wissen; und sofern dies auch meinen Adressatinnen klar ist, werden sie meine Äußerung als Mitteilung interpretieren.[42]

Als Fazit dieser Überlegungen läßt sich festhalten: Mit GLAUBEN ist in der Tat die (graduierbare) Basiseinstellung benannt, die den Assertionen im Defaultfall zugrunde liegt; auf dieser Ebene stehen GLAUBEN und WISSEN nicht in Opposition. WISSEN kommt allerdings als zusätzlicher Parameter ins Spiel: Bei den Subklassen MITTEILUNG und FESTSTELLUNG ist es die Quelle des zum Ausdruck gebrachten "starken Glaubens" (vgl. Zimmermann 1983:232).

3.2.2.2. Arten der Bekundung

In diesem Abschnitt sollen vier Fragen behandelt werden:

a. Welche 'inneren Zustände und Prozesse' des Sprechers können bekundet werden?

---

41 Mit VOR (t_e, t_s) sei ohne besonderen Anspruch das Tempus angedeutet (t_e: Ereigniszeitpunkt; t_s: Sprechzeitpunkt).

42 Im Gegensatz zu der hier vertretenen Auffassung gebraucht Rolf (1987:191) "'Wissen' oder 'Überzeugtsein'" synonym zur Erläuterung der "Bedeutung des Deklarativmodus".

b. Wie fügen sich die Bekundungen in das System der Illokutionsklassen ein?

c. Welche sprachlichen Merkmale und kontextuellen Bedingungen führen zur assertiven Interpretation von Einstellungsäußerungen, und um welche ASSERTIV-Subklassen handelt es sich dann?

d. Gibt es negative Bekundungen?

Zu a.: Was wird bekundet?

Die erste Frage läßt sich relativ leicht beantworten, wenn man sich anschaut, welches Matrixverb bei der Redewiedergabe einer fraglichen D-Satz-Äußerung verwendet werden kann. Ganz offensichtlich kann man Körperempfindungen, Sinnesempfindungen und mentale Ereignisse nicht verbal 'zum Ausdruck bringen':

(22) Herbert hat *zum Ausdruck gebracht,
(a) er habe so komische Stiche in der Brust.
(b) er sei zu müde zum Briefschreiben.
(b) er fühle sich unheimlich fit.
(c) er sehe schon wieder eine verdächtige Person um unser Haus schleichen.
(d) er spüre förmlich, daß Heiko was im Schilde führt.
(e) er erinnere sich jetzt an die Worte von Professor Zörner.

In all diesen Fällen kann man jedoch das Matrixverb *mitteilen* verwenden, auch wenn dieses gelegentlich als zu sachlich oder zu förmlich erscheint und dann lieber einem neutralen *sagen/erzählen* Platz macht.

Genau umgekehrt verhält es sich bei D-Satz-Äußerungen, in denen jemand eine aktuelle Emotion oder Einstellung kundtut:

(23) Julia hat ??mir mitgeteilt,/mir gegenüber zum Ausdruck gebracht,
(a) daß sie mich liebt.
(b) daß sie über Ottos Abreise sehr traurig ist.
(c) daß sie dir für deine Hilfe sehr dankbar ist.
(d) sie habe Angst, der Befund sei positiv.
(e) sie bedaure, daß Otto abgereist ist.
(f) sie finde es toll, wieder gesund zu sein.
(f) sie wünsche, daß ich sie in Ruhe lasse.
(g) sie hoffe, daß wir eine Woche bei ihr bleiben.
(h) sie glaube, daß Schröder die Wahl gewinne.

Kundgaben von 'propositionalen Einstellungen' einerseits, Emotionen wie Liebe, Haß, Stolz, Hochachtung, Dank, Neid, Trauer, Freude, Angst andererseits lassen sich weder vom 'Objekt' noch vom Äußerungstyp her in zwei Klassen scheiden: Alle person- oder sachbezogenen Emotionen enthalten eine evaluative Einstellungskomponente, und die meisten propositionalen Einstellungen können mehr oder weniger emotional getönt sein. Primär personbezogene Emotionen können sich auch auf Sachverhaltsobjekte richten:

(24) Ich mag/liebe/hasse dich/dein Lächeln/die Art, wie du lächelst.
(25) Ich empfinde große Hochachtung für Anja/für Anjas soziales Engagement.

Umgekehrt lassen sich nicht nur in der Regel die Sachverhaltsargumente von Einstellungsprädikaten nominal formulieren, sondern viele der evaluativen und manche der volitiven Prädikate gestatten auch Individuenargumente:

(26) Ich bedaure Eva/finde Eva toll/will Eva.

Gegen Rosengren (1984:159f.) nehme ich also an, daß nicht nur propositionale Einstellungen, sondern auch "Einstellungen, Gefühle etc. gegenüber Individuen" *bekundet* werden können. Wenn die Äußerung von '*Ich bedaure deine Abreise.*' in der Regel eine Bekundung ist, muß dies dann nicht auch für '*Ich bedaure dich.*' oder '*Ich liebe dich.*' gelten? Unter die ASSERTIVA würde Rosengren eine Liebeserklärung sicherlich nicht einreihen wollen; aber was bleibt dann? Sicherlich ist sie keine "Bezeugung" und kann auch gar nicht als solche vollzogen werden, wenn man unter 'Bezeugungen' explizit performative Sprachhandlungen versteht wie (27a) (vgl. Rosengren 1984:160, 170) oder auch (27b) (so Lang 1983:333ff.; dagegen zu Recht Rosengren 1984:171):[43]

(27) (a) Ich bezeuge (hiermit) meine Hochachtung/mein tiefes Mitgefühl/??meine Liebe.
(b) Ich bringe (hiermit) meine Hochachtung/mein tiefes Mitgefühl/??meine Liebe zum Ausdruck.

Der Grund für den angedeuteten Akzeptabilitätsunterschied liegt auf der Hand: Es ist eine allgemeine Eigenschaft performativer Äußerungen, daß sie die Illokution in einem uneindeutigen Interaktionskontext explizit machen sollen.[44] Wer dies bei einer Liebeserklärung für erforderlich hielte, sollte sie lieber unterlassen. In informellen, mündlichen, nicht gestörten Interaktionssituationen wird generell unterstellt, daß sich aktuelle Emotionen zuallererst – und sei es andeutungsweise – im Verhalten ausdrücken. Insofern kann es hier keinen uneindeutigen Interpretationskontext geben; es wäre ein kommunikativer Selbstwiderspruch, wenn der Sprecher ein aktuelles Gefühl als faktisch präsentierte, zugleich aber seine Bekundung als explikationsbedürftig kennzeichnete.[45]

Die Möglichkeit performativer Bekundungsvarianten wie (27b) ist demnach zwar ein positives Indiz für die Existenz einer solchen Illokutionsklasse, im Einzelfall jedoch keine notwendige Bedingung für die Einstufung einer Äußerung als Bekundung. Nichts spricht dafür, konstativen Verbalisierungen aktueller Emotionen wie (24) oder (25) die Default-Interpretation 'Bekundung' vorzuenthalten.

---

43 Darüber hinaus rechnen sowohl Lang (1983:335) als auch Rosengren (1985:337) traditionelle EXPRESSIVA wie '*Ich danke dir.*' zu den "Bezeugungen" – nach Lang deshalb, weil hier die token-reflexive Bezeichnung des *Ausdrückens* dadurch gewährleistet ist, daß im Verb (z.B. *danken*) eine "Komponente EXPRESS lexikalisch inkorporiert ist". Für derartige EXPRESSIVA – wie immer man sie benennt – gilt die folgende Argumentation nicht.

44 Dies gilt nicht für die in Anm. 43 genannten EXPRESSIVA.

45 Insofern ist die Inakzeptabilität derartiger performativer Emotionsbekundungen größer als performative Fehlanwendungen in anderen Illokutionsklassen:

(1) ?Hiermit teile ich dir mit, daß kein Käse mehr im Eisschrank ist.
(2) (Bei der gemeinsamen Arbeit:) ?Ich bitte dich (hiermit), das mal zu halten.

Zu b.: Die Bekundungen in der Illokutionstypologie

Rosengren (1984, 1985) und BRRZ stellen die "Einstellungsbekundungen" den "Handlungserklärungen" als eigenen Illokutionstyp komplementär gegenüber, was in ihren tabellarischen Darstellungen (vgl. BRRZ:56f.) zum Ausdruck gelangt. Daß ich dem zustimmen kann, zeigt die Ableitung in Kap. 3.2.1. Man muß aber zwei komplementäre Beziehungen unterscheiden:

- die Bekundung einer Einstellung kann nie eine Assertion dieser Einstellung sein und umgekehrt (illokutive Differenz);
- die einer Illokution in der Regel zuzuordnende Sprechereinstellung kann implikatiert oder bekundet sein (Differenz der Vollzugsform).

Beide Arten der Komplementarität schließen nicht aus, daß Bekundungen zugleich Assertionen über Einstellungsinhalte oder Vollzugsformen nicht-assertiver Illokutionen sein können. Ich möchte deshalb im folgenden versuchen, die Bekundungen in die traditionelle Illokutionstypologie einzuordnen.

Daß Bekundungen von Emotionen und Evaluationen in die Illokutionsklasse der *EXPRESSIVA* einzuordnen seien, dürfte am leichtesten Konsens finden, denn der "illocutionary point" eines EXPRESSIVS besteht darin, "simply to express the speaker's [...] feelings (or attitudes) about the state of affairs represented [...] by the propositional content" (Searle/Vanderveken 1985:39, 54). Diese konstitutive Bedingung wird von den emotiven/evaluativen Bekundungen erfüllt, und zwar in einem unmittelbareren Sinne als von den üblicherweise genannten performativen "Handlungserklärungen" (z.B. '*Ich danke Ihnen..*'), bei denen die Sprechereinstellung lediglich implikatiert wird. Auch die zweite von Searle (1983:15) und Searle/Vanderveken (1985:94) genannte Bedingung, daß in einem EXPRESSIV "the truth of the proposition is presupposed", erfüllen die emotiven/ evaluativen Bekundungen: Sofern sie ein Sachverhaltskomplement haben, ist es bekanntlich notwendig faktiv.

Daß in vielen Fällen das Paradigma von Einstellungsbekundungen, "Handlungserklärungen" (Rosengren 1984, 1985; BRRZ) und Routineformeln[46] nur partiell besetzt ist, ist wegen der Gleichrangigkeit dieser Vollzugsformen kein Zufall. Während für DANKEN alle Möglichkeiten reichhaltig zur Verfügung stehen, können z.B. *loben* (= 'positive Wertung ausdrücken') oder *kondolieren* nicht performativ verwendet werden, steht für 'Bedauern ausdrücken' kein Handlungsverb zur Verfügung und gibt es für GRATULIEREN (zu einem Erfolg) keinen passenden Einstellungsausdruck (*Glück wünschen* gilt mehr für Geburtstage o.ä.). Nicht-performative "Ausdruckshandlungen"[47] gibt es bei den EXPRESSIVA gar nicht;

---

[46] Ich fasse diesen Begriff hier enger als Coulmas (1981) und beziehe ihn nur auf nicht-satzförmige Ausdrücke wie *Verzeihung!*, *Guten Tag!*, *Vielen Dank!* etc. Diese lassen sich nicht einheitlich und oft auch nicht eindeutig den "Einstellungsbekundungen" oder "Handlungserklärungen" zuschlagen und werden deshalb hier gesondert aufgeführt.

[47] Den Terminus "Handlungserklärung" vermag ich nicht wie Rosengren (1984, 1985) und BRRZ auf nicht-performative Äußerungen anzuwenden, da mit diesen die Handlung nicht "erklärt" (auch nicht im Sinne von 'to declare'), sondern schlicht vollzogen wird.

bewertende D-Satz-Äußerungen wie '*Das ist toll/schade.*' müssen ja zu den ASSERTIVA gerechnet werden.

Abb. 6: Vollzugsformen der EXPRESSIVA

	Bekundung		Routine-formel	"Ausdruckshandlung"	
	[–PERFORM]	[+PERFORM]		[–PERFORM]	[+PERFORM]
	Ich	Ich bringe... zum Ausdruck			Ich
DANKEN	bin dir dankbar	meine Dank-barkeit	Danke! Vielen Dank!	---	danke dir bedanke mich
LOBEN	finde das gut/toll...	meine Wert-schätzung von	Gut! Toll!	---	---
KONDO-LIEREN	(fühle mit Ihnen)	mein Beileid	Herzliches Beileid!	---	---
???	ich bedaure Es tut mir leid	mein Bedauern	Schade!	---	---
GRATU-LIEREN	???	???	Herzlichen Glückwunsch!	---	gratuliere dir zum...

Eine entsprechend unkomplizierte Einordnung in traditionelle Illokutionsklassen ist bei den Bekundungen doxastischer, erotetischer, volitiver und intentionaler Einstellungen[48] nicht möglich, da die in Frage kommenden Klassen ASSERTIV, QUAESTIV[49], DIREKTIV, KOMMISSIV in ihrem "illocutionary point" nicht über Einstellungen definiert sind (vgl. z.B. Searle 1979a:12ff.). Solche sind ihnen jedoch durch die "sincerity condition" zugeordnet, und zwar – wie oben zum ASSERTIV ausgeführt wurde – als Default-Implikatur im Sinne eines Ausdrucksverhaltens nach (E2): Der Vollzug einer dieser Illokutionen gilt in der Regel als intentionaler Ausdruck der entsprechenden Einstellung.

Für die ASSERTIVA gilt nach (IIIa) in umgekehrter Richtung die strenge Implikation: Wer eine GLAUBENS-Einstellung verbal ausdrückt, assertiert deren Inhalt. Da nun aber das 'Zum-Ausdruck-Bringen' ein Spezialfall des 'Ausdrückens' ist, kann und muß man die Bekundung einer doxastischen Einstellung zugleich als Assertion des Einstellungsinhalts interpretieren: Wer bekundet (wohlgemerkt: *nicht* assertiert), er GLAUBE, daß p, ASSERTIERT p – und dies zu Recht ohne die leiseste Empfindung von 'Indirektheit':

48 Wunderlich (1976:73f.), auf den sich Rosengren bezieht, führt mehrere "Typen propositionaler Einstellungen" auf, die Rosengren (1984, 1985) und BRRZ verschieden zusammenfassen. Ich schließe mich BRRZ an – "emotiv/evaluativ, epistemisch/doxastisch, volitiv, intentional" – und füge "erotetisch" (→ Frage) hinzu.

49 Die von Wunderlich (1976:77) den Searleschen Klassen zu Recht hinzugefügte Klasse der "Erotetika" (= FRAGEN) hat terminologisch den Schönheitsfehler, sprachlich aus der Reihe zu tanzen. Ich latinisiere hiermit diesen Terminus.

(28) Ich glaube/vermute/hoffe/bin überzeugt, daß (p) Schröder die Regatta gewinnen wird.

(VIII) $\underline{\text{BEKUND}}\ (\underline{s},\ {}^{m}\underline{\text{GLAUB}}\ (\underline{s}, \text{daß } p)) \Rightarrow {}^{m}\underline{\text{ASS}}\ (\underline{s}, p)$

Genauer:

(VII) $G =_{df} \text{GLAUB}\ (s,\ \exists e\ [\text{INST}\ (e, p)])$

(a) ${}^{m}G = {}^{m}\text{GLAUB}$ (s, "daß Schröder die Regatta gewinnen wird.")

(VIII) (a) $\forall \underline{s}\ [\ \underline{\text{BEKUND}}\ (\underline{s},\ \iota \underline{y}\ [{}^{m}\underline{G}\ (\underline{y})\ \&\ \text{MPZ}\ (\underline{y}, \underline{s})])$

(b) $\rightarrow \underline{\text{EXPR}}\ (\underline{s},\ \iota \underline{y}\ [{}^{m}\underline{G}\ (\underline{y})\ \&\ \text{MPZ}\ (\underline{y}, \underline{s})])$

(c) $\langle D \rightarrow {}^{m}\underline{\text{ASS}}\ (\underline{s},$ "Schröder wird die Regatta gewinnen"$)\ ]$

Wer eine Einstellung $\underline{y}$ von der Art '^{m}GLAUB, daß p' als MPZ bekundet, drückt sie auch im Sinne von (E2) aus und ^{m}ASSERTIERT somit, daß p. Das hochgestellte m soll die Spezifik der Einstellung (GLAUBEN, VERMUTEN, HOFFEN, ÜBERZEUGT SEIN) symbolisieren.

Ein Satz wie (28) hat also zwei Lesarten:

- als Assertion über den Gesamtsatz (s. unten zu c.);
- als Assertion über den Komplementsatz;

und diese zweite Lesart ergibt sich obligatorisch und den Sprecher verpflichtend aus der doxastischen Bekundung. Wer im Jahre 1989 bekundet hat,

(29) Ich glaube, wir schaffen die Vereinigung mit links.

kann sich gegenüber späteren Vorhaltungen nicht darauf hinausreden, er habe bloß seine Überzeugung zum Ausdruck gebracht, aber nichts behauptet. Die Funktion der doxastischen Bekundung ist es – wie Falkenberg (1981) unter Rückgriff auf sprachanalytische Auffassungen ausführlich und einleuchtend dargelegt hat –,[50] ASS (p) zu "modifizieren", also etwa zu indizieren, daß der Sprecher eine Vermutung oder Behauptung ausspricht. Zwischen den beiden Lesarten gibt es keine scharfe, an bestimmte Lexeme gebundene Grenze; doch werden Sätze wie (28) und (29) in der Regel als Assertion über den Komplementsatz geäußert und gehört, und es wäre recht ungewöhnlich, sich mit einem 'direkten Kommentar' ('*Das stimmt nicht.*') auf den Matrixsatz zu beziehen.[51]

Gestützt wird diese Auffassung durch die Möglichkeit der Parenthetisierung des Matrixsatzes. Bekanntlich können u.a. doxastische Einstellungsverben auch V2-D-Sätze als

---

[50] Falkenberg spricht vom "modifizierenden Gebrauch epistemischer Operatoren" (wie *ich glaube*) im Gegensatz zum "biographischen" (= assertiven), und unterscheidet beide Verwendungen ferner durch die Beschreibungen "Ausdruck von Ø" vs. "Zuschreibung von Ø" (1981:195) (Ø = Bewußtseinszustand).

[51] Daß es *möglich* ist, am Matrixsatz "vorbei zu kommentieren", beweist nicht, daß es sich bei diesem um eine nicht-assertive "Einstellungsbekundung" handelt, wie Rosengren argumentiert (1985:328). Man kann auch an Matrixsätzen 'vorbeikommentieren', die kein Einstellungsprädikat enthalten:

(1) (a) Hans hat mir erzählt, daß seine Tochter an Leukämie erkrankt ist.
(b) Das ist ja schrecklich.

Entscheidend ist, ob es sich bei dem 'Vorbeikommentieren' um den Defaultfall handelt.

Komplement zu sich nehmen. Genau im Fall der Bekundungslesart ist es nun möglich, den 'Matrixsatz' *glaube ich* (*meine ich, denke ich, nehme ich an, hoffe ich*) parenthetisch in den Θ-abhängigen Satz einzuschieben:[52]

(28) (a) Ich glaube, Schröder wird die Regatta gewinnen.
(b) Schröder, glaube ich, wird die Regatta gewinnen.
(c) Schröder wird, glaube ich, die Regatta gewinnen.
(d) Schröder wird die Regatta, glaube ich, gewinnen.
(e) Ich GLAUBE aber, Schröder wird die Regatta gewinnen.
(f) *Schröder wird, GLAUBE ich aber, die Regatta gewinnen.

Umgangssprachlich werden *glaubich, meinich* etc. fast auf den Status von Modaladverbien reduziert; jedenfalls sind (28a-d) und (28g) illokutiv funktionsgleich:[53]

(28) (g) Schröder wird wohl/wahrscheinlich die Regatta gewinnen.

Öhlschläger, der die beiden Lesarten vom Phänomen her ähnlich beschreibt (1986:373f.), sieht sie ebenso in Sätzen über die Einstellung von Drittpersonen gegeben und meint, auch in diesen sei der Matrixsatz in gleicher Weise parenthetisierbar. Die genauere Beobachtung jedoch zeigt, daß die Parenthesen in diesen Fällen eindeutiger als 'Einschub' gekennzeichnet werden: durch prosodische Mittel, die man graphisch in Gedankenstriche umsetzen kann, ferner syntaktisch durch Vervollständigung der Parenthese zu einem V2-D-Satz:

(28) (h) Die Experten glauben, Schröder wird die Regatta gewinnen.
(i) Schröder wird – glauben die Experten – die Regatta gewinnen.
(j) Schröder wird, so glauben die Experten, die Regatta gewinnen.[54]

---

52 Vgl. dazu auch Lang (1981:310f.), Falkenberg (1981:199) und Öhlschläger (1986:374). Lang hält allerdings *ich glaube* in all diesen Fällen, auch in (28a), für einen nicht (!) assertierten, "parenthetischen Kommentar" mit funktionaler Ähnlichkeit zu Satzadverbialen wie *vermutlich*, dem er deswegen den Status als Matrixsatz abspricht. So kann er die Anerkennung einer sententialen Bekundung umgehen.

53 Im Gegensatz dazu sind (1a) und (1b) nicht funktionsgleich, wie Rosengren (1984, 1985) unterstreicht:

(1) (a) Ich bedaure, daß er kommt.
(b) Leider kommt er.

Nach der hier vorgeschlagenen Analyse ist die sententiale Bekundung (1a) den EXPRESSIVA zuzuordnen, während in (1b) eine Assertion, "ergänzt durch eine [lexikalische] Einstellungsbekundung" als "supplementäre Sprachhandlung" (Rosengren 1985:329f.) vorliegt.

Bei den doxastischen Fällen vereinheitlichen Rosengren und ich in unterschiedlicher Richtung: Während Rosengren (28a) und (28g) oder

(2) (a) Ich vermute, daß er kommt.
(b) Vermutlich kommt er.

als Einstellungsbekundungen und nicht als Assertion buchen würde, interpretiere ich (28a) und (2a) als Assertion über den Komplementsatz via Einstellungsbekundung, (28g) und (2b) dagegen als normale Assertionen, die durch die lexikalische Bekundung einer assertionsbezogenen doxastischen Einstellung als VERMUTUNG subklassifiziert werden.

54 Öhlschläger hat sein eigenes Beispiel (18), offenbar ohne es zu merken, so formuliert: "Das Waldsterben ist – so glauben die meisten Experten – auf verbleites Benzin zurückzuführen."

Prosodisch führt der Einschub *glaubt Karl* zu einem deutlichen Neuansatz, *glaub(e) ich* dagegen nicht. Dieser Unterschied spiegelt eine illokutive Differenz, die Öhlschläger leugnet, indem er die beiden genannten Lesarten generell durch eine unterschiedliche Gewichtung des Matrix- oder Komplementsatzes im "thematischen Zusammenhang" erklärt (1986:378f.). Öhlschläger verwischt in seiner Argumentation die Ebenen der Illokution und der textuellen Informationsstruktur: Ich kann mit (28h) oder auch mit

(28) (k) Gestern habe ich jemanden sagen hören, daß Schröder die Regatta gewinnen wird.

eine Antwort auf die Frage geben: '*Wird Schröder die Regatta gewinnen?*'; deswegen habe ich den Inhalt des Komplementsatzes aber noch lange nicht assertiert. Mit (28a) ('*Ich glaube, Schröder wird die Wahl gewinnen.*') tue ich dies jedoch, und der Weg dahin führt nur über die Bekundungslesart.

Ebenso eindeutig ist die Zuordnung erotetischer Bekundungen zur Fragehandlung (*QUAESTIV*). Wer äußert,

(30) Ich möchte wissen, wieviele Masten eine Brigg hat.

bekundet ein Nicht-Wissen und zugleich den Wunsch, daß diese 'kognitive Lücke' zu schließen sei. Der Ausdruck einer solchen epistemisch-volitiven Einstellung darf allemal als Frage gelten, auch dann, wenn z.B. mangels eines Adressaten keine direktive Ausrichtung zu erkennen ist. QUAESTIVA sind nicht, wie Searle (1979a:14) annahm, eine Subklasse der DIREKTIVA; ihr primärer illokutionärer Zweck ist es nicht, einen Adressaten zu einer Handlung zu bewegen, sondern einen Sachverhalt als spezifizierungs- oder entscheidungsbedürftig zu präsentieren[55] (vgl. Rehbock [in diesem Band]). Hörerbezogen-volitive Einstellungs- und Zielkomponenten treten allerdings in der Regel hinzu und differenzieren das QUAESTIV in Subklassen wie z.B. INFORMATIONS-, AKTIVIERUNGS- oder PRÜFUNGSFRAGE. Auch die obige Bekundung kann je nach den Interaktionsbedingungen auf diese (und weitere) Weisen direktiv verstanden werden, doch hängt daran eben nicht ihre Interpretation als FRAGE überhaupt.

Weniger eindeutig ist die Zuordnung volitiver und intentionaler Bekundungen zu den Illokutionsklassen *DIREKTIV* und *KOMMISSIV*. "One can say that every expression of a Belief normally counts as a statement, but we cannot say that every expression of a Desire counts as an imperative", sagt Liedtke (1990:207) gegen Searle (1983), und entsprechend verhält es sich mit "intention" und KOMMISSIV. Nur diejenigen volitiven/intentionalen Einstellungen, deren intentionaler Gehalt der "propositional content rule" (Searle 1969:66f.) genügt, eine vom Sprecher gewünschte zukünftige Handlung des Hörers oder eine vom Hörer gewünschte zukünftige Handlung des Sprechers zu bezeichnen, passen überhaupt zu den genannten Illokutionen. Und nicht alle Bekundungen dieser Teilmenge erfüllen die für den Vollzug von DIREKTIVA und KOMMISSIVA entscheidende Bedingung, "self-referential" (Liedtke 1990:208) zu sein. Wenn ich jemanden zu einer zukünftigen Handlung auffordere,

---

[55] Wegen dieser primär kognitiven Funktion fassen BRRZ ASSERTIVA und QUAESTIVA als "Darstellungshandlungen" zusammen.

intendiere ich, daß er sie aufgrund meiner Aufforderung ausführt; wenn ich eine künftige Handlung verspreche, mache ich sie zum Resultat meiner hier und jetzt vollzogenen Selbstfestlegung. Ob die genannten Bekundungen diese zweite Bedingung erfüllen, hängt von der Formulierung und vom Kontext ab:

(31) Ich will/möchte/wünsche, daß du zur Taufe kommst.
(a) Ich wünsch mir so sehr, daß du zur Taufe kommst.
(b) Ich wünsch mir so sehr, daß du die Zeit findest, zur Taufe zu kommen.
(32) Ich habe den großen Wunsch, daß du mit dem Rauchen aufhörst. Aber ich werde den Teufel tun, dich darum zu bitten. Es ist und bleibt deine Sache.
(33) (a) Also gut! Ich habe die Absicht zu kommen.
(b) Du, ich habe es ganz fest vor, und es kommt wohl auch nichts dazwischen.
(c) Aber versprechen kann ich es nicht.
(34) Ich habe die Absicht/Ich habe vor,
(a) dir morgen endlich dein Regal anzubringen.
(b) morgen mal bei dir vorbeizuschauen.

(31) ist aufgrund der knappen, unemotionalen Formulierung wohl nur als bindende Aufforderung zu verwenden, die man bei inadäquaten situativen Bedingungen als Fauxpas oder Scherz, nicht aber als bloße Bekundung verstehen würde. Mit (31a) kann eine Sprecherin bitten, aber wohl auch bloß einen Wunsch bekunden, mit dem resignativen Nachsatz: '...aber du hörst ja doch nicht auf mich.'. (31b) kann allenfalls indirekt als Bitte gebraucht werden, da *Zeit finden* keine Handlung bezeichnet, zu der man jemanden im wörtlichen Sinne auffordern kann. Und in (32) wird eine direktive Intention explizit negiert, die man der isolierten Einstellungsbekundung durchaus unterstellen könnte.

Wenn ich mit (33a) auf (31a) antworte, habe ich dann ein Versprechen gegeben? Kaum im vollen Wortsinn, da man sich mit einem Versprechen auf die Ausführung und nicht nur auf die Absicht festlegt. (33c) dürfte als Fortsetzung von (33a) kaum überraschen. Doch ist damit nicht jegliche Selbstfestlegung aufgehoben, wie (33b) erweist; mit dieser Äußerung könnte eine Sprecherin – selbst wenn noch (33c) folgt – ein besonders aufrichtiges, weil die Realitätslücke zwischen Absicht und Ausführung berücksichtigendes Versprechen geben. Die Thematisierung der Absicht in einer Bekundung kann also dazu dienen, ein abgeschwächtes oder bedingtes KOMMISSIV zu vollziehen. Dabei kommt es nicht darauf an, ob die Absicht schon besteht oder erst in der Sprachhandlung 'gefaßt' wird. Entscheidend ist, daß die Bekundung als Mittel der interaktiven Selbstfestlegung dienen soll und verstanden werden kann. Diese Interpretation ist aber in hohem Maße kontextabhängig. Schon die Ersetzung von '*Also gut!*' durch '*Aber ja!*' in (33a) würde indizieren, daß die bekundete aktuelle Absicht längst unproblematisch besteht und einer Selbstverpflichtung nicht bedarf. (34) schließlich ist im Hinblick auf Selbst-Reflexivität (a,b) und Hörerwunsch (b) völlig auf kontextuelle Vereindeutigung angewiesen.

Die wenigen Beispiele zeigen zur Genüge, daß Bekundungen von Wünschen und Absichten allenfalls via Implikatur – wenn überhaupt – als DIREKTIVA oder KOMMISSIVA zu interpretieren sind. Es bleiben hier also eine Menge von Bekundungen übrig, die sich gegen eine Zuordnung zu Illokutionsklassen zu sperren scheinen. Muß man deshalb für diese eine eigene Klasse ansetzen, obwohl doch die problemlose Zuordnung der übrigen Bekundungen zu den entsprechenden Illokutionen nahezulegen scheint, daß es sich bei ihnen um eine besondere illokutionäre *Vollzugsform* handelt?

Ich denke nein. Die Emotionalität von Wunsch und Begehren legt es nahe, nicht-direktive Bekundungen, also Äußerungen wie (31b) oder

(35) Ich begehre dich!
(36) Ich wünsche dir alles Gute!
(37) Ich wünsch mir, daß ich EINmal im Leben Glück habe!

unter die EXPRESSIVA einzureihen. Nicht-kommissive Absichtsbekundungen wie (34b) lassen sich zwanglos als ANKÜNDIGUNGEN des Einstellungskomplements, also als ASSERTIVA auffassen – sofern es sich überhaupt um Bekundungen handelt. Gerade Absichten und Vorsätze werden häufiger mitgeteilt als bekundet oder 'zum Ausdruck gebracht':

(38) Ich beabsichtige, mich auf den Posten eines Abteilungsleiters zu bewerben.
(a) Herr Müller hat ?zum Ausdruck gebracht/?bekundet/mir mitgeteilt, er beabsichtige, sich auf den Posten eines Abteilungsleiters zu bewerben.

Hier kann erst nach einiger empirischer Arbeit Genaueres gesagt werden.

Die Überlegungen dieses Abschnitts lassen sich in der These zusammenfassen, daß Bekundungen *konstativ explizierende Vollzugsformen* von Illokutionen sind. Entsprechend der Art der bekundeten Emotion oder Einstellung hat die Bekundung entweder ihren Zweck in sich selbst und ist dann eine Vollzugsform der Illokutionsklasse EXPRESSIV, deren illokutionärer Zweck eben darin besteht, Emotionen oder Evaluationen auszudrücken; oder aber sie dient dem Vollzug derjenigen Illokution, die im Defaultfall – unter dem Aspekt der Aufrichtigkeit – als Ausdruck der betreffenden Einstellung gilt.

Den konstativ explizierenden Bekundungen stehen die performativen Äußerungen als nicht-konstativ explizierende Vollzugsformen von Illokutionen gegenüber. Beide haben manches gemeinsam (vgl. unten zu c.) und werden deshalb oft verwechselt:

(39) (a) Ich denke (*hiermit), daß der Kompaß defekt ist.
(b) Ich behaupte (hiermit), daß der Kompaß defekt ist.
(40) (a) Ich möchte (*hiermit), daß Sie den Kompaß reparieren.
(b) Ich bitte Sie (hiermit), daß Sie den Kompaß reparieren.

In allen vier Fällen steht nicht der Gesamtsatz, sondern der Komplementsatz im Skopus der Illokution. Unübersehbar ist jedoch der Unterschied, der sich im besternten oder unbesternten *hiermit* manifestiert: In (39a) und (40a) geht die Illokution aus der konstativen Referenz auf eine aktsimultane Sprechereinstellung hervor, während in den (b)-Beispielen der Matrixsatz die Illokution 'konstituiert' (vgl. Kap. 3.4.1.). Daß die beiden Vollzugsformen streng zu unterscheiden sind, erhellt schon aus der oben besprochenen Möglichkeit der Kombination zur 'performativen Bekundung'. So ergeben sich durch die Kombination der Merkmale [±BEKUND] und [±PERFORM] vier illokutionäre Vollzugstypen, wie die Tabellen bei Rosengren (1984:170, 1985:336) anschaulich vor Augen führen. Ich wandle sie hier entsprechend dem oben Gesagten ab:

Abb. 7: Vollzugstypen der Sprachhandlungen

[+BEKUND]		ILLOKU-TIONEN	[–BEKUND]	
[–PERFORM]	[+PERFORM]		[+PERFORM]	[–PERFORM]
EINST (s, p)	BZA (s, EINST (s, p))		ILL (s, p)	SM (p)
E I N S T. erotetisch	→	QUAESTIVA:	QUAEST (s, p)	p?
doxastisch	→	ASSERTIVA:	ASS (s, p)	p.
intentional	→ (KOMMISSIVA, DIREKTIVA)	KOMMISSIVA:	KOMM (s, p)	p.
volitiv	→ (DIREKTIVA, KOMMISSIVA)	DIREKTIVA:	DIR (s, p)	p!
emot./eval.	→	EXPRESSIVA:	EXPR (s, <p>)	- -
---		DEKLARATIVA:	DEKL (s, <o>)	R (o).

EINST(s,p): z.B. *'Ich glaube, daß p.'* BZA(s,...): *'Ich bringe zum Ausdruck, daß ...'*
ILL(s,p): z.B. *'Ich behaupte, daß p.'* SM(p): z.B. ∃e [INST (e, p)]
DEKLARATIV [-BEKUND, +PERFORM]: z.B. *'Hiermit entlasse ich Sie.'*
DEKLARATIV [-BEKUND, -PERFORM]: z.B. *'Sie sind entlassen.'* (R = Handlungsresultat)

<u>Zu c.:</u> Bedingungen der Blockierung von Bekundungslesarten

Eine wesentliche Gemeinsamkeit potentiell bekundender und performativer Äußerungen liegt darin, daß sich unter weitgehend gleichen Bedingungen die assertive Interpretation durchsetzt. Was ich oben den 'markierten Fall' genannt habe, bedeutet konkret: Sofern der Sprecher die Einstellung (bzw. Handlung) fokussiert, gegen Anfechtung verteidigt, kommentiert oder als Teil einer Argumentation oder eines Berichts anführt, wird seine Äußerung zur Assertion. Formale Markierungsmittel, die die bekundende wie die performative Lesart aufheben, sind z.B.: Fokus auf dem Matrixverb, Modalverben, Adverbiale, Modalpartikeln, Negation, kontextuelle Position (vgl. Brandt u.a. 1989 zu den performativen Äußerungen):

(41) Ich bin dankbar für diese Einladung/daß ich diese Einladung bekommen habe.
- (a) (Aber) Ich BIN (doch/ja) dankbar für diese Einladung.
- (b) Ich bin WIRKlich dankbar für diese Einladung.
- (c) NaTÜRlich/KLAR bin ich dankbar für diese Einladung.
- (d) Ich bin leider auch noch/wieder mal allzu dankbar für solch eine Einladung.
- (e) Vermutlich bin ich sogar noch dankbar für diese Einladung.
- (f) Wegen BEATE bin ich dankbar für diese Einladung.
- (g) Ich bin doch/ja/schön/eben DANKbar für diese Einladung.
- (h) Ich bin (gar) nicht dankbar für diese Einladung.
- (i) Ich muß dankbar sein für diese Einladung.
- (j) Ich sage dir doch, ich bin dankbar für diese Einladung.
- (k) Ich werde dort meinen Doktorvater wieder treffen. Deswegen bin ich dankbar für diese Einladung.

(l) Ich werde mit Sicherheit zusagen. Ich bin (nämlich) dankbar für diese Einladung.
(m) Wieso ist meine Freude übertrieben? Ich bin (eben/doch bloß) dankbar für diese Einladung.
(n) Nimm mal folgendes an: Ich bin dankbar für diese Einladung. Wie werde ich mich dann verhalten?
(o) Ich war und bin dir dankbar für diese Einladung und werde es immer bleiben.

All diese insistierenden, kommentierenden, explikativen, argumentativen und narrativen Variationen von (41) lassen nur eine assertive Lesart zu: THESE (41n), VERMUTUNG (41e), BEHAUPTUNG (41a-d, i,j), FESTSTELLUNG (i.w.S.) (41f,g,h,k-m,o). Dagegen blockiert die Intensivierung des Einstellungsprädikats die Bekundungslesart nicht:

(41) (o) Ich bin dir ja so dankbar für diese Einladung.
(p) Ich kann dir für diese Einladung nur unendlich dankbar sein.

Ein detaillierter Vergleich potentiell bekundender und performativer Äußerungen würde allerdings feinere Unterschiede aufzeigen können, die auf der unterschiedlichen Semantik von Einstellungs- und Handlungsprädikaten beruhen.[56] Einer dieser Unterschiede betrifft die temporale Dimension: Performative Verben sind zumeist nicht-durativ und performative Äußerungen immer aktreflexiv; darum sind durative Angaben hier entweder ungrammatisch oder bewirken Iterativität und heben in jedem Fall die Performativität auf:

(42) *Drei Minuten lang/*Seit drei Minuten ernenne ich Sie zum Minister.
(43) Seit zwei Stunden fordere ich Sie auf, endlich mit der Taufe zu beginnen.

Demgegenüber indiziert die Bekundung von Emotionen und Einstellungen diese zwar als aktsimultan (MPZ), doch natürlich nicht als punktuell. Wer einen MPZ bekundet, greift damit nicht nur konstativ auf eine schon bestehende psychische Gegebenheit zurück, sondern zeigt auch an, daß er diese als bekundenswert ansieht, was in der Regel bedeutet, daß der psychische Zustand mehr oder weniger lange bestanden hat und vermutlich bestehen wird. Für den Zweck der Bekundung wird der zeitliche Fixpunkt des Präsens – es inkludiert in der Regel den Sprechzeitpunkt – genutzt wie auch seine offenen Zeitränder. Damit ist aber die Möglichkeit gegeben, den inhaltlichen Schwerpunkt der Aussage vom Sprechzeitpunkt abzuziehen, und zwar nicht nur über Temporalangaben (44, 45a), sondern auch lexikalisch und kontextuell:

(44) Ich vermute seit langem, daß er mich betrügt.
(45) (a) Ich bedaure immer wieder,
(b) Ich bin ziemlich gefrustet, daß wir keinen Trompeter in der Gruppe haben.
(46) (a) Ich bin der Überzeugung, daß das Studium den Menschen nur unglücklich macht.
(b) Ich habe die Absicht, nach dem Abitur bei Kalle, Peter und Claudi als Schlosser zu arbeiten.
(c) Unser Herr Sohn hat uns gestern abend mitgeteilt, er sei der Überzeugung, studieren sei schädlich, und er habe vor, sich einer Landkommune anzuschließen.
(47) Ich liebe dich, aber ich fühle es gerade nicht so richtig.

---

56 Z.B. gibt es nicht die Möglichkeit, Bekundungen durch *mal* herabzustufen (vgl. Brandt u.a. 1989:7):

(1) Ich stelle jetzt mal die Behauptung auf, daß ...
(2) ??Ich glaube jetzt mal, daß ...

Frust, Überzeugungen, Absichten und Gefühle kann man bekunden, aber auch mitteilen, wie die Redewiedergabe (46c) erweist. Diese mag die Redeintention des Sprechers von (46a/b) polemisch verzerren, doch wird sie in dem Maße adäquat sein, als der Sprecher das inhaltliche Gewicht auf die langfristige Festigkeit seiner Einstellungen legen und sie – gewissermaßen emanzipiert vom momentanen psychischen Zustand – zum Gegenstand einer Mitteilungsabsicht machen wollte – so wie er es vielleicht zuvor mit (47) gegenüber seiner Freundin getan hat.

Zu d.: Negative Bekundungen

Negation blockiert im Prinzip die Bekundungslesart, da man einen nicht-existenten MPZ nicht kausal indizieren kann. Doch gilt dies uneingeschränkt nur von den emotiv/evaluativen Prädikaten mit faktivem Komplement. Bei doxastischen und volitiven Prädikaten tritt in vielen Fällen eine Bekundungslesart auf, bei der die Negation semantisch in den Komplementsatz verschoben wird. Diese Erscheinung hat Zybatow (1983:181f.) aus der Semantik der "schwachen Glaubenprädikate" erklärt. Es handelt sich darum, daß eine Sprecherin mit der Äußerung

(48) (a) Ich glaube NICHT, daß er kommt.

assertiert, daß sie "die Wahrheit von *p* nicht für wahrscheinlicher hält als die Wahrheit von $\neg p$", was gleichbedeutend ist damit, daß sie "die Wahrheit von $\neg p$ für wahrscheinlicher hält als die Wahrheit von *p*"; folglich kann (48a) "synonym sein" mit:

(48) (b) Ich glaube, daß er nicht kommt.

Bei den "starken" Glaubensprädikaten (z.B. *überzeugt sein*) ist diese Synonymie nicht gegeben. Hingegen ist sie ebenfalls zu beobachten bei bestimmten volitiven Einstellungsaussagen:[57]

(49) (a) Ich wünsche NICHT, daß du meine Briefe liest.
(b) Ich wünsche, daß du meine Briefe NICHT liest.

Zybatows semantische Erklärung, durch die sich eine 'negative raising'-Regel[58] (Hall Partee 1973) erübrigt, macht den pragmatischen und semantischen Witz dieser Verschiebung nicht hinreichend deutlich. Durch diese ist es möglich, eine hinsichtlich des propositionalen Gehalts negative, aber positiv existierende Einstellung zu bekunden und somit den Komplementsatz in

---

57 Drei beliebige Beispiele für Nicht-Synonymie bei anderen Einstellungsbeschreibungen (1: faktiv; 2/3: nicht-faktiv, 'starkes' Prädikat):

(1) Ich freue mich nicht darüber, daß Peter kommt. ≢ Ich freue mich darüber, daß Peter nicht kommt.
(2) Ich bin nicht überzeugt, daß Peter kommt. ≢ Ich bin überzeugt, daß Peter nicht kommt.
(3) Ich sehne mich nicht danach, daß Peter bleibt. ≢ Ich sehne mich danach, daß Peter nicht bleibt.

Die jeweils ersten Sätze sind Assertionen. Ob es negative intentionale Bekundungen gibt, vermag ich nicht zu entscheiden; das folgende und ähnliche Beispiele scheinen mir eindeutig nicht-synonym zu sein:

(4) Ich habe NICHT vor, dir zu helfen. ≢ Ich habe vor, dir NICHT zu helfen.

58 Das *nicht* wird im Komplementsatz basisgeneriert und in den Matrixsatz angehoben.

den Skopus einer negativen Illokution wie BESTREITEN (48) oder VERBIETEN (49) zu nehmen. Dies wiederum wird dadurch ermöglicht, daß die obigen (a)- und (b)-Äußerungen in Wirklichkeit nur teilsynonym sind: Die (b)-Sätze denotieren eine Sprechereinstellung über einen negativen Sachverhalt, die (a)-Sätze dagegen eine Sprechereinstellung über das Nicht-Zutreffen eines positiven Sachverhalts:

(46a): 'Ich glaube, daß es nicht zutrifft, daß er kommt.'
(46b): 'Ich glaube, daß es zutrifft, daß er nicht kommt.'

Formalisiert:

(46a): $\exists e\ [\mathrm{INST}\ (e, (\mathrm{GLAUB}\ (s, \neg\exists e'\ [\mathrm{INST}\ (e', \mathrm{KOMM}\ (er))]))_{\mathrm{PRS}})]$

(46b): $\exists e\ [\mathrm{INST}\ (e, (\mathrm{GLAUB}\ (s, \exists e'\ [\mathrm{INST}\ (e', \neg\mathrm{KOMM}\ (er))]))_{\mathrm{PRS}})]$

Entsprechend für (49a): 'Ich wünsche, daß es nicht zutreffen soll, daß du meine Briefe liest.'

Durch diese Verschiebung um eine Stelle – so als wäre (46a) mit versetztem Komma zu lesen: Ich glaube, NICHT daß er kommt.[59] – schafft die negative Einstellungsbekundung ganz unperiphrastisch etwas, was es im selbständigen D-Satz nicht gibt: eine sententiale Negation, die den Satzmodusoperator in ihren Skopus nimmt.

3.3. Nicht-konstative Deklarativsatzäußerungen

Daß ich in Beispiel (4) *Uwes* Taufe der *Arabella* in der Vergangenheit ansiedelte, hatte den Grund, die konstative Interpretation unabweisbar zu machen. Denn alle vergangenen Weltzustände und -ereignisse sowie auch alle gegenwärtigen, die vor dem Sprechzeitpunkt begonnen haben, sind unabhängig von der Sprachhandlung in dem Sinne, daß sie weder von dieser bewirkt werden konnten noch mit dieser zusammenfallen. Auf sie können sich Sprecher ausschließlich konstativ beziehen. D-Sätze mit Vergangenheitsreferenz wie in (4) sind deshalb nur für Assertionen zu brauchen, desgleichen solche, die sprechzeitüberlappend 'gegenwärtiges' Geschehen[60] (50a), darunter bereits begonnene Sprecherhandlungen (50b), oder 'zeitlose' Gegebenheiten (51/52) beschreiben:

(50) (a) Uwe tauft seit zehn Minuten die Arabella.
(b) (Du siehst doch:) Ich taufe gerade Franks Schiff.

---

59 Vgl. auch:
(1) Wirst du zur Schiffstaufe nach Emden fahren?
- Ich glaube / JA. / / NEIN. /
/, daß ich fahren werde./ / NICHT, daß ich fahren werde./
/ NICHT. /

Vgl. ferner bei Infinitvkomplementen die Unmöglichkeit einer Kommasetzung:

(2) (a) Ich wünsche NICHT von dir gestört zu werden.
(b) Ich wünsche von dir NICHT gestört zu werden.

60 Ich übergehe hier die Bekundungen, die sprechzeitüberlappende psychische Sprecherzustände zum Ausdruck bringen.

(51) Jacquelines Aufgabe ist es, die Schiffe von Onassis zu taufen.
(52) Taufen ist eine institutionalisierte Handlung.

Auch in dem unmittelbar im Sprechzeitpunkt beginnenden und in die Zukunft reichenden Zeitraum gibt es in überwältigender Mehrheit tatsächlich stattfindende oder als Tatsachen denkbare Ereignisse, die in den beiden oben genannten Hinsichten unabhängig sind von der Sprecherhandlung; insofern sind Assertionen keineswegs an eine Zeitstufe gebunden:

(50) (c) In diesem Moment tauft Uwe das Schiff seines Onkels.
(d) Morgen um diese Zeit wird Uwe Franks Schiff schon getauft haben.
(53) Morgen bekommt mein Schiff endlich einen Namen.

Doch besteht in diesem Zeitraum die alternative Möglichkeit, daß dem Sachverhalt, den die Sprecherin als faktisch setzt, kein von ihrer Sprachhandlung unabhängiges ew entspricht, sondern daß sie ein solches kraft ihrer Sprachhandlung ins Leben ruft. Entsprechend dem oben Gesagten kann dies auf zwei Weisen geschehen:

a. nachzeitig: Die Sprachhandlung kann *Ursache* sein für Sachverhaltsaktualisierungen, die in dem unmittelbar nach der Äußerung beginnenden Zeitraum liegen, wobei sich die Proposition prädikativ auf die Sprachhandlung beziehen kann (54a), aber nicht muß (55):

(54) (a) Sie sind (hiermit) fristlos entlassen!
(55) Sie können gehen, und zwar sofort!

Sprecher formulieren in derartigen Sätzen jeweils ein "Gelingenskriterium im 'Tatsachen'-Objekt-Sinn (Resultat)" (Liedtke 1989:56, Feld /2/ seiner Tabelle), und zwar zum Vollzug der Handlung selbst, woran in der Tabelle Liedtkes nicht gedacht ist; dort sind die Sätze deskriptiv eingesetzt und darum auch relativ zur Äußerung nicht referentiell nachzeitig. Das reflexive *hiermit* in (54a) ändert übrigens nichts an der Nachzeitigkeit der Proposition: Der Zustand des Entlassenseins beginnt mit oder ohne *hiermit* als kausale und temporale Folge der Sprachhandlung.

b. streng gleichzeitig: Da hier eine Kausalbeziehung zwischen Sprachhandlung und Sachverhaltsaktualisierung nicht denkbar erscheint, bleibt nur die Möglichkeit, daß die Proposition die Sprachhandlung *reflexiv expliziert* (vgl. Falkenberg 1989a):

(54) (b) Ich entlasse Sie hiermit fristlos.

Motsch/Pasch (1987) reden mit Recht in diesem Zusammenhang nicht von 'Sprecherhandlung', sondern von "Sprecherillokution". Daß dies eine notwendige Präzisierung ist, zeigt sich schnell, wenn man einige lokutive Beispiele betrachtet:

(56) Aber jetzt (lauter:) hörst du mich.
(57) Ich sage jetzt zum letzten Mal, daß das Schiff einen Namen braucht.
(58) Ich beginne meine Rede diesmal bei Adam und Eva! (Adam und Eva Großebier, unsere verehrten Jubilare, ...)

Die Gegebenheit, auf die die Sprecherin von (56)-(58) jeweils als Fakt verweist, ist das physische Ereignis des 'phonetischen Aktes' oder – in (56) – eine physische Wirkung davon. In beiden Fällen sind diese Ereignisse feststellbare Tatsachen der äußeren Welt, sobald die Sprecherin nur den Mund auftut; sozusagen emanzipiert von der Sprachhandlung sind sie unabhängige Bezugspunkte für eine Wahr-falsch-Beurteilung. Im Falle von (56) etwa – oder auch konfrontiert mit der tokenreflexiven (vgl. Bierwisch 1980:13f.), den phatischen Akt betreffenden Äußerung: '*Dieser Satz besteht aus sechs/zehn Wörtern*' – könnte der Adressat kommentieren: '*Stimmt!*' oder: '*Stimmt nicht*'.

Auch der Vollzug des Referenzaktes ist unabhängig davon, ob er durch ein rhetisches Verb wie *verweisen* expliziert wird oder nicht. Ich stelle deshalb das folgende Beispiel:

(59) Hiermit verweisen wir auf unsere Rahmenvereinbarung vom 2. 2. d. J.

als Assertion in die lokutive Reihe (56)-(58). Die Referenz auf die *Rahmenvereinbarung* als Argumentationsstütze wird durch deren Nennung geleistet, nicht durch die Verwendung des referenzbezeichnenden Verbs; die bloße Nennung (*unsere Rahmenvereinbarung vom 2. 2. d. J.*) würde die gleiche Funktion erfüllen. Wie im phonetischen und phatischen Fall wird also die in der Proposition formulierte Teilhandlung unabhängig von dieser spezifischen Formulierung vollzogen; diese tritt konstativ-beschreibend hinzu – zumindest insofern man dem Prädikat keine zusätzliche illokutive Bedeutung unterstellen muß.

Äußert dagegen eine Sprecherin

(60) (a) Die Sitzung ist eröffnet.

- und dies nicht in einer Situation, in der sie einen Zuspätgekommenen auf eine schon bestehende, von diesem identifizierbare Tatsache verweist ('Die Sitzung ist bereits eröffnet.') -, so können die Zuhörer/innen den noch nicht feststellbaren Zustand des Eröffnet-Seins nur dann im Sprechersinne als Fakt identifizieren, wenn sie der Sprecherin die soziale Kompetenz und zugleich die Intention unterstellen, den Zustand durch ihre Sprachhandlung als "soziales Faktum" (Durkheim) bzw. "institutional fact" (Searle 1969:50ff.) in Geltung zu setzen. Eine institutionelle Tatsache erlangt nicht die gleiche Unabhängigkeit von der Sprachhandlung wie etwa die 'physische' des Äußerungsaktes, die einmal eingetreten nicht mehr aus der Welt geschafft werden kann. Sie ist und bleibt gebunden an die "felicity conditions", welche sie regelhaft konstituieren; sie erhält ihre Faktizität nur im Rahmen der intersubjektiv-konventionellen Geltung dieser Bedingungen und kann nachträglich in ihrer Faktizität aufgehoben werden, wenn sich herausstellen sollte, daß eine konstitutive Bedingung nicht erfüllt war. Insofern sind institutionelle Tatsachen nicht logisch unabhängig von den Handlungen, deren Resultat sie sind, dergestalt, daß eine Sprecherin, indem sie sie hervorbringt, schon auf sie assertierend vorausweisen könnte.

Und wie steht es mit dem illokutionären Akt, der eine institutionelle Tatsache hervorbringt? Warum kann der Sprecher auf ihn nicht konstativ referieren, wie er es doch auf seinen phonetischen oder phatischen Akt zu tun vermag? Eben deshalb, weil die vollzogene Illokution selbst (nicht nur ihr Resultat) eine institutionelle Tatsache ist, die allein im Vorgriff auf ein geglücktes "uptake" Faktizität gewinnt, im Vorgriff darauf, daß die Äußerung im Rahmen konstitutiver

Glückensbedingungen *als* Illokution XY *interpretiert* werden kann.[61] Alle nonverbalen und verbalen Komponenten der Situation und der Sprachhandlung sind potentielle Ressourcen für dieses Ziel, so auch die explizit-propositionale Formulierung der zu vollziehenden Illokution:

(60) (b) Ich eröffne (hiermit) die Sitzung.

Explizierend steuert der Sprecher die illokutive Interpretation seiner Äußerung und *konstituiert* damit die Faktizität des Sachverhalts, den er propositional beschreibt und mit dem D-Satzmodus als faktisch 'setzt'. Und damit setzt er nicht eine Beschreibung als wahr, sondern eine Tatsache in Kraft. Mit der Verwendung des Prädikats *konstituieren* schließe ich mich an Hartnack (1963:143) an:[62]

> "[...] a performatory use of a sentence [...] creates, or better, constitutes a fact, the fact that a promise has been made, an invitation issued or a marriage performed. [...] The fact is not a truth-condition of the performatory use of the sentence, but it is the successful performatory use of the sentence that constitutes the fact."

Es ist dennoch nicht ganz abwegig, die Möglichkeit einer konstativen Lesart im Blick auf die Schiffstaufe zu bedenken; denn diese enthält als wesentlichen Bestandteil den Vollzug einer nonverbalen Zeremonie. Wenn also eine Sprecherin beim Sektflaschen-Wurf sagt:

(61) Ich taufe das Schiff auf den Namen *Atlantis*.

so könnte man versucht sein, diese Äußerung als konstativ-assertierende Erläuterung des gleichzeitigen 'eigentlichen' Taufens aufzufassen (vgl. auch Liedtke 1989:45f.). Offenbar hängt die Interpretation von (61) davon ab, welcher Stellenwert im Rahmen der komplexen Zeremonie dieser Äußerung zukommt. Bei der Taufe eines Schiffes, das ohne Erbsünde das Licht der Welt erblickt, ist der zentrale Akt mit Sicherheit die rituelle Namengebung, die sich ein kirchliches Symbol in moussierender Persiflage borgt. Man stelle sich nun vor, die 'Taufe' bestünde im Anbringen und anschließenden Begießen eines Namensschildes; der/die Ausführende dürfte ferner fakultativ etwas dazu sagen, z.B. (61). Damit würde er/sie gleichfalls eine im selben Augenblick vollzogene 'Illokution'[63] propositional explizieren, allerdings

---

61 An dieser Stelle möchte ich (z.B. gegen Burkhardt 1987:195ff.) grundsätzlich anmerken, daß ich keinen Widerspruch sehe zwischen einer eher adressatenzentrierten Beschreibung von Sprachhandlungen, in der die Kategorie der 'Interpretation' zentral ist, und der Auffassung, daß Sprecher 'Illokutionen vollziehen'. Eine Illokution vollziehen heißt, die Äußerung so zu formulieren und auszuführen, daß sie vom Adressaten als diese intendierte Illokution zu interpretieren ist. Und: Der Adressat darf die Sprecheräußerung nur als Vollzug derjenigen Illokution interpretieren, von der er annehmen kann, daß der Sprecher sie als Ergebnis seiner Interpretationsleistung antizipiert hat.

62 Auch Liedtke (1989:62) gebraucht im Anschluß an Hartnack das Verb *konstituieren* im gleichen Zusammenhang.

63 Wer sich an der Anwendung des Terminus 'Illokution' auf eine nonverbale Handlung stößt, halte sich an das folgende Beispiel: Ein Beamter sagt, während er eine Urkundenkopie mit Unterschrift und Stempel beglaubigt:

(1) So, hiermit beglaubige ich die Richtigkeit Ihrer Kopie.

(*Hiermit* ist wegen seiner referentiellen Vagheit offensichtlich kein zureichender Performativitätsindikator.)

eben nicht als wesentliches Moment für deren Konstitution. Der Vollzug der Schiffstaufe ergäbe sich für alle Beteiligten allein aus den nonverbalen Handlungen, und die verbale Äußerung wäre als wie immer pragmatisch motivierte Assertion über ein streng gleichzeitiges Ereignis zu interpretieren. In diesem kontrafaktischen Fall, den man ähnlich auch für andere zeremoniegebundene Handlungen konstruieren könnte (z.B. für *wetten*), wäre das handlungsbezeichnende Verb ausschließlich konstativ zu gebrauchen. In Wirklichkeit jedoch bildet bei der Taufe von Schiffen und Menschen und bei anderen Zeremonien die Äußerung einer korrekten verbalen Formel den illokutiven Kern der Handlung, ohne den sie als nicht vollzogen gilt. Auch hier hat die 'Welt' gegenüber dem 'Wort' kein noch so minimales Prä, das es erlauben würde, eine konstative Wort→Welt-Referenz anzusetzen.

Eine D-Satz-Äußerung erhält demnach eine nicht-konstative Interpretation durch das Zusammentreffen von vier Bedingungen:

- Die Proposition beschreibt einen Sachverhalt e als Modell einer institutionellen Tatsache, die durch die Äußerung des Satzes geschaffen werden kann;
- in der Bezugswelt ist keine unabhängig existierende Tatsache <u>ew</u> zu erkennen, die e erfüllt;
- dennoch bezieht die Sprecherin e mit Hilfe des D-Satzmodus als faktisch auf die Bezugswelt;
- die Interaktionsbedingungen legen es nahe, daß die Sprecherin die benannte institutionelle Tatsache mit ihrer Äußerung schaffen will und kann.

In der Regel wird sich die aktuelle Hörerinterpretation vornehmlich auf das interaktionale setting und die erkennbare Sprecherintention stützen und den R-Modus nur dann berücksichtigen, wenn er durch sprachliche Mittel in unpassender Richtung determiniert wird (vgl. Rehbock 1989:Kap. 4). Ein Lehrling z.B. würde nicht wissen, woran er ist, wenn sein Chef in einer deutlichen Entlassungssituation mit Entlassungsgestus zu ihm sagen würde:

(54) (c) Sie sind *ja* fristlos entlassen!

Umgekehrt können Hörer aber auch genötigt sein, von den rhetischen Bedingungen aus die Illokution zu erschließen. Wenn statt des Chefs dessen Ehefrau zu dem genannten Lehrling auf dem Hintergrund einer nicht ganz eindeutigen Arbeitssituation ernsthaft sagen würde:

(54) (d) Sie sind entlassen.

so könnte der Lehrling wohl erwägen, ob sie die Entlassung vollzieht oder nur mitteilt (und sich dabei vielleicht irrt).

Wie immer der aktuelle Interpretationsprozeß auch verlaufen mag, für die Rekonstruktion der Möglichkeit nicht-assertiver und nicht-bekundender D-Satz-Verwendungen müssen wir den Weg vom R-Modus zur Illokution wählen, und das heißt: Auf der rhetischen Ebene entscheidet sich, daß das Objekt der Sachverhaltsreferenz *nicht unabhängig* gegeben ist; wenn der Sprecher dennoch den Sachverhalt als faktisch setzt, so folgt daraus, daß er diese Tatsache illokutionsabhängig ins Leben rufen will; man kann ihm deshalb den Vollzug derjenigen Illokution zuschreiben, die die institutionelle Tatsache zu konstituieren vermag. Ob diese dann auch wirklich geschaffen wird, ob also die Illokution 'glückt', bemißt sich wie bei allen Sprachhandlungen daran, ob der Illokutionsanspruch durch das "interactional setting *ias*" (Bierwisch 1980:6) gedeckt ist; im Falle einer Diskrepanz bleibt es dann den Hörern überlassen zu erkennen, ob der Sprecher die Illokution fälschlich usurpiert, scherzhaft simuliert, indirekt 'ausbeutet' oder ob er einfach Unsinn redet.

Dieser letzte Schritt der Glückensbewertung kann bei der formalen Notation nicht-konstativer D-Satz-Verwendungen vorerst ausgeklammert werden. Dafür ist vielmehr die Frage zu klären, welche logische Beziehung sich hinter dem Konstituieren institutioneller Tatsachen und das heißt: hinter dem Begriff der Illokutionsabhängigkeit verbirgt. Aus dem Prädikat INDEP ist dies nicht abzuleiten, auch wenn man dessen Bedeutung expliziert. Denn in die Feststellung der Unabhängigkeit zweier Größen geht die Art der darin negierten Abhängigkeit ebensowenig ein wie man dem schwarzen Kaffee – nach dem bekannten Witz – ansehen kann, ob er ohne Milch oder ohne Sahne gereicht wird. Logisch kann man die Unabhängigkeit der Größe b von a folgendermaßen notieren: $(a \vee \neg a)$ & b; und der Wahrheitswert dieses Ausdrucks, der mit dem von b identisch ist, ändert sich nicht, was immer man für a substituiert (also z.B. $a \rightarrow b$).

Als gemeinsamer Nenner für alle nach- und gleichzeitigen Fälle der Abhängigkeitsbeziehung bietet sich die ***Replikation*** an: Für die Konstituierung der Faktizität des propositional benannten Sachverhalts ist es eine ***notwendige Bedingung***, daß die mit der Äußerung vollzogene Illokution $\underline{illa}$ zu einem bestimmten Illokutionstyp IT_X gehört. Wenn jemand einen Sachverhalt zugleich mit dieser Bedingung als faktisch setzt, impliziert er (entsprechend dem modus ponens),[64] daß seine aktuelle Illokution dem genannten Illokutionstyp angehört, und vollzieht somit die Illokution ILL_X. Je nach dem Typ dieser Illokution ist die Bedingung unterschiedlich (z.B. kausal) zu interpretieren und kann sich ferner zur gdw-Bedingung komplettieren; davon wird in den folgenden Abschnitten die Rede sein.

Zur Vereinfachung der Notation fasse ich $\underline{illa}$ als Eigennamen der aktuell vollzogenen Illokution auf; ferner definiere ich eine Untermenge der Propositionen: p_i sei eine Proposition, die den gegenwärtigen Vollzug einer Illokution durch den Sprecher oder das Ergebnis einer solchen Illokution beschreibt und dementsprechend auch das Merkmal [-VERGANGEN] trägt.

(IX) $\neg INDEP\ (\underline{ew})\ =_{df}\ [\underline{illa}\ \varepsilon\ IT_X] \leftarrow\ \exists \underline{ew}\ [SAT\ (\underline{ew},\ \iota e\ [INST\ (e,\ p_i)])]$

---

64 Aus p und $p \rightarrow q$ bzw. $q \leftarrow p$ folgt q.

(X) $\forall \underline{s}\ \forall \underline{ds}\ \forall \underline{ct}\ \forall \underline{w}\ \forall p_i$

(a) $[\ \ [\ \underline{\text{AKT}}\ (\underline{s}, \underline{ds}(e), \underline{ct}, \underline{w})\ |\ SF_{ds} = \exists e\ [\text{INST}\ (e, p_i)]$

(b) $\leftrightarrow \underline{\text{REF}}\ (\underline{s}, \iota e\ [\text{INST}\ (e, p_i) : (\text{FAKT}\ (e, \underline{w}))\text{–}_{\text{VZ}}], \underline{w})]$

(c) $\&\ [\ \underline{\text{POS}}\ (\underline{s}, \exists \underline{ew}\ [\text{SAT}\ (\underline{ew}, \iota e\ [\text{INST}\ (e, p_i)]) : \neg\text{INDEP}\ (\underline{ew})])$

(d) $\leftrightarrow [\ \underline{\text{POS}}\ (\underline{s}, \exists \underline{ew}\ [\text{SAT}\ (\underline{ew}, \iota e\ [\text{INST}\ (e, p_i)])$
$: [\underline{\text{illa}}\ \varepsilon\ IT_X] \leftarrow \exists \underline{ew}\ [\text{SAT}\ (\underline{ew}, \iota e\ [\text{INST}\ (e, p_i)])]])]$

(e) $\rightarrow [\ \underline{\text{POS}}\ (\underline{s}, \underline{\text{illa}}\ \varepsilon\ IT_X)$

(f) $\leftrightarrow \underline{\text{PRÄS}}\ (\underline{s}, \underline{ct}, \iota e\ [\text{INST}\ (e, p_i)] : \underline{\text{illa}}\ \varepsilon\ IT_X)$

(g) $\leftrightarrow \underline{\text{ILL}}_X\ (\underline{s}, \underline{ct}, ig)]\ \ ]$

(IX) enthält die allgemeine definitorische Explikation des Prädikats ¬INDEP: Nicht-Unabhängigkeit eines ew bedeutet, daß die Zugehörigkeit der aktuell vollzogenen Illokution illa zu einer Illokutionsklasse IT_X (mindestens) die notwendige Bedingung dafür ist, daß es das ew gibt, welches den von der spezifischen Proposition p_i beschriebenen Sachverhalt e erfüllt.

(Xa) und (Xb) entsprechen (IIIa/b), spezifiziert hinsichtlich p_i und die entsprechend nicht-vorzeitige (–VZ) Faktreferenz. (Xc) entspricht (IIId), allerdings nun mit negiertem INDEP-Prädikat. Durch Einsetzen von (IX) entsteht (Xd).

Wer solchermaßen mit der Aktualisierung eines D-Satzes unter der p_i-Bedingung ein ew, das den p_i instantiierenden Sachverhalt e erfüllt, derart als existent setzt, daß die Zugehörigkeit von illa zu einer Illokutionsklasse IT_X die notwendige Bedingung für die Existenz von ew bildet, setzt (qua modus ponens) diese Bedingung und präsentiert demgemäß e relativ zum Kontext ct derart, daß illa zur Klasse IT_X gehört, was äquivalent damit ist, daß der Sprecher eine derartige Illokution vollzieht. Den intentionalen Gehalt der Illokution bezeichne ich mit dem Platzhalter *ig*, der entsprechend der Illokutionsklasse unterschiedlich zu substituieren ist.

In dieser Ableitung kommt im Gegensatz zu (III) das Prädikat WAHR nicht vor. Ist dies nicht unangemessen, da man doch zumindest performativen Äußerungen im Falle des Gelingens Wahrheit nicht absprechen kann und sie offenbar zu den "selbstverifizierenden" Äußerungen rechnen muß? Ich halte hinsichtlich der Diskussion, ob "explizit performative Äußerungen einen Wahrheitswert haben" und somit (auch) als "Feststellungen" gelten können, die Einwände der Austin-Opponenten durch Grewendorf (1979a) und spätestens durch Liedtke (1989) für widerlegt (trotz des Plädoyers von Pasch 1989:34ff.).[65] Doch behält das Argument der Selbstverifikation dadurch eine gewisse suggestive Kraft, daß es sich auf den Wahrheitswert des vom Sprecher geäußerten *Satzes* stützt. Es wird beispielsweise von Bartsch (1979:224ff.) folgendermaßen formuliert:

> Dagegen ist die Kategorie 'einen Wahrheitswert haben in bezug auf Situationen' eine semantische Kategorie. Sie charakterisiert Sätze: 'Satz *p* hat einen Wahrheitswert in bezug auf Situation s'.

---

65 Pasch (1989) macht keinen Unterschied zwischen "Feststellungen" und "Festlegungen". EPF-Äußerungen sind für sie "Urteilsäußerungen", gegen deren Wahrheitsanspruch "keine Evidenzen [...] beigebracht werden können", ähnlich den "Sätzen, die logische und analytische Wahrheiten bezeichnen" (so auch Bartsch 1979:225). Entsprechend dieser Analyse müßte man sagen: Aufgrund der passenden situativen Bedingungen glauben die Eltern dem Pfarrer, daß er recht hat, wenn er sagt: '*Ich taufe dich hiermit auf den Namen Berta.*', und werden deshalb das Kind fortan *Berta* nennen.

> Demnach ist die explizit performative Äußerung 'Ich behaupte, daß Jan morgen kommt' wahr, wenn die Situation so ist, daß der Satz diese repräsentiert; (sie ist) unter diesen Umständen selbstverifizierend.
> Explizit performative Äußerungen sind wahr, wenn sie getan werden in einer Situation, in der ihre Gültigkeitsbedingungen erfüllt sind, und sie sind falsch, falls diese nicht erfüllt sind.

Insofern seien explizit performative Äußerungen zwar keine "Behauptungen" im engeren Sinn, wohl aber "auf jeden Fall Repräsentative; der in ihnen gebrauchte Satz repräsentiert, relativ zu der Gebrauchssituation, einen Sachverhalt, der als bestehend gilt, d.h. eine Tatsache ist, wenn die Gültigkeitsbedingungen für die Äußerung A als Handlung H erfüllt sind."

Die Verfechter einer solchen Auffassung spielen, ohne es zu merken, mit der "pragmatischen Bifunktionalität" (Brandt u.a. 1979:3) der hier zu diskutierenden Sätze.[66] Es trifft zwar zu, daß der geäußerte Satz (61) ('*Ich taufe dich...*') wahr wird, wenn die Sprecherin damit wirklich und gültig die Taufe vollzieht. Doch erlangt ein Satz seinen Wahrheitswert nicht in einem freischwebenden, subjektlosen Situationsbezug; dieser muß vielmehr *hergestellt* werden in einem – zumindest mentalen – rhetischen Akt, und zwar einem Akt, der diese Situation als Tatsache schon voraussetzt (s. oben 3.2.1.1.). Wenn also eine Hörerin der Taufäußerung (61), dem Satz nachhörend, sagte: '*Recht hat sie.*' oder ein Linguist im Nachsinnen darüber feststellte: "that (this) explicit performative utterance is true just because it (sic!) performs a certain speech act" (Bierwisch 1980:13), bezöge sie/er aus einer externen Perspektive den Satz ein *zweites* Mal auf die mit ihm vollzogene Handlung und ließe durch diesen rhetischen Gedankenzwilling der performativen Äußerung einen Wahrheitswert zukommen, den diese in statu nascendi gar nicht haben kann, weil sie dafür erst den Bezugspunkt schafft.[67] Die "Simultaneität von 'Wahr-Werden' der Feststellung und Vollziehen des illokutionären Aktes", die Grewendorf als "unio mystica" verspottet (1979a:188), erweist sich als unio abstractiva zweier 'Rheme' in der linguistischen Betrachtung.

---

66 Und zu diesen gehören nicht nur die streng gleichzeitigen PPK-Äußerungen, sondern auch ein Großteil der nachzeitigen, weiter unten 'resultativ' genannten Fälle, mindestens jene, mit denen man auf nicht-performative Weise Deklarationen vollzieht.

67 Diese Doppelperspektive ist auch nicht im Rekurs auf das Sprecherwissen aufzuheben, wie Hedenius meint: "The knowledge of the truth of a performative before or at the very moment when it is uttered is in fact of the same kind as our knowledge of the truth of a sentence which is about the future." (Hedenius 1963:125f.) Dieses Wissen kann aus den genannten Gründen nur folgendermaßen verbal expliziert werden: 'Wenn ich die Handlung, die ich gleich/jetzt gerade mit dem Satz '*Ich taufe...*' vollziehe, mit dem Satz '*Ich taufe...*' beschreibe, so ist diese Beschreibung wahr.' Bei einer Assertion über ein zukünftiges Ereignis dagegen fehlt diese rhetische Bewußtseinsspaltung; der Sprecher 'weiß': 'Der Sachverhalt, den ich mit meinem Satz beschreibe, wird eintreten; die Beschreibung ist wahr.' – und als solchermaßen wahr gemeint wird die Äußerung vom Adressaten verstanden. Daß die "sprachjenseitige Verifikation" (Grewendorf 1979b:206) erst in der Zukunft erfolgen kann, unterscheidet eine solche Assertion nicht prinzipiell von Behauptungen über die Vergangenheit: Hätte Saussure im Jahre 1879 prophezeit, daß 1929 eine große Wirtschaftskrise über die Welt hereinbrechen wird, so wäre die Bestätigung dieser Voraussage ebenso nach einem halben Jahrhundert erfolgt wie der empirische Nachweis seiner berühmten Laryngalhypothese.

3.4. Konstitutive Modi

Die obige Beschreibung der nicht-konstativen D-Satz-Verwendungen führte noch nicht zur konkreten Illokution, sondern zunächst zu einem generelleren illokutiven Vollzug ILL_X. Der Grund dafür liegt in dem breiten Illokutionspotential nicht-konstativer D-Satzäußerungen: Den nachzeitigen Fällen können DEKLARATIVA, KOMMISSIVA und DIREKTIVA, den streng gleichzeitigen Fällen alle Illokutionen, auch ASSERTIVA, zugeordnet werden. Mit dem Merkmal 'Abhängigkeit von der Sprecherillokution' wird offenbar etwas erfaßt, das der konkreten illokutiven Interpretation als deren Grundlage logisch vorausgeht: eine situationsabhängige, *rhetische* Spezifizierung des D-Satzmodus, die die Welt→Wort-Ausrichtung der Sprachhandlung festlegt, den Interpretationsweg zur Assertion (bzw. Bekundung) blockiert und die Satzproposition für die illokutive Interpretation funktionalisiert.
Es fällt nicht schwer, in der Beschreibung der beiden Grundtypen von D-Satzäußerungen die Austinsche 'constative'-'performative'-Dichotomie in ihrem ursprünglichen Ansatz wiederzuerkennen. Austin mußte sie aufgeben, weil er den Begriff 'performativ' von Anfang an generalisierend so beschrieb, daß aus ihm der mit 'konstativ' nicht mehr ebenenverträgliche Illokutionsbegriff ausschlüpfen konnte. Nach der hier versuchten Analyse handelt es sich jedoch um eine Dichotomie von Konzepten der rhetischen Ebene, deren Asymmetrie sich aus ihrem unterschiedlichen Illokutions*potential* ergibt, eine Asymmetrie, die erst zur Ebenenvermischung führt, wenn die Konzepte als illokutive mißverstanden werden.[68] Vielmehr bilden die rhetischen Modi die Schnittstelle zwischen Satzmodus und Illokution: Vom D-Satzmodus aus gesehen sind es Aktualisierungsweisen mit je unterschiedlichem Illokutionspotential, von der Illokution her gesehen unterschiedliche Vollzugsmöglichkeiten (vgl. Grewendorf 1979a:176).

Es erscheint somit als gerechtfertigt, die Termini 'konstativ' und 'performativ' zur Bezeichnung rhetischer Modi zu übernehmen. Allerdings eignet sich der Ausdruck 'performativ' nicht als Gegenterminus zu 'konstativ', da er im Verlauf der sprechakttheoretischen Forschung für die Teilklasse der streng gleichzeitigen ("explizit performativen") Äußerungen reserviert worden ist (so auch Brandt u. a. 1989). Den nicht-konstativen Oberbegriff benenne ich stattdessen mit dem Ausdruck *'konstitutiv'*, der das wesentliche Merkmal der faktkonstituierenden Referenz terminologisch aufnimmt. Die konstitutiven D-Satzäußerungen unterteilen sich weiter in die streng gleichzeitigen "eigen-illokutionsexplikativen" (Falkenberg 1989a:26) Fälle, die nunmehr den ihnen zukommenden Terminus *'performativ'* erhalten, und in die nachzeitigen Fälle, die im folgenden *'resultativ'* heißen sollen, weil mit ihnen Handlungsresultate formuliert werden (vgl Liedtke 1989:56, Feld/2/). Im Gegensatz zur Ausgliederung der Bekundung innerhalb der konstativen Äußerungen fällt die Dichotomie 'performativ-resultativ' in den Bereich

68 Motsch/Pasch (1987:49ff.) begehen einen Ebenenfehler dieser Art, indem sie die explizit performativen Äußerungen als illokutive Subklasse den "Festlegungen" subsumieren. Umgekehrt subsumiert Recanati (1987:154ff.) die entsprechenden Illokutionsklassen dem Oberbegriff "performative", ohne allerdings im Rahmen seiner Definitionen einen Ebenenfehler zu begehen. Beide Ansätze haben zur Folge, daß die explizit performativ vollzogenen Illokutionen den Status indirekter Sprechakte erhalten.

der R-Modi, da sich performative und resultative D-Satzäußerungen primär durch Referenzbedingungen unterscheiden.

Nach der Einführung dieser Termini kann nunmehr die unvollständige Tabelle 4a komplettiert werden:

Abb. 4b: Rhetische Modi

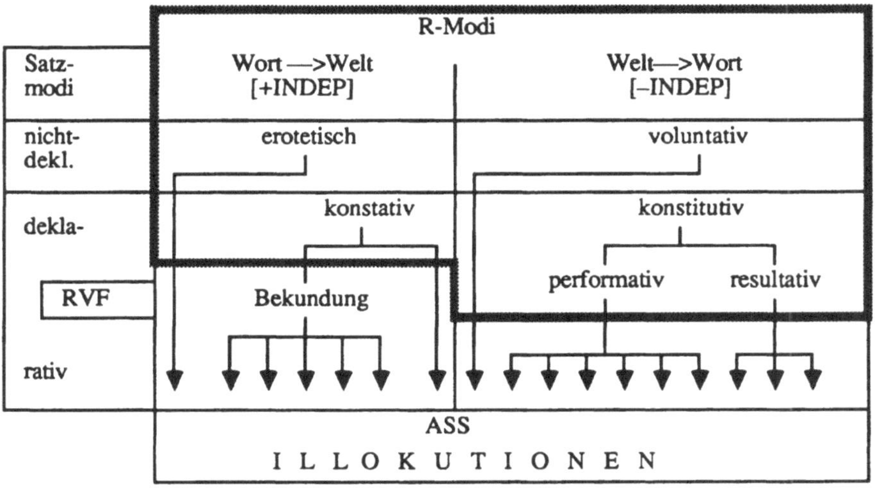

RVF = explizit-reflexive Vollzugsform

Die Verlagerung der 'constative'-'performative'-Dichotomie auf die rhetische Ebene unterscheidet den hier vorgetragenen Ansatz von Recanatis (1987) interessantem Versuch, diese ursprüngliche Austinsche Begriffsbildung als grundlegend für die illokutive Ebene wieder einzuführen. Unter dem Gesichtspunkt der "world-to-words direction of fit" faßt er die Illokutionsklassen der DEKLARATIVA, KOMMISSIVA und DIREKTIVA als "performative" zusammen (154 ff.) und stellt sie der anderen Hauptklasse der "constatives" gegenüber. Seine Theorie der "performatives" entwickelt er vor allem anhand der Nicht-PPK-Sätze, die hier 'resultativ' genannt werden; hinsichtlich deren nicht-assertiver Interpretation befinde ich mich im vollen Einklang mit Recanatis diesbezüglich "wertkonservativer" (Falkenberg 1989b:55) Darstellung. Dadurch jedoch, daß Recanati den Begriff "performative" in seine Illokutionstaxonomie einordnet, ergeben sich zwei Konsequenzen, die ich in der vorliegenden Untersuchung zu vermeiden trachte:

a. Performative PPK-Verwendungen ("explicit performatives") werden in die passende "performative" Illokutionsklasse der DEKLARATIVA eingeordnet; alle damit vollzogenen spezifischen Illokutionen sind indirekt (171f.: "the illocutionary act that is performed and named by an explicit performative is always indirect").

b. Da Recanati auf der nicht-assertiven, direkten Konzeption der "performatives" besteht, entscheidet er sich für das Postulat: "Treat the declarative mood as illocutionarily neutral" (164). Und dies bedeutet – das zeigen die näheren Erläuterungen -, daß der Hörer im Falle des D-Satzes keinen semantischen Ansatzpunkt für seine (primäre) illokutive Interpretation erhält, sondern sie allein aufgrund des Kontextes zu leisten hat (168f.).

Die sekundäre, "indirekte" Interpretation der performativen PPK-Sätze wird dann allerdings durch ein semantisches Restmerkmal der D-Sätze gesteuert: daraus, daß sie "truth-valuable" sind (153), ergibt sich die Möglichkeit, daß "my utterance is true merely by virtue of being uttered" (89), und damit der Übergang von der Deklaration der Sprecherintention zum Handlungsvollzug (207 ff). Recanati greift also auf das typisch "strukturkonservative" (Falkenberg 1989b) Argument der "self-verification" zurück, um im Rahmen seines an sich "wertkonservativen" Ansatzes die explizit performativen Äußerungen zu erklären.

3.4.1. Performative Deklarativsatzäußerungen

Ein wesentlicher Unterschied zwischen den performativen und resultativen D-Satzäußerungen besteht darin, daß die ersteren ihren konstitutiven Status kontextfrei als 'Defaultfall' erhalten, und zwar – auch ohne Berücksichtigung pragmatisch-ritueller Aspekte – aufgrund der Semantik ihrer Verben. Verben, die eine illokutive Handlung denotieren, sind prinzipiell nicht-durativ; die Etablierung einer institutionellen Tatsache dauert – jedenfalls bei rein oder primär sprachlichen Handlungen – nicht länger als die Äußerung, mit der sie vollzogen wird. Allenfalls bei komplexen Zeremonien wie z.B. einer Schiffstaufe kann die durch das entsprechende Verb denotierte Handlung als sprechzeitüberlappend gedacht werden; nur bei ihnen ist die Verwendung einer 'progressive form' wie in (50b) überhaupt einigermaßen plausibel (nicht dagegen in: **Ich verspreche dir gerade,...*; **Ich befehle dir gerade...*).

Insofern kann der unmodalisierte Verweis eines Sprechers auf das Faktum einer von ihm selbst gegenwärtig vollzogenen Illokution nur als streng gleichzeitige Explikation der damit von ihm vollzogenen Handlung interpretiert werden. Um eine konstative Lesart der "potentiell performativen Konstruktion" (PPK) zu erhalten, bedarf es zusätzlicher verbaler oder kontextueller Mittel, die den denotierten Sachverhalt als Gegenstand einer insistierenden Hervorhebung, eines Kommentars (Explikation, Begründung, Bewertung) oder als gemeinsam gewußte Tatsache erscheinen lassen (vgl. Brandt u.a. 1989 sowie zu den Bekundungen: S. 137f. zu c.):

(62) (a) Ich TAUFE das Schiff doch bereits!
(b) Ich taufe das Schiff auf den Namen *HOTZENPLOTZ*.
(c) Ich taufe das Schiff ungern auf den Namen *Blücher*.
(d) OK. Taufe ich das Schiff eben auf den Namen *Egon*.
(e) Ich taufe das Schiff ja auf den Namen *Nofretete*.
(f) Ich taufe das Schiff auf den Namen *Gorbi*, weil ...

In all diesen Beispielen läßt sich das Präsens nicht auf die strikte Gegenwart beziehen, sondern verweist auf die unmittelbare Vergangenheit und/oder Zukunft, eben jene zeitlichen Bereiche, in denen ein Sprecher eine von seiner augenblicklichen Illokution unabhängige illokutive Handlung als Tatsache lokalisieren kann. Das Präsens könnte deshalb auch in (62c-e) ohne denotative Einbuße durch das Futur oder in (62b/f) durch das Perfekt ersetzt werden. Um die Doppeldeutigkeit von (62b) zu erkennen, stelle man sich etwa folgenden Interaktionskontext vor:

Ein Kind spielt in der Badewanne mit einem Schiff. Die nebenan arbeitende Mutter hört das Kind sagen:

(62) (g) Ich taufe das Schiff auf den Namen *znlotz*.

Damit hat das Kind entweder (a) soeben das Schiff performativ 'getauft' oder (b) laut überlegt, was es sogleich zu tun gedenkt. Die Mutter fragt zurück: *'Auf welchen Namen taufst du das Schiff?'* – und das Kind antwortet (uns zu Gefallen, in Wirklichkeit wohl eher elliptisch) mit (62b) – im Fall (a) also mit einer vergangenen (ggf. sprechzeitüberlappenden), im Fall (b) mit einer zukünftigen Zeitreferenz, in keinem Fall jedoch strikt präsentisch.

Wie aus der konstitutiven Illokutionsreferenz die Interpretation: 'S *vollzieht* die Illokution, indem er auf sie streng gegenwärtig als Fakt verweist' abzuleiten ist, muß nunmehr aufgrund der allgemeinen Ableitung im vorigen Abschnitt konkretisiert werden. Zu erläutern ist vor allem das spezifische Ergebnis dieses Prozesses: Der D-Satzmodus wird von einer illokutiven Interpretation entbunden, *insofern* also neutralisiert; stattdessen besteht seine Funktion darin, daß er das illokutionsbezeichnende Hauptprädikat als das entscheidende sprachliche Element für die illokutive Interpretation der Äußerung ausweist.

Zunächst muß p_i analysiert werden:

$$p_i = (P_I\ (s, \langle h\rangle, \langle q\rangle))_{PRS}\ ,$$

damit das die Illokution ILL_I bezeichnende Prädikat P_I und das Präsens (PRS) in (IX) und (X) sichtbar werden (ferner die Argumente: Sprecher s, Adressat h, Komplementsatz q,[69] die beiden letzteren fakultativ). Auf der rhetischen Ebene ergibt sich daraus (aufgrund der Verbsemantik und/oder Kontextfaktoren) die strikt gegenwärtige Referenz auf den Äußerungszeitpunkt SZ:

$$(IX\_PF)\quad \neg INDEP\ (\underline{ew}) =_{df} [\underline{illa}\ \varepsilon\ IT_I] \leftrightarrow \exists\ \underline{ew}_{SZ}\ [SAT\ (\underline{ew}_{SZ}, \iota e\ [INST\ (e, (P_I\ (s, \langle h\rangle, \langle q\rangle))_{PRS})])]$$

Genau dann, wenn es ein streng gleichzeitiges Ereignis ew gibt, welches den Sachverhalt erfüllt, daß der Sprecher P_I vollzieht, ist die aktuell vollzogene Illokution illa vom Typ IT_I, und eben darin besteht die Relation zwischen illa und ew.

[69] q sei eine Abkürzung für: $\exists$ e' [INST (e', p')].

Dadurch erweitert sich die Replikation in (IX) zu einer *explikativen Äquivalenz*, die die Funktion besitzt, das Merkmal [I] des propositionalen Prädikats auf die aktuell vollzogene Illokution zu übertragen. Der für die Äquivalenz entscheidende Existenzquantor stammt aus der Bedeutung des D-Satzmodus; im Ergebnis aber ist die vollzogene Illokution nur noch abhängig von der Bedeutung des performativen Verbs.

Ich lasse in (X_PF) einige leicht zu ergänzende Zeilen fort; zur 'Übersetzung' reichen die Erläuterungen zu (X) und (IX_PF) aus:

(X_PF) $\forall \underline{s}\ \forall \underline{ds}\ \forall \underline{ct}\ \forall \underline{w}\ \forall \underline{h}\ \forall P_I\ \forall q$

(a) $[\ [\ \underline{AKT}\ (\underline{s}, \underline{ds}(e), \underline{ct}, \underline{w}) \mid SF_{ds} = \exists e\ [INST\ (e, (P_I(s,\langle h\rangle,\langle q\rangle))_{PRS})]$

(c) $\&\ \underline{POS}\ (\underline{s}, \exists \underline{ew}\ [SAT\ (\underline{ew}, \iota e\ [INST\ (e, (P_I\ (s,\langle h\rangle,\langle q\rangle))_{PRS})])$
$: \neg INDEP\ (\underline{ew})])]$

(f) $\leftrightarrow [\underline{PRÄS}\ (\underline{s}, \underline{ct}, \iota e\ [INST\ (e, (P_I(s,\langle h\rangle,\langle q\rangle))_{PRS})] : \underline{illa}\ \varepsilon\ IT_I)$

(g) $\leftrightarrow \underline{ILL_I}\ (\underline{s}, \langle \underline{h}\rangle, \langle q\rangle)]\ \ ]$

Aus der lexikalisch gesteuerten Illokutionszuweisung ergibt sich nicht nur die Verwendbarkeit performativer Äußerungen für alle Illokutionsklassen, sondern auch die propositionale Ebenenverschiebung bei all den Illokutionen, die einen Satz als Argument erfordern (ASSERTIVA, QUAESTIVA, DIREKTIVA, KOMMISSIVA). Der 'propositionale Gehalt' der Illokution findet nicht mehr seinen Ausdruck im ganzen Satz, sondern nur in einem Argument des illokutionsanzeigenden Hauptprädikats (syntaktisch: in einem Satzglied des illokutiv funktionalisierten Matrixsatzes). Bei den performativ vollzogenen ASSERTIVA führt dies, falls man die Ebenen nicht reinlich auseinanderhält, zur scheinbaren Paradoxie einer nicht-assertiven Assertion:

(63) (a) Hiermit teilen wir Ihnen mit, daß (p') die Taufe um eine Woche verschoben worden ist.
(b) Ich möchte hier mal feststellen, daß (p') Schiffstaufen nicht mehr in unsere Zeit passen.
(c) Und ich behaupte dagegen, daß (p') wir um drei Uhr im Hafen sind.

Die Paradoxie löst sich augenfällig auf, wenn man in (X_PFg) für ILL_I ASS einsetzt (= XIa) und dies mit (III_ASSha) (= XIb) vergleicht:

(63) (SF) $\exists e\ [INST\ (e, P_{ASS}\ (s, \langle h\rangle, \exists e'\ [INST\ (e', p')]))]$

(XI) (a) $\underline{ASS}\ (\underline{s}, \langle \underline{h}\rangle, \exists e'\ [INST\ (e', p')])$ (performativ)

(b) $\underline{ASS}\ (\underline{s}, \langle \underline{h}\rangle, \exists e\ [INST\ (e, p)])$ (konstativ)

Während sich in (XIb) das <u>ASS</u> aus dem Satzmodus herleitet und auf die gesamte Proposition p bezieht, entstammt das <u>ASS</u> im performativen Fall (XIa) aus dem Prädikat P_{ASS} (z.B. *feststellen*) und bezieht sich darum nur auf die eingebettete Proposition p'; die Matrixproposition (z.B. *Hiermit teilen wir Ihnen mit,...*) bekommt (entsprechend XIa) keine Illokution zugewiesen. (XIb) trifft dagegen zu auf die Beispiele (62a-f) sowie auf die konstative (= die Hauptproposition assertierende) Lesart von (64.A2):

(64) A1: Lolita! Typisch Macho, dieser Name!
B1: Was willst du denn damit sagen?
A2: Ich behaupte, daß (p') solche weiblichen Schiffsnamen euer patriarchalisches Denken offenbaren.

Buchstabiert man in diesem Fall einer 'Behauptung über eine Behauptung' (vgl. Liedtke 1989:63ff.) das *p* prädikatenlogisch aus, so tritt die Doppelschichtigkeit der konstativen im Vergleich zur performativen Lesart noch deutlicher hervor:

(XI) (a) $\underline{ASS}$ ($\underline{s}$, ∃e' [INST (e', p')]) (performativ)
(b') $\underline{ASS}$ ($\underline{s}$, ∃e [INST (e, P_{ASS} (s, ∃e' [INST (e', p')])))]) (konstativ)

Allerdings nimmt sich die Angabe 'performativ', wenn man sie auf den R-Modus bezieht, in (XIa) recht seltsam aus, denn eine Assertion beruht doch auf dem konstativen R-Modus mit Wort→Welt-Ausrichtung. Kann dieselbe Äußerung zwei R-Modi haben: den konstitutiven mit Welt→Wort-Ausrichtung hinsichtlich der performativen Matrixproposition und den konstativen hinsichtlich des Komplementsatzes, der letztlich assertiert wird? In der Tat sind die Weltgegebenheiten, auf die man sich mit den *daß*-Sätzen in (63a/b) und (64) beziehen kann, nur als illokutionsunabhängig zu denken. Muß demnach – entgegen dem, was am Ende von 2.5. unter c. behauptet wurde – auch unselbständigen D-Sätzen im Falle der Aktualisierung ein eigener R-Modus zugeordnet werden? Daß dies nicht der Fall ist, zeigen die folgenden Einbettungen des *daß*-Satzes aus (63c):

(63) (c) Und ich behaupte dagegen, daß wir um drei Uhr im Hafen sind.
(d) Ich verspreche, daß wir um drei Uhr im Hafen sind.
(e) Ich glaube nicht, daß wir um drei Uhr im Hafen sind.
(f) Der Kapitän wird es (nicht) schaffen, daß wir um drei Uhr im Hafen sind.

Offenbar ist ein *daß*-Satz, der nicht schon (wie (63a/b) und (64) durch seine Tempussemantik Vorgaben hinsichtlich der Sprachhandlungsunabhängigkeit mitbringt, mühelos in divergierende referentielle Rahmen einzubetten. Nur der Fakt-*Aspekt* der Referenz ist dem *daß*-Satz durch den D-Satzmodus vorgegeben, die Als-Fakt-*Setzung* und ein daran anschließender R-Modus jedoch nicht. Demnach kann der hier interessierende konstative R-Modus der performativ vollzogenen Assertion nicht aus dem Komplementsatz hergeleitet, sondern nur auf der Ebene der gesamten Satzbedeutung erklärt werden: Eine vollzogene Assertion impliziert notwendig den konstativen Modus. Unter dem Strich ist in der performativen Äußerung sowohl die Illokution als auch der den 'propositionalen Gehalt' betreffende R-Modus lexikalisch, nämlich durch die Bedeutung des Matrixverbs determiniert, allerdings im Rahmen der im propositionalen Gehalt (sprich: Komplementsatz) angelegten semantischen Möglichkeiten:

(63) (g) *Ich verspreche, daß Schiffstaufen nicht mehr in unsere Zeit passen.
(h) *Ich behaupte , daß ich dich hiermit *Arabella* taufe.

Abschließend zu diesem Abschnitt möchte ich mich ohne eingehendere Untersuchung der Frage zuwenden, ob die "hedged performatives" in Anlehnung an Fraser (1975) als indirekte Lesarten eigentlich konstativer Äußerungen anzusehen seien:

(65) (a) Unsere Statuten zwingen uns bedauerlicherweise zu der Mitteilung, daß (p') Sie die Schiffstaufe nicht vollziehen dürfen.
(b) Wir sehen uns aufgrund unserer Statuten leider dazu gezwungen, Ihnen mitzuteilen, daß p'.
(c) Wir sehen uns leider gezwungen, Ihnen mitzuteilen, daß p'.
(d) Wir müssen Ihnen (leider) mitteilen, daß p'.

Wenn es vielleicht intuitiv einleuchtet, (65a) als Assertion über die Gesamtproposition aufzufassen, erhebt sich die Frage, auf welcher Stufe hin zum Beispiel (65d) die konstative in die performative Interpretation des D-Satzmodus umschlägt. Nichts scheint uns daran zu hindern, (65d) als ebenso und im gleichen Sinne 'indirekt' zu interpretieren wie die 'Aufforderungsfrage': '*Können Sie mir sagen, wie spät es ist?*': Eine MITTEILUNG (daß p) wird, ohne ganz verloren zu gehen, konventionell dominiert durch die performativ vollzogene MITTEILUNG (daß p'). Die Schreiber der Beispielsätze verweisen mit dem D-Satzmodus auf die illokutionsunabhängig als Tatsache gegebene 'Einleitungsbedingung': die Handlungsnotwendigkeit; über automatisierte Schlußprozeduren – rekonstruierbar mit Hilfe von "Gesprächsprinzipien" (Fraser) – kann als impliziter zweiter Teil des Matrixsatzes die PPK ergänzt werden: '*...und teilen Ihnen hiermit mit*', die die dominante indirekte Assertion konstituiert.

Die Annahme einer solchen, für indirekte Sprechakte i.e.S. typischen Doppelung der Illokution (Lötscher 1988) ist aber in der Modalverbvariante (65d) – sowie den Entsprechungen mit anderen Modalverben wie *können, dürfen, möchten* – nicht aufrechtzuerhalten, und zwar angesichts der Möglichkeit, das Adverbial *hiermit* einzufügen, was in (65a-c) auf der Ebene der Hauptproposition nicht gelingt. *Hiermit* ist zwar kein eindeutiger Performativitätsindikator (vgl. Anm. 63), paßt aber semantisch keinesfalls zur Mitteilung einer Einleitungsbedingung: '*Hiermit müssen (möchten) wir Ihnen mitteilen, daß...*' kann nicht angemessen paraphrasiert werden als: 'Hiermit besteht für uns die Notwendigkeit (verspüren wir den Wunsch), Ihnen mitzuteilen, daß...'. Der prädikative Bezugspunkt des Adverbials ist vielmehr die implizite PPK, die demnach keineswegs über Schlußprozeduren ergänzt werden muß, sondern Teil der Satzbedeutung ist.

Auch für die modalisierten PPK-Sätze braucht also nicht das Konzept der Indirektheit bemüht zu werden; mit der Äußerung solcher Sätze vollzieht man *direkt* die propositional benannten Illokutionen. Andererseits bietet aber die Annahme, daß es sich dabei um eine aus ursprünglich indirektem Gebrauch hervorgegangene 'neue Direktheit' (vgl. Conrad 1983: 348)[70] handelt, eine plausible und vielleicht die einzige Erklärung für den ansonsten rätselhaften Unterschied zwischen 'assertiven' Modalpartikeln und evaluativen Satzadverbien einerseits sowie Modalverben andererseits: Die ersteren blockieren in der Regel die performative Lesart, die letzteren nicht, ja diese vermögen sogar ohne Verlust der Performativität die genannten Partikeln und Adverbien zu sich zu nehmen (Brandt u.a. 1989:6ff.).

---

[70] Conrad sagt bei der Besprechung indirekt verwendeter Fragesätze: "'Damit ist natürlich nicht ausgeschlossen, daß sich auf der Grundlage solcher indirekter Interpretationen in stereotypen Situationen durch Automatisierung der Beziehungen auch neue, direkte Bedeutungen herausbilden können, was zur teilweisen oder vollständigen Idiomatisierung führt." Deutlich auf den ersten Blick ist die Idiomatisierung der 'hedged performatives' vor allem bei jenen Modalverben, die nur mit dem Ergebnis der Lächerlichkeit wörtlich genommen werden können, z.B. *dürfen*: '*Ich darf noch einmal darauf hinweisen, daß...*'.

3.4.2. Resultative Deklarativsatzäußerungen

Im Gegensatz zur performativen bildet die resultative Interpretation nicht den semantisch bedingten, kontextfreien Defaultfall der dafür in Frage kommenden D-Satzäußerungen. Denn der Sprecher verweist in ihnen auf nachzeitige Sachverhalte, die prinzipiell als unabhängig von der Sprecherillokution gedacht werden könnten und erst durch den pragmatischen Kontext sowie ggf. zusätzliche sprachliche Mittel als Ergebnis der vollzogenen Illokution ausgewiesen werden. Stellen wir zunächst einige Beispiele für die wichtigsten Spielarten zusammen:

(66) (a) Dies ist ein Schiff.
(b) Dies ist jetzt (mal) ein Schiff.
(67) (a) Du bist der Kapitän.
(b) Marianne ist jetzt (mal) der Kapitän, Sabine Steuermann und Eva Schiffsjunge.
(68) (a) Dies ist der K.-Platz, dort ist Horten, und hier gleich rechts liegt das indonesische Restaurant.
(b) Dies ist jetzt (mal) der K.-Platz, ...
(69) Gegeben sind/seien die Winkel α und β sowie Seite b.
(70) Alle Taufzeugen sind ordnungsgemäß versammelt, die Taufe kann beginnen.
(71) Das Schiff heißt von nun an *König Laurin*.
(72) Die Taufe ist (hiermit) beendet.
(73) (a) Karl übernimmt ab morgen/ab sofort das Kommando.
(b) Sie übernehmen ab morgen/ab sofort das Kommando.
(74) Vom 1.1.1993 an dürfen Luxusdampfer nur noch mit Krimsekt getauft werden.
(75) (a) Morgen gibt es Regen.
(b) Morgen gibt es Kuchen.
(76) Ich werde den Sekt (ganz bestimmt) nicht vergessen.
(77) Uwe wird die Tauformel morgen (mit Sicherheit) können. (Dafür sorge ich.)
(78) Du kommst (jetzt sofort) mit zur Schiffstaufe.
(79) Du nimmst (einfach) die Flasche und wirfst sie mit voller Kraft an den Bug.
(80) Du sollst (endlich) die Flasche werfen.
(81) Sie sollen/können jetzt mit der Zeremonie beginnen.
(82) Du darfst mein Schiff morgen (nicht) taufen.

3.4.2.1. DEKLARATIVA

Sätze wie (66a), (67a) oder (68a) lassen spontan an Äußerungssituationen denken, in denen sie als Feststellungen zu interpretieren sind: Ein Vater zeigt seinem kleinen Kind in einem Bilderbuch ein Schiff und äußert (66a); eine Tochter sagt auf einer Segeltour (67a) zu ihrer Mutter und fordert sie damit indirekt zu einer Entscheidung auf; jemand zeigt auf einen Stadtplan und sagt (68a). Die drei Äußerungen wären aber auch möglich innerhalb von Interaktionen, in denen erst festgelegt wird, was als was von nun an zu gelten hat: (68a) in einer Wegerläuterung mit Hilfe von Streichholzschachteln, (66a)/(67a) in einer Spielsituation, wenn die Spielenden Elemente (Gegenstände, Relationen, Funktionen) ihrer Spielwelt definieren. Die Einschränkung des Sachverhalts auf die unmittelbare Gegenwart (*jetzt* = 'ab jetzt') in (66b)-(68b) legt die Äußerung stärker auf einen konstitutiven Gebrauch fest: Reale Schiffe oder Plätze sind in der Regel nicht nur 'jetzt' eben solche. Die Hinzufügung der Partikel *mal* macht dagegen den konstitutiven Gebrauch unausweichlich, da sie die Abhängigkeit des als Fakt hingestellten Sachverhalts vom Sprecherwillen indiziert. Denselben Effekt hat im Fall formalerer, z.B. mathematischer Festlegungen (69) der Konjunktiv I.

Jede nicht konstativ zu verstehende Äußerung von (66a)-(69) verweist auf einen Sachverhalt, der nur als Resultat der soeben vollzogenen Sprachhandlung Faktizität erlangt, und kann insofern (auf die oben in (X) modellierte Weise) als Vollzug dieser Sprachhandlung verstanden werden. Hierbei handelt es sich um wirklichkeitsschaffende oder -verändernde Deklarationen, und zwar um jene Untergruppe der DEKLARATIVA, mit denen ohne institutionelle Absicherung eine spezifische, mehr oder weniger fiktionale Interaktionswelt konstituiert oder modifiziert werden kann. Beispiele für institutionsgestützte Deklarationen, die verändernd in die soziale Wirklichkeit eingreifen, bieten dagegen die resultativen Lesarten von (70)-(74):

(70) als Äußerung des Leiters der Zeremonie, der damit eine "Assertive declaration" (Searle 1979a:20) vollzieht, d.h. einen illokutionsunabhängig gegebenen Sachverhalt zur nunmehr gültigen institutionellen Tatsache deklariert (Searles Schiedsrichter-Beispiel: "*You are out.*");

(71) als denkbare Formel für den Vollzug des Taufaktes;

(72) als resultativ im Zustandspassiv formulierte Beendigungshandlung (ähnlich: '*Die Sitzung ist eröffnet.*' vs. performativ: '*Ich eröffne hiermit die Sitzung.*' oder im Vorgangspassiv: '*Die Sitzung wird hiermit ordnungsgemäß eröffnet.*');

(73a)/(73b) als an die Mannschaft oder den Betroffenen adressierte Ernennung;

(74) als Teil eines Erlasses.

Für all diese Sätze lassen sich unschwer Situationen denken, in denen sie konstativ verwendet werden; doch stellen sich kontextfrei umso eher resultative Interpretationen ein, je näher der benannte Sachverhalt adverbial an den Zeitpunkt der Äußerung oder an diese selbst herangeholt wird. In (73b) ist aus anderen pragmatischen Gründen der reportative Gebrauch des Satzes eher unwahrscheinlich.

DEKLARATIVA haben mit allen performativ ausgeführten Illokutionen gemeinsam, daß unmittelbar nach ihrem erfolgreichen Vollzug der in der (Rahmen-)Proposition benannte Sachverhalt als institutionelle Tatsache vorliegt (auch wenn wie in (73a) und (74) der Zeitpunkt des äußerlichen Inkrafttretens in die Zukunft verlegt wird). Diese Gemeinsamkeit spiegelt sich in der logischen Formalisierung darin, daß auch bei DEKLARATIVA die Illokutionsabhängigkeit als Äquivalenz zu formalisieren ist:

$$\text{(IX\_DK)}\quad \neg\text{INDEP}\,(\underline{ew}) =_{df} [\underline{illa}\ \varepsilon\ \text{IT}_D] \leftrightarrow \exists\underline{ew}\ [\text{SAT}\,(\underline{ew}, \iota e\,[\text{INST}\,(e, p_d)])]$$

p_d sei definiert als Proposition, die ein mögliches Resultat einer Deklaration beschreibt.

Allerdings ist diese gdw-Bedingung *kausal* zu interpretieren: Das DEKLARATIV ist sowohl notwendige als auch hinreichende *Ursache* für das als Fakt gesetzte Handlungsresultat. Und dies bedeutet, daß die angepaßte Ableitung (X_DK) um zwei weitere Zeilen (s. (XII)) fortgesetzt werden kann: Es folgt nämlich nicht nur replikativ aus der konstitutiven Als-Fakt-Setzung, daß die Sprecherin damit ein DEKLARATIV vollzieht, sondern auch implikativ aus dem geglückten, d.h. durch den Interaktionskontext <u>ict</u> (inkl. der Hörereinschätzung) ratifizierten Vollzug des DEKLARATIVS, daß das Handlungsresultat als "institutionelle" Tatsache wirklich existiert. (XII) expliziert somit formal, "how to do things with words":

(X_DK) $\forall \underline{s}\ \forall \underline{ds}\ \forall \underline{ict}\ \forall \underline{w}\ \forall p_d$

(a) $[\ [\underline{AKT}\ (\underline{s}, \underline{ds}(e), \underline{ict}, \underline{w})\ |\ SF_{ds} = \exists e\ [INST\ (e, p_d)]$

(c) $\&\ \underline{POS}\ (\underline{s}, \exists \underline{ew}\ [SAT\ (\underline{ew}, \iota e\ [INST\ (e, p_d)]) : \neg INDEP\ (\underline{ew})])]$

(f) $\leftrightarrow [\underline{PRÄS}\ (\underline{s}, \underline{ict}, \iota e\ [INST\ (e, p_d)] : \underline{illa}\ \varepsilon\ IT_D)$

(g) $\leftrightarrow \underline{DEKL}\ (\underline{s}, \underline{ict}, \exists e\ [INST\ (e, p_d)])]\ ]$

(XII) $\forall \underline{s}\ \forall \underline{ct}\ \forall p_d$

(a) $[\ [\underline{DEKL}\ (\underline{s}, \underline{ict}, \exists e\ [INST\ (e, p_d)])$

(b) $\&\ RAT\ (\underline{ict}, \underline{DEKL}\ (\underline{s}, \underline{ict}, \exists e\ [INST\ (e, p_d)]))]$

(c) $\rightarrow \exists \underline{ew}\ [SAT\ (\underline{ew}, \iota e\ [INST\ (e, p_d)])]\ ]$

(XII) besagt: Wenn eine Sprecherin <u>s</u> relativ zu einem Interaktionskontext <u>ict</u> den Inhalt eines die Proposition p_d enthaltenden D-Satzes entsprechend (Xa-g) DEKLARIERT und <u>ict</u> diese Deklaration RAT(ifiziert) (z.B. erkennbare Befugnis und Absicht der Sprecherin, passende situationelle und institutionelle Umstände), dann existiert (fortan) derjenige Weltzustand <u>ew</u>, der den von p_d beschriebenen Sachverhalt e erfüllt. (Implikation aus ¬INDEP, vgl. (IX_DK))

DEKLARATIVA und performative Sprachhandlungen werden in der Literatur des öfteren einander unter- oder beigeordnet (z.B. Heim 1977; Bartsch 1979; Zaefferer 1979; Searle/Vanderveken 1985; Motsch/Pasch 1987; Recanati 1987), zumal der performative Vollzug von DEKLARATIVA um der institutionell geforderten Explizitheit willen häufiger begegnet als der resultative. Was bei allen Versuchen der Gleichsetzung oder Subsumption übersehen wird, ist der Umstand, daß nur (geglückte) DEKLARATIVA neue Fakten schaffen, die mehr sind als erhobene oder eingegangene Obligationen. Das geglückte Performativ erschafft dagegen nicht die Illokution, die es benennt, sondern prägt sie durch Einordnung; *daß* es da eine Illokution <u>illa</u> gibt, steht automatisch fest durch den Vollzug der Äußerung bzw. des rhetischen Akts, denn: "propositional acts cannot occur alone" (Searle 1969:29). Eben dies ist die Wirkung der 'explikativen Äquivalenz'; demgegenüber erzeugt die 'kausale Äquivalenz' des DEKLARATIVS ein Handlungsresultat, das über die Illokution hinaus Bestand hat.

Durch die Zuordnung der DEKLARATIVA zum konstitutiven R-Modus habe ich ihnen – gegen Searle (1979a, 1983; Searle/Vanderveken 1985) – eine Welt→Wort-Ausrichtung unterstellt. Wenn Searle/Vanderveken (1985:95) sagen: "Declarations have both directions of fit simultaneously, because the point of a declaration is to bring about a change in the world *by representing the world as so changed*", so beschreibt der hervorgehobene (H.R.) Teil des Kausalsatzes nur den semantischen Effekt *aller* resultativen Deklarativsätze und gilt in gleicher Weise für KOMMISSIVA und DIREKTIVA. Es scheint mir auch nicht zutreffend zu sein, daß "these are not two independent directions of fit, but one illocutionary point that achieves both."

Sicherlich 'entsprechen die Worte' sofort nach dem erfolgreichen Vollzug eines DEKLARATIVS 'der Welt', aber doch erst als dessen Folge, also trotz der (Fast-)Gleichzeitigkeit in ebenderselben logischen Sequenzialität, wie auch nach der Erfüllung eines KOMMISSIVS die 'Worte der Welt entsprechen'. Es wäre aber hier wie dort (sowie auch bei den performativen Äußerungen) verfehlt, eine nachträgliche Wort→Welt-Perspektive in die ursprüngliche Sprachhandlung hineinzuprojizieren.

Der Grund für Searles Auffassung ist wohl darin zu suchen, daß er – fixiert auf die Betrachtung performativer Sätze – die 'Worte' im Fall der ASSERTIVA, DIREKTIVA und KOMMISSIVA auf die abhängige Proposition, im Fall der DEKLARATIVA dagegen auf die gesamte PPK bezieht (aufgrund von deren andersartiger Syntax). Würde er in dem Satz '*Ich ernenne Sie zum Präsidenten.*' die Entsprechungsrichtung korrekterweise nur auf *zum Präsidenten* anwenden, wäre die Welt→Wort-Ausrichtung nicht zu übersehen.[71]

Die unmittelbar weltverändernde Wirkung der DEKLARATIVA trennt sie von den KOMMISSIVA und DIREKTIVA. Mit einer Deklaration verändert eine Sprecherin die Welt entsprechend ihren Worten in einem Bereich, den sie unter den erforderlichen Rahmenbedingungen allein per Deklaration zu ändern vermag: Sie schafft Geltungen, Funktionen, Aufgaben, Normen. KOMMISSIVA und DIREKTIVA richten sich dagegen auf künftige Handlungen, also auf Sachverhalte, die der Realisierung durch ein handelndes Subjekt bedürfen, um Tatsache zu werden. Wie sind demnach diejenigen D-Sätze hinsichtlich der Abhängigkeit von der Sprecherillokution zu beurteilen, mit denen solche Handlungen als künftiges Faktum gesetzt werden?

3.4.2.2. KOMMISSIVA

Äußert ein Sprecher: (75a) ('*Morgen gibt es Regen.*') und ist kein Regenzauberer, so macht er damit eine VORAUSSAGE; er vollzieht also eine Assertion über ein zukünftiges Ereignis, und wenn der betreffende Zeitpunkt gekommen ist, wird zu überprüfen sein, ob der erhobene Wahrheitsanspruch gerechtfertigt war oder nicht. Sagt der Vater, ein begeisterter Bäcker, auf

---

71 Vgl. auch Falkenbergs Kritik (1989a:Anm. 5), deren weitreichende Konsequenz ich allerdings nicht teile.
Ebenso unhaltbar scheint mir Searles – auch in Searle/Vanderveken (1985:94) wiederaufgenommene – Behauptung, die Klasse der als "expressions of psychological states" verstandenen EXPRESSIVA habe "the null or empty direction of fit". Sie gründet in seiner oben (Kap. 2.4.) kritisierten Ableitung der Entsprechungsrichtung aus der Illokution; aus der Äußerungsfunktion 'Ausdruck eines inneren Zustands' scheint sich so kein W-W-Bezug zu ergeben. Daß man jedoch mit Bekundungen konstativ, und das heißt mit Wort→Innenwelt-Ausrichtung, referiert, wurde oben (S. 115) begründet.
Dagegen kann man durchaus behaupten, die Entsprechungsrichtung sei 'leer' bei jenen EXPRESSIVA, deren 'Worte' nicht auf eine Einstellung referieren wie etwa:

(1) Ich begrüße Sie bei dieser Schiffstaufe.

Daß hier der Begriff "direction of fit" an eine Grenze gelangt, liegt aber an der strengen Gleichzeitigkeit der performativen Äußerung und gilt für *alle* PPKs, soweit man allein deren Matrixproposition betrachtet. Bei den übrigen Illokutionsklassen fällt dies nicht ins Auge, da das Augenmerk auf die abhängige Proposition gerichtet ist; bei den 'behabitativen' EXPRESSIVA dagegen, als den sozusagen 'reinen' Performativen, tritt dieses performative Merkmal als illokutionstypisch hervor.

das Drängen seiner Kinder: (75b) ('*Morgen gibt es Kuchen.*') oder äußert jemand (76) oder (77), so spricht einiges dafür, dies ebenfalls als Assertionen (Ankündigungen, Versicherungen) aufzufassen, als Voraussagen mit besonders hohem Sicherheitsgrad, weil die Sprecher sich entweder direkt oder indirekt (in (77)) auf eigene Handlungen beziehen, die sie selbst ja am besten beurteilen können. Faßt man die Äußerungen dennoch als VERSPRECHEN auf, so kommt das Moment der Selbst-Verpflichtung als pragmatische Ableitung aus der "Versprechenssituation" zur Assertion hinzu. Dies ist zumindest die Auffassung von Motsch/ Pasch (1987:51), die die KOMMISSIVA, soweit sie nicht performativ vollzogen werden, unter die "Feststellungen" subsumieren.[72]

Eine derartige Deutung berücksichtigt nicht genug die Einleitungsbedingung Searles für ein VERSPRECHEN: "It is not obvious to both S and H that S will do A in the normal course of events." (Searle 1969:59). Dies ist – aus der Perspektive unserer Argumentation – eine Umschreibung für die Bedingung 'Abhängigkeit von der Sprecherillokution'; nimmt man sie ernst, so muß ein D-Satz, der 'A' direkt (nicht-performativ) propositional benennt, resultativ interpretiert werden. Konstativ kann sich die Sprecherin *im Augenblick ihrer Äußerung* nur auf eine eigene künftige Handlung beziehen, von der es für sie *und* für H zu diesem Zeitpunkt "offensichtlich" oder vorsichtiger: denkbar ist, daß sie sie "bei normalem Verlauf der Ereignisse" unabhängig von der gerade vollzogenen Sprachhandlung ausführen wird. Derartige Äußerungssituationen lassen sich für die Sätze (75)-(77) leicht vorstellen; es kann ja sein, daß der Sprecher oder die Sprecherin die künftige Handlung implizit oder explizit an eine bereits eingegangene Verpflichtung anbindet oder in eine begonnene Handlungssequenz stellt:

(76) (a) Ich werde den Sekt bestimmt nicht vergessen. Er liegt ja schon im Kofferraum.

Ein KOMMISSIV vollzieht eine Sprecherin nur dann mit ihrer Äußerung, wenn sie die künftige Handlung, auf die sie als Fakt verweist, *kausal* an ihre aktuelle Sprachhandlung knüpft. Ob performativ vollzogen oder nicht: KOMMISSIVA sind Selbst-Festlegungen und als solche kausal selbstbezüglich. Hält die Sprecherin von (76) ihr Versprechen nicht, so kann sie nicht sagen: '*Ich habe mich geirrt.*', so wie sie es im Hinblick auf eine bloße Voraussage, z.B. auch (76a), tun könnte.

Aber wenn nun der Regenmacher Regen versprochen hat, und es kommt kein Regen? Dann kann er trotzig auf seiner Macht beharren oder seine Ohnmacht eingestehen und sich im ersten Falle wegen eines gebrochenen Versprechens, im zweiten Falle als falscher Prophet davonjagen

---

72 Das Mißliche an dieser Zuweisung wird darin deutlich, daß die KOMMISSIVA einerseits als Unterklasse der "Feststellungen" eingeführt, dann aber in ihrer Spezifik aus den sozialen Bedingungen und Obligationen erklärt werden, die mit Hilfe einer PPK explizit gemacht werden können. Wenn "die illokutive Funktion" unter bestimmten Bedingungen "in der Äußerungsbedeutung nicht genauer spezifiziert werden (muß), [...] genügt (!) eine Feststellung über eine zukünftige Handlung des Sprechers." (51) Die "Feststellung" ist also hier plötzlich nicht mehr eine übergeordnete Kategorie, sondern eine reduktive Realisationsform eines Versprechens. Und sehr schlecht zur "Feststellung" als Gattung der Spezies "Kommissiv" paßt auch die folgende Formulierung: "Verwendet der Sprecher nur (!) eine Feststellung, kann er sich immer darauf berufen, daß er mit seiner illokutiven Handlung kein explizites Versprechen gegeben hat." Ähnlich argumentiert übrigens auch schon Bartsch (1979:233ff.); nach ihr werden KOMMISSIVA immer auf einem Umweg vollzogen: entweder via "Deklaration" (= EPF/PPK) oder via "Ankündigung" – und beides sind "Repräsentative"!

lassen. Vermutlich wird er sich aber auf widrige Umstände berufen, die die Erfüllung des Versprechens vereitelten. Ebenso wird sich die Sprecherin von (76), wenn sie wider Erwarten den versprochenen Sekt nirgendwo hat auftreiben können, eher zugeben, daß sie sich geirrt, als daß sie ihr Versprechen gebrochen habe. Mit anderen Worten: Es steckt doch ein gut Teil 'Assertion' in jedem Versprechen, und zwar eine *Präsupposition* der Vollzugs*möglichkeit*. Die Sprecherin legt sich fest auf den Willen zur Tat, das Können wird als gegeben vorausgesetzt, und nur in Bezug auf das letztere kann sie sich irren. Allein diese Präsupposition gestattet es der Sprecherin, den Bogen von der gegenwärtigen Selbstverpflichtung zur künftigen Ausführung dergestalt zu spannen, daß sie auf diese schon als Fakt zu verweisen vermag.

Etwas weniger metaphorisch läßt sich diese Analyse anhand der logischen Formalisierung verdeutlichen: Da die Selbst-Festlegung nur *eine* der notwendigen Bedingungen für den künftigen Vollzug ist, bleibt der Replikationspfeil aus (IX) in kausaler Interpretation erhalten; demgemäß wird durch das geglückte, durch $\underline{ict}$ ratifizierte KOMMISSIV die künftige Sprecherhandlung nicht automatisch zur Tatsache. (X_KM) hat also im Gegensatz zu (X_DK) keine Fortsetzung (XII):

(IX_KM) $\neg\text{INDEP}\ (\underline{ew}) =_{df} [\underline{illa}\ \varepsilon\ IT_K] \leftarrow\ \exists\underline{ew}\ [\text{SAT}\ (\underline{ew}, \iota e\ [\text{INST}\ (e, p_k)])]$

p_k sei definiert als Proposition, die eine künftige Sprecherhandlung beschreibt.

(X_KM) $\forall\underline{s}\ \forall\underline{ds}\ \forall\underline{ict}\ \forall\underline{w}\ \forall p_k$

(a) $[\ [\underline{\text{AKT}}\ (\underline{s}, \underline{ds}(e), \underline{ict}, \underline{w})\ \mid\ SF_{ds} = \exists e\ [\text{INST}\ (e, p_k)]$

(c) $\&\ \underline{\text{POS}}\ (\underline{s}, \exists\underline{ew}\ [\text{SAT}\ (\underline{ew}, \iota e\ [\text{INST}\ (e, p_k)]) : \neg\text{INDEP}\ (\underline{ew})])]$

(f) $\rightarrow [\underline{\text{PRÄS}}\ (\underline{s}, \underline{ict}, \iota e\ [\text{INST}\ (e, p_k)] : \underline{illa}\ \varepsilon\ IT_K)$

(g) $\leftrightarrow \text{KOMM}\ (\underline{s}, \underline{ict}, \exists e\ [\text{INST}\ (e, p_k)])]\ ]$

Und dennoch: Wenn jemand etwas als faktisch setzt, so unterstellt er damit die Erfüllung *aller* notwendigen (z.B. Ausführungs-)Bedingungen. Auf diesem Hintergrund bekommt die vollzogene Selbst-Festlegung den Charakter einer 'letzten notwendigen und deshalb hinreichenden', also einer gdw-Bedingung, so als handele es sich um ein DEKLARATIV. Natürlich läßt sich die versprochene Handlung auch mit einer optimistischen D-Satz-Formulierung nicht herbeizaubern; die Erfüllung der übrigen Bedingungen wird ja lediglich unterstellt, die Faktizität des Handlungsresultats durch die D-Satz-Formulierung nur 'gesetzt'.

Die resultative Formulierung eines KOMMISSIVS ist in der Tat optimistischer als die performative, in deren Syntax zum Vorschein kommt, daß es sich bei der versprochenen Handlung um ein bloß intendiertes 'Faktum' handelt. Überführt man (76) in

(76) (b) Ich verspreche dir, den Sekt nicht zu vergessen.

so wird die künftige Sprecherhandlung nicht als Resultat, sondern als Inhalt der intentionalen Selbst-Festlegung benannt; diese, nicht die versprochene künftige Tatsache, wird in den Vordergrund gestellt. Performative DEKLARATIVA lassen sich mit dieser Struktur nicht unmittelbar vergleichen, da "operative" (Falkenberg 1989a) Verben wie *ernennen, taufen* oder *verurteilen* nominale, nicht sententiale Komplemente fordern. Ein Komplementsatz, der das

Handlungsresultat beschreibt, wäre schon deshalb nicht möglich, da das Resultat eines DEKLARATIVS immer partizipial als vollzogene Illokution beschreibbar ist (**Ich ernenne, daß Sie ernannt sind*).[73] Will man dennoch eine mit (76b) vergleichbare deklarative Formulierung bilden, muß man für den Matrixsatz ein abstraktes Prädikat wie *in Kraft setzen* wählen, das nur das Moment des Handlungsvollzugs beschreibt:

(61) (a) Hiermit setze ich in Kraft, daß das Schiff auf den Namen *Atlantis* getauft ist./*Atlantis* heißt.

Die Syntax der performativen Verben sowie der Bedeutungsunterschied zwischen (76b) und (61a) spiegeln den jeweils unterschiedlichen Realitätsgehalt der Handlungsresultate, während die resultative Formulierung ihn antizipatorisch verdeckt.

Fassen wir zusammen: Die Äußerung eines D-Satzes, dessen Proposition die künftige Handlung eines Sprechers oder ein durch den Sprecher zu bewirkendes Ereignis bzw. eine von ihm zu bewirkende Handlung Dritter benennt, ist unter folgenden Bedingungen als KOMMISSIV zu interpretieren:

a. Die Macht/Möglichkeit des Sprechers, eine Handlung zum benannten Zeitpunkt zu auszuführen (bzw. ein Ereignis zu bewirken), kann als gegeben vorausgesetzt werden und muß nicht eigens assertiert werden;
b. eine Handlungsabsicht des Sprechers liegt noch nicht vor oder steht noch nicht hinreichend fest;
c. der Adressat läßt ein deutliches Interesse daran erkennen, daß sich der Sprecher auf diese Absicht verpflichtend festlegt;
d. aufgrund von b. kann der Sprecher auf seine künftige Handlung nicht konstativ als unabhängiges Fakt referieren; vielmehr ist ihm aufgrund von c. eine faktkonstituierende Intention zuzuschreiben;
e. diese Intention ist mit einem ausführungszentrierten D-Satz angemessen zum Ausdruck gebracht, weil aufgrund von a. die Intention als hinlänglicher Garant für die Ausführung gelten darf;
f. demzufolge hat der D-Satzmodus die Funktion, die Festigkeit der Handlungsabsicht darzutun, zumeist im Verbund mit nonverbalen und verbalen Bekräftigungsmitteln (z.B. in (76) *ganz bestimmt*), die nicht epistemisch, sondern voluntativ zu interpretieren sind.

Angesichts dieser Bedingungen nimmt es nicht wunder, daß im Einzelfall oft schwer auszumachen ist, auch für die Interaktanten, ob ein Versprechen gegeben oder nur eine mehr oder weniger irrtumsanfällige Voraussage gemacht wurde; eben deshalb besteht das Bedürfnis nach dem

---

[73] Eine Beschreibung des Resultats läßt sich dem performativen DEKLARATIV vielmehr als Konsekutivsatz anfügen:

(1) Hiermit ernenne ich Sie zum Abteilungsleiter, so daß Ihnen von nun an die Abteilung 'Geburtszangen' untersteht.

Hier kann nichts mehr 'dazwischenkommen' wie beim Versprechen, selbst dem allerfestesten.

explizit performativen Vollzug dieser Handlungen. Dennoch ist die Abgrenzung prinzipiell sowohl möglich als auch nötig. Man kann nicht die Äußerung von (76b) (‘*Ich verspreche dir, den Sekt nicht zu vergessen.*’) als “Festlegung” und die damit illokutiv identische Äußerung von (76) (‘*Ich werde den Sekt ganz bestimmt nicht vergessen!*’) als “Feststellung” bezeichnen (Motsch/Pasch 1987:51). Das Konzept des R-Modus erklärt demgegenüber konsistent die pragmatische Bifunktionalität von Sätzen wie (75)-(77), die man konstitutiv zum Vollzug eines Versprechens verwenden und wenig später konstativ wiederholen kann mit der Begründung: ‘*Das habe ich dir ja schließlich soeben versprochen.*’.

3.4.2.3. DIREKTIVA

Gestützt auf diese Ausführungen zu den resultativ vollzogenen KOMMISSIVA können wir nunmehr auch nicht-performative D-Satzäußerungen mit auffordernder Funktion – zumindest in ihrer unmodalisierten Spielart – als resultativ einordnen. Für die Zwecke dieser Untersuchung sollen zwei DIREKTIV-Situationen unterschieden werden, die bewirken, daß H “bei normalem Verlauf der Ereignisse A aus eigenem Antrieb” nicht tun wird (vgl. Searle 1969:66):

a. Zwischen dem Sprecher und dem Adressaten besteht zum Zeitpunkt der Sprachhandlung eine Diskrepanz in der Handlungsmotivation; der Sprecher will mit einem BEFEHL den Adressaten zu einer (eventuell inhaltlich schon bekannten) Handlung zwingen, von der sicher oder anzunehmen ist, daß er ihre Ausführung ablehnt.
b. Zwischen dem Sprecher und dem Adressaten besteht zum Zeitpunkt der Sprachhandlung eine Diskrepanz lediglich im Handlungswissen; der Adressat ist jedoch bereit, einer ANWEISUNG des Sprechers Folge zu leisten, sei es im Rahmen einer institutionell übernommenen Ausführungsbereitschaft, die zur Realisierung einer konkreten WEISUNG des Sprechers bedarf, sei es im Rahmen eines eigenen Handlungszieles, zu dessen Realisierung er die INSTRUKTION des Sprechers benötigt.[74]

Äußert eine Sprecherin: (78) (‘*Du kommst mit zur Schiffstaufe.*’) in einer Dissenssituation, d.h. wenn sie Anlaß hat, der Adressatin eine eher entgegengesetzte Handlungsintention zu unterstellen, so kann der Zeitbezug des Satzes nur nachzeitig sein und insofern zur assertiven Interpretation ‘VORAUSSAGE’ Anlaß bieten, jedoch nur in besonderen, z.B. persuasiven Kontexten: ‘*Du kommst mit zur Schiffstaufe, wenn du erst einmal erfährst, was dich da alles erwartet.*’ Sind diese Bedingungen dagegen nicht gegeben, wird die Adressatin für die referentielle Bedeutung des D-Satzmodus keinen Bezugspunkt in der Realität entdecken und auch der Sprecherin nicht unterstellen können, sie visiere einen solchen an, es sei denn, diese habe die Intention, die als Fakt gesetzte Adressatenhandlung mittels ihrer soeben vollzogenen Illokution als deren Resultat herbeizuführen.

[74] Diese Unterscheidung ist natürlich nur idealtypisch gemeint und auf die Untersuchung von Deklarativsätzen zugeschnitten. Daß z.B. BEFEHLE und ANWEISUNGEN im Falle global erzwungener Ausführungsbereitschaft (etwa beim Militär) nicht zu trennen sind, braucht hier ebenso wenig berücksichtigt zu werden wie die Analyse von DIREKTIVA, die nicht mit Deklarativsätzen vollzogen werden können (z.B. BITTEN).

Die logische Analyse eines solchen resultativ vollzogenen DIREKTIVS unterscheidet sich nicht von der des ensprechenden KOMMISSIVS; entsprechend (IX_KM)/(X_KM) ergibt auch in einem umformulierten Formelpaar (IX_DR)/(X_DR) die Illokutionszuweisung DIR replikativ-kausal aus der Als-existent-Setzung einer künftigen Adressatenhandlung. Und eben dadurch wird wie beim KOMMISSIV die Replikation zur 'letzten notwendigen', darum hinreichenden Bedingung stilisiert. Die pragmatisch ganz andere Wirkung dieser Stilisierung ergibt sich aus den präsupponierten Wahrheitsansprüchen, die hier mehr umfassen als die bloße Ausführbarkeit: Indem die Sprecherin die einem anderen Individuum entgegen seinen Absichten abverlangte Handlung als Fakt antizipiert, unterstellt sie dessen Willen der absoluten Autorität des eigenen Willens (stärker also, als wenn sie die Form des Imperativsatzes wählt und auch stärker als in einer performativen Äußerung). Insofern sind resultative Befehle in der Regel angewiesen auf verstärkende verbale (*jetzt sofort*) und nonverbale (z.B. intonatorische) Mittel; je sicherer die Sprecherin sich ihrer Macht ist, desto mehr wird sie darauf verzichten können.[75]

Keiner besonderen Verstärkungsmittel bedarf es in Konsens-Situationen, d.h. im Falle eines vorherigen Einvernehmens darüber, daß sich der Adressat einer institutionell oder sachlich definierten Autorität des Sprechers bis auf Widerruf unterstellt und geneigt sein wird, dessen im Sprechzeitpunkt noch unbekannten Anweisungen Folge zu leisten. Mit einem D-Satz wie z.B.: (79) ('*Du nimmst die Flasche und wirfst sie mit voller Kraft an den Bug.*') verweist ein Sprecher unter den genannten Interaktionsbedingungen genau wie im Dissensfalle auf eine zukünftige Adressatenhandlung als ein Fakt, das er nicht voraussagend assertiert, sondern mittels seiner Äußerung konstituiert. Auch hier präsupponiert der antizipatorische D-Satzmodus stärker als der Imperativsatzmodus die Sprecherautorität, die allerdings, weil als zugestanden unterstellt, in der Regel eher heruntergespielt wird, in Instruktionen z.B. dadurch, daß durch Modalpartikeln wie *einfach* der Blick auf die Ausführungsmöglichkeit gelenkt wird.[76]

Schwieriger zu beurteilen sind modalisierte D-Satz-DIREKTIVA. Auch hier (wie in 3.4.1.) möchte ich mich wegen der Schwierigkeit der Materie auf wenige Andeutungen beschränken, und zwar im Sinne eines Vorschlags, der beide Interpretationsmöglichkeiten vorsieht: die konstative und die resultative, wobei die erstere zugleich impliziert, daß das damit ggf. vollzogene DIREKTIV indirekt ist.

Sehr oft ist es möglich, "deontische Hinweise" oder "Kompetenzhinweise" (Hindelang 1978, 1983) wie: (80) ('*Du sollst (endlich) die Flasche werfen.*') oder: (81) ('*Sie sollen/ können jetzt mit der Zeremonie beginnen.*') oder auch wie '*Du mußt jetzt gehen.*'

---

[75] Bartsch (1979:240f.) beschreibt die resultativen DIREKTIVA phänomenologisch ähnlich, ist allerdings im Rahmen ihres wahrheitswertbezogenen Ansatzes gezwungen, sie "als indirekte Sprechhandlungen zu klassifizieren"; desgleichen Pasch (1989:7, 41). Beide sehen darin evident kontrafaktische Tatsachenbehauptungen, die nur dann als rational gelten können, wenn der Hörer sie als Aufforderungen verstehen kann, die Behauptung wahr zu machen. Dies ist aber die Beschreibung für eine primär uneigentliche Sprachhandlung, und insofern müßte der Interpretationspfad über die Zwischenstation einer ironischen Bedeutung führen wie z.B. in: '*Deine Nägel sind wieder mal sehr sauber.*' → '*Deine Nägel sind schmutzig.*' ⇒ '*Mach sie sauber!*'.

[76] Zu den Restriktionen des Modalpartikelgebrauchs in direktiv verwendeten Deklarativsätzen vgl. Oppenrieder (1987:170ff.).

(Motsch/Pasch 1987:64) als Assertionen über vorliegende 'Einleitungsbedingungen' derjenigen Aufforderung anzusehen, die damit unter Umständen *indirekt* vollzogen wird (natürlich kann es sich bei diesen Beispielen auch um schlichte Mitteilungen handeln). Typische pragmatische Funktionen derartiger Sprachhandlungen sind Wiederholung und Weitergabe sowie argumentativ gestützter Vollzug eines DIREKTIVS, alles Handlungen, die die im D-Satz formulierten (z.B. deontischen) Sachverhalte als schon bestehend voraussetzen.

Als *resultativ-direkter* Vollzug eines DIREKTIVS ist dagegen die Äußerung z.B. von (80) dann zu betrachten, wenn der Sprecher die benannte Handlungsnorm

a. selbst,
b. erstmalig, und zwar durch die betreffende Äußerung und
c. nur für (eine) bestimmte konkrete Handlung(en)

in Kraft setzt. Aufgrund der Verbsemantik von *sollen* und *müssen* ist dies ein eher feierlicher oder figurativer Sonderfall, während *dürfen* die Erfüllung der Bedingung a. leichter gestattet, sodaß ein resultativer Vollzug von Erlaubnissen[77] und Verboten sehr gebräuchlich ist: '*Du darfst mein Schiff morgen (nicht) taufen.*' (82).

Bedingung c., die sich im Beispielsatz (80) von selbst versteht, ist deshalb von Bedeutung, weil sich hier als zusätzliches Problem die Abgrenzung von DEKLARATIVA und DIREKTIVA stellt.[78] Wenn durch DEKLARATIVA Normen gesetzt werden, können diese ja nicht nur gesellschaftliche Positionen, Funktionen oder Bewertungen, sondern auch künftiges Handeln betreffen. Damit rücken solche DEKLARATIVA in die Nähe von DIREKTIVA, insbesondere wenn sie in der 2. Person als 'Du sollst'- und 'Du sollst nicht'-Gebote formuliert sind wie im biblischen Dekalog. Entscheidend scheint mir hier das Material zu sein: Auf steinernen Tafeln für alle Zeiten verkündet, erfüllen diese deontischen D-Sätze zwar Bedingung a. und b. (und sind deshalb resultativ zu nennen), nicht aber Bedingung c., wodurch der Handlungsschwerpunkt ganz auf dem gesetzgebenden Akt liegt, auf der Einsetzung eines normativen Rahmens für künftige Handlungen. Ob nun steinerne Tafeln oder ein amtliches Publikationsorgan, das Sätzen wie (74) den Status eines DEKLARATIVS sichern würde: es bleibt eine Zone der Unsicherheit für die Klassifikation bestehen, insbesondere im Alltag, z.B. dem der Institution Familie, wo allenfalls durch 'Machtworte' ungeschriebene Gesetze mit variierenden Geltungsbereichen geschaffen werden.

---

77 Ich habe dieselben Schwierigkeiten wie Wunderlich (1976), die Erlaubnis den DIREKTIVA zuzuordnen, halte es aber für ebenso verfehlt, sie nur negativ als RETRAKTIV, als Aufhebung eines Verbots (Wunderlich 1976:84) oder als "denegation of forbidding" (Searle/Vanderveken 1985:202) zu definieren. Die deutsche Sprache legt ja eher nahe, Verbote als Negationen von Erlaubnissen aufzufassen; in Wirklichkeit gibt es aber eine Äquivalenz von *'ich erlaube...'* und *'ich verbiete nicht...'* nur unter Zuhilfenahme pragmatischer Postulate. Ich kann im Rahmen dieses Aufsatzes dieses Problem nicht weiter diskutieren.

78 Dieses Problem stellt sich übrigens auch bei unmodalisierten Deklarativsätzen, wie Satz (73b) zeigt, der oben als Beispiel für ein DEKLARATIV (Ernennung) genannt wurde, aber – mit etwas anderer Verbbedeutung – auch zum Vollzug eines DIREKTIVS dienen könnte.

3.5. Zusammenfassende Übersicht

Zum Abschluß meiner Beschreibung der rhetischen Modi möchte ich deren Zuordnung zu den Illokutionsklassen noch einmal tabellarisch verdeutlichen. Zwei Anmerkungen vorweg:

1. Die Tabelle ist – entsprechend der Argumentationsrichtung dieses Aufsatzes – für vertikale Lektüre gedacht: vom D-Satzmodus hin zur Illokution. Natürlich können einige Illokutionen auch mit anderen sprachlichen Mitteln vollzogen werden, mit anderen Satzmodi (Interrogativ-, Imperativsatz) oder mit nicht-satzförmigen "Routineformeln" (s. Anm. 46). Würde man auch diese Mittel in die Tabelle eintragen, fiele noch einmal der Kontrast ins Auge zwischen ihrem restriktiven Illokutionspotential und der Vielfalt der D-Satz-Verwendungen (vgl. auch oben Abb. 4b).
2. Ob man in der Zeile der QUAESTIVA den "assertiven Fragen" (Altmann 1987) durch einen Eintrag in der 'konstativ'-Spalte Rechnung trägt oder nicht, hängt davon ab, ob man die in diesem Fall obligatorische steigende Intonation als ein syntaktisches oder pragmatisches Phänomen betrachtet. Im ersten Falle (vgl. Altmann 1987) hat die Assertionsfrage nichts in einer D-Satztabelle zu suchen, im zweiten Falle (vgl. BRRZ:Kap. 8 sowie Rehbock [in diesem Band]) gehört sie hinein, und zwar wegen ihres aus dem D-Satzmodus abgeleiteten assertiven Gehalts. Da sie dann als noch einmal zur Disposition gestellte Assertion einen Platz in der Tabelle erhält, wird dadurch die eindeutige Zuordnung [+konstativ –BEKUND] → ASSERTIV nicht gefährdet.

Abb. 8: Illokutionspotentiale von Deklarativsatzäußerungen

	R-Modus				
	konstativ		konstitutiv		
			resultativ		performativ
	[–BEKUND]	[+BEKUND]			
Typ der Illokutionsabhängigkeit:	–	–	Replikation	Äquivalenz	
				kausal	explikativ
Illokutionen:					
ASSERTIVA	X	X	–	–	X
QUAESTIVA	(X)	X	–	–	X
EXPRESSIVA	–	X	–	–	X
KOMMISSIVA	–	X	X	–	X
DIREKTIVA	–	X	X	–	X
DEKLARATIVA	–	–	–	X	X
Zeitstufen:	alle	gleichzeitig	nachzeitig		streng gleichzeitig

4. Resümee

1. Die Untersuchung hat ergeben, daß sich die Vielfalt der illokutiven Verwendungen des D-Satzes am ehesten mit einem referenzbezogenen Satzmodusbegriff erklären läßt. Die Annahme eines semantischen Einstellungsoperators ist nicht nur entbehrlich, sondern zwingt bei allen nicht-assertiven Verwendungen zu kontraintuitiven Uminterpretationen. Andererseits läßt ein semantisch "neutraler" D-Satzmodus die Frage offen, warum z.B. ASSERTIVA, KOMMISSIVA und DEKLARATIVA sowie alle performativen Äußerungen gerade mit D-Sätzen und nicht mit anderen Satztypen vollzogen werden.

2. Ich gehe davon aus, daß man nicht nur auf 'Gegenstände', sondern auch auf Ereignisse, Prozesse, Zustände und Strukturen einer Bezugswelt referieren kann; daß Propositionen Sachverhalte beschreiben, die als konzeptuelles Modell auf die genannten Weltgegebenheiten bezogen werden können; daß der D-Satzmodus dieser Referenz den 'Als-Fakt'-Gesichtspunkt hinzufügt; daß selbständige V2-D-Sätze hinsichtlich des Ursprungs der Als-Fakt-Referenz selbstbezüglich sind; und daß deshalb mit der Verwendung eines V2-D-Satzes die Faktizität des denotierten Sachverhalts referentiell 'gesetzt' wird.

3. Wie jeder referentielle Akt kann die Als-Fakt-Setzung in Wort→Welt-Ausrichtung oder in Welt→Wort-Ausrichtung vollzogen werden, allerdings unter dem spezifischen Aspekt der Unabhängigkeit oder Abhängigkeit von der Sprachhandlung. Dadurch werden für den D-Satz zwei *rhetische Modi* unterschieden: Im *konstativen* Modus bezieht sich ein Sprecher auf eine Weltgegebenheit, deren Existenz als illokutionsunabhängig angenommen werden kann; im *konstitutiven* Modus dagegen bezieht er sich mit dem propositional beschriebenen Sachverhalt auf ein Resultat der aktuellen Illokution oder diese selbst.

4. Wer einen D-Satz konstativ auf eine Welt bezieht, setzt implizit den Inhalt des Satzes als wahr; zugleich erhebt er für diesen in der Mehrzahl der Fälle einen Wahrheitsanspruch gegenüber einem textuellen, ggf. interaktionalen Kontext und assertiert ihn somit. Anders formuliert: Der assertierende Sprecher präsentiert den propositional beschriebenen Sachverhalt als Repräsentation einer existierenden Weltgegebenheit (vgl. Searle/Vanderveken 1985:37).

5. Es ist zwar charakteristisch, aber nicht konstitutiv für Assertionen, daß sich darin eine doxastische Sprechereinstellung ausdrückt. Doxastische und epistemische Einstellungen eignen sich jedoch als Basis für die Subklassifikation der ASSERTIVA, und zwar in THESEN, VERMUTUNGEN, BEHAUPTUNGEN, FESTSTELLUNGEN und MITTEILUNGEN.

6. Falls die Proposition des D-Satzes eine mit der Sprachhandlung simultan bestehende Emotion oder Einstellung des Sprechers beschreibt, wird die Äußerung im unmarkierten Fall nicht assertiv, sondern als (sententiale) ***Bekundung*** interpretiert. Auch dann referiert der Sprecher konstativ auf eine bereits existierende Gegebenheit, die vom benannten Sachverhalt repräsentiert wird, präsentiert jedoch diesen mit der Intention, durch die Äußerung die Existenz seines momentanen psychischen Zustands kausal zu indizieren (nicht bloß dafür einen

Wahrheitsanspruch zu erheben). Sententiale Bekundungen sind eine komplexe verbale Spielart von Ausdrucksverhalten.

7. Die Bekundung wird hier nicht (wie von BRRZ) als eigener Illokutionstyp, sondern als konstative Vollzugsform von Illokutionen angesehen, die in vielem der konstitutiven Vollzugsform 'Performativ' ähnelt. Bekundungen von Emotionen und Evaluationen werden der Klasse der EXPRESSIVA zugeordnet, deren "illocutionary point" es ist, "simply to express the speaker's feelings (or attitudes)" (Searle/Vanderveken 1985:39, 54).

8. Da ASSERTIVA und QUAESTIVA (Fragen) im Regelfall als Ausdruck doxastischer bzw. erotetischer Einstellungen gelten dürfen und umgekehrt deren sententialer Ausdruck notwendig als ASSERTIV bzw. QUAESTIV zu bezeichnen ist, gilt das letztere auch für Bekundungen dieser Einstellungen. In bekundenden ASSERTIVA und QUAESTIVA wird natürlich nicht die Einstellung assertiert bzw. in Frage gestellt, sondern der im Komplementsatz formulierte Einstellungsinhalt (so wie dies auch in performativen Assertionen und Fragen der Fall ist). Weniger eindeutig ist die Zuordnung volitiver und intentionaler Bekundungen zu den KOMMISSIVA und DIREKTIVA; mit ihnen lassen sich auch EXPRESSIVA und ASSERTIVA vollziehen.

9. Bezieht sich der im D-Satz formulierte Sachverhalt nicht auf eine unabhängig von der Illokution existierende oder denkbare Weltgegebenheit, so kann er diese nicht im Sinne einer wahren Beschreibung repräsentieren. Der Sprecher setzt vielmehr in *konstitutiver* Welt→Wort-Ausrichtung einen Sachverhalt als faktisch, der durch die Äußerung zur "institutionellen Tatsache" werden kann, weil die vollzogene Illokution eine mindestens notwendige Bedingung für die Faktizität dieser Tatsache darstellt.

10. Entsprechend der jeweiligen Proposition der D-Sätze kann man deren konstitutive Verwendungen in (explizit) *performative* und *resultative* unterteilen. In performativen Äußerungen wird der Sachverhalt auf das streng gleichzeitige Ereignis der mit dieser Äußerung vollzogenen Illokution bezogen; in resultativen Äußerungen bezieht sich der Sachverhalt auf das nachzeitige Resultat der aktuellen Illokution.

11. Bei den potentiell performativen Konstruktionen ist die performative Lesart aufgrund der Propositionsbedeutung (speziell der Verbsemantik) der Defaultfall; erst dessen Blockierung durch referenz-/einstellungsbezogene verbale und kontextuelle Faktoren ermöglicht eine konstative Lesart. Die performative Abhängigkeit zwischen denotiertem Sachverhalt und Illokution kann als *explikative Äquivalenz-(gdw-)Relation* beschrieben werden: Die aktuell vollzogene Illokution konstituiert die Faktizität des Sachverhalts, indem sie seiner propositionalen Beschreibung entspricht. Damit wird die Hauptproposition als 'IFID' funktionalisiert und eine ggf. abhängige Proposition zum 'propositionalen Gehalt' angehoben.

12. Bei den potentiell resultativen Konstruktionen ist in der Regel durch die Propositionsbedeutung die konstative Lesart vorgezeichnet und ein resultativer Modus erst dann anzusetzen, wenn verbale oder kontextuelle Faktoren die konstative Lesart blockieren und der D-

Satz eine Wirkung der aktuell vollzogenen Illokution denotiert. Dabei kommen die drei Welt→Wort-Illokutionsklassen in Frage: DEKLARATIVA, KOMMISSIVA und DIREKTIVA.

13. Resultativ (also nicht explizit performativ) vollzogene DEKLARATIVA werden über eine *kausale Äquivalenzrelation* interpretiert: Die Proposition des D-Satzes beschreibt das Resultat einer Illokution, für dessen Eintreten diese die notwendige und hinreichende Ursache ist. Setzt der Sprecher das Resultat über den Satzmodus als faktisch, ergeben sich daraus zwei Folgerungen: daß er seine Illokution als faktkonstituierendes DEKLARATIV definiert (Schluß auf die notwendige Bedingung); und falls diese Handlung interaktional ratifiziert wird: daß das Handlungsresultat nunmehr real besteht (Schluß aus der hinreichenden Bedingung).

14. Demgegenüber ist für resultativ vollzogene KOMMISSIVA und DIREKTIVA eine *kausale Replikation* kennzeichnend: Der Sprecher referiert mit dem propositional beschriebenen Sachverhalt auf eine künftige Sprecher- bzw. Adressatenhandlung, die einer Selbst- bzw. Fremdfestlegung als ursächlich notwendiger Bedingung bedarf. Indem er die Handlung als faktisch setzt, definiert er implikativ die aktuelle Sprachhandlung als diese Bedingung und damit als KOMMISSIV bzw. DIREKTIV.

15. Dadurch, daß der Sprecher die künftige Handlung konstitutiv als Fakt hinstellt, präsupponiert er zugleich, daß auch alle übrigen notwendigen Bedingungen für das Faktisch-Werden der Handlung erfüllt seien, und verleiht so der aktuellen Festlegung die Aura einer letzten notwendigen und damit hinreichenden Bedingung. Resultativ vollzogene KOMMISSIVA und DIREKTIVA sind deshalb optimistischer bzw. autoritärer als ihre performativen Pendants. Resultative DIREKTIVA werden aber nicht nur in BEFEHLEN, sondern typischerweise auch dort eingesetzt, wo über die Handlungsbefolgung von vorn herein Konsens besteht: z.B. in INSTRUKTIONEN.

16. Die Überlegungen und formalen Analysen dieses Aufsatzes erweisen die Fruchtbarkeit der Modularitätshypothese an einem wichtigen Teilproblem des Grammatik-Pragmatik-Verhältnisses. Man wird der verwirrenden Vielfalt illokutiver Funktionen des selbständigen D-Satzes weder durch ein zu direktes, sich z.B. auf denotierte Einstellungen stützendes Dependenzverhältnis gerecht noch durch eine zu ausgeprägte Autonomie, wie sie ein neutraler Satzmodus gegenüber seinen Funktionen besäße. Das hier vorgestellte Konzept beläßt dem D-Satzmodus eine relativ autonome und abstrakte Bedeutung, um diese dann Schritt für Schritt unter Berücksichtigung der unterschiedlchen Verwendungskontexte in das Spektrum illokutiver Funktionen zu transformieren. Dabei fungieren die rhetischen Modi als Schnittstelle zwischen Satzmodus und Illokution.

Literatur

Altmann, H. (1987), Zur Problematik der Konstitution von Satzmodi als Formtypen. In: Meibauer, J. (Hg.), 22-56.

Austin, J.L. (1962), How to Do Things with Words. Cambridge/Mass.

— (1975a), Die Bedeutung eines Wortes. In: Austin, J.L., Wort und Bedeutung. Philosophische Aufsätze. München, 11-36.

— (1975b), Performative Äußerungen. In: Austin, J.L., Wort und Bedeutung. Philosophische Aufsätze. München, 245-268.

Bartsch, R. (1979), Die Rolle von pragmatischen Korrektheitsbedingungen bei der Interpretation von Äußerungen. In: Grewendorf, G. (Hg.), 217-243.

Bierwisch, M. (1980), Semantic Structure and Illocutionary Force. In: Searle, J.R./Kiefer, F./Bierwisch, M. (Hgg.), 1-35.

— (1988), On the Grammar of Local Prepositions. In: Bierwisch, M./Motsch, W./Zimmermann, I. (Hgg.), Syntax, Semantik und Lexikon. Berlin. (= studia grammatica XXIX)

Brandt, M. (1990), Weiterführende Relativsätze. Zu ihrer Syntax, Semantik und Pragmatik. Stockholm. (= Lunder germanistische Forschungen 57)

Brandt, M. et al. (1989), Die performativen Äußerungen – eine empirische Studie. In: S&P 12, 1-21. [auch in: Zeitschrift für Phonetik, Sprachwissenschaft und Kommunikationsforschung 43 (1990), 355-369]

Brandt, M./Rosengren, I./Zimmermann, I. (1989), Satzmodus, Modalität und Performativität. In: S&P 13, 1-42. [auch in: Zeitschrift für Phonetik, Sprachwissenschaft und Kommunikationsforschung 43 (1990), 120–149]

Brandt, M./Reis, M./Rosengren, I./Zimmermann, I. [in diesem Band], Satztyp, Satzmodus und Illokution.

Burkhardt, A. (1987), Der Sprechakt als kooperative Anstrengung. Adolf Reinachs Phänomenologie der "sozialen Akte", Kritik an der Sprechakttheorie und ein hörerseitiges Schlußfolgerungsmodell. In: Liedtke, F./Keller, R. (Hgg.), Kommunikation und Kooperation. Tübingen, 183-216.

Butulussi, E. (1991), Studien zur Valenz kognitiver Verben im Deutschen und Neugriechischen. Tübingen.

Conrad, R. (1983), Fragesätze als indirekte Sprechakte. In: Růžička, R./Motsch, W. (Hgg.), 343-367.

Coulmas, F. (1981), Routine im Gespräch. Zur pragmatischen Fundierung der Idiomatik. Wiesbaden.

van Dijk, T.A./Kintsch, W. (1983), Strategies of Discourse Comprehension. New York/London.

Doherty, M. (1987), Epistemic Meaning. Berlin/Heidelberg/New York.

— (1988), Sentence Mood and the Integration of Attitudinal Elements. In: Studien zum Satzmodus II, 39-49.

Donnellan, K. (1971), Reference and Definite Descriptions. In: Steinberg, D.D./Jakobovits, L.A. (Hgg.), Semantics. An Interdisciplinary Reader in Philosophy, Linguistics and Psychology. Cambridge, 100-114.

Falkenberg, G. (1981), Epistemische Operatoren und illokutionäre Kraft. In: Hindelang, G./Zillig, W. (Hgg.), Sprache: Verstehen und Handeln. Akten des 15. Linguistischen Kolloquiums. Münster 1980. Bd. 2. Tübingen, 193-203.

— (1989a), Explizite Illokutionen. In: S&P 12, 22-42. Lund. [auch in: Zeitschrift für Phonetik, Sprachwissenschaft und Kommunikationsforschung 43 (1990), H. 4]

— (1989b), Explizite Performative sind nicht indirekt. In: S&P 13, 55-62. Lund.

Fraser, B. (1975), Hedged performatives. In: Cole, P./Morgan, J.L. (Hgg.), Syntax and Semantics. Vol. 3: Speech Acts. New York, 187-210.

Frege, G. (1966), Logische Untersuchungen. Hrsg. und eingeleitet von G. Patzig. Göttingen.

Grewendorf, G. (1979) (Hg.), Sprechakttheorie und Semantik. Frankfurt/M.

— (1979a), Haben explizit performative Äußerungen einen Wahrheitswert? In: Grewendorf, G. (Hg.), 175-196.

— (1979b), Explizit performative Äußerungen und Feststellungen. In: Grewendorf, G. (Hg.), 197-216.

Gülich, E. (1977), "Was sein muß, muß sein." Überlegungen zum Gemeinplatz und seiner Verwendung. Bielefeld. (= Bielefelder Papiere zur Linguistik und Literaturwissenschaft 7)

Hall Partee, B. (1973), The Semantics of Belief Sentences. In: Hintikka, J./Moravcsik, J.M./Suppes, P. (Hgg.), Approaches to Natural Language. Dordrecht, 309-336.

Hartnack, J. (1963), The Performatory Use of Sentences. In: Theoria 29, 137-146.

Hedenius, I. (1963), Performatives. In: Theoria 29, 115-136.

Heim, I. (1977), Zum Verhältnis von Wahrheitsbedingungen-Semantik und Sprechakttheorie. In: Veröffentlichungen des SFB 99, Konstanz, Nr. 17.

Henne, H./Rehbock, H. (1980), Sprachzeichenkonstitution. In: Althaus, H.P./Henne, H./Wiegand, H.E. (Hgg.), Lexikon der Germanistischen Linguistik. 2. Auflage. Tübingen, 151-159.

Hindelang, G. (1978), Auffordern. Die Untertypen des Aufforderns und ihre sprachlichen Realisierungsformen. Göppingen.

— (1983), Einführung in die Sprechakttheorie. Tübingen.

Kallmeyer, W./Klein, W./Meyer-Herrmann, R./Netzer, K./Siebert, H.J. (1980), Lektürekolleg zur Textlinguistik. Band 1: Einführung. 3. Aufl. Königstein/Ts.

Koch, W./Rosengren, I./Schonebohm, M. (1981), Ein pragmatisch orientiertes Textanalyseprogramm. In: Rosengren, I. (Hg.), 155-206.

Lang, E. (1981), Was heißt "eine Einstellung ausdrücken"? In: Rosengren, I. (Hg.), 293-314.

— (1983), Einstellungsausdrücke und ausgedrückte Einstellungen. In: Růžička, R./Motsch, W. (Hgg.), 305-342.

Lang, E./Pasch, R. (1988), Grammatische und kommunikative Aspekte des Satzmodus - Ein Projektentwurf. In: Studien zum Satzmodus I, 1-24.

Liedtke, F.W. (1989), Performativität, Sprechhandlung, Wahrheit. In: S&P 12, 43-67. [auch in: Zeitschrift für Phonetik, Sprachwissenschaft und Kommunikationsforschung 43 (1990), H. 3]

— (1990), Representational Semantics and Illocutionary Acts. In: Burkhardt, A. (Hg.), Speech Acts, Meaning and Intentions. Critical Approaches to the Philosophy of John R. Searle. Berlin/New York, 194-209.

Lötscher, A. (1988), "Indirektheit" und Ellipse in Sprechaktsequenzen. In: Zeitschrift für germanistische Linguistik 16, 46-61.

Meibauer, J. (1987) (Hg.), Satzmodus zwischen Grammatik und Pragmatik. Referate anläßlich der 8. Jahrestagung der Deutschen Gesellschaft für Sprachwissenschaft, Heidelberg 1986. Tübingen. (= Linguistische Arbeiten 180)

Menne, A. (1985), Einführung in die formale Logik. Darmstadt.

Motsch, W. (1984), Satzmodi und illokutive Funktionen. In: Linguistische Arbeitsberichte 44, 10-22.

Motsch, W./Pasch, R. (1987), Illokutive Handlungen. In: Motsch, W. (Hg.), Satz, Text, sprachliche Handlung. Berlin (= studia grammatica XXV), 11-79.

Motsch, W./Viehweger, D. (1981), Sprachhandlung, Satz und Text. In: Rosengren, I. (Hg.), 125-154.

Öhlschläger, G. (1986), Modalität zwischen Grammatik und Pragmatik. In: Weiss, W./Wiegand, H.E./ Reis, M. (Hgg.), Kontroversen, alte und neue. Akten des VII. internationalen Germanisten-Kongresses, Göttingen 1985. Bd. 3. Tübingen, 372-380.

Oppenrieder, W. (1987), Aussagesätze im Deutschen. In: Meibauer, J. (Hg.), 161-189.

Pasch, R. (1985), Typen von Einstellungsbekundungen. In: Zeitschrift für Germanistik 6, 53-63.

— (1989), Überlegungen zum Begriff des "Satzmodus". In: Studien zum Satzmodus III, 1-88.

Recanati, F. (1987), Meaning and Force. The Pragmatics of Performative Utterances. Cambridge.

Rehbock, H. (1989), Deklarativsatzmodus und pragmatische Interpretation. In: S&P 15, 1-69.

— [in diesem Band], Fragen stellen – Zur Interpretation des Interrogativsatzmodus.

Reichenbach, H. (1947), Elements of Symbolic Logic. New York.

Reis, M./Rosengren, I. (1991) (Hgg.), Fragesätze und Fragen. Referate anläßlich der 12. Jahrestagung der Deutschen Gesellschaft für Sprachwissenschaft, Saarbrücken 1990. Tübingen. (= Linguistische Arbeiten 257)

Rolf, E. (1983), Sprachliche Informationshandlungen. Göppingen.

— (1987), Über den Deklarativmodus. In: Meibauer, J. (Hg.), 190-206.

Rosengren, I. (1981) (Hg.), Sprache und Pragmatik. Lunder Symposium 1980. Lund. (= Lunder germanistische Forschungen 50)

— (1984), Die Einstellungsbekundung im Sprachsystem und in der Grammatik. In: Stickel, G. (Hg.), Pragmatik in der Grammatik. Düsseldorf (= Sprache der Gegenwart 60), 152-174.

— (1985), Die Beziehung zwischen Sprachhandlungssystem und Sprachsystem am Beispiel der Einstellungsbekundung. In: Zeitschrift für Germanistik 6, 322-337.

— (1988), Die Beziehung zwischen Satztyp und Illokutionstyp aus einer modularen Sicht. In: S&P 6, 1-30. [auch in: Studien zum Satzmodus II, 113-138]

Růžička, R./Motsch, W. (1983) (Hgg.), Untersuchungen zur Semantik. Berlin. (= studia grammatica XXII)

Searle, J.R. (1969), Speech Acts. An Essay in the Philosophy of Language. Cambridge.

— (1979), Expression and Meaning. Studies in the Theory of Speech Acts. Cambridge.

— (1979a), A Taxonomy of Illocutionary Acts. In: Searle, J.R. (1979), 1-29.

— (1979b), Referential and Attributive. In: Searle, J.R. (1979), 137-161.

— (1983), Intentionality. An Essay in the Philosophy of Mind. Cambridge.

Searle, J.R./Kiefer, F./Bierwisch, M. (1980) (Hgg.), Speech Act Theory and Pragmatics. Dordrecht.

Searle, J.R./Vanderveken, D. (1985), Foundations of Illocutionary Logic. Cambridge.

Studien zum Satzmodus (1988/89), I - III. (Linguistische Studien, Reihe A, 177; 185; 193) Berlin.

S&P (1ff.), Sprache und Pragmatik. Arbeitsberichte des Forschungsprogramms "Sprache und Pragmatik" hrsg. v. I. Rosengren. Lund:1988ff.

Vendler, Z. (1980), Telling the Facts. In: Searle, J.R./Kiefer, F./Bierwisch, M. (Hgg.), 273-290.

Wunderlich, D. (1976), Studien zur Sprechakttheorie. Frankfurt/M.

Zaefferer, D. (1979), Sprechakttypen in einer Montague-Grammatik. Ein modelltheoretischer Ansatz zur Behandlung illokutionärer Rollen. In: Grewendorf, G. (Hg.), 386-417.

— (1988), Satzmodi als Satzformkategorien. Zur Analyse grammatischer Faktoren in der Illokutionstypbestimmung. In: Studien zum Satzmodus II, 139-163.

Zimmermann, I. (1983), Untersuchungen zum Verhältnis von Substantivgruppe und Nebensatz. In: Růžička, R./Motsch, M. (Hgg.), 201-242.

— (1991), Die subordinierende Konjunktion *wie*. In: Reis, M./Rosengren, I. (Hgg.), 113-122.

— [im zweiten Band], Zur Syntax und Semantik eingebetteter Sätze.

Zybatow, G. (1983), Syntaktische und semantische Eigenschaften der Komplementsätze kognitiver Verben des modernen Russischen. In: Růžička, R./Motsch, W. (Hgg.), 169-200.

Fragen stellen – Zur Interpretation des Interrogativsatzmodus[1]

Helmut Rehbock, Braunschweig

Die Untersuchung stellt den Versuch dar, den Vorschlag von Brandt/Rosengren/Zimmermann (1989), Satzmodi ohne Rekurs auf eine Sprechereinstellung zu beschreiben, im Hinblick auf den Interrogativsatzmodus zu explizieren. An die Stelle der Einstellung als Definiens tritt das, was allen I(nterrogativ)-Sätzen, abhängigen wie unabhängigen, gemeinsam ist: der offene Modus potentieller Referenz auf Weltgegebenheiten. I-Sätze denotieren eine als gegeben zu denkende, unspezifizierte 'Erfüllungsmenge' als Teilmenge eines 'Suchbereichs', die der 'Interrogativfunktion' genügen soll und aus den Möglichkeiten des Suchbereichs zu spezifizieren ist. Aus dieser Charakterisierung lassen sich die Bedeutungen eingebetteter sowie selbständig geäußerter Interrogativsätze und bei den letzteren vor allem die mit dem 'rhetischen' Referenzakt zu verknüpfenden erotetischen Einstellungen formal stringent herleiten. Die Illokutionsklasse der EROTETIKA/QUAESTIVA ist somit konstituiert durch den erotetischen Modus des rhetischen Aktes.

1. Interrogativsatzmodus und Sprechereinstellung
2. Interrogativsatzmodus und rhetischer Akt
3. Interpretation des Interrogativsatzmodus
3.1. OFFEN ist kein Prädikat.
3.2. w-Interrogativa und Referenz
3.3. w-Interrogativa und Erfüllungsmenge
3.4. Mengenaspekte des w-Interrogativsatzes
3.5. Sind w-Interrogativsätze allquantifizierte E-Sätze?
3.6. Die *so daß*-Struktur der w-Sätze
4. Zur formalen Notation der Interrogativsatzbedeutung
4.1. w-Interrogativsätze: Beschreibungsverfahren
4.2. w-Interrogativsätze: Beispiele der Notation
4.3. Entscheidungs-Interrogativsätze
4.4. Alternativ-Interrogativsätze
4.5. Schlußbemerkung
5. Interrogativsatzmodus im Einbettungs- und Äußerungskontext
5.1. Die Bedeutung eingebetteter Interrogativsätze
5.2. Selbständige Interrogativsätze: Satzmodus, rhetischer Akt, Illokution
5.3. Echofragen
5.4. Verbstellung und Intonation
6. Zusammenfassung
Literatur

---

1 Dieser Aufsatz ist eine leicht überarbeitete und ergänzte Fassung meines Beitrages zu Reis/Rosengren (Hgg.) (1991). Eine erste umfangreichere Version erschien in den Arbeitsberichten S&P 18 (Rehbock 1990); ich verweise an einigen Stellen auf dort ausführlicher formulierte Argumentationen.

Für zahlreiche kritische und anregende Hinweise habe ich vor allem Ilse Zimmermann zu danken, ferner Renate Pasch, Inger Rosengren, Marga Reis und Armin Burkhardt.

1. Interrogativsatzmodus und Sprechereinstellung

Seitdem u.a. Grewendorf (1972, 1978) und Wunderlich (1976) diejenigen Ansätze einer detaillierten Kritik unterzogen haben, in denen bestimmte Fragehandlungstypen, meistens die Informationsfrage, einer semantischen Beschreibung der Interrogativsätze zugrunde gelegt wurden, hat sich in der Linguistik allmählich ein Konsens durchgesetzt, den Kiefer (1981:159) folgendermaßen formuliert hat: "[...] the various types of questions [...] can be best accounted for by postulating a common semantic structure for all questions – [...] – and let pragmatics do the rest."

Mit dieser zentralen pragmatischen 'Restaufgabe' möchte ich mich in diesem Aufsatz nicht beschäftigen. Auch wenn in den Details noch manches zu tun bleibt, ist der Kern doch wohl unbestritten, daß Sätzen wie:

(1) Wie wird sich denn das Fehlen einer 5%-Klausel auswirken?

gleichrangige illokutive Lesarten als Informationsfrage, Prüfungsfrage, didaktische Frage etc. zuzuweisen sind und daß diese Interpretationen als jeweilige Konfiguration von Sprechereinstellungen systematisch beschrieben werden können (vgl. z.B. Kiefer 1981:162ff.). Unbestritten ist mittlerweile wohl auch, daß derartige Einstellungen nicht wie bei Åqvist in die semantische Beschreibung von Interrogativsätzen gehören.

Weniger unstrittig ist demgegenüber schon, ob die erwähnten Illokutionstypen eine gemeinsame pragmatische, als Einstellung beschreibbare Basis haben oder unmittelbar einem wie immer zu definierenden semantischen Interrogativsatzmodus zuzuordnen sind. Wunderlich (1976:183) hat den letzteren Weg mit dem Begriff des "Sprechaktkonzepts" beschritten, das er auf die beiden Säulen des "illokutiven Typs" und des "propositionalen Gehalts" gründet. Der illokutive Typ ist als "Teil der Bedeutung eines Fragesatzes"[2] den speziellen Fragearten vorgeschaltet und wird nicht über eine Sprechereinstellung definiert, sondern im Hinblick auf den Zweck und die Erfolgsbedingungen von Fragehandlungen rekonstruiert. Konkret leitet Wunderlich diese "Resultatsfunktion" im wesentlichen aus der "offenen Struktur" des propositionalen Gehalts ab, während die Funktion des "formalen Merkmals" für den illokutiven Typ, des Interrogativmodus *Int* oder ERO, undeutlich bleibt. Jedenfalls denotiert dieser "Modus" keine Sprechereinstellung; und in der Äußerung selbständiger Interrogativsätze geht den speziellen illokutiven Einstellungen nur die generelle "Erwartung nach einem Abschluß" als einstellungsähnliche Komponente voraus.

Anders verhält es sich bei Lyons (1977/1983) und Bierwisch (1980), die die Fragehandlungen auf eine genuin pragmatische Basis stellen. Lyons unterscheidet zwischen "posing" und "asking a question", also zwischen dem '(Sich) Stellen' oder 'Aufwerfen' einer Frage und dem Ausführen einer kommunikativen Fragehandlung. Das Aufwerfen einer Frage ist in erster Linie ein Akt des "wondering", ein "mental act": "Es ist so, als würde jemand eine Beziehung zwi-

2 Sie wird als wörtliche Bedeutung in einem "neutralen Kontext" unmittelbar in die Realisierung einer Fragehandlung umgesetzt.

schen sich selbst und einer Proposition herstellen" (1983:359). Dem entspricht, daß Bierwisch die Äußerungsbedeutung *m* in die Komponenten "content" (*m'*) und "cognitive attitude" (*att*) aufgliedert und zu der letzteren bemerkt: "Notice, however, that *att* is neither the specification of an illocutionary force, nor an element of the semantic structure" (1980:21). Vielmehr handelt es sich um eine "prä-reflexive" (ebd.:20) Einstellung gegenüber Sachverhalten, die in jedem interaktionalen, aber – wenn man Bierwischs Anknüpfung an Frege (vgl. ebd.:Anm.6) ernst nimmt – auch in jedem gedanklichen Stellen einer Frage zum Ausdruck kommt. Daß Bierwisch diese Einstellung *Q* mit "the utterer intends to know" zu spezifisch paraphrasiert, fällt weniger ins Gewicht, da er im selben Atemzug auf die prinzipielle Nicht-Formulierbarkeit prä-reflexiver Einstellungen verweist.

Geht man nun versuchsweise von einer solchen, wie immer zu paraphrasierenden Basiseinstellung aus, dann stellt sich sofort die Frage nach ihrer Zuordnung zum Interrogativsatzmodus. Muß man diesen als einen Einstellungsoperator auffassen, der die kognitive Einstellung "determiniert"? Bierwisch (1980) sowie – mit Unterschieden im Detail – Motsch/Pasch (1987) und Pasch (1989a) sind dieser Meinung; Bierwisch expliziert daher die semantische Struktur von Interrogativsätzen als: *sem* = < *Qu, pc* >, wobei "*Qu* determines the attitude *Q*" (1980:22). Bemerkenswerterweise bleibt hier der propositionale Gehalt *pc* unanalysiert; die 'Offenheit' des Interrogativen wird allein durch *Qu* erzeugt.[3]

Ein anderer Weg besteht darin, daß man im Verzicht auf einen Einstellungsoperator die 'offene Struktur' der Proposition dergestalt expliziert, daß ihr Aktualisierungsergebnis der betreffenden kognitiven Einstellung ein-eindeutig zugeordnet werden kann. Der Interrogativsatzmodus ist dann entweder mit der offenen propositionalen Struktur zu identifizieren oder zu formalisieren als ein Operator, der kein zur Proposition von außen hinzutretender, sondern ein ihr zugeordneter Operator ist, mit dem formalen Status eines logiksprachlichen Funktors.

Leider sind die wenigsten Autoren so explizit wie etwa Keenan/Hull (1975:444), die ihr *which* immerhin als "logical determiner (= quantifier)" definieren; zum Beispiel bleiben Status und Bedeutung von Conrads (1978) Frageoperator "?" ungeklärt. Diesbezüglich explizit sind dagegen Brandt/Rosengren/Zimmermann (1989), die den Interrogativsatzmodus mit Hilfe eines propositionalen Operators OFFEN zu erfassen suchen, der keine Einstellung denotiert. In ihrem Aufsatz entwickeln sie die semantische Form von Deklarativ- und Interrogativsätzen auf der Basis einer GB-Analyse dieser Satztypen und gelangen dabei zu folgenden Formeln für Interrogativsätze:

(2) Schläft Peter?
(a) OFFEN [∃e [e INST [SCHLAF PETER]]]

(annäherungsweise zu übersetzen als: Hinsichtlich der Faktizität offener Bezug des die Proposi-

3 Kritisch hierzu Meibauer (1986:103ff.) innerhalb eines umfassenden Forschungsberichts zum Interrogativsatzmodus und zur "Semantik der Frage".
Einstellungsbezogene "Frageoperatoren" definieren u.a. auch Öhlschläger (1988) und Jacobs (1991).

tion 'daß Peter schläft' instantiierenden[4] Sachverhalts e auf die Diskurswelt.)

(3) Wer schläft?

(a) [[OFFEN x [PERSON x]] [∃e [e INST [SCHLAF x]]]]

Im Fall (2a) (E-Interrogativsatz) wird OFFEN charakterisiert als "einstelliger propositionaler Funktor wie NEG", im Fall (3a) (w-Interrogativsatz) als "Funktor desselben Typs wie der Alloperator" (1989:8f.). Brandt/Reis/Rosengren/Zimmermann (in diesem Band; künftig abgekürzt: BRRZ) haben diese Formeln und Bestimmungen in Kap. 4.3. zunächst aufgenommen, sodann durch zwei Revisionen ergänzt. Da ich in meinen Überlegungen von Brandt/Rosengren/Zimmermann (1989) ausgegangen bin, werde ich mich hier weiterhin auf diese Arbeit beziehen und zu den Revisionen in BRRZ unten gesondert Stellung nehmen (S. 191, 194f.).

Mit (2a) und (3a) sowie den zugehörigen syntaktisch-semantischen Ableitungen in Brandt/Rosengren/Zimmermann (1989) sind Status und Erklärungskraft des Operators nicht hinreichend bestimmt. Die Plausibilität einer solchen Formalisierung hängt nicht nur von der maßgeschneiderten Anpassung an einen GB-Baum ab, sondern von der zureichenden Definition des Operators. Genau diese aber wird von den Autorinnen explizit ausgespart, abgesehen von einer zu Mißverständnissen einladenden Kurzparaphrase (in BRRZ ersatzlos gestrichen), auf die ich später eingehen werde. Wegen dieser Beschreibungslücke, die auch Pasch (1989b:6) anmerkt, bleibt undeutlich, worin der Vorteil des postulierten Operators liegt z.B. gegenüber dem Lambda-Operator, mit dem Wunderlich (1976) und Jacobs (1991) die Offenheit der Proposition symbolisieren, oder gegenüber dem von Zaefferer (1984) für w-Interrogativsätze verwendeten Alloperator. Insbesondere aber kann erst eine genauere semantische Explikation ergeben, auf welche Weise die pragmatischen Einstellungen anzubinden sind an einen Interrogativsatzmodus, der diese Einstellungen nicht schon denotiert.

2. Interrogativsatzmodus und rhetischer Akt

Ein wesentliches Ziel der vorliegenden Arbeit ist es, die Formalisierung von Brandt/Rosengren/Zimmermann (1989) semantisch zu explizieren, um die Annahme eines nicht-einstellungsbezogenen Interrogativsatzmodus zu stützen. Damit setze ich eine Untersuchung fort, die ich bei den D(eklarativ)-Sätzen begonnen habe, bei denen das Verhältnis von Satzmodus und Illokution komplexer ist als bei den Interrogativsätzen. Ich verweise dazu auf meinen anderen Beitrag in diesem Band und möchte hier nur so viel zusammenfassend wiederholen:

Ausgehend von der Strukturformel bei Brandt/Rosengren/Zimmermann (1989:6): ∃e [e INST p] fasse ich den D-Satzmodus als ein spezifisches Mittel der Sachverhaltsreferenz auf: Indem ein Sprecher einen Satz mit diesem Modus äußert, referiert er auf eine Gegebenheit in der

4 Nach Bierwisch (1988) verwenden die Autorinnen den zweistelligen Funktor INST: Ein Sachverhalt 'instantiiert' die Proposition, die "seine Struktur repräsentiert". Nur Sachverhalte können von Faktizitätsaussagen betroffen werden, nicht Propositionen.

Diskurswelt als etwas, das den Sachverhalt e erfüllt, welcher die Proposition instantiiert; umgekehrt gesagt: er projiziert diesen Sachverhalt e als Fakt in die Diskurswelt.[5] Damit assertiert er ihn aber nicht; dies hängt vielmehr davon ab, ob die Weltgegebenheit im Äußerungskontext als unabhängig von der vollzogenen Sprachhandlung zu denken ist oder nicht, eine Unterscheidung, die ich Motsch/Pasch (1987:49) entnommen habe.

Durch dieses Merkmal werden für den Bereich der Sachverhaltsreferenz die beiden grundlegenden Referenzmodi mit den Ausrichtungen Wort→Welt und Welt→Wort (vgl. Searles "directions of fit") spezifiziert. Bezogen auf die Satzmodi ergeben sich daraus *rhetische Modi* (R-Modi), d.h. Modi desjenigen Austinschen Teilaktes, in dem – aus Bierwischs terminologischer Perspektive interpretiert – durch die Interaktion von grammatischer Bedeutung und Kontext die Äußerungsbedeutung erzeugt wird. Für den D-Satzmodus sind dies: der *konstative* Modus, in dem der Sprecher (in Wort→Welt-Ausrichtung) entweder (*performativ*) die propositional explizierte Illokution oder (*resultativ*) deren Ergebnis als faktisch existent setzt. Mit einer *konstativen* Äußerung *assertiert* der Sprecher entweder, d.h. erhebt relativ zu einem textuellen/interaktiven Kontext einen verpflichtenden Wahrheitsanspruch, oder er *bekundet* (bei entsprechendem Inhalt) eine momentane Emotion oder Einstellung, mit dem Anspruch auf Aufrichtigkeit. Mit einer *konstitutiven* Äußerung dagegen erschafft der Sprecher, indem er die Beschreibung der aktuellen Illokution oder deren Ergebnis als existent setzt, die Illokution als spezifisches "institutional fact" (Searle 1969); mit *performativen* Äußerungen lassen sich demgemäß – und zwar nicht etwa 'indirekt' – alle Illokutionen, mit *resultativen* Äußerungen DEKLARATIVA, DIREKTIVA und KOMMISSIVA vollziehen.

Ersetzt man das deutsche Wort *setzen* durch das englische *to pose*, das Lyons verwendet, so kann man die oben genannten R-Modi auch als zwei Arten des 'posing a declarative' bezeichnen. Es ist somit ein naheliegender und intuitiv einleuchtender Gedanke, auch das 'posing a question' – im Gegensatz zum 'asking' – auf der rhetischen Beschreibungsebene anzusiedeln. Ich habe deshalb in Abb. 4a/4b des oben genannten Beitrags dem I-Satzmodus einen *erotetischen* R-Modus mit Wort→Welt-Ausrichtung zugeordnet, was wiederum impliziert, daß auch der I-Satzmodus als grammatisches Mittel anzusehen ist, welches die Art der Sachverhaltsreferenz, nämlich 'als offen', determiniert. Dies wird in den folgenden Ausführungen zu erläutern und zu begründen sein.

Darüber hinaus werde ich – wie in meinem anderen Beitrag – der Strategie von BRRZ folgen, Illokutionen nicht über eine Sprechereinstellung, sondern über ihren "illocutionary point" zu definieren, mithin über die interaktive Funktion von Äußerungen relativ zu Kontexten. Ein Sprecher vollzieht mit der Äußerung eines selbständigen I-Satzes eine FRAGE, wenn er in einem "interactional setting" (Bierwisch 1980) einen Sachverhalt in einer bestimmten Weise mit bestimmten Konsequenzen *präsentiert*. Daß er damit in der Regel auch eine bestimmte erotetische Einstellung zum Ausdruck bringt, ergibt sich als konventionelle, ggf. löschbare Implikatur aus seiner Handlung, definiert diese jedoch nicht. Aus dieser

---

5 e ist nicht als faktisches 'event', sondern als außersprachlicher, konzeptueller 'Sachverhalt' zu verstehen, dessen virtueller Weltbezug durch den Satzmodusoperator als FAKTISCH indiziert wird.

Perspektive erscheint es vollends unplausibel, einen semantischen Einstellungsoperator anzunehmen, auch wenn das schmalere Illokutionspotential des I-Satzes das Abrücken von diesem Konzept nicht als so dringend erscheinen läßt wie beim D-Satz.

Doch ist ja auch an die 'indirekten (*ob*- und *w*-)Fragesätze' zu denken, deren Interrogativsatzstatus seit Baker (1968) als erwiesen gelten darf. Selbständige und eingebettete I-Sätze sollten jedoch einheitlich beschrieben werden können, und zwar in ihrer Gänze, nicht nur in ihrem "propositionalen Gehalt". Dann aber haben einstellungsdenotierende Operatoren keinen Platz in der Analyse, oder sie müßten aus w-Satz-Komplementen zu nicht negierten Verben des Wissens wie z.B.

(4) Ich weiß, auf welcher Seite das Zitat steht.

nachträglich herausinterpretiert werden. Mein Ziel ist es, die spezifische Differenz selbständiger und abhängiger Interrogativsätze aus ihrer einheitlichen semantischen Beschreibung abzuleiten und den Funktor *Int* oder ERO über die Ockhamsche Klinge springen zu lassen.

Ich werde deswegen nicht wie Zaefferer terminologisch zwischen 'Sätzen' und 'Sententialen' unterscheiden, sondern kurz von I-Sätzen, wenn die Gattung, und von w-, E- und A-Sätzen reden, wenn die Spezies gemeint ist. Allerdings werde ich mich vorwiegend mit den für Probleme der Referenz griffigeren w-Sätzen beschäftigen und nur einen Seitenblick auf die übrigen I-Satztypen werfen. Beispiele werden, solange es um die gemeinsame semantische Struktur eingebetteter und nicht-eingebetteter Sätze geht, in einer als 'neutral' gemeinten Verbletzt-Form zitiert. Für die Illokutionsklasse der FRAGEN, die Wunderlich (1976) "Erotetika" nennt, werde ich den Ausdruck QUAESTIVA verwenden, der diese Klasse auch sprachlich in die übrigen fünf Searleschen Illokutionsklassen integriert.

3. Interpretation des Interrogativsatzmodus

3.1. OFFEN ist kein Prädikat.

Ich beginne mit einem naheliegenden Mißverständnis der einzigen Paraphrase, die Brandt/Rosengren/Zimmermann (1989:8) ihrem Operator im Zusammenhang der E-Frage gegeben haben: "Wir nehmen aber an, daß mit OFFEN ∃e [e INST p] ausgedrückt wird, daß es offen ist, ob (es ein) e (gibt, das)[6] die Proposition p instantiiert." Man könnte diese Formulierung – und das ist in der Diskussion gelegentlich geschehen – so auffassen, als würde in einem I-Satz die Faktizität des Sachverhalts als OFFEN *prädiziert*, im Sinne einer *objektiven* Unbestimmtheit. Ein so verstandener I-Satzmodus aber würde die Verwendung von I-Sätzen für Fragehandlungen geradezu ausschließen. Die 'Offenheit' der I-Sätze zielt auf Entscheidbarkeit, und entscheidbar ist eine offene Proposition zum angezielten Zeitpunkt nur, wenn der Sachverhalt in der Bezugswirklichkeit als bereits entschieden gedacht werden kann.

---

6 In Klammern: Ergänzung im Sinne der Verfasserinnen (versehentlich nicht abgedruckte Korrektur).

Zehn Minuten nach Beendigung einer Klausur kann ein Student seine Dozentin nicht sinnvoll fragen:

(5) Habe ich die Klausur bestanden?

und sie wird dies vermutlich auch nicht als Paraphrase der wahren, aber überflüssigen Aussage verstehen können:

(5) (a) Es ist objektiv offen, ob ich die Klausur bestanden habe.

Ebenso wenig sind (6) und (6a) sowie (7) und (7a) Paraphrasen voneinander:

(6) Ich weiß nicht, ob ich bestanden habe.
(a) *Ich weiß nicht, daß es offen ist, ob ich bestanden habe.
(7) ?Ich weiß, ob ich bestanden habe.
(a) Ich weiß, daß es offen ist, ob ich bestanden habe.

Wenn aber der Sprecher in der genannten Situation einen der Sätze (6) oder (7) äußern sollte, so referiert er mit derartig unhypothetischen Formulierungen nicht auf das objektiv noch offene Korrekturergebnis der Dozentin, sondern auf die von ihr herauszufindende, aber schon vorliegende Qualität seiner Niederschrift. Und sollte er sagen:

(8) Ob ich wohl wenigstens 23 Punkte erreiche?

so bezieht sich diese Frage auf den zukünftigen Zeitpunkt, an dem das Ergebnis bereits ermittelt ist. Die Wirklichkeit, und sei sie nur eine gedachte, muß der Frage immer eine Nasenlänge voraus sein, damit diese nicht ihren Sinn verliert.

3.2. w-Interrogativa und Referenz

Das führt zu einem in vielen Analysen übersehenen oder verkannten, aber wesentlichen Merkmal der w-Sätze, das Vendler (1980) sehr instruktiv im Zusammenhang mit der Analyse faktiver Verben beschreibt. Mit 'wh-nominals' referiert der Sprecher auf Weltgegebenheiten: "Thus in saying 'He knows who killed her' one refers to a fact in rerum natura" (ebd.:282). Deutlich wird dies insbesondere bei den semifaktiven Verben, z.B. *tell*. Während ich der Äußerung des Satzes:

(9) Karl hat mir erzählt, daß er in Hamburg wohnt.

hinzufügen könnte:

(9) (a) Aber er hat gelogen.

kann ich dies nicht ohne weiteres,[7] wenn ich zuvor gesagt habe:

---

[7] Diese gegenüber Vendlers kategorischer "cannot"-Behauptung abgeschwächte Formulierung nimmt die Einschätzung mehrerer deutscher Sprecher/innen auf, daß eine Sequenz (9b)-(9a) umgangssprachlich sehr wohl möglich sei. Sequenzen lassen ja stilistisch markierte Perspektivenwechsel zu, und einen solchen Wechsel von einer 'referentiell durchsichtigen' zu einer 'referentiell opaken' (vgl. Vendler 1980:281) Redewiedergabe

(9) (b) Karl hat mir erzählt, wo er wohnt.

"Telling that can be false telling what cannot." (ebd.:283) – und zwar ebenfalls, worauf Vendler nicht eingeht, wenn der Matrixsatz eine Nicht-Wissens-Situation zum Ausdruck bringt:

(10) Ich habe von Karl nicht erfahren, wo er wohnt.
(11) Karl weiß nicht, wo Sabine wohnt.

Da durch die Bedeutung des Verbs *wohnen* der Nullfall ausgeschlossen ist, kann man sagen, daß der Sprecher in (10) und (11) mit *wo* auf den faktischen Wohnort oder die wechselnden faktischen Wohnorte referiert, seien sie nun ihm oder Karl bekannt oder unbekannt.[8]

w-Interrogativpronomina (im folgenden 'w-Interrogativa') bezeichnen also (abgesehen von ihrer kategorialen Komponente) nicht bloß eine gebundene Variable innerhalb eines intensionalen "Prädikatsbegriffs" (wie u.a. Wunderlich 1976:242ff. postuliert), sondern extensionalisieren die offene Proposition. Der Sprecher weist sozusagen aus den offenen Fenstern der Proposition in die Welt: auf Referenzobjekte, die als faktisch gedacht, aber nicht identifiziert werden.

3.3. w-Interrogativa und Erfüllungsmenge

Im Gegensatz zu den Indefinitpronomina, mit denen Sprecher ja ebenfalls auf nicht identifizierte Referenzobjekte verweisen können, ist die Referenz mittels der w-Interrogativa nicht unbestimmt. Während man mit Indefinitpronomina die offenen Variablen via Existenzquantor gleichsam in ihrer Unbestimmtheit absegnet und nur die Nullmöglichkeit ausschließt, referiert man mit w-Interrogativa auf zwar noch nicht identifizierte, aber allemal identifizierbare Objekte unter der Bedingung ihrer Existenz; und wenn die Erfüllung dieser Bedingung, auf die ich sogleich näher eingehen werde, in manchen w-Sätzen und Kontexten nicht gewährleistet ist, wird doch immerhin die Ja/Nein-Entscheidbarkeit unterstellt. Sprecher legen sich also mit der Äußerung von Indefinita und w-Interrogativa in verschiedener Richtung fest: mit den ersteren auf Existenz, nicht aber auf Identifizierbarkeit, mit den letzteren nicht auf Existenz, sondern auf Entscheidbarkeit und (im positiven Fall) auf Identifizierbarkeit.

Definit könnte man andererseits auf den faktischen Wohnort Sabines mit:

(11) (a) der Ort, wo/an dem Sabine wohnt,

oder auch spezifischer, z.B. mit:

(11) (b) die Kleinstadt, in der Sabine wohnt,

---

wird man der genannten Sequenz wohl mindestens zuschreiben müssen. Ändert man die Reihenfolge der Aussagen, wird die Inakzeptabilität der w-Variante drastisch erhöht:

(9) (c) Karl hat mich gestern belogen: Er hat mir erzählt, *wo er wohnt. / daß er in Hamburg wohnt.

8 Man vergleiche auch:

(10) (a) Karl hat mir erzählt, daß er in Hamburg wohnt, aber nicht, WO er wohnt.
(b) *Karl hat mir erzählt, wo er wohnt, aber nicht WO er wohnt.
(c) Karl hat mir weisgemacht, daß er in Hamburg wohnt.
(d) *Karl hat mir weisgemacht, wo er wohnt.

referieren; dies wäre logiksprachlich zu notieren als:

(11) (a') ιx [ORT (x) & WOHN (sabine, x)]
(b') ιx [KLEINSTADT (x) & WOHN (sabine, x)]

Mit derartigen Kennzeichnungen wird nicht nur präsupponiert, daß das betreffende Argument (zumindest als bekannter Diskursgegenstand)[9] existiert, sondern auch, daß es referentiell zureichend spezifiziert ist. Äußert ein Sprecher:

(11) (c) Karl stammt aus der Kleinstadt, in der Sabine wohnt ,

so unterstellt er, daß der Adressat den Ort entweder durch die Konjunktion der Prädikationen eindeutig zu identifizieren vermag oder aber für den Zweck der Aussage nicht genauer zu kennen braucht.

Demgegenüber wird in einem entsprechenden w-Satz:

(11) (d) wo/an welchem Ort/in welcher Kleinstadt Sabine wohnt

nicht einfach aus zwei Prädikationen eine fertige 'Schnittmenge' gebildet; vielmehr eröffnet die Interrogativ-NP mit ihrer impliziten (*wo*) oder expliziten (*an welchem Ort/in welcher Kleinstadt*) "Kategoriebedingung" (Wunderlich 1976:146) einen *Suchbereich*, aus dem heraus das Referenzobjekt, auf das die *Interrogativfunktion* WOHN (sabine, x) zutreffen soll[10], ohne deren Zuhilfenahme zu identifizieren ist: mittels ostensiver Deixis (z.B. auf der Landkarte: *Hier!*), Namensdeixis (*Einbeck*) oder Kennzeichnung aus Merkmalen des Suchbereichs (*im Geburtsort Schottels*). w-Interrogativa denotieren demnach die faktisch vorausgesetzte, aber noch unterbestimmte Schnittmenge zwischen dem Suchbereich und der Extension der Interrogativfunktion und konnotieren sie als *Erfüllungsmenge*[11] aus zugleich identifizierungsfähigen und -bedürftigen Elementen.

Daß die Erfüllungsmenge im Prinzip (s. aber S. 184f.) leer sein kann, dürfte heute (entgegen Keenan/Hull 1973) kaum noch strittig sein; vgl. etwa Wunderlich (1976), Zaefferer (1984), Jacobs (1991). Abstimmungsfragen wie

(12) Wer ist dafür? Wer ist dagegen? Wer enthält sich?

---

9 Dies ist das (der Bedeutung des bestimmten Artikels geschuldete) pragmatische Minimum, mit dem man auch den negativen Existenzsätzen beikommen kann: '*Der kahlköpfige König von Frankreich hat nie existiert.*' Dieser Satz wäre allerdings sinnlos und seine Referenz ginge ins Leere, wenn noch nie jemand über den 'kahlköpfigen König von Frankreich' ein Wort verloren hätte. In den meisten Kontexten wird jedoch – aus leicht einsehbaren pragmatischen Gründen – mit der genannten Präsupposition auch faktische Existenz impliziert; nur in diesen Fällen darf streng genommen der Jota-Operator verwendet werden. Vgl. auch Reis (1977: Kap. 2.3).

10 Den Begriffen 'Suchbereich' und 'Interrogativfunktion' entsprechen bei Keenan/Hull (1973) "domain of the question" und "question property", bei Conrad (1978) "Fragebereich" und "Antwortschema" bzw. "Aussagenfunktion"; Wunderlich (1976) verwendet dagegen den Terminus "Fragebereich" für die Extension der Interrogativfunktion.

11 Ich wähle die Termini 'Interrogativfunktion' und 'Erfüllungsmenge' – im Anschluß an Wunderlichs Begriff der "Erfüllung" (1976:238) – anstelle der vielleicht eingängigeren Ausdrücke 'Fragefunktion' und 'Antwortmenge', um alle illokutiven Assoziationen auszuschalten.

würden ihres Sinns beraubt, wenn die Sprecherin über die Existenz von Ja- und Nein-Sagern irgendwelche Vorannahmen zu erkennen gäbe. Wie und auf was aber kann sie dann mit dem w-Interrogativ referieren, wenn doch hier "die Referenz auf die Nullmenge nicht ausgeschlossen ist" (Rehbock 1989:11)? Dieses – darin gebe ich Jacobs (1991:Anm. 6) recht[12] – "ungewöhnliche Ding" kann ich nunmehr auf dem Hintergrund meines D-Satz-Beitrages durch ein besseres Konzept ersetzen: Mit w-Interrogativa vollziehen Sprecher eine "bedingte Referenz" (vgl. Searle 1969:73 und Rehbock [in diesem Band:2.4.]), wobei die Bedingung nicht konditional expliziert wird wie in Searles Beispiel, sondern implizit bleibt und in vielen Kontexten von vornherein als erfüllt gelten darf. Auf ähnlich bedingte Weise wie mit (12) könnte die Sprecherin auch mit (12a) referieren:

(12) (a) Die Befürworter dieses Antrags bitte ich die Hand zu heben.

Und sie könnte die implizite Bedingung auch aussprechen (und damit allzuviel Skepsis verraten):

(12) (b) Die eventuellen Befürworter ...
(c) Die Befürworter, falls es sie gibt, ...

Die Referenz mittels eines w-Interrogativs ist jedenfalls nicht als skeptisch, sondern als optimistisch einzuschätzen; die Existenzunterstellung hat, wenn nicht ohnehin kontextuell abgesichert, die Stärke einer konventionellen Implikatur (s. auch unten S. 184).[13]

Hinsichtlich der anvisierten Spezifizierungen sind zwei Detailliertheitsgrade zu unterscheiden, die sich in den kategoriefreien w-Interrogativa *welch* und *was für* manifestieren und die Conrad (1978:90) "Identifikation" und "Spezifikation" nennt:

(13) (a) welchen Ball du möchtest
(b) was für einen Ball du möchtest

Welch 'verlangt' die Identifikation von Individuen oder Einzelobjekten des Suchbereichs, *was für* die Spezifikation von Teilmengen des Suchbereichs, innerhalb derer die Referenzobjekte aufzufinden sind. Ich gehe im folgenden auf diesen Unterschied nicht im einzelnen ein, wähle vielmehr im Anschluß an Öhlschläger (1988:24) den Terminus 'Spezifizierung' als Oberbegriff für 'Identifizierung' (w-Sätze) und 'Entscheidung' (E- und A-Sätze, s. 4.3., 4.4.).

---

12 Nicht recht geben kann ich Jacobs dagegen, wenn er an der gleichen Stelle "'normale' Referenz" an die Bedingung knüpft , daß sie Nachfragen gestatten müßte wie '*Wen meinst du? Worauf beziehst du dich*?' Wenden wir diese auf die erste Teilfrage in (12) an: Entweder Jacobs hält seine Gegenfrage 'Wen meinst du?' mit '*Die Befürworter des Antrags*.' für zureichend beantwortet; dann hat er im Sinne der bedingten Referenz gefragt, und wir sind d'accord. Oder aber er versteht die Nachfragen spezifisch: '*Wen genau meinst du? Auf welche Individuen beziehst du dich?*'; dann würde man auch mit den folgenden Äußerungen eine höchst unnormale Referenz vollziehen:

(12) (d) Der einzige Befürworter dieses Antrags gab sich nicht zu erkennen.
(e) Der Mörder des armen Smith wurde nie gefaßt.

Daß man aber mit dem "attributive use of definite descriptions" (Donnellan 1971) ganz normal referieren kann, hat Searle (1979) ausführlich nachgewiesen. Vgl. auch Rehbock (in diesem Band:100).

13 Zu den "background assumptions of wh-questions" vgl. Kiefer (1980:101ff.)

3.4. Mengenaspekte des w-Interrogativsatzes

Wenn man die Referenzmenge der w-Interrogativa als Teilmenge des Suchbereichs bezeichnet, so impliziert dies, daß es sich auch bei diesem um eine Menge handelt. In der Tat präsentiert sich der Suchbereich in den landläufigen Beispielen als mehr oder minder begrenzte Menge aus raum-zeitlichen Objekten, ja ermangelt oft jeglicher Kategoriebedingung. Z.B. könnte man mit der Äußerung des w-Satzes:

(14) was du davon am meisten magst

auf eine kontextuell bestimmte Kollektion aus einer Flasche Wein, dem Frageoperator und einer Partie Schach referieren.

Andererseits zeigt dieses Beispiel, warum es ratsam erscheint, den Suchbereich vorsichtig als 'Bereich' zu titulieren: Er ist selten durch verbale Mittel eindeutig als Menge begrenzt. In der Regel geben Sprecher gerade so viele deiktische oder prädikative Hinweise, daß die prospektiven Adressaten den intendierten Suchbereich aus ihrem Welt- und Kontextwissen zu rekonstruieren vermögen. Insofern kann der Suchbereich von (11d) (*wo Sabine wohnt*) in der Äußerungsbedeutung extrem variieren: z.B. 'die ganze Welt', 'alle Städte Deutschlands', 'alle deutschen Kleinstädte zwischen Hannover und Kassel', 'Wolfenbüttel oder Seesen'.[14]

Zugleich erinnert die obige Interpretation von (14) daran, daß alle 'Welten' des Wahrnehmbaren und Denkbaren, des Konkreten und Abstrakten, der Tatsachen und Hypothesen, der Gegenstände, Prädikate und Sachverhalte als Suchbereich zu fungieren vermögen; die Beispiele (15)–(20) sollen dies ohne weitere Erläuterung illustrieren:

(15) mit welchem Begriff Austin den bedeutungskonstituierenden Teilakt bezeichnet
(16) welche Farbe Svens neues Fahrrad hat
(17) wie sich dein neuer Pullover anfühlt
(18) was Ellen in Rom alles erlebt hat
(19) was gestern leicht hätte passieren können
(20) wovon Heinz heute nacht geträumt hat

Suchbereiche sind also unter Umständen recht abstrakte und in der Regel (semantisch oder auch pragmatisch) unscharfe Mengen; andererseits sind sie 'nach unten' scharf begrenzt durch Minimalbedingungen, die sich aus der Offenheit der Erfüllungsmenge herleiten:

a. Suchbereiche von w-Sätzen müssen minimal 2 Elemente oder, falls für die Erfüllungsmenge eine Anzahl n angegeben ist (*welche zwei von euch*), minimal n+1 Elemente enthalten; andernfalls ist der Satz sinnlos (**welche zwei von euch beiden studieren*);
b. mit w-Sätzen wird präsupponiert, (a) daß für mindestens ein Element des Suchbereichs die Möglichkeit besteht, daß es die Interrogativfunktion erfüllt, und (b) daß jedes Element des (pragmatisch begrenzten) Suchbereichs dafür als Kandidat in Frage kommt;

---

[14] Vgl. zu diesem Typ der "Antworterwartung": Conrad (1978:48ff.), Zaefferer (1984:33f.), Rehbock (1987:371ff.).

c. ist für die Erfüllungsmenge eine Anzahl n vorgegeben, erhöht sich die präsupponierte Menge auf n Elemente. So wird in (21) präsupponiert, daß die Möglichkeit besteht, daß mindestens zwei der genannten Sportler die gleiche Sportart ausüben und insofern die Interrogativfunktion erfüllen können:

(21) welche dieser Sportler gegeneinander antreten

Bedingung b(a) umschreibt, was Brandt/Rosengren/Zimmermann (1989:10) als "Implikatur" (besser als Implikation) von (3a) formalisieren:

(I) M [∃x ∃e [e INST [SCHLAF x]]] (M = MÖGLICH)

Man kann die Implikation auch negativ formulieren, wie dies Jacobs (1991:206) – allerdings unter Verwendung von Einstellungsprädikaten[15] – tut.

Wird mit (I) eine Minimalgröße der Erfüllungsmenge präjudiziert? Im Prinzip nein: Die Erfüllungsmenge kann grundsätzlich leer sein, insofern dies nicht durch qualifizierende Angaben (z.B. Numeralia, *alles*[16]) oder den Äußerungskontext ausgeschlossen wird. Andererseits ist aber ein starkes Rationalitätspostulat in Rechnung zu stellen: Referenz auf Spezifizierungsbedürftiges impliziert in gewissem Sinne, daß es da etwas gibt, das zu spezifizieren ist. Die OFFEN-Semantik der w-Sätze fundiert also die pragmatische Existenzimplikatur (∃x P(x)) und macht sie zum Defaultfall, so daß es eher die Nullmengeninterpretation ist, die besonderer interaktionaler Bedingungen (z.B. der Abstimmungssituation) bedarf, nicht umgekehrt.

Nicht nur durch quantifizierende Zusätze zur Interrogativ-NP kann die Existenzimplikatur unlöschbar werden, sondern auch durch die Bedeutung der Interrogativfunktion, die – ggf. im Zusammenspiel mit Adverbialangaben – der Erfüllungsmenge (EM) minimale, maximale oder exakte Größen vorgeben kann:

(22)		mit wem von euch Karla verheiratet ist	(EM: 0/1)
(23)		mit wem von euch Karla verheiratet war	(EM: 0...n)
(24)		wer Karls Schwiegereltern sind	(EM: 0/2)
(11)	(e)	wo Sabine im vergangenen Jahr gewohnt hat	(EM: 1...n)
(25)		wer Karls Vater ist	(EM: 1)
(26)		mit wem Hanna immer noch Trio spielt	(EM: 2)

Die Beispiele zeigen, daß die Erfüllungsmenge durch das Zusammenwirken von lexikalischer und 'enzyklopädischer' Information begrenzt wird und daß in der Regel ein Spielraum (n) bleibt für weitere kontextuelle Festlegungen in der Äußerungsbedeutung, an deren Ergebnis sich schließlich bemißt, was in der Situation als 'vollständige Antwort' gilt und was nicht.

---

15 $\text{FRAGE}^{Sp}(\lambda X[p]) \rightarrow \neg B^{Sp}(\neg\exists X[p])$ (→ "der Sprecher nimmt nicht an, daß es kein X gibt, das p erfüllt"). Im Rahmen des hier vertretenen Erklärungsansatzes ist dies eine korrekte Implikation – auf der Ebene des rhetischen Aktes!

16 Reis (1990) zeigt, daß sich der Zusatz von *alles* auswirkt auf "a) Festigkeit der Existenzimplikatur, b) Auftreten einer pluralischen Existenzimplikatur, c) Exhaustivität der Antworterwartung", wobei c) die Basis für a) und b) ist. Man kann b) aber noch verstärken: *alles* indiziert eine 'große' Erfüllungsmenge. Man setze in den w-Satz: *wer alles zu deinem xxx gehört* die musikalischen 'Formationen' *Duo, Trio, Quartett,... Kammerorchester* ein und beobachte die mit steigender Anzahl wachsende Akzeptabilität.

Eine weitere Möglichkeit ergibt sich aus dem Umstand, daß die Interrogativfunktion nicht immer als intensionaler "Prädikatsbegriff" definiert werden kann, sondern in vielen Fällen eine näher zu bestimmende Individuen- oder Objektmenge deiktisch und ggf. (zusätzlich) prädikativ bezeichnet:

(27) wer *das* ist / was *das* ist
(28) was *das hier* für Socken sind
(29) wer *diese Leute hier auf dem Foto* sind
(30) welche dieser Kinder *Elisabeths Fünflinge* sind

Hier wird nicht eine offene Proposition, sondern eine ungenügend identifizierte Individuenkollektion mit einem anderen Repräsentationsbereich konfrontiert, der vermutlich geeignet ist, die fehlende Identifizierung zu gewähren. Prototypisch dafür ist etwa die Identifizierungsaufgabe (29), die sich zuspitzen läßt zur Doppel-Suchbereich-Frage: '*Who is who?*'.

Diese letzte Beobachtung sowie die mit den Beispielen (15)–(20) angedeutete Ubiquität der Suchbereiche nötigen zur Revision der Metapher vom Blick aus den offenen Fenstern einer Proposition in die Welt; Fragefenster öffnen sich allerorten und vor allem: in jeder Blickrichtung.

3.5. Sind w-Interrogativsätze allquantifizierte E-Sätze?

Es leuchtet nach dem bisher Gesagten wohl unmittelbar ein, daß keiner der vorhandenen logischen Quantoren geeignet ist, die Bedeutung der w-Interrogativa zu symbolisieren, insbesondere weder der Lambda-Operator, der die Offenheit der Interrogativfunktion bezeichnet, noch die Allquantifikation über den Suchbereich. Nach diesem Vorschlag Zaefferers (1984:31ff.) sind w-Sätze wie (31) äquivalent mit einer Konjunktion von E-Sätzen über alle Elemente der Suchmenge (31a) bzw. mit deren "üblicher Abkürzung" durch Allquantifikation (31b):

(31) Karl weiß, wer arbeitet.
(a) Karl weiß, ob Hans arbeitet, und er weiß, ob Mia arbeitet.
(b) Für alle in Frage kommenden Personen x: Karl weiß, ob x arbeitet.

Eine Äquivalenz zwischen (31) und (31b) setzt jedoch – im Rahmen einer pragmatischen Beschränkung der "in Frage kommenden Personen", einer "kontextuell eingeschränkten Quantifikation" – die Äquivalenz von (31) und (31c) voraus:

(31) (c) Karl weiß, wer nicht arbeitet.

Wenn also (31b) eine "Paraphrase" von (31) sein soll, bedeutet das, daß der w-Satz (*wer arbeitet*) die Erfüllungsmenge und zugleich deren Komplementmenge denotiert. Dies ist aber allenfalls bei geschlossenen und überschaubaren Suchbereichen und Erfüllungsmengen plausibel. Zaefferers Analyseansatz versagt jedoch:

a. im Falle offener Suchbereiche:

(32) wo auf der Welt gerade jetzt ein Kind geboren wird

b. bei Einbettungen unter Matrixprädikate, die keine semantische Geschlossenheit der Erfüllungsmenge und somit auch der Komplementmenge bewirken (vgl. Kap. 5.1.). Zwischen (31d) und (31e)/(31e') hätte Zaefferer nur schwer eine Äquivalenz behaupten können:

(31) (d) Karl weiß nicht, wer arbeitet.
(e) Für alle in Frage kommenden Personen x: Karl weiß nicht, ob x arbeitet (oder nicht).
(e') Für keine der in Frage kommenden Personen x weiß Karl, ob x arbeitet (oder nicht).

c. wenn der an sich geschlossene Suchbereich unüberschaubar ist, wie z.B. für einen Gesamtschullehrer Karl die Menge seiner 180 Kollegen. Dennoch kann Karl genau wissen, daß er Fritz, Ruth, Liane und Konstanze Geld schuldet, und folglich zutreffend assertieren:

(33) Ich weiß, welchen meiner Kollegen ich Geld schulde.

Für die Genauigkeit der Referenz in (33) oder für die Wahrheit und Vollständigkeit einer eventuellen Antwort auf eine Rückfrage ist es aber vollkommen unerheblich, wie exakt Lehrer Karl sein großes Kollegium überblickt und ob ihm mit der Äußerung von (33a) und (33b) vielleicht ein referentieller Irrtum unterläuft:

(33) (a) Ich weiß, welchen meiner Kollegen ich kein Geld schulde.
(b) Für jeden meiner Kollegen weiß ich, ob ich ihm Geld schulde oder nicht.

(33), (33a) und (33b) sind nicht paraphrastisch, sondern implikativ im Rahmen einer komplexeren Äquivalenz verknüpft, die der Beziehung der jeweils denotierten Mengen entspricht: (33) & (33a) $\leftrightarrow$ (33b). Wenn Karl mit (33) andeutet, was er wirklich weiß, und sich mit (33b) nicht irrt, so formuliert er damit lediglich eine wahre Schlußfolgerung aus (33).

Dieses Ergebnis läßt sich für alle Verwendungen von w-Sätzen generalisieren und folgendermaßen zusammenfassen: Mit w-Sätzen referieren Sprecher allein auf die unspezifizierte Erfüllungsmenge, und zwar im unmarkierten Fall mit dem Anspruch auf Vollständigkeit, so daß sich die Komplementmenge des Suchbereichs daraus gegebenenfalls durch Implikatur ergibt.[17]

3.6. Die *so daß*-Struktur der w-Sätze

Die bisherigen Überlegungen haben gezeigt, daß 'Kategoriebedingung' und 'Interrogativfunktion' eines w-Satzes nicht eine einfache Konjunktion bilden, so wie es etwa Wunderlichs Notation (1976:246) nahelegt:

---

[17] In Rehbock (1990:16ff.) wird die Argumentation gegen Zaefferer detaillierter entfaltet.

(34) $^\wedge\lambda x\,[G(x)\ \&\ F(x)]$[18]

daß sie vielmehr als zwei Bereiche einander konfrontiert werden, vermittelt durch das Operatorglied, das eine Beschränkung der Suchmenge 'verlangt', so daß die Interrogativfunktion erfüllt werde. Diese strukturelle Komponente des w-Interrogativs kommt deutlich zum Ausdruck, wenn unterschiedliche Autoren im Zusammenhang ihrer Argumentation zu Paraphrasen greifen, die aus dem Pronomen eine Metaprädikation extrahieren:

(35) "which NP *are such that* S" (Keenan/Hull 1973)
"what *is it that* you believe" (Vendler 1980)
"welches sind diejenigen x, die ..." (Conrad 1978)

Derartige Paraphrasen drängen sich vor allem dann auf, wenn man kontrastiv die semantische Differenz von w-Interrogativsätzen und w-Relativsätzen reflektiert, die Wunderlich (1976: 188f., 243f.) verwischt und Zaefferer (1984:55ff.) – übrigens sehr instruktiv auch Vendler (1980:278f.) – herausarbeitet. Ich möchte dies an einer Variation über Zaefferers Beispiel (1984:55) erläutern:[19]

(36) Monika liest, was Dieter mag.

Die Differenz der beiden Lesarten geht aus der folgenden Ableitung hervor:

(36) (a) *relativ*:

Monika liest, was Dieter mag.
Monika liest *das Buch, das* Dieter mag.
Monika liest den "Butt".

(b) interrogativ:

Monika liest, was Dieter mag.
Monika liest, *was es ist, das* Dieter mag.
Monika liest, daß der "Butt" das Buch ist, das Dieter mag.
Monika liest, daß Dieter den "BUTT" mag.

Die Ableitung (36b) enthält ein Argument für die grundsätzliche Richtigkeit der Paraphrase: Sie nutzt die Tatsache, daß jede Antwort auf eine w-Frage, wenn sie als vollständiger Satz formuliert wird, die Antwortkonstituente fokussiert und damit in einen 'cleft sentence' transformiert werden kann.[20]

---

18 Allerdings hält Wunderlich Suchbereich und Interrogativfunktion kategorial auseinander ("Kategoriebedingung" vs. "Fragebereich"; vgl. 1976:246f.).

19 Wunderlichs Beispiel (96): "*Luise sieht, wer kommt.*" (1976:242) würde sich ebenso eignen, wenn die von ihm postulierte Relativsatz-Interpretation (also = "Luise sieht den, der kommt.") akzeptabel wäre. Sie ist es jedoch nicht, da relativisches *wer* nur als verallgemeinerndes Pronomen und mit besonderen Stellungs- und Korrelatbeschränkungen vorkommt.

20 Damit ist nicht gesagt, daß auch die w-Interrogativa regulär fokussiert seien. Der Antwortterm ist das Ergebnis einer Entscheidung und kontrastiert daher mit den ausgeschlossenen Elementen des Suchbereichs; das w-Interrogativ dagegen eröffnet den Entscheidungsraum mit dem – notwendigerweise nicht-kontrastiven – Verweis auf die darin enthaltenen Antwortelemente. Wird dagegen das w-Interrogativ selbst fokussiert ('*WO*

Allerdings ist die genannte Paraphrase recht unspezifisch und müßte bei der Anwendung auf unterschiedliche w-Fragetypen jeweils modifiziert werden. Mir geht es hier jedoch nicht um Formulierungsnuancen, sondern um den wichtigeren Aspekt, daß diese Paraphrasen – wie auch immer formuliert (aber besonders klar bei Keenan/Hull 1973) – die im w-Interrogativ anvisierte gerichtete Spezifizierungsrelation zwischen Suchbereich und Interrogativfunktion extrapolieren und damit die semantische *so daß*-Struktur des w-Satzes offenlegen.

4. Zur formalen Notation der Interrogativsatzbedeutung

4.1. w-Interrogativsätze: Beschreibungsverfahren

Eine zureichende Formalisierung der Bedeutung von w-Sätzen muß drei Anforderungen gerecht werden:

a. Sie muß die in 3.6. erläuterte Spezifizierungsstruktur angemessen abbilden;

b. sie muß die in 3.3. explizierte Besonderheit des w-Interrogativs erfassen, eine 'offene' und zugleich in gewissem Sinne 'bestimmte', nämlich identifizierbare Referenzmenge zu denotieren: die prospektive Erfüllungsmenge innerhalb des Suchbereichs, die der Interrogativfunktion genügen soll;

c. sie sollte es – entsprechend dem Ziel dieser Arbeit – gestatten, die Bedeutung eingebetteter und uneingebetteter w-Sätze aus derselben semantischen Grundstruktur abzuleiten.

Der erstgenannten Anforderung wird in unterschiedlichem Maße von den Autoren/innen entsprochen, die die drei Bereiche der w-Sätze in einer Dreigliedrigkeit der entsprechenden Formeln wiedergeben, z.B. Keenan/Hull (1973:444); Conrad (1978:30); Brandt/Rosengren/Zimmermann (1989:10):

(37)	(a)	which, NP_x, S	(Keenan/Hull)
	(b)	? $X_{[Kq]}$ (S(X))	(Conrad)
(3)	(a)	[[OFFEN x [PERSON x]] [∃e [e INST [SCHLAF x]]]]	(Brandt/Rosengren/ Zimmermann)

Allerdings wird die engere Zusammengehörigkeit der beiden ersten Glieder bei Keenan/Hull überhaupt nicht und bei Conrad durch das Mittel der Indizierung[21] allzu stark zum Ausdruck gebracht, während die Klammerung in der Formel von Brandt/Rosengren/Zimmermann die Zuordnungen klar abbildet. Noch deutlicher tritt die von mir postulierte *so daß*-Struktur in einer "Analysevariante" von Brandt/Rosengren/Zimmermann (1989:13) hervor:

---

bist du gestern gewesen?'), so wird dadurch der an dieser Stelle weiter bestehende Spezifizierungsbedarf gegenüber der unzulänglichen Antwort kontrastiv hervorgehoben.

21 "[...] das gefragte Element 'X', das mit einer Indizierung seiner Zugehörigkeit zu einer bestimmten Klasse 'Kq' versehen ist, [...]" (Conrad 1978:83).

(3) (b) [OFFEN x [[PERSON x] : [∃e [e INST [SCHLAF x]]]]]

– und zwar durch Einführung eines durch den Doppelpunkt symbolisierten gerichteten "derart daß"-Konnektors in die Notation. Ich werde diesen Konnektor deshalb in meine Notationsversuche übernehmen (s. u. (III); jetzt auch von BRRZ "bevorzugt").

Unzureichend oder überhaupt nicht wird dagegen in den mir bekannten Formeln der referentielle Bezug der Interrogativvariable auf die Erfüllungsmenge (s.oben b.) bezeichnet. Da hierin eine wesentliche Funktion des zu definierenden OFFEN-Operators zu erblicken ist, scheint sich Anforderung b. sehr leicht auf definitorischem Wege erfüllen zu lassen, etwa durch die folgende Formulierung:

(II) Der OFFEN-Operator – im folgenden ω[22] geschrieben – bindet die Variable x der Proposition und bezieht sie referentiell auf eine Teilmenge des durch die Kategoriebedingung umrissenen Suchbereichs: auf die unspezifizierte, als spezifizierbar unterstellte, aus den Möglichkeiten des Suchbereichs zu spezifizierende Erfüllungsmenge.

Die referentielle Restriktion der Variable auf die Erfüllungsmenge könnte also im Operator mitgedacht und müßte nicht explizit notiert werden. Jedoch ergäbe sich daraus der Nachteil, daß ein wichtiger Aspekt der Anforderung c. schwer zu erfüllen wäre: Eine Formalisierung der Bedeutung eingebetteter w-Interrogativa muß abbilden können, daß diese unter positiven Wissens-Prädikaten ihre "Wertoffenheit" (Pasch 1990) einbüßen, ihre referentielle Offenheit jedoch behalten (genauer dazu unten Kap. 5.1.). Mit der Äußerung des Satzes:

(11) (f) Karl weiß, wo Sabine wohnt.

referiert der Sprecher auf eine 'offene' (einelementige) Erfüllungsmenge, von der er zugleich sagt, daß sie für Karl 'geschlossen' ist, daß dieser sie nämlich innerhalb der Suchmenge der möglichen Wohnorte zu identifizieren imstande ist. Der ungenannte, aber Karl bekannte 'Wert' der Interrogativvariablen bildet das eigentliche Argument des Matrixprädikats und muß als solches notiert werden können.

Es liegt nahe, einen spezifizierten (Antwort-)Wert mit einem Identitäts-Index zu kennzeichnen; insofern empfiehlt es sich, den unspezifizierten Wert der w-Interrogativa durch eine *Indexvariable* zu symbolisieren, die im Falle der Einbettung zum Argument des Matrixprädikats werden kann:

(III) ωx_V $[[\{x_V\} \subseteq \lambda x\ K(x)] : [\exists e\ \text{INST}\ (e, F(x_V))]]$

Ein Beispiel möge zur Erläuterung dieser Formel dienen:

22 Ich habe ursprünglich dieses Omega als Operatorsymbol gewählt, weil es ein offenes [O] repräsentiert und zugleich einem <w> ähnelt. Nachträglich erweist es sich aus einem weiteren Grund als vorteilhaft: Als Omega (= "großes O") ist es sozusagen intrinsisch ein S-Macher-Symbol, das mit dem o (O-mikron = "kleines O") als N-Macher-Symbol in Opposition treten kann; dieses (vgl. BRRZ, Kap. 4.3.2.) ist das geeignete Symbol für die Notation von w-Phrasen in situ, nämlich in Echo-Fragen. Neben dem 'intrinsisch großen' ω steht dann das große Omega (Ω) als Symbol für den E-Satz-Operator bereit (s. unten Kap. 4.3.).

(38) welche der Sinfonien Beethovens in F-Dur geschrieben sind

(a) ωx_v [[{x_v} $\subseteq$ λx [SINFONIE (x) & SCHREIB (beethoven, x)]] : [$\exists$e INST (e, FDUR (x_v))]]

Die Kategoriebedingung innerhalb der w-Phrase ergibt die Suchmenge: λx [SINFONIE (x) & SCHREIB (beethoven, x)], innerhalb derer das w-Interrogativ eine unspezifizierte unechte Teilmenge[23]{x_v} denotiert, auf deren Elemente die Interrogativfunktion: [$\exists$e INST (e, FDUR(x))] zutreffen soll. Die identifizierten Elemente der Erfüllungsmenge {x_v} sind als x_6 und x_8 ('die Sechste und die Achte') zu benennen; {x_v} und {x_6,x_8} sind referenzidentisch. Daß die Indexvariable hier Zahlenwerte vertritt, ist eine durch das Beispiel gewährte Notationserleichterung, aber keineswegs von tieferer Bedeutung; die Indizes bezeichnen Identitätswerte, die je nach den pragmatischen Antwortbedingungen auch ganz anders benannt werden können, im Falle der Sinfonien Beethovens z.B. mit einem Epitheton wie 'die Pastorale' oder durch das Singen eines Hauptthemas. Wichtig für den Zweck unserer Formalisierung ist jedoch – anstelle der üblichen Individuenkonstante (z.B. pa für 'Pastorale') – die Schreibweise der Variablenausprägung (z.B. x_{pa} oder x_6),[24] damit der unspezifizierte Individualwert selbst als Indexvariable erfaßt werden kann.

Da der Omega-Operator das Argument der Interrogativfunktion bindet, ist es formal notwendig, die Indexvariable auch in den zweiten Teil der Formel einzuführen. Inhaltlich erscheint dies zunächst als unplausibel, da man die Interrogativfunktion *'sind in F-Dur geschrieben'* für sich genommen auf alle in F-Dur geschriebenen Musikstücke bezieht. Betrachtet man jedoch die Interrogativfunktion im Zusammenhang des ganzen w-Satzes, erweist sich das Koindizierungsgebot auch inhaltlich als wohl begründet: Es wird nicht die offene Menge aller F-Dur-Stücke durch die Kategoriebedingung auf die Schnittmenge der beiden Sinfonien beschränkt, sondern umgekehrt: Die durch die Kategoriebedingung begrenzte Suchmenge wird auf diejenige Teilmenge restringiert, die auch der Interrogativfunktion genügen soll; diese bezieht sich also referentiell nur auf die gemeinte Erfüllungsmenge.

Nach der in BRRZ (Kap. 4.3.2.) entwickelten "Äquivalenzregel" ließe sich (III) auch durch eine Formel repräsentieren, die mit einem o die w-Phrase in situ läßt:

(IV) $\exists$e [INST (e, F (ox_v [{x_v} $\subseteq$ λx K (x)]))]

Diese notationelle Paraphrase von (III) hat meines Erachtens zwei Nachteile:

- Die für Satzmodus und Skopus-Markierung entscheidende erste Position wird nicht durch den OFFEN-Operator, sondern durch den im w-Satz untergeordneten Existenzoperator gefüllt;

23 Es handelt sich nicht um eine "echte Teilmenge", da {x_v} mit der Suchmenge identisch sein kann. Die Relation muß also mit dem "Subsumptor" $\subseteq$ bezeichnet werden.

24 Entsprechend könnte man das Individuum Paul Müller alias Nummer 2137 als x_{2137} notieren: ENTFLIEH (x_{2137}) | x_{2137} ε λx [GEFÄNGNISINSASSE (x)].

die oben beschriebene Zweigliedrigkeit der semantischen Struktur des I-Satzes kommt nicht hinreichend zum Ausdruck.

In der Tat macht (IV) den Eindruck der Notation eines D-Satzes mit einer w-Phrase in situ, so wie dies für viele Echofragen zutrifft (s. unten Kap. 5.3.). Ich möchte deshalb daran festhalten, den satzmodusdeterminierenden OFFEN-Operator in I-Sätzen als "S-Macher" zu notieren und zu positionieren, in w-Sätzen demnach als ω wie in (III) und somit als Funktor des Typs ((0/0)/0)/1 (wie der Alloperator; vgl. Brandt/Rosengren/Zimmermann 1989:9). Die Bewegung der w-Phrase an die Satzspitze in so vielen Sprachen ist doch wohl etwas mehr als eine "rein syntaktische Operation".

4.2. w-Interrogativsätze: Beispiele der Notation

Die im vorigen Abschnitt entwickelte Grundformel (III) kann partiell modifiziert werden, je nach der Art der Interrogativfunktionen, Suchbereiche oder der vom Operator gebundenen Variablen (Individuen- oder Prädikatvariablen). Ich möchte dies an einigen Formalisierungsbeispielen demonstrieren, die ohne weitere Erläuterungen verständlich sein dürften. Um der Übersichtlichkeit willen lasse ich in ihnen die Instantiierungsrelation fort (vgl. 3b–3c).

(3) wer schläft
- (a) [[OFFEN x [PERSON x]] [∃e [e INST [SCHLAF x]]]]
- (b) ωx_v [[$\{x_v\} \subseteq \lambda x$ PERSON (x)] : [∃e INST (e, SCHLAF (x_v)]]
- (c) ωx_v [[$\{x_v\} \subseteq \lambda x$ PERSON (x)] : SCHLAF (x_v)]

(29) (a) wer diese Leute sind
- (b) ωx_v [[$\{x_v\} \subseteq \lambda x$ PERSON(x)] : [$x_v = \theta y$ [PERSON(y)]]

(22) (a) mit wem von euch Karla verheiratet ist
- (b) mit wem (alles) von euch Karla verheiratet war
- (c) ωx_v [[$\{x_v\} \subseteq \{ad_{1...n}\}$] : VERHEIRATET (karla, x_v)] [25]

(39) welcher starke Mann unter euch meinen Koffer trägt
- (a) ωx_v [[$\{x_v\} \subseteq \lambda x$ [MANN (x) & STARK (x)] & x $\varepsilon\{ad_{1...n}\}$] : TRAG [$x_v$, ιy [KOFFER (y) & GEHÖR (y, sp)]]]

(13) (a) welchen Ball du möchtest
- (c) ωx_v [[$\{x_v\} \subseteq \lambda x$ BALL (x)] : MÖCHT (ad, x_v)]

(13) (b) was für einen Ball du möchtest
- (d) ωE_v [[x ε λx [BALL (x) & E_v (x)]] : MÖCHT (ad, x)]

(16) welche Farben Svens Fahrrad hat
- (a) ωE_v [[$\{E_v\} \subset \lambda E$ FARBE(E)] : E_v [ιy [FAHRRAD (y) & GEHÖR (y, sven)]]]

---

[25] $ad_{1...n}$ = Adressaten 1...n ; die redundante Prädikation PERSON (x) ist hier fortgelassen.

Die von den w-Sätzen denotierten Mengen, speziell die Variablen, sind in den obigen Formeln mit Bedacht nicht quantifiziert; denn das ist auf der semantischen Ebene nur möglich, wenn die Anzahl der Elemente im Satz explizit genannt wird. Dagegen erfolgen quantitative Spezifizierungen (z.B. (22a) vs. (22b)) gegebenenfalls in der Äußerungsbedeutung, desgleichen Beschränkungen der Suchmenge (z.B. in (16) auf die fahrradüblichen Farben) (vgl. oben Kap. 3.4.).

Die Verwendung nicht-quantifizierter Variablen erlaubt eine einheitliche Notation multipler w-Sätze mit "einwertigen" oder "mehrwertigen" (Klumpp 1990:2) Suchmengen. Im Regelfall mehrwertiger Mengen geht es nicht (nur) um die Identifizierung der Variablen, sondern primär um die Identifizierung der richtigen Zuordnungen innerhalb der Suchmenge der möglichen Kombinationen. Dies läßt sich am besten durch eine Tupel-Schreibweise formalisieren:

(40) welcher Koffer welchem Fahrgast gehört

(a) $\omega(x_v,y_w)_u$ $[[\{(x_v,y_w)_u\} \subset (\lambda x, \lambda y)_{vXw}$ [KOFFER (x) & FAHRGAST (y)]] : GEHÖR $(x_v, y_w)]$

Angenommen, die Äußerung von (40) bezöge sich auf 12 Koffer und 20 Fahrgäste, und zwei Koffer würden sich als herrenlos herausstellen: so ergäben sich als Erfüllungsmenge 10 geordnete Dupel $(x_i,y_j)_n$, die eine (in diesem Fall immer) echte Teilmenge der vXw = 20!/10! = über 600 Milliarden möglichen Dupel bilden. Im Falle einwertiger Suchmengen dagegen (z.B. in Klumpps (1990:17) Beispiel (26) *"Wer trifft im Endspiel des Herren-Einzel Tennisturniers auf wen?"*) reduzieren sich u und vXw quantitativ auf 1, und die Tupel-Notation wird in der oben angegebenen Form[26] redundant.

4.3. Entscheidungs-Interrogativsätze

Von hier aus möchte ich einen Blick auf die E-Sätze werfen, die sich ja dadurch auszeichnen, daß mit ihnen mangels positiver Alternativen systematisch auf eine negative Alternative verwiesen wird. Handelt es sich dabei um die Disjunktion $p \vee \neg p$, wie immer wieder behauptet wurde? Dem hat Bolinger (1978) mit guten Argumenten entgegengehalten, daß mit der positiven Frage:

(2) Schläft Peter?

nur diese positive Formulierung der Beurteilung anheim gestellt wird, daß also die Bedeutung dieses Satzes eben nicht bedeutungsgleich ist mit:

(2) (b) Schläft Peter oder nicht?

Wunderlich (1976:231) muß dies behaupten, weil er im Einklang mit dem "propositional approach" (Bäuerle 1979) annimmt, daß der E-Satz

---

26 Es geht dann um das eine Dupel aus den möglichen Kombinationen des durch *x* und *y* abgesteckten Gesamt-Suchbereichs, eine Größe, die in der Formel nicht erscheint.

(2) (c) ob Peter schläft

mit dem darin bezeichneten Propositionsbegriff die Propositionsklasse M = {p, ¬p} thematisiert (1976:230). Damit wird aber die negative Alternative auf der falschen Ebene angesiedelt; in Frage steht nicht das Zutreffen des Schlafens/Nicht-Schlafens, sondern das Zutreffen/Nicht-Zutreffen des Schlafens (was trotz logischer Äquivalenz nicht das Gleiche ist). Nicht um eine Disjunktion von Propositionen geht es im E-Satz; die Interrogativfunktion besteht aus der einen ausgedrückten Proposition. Deren Faktizität oder Nicht-Faktizität bildet den Such- oder besser: den Entscheidungsbereich; denn um einen referentiellen Suchbereich wie bei den w-Sätzen kann es sich mangels positiver Alternativen nicht handeln. Bezogen auf die grundlegende Formel des Deklarativsatzmodus: ∃e [e INST p] bedeutet dies, daß im E-Satz nicht die Alternative p / ¬p, sondern ∃ / ¬∃ zur Entscheidung gestellt ist.

Somit muß der OFFEN-Operator in E-Sätzen entsprechend der Definition von Brandt/Rosengren/Zimmermann (1989:8f.) ein andersartiger Funktor sein als in w-Sätzen, nämlich ein "Funktor des Typs 0/0 [...], d.h. ein einstelliger propositionaler Funktor wie NEG":

(2) (a) OFFEN [∃e [e INST [SCHLAF PETER]]]

Der Nachteil dieser formal untadeligen Notation ist, daß sie den Eindruck erweckt, als nehme der OFFEN-Operator die gesamte Formel ∃e [e INST p] in seinen Skopus, die als solche die Nicht-Offenheit des Deklarativmodus, die entschiedene Faktizität zum Ausdruck bringt. Dieser scheinbare Widersinn entsteht dadurch, daß die Formel eigentlich im Skopus eines Operators POS (ebenfalls vom Typ 0/0) steht, eines 'positiven Vorzeichens' des Existenzquantors, das nach den Gepflogenheiten der Logik nicht notiert wird. Der OFFEN-Operator tritt somit an die Stelle dieses nicht notierten 'POS', denn er bringt die Disjunktion, genauer: die "Exklusion" (d.h. die 'aut'-Relation)[27] von POS/NEG zum Ausdruck. Offen ist, ob der Sachverhalt e durch ein ∃ oder ¬∃ zu binden sei; offen ist das 'Vorzeichen' des ∃-Operators, das letztlich über Faktizität oder Nicht-Faktizität entscheidet. Es ist deshalb angebracht, den OFFEN-Operator des E-Satzes als *Operatorvariable* aufzufassen, die die beiden Werte 'POS' und 'NEG' bzw. '+' und '¬' annehmen kann; ich schreibe ihn künftig als Ω (großes Omega). Ω∃ faßt also die für den E-Satz entscheidende Exklusion ∃/ ¬∃ zusammen und drückt zugleich (entsprechend dem kleinen Omega) die Entscheidbarkeit und Entscheidungsbedürftigkeit dieser Exklusion aus.

Die Auffassung von Ω als 'Vorzeichenvariable' ist kompatibel mit der Bestimmung des OFFEN-Operators in E-Sätzen bei Brandt/Rosengren/Zimmermann (1989) (übernommen in BRRZ), nicht dagegen mit der Revision dieses Operators in BRRZ, Kap. 4.3. Um "beide durch +w gekennzeichneten Interrogativsatztypen (...) auch semantisch auf einen Nenner zu bringen", reinterpretieren die Autorinnen den E-Satz-Operator als einen "Variablenbinder",

---

27 Der Terminus 'Disjunktion' wird in der Logik (vgl. z.B. Menne 1973) für die durch den Funktor 'v' ausgedrückte 'vel'-Relation reserviert. Hier dagegen geht es um die Entscheidung zwischen *entweder* POS *oder* NEG, also um den 'konträren Gegensatz', das 'exklusive Oder', in der Terminologie Mennes: die 'Exklusion', die durch den Funktor '/' symbolisiert wird.

wobei sie als Variable im Anschluß an Jacobs (1991) eine Variable G "vom Typ 0/0 für Gültigkeitsprädikate" ansetzen. Ich halte diese Lösung aus zwei Gründen für unbefriedigend:

a. Die Diskussion über die Frage, ob E-Sätze und w-Sätze in der einen oder anderen Richtung auseinander abzuleiten oder auf eine gemeinsame Grundform zurückzuführen seien, hat ergeben, daß dies trotz mancherlei Zwischenformen letztlich nicht möglich ist (vgl. Wunderlich 1976, 1981). Der "gemeinsame semantische Nenner" von w- und E-Sätzen ist natürlich ihre 'Offenheit'; aber diese bezieht sich im w-Satz auf die Identifikation eines nominalen Referenten, im E-Satz dagegen auf die Entscheidung, ob ein Sachverhalt durch eine Weltgegebenheit erfüllt wird oder nicht. Diese semantische Differenz, die die Sprachen in der Regel durch eine Differenz der syntaktischen Mittel markieren, wird angemessener repräsentiert, wenn man zwei OFFEN-Operatoren unterschiedlichen Typs ansetzt, als wenn man sie zu einem einzigen Operator des Typs (S/S)/α vereinheitlicht.

b. Bei der Einführung der Prädikatvariable G verfallen die Autorinnen zwar nicht in den Fehler, wie Jacobs (1991:206) eine Skala von Gültigkeitsprädikaten von "*es trifft zu, daß* ..." über "*es trifft vermutlich zu, daß* ..." bis "*es trifft nicht zu, daß* ..." anzunehmen,[28] sondern sprechen von einer "ausgezeichneten, zweielementigen Klasse von Gültigkeitsprädikaten, in der eines zu identifizieren ist, so daß der betreffende Satz als zutreffend bzw. als nicht zutreffend anzusehen wäre": folglich G = {GÜLTIG, ¬GÜLTIG}. Damit wird aber lediglich in ein Prädikat transformiert, was oben durch die Dichotomie ∃/¬∃ symbolisiert wurde. Im Rahmen der Notation von Jacobs wäre das sinnvoll, da dort die semantische Funktion des Existenzoperators durch das Gültigkeitsprädikat vertreten wird. In BRRZ wird jedoch mit guten Gründen an ∃e (e INST p) als Kern der Notation festgehalten, so daß nun G zu ∃ redundant hinzutritt. Dies hat zwei unangenehme Folgen:

- Zwischen Frage und Antwort ensteht eine notationelle Asymmetrie, da für den D-Satz kein Prädikat GÜLTIG vorgesehen ist, das dort den Existenzoperator in seinen Skopus nähme.

- Die offene 'Gültigkeit' wird durch das zusätzliche Metaprädikat propositionalisiert. Dadurch wird ein Teil der Beschreibungsadäquatheit verspielt, den die Notation des Satzmodus mittels eines Operators eingebracht hat.

Aus diesen Gründen halte ich die oben entwickelte Notation bis auf weiteres für vorteilhafter, obwohl oder besser: gerade weil sie zwei typologisch unterschiedliche Varianten des OFFEN-Operators enthält: als Abbild der semantischen Übereinstimmung und Differenz von w- und E-Sätzen.

---

28 Alle Zwischenstufen der Skala sind durch Adverbiale wie *vermutlich*, *wahrscheinlich*, *sicher* etc. zu bezeichnen; diese können aber sowohl das affirmierte als auch das negierte Prädikat modalisieren: '*es trifft vermutlich zu*' vs. '*es trifft vermutlich nicht zu*'. Grundlegend und nicht hintergehbar ist also die POS/NEG-Opposition; die Zwischenstufen sind durch zusätzliche Modifikatoren zu repräsentieren.

Auch bei den E-Sätzen wird es für die formale Beschreibung eingebetteter Sätze wichtig sein, den offenen 'Wert' der Operatorvariable als Argument des Matrixsatzes notieren zu können (vgl. die Abschn. 4.1., 5.1.). Ich füge deshalb dem Ω einen Index α hinzu, der die Wertemenge {+/–} bezeichnet. Somit ergibt sich die folgende Formel für die Bedeutung des E-Satzes:

(V) $\Omega_\alpha \exists e$ [INST [e, p]]

oder angewendet auf (2) '*Schläft Peter?*' bzw. (2c) '*ob Peter schläft*' (vgl. die Formel von Brandt/Rosengren/Zimmermann 1989, oben (2a)):

(2) (d) $\Omega_\alpha \exists e$ [INST [e, SCHLAF (peter)]]

Es scheint mir ganz unerläßlich, das $\neg\exists$ zur Explikation dessen, was in diesem Zusammenhang 'OFFEN' heißt, einzuführen. Das darf jedoch nicht darüber hinwegtäuschen, daß dem $\neg\exists$ im Gegensatz zu seinem positiven Gegenspieler kein selbständiger semantischer Wert zukommt; denn es gibt kein nicht-propositionales Mittel, um $\neg\exists$ auszudrücken, keinen Anti-Deklarativsatzmodus. Will man das Nicht-Zutreffen des Sachverhalts, daß Peter schläft, deklarativ formulieren, so entsteht daraus eine Aussage über das Zutreffen des Sachverhalts, daß Peter nicht schläft, mit einem positiven $\exists$ als Satzmodusoperator. Im E-Satz sind deshalb die beiden Elemente des Suchbereichs ($\exists$/$\neg\exists$) nicht gleichberechtigt: Das $\neg\exists$ ist nur die hypothetische negative Folie für das zur Disposition gestellte $\exists$. Dieser prinzipiell positive 'bias'[29] des E-Satzes hat zur Folge, daß man E-Fragen (uneingebettet geäußerte E-Sätze) mit *Ja* und *Nein*, also mit Zustimmungs- und Ablehnungspartikeln, zu beantworten pflegt.

4.4. Alternativ-Interrogativsätze

Die Beschreibung der E-Sätze läßt sich auf Alternativ-Interrogativsätze (A-Sätze) ausweiten. Ich schließe mich also nicht der Auffassung derjenigen (z.B. Conrad 1978; Bäuerle 1979) an, die die A-Sätze als verkappte w-Sätze analysieren, in welchen der Suchbereich nicht pauschal durch eine Kategoriebedingung, sondern durch Aufzählung seiner Elemente bestimmt sei. Das ist zwar für bestimmte Beispiele durchaus plausibel:

(41) (a) welchen der Oistrachs du am liebsten magst
(b) welchen der Oistrachs du am liebsten magst, David, Igor oder Valerij
(c) ob du David, Igor oder Valerij Oistrach am liebsten magst

Diese Sätze sind äquivalent, da durch die Interrogativfunktion die Erfüllungsmenge auf ein Element beschränkt ist, also auch (41a) eine exklusive Entscheidung verlangt. Man tilge aber in den drei Sätzen das Adverbial *am liebsten* oder ersetze auch das Prädikat, etwa durch *gestern gehört hast*: Das Ergebnis ist, daß der A-Satz (41c) und der 'gemischte' w-A-Satz (41b) nach

29 Vgl. dazu Pope (1976), Rehbock (1987). Spezielle 'Antworterwartungen' und 'Hintergrundannahmen' lasse ich aber in dieser Arbeit bewußt außer Betracht.

wie vor die Notwendigkeit einer Entscheidung präsupponieren, der w-Satz (41a) dagegen nicht. Das *oder* in A-Sätzen ist grundsätzlich 'exklusiv'; man kann mit der Frage: '*Möchtest du Pudding/ oder Eis\?*'[30] nicht zum Ausdruck bringen: '*oder beides?*', es sei denn man setze es explizit hinzu. Die Beziehung von Erfüllungs- und Suchmenge in w-Sätzen ist dagegen nur unter bestimmten Kontextbedingungen exklusiv, während kontextfrei ein *wer* als *wer alles* zu verstehen ist: eine schlechte Basis für die semantische Beschreibung von A-Sätzen.

Ich fasse also A-Sätze als Exklusion von E-Sätzen auf, auch im häufigeren Fall der Satzglied-Alternative: '*Möchtest du Pudding oder Eis?*' = '*Möchtest du Pudding oder möchtest du Eis?*' Damit scheine ich jedoch in Schwierigkeiten mit dem oben definierten Ω-Operator zu geraten, da es in A-Sätzen nicht um die Exklusion 'POS/NEG', also $\exists e / \neg\exists e$ geht, sondern um die positiven Alternativen des Zutreffens unterschiedlicher Sachverhalte, also um $\exists e_1 / \exists e_2 / \exists e_3$... Muß dafür eine weitere Variante des OFFEN-Operators postuliert werden? Daß es auch mit dem Ω-Operator geht, zeigt sich, wenn man die negativen Aspekte der Exklusion expliziert:

$$\begin{aligned} \exists e_1 / \exists e_2 &= (\exists e_1 \,\&\, \neg\exists e_2) \vee (\neg\exists e_1 \,\&\, \exists e_2) \\ &= (\exists e_1 \,\&\, \neg\exists e_2) \,/\, (\neg\exists e_1 \,\&\, \exists e_2) \end{aligned}$$

Dieser Vorzeichenlage ist mit einem einfachen POS/NEG-Operator sicherlich schwer beizukommen, wohl aber mit einer komplexeren Operatorvariable (für den gesamten A-Satz), deren Werte aus Vorzeichen*sequenzen* (für alle vorhandenen Existenzquantoren) bestehen: + – / – + bei zwei Gliedern, + – – / – + – / – – + bei drei Gliedern und so fort. Zur weiteren Vereinfachung der Notation führe ich folgende Schreibkonvention ein:

(VI) $\alpha = \{+ / -\}$ $\beta = \{+ - / - +\}$ $\gamma = \{+ - - / - + - / - - +\}$

Auf diese Weise bekommt man einheitliche Beschreibungen für E- und A-Sätze, die sich nur durch die Anzahl der vom Operator gebundenen Satzformeln und die zugehörige Indexvariable unterscheiden:

(42) ob Karl liest oder schläft

(a) Ω_β [$\exists e_1$ INST [e_1, LES (karl)], $\exists e_2$ INST [e_2, SCHLAF (karl)]]

(43) ob du David, Igor oder Valerij gehört hast

(a) Ω_γ [$\exists e_1$ INST [e_1, HÖR (ad, david)], $\exists e_2$ INST [e_2, HÖR (ad, igor)], $\exists e_3$ INST [e_3, HÖR (ad, valerij)]]

Ein gewisser Nachteil dieser Notation besteht allenfalls darin, daß das explizite *oder* der A-Sätze ebenso wie das implizite *oder* der E-Sätze in der Operatorvariable 'versteckt' ist.

30 Die Intonationshinweise (/,\) sollen die Frage als A-Satz disambiguieren. In einer nicht-alternativen Lesart handelt es sich um einen E-Satz mit disjunktivem Objekt, für den das hier Gesagte natürlich nicht gilt.

4.5. Schlußbemerkung

Was ist der Sinn all dieser Formeln? Sie sind dazu gedacht, eine Auffassung des Interrogativmodus zu präzisieren, die das Konzept der Sprechereinstellung durch das der (potentiellen) Referenz ersetzt. Bei den w-Sätzen leuchtet es vielleicht unmittelbar ein, daß der den 'offenen' Satzmodus symbolisierende ω-Operator etwas mit Referenz zu tun hat, da er die Funktion besitzt, ein nominales Argument zu binden. Der Ω-Operator in den E- und A-Sätzen dagegen bindet keine Variable, sondern ist selbst eine Variable, dies allerdings als 'Vorzeichen' zu eben jenem Funktor, der die für den Deklarativmodus typische faktische Sachverhaltsreferenz symbolisiert (vgl. Rehbock [in diesem Band]). Akzeptiert man die dort gegebene Beschreibung, sind auch die E- und A-Sätze für ein referentielles Satzmodusmodell gesichert.

5. Interrogativsatzmodus im Einbettungs- und Äußerungskontext

5.1. Die Bedeutung eingebetteter Interrogativsätze

Wunderlich (1976:231) nimmt an, daß I-Sätze durch die Einbettung in "bestimmte Matrixsätze" – z.B. '*Luise weiß, ob Paul schläft* '– extensionalisiert werden, "ähnlich wie definite Antworten den propositionalen Gehalt der Frage extensionalisieren". Entsprechend sagt Kiefer (1981: 166f.): Die eine Situation des Wissens bezeichnenden (z.B. *know, see, realize*) oder präsupponierenden (z.B. *explain, consider*) Prädikate "can turn logically open structures into closed structures." Danach wären also die w-Komplementsätze von (44a) und (44b) 'offen', die von (44c) und (44d) dagegen 'geschlossen' bzw. 'extensionalisiert':

(44)	(a)	Luise weiß nicht,	wer den Kuchen gebacken hat.
	(b)	Luise möchte wissen,	
	(c)	Luise weiß,	
	(d)	Luise erzählt Karl,	

Dies ist jedoch – wie schon oben S. 189 angedeutet – allenfalls die halbe Wahrheit. Nicht genügend bedacht wird dabei, daß es keinen Einfluß auf die referentielle Qualität des w-Satzes hat, ob "in allen mit Luisens Wissen verträglichen Welten [...] die Frage entschieden, also extensionalisiert" (Wunderlich 1976:231) ist oder nicht, daß vielmehr die gemeinte Erfüllungsmenge in (44c) und (44d) ebenso 'offen' oder "reticent" (Vendler 1980:283) apostrophiert wird wie in (44a) und (44b) oder in dem entsprechenden uneingebetteten w-Satz (*'Wer hat den Kuchen gebacken?'*). Für den Hörer oder Leser all dieser Sätze bleibt die mit *wer* bezeichnete

Person unidentifiziert, ganz gleich, was ihm darin über Luisens Wissen oder Nicht-Wissen mitgeteilt wird.[31]

Andererseits kann der Sprecher mit dem in (44a)–(44d) eingebetteten w-Satz kein Spezifizierungsbedürfnis zum Ausdruck bringen oder gar den Hörer zu einer Spezifizierungsleistung auffordern – auch dies wiederum unabhängig von Luisens Wissensstand. In einem eingebetteten I-Satz dient die offene Referenz allein dem Zweck, daß der damit eingeführte unspezifizierte Wert der Erfüllungsmenge als Argument des Matrixverbs fungieren kann: Luise weiß oder weiß nicht diesen 'Wert', d. h. die Identität derjenigen Personen, auf die der Sprecher mit *wer* referiert. Auf der Ebene des Matrixsatzes entscheidet sich, ob für dessen Subjekt die Proposition des Komplementsatzes 'offen' oder 'geschlossen' ist.

Um diese semantische Beziehung formalisieren zu können, habe ich (wie in Kap. 4.1. erläutert) die Indexvariable eingeführt, die aus dem Omega-Glied des eingebetteten Satzes extrahiert und im Matrixsatz durch einen Operator gebunden wird, den das Matrixprädikat bereitstellt. Im Fall von WISSENS-Prädikaten handelt es sich um einen Definitheitsoperator, der semantisch, aber nicht hinsichtlich des Typs[32] dem Jota-Operator entspricht und bei *daß*-Satz-Komplementen die Sachverhaltsvariable e bindet. Ich notiere ihn als 'J':

(45) (a) Luise weiß, daß der Kuchen fertig ist.
(b) ∃e [INST [e, WEISS [luise, Je' INST [e', FERTIG (ιy KUCHEN (y))]]]]

Entsprechend der Definition des Jota-Operators präsupponiert (45b) die Faktizität des Sachverhalts e', d.h. einen Satz des folgenden Inhalts:

(45) (c) ∃e' [INST [e', FERTIG (ιy KUCHEN (y))] & FAKT (e')] ;

und diese Präsupposition (45b) → (45c) entspricht der Faktivität von *daß*-Sätzen nach WISSENS-Prädikaten.[33]

Soll nun im eingebetteten I-Satz die Indexvariable vom Definitheitsoperator gebunden werden, so setzt dies eine ähnliche Faktizitätspräsupposition voraus, allerdings nicht hinsichtlich des Sachverhalts – es handelt sich nicht um faktive Sätze –, sondern eben hinsichtlich der Indexvariablen. Daß die Annahme einer derartigen Präsupposition wohlbegründet ist und zur Definition des Omega-Operators herangezogen werden kann, geht aus den Ausführungen des Kap. 3 hervor: Jeder I-Satz präsupponiert prinzipielle Beantwortbarkeit[34], d.h. die Existenz

31 Wunderlich merkt zwar an: "Wer diesen Satz äußert, mag vielleicht wissen, ob Paul schläft, aber es nicht verraten wollen, oder er mag es nicht wissen und auf Luise als Gewährsperson verweisen" (231); er zieht jedoch aus dieser Beobachtung keine Konsequenzen.

32 Er muß ein Argument der Kategorie 'S' binden und ist vom Typ (0/0)/0 (bei *daß*-Sätzen) oder (0/0)/1 (bei w-Sätzen), zusammengefaßt: (0/0)/α.

33 Zu den kontextuell möglichen Verhinderungen der Faktivivtät nach *wissen* vgl. Reis (1977).

34 Dies gilt auch für pragmatisch unbeantwortbare Fragen wie: '*Gibt es ein Leben nach dem Tode?*' Sinnlos wird eine Frage erst dann, wenn sie als objektiv unbeantwortbar gedacht werden muß. Z.B. wäre es nach den Erkenntnissen Heisenbergs sinnlos, nach dem exakten Ort eines Elektrons zu fragen.

identifizierbarer/entscheidbarer Werte der Interrogativvariablen. Für den w-Satz läßt sich dies in folgender Formel verdeutlichen:

(46) $\omega x_v\ [P_1\ (x_v) : P_2\ (x_v)] \rightarrow \exists v\ [((\ \exists x\ [P_1\ (x): v=||x||])\ /\ v=0)\ \&\ \text{FAKT}(v)]$

(P1, P2: Prädikate der Kategoriebedingung und Interrogativfunktion;
v=||x|| / v=0 : v ist entweder 'Wert von x'[35] oder Null. Das Konsequens der Implikation besagt also, es gebe ein faktisches, als Null *oder* als Wert von x identifizierbares v.)

Nach der Jota-Präsupposition (45b) → (45c) folgt aber das Konsequens von (46) ebensogut aus einem Jv-Antezedens, und insofern ist es nicht nur intuitiv einleuchtend, sondern auch formal korrekt, den w-Satz durch 'Extraktion' der Indexvariablen in den Matrixsatz einzubetten:

(44) (c) Luise weiß, wer den Kuchen gebacken hat.
(e) WEISS [luise, Jv [ωx_v [[{x_v} ⊆ λx PERSON (x)] : BACK (x_v, ιy KUCHEN (y))]]][36]

(Luise weiß den/die Identitätswert(e) v der Person(en) {x_v}, für die gilt, daß sie den Kuchen gebacken hat/haben.)

Da der J-Operator die auf der Entscheidbarkeitspräsupposition beruhende Definitheit des Identitätswertes symbolisiert, wird er von der Negierung des Matrixverbs nicht betroffen:

(44) (a) Luise weiß nicht, wer den Kuchen gebacken hat.
(f) ¬ WEISS [luise, Jv [ωx_v [[{x_v} ⊆ λx PERSON (x)] : BACK (x_v, ιy KUCHEN (y))]]]

Der J-Operator drückt also keineswegs die Geschlossenheit der Erfüllungsmenge nach positiven WISSENS-Prädikaten aus (s.o. S. 197f.). Die Charakterisierung der Erfüllungsmenge als 'offen' oder 'geschlossen' relativ zum Matrixsubjekt ist kein unmittelbares Bedeutungselement des w-Satzes, sondern eine Implikation der Gesamtsatzbedeutung[37]: '*Luise weiß (nicht), wer ...*' impliziert: '*Luise kann die Elemente der Erfüllungsmenge (nicht) identifizieren*'. Die semantische Notation des w-Satzgefüges bleibt davon unberührt. Insofern bieten auch diejenigen Matrixprädikate, die keine *daß*-Satz (= Je-)Einbettung erlauben, wie z.B. FRAGEN kein Problem für die Notation:

---

35 Die senkrechten Doppelstriche entstammen einem mündlichen Vorschlag von I. Zimmermann.

36 Auch hier habe ich die Instantiierungsrelation der Übersichtlichkeit halber fortgelassen; vollständig muß die Formel lauten:

(44) (e') ∃e [INST [e, WEISS [luise, Jv [ωx_v [[{x_v} ⊆ λx PERSON (x)] : ∃e' [INST [e', BACK (x_v, ιy KUCHEN (y))]]]]]]]

37 Dies übersieht auch Helbig, wenn er "4 Klassen [...] eingeleiteter Nebensätze mit w-Fragewort" (1974:155f.) unterscheidet und sie "indirekte Fragesätze" ("*Er fragt sie, wann sie kommt.*"), "indirekte Pseudo-Fragesätze" ("*Er weiß nicht, wann sie kommt.*"), "indirekte Nicht-Fragen" ("*Er weiß, wann sie kommt.*") und "indirekte Mitteilungen" ("*Er teilt ihm mit, wann sie kommt.*") nennt. Dies erweckt den Eindruck, als repräsentiere der w-Satz '*wann sie kommt*' vier Satztypen und sei insofern ambig. In Wirklichkeit klassifiziert Helbig jedoch – mit Sicherheit nicht exhaustiv – kontextuelle Funktionen des w-Satzes, die sich über unterschiedliche Implikationen nachweisen lassen.

(47) Luise fragt, wer den Kuchen gebacken hat.
(a) FRAG [luise, Jv [ωx_v [[$\{x_v\} \subseteq \lambda x$ PERSON (x)] : BACK (x_v, ιy KUCHEN (y))]]]

Für den eingebetteten E- (und A-)Satz kann die Bindung der Indexvariable α ganz analog begründet werden. Mit der Äußerung eines E-Satzes wird präsupponiert, daß einer der beiden analytisch gegebenen Werte von α, nämlich + oder –, bezogen auf den formulierten Sachverhalt faktisch vorliegt, daß mithin der E-Satz prinzipiell entscheidbar ist; $\Omega_\alpha\exists$ impliziert also: $\exists\alpha$ FAKT (α). Insofern ist die 'Extraktion' von α berechtigt:

(48) Luise weiß (nicht), ob der Kuchen fertig ist.
(a) ($\neg$)WEISS [luise, Jα [Ω_α $\exists$e [INST [e, FERTIG (ιy KUCHEN (y))]]]]
(Luise weiß (nicht) den Fakt-/Nicht-Fakt-Wert α für den Sachverhalt, daß der Kuchen fertig ist.)

Die hier vorgeschlagene Notation – so unorthodox sie zugegebenermaßen sein mag – hat den Vorzug, ein wesentliches Moment der I-Satz-Bedeutung abzubilden, das ich hier noch einmal unterstreichen möchte. Die Strukturbedeutung eingebetteter I-Sätze setzt sich zusammen aus zwei Komponenten: aus der für alle I-Sätze identischen Satzmodusbedeutung der offenen Referenz, die der Omega-Operator symbolisiert, sowie aus dem, was sie an Definitheit und Geschlossenheit von außen, nämlich aus der Matrixprädikation erhält. Daß diese letztere Komponente in der Tat an die konkrete Einbettung und nicht an die Nebensatzstruktur (Verb-letzt-Stellung, *ob* im E-Satz) gebunden ist, erhellt aus der Existenz der nicht-elliptischen selbständigen I-Sätze mit Verb-letzt-Stellung wie z.B.:

(49) Ob Renate heute pünktlich war?
(50) Ob du mir mal die Dose öffnen könntest?
(51) Wo Arne wohl gestern gewesen ist?
(52) Wer mir wohl heute über den Weg laufen wird?

Reis (1985:282f.) hat gezeigt, daß Sätze wie (49)–(52) in der Regel nicht als Nebensätze, d.h. als Ellipsen von Satzkonstruktionen,[38] sondern als "Hauptsätze im satzgrammatischen Sinn" aufzufassen sind (anders Winkler 1989). Insofern gibt es keinerlei Anlaß, bei den selbständigen Verb-letzt-Sätzen ein J-Glied anzusetzen; ihre semantische Beschreibung ist vielmehr identisch mit derjenigen der selbständigen Verb-erst-/Verb-zweit-Sätze, und sie unterliegen im Falle der Äußerung der gleichen, im nächsten Abschnitt beschriebenen rhetischen Einstellungsinterpretation. Daß sie allerdings 'deliberativer' sind als die übrigen I-Satztypen, stilistisch näher dem 'posing a question' als dem 'asking' (vgl. die typische Modalpartikel *wohl*; dazu: Meibauer 1988) und insofern zwar geeignet für interaktive, aber kaum für 'zupackende' Fragen: all dies mag ein Reflex der nebensatztypischen Verb-letzt-Stellung sein, rechtfertigt jedoch nicht die Annahme eines spezifischen Satzmodus. Die illokutive Spezialisierung ist somit auf einer Ebene anzusetzen, auf der generell

38 Unter besonderen kontextuellen Bedingungen kann es sich dagegen bei diesen Sätzen sehr wohl um "selbständige Nebensätze" (Reis 1985:283) handeln. Vgl. S&P 18:34, Anm. 37.

einstellungsbezogene Satzmodusinterpretationen durch lexikalische, stilistische und intonatorische Mittel modifiziert oder gar überrundet (wie bei den Echofragen, s. Kap. 5.3.) werden können.

Ein Nachtrag zu den Matrixprädikaten soll diesen Abschnitt beschließen: Die Mehrzahl der Verben, die ein I-Satz-Komplement zu sich nehmen können, ist durch den oben verwendeten Ausdruck 'WISSENS-Prädikat' zutreffend charakterisiert, insofern sie nämlich einen Zustand des Wissens oder Nicht-Wissens, einen Zwischenzustand oder eine Änderung dieses Zustands bezeichnen oder präsupponieren (s. die Beispiele bei Kiefer 1981:165ff.). I. Zimmermann (1983:230 und mündlich) weist jedoch auch auf faktive Lexeme ohne "personales Subjekt" oder Objekt hin, die I-Satz-Komplemente haben können wie z.B. *beeinflussen* oder *abhängen von*; die spezifizierungsbedürftigen Sachverhalte können hier ohne Bezug auf mentale Prozesse thematisiert werden. An der oben gegebenen Beschreibung ändert sich dadurch nichts.

(Für eine zweite Korrektur an Kiefer hinsichtlich der Dichotomie "knowledge – non-knowledge" vgl. S&P 18:36.)

5.2. Selbständige Interrogativsätze: Satzmodus, rhetischer Akt, Illokution

Während die Wertoffenheit des eingebetteten I-Satzes an das Matrixprädikat gebunden und (in der Regel) dem Wissensskopus von dessen personalem Subjekt (oder Objekt) zugewiesen ist, präsentiert sie der Sprecher eines nicht-eingebetteten I-Satzes sozusagen in eigener Regie: Indem er in der oben beschriebenen Weise auf Objekte, Prädikate oder Sachverhalte referiert, 'wirft' er deren Spezifizierungsbedürftigkeit für seine eigene Kognition und in der Regel auch für die Kommunikation 'auf' ("poses the question") und "zerlegt die Zukünfte" – so wie dies Wunderlich beschrieben hat – in die beiden Teilmengen der die Spezifizierung gewährenden und nicht gewährenden Zukünfte. Die Äußerung eines selbständigen I-Satzes ist also in ähnlicher Weise 'selbstbezüglich' wie die des selbständigen D-Satzes (s. Rehbock [in diesem Band:105]): Die spezifizierungsbedürftige Offenheit der Referenzobjekte wird in der Äußerung 'gesetzt'. Und dies ist nicht etwa die Aktualisierung eines in den V1-I-Sätzen befindlichen semantischen Operators ERO, sondern eine pragmatische Konsequenz der Selbständigkeit, wie die selbständigen VL-Sätze, mit den man QUAESTIVA vollziehen kann, erweisen (s. oben). Formal mag man dies damit erklären (s. unten (IX)), daß die ungesättigte Indexvariable , die den offenen Identitätswert symbolisiert, gebunden werden muß: entweder durch ein Matrixprädikat oder – im Falle der Selbständigkeit – durch eine pragmatische Größe, die sich als Prädikat beschreiben läßt: einen mit der Äußerung implizierten Akt des Sprechers und in der Regel auch eine damit implikatierte Sprechereinstellung.

Eine erotetische Basiseinstellung, die keinen spezifischen Subtyp der QUAESTIVA präjudiziert, kann man wie folgt paraphrasieren:

(VII) 'Der Sprecher hält die Faktizität des Sachverhalts für entscheidungs- oder bestimmte Sachverhaltselemente für identifizierungsbedürftig.'

Diese Formulierung fügt dem 'Setzen' der Spezifizierungsbedürftigkeit kein inhaltliches Element hinzu und läßt insbesondere offen, ob damit ein kognitiver oder lediglich kommunikativer Bedarf gemeint ist. Aus einer derartigen erotetischen Basiseinstellung lassen sich die für spezifische QUAESTIVA (z.B. Informationsfrage, Problematisierungsfrage, turn-taking-Frage) kennzeichnenden Einstellungen durch Konkretisierung ableiten; ihre offenen Stellen werden relativ zum Frageinhalt und zum Interaktionskontext vom Hörer (oder interpretierenden Linguisten) durch zusätzliche Einstellungskomponenten ergänzt:[39]

- spezifizierbar (in der Situation beantwortbar) oder nicht?
- spezifizierungsbedürftig für wen (Sprecher und/oder Adressat und/oder Zuhörer) und in welcher Hinsicht (kognitive Lücke und/oder kommunikatives Erfordernis)?
- zu spezifizieren von wem (Sprecher oder Adressat) und auf welche Weise (mental und/ oder verbal)?

Die Kombinatorik dieser und zumeist weiterer Konkretisierungen der Sprechereinstellung (u.a. durch lexikalische – Modalverben, Satzadverbiale, Modalpartikeln –, intonatorische und mimisch-gestische Mittel) ergibt mitsamt den jeweils daran geknüpften Handlungszielen und Obligationen die Vielfalt der Frage-Illokutionen, deren systematische Beschreibung[40] – in Auseinandersetzung z.B. mit Kiefer (1981), Hindelang (1981), Burkhardt (1986) – den thematischen Rahmen dieser Arbeit überschreiten würde. Zur Illustration sei lediglich ein Beispiel genannt:

> Die typische 'Lehrerfrage' im Unterrichtsgespräch wird durch folgende Einstellungsparameter definiert: Der Sprecher
> - hält die Frage für [+beantwortbar];
> - sieht sie als spezifizierungsbedürftig für: [–Sprecher/+Adressaten (+kognitiv/+kommunikativ)];
> - wünscht eine Spezifizierungsleistung durch: [–Sprecher/+Adressaten (+mental/ +verbal)].
>
> In diesen Merkmalen wird das Ziel der 'Lehrerfrage' (vgl. Ehlich 1981; Ehlich/Rehbein 1986) zum Ausdruck gebracht, die Schüler zur Schließung einer kognitiven Lücke (durch Erinnerung, Beobachtung, Schlußfolgerung, Hypothesenbildung) zu animieren, das Ergebnis ihrer mentalen Spezifizierungsleistung verbal mitzuteilen und dadurch eine kommunikative Spezifizierungslücke zu schließen; denn die richtige und als solche vom

---

39 Indirekte (im sprechakttheoretischen Sinne) Fragehandlungen – z.B. mit Hilfe der Äußerung von: '*Ich weiß nicht mehr, was ich Dir mitbringen sollte*'. – sind diesbezüglich stärker restringiert, insofern in ihren Matrixsätzen eine konkrete 'Sprechereinstellung' denotiert wird. Der Sprecher assertiert diese, und daraus ergibt sich die Illokution FRAGE 'indirekt', d.h. durch Hinzuinterpretation auf der *illokutiven* Ebene. Andererseits ist der Vollzug von QUAESTIVA durch 'Bekundung' einer erotetischen Einstellung – z.B. durch die Äußerung von: '*Ich möchte wissen, was ich dir mitbringen soll*'. – als 'direkt' einzustufen; vgl. Rehbock (in diesem Band:134).

40 Für die Feingliederung der Fragetypen sind vor allem auch 'Hintergrundannahmen' und 'Antworterwartungen' heranzuziehen, die dem Sprecher aufgrund verschiedener Indizien, u.a. aufgrund der nicht-offenen Teile des I-Satzes, attribuiert werden können.

Lehrer ratifizierte Antwort bildet einen Teil des von allen Schülern zu rezipierenden Stoffes.

Die in (VII) formulierte erotetische Einstellung bildet also die Basis für die Subklassifizierung der QUAESTIVA. Für deren grundlegende Definition wird sie jedoch nicht benötigt; denn der Vollzug eines QUAESTIVS ist nicht notwendig an das Vorhandensein einer erotetischen Einstellung gebunden. Wenn jemand einen selbständigen, nicht-idiomatisierten[41] I-Satz in einem Interaktionskontext präsentiert, so FRAGT er auch, und daraus kann man zwar in der Regel, aber nicht immer entnehmen, daß er eine entsprechende Einstellung hegt. So wird das Stellen einer rhetorischen Frage, mit der der Sprecher dezidiert keine Einstellung (VII) ausdrückt, immerhin als 'FRAGE' verstanden; und wenn man dann gleich hinzufügt: 'ja, aber als uneigentliche!', so liegt dies nicht schlicht am Fehlen der erotetischen Einstellung, sondern daran, daß man die Frage im Sprechersinne als Vollzug eines ASSERTIVS uminterpretieren muß.[42]

Eine formale Notation der Herleitung der Illokution FRAGE aus der Aktualisierung/Äußerung eines selbständigen I-Satzes kann sich anlehnen an die entsprechende Ableitung (III) zum D-Satz, die ich in meinem anderen Beitrag dieses Bandes in Kap. 2.5. und 3.2.1. schrittweise entwickelt habe. Ich führe die Ableitung hier am Beispiel des w-Satzes summarisch vor und verweise für die Einzelheiten auf den D-Satz-Beitrag. Vorweggeschickt sei allerdings, daß in (IX) und (XI) – die jeweils eine einzige Formel darstellen – unterstrichene Elemente 'Weltgegebenheiten', nämlich Interaktanten, Handlungen, Einstellungen und Referenzobjekte bezeichnen. Um (IX)-(XI) einfacher und übersichtlicher zu gestalten, führe ich in (VIII) eine abgekürzte Notation für die SF-Notation des w-Satzes (vgl. oben (III)) ein:

(VIII) $\omega x_v\,[K(x):F(x_v)] =_{df} \omega x_v\,[[\{x_v\} \subseteq \lambda x\, K(x)] : [\exists e\,[INST\,(e, F(x_v))]]]$

(IX) $\forall \underline{s}\ \forall \underline{sis}\ \forall \underline{ct}\ \forall \underline{w}\ \forall x$

(a) $[\ \ [\underline{AKT}\,(\underline{s}, \underline{sis}(e, x_v), \underline{ct}, \underline{w})\ |\ SF_{ws} = \omega x_v\,[K(x) : F(x_v)]$

(b) $\leftrightarrow \underline{REF}\,(\underline{s}, \omega x_v\,[K(x) : F(x_v)], \underline{w})$

(c) $\rightarrow \underline{POS}\,(\underline{s}, SB\,(\,\iota \underline{v}\,[\omega x_v\,[K(x) : F(x_v)]]\,))]$

(d) $\leftrightarrow [\underline{PRÄS}\,(\underline{s}, \underline{ct}, \omega x_v\,[K(x) : F(x_v)] : SB\,(\iota v\,[\ldots x_v]))$

(e) $\leftrightarrow \underline{QUAEST}\,(\underline{s}, \underline{ct}, \omega x_v\,[K(x) : F(x_v)])\ ]]$

(IX) besagt: Genau dann, wenn ein Sprecher $\underline{s}$ einen selbständigen (den Sachverhalt e mit dem offenen Argument x_v betreffenden) I-Satz $\underline{sis}$ mit dem Inhalt SF_{ws} relativ zu einem Text-/Interaktionskontext $\underline{ct}$ und einer Bezugswelt $\underline{w}$ aktualisiert/äußert, bezieht ($\underline{REF}$) er diesen Inhalt auf die Bezugswelt und setzt ($\underline{POS}$) damit implizit den Wert $\underline{v}$ der Variable x_v als spezifizierungsbedürftig (SB). Genau dann, wenn er dies tut, präsentiert ($\underline{PRÄS}$)

---

[41] Damit meine ich Äußerungen wie: '*Gibst du mir mal das Salz?*', die man unmittelbar als DIREKTIV, nicht als 'indirekte' Doppelillokution QUAESTIV→DIREKTIV versteht.

[42] Man darf also die rhetorische Frage (sowie die indirekte (Frage-)Aufforderung), will man ihre spezifische Funktion nicht verfehlen, weder aus den QUAESTIVA ausschließen noch sie auf gleicher Ebene unter die anderen Fragetypen einreihen, wie dies etwa Kiefer (1981) vorschlägt.

er gegenüber dem Kontext $\underline{ct}$ (der als Interaktionskontext u.a. auch die Adressaten umfaßt) den Inhalt des Satzes als spezifizierungsbedürftig im Wert der offenen Variable, was wiederum äquivalent damit ist, daß er gegenüber $\underline{ct}$ den Satzinhalt FRAGT (ein QUAESTIV vollzieht).

Der Vollzug eines QUAESTIVS impliziert im Defaultfall, daß der Sprecher damit eine erotetische Einstellung Q ausdrückt, die ich mit dem Prädikat 'HÄLT FÜR SPEZIFIZIERUNGSBEDÜRFTIG' (abgekürzt: HFSB) umschreibe. Ich verwende ferner den abgeschwächten Äquivalenzfunktor ←D>, dessen D(efault)-Spitze die Richtung markiert, in der die Implikation nur unter konversationell löschbaren Bedingungen gilt.

(X) $Q =_{df} \text{HFSB}\,(s, Jv\,[\omega x_v\,[K(x) : F(x_v)]])$

(XI) $\forall \underline{s}\ \forall \underline{ct}\ \forall x$

(a) $[\underline{\text{QUAEST}}\,(\underline{s}, \underline{ct}, \omega x_v\,[K(x) : F(x_v)]])$

(b) $\leftarrow D> \underline{\text{EXPR}}\,(\underline{s}, \iota \underline{y}\,[Q\,(\underline{y})\ \&\ \text{MPZ}\,(\underline{y}, \underline{s})]])\,]$

(XI) besagt: Wenn jemand den Inhalt eines w-Satzes relativ zu einem Kontext $\underline{ct}$ FRAGT, drückt er im Default-Fall intentional eine Einstellung $\underline{y}$ aus ($\underline{\text{EXPR}}$), die von der Art Q, nämlich – nach (X) – einer erotetischen Einstellung gegenüber dem gefragten Inhalt ist und zugleich seinen 'momentanen psychischen Zustand' (MPZ) bildet. Die umgekehrte Implikation von der sentential ausgedrückten Einstellung auf die Fragehandlung gilt streng; eine erotetische Einstellung mit Hilfe einer I-Satzäußerung ausdrücken heißt, deren Inhalt zu FRAGEN. Entsprechend gilt die Bekundung einer erotetischen Einstellung als Vollzugsform eines QUAESTIVS (s. oben Anm. 39).

In (X) kann das Prädikat 'HFSB' je nach den interaktionalen Bedingungen durch spezifischere illokutive Einstellungsprädikate (z.B. 'WEISS NICHT', 'MÖCHTE WISSEN') und komplexere Konfigurationen (z.B. 'MÖCHTE DASS Adressat MENTAL IDENTIFIZIERT UND MITTEILT') substituiert werden. Von diesen Modifikationen wird der Rest der Formel, der die Bedeutung des I-Satzes, den erotetischen Kern aller Frage-Illokutionen, wiedergibt, nicht berührt.

5.3. Echofragen

Der Satzmodus ist bekanntlich nicht das einzige und auch nicht das stärkste Mittel, um Sprechereinstellungen zum Ausdruck zu bringen; er kann durch intonatorische (z.B. in der Deklarativsatzfrage, s.u. S. 207) und lexikalische Mittel überrundet werden. Von dieser Möglichkeit machen Sprecher in Echofragen Gebrauch. In ihnen steht das Omega-Glied nicht in der für den Satzmodus relevanten syntaktischen Position ganz 'links' (innerhalb eines GB-Baums: in der SpecC- oder C^0-Position); vielmehr sind Echofragen durch minimal fokussierte w-Konstituenten in situ gekennzeichnet, die weder den Satzmodus beeinflussen noch im Falle eingebetteter I-Sätze an das Matrixverb gebunden sind. Man kann – wie Reis (1989) einleuchtend gezeigt hat – davon ausgehen, daß Echofragen den Satzmodus des geechoten Satzes aufweisen:[43]

(53) (a) Du hast WEN gesehen?
(b) Du glaubst, du hast WEN gesehen?
(54) (A: Wer hat dich gestern in der Hütte besucht?)
B: Wer hat mich gestern WO besucht?
(55) Ob ich dich WAS?

Obwohl es sich trotz des w-Interrogativs bei (53a) um einen selbständigen und bei (53b) um einen unselbständigen Deklarativsatz handelt, tritt das fokussierte w-Interrogativ pragmatisch in den Vordergrund, so daß die Äußerung als Fragehandlung zu interpretieren ist. Entsprechend wird mit (54) und (55) ausschließlich nach 'wo' oder 'was' gefragt; es handelt sich um Echofragen im Rahmen einfacher I-Sätze, nicht etwa um multiple Fragen. Die fokussierten w-Interrogativa in Echofragen konstituieren also den Satzmodus weder, noch modifizieren sie ihn; sie verhindern jedoch seinen pragmatischen Anschluß an die Sprechereinstellung, indem sie diese an sich selber binden. Dadurch kann der erhaltene Satzmodus zusammen mit dem nicht erfragten Rest des Satzes auf eine 'quotative' Ebene transponiert werden, auf die sich die aktuelle Fragehandlung metakommunikativ bezieht.[44] Diese sehr summarischen Bemerkungen müssen hier genügen; im übrigen verweise ich auf die detaillierte Erörterung der "Echo-w-Sätze und Echo-w-Fragen" in Reis (1991 und [in diesem Band]).

5.4. Verbstellung und Intonation

Wenn die hier vorgetragene Beschreibung der I-Sätze zutreffend ist, bedarf es keines zusätzlichen Modusfunktors, um I-Sätze in selbständige Fragesätze zu transformieren, mit denen man eine Fragehandlung ausführen kann. So verwundert es nicht, daß etwa dem Funktor *Int* in Wunderlich (1976:233ff.) kein erkennbarer Stellenwert innerhalb der Ableitung der "Resultatsfunktion" zukommt. Diese wird zureichend aus zwei Quellen erklärt: aus der "Erfüllungsrelation" der offenen Proposition und aus der Äußerung einer nicht-extensionalisierten "offenen Struktur" in einer Interaktionssituation.

Doch postulieren Wunderlich und viele andere Linguist/inn/en die Existenz eines solchen Funktors nicht ohne Grund; seine formalen Korrelate sind ja zu sehen und zu hören: Verbstellung und Intonation unterscheiden selbständige und eingebettete I-Sätze. Wenn dieser Unterschied tatsächlich funktional distinktiv wäre, dann hätte ich meine Darlegungen mindestens zu revidieren.

---

43 Ich verzichte hier auf den Versuch einer Formalisierung; die Richtung weist oben (IV).

44 Dies gilt nur für diejenigen Echofragen, denen diese Bezeichnung auch im pragmatischen Sinne zukommt, in denen also eine (ggf. auch fingierte) Vorgängeräußerung mehr oder weniger getreu gespiegelt wird. Dann ist auch deren Satzmodus 'zitiert', und nur die dem Echo-w-Element zuzuordnende Einstellung kommt dem Sprecher zu. Anders liegt der Fall z.B. in den syntaktisch gleichartigen (auf den Deklarativsatzmodus beschränkten) 'Quizfragen' ('*Und dieses Gerät erfand Edison WANN?*'); hier muß man wohl zwei – zuweilen parallel, zuweilen sukzessiv formulierte – Sprechereinstellungen annehmen.

Ich möchte meine Gegenargumente hier nur noch in aller Kürze andeuten. Die Verbstellung halte ich aus drei Gründen für nicht-distinktiv:[45]

1. wegen der Existenz der selbständigen Verb-letzt-Fragen, trotz ihrer formalen und semantischen Restriktionen (vgl. oben S. 200);

2. wegen der Komplementarität von 0+Verb-erst-Stellung und *ob*+Verb-letzt-Stellung, die es gestattet, mit Brandt/Rosengren/Zimmermann (1989:8) die Verb-erst-Stellung als Realisation des Ω-Operators aufzufassen;

3. wegen der kombinatorischen Koppelung der Verbstellung in w-Sätzen an deren Einbettung oder Nicht-Einbettung (in allen Fällen, die nicht unter 1. zu subsumieren sind), so daß der Verbstellung hier kein eigener distinktiver Wert zugemessen werden kann.

Die Intonation halte ich zwar für distinktiv, aber nicht auf der grammatisch-semantischen Ebene. Ich teile auch diese Annahme mit Brandt/Rosengren/Zimmermann (1989:33) bzw. BRRZ (Kap. 8) und zwar aus folgenden Gründen:

1. Die steigende Frageintonation ist bei der Äußerung selbständiger Fragesätze im Falle der w-Fragen fakultativ verwendbar, im Falle der E-Fragen fakultativ fortlaßbar und im Falle von A-Fragen nicht vorhanden. Die letzteren unterscheiden sich weder von den eingebetteten I-Sätzen noch von den entsprechenden Deklarativsätzen in der Intonation:

(56) (a) Ich weiß noch nicht: Ich fahre Mon/tag oder Frei\tag.
(b) Fährst du Mon/tag oder Frei\tag?
(c) (...), ob du Mon/tag oder Frei\tag fährst.

2. Die steigende Frageintonation vermag nicht nur E-Fragen zu stützen und w-Fragen zu intensivieren, sondern jedem sprachlichen Ausdruck vom Deklarativsatz bis zur einzelnen Silbe eine erotetische Bedeutung zu verleihen und auch allein als vokale Kontur bei Kleinkindern wie Erwachsenen zur Ausführung von Fragehandlungen zu dienen:

(57) Du hörst Peter MAFfel?
(58) Hhh? FEL?
(59) Wenn Sie vielleicht mal nachsehen könnten?[46] – Warum ich?
(60) JUST: Wie wär's, wenn wir ihm des Abends, wenn er aus der Tabagie kömmt, aufpaßten, und ihn brav durchprügelten?
WERNER: Des Abends? – aufpaßten? – ihre zwei, einem? – Das ist nichts.–
(Lessing, Minna von Barnhelm I/12)

---

[45] Eine zusätzliche Stützung erfährt diese Argumentation durch den Hinweis auf andere indoeuropäische und nicht-indoeuropäische Sprachen, die die eingebetteten und nicht-eingebetteten Interrogativsätze in der Wortstellung nicht unterscheiden, sowohl weil sie der obligatorischen Verb-letzt-Stellung im Nebensatz ermangeln als auch weil sie den selbständigen E-Satz ohne Veränderung der Wortstellung mit Hilfe von Partikeln bilden wie etwa das Chinesische, Japanische, Finnische, Lateinische und Slawische (Serbokroatische; Polnische, Russische: Hinweis von I. Zimmermann).

[46] Beispiel von Winkler (1989:119).

Im Falle der Deklarativsatzfrage (57) vermischen sich die durch den Satzmodus vollzogene Setzung und die mittels der Intonation ausgedrückte Einstellung zu einer komplexen, konstativ eingefärbten Fragehandlung.[47] Es handelt sich hier also um einen *pragmatischen* Mischtyp, nicht um einen speziellen Satzmodus "assertive Frage" (vgl. Altmann 1987:49). Nach den Ergebnissen neuerer, text- oder gesprächsanalytisch orientierter Untersuchungen (Klein 1982; Stempel/Fischer 1983; Ward/Hirschberg 1985; Selting 1991) darf die Frageintonation in der Vielfalt ihrer konkreten Konturen als ein prinzipiell unabhängiges nonverbales Ausdrucksmittel gelten, das relativ zum Interaktionskontext auf kognitiv-thematische, emotive und konversationelle Einstellungen und Intentionen verweist und nur partiell über nicht unbedingt bindende Aktualisierungskonventionen mit dem grammatisch-semantischen Mittel des Satzmodus verknüpft ist. Auf dieser Ebene von Aktualisierungskonventionen ist vermutlich die beobachtbare einzelsprachliche Variation (z.B. die relativ zum Deutschen größere Häufigkeit der 'Intonationsfrage' im gesprochenen Französisch) zu erklären, während die Satzmodustheorie davon unberührt bleibt.

3. Ein weiterer Gedanke mag diese Argumentation abrunden: Wenn es richtig ist, daß nach Lyons das "posing a question" primär ein "mental act" ist (s. oben S. 174) und daß es bei unausgesprochenen Fragen auch dabei bleibt, dann ist es kaum plausibel, für dessen semantische Analyse ein Ausdrucksmittel heranzuziehen, das nachweisbar allein in der Interaktion realisiert wird.

Verbstellung und Intonation sind also – das ist das Fazit aus diesen Argumenten – sicherlich wichtige Mittel, die im Verbund mit lexikalischen Einstellungsindikatoren und mit den Realisierungen des OFFEN-Operators die illokutive Interpretation des Hörers steuern; ihre Existenz zwingt jedoch nicht zu der Annahme eines nicht-propositionalen Funktors, der nur den selbständigen I-Sätzen zukäme und – ob einstellungsdenotierend oder nicht – die erotetische Verwendung determinierte. Diese ergibt sich allein aus der spezifisch offenen Referenz im rhetischen Akt.

6. Zusammenfassung

Die hier vorgetragenen Überlegungen und Analysen zeigen: Es ist möglich, den Interrogativsatzmodus ohne Rückgriff auf eine 'fragende' Sprechereinstellung bzw. einen entsprechenden Einstellungsoperator zu beschreiben und dennoch die erotetischen Illokutionen daraus herzuleiten. Der I-Satzmodus wird vielmehr definiert durch das, was allen I-Sätzen, abhängigen wie

[47] Darin liegt der Unterschied zur Echo-(und Quiz-)Frage, in der eine solche Vermischung nicht begegnet (s.o. Anm. 44). Hört man (57) als Echo-E-Frage – also als Reaktion auf eine Vorgängeräußerung: '*Ich höre gerade Peter Maffay*' –, so liegt der Bedeutungsunterschied zur Deklarativfrage eben darin, daß hier die an den D-Satzmodus geknüpfte konstative Setzung des Vorredners zum metakommunikativen Gegenstand der intonatorisch angedeuteten erotetischen Einstellung gemacht wird; nur diese allein ist dem Sprecher zuzuschreiben.

unabhängigen, gemeinsam ist: den offenen Modus der potentiellen Referenz auf Weltgegebenheiten. I-Sätze denotieren eine als gegeben zu denkende, noch unspezifizierte 'Erfüllungsmenge' als Teilmenge eines 'Suchbereichs', die der 'Interrogativfunktion' genügen soll und aus den Möglichkeiten des Suchbereichs zu spezifizieren ist. Diese aus der Analyse der w-Interrogativa gewonnene Charakterisierung läßt sich auch auf die Entscheidungs-Interrogativsätze übertragen: Die Interrogativfunktion wird durch die gesamte Proposition gesetzt, der Suchbereich besteht aus der Zweiermenge von Fakt und Nicht-Fakt; der Suchbereich von Alternativ-Interrogativsätzen kann als Menge von Fakt-/Nicht-Fakt-Mengen verstanden werden. Der Unterschiedlichkeit der Referenz – offene N-Referenz im w-Satz, offener Modus der S-Referenz im E- und A-Satz – wird durch die Differenzierung des den Satzmodus symbolisierenden OFFEN-Operators (ω vs. Ω) Rechnung getragen.

Aus der referentiell geprägten Beschreibung des I-Satzmodus lassen sich die nicht-erotetische Bedeutung der eingebetteten I-Sätze und die erotetische Bedeutung der selbständigen I-Sätze unter Berücksichtigung des jeweiligen Kontextes ableiten. Alle in diesem Beitrag entwickelten und diskutierten Formalisierungen dienen im Grunde dem Zweck, den Ableitungen Stringenz zu verleihen. Im Falle der Einbettung des I-Satzes wird dessen offene Referenz für den Gesamtsatz semantisch funktionalisiert: Der unspezifizierte 'Wert' des Omega-Gliedes wird, gebunden durch einen Definitheitsoperator, zum Argument des Matrixprädikats und ist somit nicht mehr unmittelbar einer Sprechereinstellung zuzuordnen; je nach der Matrixprädikation mag es dann eine Implikation des Gesamtsatzes sein, daß die Referenz des Omega-Gliedes für dessen Subjekt 'geschlossen' ist. Wird dagegen ein I-Satz selbständig aktualisiert, so steht er unmittelbar im pragmatischen Kontext des rhetischen Aktes: Der unspezifizierte Wert des Omega-Gliedes wird, wiederum gebunden durch einen Definitheitsoperator, zum Argument eines Aktes, durch welchen der Sprecher die Offenheit der Referenz in der Situation 'setzt' und zugleich das Omega-Glied als spezifizierungsbedürftig 'präsentiert'. Im Regelfall darf dies als Ausdruck einer erotetischen Einstellung gelten, deren Minimalform als "Sprecher hält ... für spezifizierungsbedürftig" zu umschreiben ist. Die Allgemeinheit dieser Paraphrase deutet an, wie aus ihr die spezifischen Einstellungen abzuleiten sind, die die Subklassen der QUAESTIVA konstituieren: durch Konkretisierung und Detaillierung der Einstellungsparameter, relativ zum Interaktionskontext und unter Berücksichtigung zusätzlicher einstellungsdefinierender Äußerungskomponenten. Die solchermaßen ausdifferenzierte Illokutionsklasse der QUAESTIVA ist aber als ganze konstituiert durch den erotetischen Modus des rhetischen Aktes.

Erotetische Einstellungen können nicht nur durch das syntaktische Mittel 'I-Satzmodus + Selbständigkeit' (so auch im selbständigen I-Satz mit Verb-letzt-Stellung), sondern auch durch lexikalische, intonatorische und mimisch-gestische Mittel ausgedrückt werden. Diese können entweder nicht-satzmäßigen Ausdrücken eine erotetische Funktion verleihen, den Satzmodus von I-Sätzen unterstützen (mit unterschiedlichen Konventionalisierungsgraden der Kookkurrenz) oder aber andere Satzmodi überlagern. Derartige pragmatische Mischtypen unterscheiden sich u.a. durch die Art der Überlagerung: Einstellungsmischung (z.B. Deklarativsatzfrage), Einstellungswechsel (z.B. Quizfrage), Einstellungsschichtung (z.B. in allen Metafragen: Echofragen, Formulierungsangebote). In der vorliegenden Arbeit war es allerdings nicht möglich, all diese und womöglich weitere Mischtypen detailliert und systematisch im Rahmen meiner Satzmoduskonzeption zu behandeln.

Literatur

Altmann, H. (1987), Zur Problematik der Konstitution von Satzmodi als Formtypen. In: Meibauer, J. (Hg.), 22–56.

Bäuerle, R. (1979), Questions and Answers. In: Bäuerle, R./Egli, U./v. Stechow, A. (Hgg.), Semantics from Different Points of View. Berlin/Heidelberg/New York (= Springer Series in Language and Communication 6), 61–74.

Baker, C.L. (1968), Indirect Questions in English. Urbana, Ill.

Bierwisch, M. (1980), Semantic Structure and Illocutionary Force. In: Searle, J.R./Kiefer, F./Bierwisch, M. (Hgg.), 1–36.

— (1988), On the Grammar of Local Prepositions. In: Bierwisch, M./Motsch, W./Zimmermann, I. (Hgg.), Syntax, Semantik und Lexikon. Berlin (= studia grammatica XXIX), 1–66.

Bolinger, D. (1978), Yes-No Questions Are Not Alternative Questions. In: Hiż, H. (Hg.), Questions. Dordrecht/Boston (= Synthese Language Library 1), 87–106.

Brandt, M./Rosengren, I./Zimmermann, I. (1989), Satzmodus, Modalität und Performativität. In: S&P 13, 1–42. [auch in: Zeitschrift für Phonetik, Sprachwissenschaft und Kommunikationsforschung 43 (1990), 120–149]

Brandt, M./Reis, M./Rosengren, I./Zimmermann, I. [in diesem Band], Satztyp, Satzmodus und Illokution.

Burkhardt, A. (1986), Zur Phänomenologie, Typologie, Semasiologie und Onomasiologie der Frage. In: Deutsche Sprache 14, 23–57.

Conrad, R. (1978), Studien zur Syntax und Semantik von Frage und Antwort. Berlin. (= studia grammatica XIX)

Donnellan, K. (1971), Reference and Definite Descriptions. In: Steinberg, D.D./Jabokovits, L.A. (Hgg.), Semantics. Cambridge, 100-114.

Ehlich, K. (1981), Schulischer Diskurs als Dialog. In: Schröder, P./Steger, H. (Hgg.), Dialogforschung. Jahrbuch 1980 des IdS. Düsseldorf (= Sprache der Gegenwart 54), 334–369.

Ehlich, K./Rehbein, J. (1986), Muster und Institution. Untersuchungen zur schulischen Kommunikation. Tübingen. (= Kommunikation und Institution 15)

Frege, G. (1918/1966), Der Gedanke – eine logische Untersuchung. In: G. Frege: Logische Untersuchungen, hrsg. und eingel. v. G. Patzig. Göttingen (= Kleine Vandenhoeck Reihe 219–221), 30–53.

Grewendorf, G. (1972), Sprache ohne Kontext. Zur Kritik der performativen Analyse. In: Wunderlich, D. (Hg.), Linguistische Pragmatik. Frankfurt/M. (= Schwerpunkte Linguistik und Kommunikationswissenschaft 12), 144–182.

— (1978), Probleme der logischen Analyse von Fragen. In: Papiere zur Linguistik 19, 5–57.

Helbig, G. (1974), Was sind indirekte Fragesätze? In: Deutsch als Fremdsprache 11, 149–158.

Hindelang, G. (1981), Zur Klassifikation von Fragehandlungen. In: Hindelang, G./Zillig, W. (Hgg.), Sprache: Verstehen und Handeln. Akten des 15. Linguistischen Kolloquiums Münster 1980. Bd. 2. Tübingen (= Linguistische Arbeiten 99), 215–226.

Husserl, E. (1939/⁵1976), Erfahrung und Urteil. Untersuchungen zur Genealogie der Logik. (Prag 1939) Redigiert und hrsg. v. L. Landgrebe. 5. Aufl. Hamburg. (= Philosophische Bibliothek 280)

Jacobs, J. (1991), Implikaturen und 'alte Information' in w-Fragen. In: Reis, M./Rosengren, I. (Hgg.), 201-221.

Karttunen, L./Peters, S. (1976), What Indirect Questions Conventionally Implicate. In: Papers from the 12th Regional Meeting of the Chicago Linguistic Society. Chicago, 350–368.

Keenan, E./Hull, R.D. (1973), The Logical Presuppositions of Questions and Answers. In: Petöfi, J.S./ Franck, D. (Hgg.), Präsuppositionen in Philosophie und Linguistik. Frankfurt/M. (= Linguistische Forschungen 7), 439–466.

Kiefer, F. (1980), Yes-No-Questions as Wh-Questions. In: Searle, J.R./Kiefer, F./Bierwisch, M. (Hgg.), 97–120.

— (1981), Questions and Attitudes. In: Klein, W./Levelt, W. (Hgg.), 159–176.

Klein, W. (1982), Einige Bemerkungen zur Frageintonation. In: Deutsche Sprache 10, 289–310.

Klein, W./Levelt, W. (Hgg.), Crossing the Boundaries in Linguistics. Dordrecht/Boston. (= Synthese Language Library 13)

Klumpp, S. (1990), Multiple w-Fragen. Untersuchungen zu ihrer Syntax, Semantik und Pragmatik. Zulassungsarbeit Höheres Lehramt, Tübingen.

Lyons, J. (1977/1983), Semantics/Semantik. Bd. II. Cambridge/München. (= Beck'sche Elementarbücher)

Meibauer, J. (1986), Rhetorische Fragen. Tübingen. (= Linguistische Arbeiten 167)

— (1987) (Hg.), Satzmodus zwischen Grammatik und Pragmatik. Tübingen. (= Linguistische Arbeiten 180)

— (1988), *Ob sie wohl kommt?* – Zum Satzmodus von selbständigen Sätzen mit Endstellung des finiten Verbs. In: Akten der 2. Internationalen Konferenz "Theorie und Praxis der deutsch-polnischen Konfrontation und Translation". Rzeszów.

Menne, A. (1973), Einführung in die Logik. 2. überarb. Aufl. München. (= UTB 34)

Motsch, W./Pasch, R. (1987), Illokutive Handlungen. In: Motsch, W. (Hg.), Satz, Text, sprachliche Handlung. Berlin (= studia grammatica XXV), 1–79.

Öhlschläger, G. (1988), Zur Semantik der Fragesätze. In: S&P 1, 21–25.

Pasch, R. (1989a), Überlegungen zum Begriff des "Satzmodus". In: Studien zum Satzmodus III, 1–88.

— (1989b), Satzmodus als Grundlage illokutiver Funktionen: Kritische Fragen zu Brandt/Rosengren/ Zimmermann (1989). In: Zeitschrift für Phonetik, Sprachwissenschaft und Kommunikationsforschung 43/6, 810-822.

— (1990), Überlegungen zu den Regeln der Interpretation von w-Interrogativ-Sätzen, Vortrag gehalten auf der 12. Jahrestagung der DGfS in Saarbrücken 28. Februar bis 2.3. 1990. [auch als 'Überlegungen zur Syntax und zur semantischen Interpretation von w-Interrogativsätzen' in: Deutsche Sprache 19 (1991), 193-212]

Pope, E.N. (1976), Questions and Answers in English. The Hague/Paris.

Rehbock, H. (1987), Arten der Antworterwartung in Ergänzungsfragen. In: Rosengren, I. (Hg.), Sprache und Pragmatik – Lunder Symposium 1986. Stockholm (= Lunder germanistische Forschungen 55), 357–384.

— (1990), Fragen stellen – Zur Interpretation des Interrogativsatzmodus. In: S&P 18, 1-48.

— [in diesem Band], Deklarativsatzmodus, rhetische Modi und Illokutionen.

Reis, M. (1977), Präsuppositionen und Syntax. Tübingen. (= Linguistische Arbeiten 51)

— (1985), Satzeinleitende Strukturen im Deutschen. Über COMP, Haupt- und Nebensätze, w-Bewegung und die Doppelkopfanalyse. In: Abraham, W. (Hg.), Erklärende Syntax des Deutschen. Tübingen (= Studien zur deutschen Grammatik 25), 271–311.

— (1990), Interrogative w-*alles*-Phrasen. Ms. Tübingen.

— (1991), Echo-w-Sätze und Echo-w-Fragen. In: Reis, M./Rosengren, I. (Hgg.), 49-76.

Reis, M./Rosengren, I. (1991) (Hgg.), Fragesätze und Fragen. Referate anläßlich der 12. Jahrestagung der DGfS Saarbrücken 1990. Tübingen. (= Linguistische Arbeiten 257)

Rosengren, I. (1988), Die Beziehung zwischen Satztyp und Illokutionstyp aus einer modularen Sicht. In: S&P 6, 1–30.

Searle, J.R. (1979), Referential and Attributive. In: Searle, J.R., Expression and Meaning – Studies in tne Theory of Speech Acts. Cambridge, 137-161.

Searle, J.R./Kiefer, F./Bierwisch, M. (Hgg.) (1980), Speech Act Theory and Pragmatics. Dordrecht/Boston. (= Synthese Language Library 10)

Selting, M. (1991), w–Fragen in konversationellen Frage-Antwort-Sequenzen. In: Reis, M./Rosengren, I. (Hgg.), 263-288.

Stempel, W.-D./Fischer, R. (1985), Die französische Intonationsfrage in alltagsrhetorischer Perspektive. In: Gülich, E./Kotschi, Th. (Hgg.), Grammatik, Konversation, Interaktion. Beiträge zum Romanistentag 1983. Tübingen (= Linguistische Arbeiten 153), 239–268.

Studien zum Satzmodus III (1989). Berlin. (= Linguistische Studien. Reihe A, 193)

S&P 1ff., Sprache und Pragmatik. Arbeitsberichte des Forschungsprogramms "Sprache und Pragmatik" hrsg. v. I. Rosengren. Lund 1988ff.

Vendler, Z. (1980), Telling the Facts. In: Searle, J.R./Kiefer, F./Bierwisch, M. (Hgg.), 273–290.

Ward, G./Hirschberg, J. (1985), Implicating Uncertainty: The Pragmatics of Fall-Rise Intonation. In: Language 61, 747–776.

Winkler, E. (1989), Selbständig verwendete V_E-Sätze. Ein Überblick. In: Studien zum Satzmodus III, 118–158.

Wunderlich, D. (1976), Studien zur Sprechakttheorie. Frankfurt/M. (= stw 172)

— (1981), Questions about questions. In: Klein, W./Levelt, W. (Hgg.), 131-158.

Zaefferer, D. (1984), Frageausdrücke und Fragen im Deutschen. Zu ihrer Syntax, Semantik und Pragmatik. München. (= Studien zur Theoretischen Linguistik 2)

Zimmermann, I. (1983), Untersuchungen zum Verhältnis von Substantivgruppe und Nebensatz. In: Motsch, W./Růžička, R. (Hgg.), Untersuchungen zur Semantik. Berlin (= studia grammatica XXII), 201–242.

Zur Grammatik und Pragmatik von Echo-w-Fragen[1]

Marga Reis, Tübingen

In diesem Beitrag wird dafür argumentiert, a) daß die grammatischen Charakteristika von Echo-w-Fragen diese weder zu w-Interrogativsätzen, noch zu einem eigenen Satztyp oder einem strukturellen 'Mischtyp' machen, sondern sich mit beliebigen Satzstrukturen zu 'Echo-w-Sätzen' (EwS) verbinden; b) daß sich ihre grammatischen und die damit korrelierenden pragmatischen Besonderheiten völlig regulär ableiten lassen, wobei sich ergibt, daß EwS nur in pragmatischer Hinsicht 'Frage-Sätze' sind.

1. Gegenstand und Fragestellung
2. Übersicht über Strukturgegebenheiten und Verwendungsweisen der Echo-w-Sätze
2.1. Strukturgegebenheiten der EwS
2.2. Verwendungsweisen der EwS
3. Zur Grammatik der Echo-w-Sätze
3.1. Sind EwS w-Interrogativsätze?
3.2. Haben EwS einen eigenen Satzmodus?
3.3. Sind EwS quotationelle Strukturen?
3.4. EwS als reguläre grammatische Strukturen I: Ausgangsfeststellungen
3.5. EwS als reguläre grammatische Strukturen II: Die Rolle der Fokussierung
4. Zur Pragmatik der Echo-w-Sätze I: Der Form-Funktions-Zusammenhang
4.1. Eigenschaften der 'Echo-w-Fragehandlung i.w.S.'
4.2. Zur Herleitung der 'Echo'-Charakteristik
4.3. Zur Abwesenheit der Existenzimplikatur
4.4. Konsequenzen für die Bedeutungsrepräsentation von EwS (mit Exkurs zu Jacobs 1991)
4.5. Zur Ableitung der Fragecharakteristik
5. Zur Pragmatik der Echo-w-Sätze II: Die Ableitung der Verwendungstypen im Kontext
5.1. Normale w-Fragen: ±kontextabhängige Eigenschaften
5.2. Reaktive Echo-w-Fragen
5.3. Initiative Echo-w-Fragen
6. Schlußbemerkungen
Literatur

---

[1] Dies ist die erheblich überarbeitete Fassung des in S&P veröffentlichten gleichnamigen Arbeitsberichts (= Reis 1990), wobei ich über weite Strecken auf Reis (1991a) zurückgegriffen habe. Den Teilnehmern der verschiedenen Tagungen und Arbeitskreise, bei denen ich meine Überlegungen zu Echo-w-Fragen diskutieren konnte, danke ich für viele wertvolle Hinweise, Ilse Zimmermann darüber hinaus für hilfreiche Diskussionen der semantischen Probleme und Inger Rosengren für viele weiterführende Kommentare zu den verschiedenen Fassungen dieses Papiers, einschließlich der vorliegenden. Für ihre Hilfe bei der Erstellung der Datei danke ich Dirk Le Claire und Ulrich Lutz.

1. Gegenstand und Fragestellung

1.1. Echofragen, soviel ist klar, sind in irgendeiner Hinsicht Fragen. Die Grammatik und Pragmatik eines Typs von Echofragen zu untersuchen, heißt deshalb auch und vor allem, zu klären, worin ihr Fragecharakter besteht, wie er zustandekommt und wie er sich zu den fragefremden Merkmalen der betreffenden Echofragen verhält. Eine wichtige Rolle für diese Klärung spielt der grammatisch-pragmatische Vergleich mit "normalen" Fragen, nicht nur heuristisch, sondern auch als Erfolgskriterium: Jede Theorie der Echofragen ist wesentlich daran zu messen, wie sie mit den Gleichheiten *und* Unterschieden zu Form und Funktion normaler Fragen fertig wird.

Zu den Echofragen werden in der Literatur verschiedene Typen in unterschiedlicher Abgrenzung, Subklassifikation und Benennung gezählt (vgl. Meibauer 1987); die vorherrschenden Gesichtspunkte sind funktional. Mir erscheint es für die korrekte Erfassung der Grammatik-Pragmatik-Zusammenhänge notwendig, von der Form auszugehen, und hinreichend, dabei drei Falltypen zu unterscheiden, s. (1)–(3),

(1) a. Karl hat PETer gekündigt?[2]
KARL hat Peter gekündigt?
b. ALLe mal herhören?
Hilf der SCHLAMpe?
Nieder mit KARL?

(2) a. Karl hat bei WEM gearbeitet?
Bei WEM hat Karl gearbeitet?
b. Der und WAS wählen?
Hilf einer WEM?
Ob er WEM geholfen hat?

(3) a. Ob er Peter geKÜNDigt hat?
Ob er PETer gekündigt hat?
b. Bei wem Karl geARBeitet hat?
Bei WEM Karl gearbeitet hat?

für die folgende Oberflächenmerkmale konstitutiv sind: Für (1) steigendes Tonmuster, für (2) Anwesenheit eines stellungsfreien, stets auf dem w-Teil hauptakzentuierten w-Lexems, für (3) Auftreten eines fragetypischen Elements (*ob,* w-Ausdruck) in Spitzenstellung, verbunden mit Verbletzt-Struktur.

(1) und (2) teilen die grundlegende grammatische Besonderheit, daß sich ihre typbildenden Merkmale mit Satzstrukturen verschiedenster Art verbinden. Dem entspricht die Verwendungsbesonderheit, daß sie Vorgängeräußerungen verschiedenster Satzstruktur wiederaufnehmen können. Auch ihre spezifische 'Echo'-Fragehandlungs-Charakteristik ist gleich: (1) wie (2) thematisieren eine Proposition als offen, die im Äußerungskontext als im relevanten Punkt bereits geschlossen bekannt ist, bzw. als solche vorausgesetzt oder hingestellt wird. Da (1) dabei auf Ja/Nein-Antworten und (2) auf Konstituenten-Antworten abzielt, spreche ich in Analogie zu

---

2 Die Silbe, die den Hauptakzent trägt, wird durch Kapitälchen hervorgehoben.

normalen Fragen von Echo-E(ntscheidungs)- bzw. Echo-w-Fragen. Entsprechend nenne ich die Sätze der Form (1) und (2), mit denen sie vollzogen werden, 'Echo-E-Sätze' (EES) bzw. 'Echo-w-Sätze' (EwS).

Typ (3), dessen feste Struktur dem geläufigen Verbletzt-Interrogativsatzmuster entspricht, unterscheidet sich von diesen beiden Typen erheblich: Zwar dient auch er der Wiederaufnahme bereits abgeschlossener Vorgängeräußerungen, jedoch eingeschränkt auf vorausgehende E- und w-Interrogativsätze und in anderer Funktion: Es wird die mit der Vorgängeräußerung verbundene Fragehandlung wiederholt, nicht eine neue Frage bezüglich der damit verbundenen Proposition aufgeworfen. Diese Unterschiede deuten auf eine ganz andere Beschaffenheit des Grammatik-Pragmatik-Zusammenhangs, wie auch des Verhältnisses zu normalen Fragen bzw. Interrogativsätzen hin. Von den Typen (1) und (2), den *Echo*-(E/w)-Fragen i.e.S., setze ich deshalb Typ (3) von vornherein durch die Bezeichnung '*Wiederholungs*-Verbletzt-Fragen' ab; hinsichtlich der Bezeichnung der Form spricht m.E. nichts gegen 'Verbletzt-(E/w)-*Interrogativsätze*'.[3]

Im folgenden geht es mir nur um die Grammatik und Pragmatik von Echo-Fragen i.e.S. Ich werde hauptsächlich die Echo-w-Fragen, genauer gesagt die EwS, behandeln, für die die Gesetzmäßigkeiten der Form wie des Form-Funktions-Zusammenhangs am schwersten zu fassen sind. Der Anspruch, daß sich die hierzu vorgelegte Analyse auf die im wesentlichen parallelen EES erweitern lassen muß, scheint erfüllbar, auch wenn das hier nicht im einzelnen begründet werden kann.[4]

1.2 In diese Untersuchung der EwS gehe ich mit einer Reihe entschieden unüblicher Hypothesen hinein. Zunächst zu den generellen Hypothesen. Die ersten beiden betreffen die Abgrenzung des Gegenstandes:

(GH1) EwS bilden ein grammatisch einheitliches Phänomen.
(GH2) Die Verwendungen von EwS bilden ein pragmatisch einheitliches Phänomen. Oder: EwS haben ein einheitliches Verwendungspotential.

(GH1) expliziert, was dem Ansatz von Typ (2) zugrundeliegt, und richtet sich vor allem gegen die naheliegende Annahme, daß die auffälligen Unterschiede zwischen EwS-Fällen mit unmarkierter Verbzweit-Struktur und EwS-Fällen anderer Struktur typkonstituierend sind. (GH2) gewinnt seine Brisanz daraus, daß Sätze in EwS-Form nicht nur auf Vorgängeräußerungen bezogene reaktive Echo-Frage-Verwendungen haben ('Echo-w-Fragen i.e.S.'), sondern auch initiative Verwendungen (als Quizfragen, Abfragen, Vergewisserungsfragen u.a.m.). Damit läuft

---

3 Dieser Bezeichnung entspricht die These, daß alle Sätze der Form (3), gleich wie sie verwendet werden, zu einem Typ gehören, der Form und Bedeutung der eingebetteten w-IS zur Grundlage hat. Sie zu begründen, d.h. zu zeigen, wie man von diesem Ausgangspunkt zur Ableitung der verschiedenen selbständigen Verwendungen gelangt, muß einer eigenen Untersuchung vorbehalten bleiben. – Zur Übersicht über die Charakteristika der verschiedenen Typen von Verbletzt-Sätzen s. Oppenrieder (1989).

4 Zur Skizze einer EES-Analyse, die mit der hier vorgelegten Analyse der EwS verträglich und in allen wesentlichen Hinsichten parallel ist, s. Brandt/Reis/Rosengren/Zimmermann (in diesem Band) [abgekürzt BRRZ], Abschnitt 8. (S. auch u. 6.)

(GH2) auf die wiederum unübliche Annahme hinaus, daß *alle* EwS-Verwendungen einen gemeinsamen pragmatischen Kern haben, vorläufig formuliert in (GH2'),

(GH2') Mit jeder Äußerung eines EwS vollzieht der Sprecher eine 'Echo-w-Frage-Handlung i.w.S.',[5] das heißt: (i) eine w-Fragehandlung, für die er zu verstehen gibt, (ii) daß die als offen thematisierte Stelle in der Proposition für die Gesprächsbeteiligten als vorher/eigentlich geschlossen gilt.

aus dem sich die einzelnen Verwendungstypen durch zusätzliche kontextuelle Spezifizierung ergeben.

(GH1)–(GH2') führt zu der für die Analyse der EwS zentralen Einsicht (GH3):

(GH3) Zwischen den konstitutiven Form-Merkmalen der EwS und der spezifischen Funktion 'Echo-w-Fragehandlungen i.w.S.' besteht ein gesetzmäßiger Zusammenhang.

Hauptziel jeder Untersuchung der Grammatik und Pragmatik von EwS muß es sein, diesen gesetzmäßigen Form-Funktions-Zusammenhang angemessen zu erfassen. Was 'angemessen' heißt, expliziert (GH4):

(GH4) Die pragmatischen Besonderheiten der EwS sind auf der Basis der grammatischen Besonderheiten der EwS abzuleiten.

(GH4) geht weit über das hinaus, was in bisherigen Behandlungen des Form-Funktions-Zusammenhangs bei Echofragen angestrebt oder geleistet wird.[6] Methodisches Hauptanliegen der folgenden Untersuchung ist es deshalb zu zeigen, daß (GH4) tatsächlich geleistet werden kann, wenn man sich erstens auf eine systematische Beschreibung der EwS aus gesamtgrammatischer Perspektive[7] einläßt und entsprechend zweitens davon ausgeht, daß Grammatik und Pragmatik via die Spezifizierung des *Verwendungspotentials* von Sätzen in Beziehung treten.

Mein diesbezüglicher Erklärungsansatz für (GH3) ist durch folgende spezifische Hypothesen gekennzeichnet:

(H1) EwS sind keine w-Interrogativsätze.
(H2) EwS bilden keinen (mit w-IS systematisch verwandten) eigenständigen Satztyp.
(H3) EwS sind keine quotationellen Strukturen, die sich mit konstitutiven w-IS-Merkmalen zu einem eigenständigen 'Mischtyp' verbinden.

---

5 Im allgemeinen beziehe ich mich auf die illokutiven Funktionen, die EwS haben, mit dem Begriff 'Echo-w-Fragen'. Wo die Form-Funktionsunterscheidung argumentativ zentral ist, verwende ich stattdessen den unmißverständlicheren Begriff der 'Echo-w-Fragehandlung'.

6 Üblicherweise läßt man es dabei bewenden, grammatische und/oder pragmatische Besonderheiten der EwS zu beschreiben und zu klassifizieren, und zu konstatieren, *daß* eine Korrelation zwischen ihnen besteht. Auch Arbeiten, die Echo-Fragen mit Bezug auf grammatische Gesamtmodelle diskutieren (so Janda 1985, Wunderlich 1986, Sobin 1990), gelangen nur wenig über solche Korrelationsfeststellungen hinaus. (Eine Ausnahme bildet in einigen Hinsichten Comorovski 1989). – Eine programmatische Übereinstimmung mit (GH4) (bei Dissens in der Umsetzung, s. Reis 1991b) findet sich im Ansatz bei Pasch (1991:203).

7 Was mit 'gesamtgrammatischer Perspektive' gemeint ist, wird in Reis (1982) erläutert. Ihre Notwendigkeit wird besonders deutlich bei der Untersuchung von Gegenständen wie den vorliegenden, die Zuordnungen zwischen mehreren Repräsentationsebenen involvieren.

(H4) EwS sind reguläre Vertreter des Satztyps bzw. Satzmodus der jeweiligen Struktur, mit der sich die EwS-typischen Merkmale verbinden.
(H5) Die Strukturbesonderheiten von EwS ergeben sich aus den Eigenschaften der beteiligten grammatischen Mittel und deren regulärer Interaktion.
(H6) Die semantischen bzw. pragmatischen Korrelate der an EwS beteiligten grammatischen Mittel (vor allem des w-Ausdrucks und der durch die Akzentuierung angezeigten Fokus-Hintergrund-Gliederung (FHG)) spezifizieren ein Verwendungspotential, das die Ableitung der konstitutiven Bedingungen der Echo-w-Fragehandlung i.w.S. paßgenau gestattet.
(H7) EwS sind nur in pragmatischer Hinsicht 'Frage-Sätze'.

(H1)–(H3) richtet sich gegen die auf Grund der Form-Funktions-Überlappungen naheliegende Annahme einer Satztypverwandtschaft zwischen EwS und w-IS in den drei üblichen Varianten, entsprechend auch gegen die Annahme einer Satzmodusverwandtschaft. Wenn das richtig ist, bleibt für die grammatische Deutung der EwS nur (H4)/(H5) übrig,[8] und für die Deutung des Grammatik-Pragmatik-Zusammenhangs nur (H6): Da nach (H1)–(H3) zu EwS 1:1 korrespondierende Satzmodusmerkmale nicht zur Verfügung stehen, können für deren grammatische wie pragmatische Eigenschaften nur die Eigenschaften der beteiligten grammatischen Mittel selber (gegebenenfalls in Interaktion mit nichtgrammatischen Prinzipien) verantwortlich sein. Die wohl am stärksten von üblichen Vorstellungen abweichende Konsequenz aus (H1)–(H6) ist ausbuchstabiert in (H7).

Im folgenden werde ich, nach einer einleitenden Übersicht über Strukturmerkmale und Verwendungsweisen der EwS (2.), ausführlich für diese Hypothesen argumentieren (3./4.), wobei ich mich an die durch (H1)–(H7) gegebene Reihenfolge – Grammatik *vor* Pragmatik – halte.[9] Im Anschluß daran wird im Ansatz gezeigt, wie die Untertypen der Echo-w-Fragehandlung durch kontextuelle Spezifizierung herzuleiten sind (5.). Abschließend liste ich die meines Erachtens wesentlichsten Fragen auf, die meine Analyse der EwS aufwirft bzw. offenläßt (6.). Insgesamt scheinen mir jedoch deren Ergebnisse soweit überzeugend, daß sie meinen Ansatz zumindest als die richtige Strategie für die Untersuchung des Grammatik-Pragmatik-Verhältnisses bei EwS bestätigen.

---

8 Eine Alternative zu (H5) wäre, EwS von vornherein als grammatisch irregulär zu beschreiben, EwS also als kontaminierte Strukturen bereits auf syntaktischer Ebene zu deuten. Auch wenn diese Alternative viel Suggestives für sich hat (nicht zuletzt die funktionale 'Kontamination' und gewisse semantische Schwierigkeiten, die man dazu in Parallele setzen möchte, s.u.), möchte ich es aus naheliegenden Gründen zunächst mit einer 'regulären' Ableitung versuchen.

9 Die strikte Einhaltung dieser Reihenfolge steht im Gegensatz zur üblichen umgekehrten Tendenz, die grammatische Analyse pragmatisch zu basieren, das heißt, die Formanalyse von Echo-w-*Sätzen* nahezu selbstverständlich auf der Basis der Vorgänger*äußerungen* vorzunehmen, was entweder auf eine Vermischung von Grammatik und Pragmatik oder im besten Fall auf eine vorschnelle Einengung des Deutungsspielraums auf die quotationelle Analyse hinausläuft. Wie sich zeigen wird, werden damit die formalen Gegebenheiten wie ihre pragmatische Rolle an vielen Punkten verkannt.

2. Übersicht über Strukturgegebenheiten und Verwendungsweisen der Echo-w-Sätze

2.1. Strukturgegebenheiten der EwS

2.1.1. Die zu den EwS gehörigen Fälle teile ich aus praktischen Gründen in drei Gruppen ein:

- EwS mit der für Deklarativsätze typischen Verbzweit-Struktur, s.o. (2a);
- EwS mit den Strukturmustern nichtdeklarativer Satztypen, s.o. (2b);
- EwS, die keine normale Satzentsprechung zu haben scheinen, vgl. (4):

(4) a. Karl hat ihm WAS?
b. Ihm hat Karl WAS?
c. Karl WAS?
d. Daß WAS?
e. WAS?
f. Johann Sebastian WER?

Es wird sich zeigen, daß die Grammatik der EwS all diese Fälle in einheitlicher Weise erfassen kann. Ich werde dennoch, wo immer möglich, die folgende Argumentation auf die erste Fallgruppe abstellen, die den unkontroversen Kernbereich der EwS bildet.

Zuordnungsschwierigkeiten zu den einzelnen EwS-Strukturmustern und -Gruppen gibt es im allgemeinen nicht, ebenso keine wirklichen Überlappungen: Die zweifellos vorhandene Echo-Ambiguität von Sätzen wie (5) erweist sich anhand der je nach Lesart verschiedenen Antworterwartung als eine Ambiguität zwischen EwS und EES. (S. auch u. Anm. 21)

(5) WEN hat er studiert? (/)[10]
Lesart 1: Wer ist es, den er studiert hat?
Lesart 2: Hast du tatsächlich *WEN (hat er studiert?)* gesagt?

2.1.2. In 1.1. wurden folgende konstitutive Struktureigenschaften von EwS genannt: (EwS-i) Der obligatorische w-Ausdruck ist stellungsfrei, vgl. (2a), (EwS-ii) er trägt stets den Hauptakzent, vgl. (2a,b), und zwar immer auf dem w-Teil, was sich an EwS mit mehrsilbigen w-Lexemen deutlich zeigt:[11]

(6) a. Er ist WOmit (*woMIT) gekommen?
b. InWIEfern ist das eine gute Theorie?
(InwieFERN ist das eine gute Theorie? √:w-IS, *:EwS)

Ein w-Ausdruck mit diesen Eigenschaften hat nicht nur die Verteilungsbesonderheit, (EwS-iii) daß er sich mit Satzstrukturen verschiedenster Art verbindet, vgl. (2a,b), sondern die weitere, daß er sich stets auf den Gesamtsatz bezieht, vgl. (7)–(8):

---

10 Steigendes und fallendes Tonmuster werden, wenn nötig, durch "(/)" bzw. "(\)" gekennzeichnet.

11 EwS mit dem Lexem *wieso*, das keine w-Teil-Betonung zuläßt, sind entsprechend ausgeschlossen.

(7) Peter ist es egal, wen seine Freundin wann treffen will.
(8) Peter ist es egal, wen seine Freundin WANN treffen will?

Mit (7) wird keine Fragehandlung vollzogen, sondern eine Assertion, das heißt, die dem eingebetteten w-IS angehörigen w-Ausdrücke *wen* und *wann* beziehen sich nur auf die dem eingebetteten Satz entsprechende Proposition ('enger Skopus'). Im Gegensatz dazu stellt man mit dem EwS (8) stets eine Frage, und zwar eine *wann*-Frage, die sich auf den gesamten Satz bezieht (der oft – m.E. fälschlich (s.u.) – sogenannte 'weite Skopus' der Echo-w-Phrase). Das läuft auf folgende Verteilungsbesonderheit von EwS hinaus: (EwS iv) EwS kommen nicht eingebettet vor.

In (EwS-i)–(EwS-iv) manifestiert sich die Strukturbesonderheit der EwS, die sie von w-IS unterscheidet, und die es im folgenden zu erklären gilt. Daß diese Eigenschaften zusammengehören, zeigt sich daran, daß es keine Struktur im Sinne von (EwS-iii) gibt, die die beiden ersten Eigenschaften erfüllt, aber die Eigenschaft (EwS-iv) nicht erfüllte, und umgekehrt. In diesem Sinn betrachte ich nicht nur (EwS-i) und (EwS-ii), sondern auch (EwS-iv) als konstitutive Merkmale von EwS.

Kein konstitutives EwS-Merkmal in diesem Sinn ist hingegen, entgegen üblichen Annahmen (s. u.a. Altmann 1987, 1990; Oppenrieder 1988, 1991; Wunderlich 1986, 1988), steigendes Tonmuster. Äußeres Indiz dafür ist, daß dieses Tonmuster, obwohl es mit den EwS-typischen Merkmalen weitgehend korreliert, das nicht durchgängig tut. Zu den Fällen, die trotz nichtinitialer hauptakzentuierter w-Phrase kein steigendes Tonmuster aufweisen müssen, gehören vor allem EwS in Quiz- bzw. Abfragefunktion (s.u.), darüber hinaus aber auch EwS mit Echo-Funktion i.e.S.,[12] vgl. (9) (ein bei Pasch 1991:195, Anm.3 zitierter Hörbeleg):

(9) Was heißt das: sie haben ihn. Sie haben WEN? (\)

Dies zeigt zum einen, daß das steigende Tonmuster nicht grammatisch induziert ist, zum andern, daß die pragmatische 'Echo'-Frage-Charakteristik, zu der EwS in systematischer Korrelation stehen, als solche nicht von steigendem Tonmuster induziert sein kann. Damit scheidet eine systematische Beziehung zwischen EwS-*Struktur* und Tonmuster von vornherein aus.

Entscheidend dafür, steigendes Tonmuster nicht als konstitutiv für EwS anzusetzen, ist allerdings primär der unten geführte Nachweis, daß die spezifische pragmatische Geltung der EwS ganz ohne Rekurs auf dieses Tonmuster bzw. seine anzunehmende Funktion[13] herzuleiten ist. Daraus ergibt sich die Rechtfertigung, dieses Tonmuster auch dann als nur begleitendes Merkmal anzusetzen, wenn es als einziges Oberflächenmerkmal zwischen EwS- und w-IS-Struktur bzw. den entsprechenden Interpretationen unterscheidet, vgl. etwa (10):

(10) WEN habt ihr getroffen? [(/): EwS, (\): w-IS]

Das heißt nicht, die unübersehbaren funktionalen Effekte und Teilkorrelationen von ±steigendem Tonmuster im Bereich der EwS zu leugnen, sondern sie anders zu erklären, nämlich aus

---

12 Vergleichbares gilt offenbar generell, s. fürs Englische Bolinger (1987).

13 S. hierzu BRRZ (Abschnitt 8).

der Interaktion des für die EwS spezifischen *Verwendungspotentials* mit den diesen intonatorischen Mitteln autonom zukommenden interaktiven Funktionen.[14] Dies gilt auch und insbesondere für die sogenannte Echo-Intonation, eine spezielle Ausprägung des steigenden Tonmusters (s. Wunderlich 1986; Oppenrieder 1988; vgl. auch Bolinger 1987): Zwar tritt sie nur bei Echo-Fragen (EwS wie EES) auf, das heißt, alle so intonierten Strukturen sind Echo-Fragen (aber nicht umgekehrt). Da aber das intonatorisch Spezielle an dieser Steigkontur für sich genommen eine identifizierbare expressive Funktion hat, ergibt sich die eindeutige Zuordnung plausibel bereits aus dem pragmatischen Anlaß von Echo-Fragen selber (z.B. ungläubiges Staunen über einen Sachverhalt, das intonatorisch mit zum Ausdruck gebracht wird, etc., s.u. 2.2.); entsprechend erübrigt sich auch die Einstufung der Echo-Intonation als subtypkonstitutives Merkmal.

Ich gehe also im weiteren davon aus, daß nur die Merkmale (EwS-i), (EwS-ii) und (EwS-iv), nicht aber steigendes Tonmuster, für die Gesamtheit der EwS im Sinne von (EwS-iii) konstitutiv sind. Die Benutzung des steigenden Tonmusters (plus Echo-Intonation) zur Diagnose und Disambiguierung von EwS-Strukturen wird davon nicht in Frage gestellt.

Abschließend sei auf die Strukturbesonderheit von EwS verwiesen, daß viele komplexe Phrasen, die w-Ausdrücke enthalten, nur in EwS denkbar sind, vgl. (11):

(11) a. Ein WAS hast du gekauft?
b. Die Geschichte von Karl über WEN hast du weitererzählt?

Auch diese Besonderheit läßt sich gegenüber w-IS diagnostisch nutzen. Daß auch sie nicht eigens zu verbuchen ist, sondern als Spezialfall von (EwS-i) zu gelten hat, wird unten gezeigt (3.4.1.).

2.2. Verwendungsweisen der EwS

EwS werden zum Vollzug von w-Fragehandlungen verwendet, die sich von den mit w-IS gestellten w-Fragen durch zusätzliche Kontextbedingungen hinsichtlich Vorgängerdiskurs und/oder Frageabsicht und -situation und/oder Sprecher-/Hörerwissen über die (geschlossene) Frageproposition unterscheiden. Daß diese Verwendungen nur unterschiedliche kontextuelle Instantiierungen einer einzigen Verwendungsbedingung sind, s. die verallgemeinerte 'Echo'-Charakteristik (GH2'), werde ich im Anschluß an die grammatische Argumentation zeigen. Hier beschränke ich mich darauf, die hauptsächlichen Verwendungstypen so weit zu beschreiben, wie es für diese Argumentation von Belang ist.

2.2.1. Der zentrale *reaktive* Verwendungstyp von EwS ist die Echo-Verwendung i.e.S., in dem eine aus dem Vorgängerdiskurs bekannte Proposition als Frageproposition wiederaufge-

[14] Zu diesem Standpunkt zum Verhältnis von Grammatik und Intonation vgl. BRRZ. Eine vergleichbare 'Autonomie'-Position vertritt Selting (1991), s. auch (mit einschlägigem Bezug auf EwS) Bolinger (1987). – Den wichtigen Überlegungen von Oppenrieder (1991:253ff.) kann, so weit ich sehe, auch von dieser Position aus Rechnung getragen werden.

nommen wird. Dabei kann es sich um nur inhaltliche Wiederaufnahme handeln, aber auch um Wiederaufnahme einer Vorgängeräußerung nach Inhalt *und* Form (in unterschiedlich starker Formtreue); je nachdem liegt inhaltliche oder (teilweise) quotationelle Echo-Verwendung vor (s. hierzu auch Bolinger 1987). Die Strukturmuster der EwS (s.o. 2.1.1. und u. 3.2.) unterscheiden sich danach, in welchem Umfang sie inhaltliche Wiederaufnahme zulassen; gut möglich ist sie auf jeden Fall bei EwS mit deklarativer Verbzweitstruktur, vgl. (12), das sowohl auf (13) wie (14) und (15) u.a.m. eine mögliche Echo-Reaktion darstellt:

(12) Petra hat WEN zum Freund?
(13) A: Also Petra hat doch einen Bullen zum Freund, der ...
[B:__(12)__]
(14) A: Ich hab mir dann überlegt: Peter ist mit Susanne befreundet, Petra mit Max, also ...
[B:__(12)__]
(15) A: Da war ich in der Mensa, und hab Petra da mit ihrem Heini, dem Max, sitzen sehen,...
[B:__(12)__]

Welchen tatsächlichen Funktionen es dient, eine im Vordiskurs bereits geschlossene Proposition als noch offen zu thematisieren, hängt von den üblicherweise relevanten Faktoren (Äußerungssituation, Sprecher-Hörer-Beziehung, Hintergrundwissen, Art des propositionalen Gehaltes) ab. So kann B mit der Äußerung des EwS (12) Verständnissicherung bezwecken (wenn er A's Äußerung (13) bzw. (14) oder (15) an der relevanten w-Stelle nicht verstanden hat), oder Ausdruck von Ungläubigkeit oder Erstaunen oder Mißbilligung bzgl. der relevanten w-Stelle, und damit A zur weiteren Begründung, inhaltlichen oder ausdrucksmäßigen Rücknahme bzw. Korrektur seiner Äußerung bewegen wollen, etc. (s. hierzu Wunderlich 1986; Bolinger 1987). Eine erschöpfende Taxonomie solcher Anlässe und Zwecke ist weder möglich, noch in unserem Zusammenhang notwendig, da es vor allem auf den gemeinsamen funktionalen Kern der Echo-Verwendung i.e.S. ankommt.

Weitere reaktive Verwendungen von EwS stellen spezifizierende Fälle[15] wie (16)–(19) oder 'antizipatorische' Fälle[16] wie (20)/(21) dar; in ihnen wird jedoch die Vorgängeräußerung in an-

---

[15] Zu diesen im Englischen oft sogen. REF-questions vgl. auch Pope (1976:84f.) und Bolinger (1987). Sie werden oft, etwa bei Janda (1985), McCawley (1987), aus offensichtlich funktionalen Gründen, einfach aus dem Bereich der Echo-w-Fragen ausgeklammert. Dieses Verfahren ist bei meinem Vorgehen – m.E. zu Recht – ausgeschlossen, da es keinerlei strukturelle Unterschiede zu EwS in anderer Verwendung gibt.

[16] S. hierzu Meibauer (1987:349). – Von Fällen wie (20)–(21) sind im übrigen Fälle wie (i) streng zu unterscheiden, bei denen es sich, wie die Betonung des w-Ausdrucks zeigt, nicht um elliptische EwS wie bei (20)/(21) handeln kann:

(i) A: Ich bin fertig. – B: Fertig woMIT?

Ein deutlicher Unterschied ist von vornherein, daß bei (i) der *mit*-Bestandteil der w-Phrase nicht vorerwähnt ist. Ein weiterer ist, daß die Konstruktion offensichtlich von Ausklammerbarkeit abhängt (vgl. A: *Er hat geschrieben.* – B: **Geschrieben WEM?/*WEM geschrieben?* vs. *Geschrieben an WEN?*) Das macht es plausibel, Fälle wie (i) als eher diskursgrammatisch bedingt, also nicht als EwS einzustufen (was ihren scheinbaren 'Verstoß' gegen die Implikationsbeziehung zwischen den EwS-Besonderheiten (EwS-i) und (EwS-iv) erklären würde).

derer Weise und mit teilweise anderen interaktiven Absichten als bei der Echo-Verwendung i.e.S. wiederaufgenommen.

(16) [A: Die arme Frau. Jetzt nehmen sie ihr auch noch das Haus weg.]
B: Mal langsam. Jetzt nimmt ihr WER das Haus weg?
(17) [A: Wir müssen was tun. Max hat gesagt, daß er es ihnen zeigen will, und er ist gefährlich.]
B: Moment. Max hat gesagt, daß er WEM etwas antun will?
(18) [A: Also es war hart für Max. Aber jetzt ist er damit fertig.]
B: Fertig WOmit genau?
(19) [A: Werden sie ihr das Haus lassen, glaubst Du?]
B: Wird ihr WER das Haus lassen?
(20) [A: Jetzt haben wir ja gesehen, äh, daß, äh, ...]
B: Daß WAS?
(21) [A: Ich möcht halt gern fertig werden mit, mit ...]
B: Fertig WOmit?

Klar ist, daß auch sie die strukturellen EwS-Charakteristika erfüllen, vgl. in Bezug auf (EwS-i) (16)–(21), auf (EwS-ii) vor allem (18), (21), und auf (EwS-iv) (17). Daß damit auch die strukturelle Verwendungsbreite im Sinne von (EwS-iii) gegeben ist, ist durch (19) illustriert.

2.2.2. Die auffälligste *initiative* Verwendungsweise von EwS ist die in Quiz- und Abfragesituationen, wie sie für die Beispiele (22)–(26) leicht vorstellbar sind.

(22) Die Schlacht bei Issos hat WANN stattgefunden?
(23) Kohl sagte bei diesem Anlaß, daß die Hauptstadt WOhin verlegt würde?
(24) Und wenn ihr etwas nicht wißt, dann lest ihr bitte WO nach, Kinder?
(25) Und Sie haben heute das WIEvielte Länderspiel gemacht, Herr Riedle?
(26) Und sie nehmen an, daß er sich anschließend mit WEM getroffen hat?

All diese EwS wären im Prinzip auch in Echo-Verwendung i.e.S. und den anderen reaktiven Verwendungen denkbar. Daß dies bei (22)–(23) leichter fällt als bei (24)–(26), ergibt sich in naheliegender Weise aus nichtstrukturellen Faktoren (Art des propositionalen Gehalts, Adressat und Adressatenbezug, anknüpfende Semantik von *und,* etc.).

EwS kommen darüber hinaus recht häufig in 'normaleren' Fragesituationen in initiativer Verwendung vor, vgl. (27)–(28),

(27) [A: Ich möcht mit Ihnen über die Themen fürs Mündliche reden, was ich nehmen soll.
B: Klar, gut. Ist ja auch ein Zeitfaktor. Lassen Sie mal sehen.] Sie sind WANN mit dem Schriftlichen fertig?
(27') [... B: ...] Sie sagten, Sie sind WANN mit dem Schriftlichen fertig?
(28) Den Bericht, den möchten Sie nochmal WANN haben?

wobei der Unterschied zu 'normalen' w-Fragen in w-IS-Form in einem Anknüpfungs- bzw. Vergewisserungseffekt zu liegen scheint.[17]

Auch in initiativen Verwendungen sind die strukturellen EwS-Kriterien (EwS-i), (EwS-ii) und (EwS-iv) erfüllt. Daß für (EwS-iv) beweisende Fälle wie (23), (26), (27') nur

[17] Die Bemerkungen über diesen Verwendungstyp beruhen auf Beobachtungen meines eigenen EwS-Gebrauchs. Einige vergleichbare Belege bietet Bolinger (1978).

eingeschränkt möglich sind, und, was (EwS-iii) angeht, initiative Verwendungen nur bei EwS-Verbzweit-Strukturen auftreten können, läßt sich unabhängig semantisch-pragmatisch begründen. (s.u. 4.5., 5.3.). Insofern gibt es keinerlei Anlaß, die strukturelle Identität von Quizfragen, Abfragen, etc. mit EwS in Frage zu stellen (s.auch u. 4.4. und Anm. 21).

Wenn es sich also bei den genannten Fällen eindeutig um EwS handelt, müssen sie alle von der folgenden Analyse gedeckt werden. Das heißt nicht nur im Sinne von (GH2)/(GH2'), daß ihre Verwendungen trotz der gerade sichtbar gewordenen Unterschiede ein pragmatisch einheitliches Phänomen bilden, sondern auch im Sinne von (GH1), daß kein funktional abgrenzbarer Untertyp aus meiner grammatischen Analyse herausfallen darf. Dies scheint mir gegeben, auch wenn ich im Verlauf der folgenden grammatischen Untersuchung in der Regel von Echo-Verwendung i.e.S. ausgehe.

3. Zur Grammatik der Echo-w-Sätze

3.1. Sind EwS w-Interrogativsätze?

Wären EwS eine bloße Unterklasse von w-IS, dann müßten sie die konstitutiven Struktureigenschaften deutscher w-IS haben, und ihre o.a. Strukturbesonderheiten (EwS-i)–(EwS-iv) damit verträglich sein. Das aber ist nicht der Fall:

Für w-IS ist konstitutiv, daß sie a) eine interrogative w-Phrase (+w-Phrase) enthalten, b) der Bereich sind, über den diese +w-Phrase Interrogativskopus hat, d.h. w-IS sind die strukturellen Entsprechungen der Frageproposition, innerhalb derer die w-Variable zu spezifizieren ist.[18] Oberflächenbezogene Definitionen deutscher w-IS heben gewöhnlich nur auf die Anwesenheit einer +w-Phrase ab, die obligatorisch in Erstposition steht; daß damit zugleich der Skopus dieser +w-Phrase definiert ist, wird stillschweigend unterstellt. Dies trifft aber lediglich bei Standardfällen wie (29) zu. Berücksichtigt man auch Fälle langer Extraktionen wie (30), sowie die Skopusverhältnisse bei *was*-Konstruktionen wie (31), ist klar, daß weder 'Satz, dem die +w-Phrase ihrer grammatischen und propositionalen Funktion nach unmittelbar angehört', noch die strukturelle Oberflächenposition der +w-Phrase zur Definition der für Skopus ausschlaggebenden satzeinleitenden Position notwendig oder hinreichend ist. Damit bleibt nur der Rekurs auf ein besonderes strukturelles Merkmal dieser Position – etwa +w – übrig, das der +w-Phrase (und bei multiplen Fragen wie (32) auch den weiteren von diesem Merkmal c-kommandierten +w-Phrasen) Skopus zuweist.[19]

---

18 Als Test für die Domäne des Interrogativskopus kann verwendet werden, daß die für w-IS charakteristische Existenzimplikatur sich auf den gleichen Bereich bezieht. – Zwischen Interrogativskopus und (für Satztypfragen belanglosem) Quantorenskopus von +w-Phrasen wird hier unterschieden (vgl. zur Begründung Reis/Rosengren 1991a). Die von Pafel (1991) dagegen vorgebrachte Kritik scheint mir nicht überzeugend.

19 Zur ausführlicheren Begründung des +w-Merkmals s. Reis/Rosengren (1991b) und Reis (1991b).

(29) a. Wieviel hat das Auto gekostet?
b. Peter ist egal, wieviel das Auto gekostet hat.

(30) a. Wieviel glaubst du, daß das Auto gekostet hat?
b. Peter ist egal, wieviel du glaubst, daß das Auto gekostet hat.

(31) a. Was glaubt sie, wieviel das Auto gekostet hat?
b. Peter ist egal, was sie glaubt, wieviel das Auto gekostet hat.

(32) a. Wohin ist Lisa mit wem gegangen?
b. Peter sagt, wohin Lisa mit wem gegangen ist.
c. Wohin glaubt Peter eigentlich, daß Lisa mit wem gegangen ist?
d. Was glaubt Peter eigentlich, wohin Lisa mit wem gegangen ist?

Zu den konstitutiven strukturellen Eigenschaften von w-IS gehört also nicht nur (a) die Anwesenheit einer +w-Phrase, sondern auch (b) eines +w-Merkmals in der satzeinleitenden Position (SpecC-Position), wobei (c) dieses +w den von ihm minimal c-kommandierten +w-Phrasen Skopus zuweist,[20] und (d) in der S-Struktur durch eine +w-Phrase sichtbar gemacht werden muß (das heißt, das Deutsche verlangt sichtbare Skopusmarkierung). Die Erstpositionsbedingung (d) erzwingt in allen Fällen, in denen nicht das basisgenerierte *was* vorliegt (das man als Lexikalisierung des skopusmarkierenden +w auffassen könnte), syntaktische w-Bewegung genau einer +w-Phrase in die relevante initiale +w-Position. +w-Phrasen in situ kommen also in deutschen w-IS nur vor, wenn gleichzeitig deren Erstposition durch eine +w-Phrase besetzt ist, genauer gesagt nur in multiplen w-IS.

Betrachten wir nun EwS: Von den konstitutiven Bedingungen für deutsche w-IS erfüllen sie klar (a), und auf Grund ihrer Strukturbesonderheit (EwS-i) ebenso klar nicht (d). Das läßt zwei Erklärungsmöglichkeiten zu, die an (b) hängen: Entweder fehlt den EwS das für w-IS mitkonstitutive +w-Merkmal, dann entfällt für sie (c) und (d) und damit auch der Zwang zur w-Bewegung automatisch, womit die Stellungsfreiheit der +w-Phrasen in EwS erklärt wäre. Dann sind aber EwS auch keine w-IS. Oder EwS haben das mitkonstitutive +w-Merkmal, und die Nichterfüllung von (d) ist durch die sonstigen spezifischen Besonderheiten der EwS motiviert; dann sind die EwS zu den w-IS zu rechnen.

Daß EwS kein strukturell begründetes +w-Merkmal aufweisen, zeigt sich an den beiden wichtigsten syntaktischen Zusammenhängen, in denen es sich bei w-IS manifestiert:

Der erste ist *Subkategorisierung* der Matrixprädikate für IS- vs. Deklarativsatzkomplemente, die auf ±w in deren linksperipheren Positionen Bezug nimmt. Wie (33)–(34) zeigen, können EwS nicht unter Prädikaten eingebettet sein, die für +w-Komplemente subkategorisiert sind:

(33) *Sie erkundigt sich, das dicke Buch über WEN er ihr schenkt.
(34) *Ihm ist egal, WOzu man soviel Geld braucht.

---

[20] Zu den hier vorgenommenen Vereinfachungen vgl. Reis (1991b:219, Anm. 6).

Daß Fälle wie (35) akzeptable EwS sind, widerspricht dem nicht, denn sie beziehen sich dann auf den Gesamtsatz als 'Echo-w-Fragebereich'. Bei vergleichbaren w-IS-Komplementen bleibt der Skopus der w-Phrase in situ hingegen auf den Komplementsatz beschränkt.[21]

(35) Ihm ist egal, wann er WEN in Berlin getroffen hat.

Dieser Befund entspricht natürlich der EwS-Besonderheit (EwS-iv), ein Indiz dafür, daß diese keine unabhängige Ursache hat, sondern Teil des +w-Syndroms ist.

Der zweite wichtige Zusammenhang ist *Skopusbindung* zwischen +w und den von ihm c-kommandierten +w-Phrasen (s.o. (c)). Diese ist testbar darüber, daß sie charakteristischen Beschränkungen – in etwa den gleichen wie syntaktische w-Bewegung – unterliegt. So ist in 'Insel'-Konfigurationen wie (36)–(37) weder syntaktische w-Bewegung möglich, noch die entsprechende Skopusbindung einer +w-Phrase in situ (daß tatsächlich w-IS-Strukturen im Spiel sind, wird dabei durch Unbetontheit der +w-Phrase gesichert):

(36) a. *Wen$_i$ würde Paul nicht vergessen, ob/warum Karl Susanne t$_i$ ANvertrauen wollte?
b. *Wem$_i$ würde Paul nicht vergessen, ob/warum Karl t$_i$ *wen* ANvertrauen wollte?
(37) a. *Was$_i$ bestellt PAULa Spargel und t$_i$?
b. *Wann bestellt PAULa Spargel und *was* ?

Im Gegensatz dazu gehorchen EwS keiner der charakteristischen Beschränkungen für Skopusbindung,[22] vgl. etwa den Kontrastfall zu (36), wo sich die Echo-w-Phrase wie immer auf den Gesamtsatz bezieht (der sogenannte 'weite Skopus' von Echo-w-Phrasen), oder den Kontrastfall zu (37):

(36') Paul würde nicht vergessen, ob/warum Karl Susanne WEN anvertrauen wollte?
(37') Paula bestellt Spargel und WAS?

---

21 Ebensowenig zählen Fälle wie *Sie erkundigt sich, WO Karl kochen gelernt hat*, die sowohl mit fallendem wie mit steigendem Tonmuster grammatisch sind: Bei fallendem Tonmuster liegt ein normales w-IS-Komplement mit minimalem Kontrastfokus auf der +w-Phrase vor (s.u. 3.5.1), bei steigendem Tonmuster zwar ein Echo-Satz, aber ein Echo-Entscheidungs-Satz (wie die ausschließliche Zulässigkeit einer Ja/Nein-Antwort zeigt), der zudem wiederum den Matrixsatz miteinbegreift. Eine auf den eingebetteten Satz beschränkte Echo-w-Lesart ergibt sich nie.

22 Nach Jacobs (1991:218f.) gilt das nur für EwS in reaktiver Echo-Verwendung; sein Argument ist, daß die Inselkonfigurationen (i)–(ii) (=Jacobs' Beispiele (24)–(25)) zwar bei Interpretation als Echo-w-Fragen i.e.S. akzeptabel sind, jedoch weniger gut bei initiativer Verwendung, z.B. als Quiz-Frage.

(i) Daß WER nicht gehorchen wollte, ärgerte ihn über alle Maßen?
(ii) Um die Frau WESSen zu treffen, reiste er nach Berlin?

Dieser Akzeptabilitätsbewertung stimme ich zu, sie ist aber nicht auf unterschiedliche Sensitivität gegenüber Insel-Constraints zurückzuführen, sondern auf Verletzung einer relativ oberflächlichen informationsstrukturellen Bedingung: In Quiz-Fragen u.ä. wird das einzig fokussierte Element, der w-Ausdruck, möglichst weit hinten plaziert, vgl. entsprechende Reihenfolge-Varianten von (i')–(ii'),

(i') Es ärgerte ihn über alle Maßen, daß WER nicht gehorchen wollte?
(ii') Er reiste nach Berlin, um die Frau WESSen zu treffen?

die trotz beibehaltener Inselkonfiguration als Quiz-Fragen voll akzeptabel sind. Damit ist Jacobs' Argument für die strukturelle Homonymisierung der EwS, die seine Bedeutungsrepräsentation für Echo-w-Fragen notwendig voraussetzt (s.u. 4.4), hinfällig.

Der einfachste Reim darauf ist der, daß EwS kein +w-Merkmal aufweisen, denn dann gibt es auch kein strukturelles Bindungsverhältnis, das Beschränkungen unterliegen könnte (s. auch Reis/Rosengren 1988). Das würde gleichzeitig bedeuten, daß der sogenannte '(weite) Skopus' der Echo-w-Phrasen keine strukturelle Basis hat.

Für diese Schlußfolgerungen gibt es weitere Argumente, z.B. die Beobachtung, daß es zu langen Bewegungs-Konstruktionen mit Echo-w-Phrasen[23] keine EwS-Varianten der skopusmarkierenden *was*-Konstruktion gibt, vgl. (38) vs. (39),[24] denn das hätte dann seine Richtigkeit, wenn in EwS kein zu lexikalisierender Skopusmarkierer +w existiert:

(38) Salat mit WAS glaubst du, daß er nicht vertragen wird?
(39) a. *Was glaubst du, Salat mit WAS er nicht vertragen wird?
b. *WAS glaubst du, Salat mit was er nicht vertragen wird?

Da andererseits leicht ersichtlich ist, daß sich die EwS-Besonderheiten (EwS-i) und (EwS-iv) nicht aus (EwS-ii) erklären lassen, führt kein Weg an der Annahme vorbei, daß den EwS das für w-IS konstitutive Satztypmerkmal +w fehlt: Nur sie liefert eine Erklärung für (EwS-i) und (EwS-iv), und schafft den Raum dafür, daß (EwS-iii) möglich ist.

Damit aber ist (H1) gesichert: Echo-w-Sätze sind keine w-Interrogativsätze.

3.2. Haben EwS einen eigenen Satzmodus?

Trotz der in 3.1 festgestellten Formunterschiede teilen natürlich w-IS und EwS ein konstitutives Formmerkmal: die +w-Phrase. Ebenso teilen sie trotz gewisser Verwendungsunterschiede das wesentliche Funktionsmerkmal: den Vollzug von w-Fragehandlungen. Es liegt nahe, beides in Parallele zu setzen, also Form und Funktion in gesetzmäßiger Kovariation zu sehen.

Für Satztypen wird nun im allgemeinen angenommen, daß die gesetzmäßigen Form-Funktionszuordnungen über die Semantik des Satztypmerkmals vermittelt sind, den sogenannten Satzmodus. Damit scheint eine Lösung auf der Hand zu liegen, die sowohl den formalen und funktionalen Gemeinsamkeiten wie auch den Unterschieden Rechnung trägt: die Annahme zweier verwandter, aber letztlich verschiedener Satzmodi: 'w-Interrogativsatzmodus' und 'Echo-w-Interrogativsatzmodus', die entsprechend aufeinander bezogenen syntaktischen Satztypmerkmalen – etwa +w und +Echo-w – zugeordnet sind.[25]

---

[23] Dazu daß die Beispiele in (39) nicht Fälle von w-Bewegung i.e.S. sind, sondern von Topikalisierung, s.u. 3.4.2.

[24] Dagegen Oppenrieder (1991:251), vgl. sein Beispiel *WAS meint er, wo wir uns wiedersehen werden?* Für mich ist dieses Beispiel allenfalls halbwegs akzeptabel; Parallel-Fälle mit mehrsilbigen w-Pronomina in der eingebetteten Einleitungsposition scheinen mir ganz ausgeschlossen.

[25] Eine solche Position wird etwa in Wunderlich (1986) vertreten (hier ist der Echo-Satzmodus des EwS ein sekundärer, nichtsdestotrotz eigenständiger Modus). In Wunderlich (1988:6f.,19) wird sie dahingehend expliziert bzw. modifiziert, daß den EwS ein syntaktisches Satztypmerkmal +ECHO zukommt, das das Satztypmerkmal +INT für normale ISe impliziere. Wunderlich möchte dabei zwar, im Gegensatz zu seiner früheren Analyse, vermeiden, "einfach arbiträr Satzmodusmerkmal[e] anzunehmen" (1988:7), und leitet entsprechend auch das Satztypmerkmal +INT aus der Konstellation der s.E. konstitutiven grammatischen Merkmale von w-IS per Redundanzregel ab (ebd., Regel (4a)). Es ist aber völlig unerfindlich, wie eine vergleichbare Redundanzregel für +ECHO aussehen könnte (Wunderlich gibt keine). Um die Ausführungen

Diese Lösung hat von vornherein gegen sich, daß sie notwendig auf die Annahme eines Implikationsverhältnisses zwischen w-IS- und EwS-Merkmalen auf allen Ebenen hinausläuft. Mindestens syntaktisch liegt ein solches aber keinesfalls vor: Selbst wenn man sich nur auf den Verbzweitfall von EwS beschränkt, haben diese nicht die syntaktischen Eigenschaften von normalen w-IS und einige darüber hinaus, wie man bei einem Implikationsverhältnis zwischen Echo-+w und +w erwarten sollte, sondern beide teilen eine IS-spezifische formale Eigenschaft, den +w-Ausdruck, und divergieren darüber hinaus – s.o. 3.1., sowie u. 3.4. – völlig. Von daher scheint der 'Doppelmodus'-Ansatz undurchführbar. Andererseits wäre es aber auch ad hoc, die formalen und funktionalen Besonderheiten der EwS und deren gesetzmäßigen Zusammenhang auf ein total eigenständiges Echo-w-Satztypmerkmal zurückzuführen.

Da jeder Satz vermutlich einen (und nur einen) Satzmodus hat,[26] stellt sich damit die Frage, welchen Satzmodus EwS dann noch haben können. Die einzige verbleibende Möglichkeit ist die folgende:

(40) Es gibt keinen Echo-w-Satztyp bzw. -modus als solchen, sondern nur Echo-w-Charakteristika, die sich mit beliebigen Satztypen bzw. -modi verbinden.

Anders ausgedrückt: EwS sind je nachdem Deklarativsätze, Interrogativsätze, Imperativsätze, etc., die eine +w-Phrase mit EwS-spezifischen Eigenschaften enthalten. Als solche haben sie stets das Satztypmerkmal des 'geechoten' Satzes, also –w bei geechotem Deklarativsatz, +w bei geechotem IS, und das je Entsprechende bei geechotem Imperativsatz, geechotem Infinitsatz, geechoten Satzfragmenten, was auch immer das sein mag. Da Satztypmerkmale den entsprechenden semantischen Satzmodus tragen, folgt damit aus (40), daß EwS auch semantisch keine Fragesätze sind, außer wenn sie zufällig in der Form von IS auftreten.

Für (40) sprechen vor allem zwei Faktenklassen:

– zum einen, daß es tatsächlich EwS zu Satztypen jeder Form gibt, vgl. die Beispiele in (2b) und (41):[27]

(41) a. Hans geht zu WEM?
b. Kennt Karl wen?
c. Wer hat wen vorgeschlagen?
d. Ob Karl wen kennt?

S. 19 mit denen auf S. 6f. konsistent zu machen, muß man de facto unterstellen, daß Wunderlich das syntaktische Trigger-Merkmal E aus seiner 1986er Analyse beibehält.

[26] S. dazu Brandt/Rosengren/Zimmermann (1989). – Die in BRRZ gemachte Einschränkung bezüglich infiniter Sätze berührt die vorliegende Argumentation nur marginal.

[27] Von den in (41) aufgeführten Fällen werden zumindest (b) und (f) nur teilweise akzeptiert. Jedoch können auch diese zumindest strikt quotationell (s. 3.3.) verwendet werden, und außerdem scheinen unabhängige Erklärungen für ihre ansonsten mangelnde Akzeptabilität möglich: Im Fall von (f) ist der Adressatenbezug morphologisch festgelegt, so daß der übliche Übergang zum Sprecherbezug in EwS (*ich-du*-Wechsel) nicht möglich ist (I. Rosengren, mdl. Mitt.). Im Fall von (b) spielt sicher eine Rolle, daß eine satzmodusmäßig gleichwertige Entsprechung, nämlich (c), zur Verfügung steht. (Zu den Besonderheiten der sie tragenden Verbletzt-Struktur, s.o. 1.1). Insgesamt erscheint es mir jedenfalls als die aussichtsreichere Strategie, an (40) festzuhalten und für die gegebenenfalls anzutreffenden Restriktionen (z.B. bezüglich (b)) nach unabhängigen Gründen zu suchen.

e. wohin mit diesem Zeug?
f. Schick ihn wohin /zu wem?
g. Nieder mit wem?
h. Hans und was wählen?
i. Ich was?

– zum andern die Selektion von satzmodussensitiven Elementen (Modalpartikeln, gewisse Typen von Satzadverbien, Polarity Items), die durchgängig auf das der jeweiligen 'Grundstruktur' entsprechende Satzmodusmerkmal verweist, so bei (42) auf Deklarativ, bei (43)/(44) auf Interrogativ, bei (45) auf Imperativ bzw. eine Abart davon:[28]

(42) a. Karl gehorcht gefälligst/eigentlich ausschließlich WEM?
b. Karl hat halt/doch/ja/*denn/*já WAS gemacht?
c. Karl hat *jemals WAS zustandegebracht?

(43) a. Wer gehorcht ??gefälligst/eigentlich ausschließlich WEM?
b. Wer hat *halt/*doch/*ja/denn/*já mit WEM gestritten?
c. Wann hat er jemals WAS zustandegebracht?

(44) a. Ob Karl *gefälligst/eigentlich ausschließlich WEM gehorcht?
b. Ob Karl *halt/*doch/*ja/denn/*já mit WEM gestritten hat?
c. Ob er jemals WAS zustandegebracht hat?

(45) a. Gefälligst/*eigentlich weg mit WEM?
b. *Halt/*doch/*ja/*denn/já weg mit WEM?
c. *Jemals weg mit WEM?

Der Witz ist dabei nicht nur, daß man mit Bezug auf das zugrundeliegende Satzmoduselement genau diese Selektion erwartet, sondern, daß kein einziges Element dieser Art sich bezüglich EwS einheitlich verhält. Insbesondere erlauben EwS nicht durchgängig fragespezifische Elemente wie die Modalpartikel *denn* oder das Polaritätselement *jemals*, vgl. die jeweiligen b- und c-Varianten von (42)–(45). Damit scheint zum einen die Annahme eines einheitlichen Satztypmerkmals für EwS *statt* (40) unplausibel. Zum andern gibt es aber auch keine Stütze dafür, ein einheitliches Satztypmerkmal *zusätzlich* zu (40) zu postulieren. Weiter spricht auf den ersten Blick auch nichts dafür, daß EwS auf semantischer Ebene ein zusätzliches Fragemodusmerkmal besitzen (also semantisch zum Interrogativmodus gehören). Wenn überhaupt, ist die *denn*-Selektion, die semantisch gesteuert ist (alle und nur Sätze, mit denen auf Grund ihrer Strukturbedeutung Fragehandlungen vollzogen werden, lassen *denn* zu), ein Argument dafür, daß EwS erst auf pragmatischer Ebene Fragen sind (s. hierzu u. 5.3). Damit scheint auch (H2) gerechtfertigt.

---

28 Nach Thurmair (1989:72f.) können in EwS überhaupt keine Modalpartikeln auftreten. Quotationelle Verwendungen gibt es jedoch m.E. sehr wohl (s. auch Oppenrieder 1991:247f.). Daß manche Partikeln dabei schlechter sind als (40) voraussagt, vgl. etwa unbetontes *ja* in (42b), könnte wieder unabhängiger Erklärung zugänglich sein. (*ja* hat als konsenskonstituierende Partikel wieder den Adressatenbezug, der in EwS nach Möglichkeit als Sprecherbezug wiedergegeben wird.)

3.3. Sind EwS quotationelle Strukturen?

Eine naheliegende Deutung für These (40) ist, daß EwS quotationelle Strukturen sind, d.h. zitierte Äußerungsstrukturen, dabei 'Mischtypen' in dem Sinn, daß die +w-Phrase ein Stück der zitierten Struktur ersetzt.[29]

Für diese Deutung spricht auf den ersten Blick manches: Sie erklärt zwanglos die in (41)–(45) angeführten Fakten, sie macht nicht nur die EwS-Besonderheit (EwS-iii), sondern auch (EwS-i) und (EwS-iv) im Ansatz verständlich, und sie deckt die EwS-Strukturen ab, die *nur* quotationell auftreten. Dazu gehören einerseits Fälle wie (46), bei denen das EwS-Strukturmuster grammatisch nicht zulässig ist, die Analyse also notwendig auf Vorliegen eines Äußerungszitats rekurrieren muß,

(46) [A: Ärr nix von Säle verstehn] – B: Ärr nix von WAS verstehn?

andererseits praktisch alle EwS nichtdeklarativer Satzstruktur, so vor allem EwS-Imperative und EwS-Entscheidungsinterrogative. Selbst für EwS-Deklarative gilt, daß diejenigen, die deklarativmodusspezifisch markiert sind (etwa durch Modalpartikeln und Adverbien), dem quotationellen Typ zuneigen.

Gegen diese Deutung sprechen jedoch die unmarkierten EwS-Deklarative.[30] Diese werden nicht nur zur quotationellen Wiederaufnahme von Vorgängeräußerungen, sondern auch, wie oben in 2.2.1 gezeigt, zur inhaltlichen Wiederaufnahme verwendet, und darüber hinaus gibt es für sie auch die o.a. initiativen Verwendungen als Quizfragen, etc. Will man die quotationelle Strukturanalyse der anderen EwS nicht aufgeben, müßte man also annehmen, daß unmarkierte EwS-Deklarative strukturell ambig sind. Das heißt, daß man de facto einen quotationellen *und* einen nichtquotationellen Strukturtyp von EwS ansetzen würde, die sich je bei quotationeller vs. nichtquotationeller EwS-Verwendung manifestieren.

Diese Konsequenz scheint gegenintuitiv. Richtiger ist wohl, die 'ambigen' EwS von vornherein als eine einheitliche Struktur zu betrachten, die verschiedene, ±quotationelle Verwendungen hat. Da das Potential zur inhaltlichen Wiederaufnahme den Zitatfall automatisch mitumfaßt, und nicht umgekehrt, heißt das auch, daß die Strukturanalyse der EwS von den Fällen nichtquotationeller Verwendung ausgehen sollte.

Daß dies eine einschneidende Umorientierung ist, zeigt sich daran, daß nur unmarkierte EwS-Deklarative, die einer D-Struktur-Konfiguration entsprechen, nichtquotationell verwendet werden können. Ein EwS wie (47), den die Spur in der dem Echo-w-Lexem entsprechenden Konstituente als Pendant einer S-Struktur ausweist, ist nur quotationell zu verwenden, nicht aber zur inhaltlichen Wiederaufnahme oder als Quizfrage, vgl. etwa (48) vs. (49):

---

[29] So u.a. Janda (1985) fürs Englische, Altmann (1987) fürs Deutsche, vgl. auch die Argumentation von Oppenrieder (1991:249ff.).

[30] Interessant ist, daß die in japanischen Echo-Fragen auftretende Zitierpartikel in diesen Fällen ebenfalls fakultativ ist (H. Buck-Albulet, mdl. Mitt.), so daß dieses potentielle Argument pro quotationelle Analyse (s. dazu Oppenrieder 1991:253) entfällt.

(47) a. Auf den Ball glaubt er, daß WAS?
b. Auf den Ball$_i$ glaubt er, daß [der Meteor eingewirkt t_i hat]$_{IP}$

(48) [A: ... Paul hat immer ganz phantastische Ideen. Jetzt die mit dem Meteor und dem Fußball. Der Meteor soll auf den kosmisch eingewirkt haben, und das soll erklären ...]
B: *Auf den Ball glaubt er daß WAS??

(49) [A: Auf den Ball glaubt er, daß der Meteor eingewirkt hat!]
B: Auf den Ball glaubt er daß WAS??

Das heißt aber nichts anderes, als daß diese EwS durch Basis-Einsetzung der Echo-w-Lexeme, nicht erst durch Ersetzung von Konstituenten in S-Strukturen entstehen.[31]

Eine einheitliche Strukturbeschreibung der EwS kann also nicht darauf hinauslaufen, daß alle EwS Oberflächenstrukturen ('quasi-quotationell') sind. Umgekehrt scheint es jedoch möglich, die teilweise nötige Analyse als D-Strukturen auf die quotationellen Fälle zu verallgemeinern. Jedenfalls zeigen die einschlägigen Fakten (50) aus dem Bereich der Redewiedergabe, (a) daß Zitate Subkategorisierungsbedingungen erfüllen können; das spricht dafür, daß sie als solche schon auf D-Struktur-Ebene eingesetzt werden, (b) daß Zitatkomplemente nicht ausschließlich als Redeerwähnung behandelt, sondern inhaltlich verarbeitet werden, das heißt, ihre interne syntaktisch-lexikalische Strukturierung muß an der relevanten Syntax-Semantik-Schnittstelle zugänglich sein, also spätestens beim Übergang von der S-Struktur zur Logischen Form.

(50) a. Da hat er gesagt "Wenn das nützt ..."/"Komm" hat er gesagt.
b. Er sagt, das geht./Er sagt nein.

Wenn wir (a) und (b) so verallgemeinern, daß, durch welchen Mechanismus auch immer, die Klasse möglicher Zitate (zu der insbesondere sämtliche grammatischen Oberflächenstrukturen gehören) bereits auf D-Struktur-Ebene und zwar samt Strukturbeschreibungen zur Verfügung steht, können wir den Vorgang der Echo-w-Phrasen-Einsetzung in alle, auch ausschließlich quotationell verwendbare EwS-Strukturen auf D-Struktur-Ebene lokalisieren. Wenn wir uns zusätzlich davon lösen, daß die auf D-Struktur-Ebene relevanten Zitatstrukturen in Form vollständig lexikalisch spezifizierter Äußerungsstrukturen verfügbar sind – Abwandlungen, wie sie bei selbständiger indirekter Rede und bei Korrekturäußerungen an beliebiger Stelle zu beobach-

---

31 Daraus, daß EwS durch Basis-Einsetzung der Echo-w-Lexeme entstehen (es also zu Sätzen S[XP], falls XP eine Spur enthält, keine grammatischen EwS[XP]-Pendants geben kann), ergeben sich eine Reihe interessanter Fragen: Wie etwa sieht die Derivation aus, die uns den m.E. grammatischen EwS (i) liefert? Wie ist der Kontrast zwischen (ii) und (iii) zu erklären? Wie läßt sich erfassen, daß (iv) grammatisch, dabei aber auf nichtagentive Antwort-Phrasen festgelegt ist (vgl. (iv')), obwohl dafür einschlägige eindeutige Verbausdrücke fehlen? Wie verhält sich EwS-Bildung zu Stellungsvariation, die man durch Scrambling erklärt? U.a.m. – Ich habe darauf im Augenblick keine schlüssige Antwort, was jedoch vor allem daran liegt, daß grammatische Grundfragen (nach der deutschen Satzstruktur, nach strukturellen Unterschieden zwischen ±agentiven Konstruktionen, etc.) ungeklärt sind. Ein schlüssiges Indiz, daß diese Daten mit der Annahme der Basis-Einsetzung von Echo-w-Lexemen unvereinbar wären, sehe ich nicht.

(i) Ihm hat Peter WAS?
(ii) *Heute kauft WAS?
(iii) Heute kauft Peter WAS?
(iv) Ihm hat WAS?
(iv') ... gegraut vor dir. /... Benzin gefehlt./??... Malchus das Ohr abgeschlagen./*... Seneca schmeicheln wollen.

ten sind, legen diese Lösung nahe – können wir diesen Vorgang auch in gleicher Weise als "Einsetzung" (statt als "Ersetzung") interpretieren, wobei nur die Domäne der Einsetzung verschieden ist: hie 'normale' D-Strukturen, da auf D-Struktur-Ebene verfügbare S-Strukturen.

Diese Argumentation läuft darauf hinaus, daß EwS weder insgesamt, noch teilweise quotationelle Strukturen sind, sondern grammatisch reguläre Strukturen, die teilweise Zitate grammatisch verarbeiten. Sie läßt sich durch folgende Beobachtungen weiter stützen: Echo-w-Phrasen stehen in allen Typen von EwS und bei jeder Verwendung, (a) nur für Konstituenten, nie für bloße Konstituentenfolgen oder -fragmente, vgl. (51), (b) für XP-Konstituenten, nicht (bzw. weit schlechter) für nichtmaximale Projektionen oder Köpfe, vgl. (52), (c) nur an XP-Stellen, zu denen sie kategorial passen, vgl. (53).[32]

(51) *Gestern WAS er? /*Es WAS gegeben? /*Er bekämpft die WASflation?
(52) a. ??Er WAS? /??Der jüngste WAS durch Peter mißfällt dir?
b. *Ihm WAS vor dir?
(53) *Ergeht sich Peter WAS? (vs. Ergeht sich Peter in WAS?)

Offenbar respektiert also die Einsetzung der Echo-w-Lexeme durchgängig sowohl deren kategoriale Bedingungen, als auch die Regularitäten der den EwS zugrundeliegenden grammatischen Strukturen. Dieses regelkonforme Verhalten spricht für die o.a. reguläre und gegen die quotationelle Auffassung der EwS-Struktur, denn diese ließe anderes erwarten. Damit ist auch (H3) gerechtfertigt.

3.4. EwS als reguläre grammatische Strukturen I: Ausgangsfeststellungen

3.4.1. Damit zu dem Versuch, EwS im Sinne von (H4)/(H5) als grammatisch reguläre Strukturen herzuleiten. Für die EwS-Besonderheiten heißt das, daß sie sich gewissermaßen gegenseitig, aus regulärer Interaktion der beteiligten grammatischen Mittel, erklären müssen.

Ich gehe davon aus, daß die in Echo-w-Phrasen und interrogativen w-Phrasen auftretenden w-Lexeme dieselben sind (G1),[33] ferner, daß zu deren lexikalischen Eigenschaften ein +w-Merkmal mit 'Interrogativbedeutung' gehört (G2):[34]

---

[32] Hinsichtlich (a) behauptet Janda (1985) Gegenteiliges fürs Englische, aber offenbar zu Unrecht, vgl. McCawley (1987). Oppenrieder (1991:250) wendet sich gegen (b), aber seine Beispiele (22)–(24) sind m.E. nicht überzeugend (in (22) entspricht unter der DP-Analyse *was* einer XP; (23)/(24) sind allenfalls marginal akzeptabel). Darüber hinaus bleibt zu fragen, wie unter Oppenrieders Analyse ganz unakzeptable Fälle wie *er hat ein knallrotes Bade-WAS gekauft?* auszuschließen wären.

[33] Dafür spricht, daß es zu jedem Echo-w-Lexem ein formgleiches interrogatives Pendant gibt und umgekehrt (die einzige, schon oben erwähnte Ausnahme ist *wieso*, was sich nach T.N. Höhle (mdl. Mitt.) damit in Zusammenhang bringen läßt, daß dieses interrogative w-Lexem als einziges kein nichtinterrogatives Gegenstück – **daso* o.ä. – hat). Die Annahme zweier Klassen durchgängig homonymer w-Lexeme erscheint von vornherein unplausibel und auch durch den Unterschied in der Betonung mehrsilbiger w-Ausdrücke eher widerlegt als gerechtfertigt, da die Systematik dieses Unterschieds durch die Homonymie-Annahme gar nicht erklärt wäre.

[34] Zur ausführlichen Diskussion und Begründung s. die diesbezügliche Auseinandersetzung mit Pasch (1991) in Reis (1991b:228ff.).

(G1) Die Echo-w-Phrasen zugrundeliegenden Lexeme sind interrogative w-Lexeme.
(G2) Interrogative w-Lexeme haben (u.a.)
a. ein +w-Merkmal
b. eine über Indefinitheit hinausgehende fragerelevante Bedeutung (Operatorbedeutung OFFEN(x) o.ä.)[35]
c. eine je spezifische Bedeutung (*wo:*'Ort(x)', *wer:* 'Person(x)', etc.).

Ferner wissen wir bereits, daß für deren Einsetzung in EwS (G3) gilt:

(G3) Die Echo-w-Phrasen zugrundeliegenden interrogativen w-Lexeme werden in der Basis eingesetzt.

Allerdings werden sie nicht nur in den XP-Positionen DP, AP, PP eingesetzt,[36] auf die interrogative w-Phrasen beschränkt sind, sondern in XP-Positionen jeden Typs: *was* und teilweise *wer* fungieren als Echo-w-Phrasen vom Typ NP (als Teil einer DP) (54), *was* darüber hinaus als VP, IP/CP (55), vgl. auch oben (4), was ihm vermutlich durch XP-Kategorisierung im Lexikon erlaubt ist:

(54) Ein WAS hat Peter gekauft? /Peter WER will mich sprechen?
(55) Ihm hat Peter WAS? /(Ihm ist egal), daß WAS? /WAS?

Echo-w-Phrasen haben aber auch darüber hinaus eine bemerkenswert andere Distribution als interrogative w-Phrasen, die (G4) auf einen Nenner bringt:

(G4) Echo-w-Phrasen verhalten sich syntaktisch nicht wie +w-Phrasen, sondern wie –w-Phrasen gleichen XP-Typs.

(G4) bestätigt sich in allen Hinsichten, in denen normale +w- und –w-Phrasen – unter letzteren sind Ausdrücke ohne Operatormerkmal wie *der Mann, Peter, er* zu verstehen[37] – unterschiedlich distribuiert sind:

– In der Erstposition eingebetteter Verb-letzt-Sätze können +w-Phrasen stehen, nicht aber –w-Phrasen. Echo-w-Phrasen verhalten sich wie letztere (s.o. (34)).

– In der Erstposition eingebetteter Verb-zweit-Sätze können keine +w-Phrasen stehen, wohl aber –w-Phrasen. Wieder verhalten sich EwS wie letztere:

(56) a. Er sagte, WER wäre in Rom?
b. *Er sagte, wer wäre in ROM?

---

35 Vgl. hierzu BRRZ (Abschnitt 4.3.).

36 Echo-w-Lexeme bilden einerseits für sich Phrasen (wie alle Pronomina, vgl. zu deren Darstellung im Rahmen der X-bar-Syntax Olsen 1989), andererseits kommen sie als Bestandteil größerer Phrasen vor. Unter dem Stichwort 'Echo-w-Phrase' geht es mir im folgenden nur um den ersten Fall. Fälle, in denen Echo-w-Lexeme Bestandteil größerer Phrasen sind, sind nicht als 'komplexe Echo-w-Phrasen', sondern einfach als Teil der Echo-w-Phrasen-Distribution zu betrachten, vgl. u. die Diskussion zu (G4).

37 '–w-Phrase' wird in diesem Aufsatz also gleichbedeutend mit 'Nichtoperatorphrase' gebraucht. Diese traditionelle Redeweise ist an sich ungenau, da "-w" hier Abwesenheit von Merkmalen bedeutet (s. auch die Kritik von Oppenrieder 1991), und es andererseits gute Gründe für die Annahme von –w-Operatorphrasen gibt, nämlich u.a. in Exklamativsätzen (s. Rosengren [in diesem Band]). Ich habe diese Redeweise trotzdem beibehalten, da sie eingeführt ist und hier nicht zu Mißverständnissen führen kann.

– w-Bewegung ist für interrogative +w-Phrasen obligatorisch (s. die obige Erstpositionsbedingung für +w-Phrasen in w-IS), Echo-w-Phrasen hingegen stehen nur fakultativ in der Erstposition (und haben dort –w-Eigenschaften), was genau dem Muster der w-Bewegung von –w-Phrasen, der sogen. Topikalisierung, entspricht (s. hierzu Reis/Rosengren 1988, 1991a).

– Als weiteres Indiz können wir nehmen, daß es keine +w-VP-Phrasen gibt (weder einfache noch komplexe), wohl aber VP-Echo-w-Phrasen (s.o.(54)): VP-Phrasen sind –w-Phrasen, da sie topikalisierbar sind.

– Darüber hinaus treten Echo-w-Phrasen phrasenintern in XP-Positionen auf, die für normale –w-Phrasen zugänglich sind, nicht aber für +w-Phrasen (d.h. die Gesamtphrase ist, aus welchen Gründen auch immer, keine mögliche interrogative +w-Phrase), vgl. einerseits Fälle wie (54), andererseits Fälle wie (57)–(58):

(57) Den Zug WOhin (nimmt er?)
(58) a. Welches WAS (hat ihn beschäftigt?)
b. (du verachtest jeden,) dessen Fotos von WEM (du verkaufen mußt?)

(G4) scheint also in jeder Hinsicht gut gesichert.

Es paßt zu (G4), daß auch (G5) zu gelten scheint:

(G5) Zu jedem grammatischen Satz S gibt es soviele grammatische EwS-Pendants, wie S für normale basiseingesetzte –w-Phrasen zugängliche XP-Positionen enthält.

Scheinbare Ausnahmen wie (59) erklären sich daraus, daß die grammatischen Eigenschaften des Echo-w-Ausdrucks (hier: pronominaler Status) regulär interferieren: Pronomina lassen sich in aller Regel weder ausklammern, noch linksversetzen.[38]

(59) a. *Hans hat Fritz gegeben WAS?
b. *Käthe ist gegangen WESwegen?
c. *WEN, die mag Hans nicht?

3.4.2. (G1)–(G5) sind die empirischen Generalisierungen, die den Rahmen für die folgende grammatische Herleitung von EwS bilden. Dabei spielen (G1)–(G3) mehr oder minder die Rolle von Standard- bzw. Ausgangsannahmen, (G4) hingegen wird zum zentralen Problem: Wie sieht eine Ableitung aus, die Echo-w-Phrasen ihr –w-Verhalten erlaubt?

Daß dieses Problem für die Beschreibung der EwS zentral ist, ergibt sich daraus, daß (G4) die EwS-Besonderheiten (EwS-i), (EwS-iii) und (EwS-iv) subsumiert. Anders gesagt: Wenn

---

38 Man kann also nicht wie Wunderlich (1986:48) aus Fällen wie (59) schließen, daß Echofragen "basisnäher" wären. Dieser Fehlschluß resultiert daraus, daß Wunderlich die Syntax der EwS von vornherein nur unter der Perspektive aktueller Vorgängersätze und damit als rein kontextuelle 'Ersetzungssyntax' betrachtet. Daß dies die falsche (weil auf eine Vermischung von Grammatik und Pragmatik hinauslaufende) Perspektive ist, zeigt sich auch daran, daß sie ebd. zu einer gänzlichen Fehlanalyse in puncto w-Bewegung in EwS führt. – Im Gegensatz dazu wird hier davon ausgegangen, daß die grammatische Analyse der EwS autonom vorzunehmen ist, und die so ermittelte Struktur das Verwendungspotential bestimmt, das heißt unter anderem auch: die Klasse möglicher Vorgängeräußerungen. (Dazu gehören etwa für (59b) sowohl Fälle mit und ohne ausgeklammerte Kausaladverbiale, und viele andere mehr.)

(G4) erklärt ist, ist auch (EwS-i), (EwS-iii) und (EwS-iv) erklärt, denn –w-Phrasen sind grundsätzlich stellungsfrei, insbesondere w-Bewegung nur fakultativ unterworfen (nach dem Muster von Topikalisierung), sie kommen in Satztypen jeder Art vor, und sie haben auch von Haus aus keinen Skopus, was man in gewissem Sinn als Default-Skopus über den Gesamtsatz ('weiten Skopus') interpretieren kann (s. Fodor/Sag 1982).

Das Problem muß also (mindestens als Ableitungsproblem) im folgenden gelöst werden. Die Hauptschwierigkeit dabei ergibt sich aus der gleichzeitigen Geltung von (G1)/(G2): Wie läßt sich die +w-Charakteristik der Echo-w-Lexeme mit dem –w-Verhalten der Echo-w-Phrasen vereinbaren? Da Phrasen die +w- bzw. –w-Eigenschaft von den Lexemen in ihrer Kopfposition erben, kann die Antwort nur im Nachweis von Umständen liegen, auf Grund deren die +w-Eigenschaft in Echo-w-Phrasen nicht zum Tragen kommt. Es ist dabei klar, daß wir dieses Problem im minimalen Kontrast zu interrogativen +w-Phrasen zu lösen haben, in denen das lexikalisch ererbte +w-Merkmal grammatisch wirksam ist, also z.B. Skopusbindung auslöst, vgl. (60) vs. (61),

(60) Karl weiß, wen Peter wann besucht.
(61) Karl weiß, wen Peter WANN besucht?

oder perkolieren kann (d.h. zu komplexen interrogativen +w-Phrasen führt), die Bewegung in einleitende +w-Positionen erzwingt bzw. in einleitende –w-Positionen ausschließt, etc. Ferner machen Minimalkontraste wie (60)–(61) klar, daß der Faktor, der das +w-Merkmal in Echo-w-Phrasen blockiert, mit der EwS-spezifischen Eigenschaft (EwS-ii), der obligatorischen Akzentuierung, zu tun haben muß.

3.5. EwS als reguläre grammatische Strukturen II: Die Rolle der Fokussierung

3.5.0. Die Idee, der ich nachgehen will, ist folgende: Die Semantik der +w-Lexeme umfaßt mindestens zwei Teile, vgl. (G2): den Operatorteil (= die fragerelevante Bedeutung) und den Nichtoperatorteil (= die spezifische Bedeutung), so daß die Hauptakzentuierung der +w-Phrase ambig ist: Entweder wird der Nichtoperatorteil (NO-Teil) oder der Operatorteil (O-Teil) fokussiert, wobei im letzten Fall der NO-Teil notwendig in den Hintergrund tritt (d.h. es liegt minimaler Fokus vor). Wenn wir nun zeigen könnten, erstens daß bei Echo-w-Phrasen konsistent und gegenüber interrogativen w-Phrasen distinktiv der O-Teil fokussiert wird, und zweitens, daß die damit gegebene Fokus-Hintergrund-Bildung für EwS zusammen mit den sonstigen Unterschieden zu Interrogativ-w-Phrasen sowie unabhängig gerechtfertigten Prinzipien ausreicht, ihr –w-Verhalten zu erklären, dann wäre (G4) in Einklang gebracht damit, daß Echo- und Interrogativ-w-Phrasen auf den gleichen +w-Lexemen aufbauen. Gleichzeitig wäre die letzte EwS-Besonderheit (EwS-ii) erklärt.

3.5.1. Daß ein distinktiver Unterschied zwischen Echo- und Interrogativ-w-Phrasen im Sinn der ersten Voraussetzung besteht, umfaßt den Nachweis zweier Teilthesen:

(62) a. In Echo-w-Phrasen ist stets der O-Teil des w-Lexems minimal fokussiert.
b. In interrogativen w-Phrasen ist der O-Teil des w-Lexems nie minimal fokussiert.

Zunächst zu (62a): Das suggestivste Indiz dafür, daß in Echo-w-Lexemen stets der O-Teil fokussiert ist, stellt die Betonung mehrsilbiger w-Lexeme dar, die in Echo-w-Phrasen stets den +w-Bestandteil trifft: *WOmit, WOrüber, inWIEfern, WARum, WEShalb,* etc. Als nichtnormale Betonung (s. Höhle 1982) führt sie zu minimalem Fokus der dem +w-Teil des Wortes entsprechenden Bedeutung. Daß diese der O-Teil ist, liegt morphologisch auf der Hand. Für einsilbige w-Lexeme nehmen wir entsprechend an, daß ihre Betonung in Echo-w-Phrasen ebenfalls O-Teil-Fokussierung entspricht.

Ein weiteres Indiz liefert die (Un-)Möglichkeit kontrastiver Interpretation betonter w-Phrasen. Normale w-IS erlauben sie, vgl. die Fälle expliziter und impliziter Kontrastierung (63)–(65) und den kontrastiven Paarungseffekt bei multiplen Fragen (66). In diesen Fällen muß der je verschiedene NO-Teil der +w-Phrasen fokussiert sein, anders wären die auftretenden Kontrasteffekte (Ort vs. Zeit, etc.) nicht zu erklären. Typischerweise werden in diesen Fällen die mehrsilbigen w-Lexeme auch auf dem Nicht-w-Bestandteil betont.

(63) WIE konnte es dazu kommen und waRUM?
(64) a. Mir ist zwar egal, WANN er kommt, aber nicht, wieLANGe er kommt.
b. Ich möchte nicht nur wissen, OB, sondern auch WANN er kommt.
(65) a. Hans möchte nur wissen, WER kommt.
b. Hans hätte sicher gefragt, woRAUF du schreibst.
(66) WER betrügt denn hier WEN?

Bei Echo-w-Phrasen kommen solche Effekte nicht vor: Weder gibt es explizit kontrastive EwS-Konstruktionen, noch multiple EwS mit entsprechenden Effekten, noch sind EwS je implizit kontrastiv zu interpretieren. Auch das spricht für die Annahme, daß bei ihnen konsistent O-Teil-Fokussierung vorliegt, denn diese ist ja bei allen +w-Phrasen dieselbe, also nicht kontrastfähig.

Zusätzlich läßt sich für die Annahme (62a) anführen, daß sie zu den bei Verwendung von EwS vorliegenden 'Echo'-Verhältnissen paßt: Bei diesen ist die Spezifik der Ortsangabe, Zeitangabe, Person-Identität, etc. bereits bekannt bzw. als bekannt hingestellt, s.o. (GH2'), also Hintergrund; allein fokussiert ist, daß die an sich bereits gegebene Spezifizierung (aus welchen Gründen auch immer) offen ist, also der O-Teil.

Nun zur Umkehrung (62b): Liegt bei betonten Interrogativ-w-Phrasen immer NO-Teil-Fokussierung vor, so wie in (63)–(66) demonstriert, niemals O-Teil-Fokussierung? Das hängt vor allem von der Interpretation folgender uneingebetteten Fälle ab:

– In Fällen wie (67), die formal eindeutig dem w-IS-Muster angehören und/oder sich in der Interpretation klar von ihren EwS-Pendants unterscheiden,

(67) a. WaRUM bist du weggegangen? (\)
b. WEN hast du getroffen? (\)

führt der Hauptakzent auf der +w-Phrase nicht zu implizit kontrastiver Interpretation, sondern zu einem besonderen streitbaren Effekt für die damit vollzogenen Fragehandlungen, dem bei Culicover/Rochemont (1983) sogen. 'disputationellen' Effekt. Daß dieser an den Handlungscharakter uneingebetteter Sätze geknüpft ist, macht der Vergleich mit entsprechenden eingebetteten Fällen klar, wo dieser Effekt nicht auftritt. Da aber damit komplementäre Verteilung von kontrastivem und disputationellem Effekt vorliegt, läßt sich letzterer intuitiv plausibel wie folgt erklären: Wir nehmen Kontrastivität einheitlich als den primären Effekt der Fokussierung an und leiten daraus in Fällen wie (67), in Interaktion mit der gegebenen illokutiven Geltung, den disputationellen Effekt pragmatisch ab. Damit sind Fälle wie (67) auf NO-Teil-Fokussierung zurückgeführt.

– Dieser Weg ist nicht möglich für Fälle wie (68), in denen die Betonung zweisilbiger w-Lexeme den w-Teil trifft:

(68) a. WEN habt ihr getroffen? (\)
b. WARum hast du mich verlassen? (\)

Diese Fälle haben neben der eindeutigen Echo-Verwendung (wobei bei Quiz- und Abfrage-Verwendung ebenfalls fallende Intonation vorliegen kann) auch eine Verwendung, die keine unmittelbare Diskursgebundenheit aufweist und insofern normalen Fragen nahesteht. Da die Möglichkeit, diese Verwendung als weitere Variante der Echo-w-Fragehandlung einzustufen, wohl auf Grund der Verhältnisse in eingebetteten Sätzen ausscheidet,[39] bleiben nur zwei unterschiedlich radikale Annahmen: Die eine ist, daß bei Interrogativ-w-Phrasen nicht nur NO-, sondern ganz generell auch O-Teil-Fokussierung vorliegen kann. Die andere ist, daß O-Teil-Fokussierung von Interrrogativ-w-Phrasen nur realisiert wird, wenn das Satztypmerkmal +w beteiligt ist, das zusammen mit der deckenden +w-Phrase den interrogativen Satzmodus trägt. Unter dieser Interpretation läge genaugenommen Satzmodus-Fokussierung vor, die nicht die +w-Phrase als solche, sondern das durch sie gedeckte +w-Merkmal betrifft. Damit ergäbe sich je eine 1:1-Zuordnung von O-Teil-Fokussierung zu Echo-w-Phrasen und NO-Teil-Fokussierung zu interrogativen +w-Phrasen in situ, mit Anerkennung von Fällen wie (68) als drittem Fall.

Die Entscheidung liefern Fälle wie (69) mit w-Teil-betonten w-Phrasen in situ, die in w-IS-Interpretation ungrammatisch sind:[40]

(69) a. *Warum hat er WOmit so schrecklich angegeben. [*: als w-IS; √ als EwS]
b. *WARum hat er WOmit so schrecklich angegeben.[*: als w-IS;?* als EwS]

---

39 In Reis (1990:Abschn.3.5) war ich in Übereinstimmung mit der Literatur davon ausgegangen, daß auf dem w-Teil betonte w-Lexeme in der SpecC-Position von Verbletzt-Sätzen generell nicht vorkommen. Es gibt jedoch recht klare Gegenbeispiele (darauf hat mich I. Rosengren aufmerksam gemacht), vgl. Fälle wie (i),

(i) [A: Es ist doch egal, ob Paul nach Berlin oder Oslo oder Bangkok oder sonstwohin zur Erholung fährt.
B:] Sicher ist egal, WOhin er fährt. [Aber was es jeweils kostet, ist mir nicht egal.]

deren Interpretation nicht kontrastiv ist, aber auch keinesfalls den sonstigen Echo-Verwendungen entspricht (d.h. es bleibt bei der o.a. Restriktion, daß Echo-w-Phrasen in der SpecC-Position von Verbletzt-Sätzen nicht stehen können). Die naheliegende Möglichkeit ist, sie als eingebettete Pendants von Fällen wie (68) aufzufassen, wobei die mit dem w-Teil verbundene Information eher neue als i.e.S. kontrastive Information ist. Wenn sie aber keine EwS sein können, können entsprechend auch Fälle wie (68) keine sein.

40 Soweit (69b) akzeptabler erscheint, könnte das an Hauptbetonung von *ANgegeben* liegen, so daß bei entsprechender Phrasierung die +w-Phrasen gleichmäßig betont erscheinen.

Die Ungrammatikalität kann nur darauf zurückgeführt werden, daß O-Teil-Fokussierung, die bei w-Teil-Betonung in situ eindeutig vorliegt, die Interpretation als Interrogativ-w-Phrase ausschließt. Damit kann aber nur noch die zweite Annahme richtig sein, die die w-Teil-Betonung bei Interrogativ-w-Phrasen als Satzmodusfokussierung interpretiert und deren Beschränkung auf Initialstellung richtig vorhersagt. Ergo steht der Annahme von (62b) nichts im Wege; damit ist (62) insgesamt gesichert.

3.5.2. Nun zum zweiten und entscheidenden Schritt: dem Nachweis, daß die durch (62) gegebene FHG der w-Lexem- und Satzbedeutung von EwS ausreicht, zusammen mit den sonst gegebenen Unterschieden zu Interrogativ-w-Phrasen und unabhängig gerechtfertigten Prinzipien, das –w-Verhalten von Echo-w-Lexemen herzuleiten.

Zunächst ist Klarheit darüber zu gewinnen, was es überhaupt in puncto EwS herzuleiten gibt. Dies ist im wesentlichen von folgenden beiden Annahmen bestimmt:

(70) Syntaktische w-Bewegung ist im Deutschen grundsätzlich fakultativ, und bewegt XPs jeder Art in jede Art von NonA-Position.[41]

(71) Das Fokusmerkmal +F (bzw. das damit korrelierende Prominenz- bzw. Akzentmerkmal +P) wird frei zugewiesen (und projiziert gegebenenfalls entsprechend den Gesetzen der Fokusprojektion).[42]

Beide Annahmen sind die liberalst möglichen, und bedürfen insofern keiner besonderen Rechtfertigung. Da (70) auch +w-Phrasen erfaßt, und das nach (71) zugewiesene +F-Merkmal auf jede ihrer wortinternen Inhaltskonstituenten fallen kann, folgt aus (70)–(71), daß *alle* denkbaren Konstellationen von Interrogativ- und Echo-w-Phrasen in allen Satztypen syntaktisch (S-strukturell) ableitbar sind. Zu lösen ist also kein Problem der Untergenerierung, sondern eines der Übergenerierung in Hinblick auf interrogative vs. Echo-w-Phrasen-Interpretation, das auf 'späteren' Ebenen, durch LF-, semantische und/oder pragmatische Prinzipien, bewältigt werden muß.

Betrachten wir nun unter dieser Perspektive die möglichen Konstellationen von Echo-w-Phrasen und Interrogativ-w-Phrasen in w-IS und Nicht-w-IS. Zunächst zu w-IS, vgl. (72)–(74) (die Grammatikalitätsbewertungen beziehen sich auf w-IS-Interpretation) :

(72) a. Warum hat er mit dieser Sache so schrecklich ANgegeben.
b. Warum hat er womit so schrecklich ANgegeben.
c. *Warum hat er woMIT so schrecklich angegeben.
d. *Warum hat er WOmit so schrecklich angegeben.

(73) a. WaRUM hat er mit dieser Sache so schrecklich angegeben.
b. *WaRUM hat er womit so schrecklich angegeben.

---

[41] Dabei ergeben sich unzulässige Konstellationen, die jedoch nicht durch einschränkende Eigenschaften der w-Bewegung selbst, sondern durch damit interagierende Prinzipien ausgefiltert werden (zu w-Bewegung s. im übrigen Reis/Rosengren 1988, 1991a).

[42] Vgl. hierzu Rochemont (1986), daran anschließend fürs Deutsche Hetland (1989), sowie Rosengren (1991).

c. WaRUM hat er woMIT so schrecklich angegeben.
d. *WaRUM hat er WOmit so schrecklich angegeben.

(74) a. WARum hat er mit dieser Sache so schrecklich angegeben.
b. *WARum hat er womit so schrecklich angegeben.
c. *WARum hat er woMIT so schrecklich angegeben.
d. *WARum hat er WOmit so schrecklich angegeben.

Von der Besetzung der Initialposition her sind (72)–(74), wie gerade gezeigt, mögliche w-IS. Anders herum ausgedrückt: Alle +w-Phrasen, die in die einleitende +w-Position von w-IS bewegt werden, fungieren als Interrogativ-w-Phrasen (s. auch u. (80) vs. (81)), auch im o.a. 'dritten Fall' O-fokussierter initialer Interrogativ-w-Phrasen. Diesen interpretieren wir mit Bezug auf (71) so, daß +F dem Satztypmerkmal +w zugewiesen wurde bzw., annehmend daß +F-Zuweisung nach syntaktischer w-Bewegung erfolgt, primär auf dieses bezogen wird. Dafür, daß das möglich ist, ist die Parallele zum Verum-Fokus (s. Höhle 1988) zumindest suggestiv.

Was die nichtinitialen +w-Phrasen angeht, wissen wir von (62) her, daß bei ihnen Echo- vs. Interrogativ-w-Interpretation mit O- vs. NO-Teil-Fokussierung 1:1 korreliert. Dies läßt uns drei zu klärende Fragen: (a) Wieso sind die Fälle in (72)-(74), wo nur NO-Teil-Fokussierung (und eine zweite unbetonte +w-Phrase) vorliegt, ungrammatisch? (b) Wieso ist überhaupt O-Teil-Fokussierung von Interrogativ-w-Phrasen (außer im genannten 'dritten Fall') ungrammatisch? (c) Wie sind die sich ergebenden Grammatikalitätsurteile bzgl. der o.a. Fälle zu erklären, wenn man (immer vorausgesetzt, die erste +w-Phrase ist interrogativ) die O-fokussierte +w-Phrase in situ als Echo-w-Phrase auffaßt?

Des Rätsels Lösung liegt größtenteils in den FHG-Verhältnissen, wobei der besseren Übersicht halber die möglichen Konstellationen von w-Lexembetonung und FHG der w-Lexem- und Satzbedeutung in (75) zusammengestellt sind):

(75) Akzentuierung des w-Lexems und FHG der w-Lexem- und Satzbedeutung:

		O-Teil	NO-Teil	übrige Satzbedeutung
a. woMIT	:	+F	+F	–F
b. WOmit	:	+F	–F	–F
c. womit	: ±F-Geltung von O-/NO-Teil je nach der FHG des Gesamtsatzes.[43]			

– zu (a): Im Fall (72c) ist klar, daß alles im Satz außer *woMIT* im Hintergrund liegt, denn Betonung eines Pronomens führt immer zu minimalem Fokus. Damit liegt auch *warum*, und dessen O-Teil im Hintergrund. Bei *woMIT* selbst aber, das normal betont ist, liegt der mit dem O-Teil von *warum* identische O-Teil mit im Fokus. Gleiche Inhaltselemente können aber nicht dem Vorder- und Hintergrund zugleich angehören. Deshalb ist (72c) schlecht. – Die gleiche FHG-Konstellation liegt bei (73b) vor (der positionelle Unterschied spielt keine Rolle). Noch einfacher liegt der Fall (74b), wo die nichtnormale Betonung bei *WARum* dazu führt, daß alles

[43] (75) ergibt sich aus den FHG-Gesetzmäßigkeiten (a) bei hauptbetonten Pronomina (nichtprojizierend, das heißt stets minimal fokussierte Konstituenten), (b) bei nichtnormaler Wortbetonung (nur Minimalfokussierung des betreffenden Wort- bzw. Bedeutungsteils); (c) aus den bei Betonung beliebiger anderer Konstituenten im Satz geltenden Regeln für die Fokusprojektion im Deutschen, vgl. Höhle (1982), Rosengren (1991).

außer dem O-Teil im Hintergrund liegt, also auch der O-Teil von *womit*, womit wieder der gleiche Konflikt gegeben ist.

– zu (b): Auch hier sind die FHG-Verhältnisse maßgeblich: In (72d) liegt der gleiche Konflikt vor wie in (74b). In (73d) und (74d) verlangt der doppelte Fokus eine kontrastive Interpretation, die in beiden Fällen nicht erfüllt ist: In (74d) werden Inhaltselemente unvergleichbarer Sorte in Kontrast gesetzt, in (73d) identische Elemente, was unmöglich ist.

– zu (c): Es ist klar, daß (72d) als EwS gut ist. Daß (73d) und (74d) nicht gut sein können, liegt an der doppelten Fokussierung, die auch in EwS unmöglich ist (selbst im Fall, daß *WARum* in (74d) als Echo-w-Phrase interpretiert würde, denn multiple Echo-w-Fragen gibt es so gut wie nicht, s.o.), weil sich keine konsistente kontrastive Interpretation ergeben kann.

Bleiben die grammatischen Konstellationen von Interrogativ-w-Phrasen (72a,b), (73a) und (74a). Diese erklären sich natürlich aus der für w-IS konstitutiven Kooperation von +w-Merkmal und Interrogativ-w-Phrase (s.o. 3.1.).

Betrachten wir nun, stellvertretend für nicht-w-interrogative Sätze, +w-Phrasen in Deklarativsätzen (76); die für Deklarativsätze angenommene Struktur ist wiedergegeben in (77):[44]

(76) a. *Er hat warum mit dieser Sache so schrecklich angegeben.
b. *Er hat waRUM mit dieser Sache so schrecklich angegeben.
c. Er hat WARum mit dieser Sache so schrecklich angegeben.
d. WARum hat er (halt) mit dieser Sache so schrecklich angegeben.

(77) [CP/IP (-w) [C'/I' [C0/I0-w ....]]]

Weshalb (76a,b) letztlich ausscheiden, ist klar: Nach (62) enthalten sie notwendig interrogativ zu interpretierende +w-Phrasen, es gibt aber kein +w-Merkmal, das sie c-kommandiert und skopusbindet. (76c), nach (62) notwendig ein EwS, ist akzeptabel. Ganz offenbar gilt also, daß +w-Phrasen mit fokussiertem O-Teil – und nur diese – mit einem nicht-w-interrogativem Satzmodusmerkmal koexistieren können (bzw. des +w-Satzmodusmerkmals nicht bedürfen). Entsprechend ist Bewegung in die satztyprelevante Einleitungsposition ohne weiteres möglich, vgl. (76d) (daß hier ein EwS mit Deklarativsatzstruktur vorliegt, wird durch *halt* gesichert), ebenso das Vorkommen u.a. in Relativsätzen (78), für die Auszeichnung der SpecC-Position mit spezifischen Operatormerkmalen angenommen werden muß.

(78) Er löst die Aufgabe, die WER gestellt hat?

Dabei gilt aber nicht nur, daß eine O-fokussierte +w-Phrase kein sie legitimierendes +w-Satztypmerkmal braucht, sondern auch und vor allem, daß eine O-fokussierte w-Phrase in situ nicht

[44] Vgl. BRRZ (Abschnitt 3.4.). Daß hier anders als in Reis (1990), (1991b) das –w-Merkmal in der Spec-Position nur noch als fakultativ angesetzt wird, ist für die folgende Argumentation relativ unerheblich, da sich das Problem, inwiefern +w-Phrasen in Echo-Interpretation mit anderen Satztypmerkmalen als +w koexistieren können, nach wie vor stellt. Jede Lösung dieses Problems ist offenbar auch imstande, den besonders kritisch scheinenden Fall, in dem eine Echo-w-Phrase eine mit –w ausgezeichnete Spec-Position besetzt, abzudecken.

von einem c-kommandierenden +w-Merkmal skopusgebunden sein kann. Das zeigen komplexe Fälle wie (79) besonders deutlich,

(79) Ihr ist klar, womit er WARum so schrecklich angegeben hat?

in denen sich die WARum-Echo-Frage auf den deklarativen Gesamtsatz, nicht auf den +w-eingeleiteten Komplementsatz bezieht. Ebensowenig werden entsprechende Fälle selbständiger w-IS, s.o. (72d), als 'multiple w-Fragen' in irgendeinem Sinn interpretiert. Das heißt, O-Teil-Fokussierung schirmt eine +w-Phrase in situ gegenüber dem Einfluß eines sie c-kommandierenden +w-Merkmals ab, womit man auch annehmen kann, daß sie auf LF nicht in die +w-markierte SpecC-Position w-bewegt wird.

Vorläufig zusammenfassend läßt sich also sagen, daß O-fokussierte +w-Phrasen in keiner Weise mit Satztyp- bzw. Satzmodusmerkmalen interagieren. Dies wird unterstrichen dadurch, daß sie ohne weiteres auch in komplexen Operatorphrasen auftreten können, s.o. (57)-(58) und (80), ohne daß es zu einem Merkmalskonflikt kommt:

(80) a. Du kennst den Mann, dessen Fahrt WOhin recherchiert werden sollte?
b. Auf welches WAS ist er scharf?

Zu erinnern ist schließlich nochmals daran, daß Echo-w-Phrasen nicht zusammen mit dem +w-Merkmal in NonA-Positionen vorkommen können, O-fokussierte Fälle der Struktur (81) also ungrammatisch sind, außer wenn – nachweisbar an der fehlenden Echo-Interpretation – die O-Teil-Akzentuierung der +w-Phrase die Fokussierung des +w-Satzmodusmerkmals realisiert. Umgekehrt *müssen* EwS mit initialer Echo-w-Phrase stets auf die Struktur (82) zurückgehen; es verwundert daher nicht, daß sie normale Interrogativ-w-Phrasen in situ nicht skopusbinden können, vgl. (82a) vs. (82b).

(81) $[_{CP/IP\ +w}\ [\ XP_{+w}\ ]\ [_{C'/I'}\ \ldots\ ]]$

a. *(Mir ist egal,) WARum ihr gelacht habt.
b. *WOrüber er wohl gelacht hat.

(82) $[_{CP/IP}\ (-w)\ [_{C'/I'}\ [_{C0/I0\text{-}w}\ \ldots\ ]]]$

a. WARum hat er damit so schrecklich angegeben.
b. *WARum hat er womit so schrecklich angegeben.

Beides bestätigt den bisherigen Befund; (81) macht darüber hinaus deutlich, daß unter 'fehlende Interaktion' auch fällt, daß O-fokussierte +w-Phrasen (also Echo-w-Phrasen) nicht geeignet sind, die für die w-IS-Bildung im Deutschen notwendige Deckung des +w-Merkmals zu leisten.

Wir können nun daran gehen, den Befund und seine vorläufigen Deutungen zu systematisieren:

Setzt man (70)-(71) voraus, ebenso die o.a. Deutung O-akzentuierter initialer Interrogativ-w-Phrasen, lassen sich die +w-Phrasen-Konstellationen in Deklarativsätzen und die grammatischen +w-Phrasenkonstellationen in w-IS im wesentlichen aus folgenden Bedingungen herleiten:

(83) (i) Wohlgeformtheitsbedingungen für w-IS im Deutschen (s.o. 3.1.), insbesondere:
a. Interrogativ-Interpretation einer +w-Phrase (Interrogativskopuszuweisung ohne Echo-Interpretation) erfordert ein sie c-kommandierendes +w-Merkmal.
b. das +w-Merkmal muß durch eine interrogative +w-Phrase gedeckt sein.

(ii) Generalisierung (62) (s.o. 3.5.1.):
a. In Echo-w-Phrasen ist stets der O-Teil des w-Lexems minimal fokussiert.
b. In interrogativen w-Phrasen ist der O-Teil des w-Lexems nie minimal fokussiert.

(iii) O-fokussierte +w-Phrasen interagieren nicht mit Satztyp- bzw. Satzmodusmerkmalen, insbesondere:
O-fokussierte +w-Phrasen interagieren nicht mit dem +w-Merkmal (weder im Sinne von (ia) noch (ib)).

(83i) und (83ii) sind klar unabhängig gerechtfertigte Prinzipien. (83iii) bringt die maßgebliche Rolle zum Ausdruck, die die O-Teil-Fokussierung für die Erklärung ders o.a. Befundes spielt: Sie macht aus +w-Phrasen Größen, die sich auf der Ebene der Logischen Form und/oder der Semantischen Form nicht wie Operatorphrasen, sondern wie normale –w-XPs verhalten, also wie Namen. Das erfaßt das gesamte –w-Verhalten der Echo-w-Phrasen, insbesondere ihr Verhalten gegenüber +w-Merkmal und +w-Position, vgl. o. (76)–(82). Seinen Niederschlag findet das auf der Ebene der Logischen Form: Einerseits werden syntaktisch in situ befindliche Echo-w-Phrasen auf LF nicht w-bewegt, denn das ist nur für Operatoren notwendig; andererseits werden syntaktisch w-bewegte Echo-w-Phrasen auf LF so behandelt, als stünden sie in ihrer Ausgangsposition (genau wie andere topikalisierte Phrasen, s. Reis/Rosengren 1988, 1991). Letzteres erklärt insbesondere, warum Echo-w-Phrasen grammatisch überleben, wenn sie in der Initialposition des Deklarativsatzes oder sonstigen syntaktisch anders ausgezeichneten Positionen stehen während Echo-w-Phrasen, die syntaktisch in der initialen +w-Position stehen, letztlich out sind.

Bleiben die Bedingungen, die für die anderen Konstellationen von Interrogativ-w-Phrasen in (72)-(74) geltend gemacht worden bzw. geltend zu machen sind:

(84) (i) Gleiche Inhaltselemente können im gleichen Satz nicht zugleich im Fokus und im Hintergrund sein.
(ii) Zwei akzentuierte +w-Lexeme im gleichen Satz sind kontrastiv zu interpetieren.
(iii) a. Inhaltselemente unvergleichbarer Sorte können nicht in Kontrast gesetzt werden.
b. Identische Inhaltselemente können nicht in Kontrast gesetzt werden.
(iv) Grice'sche Konversationsprinzipien (insbesondere: Kooperationsprinzip und Relevanzmaxime)

(84i)-(84iii) sind FHG-bezügliche Interpetationsbedingungen, die teilweise selbstverständlich, in jedem Fall unabhängig gerechtfertigt sind. Durch sie werden die ungrammatischen Fälle in (72)-(74), soweit sie nicht bereits unter (83i)-(83iii) fallen, spätestens pragmatisch ausgefiltert. Die verbleibenden grammatischen w-IS-Fälle erklären sich natürlich daraus, daß sie die Wohlgeformtheitsbedingungen für w-IS im Deutschen erfüllen.

Daraus ergibt sich, daß nur solche +w-Phrasen-Konstellationen überleben können, die entweder mit einem +w-Merkmal kooperieren oder, falls sie das nicht tun, wenigstens O-fokussiert sind, also alles außer der Fragebedeutung in den Hintergrund schieben, was sie dann pragmatisch als Fragen interpretierbar macht (s.u. 4.5.). So erklärt sich letztlich auch der Unterschied zwischen (76a,b) vs. (76c). Daß die betonten +w-Phrasen in Fällen wie (72d) keine Interrogativ-, aber eine Echo-Interpretation zulassen, erklärt sich ebenfalls pragmatisch: Der bei normaler 'wörtlicher' Lesart bestehende Fokussierungskonflikt wird dadurch gelöst, daß man die bei Interrogativ-Interpretation als gleich anzunehmenden O-Teile im Sinne der Grice'schen Maximen (s. (84iv)) eben nicht als gleich auffaßt, und, geleitet von der gegebenen FHG-Gliederung, eine entsprechende Interpretation unterstellt, die Echo-Interpretation (s.u. 4.2.).

Damit ist auch der zweite Teil des oben anvisierten Lösungswegs fast bewältigt: Die je unterschiedliche Distribution von Interrogativ- und Echo-w-Phrasen konnte auf der Basis der Prinzipien (83i-iii), sowie (84i-iv) hergeleitet werden, die weitestgehend unabhängig gerechtfertigt sind. Die einzige Ausnahme ist (83iii), eine richtige deskriptive Generalisierung, die als Prinzip jedoch noch gerechtfertigt werden muß. Diesem letzten Problem wenden wir uns im folgenden Abschnitt zu.

3.5.3. Die Rechtfertigung von (83iii) läuft wesentlich auf die Beantwortung folgender Frage hinaus: Wie läßt sich herleiten, daß O-fokussierte +w-Phrasen in situ auf der Ebene der Logischen Form bzw. Semantischen Form keine Operatoren sind?

Da Operator sein heißt, eine Variable zu binden, bietet sich folgende Lösung als die natürlichste an: O-fokussierte +w-Phrasen in situ fungieren deshalb nicht als Operatoren, weil der im Lexem fokussierte OFFEN(x)-Operator eine Variable an Ort und Stelle – innerhalb des gleichen Lexems – bindet. Damit wäre erklärt, warum sich Echo-w-Phrasen wie Namen verhalten (sie wären völlig abgesättigte Ausdrücke), und insbesondere, warum sie sich zu dem Skopuszuweiser +w verhalten, wie sie es tun: Wenn +w mit einem OFFEN(x)-Operator assoziiert werden muß, dann muß es in seiner Domäne eine Variable geben, die er binden kann, und einem solchen Variablenausdruck entsprechen Echo-w-Phrasen als abgesättigte Ausdrücke nicht mehr. Andererseits haben abgesättigte Ausdrücke auch keinen Bedarf für einen Operator, der sie bindet; deshalb treten auch keine Skopuseffekte auf. Von daher ist also genau genommen die Rede vom 'weiten Skopus' der Echo-w-Phrasen Unsinn: Echo-w-Phrasen haben ebensowenig Skopus, wie es sonstige Namen haben. Daß immer der ganze Satz Bereich der Echo-w-Frage ist, ist nicht mehr oder weniger verwunderlich als bei anderen erst pragmatisch zustandekommenden illokutiven Frage-Geltungen auch.

Ich halte diese Lösung – die darauf hinausläuft, daß der OFFEN(x)-Operator in EwS nur lexikalischen Skopus hat – für intuitiv so weit überzeugend, daß sie auch semantisch machbar sein sollte.[45] Der eine wesentliche Schritt dazu ist eine semantische Repräsentation für +w-Phrasen als interrogative NPs, die es erlaubt, sie in EwS in situ zu verarbeiten, ohne die Repräsentierbarkeit ihrer Skopus- bzw. Operatoreigenschaft in w-IS zu verlieren.[46] Ein in diese

---

45 Gespräche vor allem mit I. Zimmermann haben mir allerdings die Schwierigkeiten recht deutlich vor Augen geführt. Der folgende Vorschlag ist wesentlich ihr zu verdanken.

46 Der bei orthodoxen Annahmen direkt gangbare Weg – die spezifische Minimalfokussierung des O-Teils erhält eine semantische Umkategorisierungsfunktion zugewiesen, die aus den interrogativen Operatorphrasen

Richtung gehender Vorschlag findet sich in BRRZ (Abschnitt 4.3.2.), der +w-Phrasen mit einem N-Einheiten bildenden (sogenannten 'kleinen' OFFEN-)Operator o repräsentiert, und diese mit einem S-Einheiten bildenden (sogenannten 'großen' OFFEN-)Operator per Äquivalenzregel – hier wiedergegeben in (85) – in Beziehung setzt.

(85) [$_A$ ... [ox [P x]] ...] ≡ OFFEN x [P x] : [$_A$ ... x ...]

Das formale Pendant von Echo-w-Phrasen wäre dann stets der N-Ausdruck [ox [P x]]. Die Wirksamkeit der Äquivalenzregel wird auf w-IS beschränkt, indem sie vom Vorliegen des +w-Merkmals in der A-Domäne abhängig gemacht wird.

Auch wenn dieser Vorschlag noch genau auszuarbeiten ist, scheint er formal nicht undurchführbar.[47] Darüber hinaus gibt es für ihn unabhängige deskriptive Rechtfertigung, da er nicht nur für die Erklärung der Echo-w-Phrasen-Eigenschaften notwendig ist, sondern offenbar auch zur Erklärung des Eigenschaften 'diskursgebundener' ('D-linked') interrogativer +w-Phrasen,[48] vgl. insbesondere Dobrovie-Sorin (1990:359ff.), die fürs Rumänische die Besonderheiten dieser 'diskursgebundenen' +w-Phrasen explizit und überzeugend auf LF-Repräsentationen im NP-Format zurückführt.[49] Offenbar entspricht also die Repräsentation, die mein Ansatz für Echo-w-Phrasen voraussetzt, einer sprachspezifischen Option auch für interrogative w-Phrasen.

---

semantisch interrogative NPs macht – scheint dabei nicht zufriedenstellend, weil damit stipuliert wird, daß Fokussierung in EwS etwas anderes wäre als sonst. Dafür liegen keinerlei Anzeichen vor.

47 Vgl. hierzu auch Bierwisch (1987:95ff.), an den der o.a. Vorschlag in der Unterscheidung 'kleiner' und 'großer' Operatoren anknüpft. – Ein anderer Vorschlag, der +w-Phrasen semantisch zu N-Einheiten machte, wäre, sie analog zu Indefinita als Variablen zu interpretieren, die unselektiv gebunden werden (vgl. Engdahl 1986, Jacobs 1989, 1991, sowie Pesetsky 1987, Nishigauchi 1990 und vor allem Berman 1991). So weit ich bisher sehe, kann dieser 'Variablen'-Ansatz jedoch zwischen Interrogativ- und Echo-w-Phrasen nur via eine quotationelle Analyse der EwS unterscheiden (vgl. Comorovski 1989). Da letztere Analyse meines Erachtens inadäquat ist (s.o. 3.3. und u. 4.4.), und auch die Gleichsetzung mit Indefinita deskriptive Probleme aufwirft (s.o. 3.4.1.) scheint mir, bei allen Vorzügen des 'Variablen-Ansatzes', die Ausarbeitung des o.a. Vorschlags das Gebotene.

48 'D-linking' wird für das unterschiedliche Verhalten interrogativer +w-Phrasen gegenüber w-Bewegungsbeschränkungen erstmals erklärend herangezogen bei Pesetsky (1987), s. auch Nishigauchi (1990), Dobrovie-Sorin (1990). Die Verbindung zu Echo-w-Fällen zieht anhand rumänischer Daten in interessanter Weise Comorovski (1989), stellt aber die dabei meines Erachtens zentralen Unterschiede in der Fokus-Hintergrund-Gliederung nicht richtig dar. In eine Diskussion dieses Ansatzes, die eine genaue Klärung des Konzepts D-Linking voraussetzen würde, kann ich hier leider nicht eintreten.

49 Die Repräsentation für das rumänische Analogon von (i) (mit im Rumänischen +diskursgebundener +w-Phrase) wäre entsprechend (i') mit NP- bzw. lexikalischem Skopus, im Gegensatz zur Repräsentation (ii') von (ii) (mit im Rumänischen –diskursgebundener +w-Phrase):

(i) welche Frau (habt ihr gesehen)
(i') [NP$_i$ für welches x, x ist eine Frau] ihr habt sie$_i$ gesehen.
(ii) wen (habt ihr gesehen)
(ii') [für welches x, x ist eine Person, ihr habt x gesehen.

Zur entsprechenden Differenzierung der Perkolationsmechanismen für +w in ±diskursgebundenen +w-Phrasen s. Dobrovie-Sorin (ebd.). Ein ausgearbeiteter Vorschlag, der den analogen Perkolationsunterschied für interrogative vs. Echo-w-Phrasen im Deutschen systematisch berücksichtigt, ist Lutz/Trissler (1991).

Ich gehe also davon aus, daß Repräsentationen von +w-Phrasen als Interrogativ-NPs prinzipiell verfügbar sind. Damit sind wir noch nicht am Ziel: Zu erklären bleibt immer noch, wieso ±O-Fokussierung die beschriebene differenzierende Wirkung haben kann, das heißt, wieso es bei O-fokussierten +w-Phrasen bei der Repräsentation als Interrogativ-NPs bleiben muß (und umgekehrt bei nicht O-fokussierten +w-Phrasen, also bei Interrogativ-w-Phrasen im Deutschen nicht dabei bleiben darf, also die Äquivalenzregel (85) angewandt wird).[50] Wie sich diese Wirkung aus den semantischen bzw. pragmatischen Eigenschaften von Fokussierung in Interaktion mit den Eigenschaften der +w-Phrasen errechnen läßt, ist keineswegs leicht zu sehen. Es liegt nahe, in diesem Zusammenhang an die metalinguistischen Funktionen der Fokussierung zu appellieren,[51] da aber EwS nicht nur in metalinguistischer Funktion verwendet werden, reicht das von vornherein nicht aus. Vielmehr muß die Erklärung aus genau dem folgen, was O-Teil-Fokussierung in jedem EwS-Fall ist: Sie ist nicht nur minimal, sondern auch notwendig kontrastiv, da es zum hervorgehobenen Inhaltselement – Offenheit bzw. Spezifizierungsbedürftigkeit von x –, nur eine einzige Alternative – Spezifiziertheit von x – gibt. Da Kontrastivität stets punktuell ist, ist es mindestens suggestiv, hieran die Skopusbeschränkung des O-fokussierten Operators auf das Echo-w-Lexem festzumachen. Bevor hier jedoch eine definitive Antwort gegeben werden kann, sind weitere Untersuchungen nötig, und auch aussichtsreich: O-Fokussierung ist ein verbreitetes Phänomen, wobei, etwa bei fokussiertem *alle*, auf den ersten Blick ähnlich 'lokale' Effekte wie bei Echo-w-Phrasen auftreten, die ebenfalls nicht metalinguistischer Natur sind.

4. Zur Pragmatik der Echo-w-Sätze I: Der Form-Funktions-Zusammenhang

4.1. Eigenschaften der 'Echo-w-Fragehandlung i.w.S.'

Die Grammatik der EwS stellt uns für die Ableitung ihrer Verwendungseigenschaften sehr wenig zur Verfügung: a) die +w-Phrase, die 'OFFEN (x)' als Teil ihrer lexikalischen Bedeutung enthält und eine beliebige XP-Stelle in einem Satz beliebigen Typs markiert, b) eine spezielle Fokus-Hintergrund-Gliederung, in der diese 'Frage'-Bedeutung minimal fokussiert ist. Im folgenden ist zu zeigen, daß das zur Ableitung der konstitutiven Merkmale der Echo-w-Fragehandlung i.w.S. im Sinne von (H6) tatsächlich ausreicht.

---

50 Die Obligatorik der Anwendung, das zeigen die rumänischen Daten, ist offenbar sprachspezifisch. – Auf die Frage, wie sich im Deutschen die +w-Phrasen in situ bei multiplen w-IS gegenüber der Äquivalenzregel (85) auf LF und SF verhalten, kann ich hier nicht eingehen.

51 Vgl. etwa die Ausführungen über Fokus-Funktionen in Culicover/Rochemont (1983), sowie Cooper (1983: 148-150). – Hinweise darauf, daß Echo-w-Fragen metalinguistische Funktionen haben, sind in der Literatur gängig, und Parallelen zur metalinguistischen Negation durchaus gegeben, s. Horn (1985), (1989:381). Eine deskriptive oder gar erklärende Ausnutzung dieses Zusammenhangs findet sich jedoch, auch ansatzweise, nirgends.

Als konstitutive Merkmale der mit EwS vollzogenen Echo-w-Fragehandlung i.w.S. wurden bisher (EwF-i) und (EwF-ii) herausgestellt, die die Gemeinsamkeit (i) und den Unterschied (ii) mit den konstitutiven Merkmalen der mit w-IS vollzogenen 'normalen' w-Fragehandlung markieren:

(EwF-i) w-Frage-Charakteristik:

w-Frage-Inhalt (OFF xP[x])
w-Antwort-Erwartung bzgl. x

(EwF-ii) 'Echo'-Charakteristik:

Gegebenheit der Frageproposition P[x] als für die relevanten Gesprächsbeteiligten eigentlich/vorher geschlossen (s. (GH2'))[52]

Es scheint aber auch ein Unterschied bzgl. der Existenzimplikatur zu bestehen, die bei mit w-IS vollzogenen w-Fragehandlungen zwar nicht obligatorisch, aber typischerweise auftritt.[53] Während ein Sprecher sich mit der Äußerung des w-IS (86) typischerweise auf die Existenz eines Münchner Kochlehrmeisters festlegt, tut das ein Sprecher mit der Äußerung des EwS (87) keineswegs; ob er unabhängig davon daran glaubt oder nicht, ist in der Regel erst aus der Äußerung nach Abschluß der Echo-w-Frage/Antwort-Sequenz erschließbar, vgl. die entsprechenden Diskurse (88a,b):

(86) Bei wem hat Karl in München KOCHen gelernt?
(87) Karl hat bei WEM in München kochen gelernt?
(88) [A: Stell dir vor, Karl hat klammheimlich bei Schnapperli in München KOCHen gelernt.-]
B: ___(87)___? –
[A: Bei SCHNAPPerli, dem Freund von ILSe, weißt du. –]
[Fortsetzung:]
a. B: Ah so. Na das finde ich aber toll.
b. B: Hm, daß er auch noch kochen gelernt hat, kann ich gar nicht glauben. ...

Hier läßt der Äußerer der Echo-w-Frage nach deren Beantwortung die betreffende Existenzproposition, die in der Vorgängeräußerung der Echo-w-Frage mitbehauptet wurde, einmal stehen (a), womit sie erst zur Diskurspräsupposition wird, einmal greift er sie an (b). In anderen Wor-

---

52 Strenggenommen wären hier Variablen, vor allem hinsichtlich der Art des Gegebenseins und der je relevanten Gesprächsbeteiligten einzuführen, aus deren kontextspezifischer Belegung sich die einzelnen Untertypen der Echo-w-Fragen ergeben (vgl. u. 5.2./5.3.).

53 Mit Jacobs (1989, 1991) stimme ich darin überein, daß diese – sprecher- wie hörerseitig auftretende – Implikatur als konversationelle Implikatur aufzufassen ist. In ihrer Ableitung muß jedoch zum Ausdruck kommen, daß sie typischerweise auftritt, also generalisierte konversationelle Implikatur ist. Das legt nahe, ein (m.W. erstmals von Stalnaker (1973:14) klar formuliertes und auf die pragmatische Ableitung von Präsuppositionen angewandtes) Ableitungsschema anzuwenden: Da w-Fragen thematisieren, wie die x zu spezifizieren sind, die P erfüllen, wäre es im allgemeinen merkwürdig, die Spezifizierung der P erfüllenden x zu thematisieren, wenn man nicht gleichzeitig unterstellte, daß P ein Sachverhalt entspricht, also $\exists x P[x]$ wahr ist. Dies würde zulassen, daß diese normalerweise gemachte Unterstellung in besonderen, kontextuell zu spezifizierenden Umständen nicht entsteht, wie es auch der Fall ist.

Diese Überlegung trifft auch dann zu, wenn man bei w-IS mit einer konventionellen Möglichkeitsimplikatur rechnet, die konversationell zur Existenzimplikatur verstärkt werden kann (s. Brandt/Rosengren/Zimmermann 1989). Zur weiteren Diskussion der Implikaturproblematik s. Meibauer (1991).

ten: Nach Abschluß der Echo-w-Frage/Antwort-Sequenz liegen genau die gleichen Diskurspräsuppositionen vor, wie unmittelbar zuvor, was heißt, EwS haben bzw. induzieren qua sprachliche Form keine eigenen präsuppositionalen Voraussetzungen bzw. Implikaturen.[54] Als weitere charakteristische Eigenschaft von Echo-w-Fragehandlungen setze ich deshalb (EwF-iii) an:

(EwF-iii) Fehlen der Existenzimplikatur (∃xP[x]).[55]

Damit zur Frage, inwiefern die grammatischen Eigenschaften von EwS genau die Eigenschaften (i)–(iii) der 'Echo-w-Fragehandlung' i.w.S. projizieren:

4.2. Zur Herleitung der 'Echo'-Charakteristik

Ganz offensichtlich folgt die Echo-Charakteristik (EwF-ii) exakt aus den grammatischen Fokussierungsgegebenheiten von EwS: Das w-Lexem in EwS ist akzentuiert; da es sich um ein Pronomen handelt, muß immer Minimalfokus vorliegen, ergo ist die gesamte Frageproposition im Hintergrund. Da, wie gezeigt, bei EwS notwendig Fokussierung des Operatorteils der w-Information vorliegt, liegt auch der spezifische Teil der w-Information im Hintergrund. EwS projizieren also auf den Äußerungskontext, daß alles außer der OFFEN(x)-Bedeutung im Hintergrund liegende, das heißt bekannte Information ist. Damit spezifizieren EwS in puncto Informationsgliederung genau die Echo-Verwendungsbedingung, die allen Echo-w-Fragen gemeinsam ist; das macht sie zu ihrem direkten Vollzug geeignet. (Die weiteren Differenzierungen in einzelne Verwendungstypen ergeben sich aus Unterschieden des Äußerungskontextes). Umgekehrt ergibt sich bei keiner anderen Konstellation grammatischer Eigenschaften als bei EwS diese spezielle Informationsgliederung. Deshalb sind EwS zum direkten Vollzug von Echo-w-Fragen auch allein geeignet.

---

54 Das schließt natürlich in keiner Weise Fälle wie (i) aus, bei denen man wohl mit Recht annehmen (und kontextuell erschließen) kann, daß der Sprecher schon bei Äußerung des EwS die entsprechende Existenzproposition als wahr unterstellt.

(i) A: Stell dir vor, Karl hat klammheimlich bei Schnapperli KOCHen gelernt.
B: Karl hat bei WEM kochen gelernt? Hab ich recht gehört, bei SCHNAPPerli, dem MEISTer aller Meister?? UnGLAUBlich, was Karl alles schafft.

Eine andere Frage ist natürlich, ob es sich dabei noch um 'echte' Echo-w-Fragen handelt, oder ob nicht vielmehr rhetorische Echo-w-Fragen vorliegen (eben wegen der sofortigen Übernahme der Proposition der Vorgängeräußerung als wahr, womit die Unnötigkeit einer expliziten Antwort zusammenhängt). Ich halte letzteres für sehr wahrscheinlich.

55 Es geht dabei (worauf R. Pasch in einer Vorversion zu Pasch 1991 hingewiesen hat) lediglich um das Fehlen der typischerweise auch sprecherbezogenen Implikatur. – Fälle wie (a)*Wer hat WEN verprügelt?*, in denen eine Existenzimplikatur für die Echo-w-Stelle besteht – nämlich ∃x (∃y (verprügel- y,x)) –, sind keine Gegenbeispiele zu (EwF-iii), denn sie erhalten diese nicht qua Echo-w-Charakteristik, sondern via den Satztyp w-IS, mit dem diese sich zum EwS verbindet, in folgender Weise: Der w-IS bringt von Haus aus seine Existenzimplikatur für *wer* mit (∃y (verprügel- y,k)). Indem der Sprecher von (a) *WEN* gebraucht, bringt er zusätzlich zum Ausdruck, daß er eine definite Kennzeichnung an der Stelle k erwartet. Damit ist aber die Lücke zur Existenzimplikatur, die normale multiple Gegenstücke zu (a) haben, praktisch geschlossen.

4.3. Zur Abwesenheit der Existenzimplikatur

Daß w-IS typischerweise entsprechende Existenzimplikaturen induzieren, EwS aber nicht, wird in Reis/Rosengren (1988) damit in Zusammenhang gebracht, daß nur w-IS das Satztypmerkmal +w in linksperipherer Position aufweisen. Dieses Merkmal markiert nicht nur den Skopus der von ihm minimal c-kommandierten +w-Phrasen, sondern auch den Bereich, über den die für diese charakteristische Existenzimplikatur definiert ist. Wenn man nun unterstellt, daß dieses +w via den mit ihm assoziierten Satzmodus an der Entstehung nicht nur der charakteristischen Skopuseffekte, sondern auch der Existenzimplikaturen wesentlich beteiligt ist – und das tun alle diesbezüglichen Arbeiten (s. Anm. 43), gleich wie der Satzmodus charakterisiert ist –, dann liegt die Erklärung für den Implikatur-Unterschied schon vor, da EwS über dieses Merkmal nicht verfügen (s.o. 3.1.).

4.4. Konsequenzen für die Bedeutungsrepräsentation von EwS (mit Exkurs zu Jacobs 1991)

Da die Herleitung der Existenzimplikatur wesentlich auf +w bzw. die Bedeutung des mit +w assoziierten Frage-Operators OFFEN x(...) Bezug nimmt, hat 4.3. eine eindeutige Konsequenz: EwS sind nicht nur syntaktisch keine w-IS, sondern können auch semantisch keine sein, denn hätten sie im Endeffekt die gleiche semantische Repräsentation OFFENxP[x] wie diese, wäre die Ableitung entsprechender Existenzimplikaturen nicht zu verhindern. Vielmehr müssen EwS auch semantisch primär das sein, was ihre Grundstrukturen sind: Deklarative, Imperative, E-Interrogative, etc. Dies entspricht auch dem Befund von 3.2. Damit kommt nur noch eine pragmatische Ableitung der Fragecharakteristik von EwS in Frage.

Entsprechend muß für die semantische Repräsentation von EwS gelten, daß die Frage-Bedeutung OFFEN(x) als Teil der +w-Phrasen-Bedeutung fokussiert in situ bleibt und damit im Skopus des jeweiligen deklarativen, imperativen, etc. Satzmodusoperators, ohne von diesem 'betroffen' zu sein (s.o. 3.5.2., 3.5.3.).

Jacobs (1991:219) hat an dieser Auffassung Kritik geübt, die darauf hinausläuft, daß er sie konzeptuell und formal für undurchführbar hält. Alternativ schlägt er für Echo-w-Fragen wie (89) eine Bedeutungsrepräsentation wie (90) vor,

(89) Carmen hat WO geschlafen?
(90) FRAGE (λX_{PP} (#λY_{PP} [ASSERT (CARMEN HAT Y GESCHLAFEN)], X#])

die seinen (1989:11, Anm.16)[56] gemachten Vorschlag formal fortschreibt, dessen Status allerdings ändert: Während (90) in der (1989)-Version als Repräsentation gedacht war, die EwS bereits semantisch zu Fragen macht, schließt sich Jacobs (1991:218) der hier vertretenen Position

[56] Zwischen (90) (= Jacobs 1991:(11)) und der (1989) gegebenen Bedeutungsrepräsentation bestehen Unterschiede, die auf die etwas andere Fassung des Frageoperators zurückgehen. Sie berühren weder die Substanz der EwS-Deutung noch die Argumentation.

an, daß die Frage-Interpretation von EwS erst pragmatisch zustandekommt. Entsprechend sei (90) dann die Repräsentation der pragmatisch aufgestockten Bedeutung von EwS.

Ich halte diesen Gegenvorschlag in beiden Lesarten für inadäquat. Zunächst zur semantischen Lesart:

Wenn (90) eine semantische Repräsentation ist, dann besteht der semantische Unterschied zwischen EwS und entsprechenden w-IS darin, daß bei EwS der Frage-Operator die Proposition *samt* Satzmodusoperator des Grundtyps in den Skopus nimmt. Die Konsequenz ist, (a) daß auch EwS semantisch primär Fragesätze sind, (b) daß der Implikatur-Unterschied zwischen EwS und w-IS sich zwangsläufig nicht als einer in der Existenz, sondern in der Art der Implikaturen darstellt: Die Implikatur von (90) ist nicht ∃x (p [x]), sondern ∃x (ASSERT (p [x])).

Selbst wenn man für den Augenblick (a) konzediert, bezweifle ich, daß Jacobs' Vorschlag in puncto (b) wirklich genau das trifft, was Echo-w-Fragen von normalen w-Fragen unterscheidet, und zwar aus folgenden Gründen:

– Nach Jacobs besagen Echo-w-Fragen in etwa: "Bezüglich X ist unklar (offen), was assertiert wurde". Das kann man auf Echo-w-Imperative etc. verallgemeinern, aber es verabsolutiert trotzdem einen, den quotationellen Verwendungsfall. Das wird weder EwS-Verwendungen zur inhaltlichen Wiederaufnahme gerecht, noch initiativen Verwendungen, wo es um die geschlossene Proposition als solche geht, nicht um ihre Assertion. Und noch krasser ist deutlich, daß in diesen Fällen die nach Jacobs anzunehmende entsprechende Existenzimplikatur von Echo-w-Fragen nicht zutreffen kann.[57] Nun nimmt Jacobs zwar konsequenterweise an, daß diese EwS-Fälle gar nicht einheitlich zu behandeln sind. Seine diesbezügliche Argumentation (1991:218) ist jedoch nicht überzeugend, da es einerseits den behaupteten strukturellen Unterschied zwischen reaktiven und initiativen EwS nicht gibt (s.o. Anm. 22), andererseits die nachweisliche strukturelle Gleichheit von Quiz-Fragen mit EwS (s.o. 2.2.) und entsprechende Verschiedenheit von w-IS bei Annahme der von ihm vorgeschlagenen Repräsentation für Quiz-Fragen keinerlei Erklärung findet noch finden kann.

– Vor allem aber, und das ist der entscheidende Einwand, ist bei Jacobs' Deutung der Echo-w-Fragen nicht zu verstehen, wieso es nur EwS mit minimaler Fokussierung auf der w-Phrase gibt. Warum sollten nicht Echo-w-Fälle möglich sein wie (91), da die entsprechende Bedeutungsrepräsentation (92) wohlgeformt ist?

(91) CARMen hat wo geschlafen?
(92) FRAGE X_{PP} (#λY_{NP} [ASSERT (Y HAT X GESCHLAGEN), CARMEN#)

Von daher mag Jacobs' Repräsentationsvorschlag zwar formal korrekt sein, zur Lösung des zentralen empirischen Problems, vor das die gesetzmäßige Zuordnung von EwS-Strukturen zu Echo-w-Interpretationen stellt, trägt er nichts bei.

---

57 Aus analogen Gründen ist auch die mit Jacobs' Vorschlag vergleichbare Repräsentation von Echo-w-Fragen bei Comorovski (1989:53ff.) nicht überzeugend, s. auch Anm. 48.

Beide Einwände treffen auch auf die zweite, pragmatische Lesart zu. Wenn aber (90) nur eine Repräsentation der pragmatischen Bedeutung von EwS ist, ergibt sich darüber hinaus das Problem, was dann nach Jacobs die semantische Repräsentation von EwS sein soll. So weit ich sehe, bleibt ihm bei Zustimmung zu meiner Auffassung, daß EwS nur in pragmatischer Hinsicht Fragesätze sind, nur der von mir gegangene Weg, den er oben kritisiert hat.

Ich sehe deshalb keinen Grund, diesen Weg nicht weiterzuverfolgen, zumal dieser den Effekt, der Jacobs' Bedeutungsrepräsentation der EwS zugrundeliegt, auf der Basis der speziellen Fokus-Hintergrund-Gliederung pragmatisch abzuleiten gestattet (s. auch u. 5.2.), und Jacobs' konzeptuelle Bedenken unbegründet sind.[58] Wie die für meinen Vorschlag anzustrebende Bedeutungsrepräsentation formal genau auszusehen hätte, überlasse ich den Semantikern zur Ausbuchstabierung; auf mehr als den Grundgedanken (schematisch repräsentiert in 4.5.: (94) vs. (95)) kommt es im folgenden nicht an.

4.5. Zur Ableitung der Fragecharakteristik

4.5.1. Wie ist nach diesen Vorgaben nun der einheitlich pragmatische Fragecharakter von EwS zu erklären? Damit sind im Grunde zwei Fragen gestellt: Es geht nicht nur darum, was EwS ihre durchgängige Geltung als w-Fragen verschafft, sondern auch darum, was ihre dem jeweiligen Satzmodus entsprechende Geltung als Assertive, Direktive, E-Fragen etc. verhindert.

Ich versuche, diese Fragen im Rahmen eines Modells zu beantworten, das grundsätzlich einstellungsfreie Satzmodusoperatoren annimmt.[59] Dabei schließe ich mich Rehbock (1989, 1990, [in diesem Band a,b]) an, der die diesen entsprechenden Illokutionen vermittelt über Modi des rhetischen Aktes herleitet, das sind Äußerungsbedeutungsmodi, die durch Basiseinstellungen zur Sachverhaltsreferenz gekennzeichnet sind. Für Fragen nehme ich entsprechend an, daß der mit dem Satztypmerkmal +w assoziierte interrogative Satzmodus ein einstellungsfreier Operator OFFEN (x) ist, und daß die Zuordnung zu den Frage-Illokutionen über einen rhetischen Akt im erotetischen Modus führt, den folgende sprachhandlungsunabhängige Basiseinstellung zur Sachverhaltsreferenz (formuliert für E- *und* w-Fragen) kennzeichnet:

(93) "Der Sprecher hält die Faktizität des Sachverhalts für entscheidungs- oder bestimmte Sachverhaltselemente für identifizierungsbedürftig" (Rehbock 1990:24, s. auch 1991:39)

Was das Verhältnis dieser Satzmodusbedeutung zu der von der +w-Phrase getragenen 'Frage'-Bedeutung angeht, betrachte ich beide als mindestens teilidentisch. Damit können wir im weiteren davon ausgehen, daß die semantischen Repräsentationen sowohl der w-IS als auch der EwS eine OFFEN-Bedeutung (der gemeinsame Nenner des entsprechenden "kleinen" und

---

[58] Daß die Offenheitskomponente nicht in die Bedeutung von EwS integrierbar sei (vgl. Jacobs 1991:219), ist richtig, aber kein Einwand, da genau das den zur pragmatischen Fragegeltung der EwS führenden Schlußprozeß in Gang setzt (s.u. 4.5.).

[59] S. Brandt/Rosengren/Zimmermann (1989) und, darauf aufbauend, BRRZ.

"großen" Operators, s.o. 3.5.3.) enthalten, die jedoch entsprechend meiner bisherigen Argumentation unterschiedlich positioniert ist: In w-IS hat der OFFEN-Operator Skopus über die gesamte Proposition, steht also vor ihr; in EwS steht der OFFEN-Operator (abgebunden, s.o. 3.5.) in situ, dabei im Skopus eines anderen Satzmodus-Operators (SM), vgl. die schematische Darstellung in (94)/(95):

(94) w-IS: OFFEN x (... x ...)
(95) EwS: SM (... OFFEN (x) ...)

Für die Beantwortung der beiden anstehenden Fragen spielt offensichtlich die Semantik der +w-Phrase die ausschlaggebende Rolle. Zu bestimmen ist nun, wie sie es tut und vor allem, wo sie es tut, denn dafür gibt es nach dem o.a. Modell grundsätzlich zwei Optionen: EwS könnten sich bereits auf der rhetischen Ebene den Fragen anschließen oder erst auf der illokutiven Ebene.

Rehbock, der sich im übrigen der hier vorgelegten Analyse von EwS anschließt, hat eine der ersten Option entsprechende Ableitung ihres Fragecharakters vorgeschlagen (1990:26f., s. auch 1991:41): Die fokussierten +w-Phrasen in EwS verhindern nach ihm den pragmatischen Anschluß des eigentlichen Satzmodus an die Sprechereinstellung, "indem sie diese an sich selber binden. Dadurch wird der erhaltene [= eigentliche] Satzmodus auf eine 'quotative' Ebene transponiert, auf die sich die aktuelle erotetische Einstellung metakommunikativ bezieht." Daß die +w-Phrasen zu dieser Verhinderung fähig sind, wird dabei direkt und ausschließlich ihrer Fokussierung zugeschrieben: "Das fokussierte W-Interrogativ tritt pragmatisch in den Vordergrund, so daß die Äußerung als Fragehandlung zu interpretieren ist" (ebd.).

Ich habe keine zwingenden Einwände gegen diese 'Direktmethode' der Ableitung, jedoch ein Unbehagen. Es setzt an der Formulierung des rhetischen Aktes für EwS an: Nach Rehbock ist der rhetische Akt bei EwS der gleiche wie bei normalen w-IS, also in etwa zu formulieren als "Für den Sprecher ist die Proposition spezifizierungsbedürftig in einem bestimmten Element". Meiner Analyse der EwS (vgl. besonders 3.5) und m.E. auch der Intuition entspricht jedoch eher eine davon verschiedene Formulierung, etwa: Für den Sprecher ist die Referenz eines bestimmten Elements in der Proposition spezifizierungsbedürftig. Der Unterschied mag klein wirken, ist aber – und das ist entscheidend – mit anderen als erotetischen Fixierungen des mit EwS verbundenen rhetischen Aktes verträglich.

Hinzu kommen konkretere Probleme: Wenn bei normalen und Echo-w-Fragen der rhetische Akt der gleiche ist, wie kommt es dann, daß EwS nicht die gleichen Möglichkeiten zur illokutiven Variation und zur indirekten Verwendung haben, die w-IS aufweisen? Vor allem aber: Wie erklärt sich der teilweise fehlende und, wenn vorhanden, unterschiedlich starke 'quotationelle' Charakter der EwS (s.o. 3.3., sowie Anm. 26, 27)? Da Rehbocks Ableitung ausschließlich auf den überall gleichen Faktor Fokussierung Bezug nimmt, d.h. die Unterdrückung des semantisch gegebenen Satzmodus überall auf die gleiche Weise funktioniert, ist dies nach seiner Ableitung nicht zu erwarten.[60]

---

60 Nicht leicht zu erklären unter Rehbocks Annahme ist auch das unterschiedliche Verhalten von EwS und w-IS in der Redewiedergabe, vgl. Banfield (1973:21).

4.5.2. Dies scheint mir genügend Anlaß, die zweite Möglichkeit zu erwägen, daß EwS erst auf illokutiver Ebene Fragen sind. Die dann notwendige *Ableitung* ihres Fragecharakters wäre auf zwei Grundgedanken aufzubauen:

Der eine ist, daß in EwS via die Semantik des +w-Ausdrucks eine Stelle in der Proposition als offen gekennzeichnet ist, und Offenheit via die Griceschen Maximen und die unabhängig gerechtfertigten[61] Schlußmaximen (96)/(97) mit der Unterstellung einer w-Frage-Intention verknüpft werden kann.

(96) Wer X als Mangel empfindet, wünscht, daß nicht-X.
(97) Wünsche soll man erfüllen, wenn dem nichts entgegensteht.

Die Ableitung funktioniert so (Ä-EwS = Äußerung des EwS):

a) Teil der Proposition ist ein +w-Ausdruck, via dessen Semantik die betreffende Stelle der Proposition als offen gekennzeichnet wird;

b) Offene Propositionen stellen keine maximale Information dar; es ist aber anzunehmen, daß S mit Ä-EwS einen relevanten Gesprächsbeitrag machen wollte;

c) Also gibt S, indem er mit Ä-EwS eine Proposition als offen in w zum Ausdruck bringt, wohl zu verstehen, daß die offene Stelle w einen Informationsmangel darstellt;

d) Also [via (96)/(97) und (b)] wünscht S – und gibt dies mit Ä-EwS zu verstehen –, daß dieser Mangel beseitigt wird:

e) [via (b)/(c)/(d)] Die Beseitigung des Mangels besteht in der Schließung der Proposition in w;

f) Also [via (a)–(e)] will S mit Ä-EwS zu verstehen geben, daß er die Schließung der Proposition in w wünscht.

Mit (f) ist die w-Frage-Intention gegeben; sie hat (via (97)) als Kehrseite die der Fragecharakteristik zugehörige Antworterwartung.

Daß diese Ableitung nicht ad hoc ist, zeigen Fälle wie (98)/(99), die (kontextabhängig) als w-Fragen wie (98')/(99') interpretiert werden können, und ebenfalls (evtl. erst abzuleitende) Offenheit der Proposition und die o.a. Schlußmaximen involvieren.

(98) Ich vermisse/suche Herrn Meier.
(99) a. Es ist m.E. noch offen, welchen Grund Sie für Ihre Annahme haben.
b. Der Grund für Ihre Annahme ist noch offengeblieben.
(98') Wo ist Herr Meier?
(99') Welchen Grund haben Sie für Ihre Annahme?

Was nun noch zu erklären bleibt, ist vor allem, warum EwS – anders als (98)/(99) – *immer* als w-Fragen interpretiert werden, darüber hinaus, wieso es zu den o.a. quotationellen Unterschie-

61 (97) ist bereits bei Searle (1975), Fraser (1975) einschlägig diskutiert und benutzt. Zusammen mit (96) führt sie zu einer Schlußmaxime "Gegebenheiten, die als Mangel empfunden werden, ist abzuhelfen, wenn dem nichts entgegensteht", die eine wichtige Rolle in der Erschließung des häufigen Aufforderungssinns von Äußerungen wie *mir fehlt X*, *ich brauche X*, etc., spielt; auch der notorische Aufforderungssinn von *Es zieht* wäre ohne sie nicht ableitbar. Daß die rein einstellungsbezogene Maxime (96) auch für sich genommen relevant ist, zeigen u.a. Bedeutungsübergänge, wie wir sie in engl. *I want x* ('Mir fehlt x' > 'Ich wünsche x') vorliegen haben.

den kommt. Hier ist als zweiter Grundgedanke wesentlich, daß in EwS die Offenheit der w-Stelle in so besonderer Weise angezeigt wird – nämlich durch einen (via Fokussierung auf lokale Wirksamkeit eingeschränkten) Operator, nicht als Prädikat[62] –, daß sie nie propositional integriert werden kann. Anders ausgedrückt: Das besondere Offenheitsmoment der EwS macht die (Arten der) Bezugnahme auf Sachverhalte, die mit den zu den jeweiligen deklarativen, imperativen, etc. Satzmodus passenden rhetischen Einstellungen verknüpft wäre(n), durchgängig unmöglich. Der putative Konflikt wird (im Sinne der Griceschen Maximen) dadurch zu einem nur scheinbaren, daß die nicht zu integrierende Offenheitskomponente den Vorrang erhält (dabei spielt die Fokussierung eine Rolle: Hervorgehobenes ist wichtiger als nicht Hervorgehobenes), was dann auf o.a. Weg zur Unterstellung einer w-Frageintention führen muß. Das erklärt, warum EwS immer als w-Fragen interpretiert werden. Andererseits müssen auch die den EwS zugrundeliegenden Strukturen (inklusive Satztypmerkmale) so interpretiert werden, daß ihre Interpretation mit der von der +w-Phrase ausgehenden Frage-Interpretation verträglich ist. Das ist beim deklarativen Satztypmerkmal auf Grund der in jedem Fall schwachen Eigensemantik von vornherein gegeben (s. auch Brandt/Rosengren/Zimmermann 1989), nicht hingegen bei Satztypmerkmalen mit starker Eigensemantik (seien sie stark von Haus aus, wie beim Imperativ, oder stark durch das Vorhandensein entsprechender Modalpartikeln): Hier ist Verträglichkeit nur gegeben, wenn man ihren Zitatcharakter (in mehr oder minder starkem Umfang) unterstellt, also implikatiert. Damit wäre dann auch die o.a. quotationelle Variablität der EwS erklärt.

Es ist evident, daß auch diese Herleitung der Fragecharakteristik der Fokussierung in Interaktion mit der OFFEN (x)-Bedeutung eine maßgebliche Rolle einräumt. Der Witz ist, daß sie im Unterschied zu Rehbocks Herleitung darüber hinaus systematisch Raum läßt dafür, daß auch die Eigensemantik der EwS-Grundstrukturen mit interagieren kann. Da das den tatsächlichen Verhältnissen entspricht (die unterschiedlichen Strukturen unterscheiden sich ja nicht nur in quotationeller Hinsicht, sondern auch in der sonstigen Verwendungsbreite (s.o. 2.2), halte ich das für einen guten Grund, diese Alternative weiter zu verfolgen.

Ich muß hier darauf verzichten, diese Gedankengänge in Form einer präzisen Rekonstruktion zusammenzubringen. Dem kritischen Leser wird auch so nicht entgangen sein, wieviel noch im einzelnen der Klärung harrt. Trotzdem dürfte deutlich geworden sein, daß die Idee, die EwS erst illokutiv als Fragen gelten zu lassen, einiges für sich hat.

4.5.3. Wie auch immer, eines scheint klar: Jede dieser beiden Formen der EwS-Ableitung führt zu dem Schluß (H7): EwS sind nur in pragmatischer Hinsicht 'Frage-Sätze'. Dies gibt einstellungsbezogenen Auffassungen der Satzmodi einiges zu knacken auf: Wenn wir als gesichert annehmen, daß Sätze von Haus aus nur einen Satzmodus haben (also nach Vertretern einstellungsbezogener Auffassungen nur Indikatoren für eine einzige Einstellung mitbringen),

62 Das teilen sie mit anderen lexikalischen Elementen wie Modalpartikeln oder Zusätzen wie *bitte, gefälligst*. Es ist sicher kein Zufall, daß auch sie über das Satzmodusmerkmal dominieren können. Daß sie es anders als die Echo-w-Phrase nicht notwendig tun, hängt an deren spezifischer OFFEN-Semantik.

und weiter plausiblerweise annehmen, daß +w als (von einer +w-Phrase gedecktes) Satztypmerkmal wie als bloßer Teil der +w-Phrase von Haus aus das gleiche bedeutet, dann dürfte es EwS eigentlich gar nicht geben, jedenfalls nicht so, wie ich sie grammatisch beschreibe, denn hier läge die einmalige Konstellation divergierender Satzmodusmerkmale vor. Es gibt EwS aber, und ich halte meine grammatische Beschreibung für vergleichsweise gut begründet. Das legt es nahe, die Assoziation von Satzmodi mit Einstellungen von vornherein auf die Ebene der Äußerungsbedeutung zu verlegen (s. hierzu auch BRRZ:Abschnitt 5.).

5. Zur Pragmatik der Echo-w-Sätze II: Die Ableitung der Verwendungstypen im Kontext

In Abschnitt 4. wurde gezeigt, daß das Verwendungspotential der EwS den konstitutiven Merkmalen der Echo-w-Fragehandlung i.w.S. entspricht. Damit bleibt als letzte Aufgabe, die verschiedenen Untertypen dieser Fragehandlung via unterschiedliche kontextuelle Spezifizierung herzuleiten. Im folgenden soll anhand der beiden Hauptverwendungsweisen (s. 2.2.) plausibel gemacht werden, daß auch diese Aufgabe lösbar ist.

Da sich diese Aufgabe am leichtesten im Vergleich zu kontextunabhängigen vs. kontextabhängigen Eigenschaften normaler w-Fragehandlungen angehen läßt, wende ich mich zunächst diesen zu.

5.1. Normale w-Fragen: ±kontextabhängige Eigenschaften

Die mit w-IS vollzogenen 'normalen' w-Fragehandlungen weisen in allen Kontexten die bereits in 4.1. genannten Eigenschaften auf, hier wiederholt als (F-i); hinzu kommt typischerweise die Existenzimplikatur (F-ii), die nur in besonderen Kontexten aufgehoben ist (vgl. 4.3.).

(F-i) w-Frage-Charakteristik:
w-Frage-Inhalt (OFF xP[x])
w-Antwort-Erwartung bzgl. x

(F-ii) (typischerweise:) Existenzimplikatur (∃xP[x])

Es ist für den Vergleich mit EwS-Verwendungen wichtig einzusehen, daß für normale w-Fragehandlungen *nur* diese Eigenschaften (F-i)-(F-ii) konstitutiv sind, und vor allem folgende es nicht sind:

Normale w-IS-Verwendungen sind zum einen *nicht* durch Bedingungen gekennzeichnet, die den vorausgegangenen Diskurs betreffen. Erfüllt sein müssen lediglich die allgemeinen Kohärenz- und Relevanzforderungen an wohlgeformte Diskurse bzw. Diskursbeiträge: Die betreffende w-Frage muß zum einen irgendwie an den vorausgegangenen Diskurs inhaltlich anschließen, zum andern darf die geschlossene Frageproposition im bis dahin bestehenden Diskursuniversum nicht schon enthalten sein. Über diese Anforderungen hinaus ist der Vordiskurs, insbesondere die relevante Vorgängeräußerung normaler w-Fragen (bzw. der relevante

Frage-Anlaß), in keiner Weise inhaltlich festgelegt. Dem entspricht, daß normale w-IS mit jeder Fokus-Hintergrund-Gliederung verträglich sind.[63]

Zum andern kommen normale w-IS nicht nur dialogisch, sondern auch in monologischen Situationen vor (etwa als Frageüberschrift eines Zeitungsartikels, oder als thematisierende Frage in einer Vorlesung). Für solche Verwendungssituationen ist kennzeichnend, daß es zwar einen vom Sprecher S verschiedenen Adressaten H gibt (die Zeitungsleser, die Vorlesungshörer), aber die Antwort wird nicht von H erwartet, sondern von S. Das zeigt, daß folgendes ebenfalls *nicht* zu den konstitutiven Bedingungen der normalen w-Fragehandlung gehört: der Nichtwissenszustand des Sprechers bezüglich der Schließung der Frageproposition bzw. ein diesbezüglicher Sprecherwunsch, ebensowenig die Übernahme der Antwortobligation durch den Hörer (und daraus folgende Unterstellungen bezüglich des Hörerwissens). Vielmehr handelt es sich bei allen diesbezüglichen Eigenschaften von w-IS-Verwendungen um kontextabhängige Eigenschaften.[64]

Wenn also w-IS-Verwendungen durch die Eigenschaften a.-d. in (F-iii) gekennzeichnet sind, was in normalen dialogischen Situationen[65] stets der Fall ist, sind diese kontextabhängig und entsprechend als Implikaturen einzustufen:

(F-iii) Indem S seine w-Frage (Inhalt: OFF xP[x]) an H richtet (= die dialogische Situation), gibt S dem H über (F-i)-(F-iii) hinaus zu verstehen,
a. daß S nicht weiß, auf welches x P zutrifft,
b. daß S gerne wissen möchte, auf welches x P zutrifft,
c. daß S glaubt, daß H weiß, auf welches x P zutrifft,
d. daß S erwartet, daß H die Antwort gibt (d.h. die Frageproposition durch Identifikation von x schließt).

Die zu rekonstruierende Abhängigkeit von a.-d. vom dialogischen Moment der Äußerungssituation ergibt sich dabei via die Griceschen Relevanzmaxime: Es muß einen Grund haben, daß S sich mit der Äußerung eines w-IS, der die Spezifizierungsbedürftigkeit eines Sachverhalts zum Inhalt hat, an H wendet. Dies setzt die Schlußfolgerungskette in Gang, die zu a.-d. führt.[66]

---

63 Diese Beschreibung setzt voraus, daß man zwischen der Existenzimplikatur- bzw. Präsupposition von w-IS und ihrer Fokus-Hintergrund-Gliederung strikt trennt. Das ist jedoch ohnehin geboten, da auch die implikatierte Information im Sinne der FHG neu sein kann, und im Sinne der FHG alte Information nicht notwendig implikatiert sein muß. Auch wenn diese Erkenntnis immer noch nicht Allgemeingut ist (s. etwa von Stechow 1991), scheint mir ihre Richtigkeit schlüssig erwiesen (so zuletzt von Jacobs 1991, Rosengren 1991).

64 Zur weiteren Begründung dieser Position s. BRRZ (Abschnitt 5.1.).

65 In nichtnormalen dialogischen Situationen, wie etwa Prüfungssituationen u.ä., haben w-Fragen (F-iiia-d) zwar entsprechende, aber vom Kontextspezifikum 'Prüfung' mitgeprägte Implikatur-Eigenschaften.

66 Gegen die Relativierung von (F-iii) auf dialogische Situationen sprechen auf den ersten Blick Beispiele wie (i) (übernommen von Wunderlich 1976:168f.):

(i) Wo ist denn nur mein Schlüssel? – Ach, da ist er ja.

Hier liegt eine normale w-Frage-Antwort-Sequenz ohne faktischen Sprecherwechsel vor, und dennoch treten im Augenblick der Frage Implikaturen analog zu (F-iiia-d) auf. (iiic,d) sind dabei in der Form verändert, daß

Aus Vergleichsgründen sei schließlich noch betont, daß mit der Äußerung von w-IS auch in dialogischen Situationen per se nicht zu verstehen gegeben wird, daß S glaubt, daß S und/oder H die geschlossene Frageproposition eigentlich bekannt sein sollte (Unkenntnis also in irgendeiner gesprächsrelevanten Hinsicht einen Verstoß darstellen würde).[67]

5.2. Reaktive Echo-w-Fragen

Bei der Besprechung der reaktiven EwS-Verwendungen konzentriere ich mich auf den zentralen Fall der wiederaufnehmenden w-Fragen, die Echo-w-Fragehandlungen i.e.S. (Zur Illustration vgl. o. 2.2.1. und passim).

Wie alle Echo-w-Fragehandlungen erfüllen diese die o.a. (4.1.) konstitutiven Bedingungen, darunter die gegenüber normalen w-Fragehandlungen distinktive Echo-Charakteristik (EwF-ii):

(EwF-ii) 'Echo'-Charakteristik:
Gegebenheit der Frageproposition P[x] als für die relevanten Gesprächsbeteiligten eigentlich/vorher geschlossen.

Was sie als Untertyp konstituiert, ist das Kontextspezifikum (100), das ihrer Bezeichnung als 'reaktive' Verwendungen entspricht,

(100) Die Vorgängeräußerung, die den w-Frage-Anlaß darstellt, enthält die Frageproposition in inhaltlich geschlossener Form.

und zu der für diesen Untertyp charakteristischen Instantiierung von (EwF-ii) führt:

(101) (REwF-ii): Die Frageproposition ist für S und H als im Vorgängerdiskurs bereits geschlossen bekannt.

Es läßt sich leicht zeigen, daß (100)/(101) auch für alle sonstigen Besonderheiten dieses Untertyps verantwortlich ist. So gilt für die wiederaufnehmenden Echo-w-Fragen im

---

der Sprecher von sich selbst erwartet, daß er die Antwort eigentlich weiß, oder zu finden imstande sein müßte.

Auf den zweiten Blick ist jedoch klar, daß Fälle wie (i) nicht im gleichen Sinn 'echt' monologisch sind wie die oben angeführten monologischen Fälle, in denen ein von S verschiedener H existiert, S während der Frage-Antwort-Sequenz mit ihm kommuniziert, dabei aber diese Sequenz als ganzes an ihn richtet. Im Vergleich dazu erscheinen Fälle wie (i) als ein Paradebeispiel eines Dialogs mit sich selbst: der Sprecher ist zugleich Adressat der Äußerung. Entsprechend kann man solche Fälle den dialogischen Frage-Antwort-Situationen zuschlagen, so daß die Behauptung der Kontextabhängigkeit von (F-iii) korrekt ist.

67 Das schließt natürlich nicht aus, daß solche Effekte kontextabhängig (oft lexikalisch unterstützt) bei w-IS auftreten, vgl. etwa (i) oder die Sequenz (ii):

(i) Wie hieß dein Freund noch gleich?
(ii) A:Karl hat bei Schnapperli KOCHen gelernt, stell dir vor.
B [der für einen Moment nicht richtig zugehört hatte]: Du, kannst du nochmal sagen, bei wem Karl kochen gelernt hat; ich war grad abgelenkt, bin aber an allem,was Karl betrifft, natürlich sehr interessiert.

Solche Vorkommnisse sind als 'indirekte Echo-w-Fragen' einzuordnen. Sie widersprechen nicht den o.a. Aussagen über die gesetzmäßige Form-Funktions-Zuordnung von w-IS zu normalen Fragehandlungen.

Gegensatz zu normalen w-Fragen und anderen Typen von Echo-w-Fragen nicht nur (102), was unmittelbar aus (100) folgt, sondern auch (103):

(102) Antworten auf Echo-w-Fragen i.e.S. sind inhaltlich notwendig wiederholend.
(103) Echo-w-Fragen i.e.S. sind notwendig dialogisch.

(103) besagt, daß weder die Antwortäußerung noch die Vorgängeräußerung vom gleichen Sprecher wie die Echo-w-Frage selbst kommen dürfen. Das ist aus dem konstitutiven Unterschied (100) in folgender Weise ableitbar: Die vorauszusetzende spezifische Vorgängeräußerung ist in genau dem Punkt geschlossen, den die Echo-w-Frage als noch offen ausweist, Propositionen können jedoch für ein- und dieselbe Person zum gleichen Zeitpunkt nicht gleichzeitig offen und geschlossen sein, ergo *müssen* die beiden Äußerungen auf die verschiedenen Dialogrollen verteilt sein.

Aus der Obligatorik der dialogischen Situation folgt wiederum, daß auch bei Echo-w-Fragen i.e.S. die zu (F-iii) analogen Implikaturen a'.-d'. auftreten, wobei der konstitutive Unterschied (100) a'.-c'. in spezifischer Weise "einfärbt": Da diese Echo-w-Fragen qua (100) eine Vorgängeräußerung haben, die die Frageproposition in geschlossener Form enthält, aber gleichzeitig qua w-Frage-Charakteristik ((EwF-i), s.o .4.1.) stets thematisieren, daß diese Proposition nach wie vor offen ist, gibt S mit Äußerung einer Echo-w-Frage i.e.S. nicht einfach Nichtwissen im fraglichen Punkt zu verstehen, sondern dessen 'Fraglichkeit'. Abhängig von der Äußerungssituation kann das heißen

– entweder, daß S im fraglichen Punkt die Vorgängeräußerung nicht verstanden hat, womit, anders als bei normalen w-Fragen, folgendes implikatiert wird: S weiß das Fragliche nicht, obwohl er es – durch H's vorangehende Äußerung – wissen könnte, und ferner glaubt S nicht nur, sondern weiß, daß H die Antwort weiß (bzw. zu wissen glaubt);

– oder, daß S die Vorgängeräußerung verstanden hat, aber nicht an die im fraglichen Punkt gegebene Information glaubt bzw. glauben kann oder akzeptieren will, u.a.m., und das heißt anderes als bei normalen w-Fragen: S gibt nicht zu verstehen, daß er die fragliche Information nicht weiß, sondern daß sie nicht zu seinem Wissen paßt, bzw. er sie nicht in seinen Wissens–bestand aufnehmen will.

Schließlich ist das Kontextspezifikum (100) auch für die besondere Interpretation des Frage-Inhalts von Echo-w-Fragen i.e.S. verantwortlich: Da nach etwas gefragt wird, was als im Vorgängerdiskurs spezifiziert bekannt ist, erscheint es natürlicherweise so, als werde H nicht gefragt, von welchem x gilt, daß es die Frageproposition erfüllt, sondern von welchem x H *gesagt* (bzw. *assertiert* o.ä.) hat, daß es die Frageproposition erfüllt.[68]

In puncto Echo-w-Fragen i.e.S. steht also der Auffassung, daß sich die einzelnen EwS-Verwendungstypen via kontextuelle Spezifizierung von (EwF-ii) ergeben, nichts im Wege.

---

[68] Dieser Unterschied wird manchmal als der primär distinktive zu normalen w-Fragen angesehen und zur Grundlage der Beschreibung gemacht, s. etwa Jacobs (1991), Comorovski (1989). Dagegen spricht unmittelbar, daß dieser Unterschied auf der Basis des Kontextspezifikums (100) bzw. (101), das mit der speziellen Fokus-Hintergrund-Gliederung von EwS korreliert, abgeleitet werden kann, während das Umgekehrte offenbar nicht gelingt. (Hierzu und zu weiteren Einwänden, s.o. 4.4.).

5.3. Initiative Echo-w-Fragen

Der zentrale Fall initiativer EwS-Verwendungen sind die sogenannten Quizfragen bzw. Abfragen, vgl. die in 2.2.1. gegebenen Beispiele (22)-(26). Auch für ihre Besonderheiten ist die Spezifik der Verwendungssituation, der stets dialogischen Quiz- und Abfragesituation, verantwortlich zu machen. Das ist möglich, da zu ihrer Spezifik wesentlich (104) gehört:

(104) In Quiz- und Abfragesituationen ist H dazu verpflichtet (bzw. unterliegt in besonderem Maße der Erwartung), die geschlossene Frageproposition (die Antwort) zu kennen.

(104) formuliert den hier kritischen Unterschied zu normalen dialogischen Fragesituationen, in denen S ja nur glaubt oder hofft, daß H die Frageproposition schließen kann, und instanziiert damit (EwF-ii) in folgender Weise:

(105) (IEwF-ii): S ist zu der Unterstellung berechtigt, daß H die geschlossene Frageproposition (die Antwort) bekannt ist.

Das kann man auch Echo-näher so formulieren, daß H mit seiner Antwort als ihm bekannt Vorausgesetztes wiederholt. Damit ist einsichtig, daß die Echo-Charakteristik auch mit initiativer EwS-Verwendung verträglich ist, und die oft verabsolutierte Zuordnung zu reaktiver EwS-Verwendung als bloß kontextspezifisch erwiesen.

Soweit bisher besprochen unterscheiden sich reaktive vs. initiative Echo-w-Fragehandlungen primär danach, worauf die Unterstellung, daß die Frageproposition den relevanten Gesprächsbeteiligten als geschlossen bekannt ist, jeweils beruht. Aus diesem Unterschied resultiert ein weiterer, der sich vor allem an der Fixierung der 'relevanten Gesprächsbeteiligten' festmacht: Während es bei reaktiven Echo-w-Fragen zwingend der Fall ist, daß die Frageproposition für S *und* H als bereits geschlossen bekannt ist, sind initiative Verwendungen in dieser und anderer Hinsicht variabel: So wie Quiz- und Abfragesituationen unterstellen, daß der Adressat einer EwS-Frage 'eigentlich wissen' müßte, unterstellen andere Situationen das für den Sprecher; daraus läßt sich jedenfalls die in normalen Gesprächssituationen durchaus häufige Verwendung von EwS in wiederanknüpfender Funktion, vgl. o. (27)/(28), und ihre im Vergleich zu w-IS 'verbindlichere' Wirkung ableiten. Wieder andere Varianten unterscheiden sich in der Begründung der Hörerobligation (vgl. Quizfragen vs. antizipatorische Fälle wie (20)/(21)), und neben den dialogischen gibt es auch monologische Varianten, wie man an (106) sehen kann.

(106) Er hatte eigentlich versprochen, er käme um 9 Uhr. Und dann kam er WANN? Dreimal dürft ihr raten: Natürlich als die ganze Arbeit schon erledigt war.

Letzteres zeigt auch, daß das dialogische Moment, obwohl mehrere Echo-w-Frage-Varianten übergreifend, nicht mehr als ein Subklassenmerkmal darstellt, das aus den kontextspezifischen Charakteristika der verschiedenen Varianten herzuleiten ist.

Daß initiative EwS-Verwendungen so variabel sind,[69] bedarf dabei keiner eigenen Erklärung: Es ergibt sich aus dem für sie konstitutiven Faktum, daß die Bekanntheit der geschlos-

---

69 Vgl. hierzu Meibauer (1987), sowie die vielen Hinweise und Belege in Bolinger (1978, 1987).

senen Frageproposition nicht faktisch gegeben ist, sondern als gegeben projiziert wird, vgl. (105). Das läßt den Spielraum, der kontextabhängig in verschiedenster Weise genutzt wird.[70]

Ich muß es bei diesen knappen Bemerkungen zu einigen über Echo-w-Fragen i.e.S. und Quiz- bzw. Abfragen hinausgehenden EwS-Verwendungen belassen. Da diese so vielfältig sind, ist der Weg zu einem vollständigen Nachweis ihrer Einheitlichkeit und der kontextuellen Ableitbarkeit ihrer Unterschiede noch weit. Bisher hat sich jedoch für EwS in jeder Verwendungssituation, die ich näher untersucht habe, nicht nur ergeben, *daß* ein Verwendungsunterschied zu entsprechenden w-IS besteht, sondern auch daß er intuitiv zur o.a. 'Echo'-w-Charakteristik paßt. Von daher bin ich zuversichtlich, daß letztlich alle EwS-Verwendungen durch kontextuelle Spezifizierung aus der 'Echo-w-Fragehandlung i.w.S.' ableitbar sind, wie es der Nachweis von (GH2) voraussetzt.

6. Schlußbemerkungen

Ich möchte mit der Nennung einiger Punkte schließen, die im Hinblick auf die Analyse der EwS im allgemeinen und die hier vorgeschlagene im besonderen weiter klärungsbedürftig sind:

– Die Frage des semantischen Typs der Echo-w-Phrasen und ihres Verhaltens auf der Ebene der Logischen Form und der Semantischen Form ist über die in 3.5.3. gemachten Ansätze hinaus weiter zu klären. Daß meine grammatische und pragmatische Analyse der EwS hier unorthodoxe Repräsentationsvorschläge erzwingt, spricht dabei nicht notwendig gegen sie (s. auch 4.4.).

– Die Frage, ob EwS sowohl grammatisch wie pragmatisch ein einheitliches Phänomen bilden, oder ob nur formal-funktionale Verwandtschaft vorliegt, ist trotz der hier vorgelegten Argumente für eine einheitliche Analyse (s. 2., 4.4., und 5.1., 5.2.) weiter zu untersuchen, dies auch im Hinblick auf Sprachen wie das Französische, in denen nichtinitiale w-Fragen, jedenfalls nach landläufiger Meinung, teilweise ins Paradigma 'normaler' w-Fragen bzw. w-IS gehören.

– Die Analyse ist auf die in vieler Hinsicht zu EwS parallelen Echo-Entscheidungs-Sätze (bzw.'Assertionsfragen') zu erweitern, wobei insbesondere zu zeigen ist, daß die Ableitung der Fragegeltung auch in diesem Fall ohne Annahme eines Satzmodustriggers oder einer grammatisch konstitutiven Rolle des steigenden Tonmusters auskommt. Wie in 1.1. angedeutet, scheint dies grundsätzlich möglich, jedoch steht der Nachweis im einzelnen noch aus.

---

70 (105) ist zweifellos auch verantwortlich dafür, daß für (EwS-iv) beweisende Fälle komplexer initiativer EwS-Verwendungen seltener sind (s.o. 2.2.2.): Zum einen fehlt das quotationelle Motiv, das in der Regel bei reaktiven EwS der Wiederaufnahme komplexer Äußerungen zugrundeliegt. Zum andern sind zwingende Frageanlässe mit w-Frageziel in einer eingebetteten Proposition ohnehin selten, und dadurch, daß dem Hörer ja unterstellt werden soll, daß er die geschlossene Proposition kennt, auf plausible Wissensgehalte eingeschränkt.

– Vor allem aber ist zu prüfen, ob meine Analyse der EwS im Deutschen sich auf andere Sprachen verallgemeinern läßt. Da Echo-w-Fragen ein ubiquitäres Phänomen sind, und offenbar stets auf den ersten Blick vergleichbare Faktoren eine Rolle spielen, ist diese Verallgemeinerbarkeit die wesentliche Erfolgsbedingung meiner Analyse, wobei wiederum vor allem zu zeigen ist, daß die Fragegeltung sich pragmatisch und ohne Annahme einer grammatisch konstitutiven Rolle des steigenden Tonmusters ergibt. Da im Sinne von (H4)/(H5) damit gerechnet werden muß, daß die allgemeinen Prinzipien möglicherweise massiv mit sprachspezifischen Gegebenheiten interagieren, ist dies ein langwieriges Unternehmen, dessen Ausgang zum jetzigen Zeitpunkt nicht abzusehen ist. Bisher kann ich nur darauf verweisen, daß zumindest die Überprüfung der für das Englische und Rumänische aufgearbeiteten EwS-Daten[71] Anhaltspunkte dafür ergibt, daß sich die oben vorgeschlagene Verbindung der grammatischen mit der pragmatischen Analyse für EwS auch komparativ bestätigen könnte.

Literatur

Abraham, W. (Hg.), Satzglieder im Deutschen. Tübingen. (= Studien zur deutschen Grammatik 15)

Altmann, H. (1987), Zur Problematik der Konstitution von Satzmodi als Formtypen. In: Meibauer, J. (Hg.), Satzmodus zwischen Grammatik und Pragmatik. Tübingen (= Linguistische Arbeiten 180), 22–56.

— (1988) (Hg.), Intonationsforschungen. Tübingen. (= Linguistische Arbeiten 200)

— (1990), Satzmodus. [erscheint in: Jacobs, J./v. Stechow, A./Sternefeld, W./Vennemann, Th. (Hgg.) (i.V.), Handbuch der Syntax]

Banfield, A. (1973), Narrative Style and the Grammar of Direct and Indirect Speech. In: Foundations of Language 10, 1–39.

Berman, St. (1991), On the Semantics and Logical Form of WH-Clauses. Doct. Diss., University of Mass. [unveröff.]

Bierwisch, M. (1987), Semantik der Graduierung. In: Bierwisch, M./Lang, E. (Hgg.), Grammatische und Konzeptuelle Aspekte von Dimensionsadjektiven. Berlin (= studia grammatica XXVI/XXVII), 91-286.

Bolinger, D. (1978), Asking More Than One Thing at a Time. In: Hiż, H. (Hg.), Questions. Dordrecht, 107–150.

— (1987), Echoes Reechoed. In: American Speech 3, 261–279.

Brandt, M./Rosengren, I./Zimmermann, I. (1989), Satzmodus, Modalität und Performativität. In: S&P 13, 1-42. [auch in: ZPSK 43 (1990), 120-149]

Brandt, M./Reis, M./Rosengren, I./Zimmermann, I. [in diesem Band], Satztyp, Satzmodus und Illokution. [abgekürzt BRRZ]

Cole, P./Morgan, J.L. (1975) (Hgg.), Syntax and Semantics. Vol. 3: Speech Acts. New York/San Francisco/London.

Comorovski, I. (1989), Discourse and the Syntax of Multiple Constituent Questions. Doct. Diss., Cornell University. [unveröff.]

Cooper, R. (1983), Quantification and Syntactic Theory. Dordrecht.

[71] Vgl. fürs Englische die o.a. Literatur, vor allem Bolinger (1978, 1987), Janda (1985), McCawley (1987), um nur einige zu nennen, fürs Rumänische Dobrovie-Sorin (1990), und vor allem Comorovski (1989).

Culicover, P.W./Rochemont, M. (1983), Stress and Focus in English. In: Language 59, 123–165.

Dobrovie-Sorin, C. (1990), Clitic Doubling, Wh-Movement, and Quantification in Romanian. In: Linguistic Inquiry 21, 351–397.

Engdahl, E. (1986), Constituent Questions. The Syntax and Semantics of Questions with Special Reference to Swedish. Dordrecht.

Fodor, J.D./Sag, J.A. (1982), Referential and Quantificational Indefinites. In: Linguistics and Philosophy 5, 355–398.

Fraser, B. (1975), Hedged Performatives. In: Cole, P./Morgan, J.L. (Hgg.), 187–210.

Hetland, J. (1989), Satzadverbien im Fokus. Phil. Diss., Universität Wuppertal. [unveröff.]

Höhle, T.N. (1982), Explikationen für 'normale Betonung' und 'normale Wortstellung'. In: Abraham, W. (Hg.), 75–153.

— (1988), VERUM-Fokus. In: S&P 5, 1–7.

Horn, L.R. (1985), Metalinguistic Negation and Pragmatic Ambiguity. In: Language 61, 121–174.

— (1989), A Natural History of Negation. Chicago.

Jacobs, J. (1989), Implikaturen und 'alte Information' in w-Fragen. Ms., Wuppertal. [vorläufige u. unvollständige Fassung]

— (1991), Implikaturen und 'alte Information' in w-Fragen. In: Reis, M./Rosengren, I. (Hgg.), 201–221.

Janda, R.D. (1985), Echo-Questions are Evidence for What? In: Papers from the 21st Regional Meeting of the Chicago Linguistic Society (= CLS 21), 171–188.

Lutz, U./Trissler, S. (1991), Einige Überlegungen zu w-Interrogativsätzen, w-Merkmalen und w-Phrasen im Fragment. Unveröff. Ms., Universität Tübingen. [erscheint in: Arbeitspapiere des Sonderforschungsbereichs 340; Nr. 7]

McCawley, J.D. (1987), The Syntax of English Echoes. In: Papers from the 23rd Regional Meeting of the Chicago Linguistic Society (= CLS 23), 246–258.

McDaniel, D. (1989), Partial and Multiple WH-Movement. In: Natural Language and Linguistic Theory 7, 565–604.

Meibauer, J. (1987), Zur Form und Funktion von Echofragen. In: Rosengren, I. (Hg.), Sprache und Pragmatik. Lunder Symposium 1986. Stockholm (= Lunder germanistische Forschungen 55), 335–356.

— (1991), Existenzimplikaturen bei rhetorischen w-Fragen. In: Reis, M./Rosengren, I. (Hgg.), 223–242.

Nishigauchi, T. (1990), Quantification in the Theory of Grammar. Dordrecht.

Olsen, S. (1989), Das Possessivum: Pronomen? Determinans? Oder gar Adjektiv? In: Linguistische Berichte 120, 133–153.

Oppenrieder, W. (1988), Intonatorische Kennzeichnung von Satzmodi. In: Altmann, H. (Hg.), 169–205.

— (1989), Selbständige Verb-Letzt-Sätze: Ihr Platz im Satzmodussystem und ihre intonatorische Kennzeichnung. In: Altmann, H./Batliner, A./ Oppenrieder, W. (Hgg.), Zur Intonation von Modus und Fokus im Deutschen. Tübingen (= Linguistische Arbeiten 234), 163–245.

— (1991), Zur intonatorischen Form deutscher Fragesätze. In: Reis, M./Rosengren, I. (Hgg.), 243–261.

Pafel, J. (1991), Interrogativskopus versus Quantorenskopus? In: Arbeitspapiere des Sonderforschungsbereichs 340, Nr. 6, 99–109.

Pasch, R. (1991), Überlegungen zur Syntax und zur semantischen Interpretation von w-Interrogativsätzen. In: Deutsche Sprache 19, 193–212.

Pesetsky, D. (1987), Wh-in-Situ: Movement and Unselective Binding. In: Reuland, E.J./ter Meulen, A.G.B. (Hgg.), Representation of (In)definiteness. Cambridge/Mass., 98-129.

Pope, E. (1976), Questions and Answers in English. The Hague.

Rehbock, H. (1989), Deklarativsatzmodus und pragmatische Interpretation. In: S&P 15, 1–69.

— (1990), Fragen stellen – Zur Interpretation des Interrogativsatzmodus. In: S&P 18, 1–48.

— (1991), Fragen stellen – Zur Interpretation des Interrogativsatzmodus. In: Reis, M./Rosengren, I. (Hgg.), 13–47. [= überarb.. Fassung von Rehbock (1990)]

— [in diesem Band, a], Deklarativsatzmodus, rhetische Modi und Illokution.

— [in diesem Band, b], Fragen stellen – Zur Interpretation des Interrogativsatzmodus. [= erheblich überarb. Fassung von Rehbock 1991]

Reis, M. (1982), Zum Subjektbegriff im Deutschen. In: Abraham, W. (Hg.), 171–211.

— (1990), Zur Grammatik und Pragmatik von Echo-w-Fragen. In: S&P 20, 1–72.

— (1991a), Echo-w-Sätze und Echo-w-Fragen. In: Reis, M./Rosengren, I. (Hgg.), 49–76.

— (1991b), Was konstituiert w-Interrogativsätze? Gegen Paschs Überlegungen zur Syntax und Semantik interrogativer w-Konstruktionen. In: Deutsche Sprache 19, 213–238.

Reis, M./Rosengren, I. (1988), Wh-Imperatives?! In: S&P 10, 1–49.

— (1991a), What Do wh-Imperatives Tell Us about wh-Movement? [erscheint in: Natural Language and Linguistic Theory 9]

— (1991b), Einleitung. In: Reis, M./Rosengren, I. (Hgg.), 1–11.

— (1991) (Hgg.), Fragesätze und Fragen. Referate anläßlich der 12. Jahrestagung der Deutschen Gesellschaft für Sprachwissenschaft, Saarbrücken 1990. Tübingen. (=Linguistische Arbeiten 257)

Rochemont, M. (1986), Focus in Generative Grammar. Amsterdam. (= Studies in Linguistic Generative Analysis 4)

Rosengren, I. (1991), Zur Fokus-Hintergrund-Gliederung im Deklarativsatz und im w-Interrogativsatz. In: Reis, M./Rosengren, I. (Hgg.), 175–200.

— [in diesem Band], Zur Grammatik und Pragmatik der Exklamation.

Searle, J.R. (1975), Indirect Speech Acts. In: Cole, P./Morgan, J.L. (Hgg.), 59–82.

Selting, M. (1991), w-Fragen in konversationellen Frage-Antwort-Sequenzen. In: Reis, M./Rosengren, I. (Hgg.), 263–288.

Sobin, N. (1990), On the Syntax of English Echo Questions. In: Lingua 81, 141–167.

Stalnaker, R.C. (1973), Pragmatic Presuppositions. In: Murphy, J. et al. (Hgg.), Proceedings of the Texas Conference on Performatives, Presuppositions, and Implicatures (Arlington, Va.), 1–26. [auch in: Munitz, M.K./Unger, P.K. (1974) (Hgg.), Semantics and Philosophy. New York, 197-213]

Stechow, A. von (1991), Focussing and Backgrounding Operators. In: Abraham, W. (Hg.), Discourse Particles. Descriptive and Theoretical Investigations of the Logical, Syntactic, and Pragmatic Properties of Discourse Particles in German. Amsterdam (= Pragmatics and Beyond, New Series 12), 37-84.

S&P (1ff.), Sprache und Pragmatik. Arbeitsberichte des Forschungsprogramms "Sprache und Pragmatik" hrsg. v. I. Rosengren. Lund:1988ff.

Thurmair, M. (1989), Modalpartikeln und ihre Kombinationen. Tübingen. (= Linguistische Arbeiten 223)

Wunderlich, D. (1976), Fragesätze und Fragen. In: Wunderlich, D., Studien zur Sprechakttheorie. Frankfurt/M., 181-250.

— (1986), Echofragen. In: Studium Linguistik 20, 44–62.

— (1988), Der Ton macht die Melodie – Zur Phonologie der Intonation des Deutschen. In: Altmann, H. (Hg.), 1–40.

Zur Grammatik und Pragmatik der Exklamation[1]

Inger Rosengren, Lund

In diesem Beitrag wird die Hypothese vertreten, daß es keinen besonderen Exklamativsatztyp gibt, sondern daß der sogenannte Exklamativsatz ein Deklarativsatz oder Interrogativsatz ist. Es wird zu zeigen versucht, daß alle deklarativen und interrogativen Subtypen als Exklamativsätze auftreten, daß aber bestimmte syntaktische, lexikalische und prosodische Forderungen an sie gestellt werden, damit sie als Exklamationen fungieren können. Unter den lexikalischen Elementen spielen vor allem die w-Wörter und *nicht* eine entscheidende Rolle. In einem letzten Abschnitt wird zu der Frage Stellung genommen, welchen Status die Exklamation in einem illokutiven System hat.

1. Einleitung
2. Die grammatische Struktur der Exklamativsätze
2.1. Sätze ohne einleitende w-Phrase
2.1.1. Der Verb-zweit-Satz
2.1.2. Der Verb-erst-Satz
2.1.3. Der Verb-letzt-Satz
2.2. Sätze mit einleitender w-Phrase
2.2.1. Die w-Phrasen *was, wer, wo, womit, wie, was für (ein)*
2.2.1.1. Sätze ohne *alles* und *nicht*
2.2.1.2. Sätze mit *alles* und *nicht*
2.2.2. Übrige w-Phrasen
2.3. Exkurs: Der schwedische Exklamativsatz
3. Die exklamative Funktion
Literatur

1. Einleitung

Neben den grundlegenden Satztypen Deklarativsatz, Interrogativsatz und Imperativsatz findet man in den meisten Grammatiken auch den *Ausrufesatz* oder *Exklamativsatz*. Wie Näf (1987) zeigt, besteht jedoch große Unsicherheit bzgl. seiner Relation zu den anderen Satztypen. Um so merkwürdiger ist es, daß wir in der Regel keine Schwierigkeiten haben, Äußerungen als exklamativ zu identifizieren. Die folgenden Fries (1988:2) entnommenen Beispiele können alle exklamativ interpretiert werden:

1 Dieser Fassung gehen mehrere Fassungen voraus, die bei verschiedenen Treffen im Rahmen des Programms "Sprache und Pragmatik" vorgetragen und diskutiert wurden. Ich danke allen, die an diesen Diskussionen teilnahmen, für wertvolle Hinweise und konstruktive Verbesserungsvorschläge. Mein besonderer Dank gilt Margareta Brandt, Helmut Rehbock, Marga Reis und Ilse Zimmermann, mit denen ich übergreifende und spezifische Probleme eingehend besprochen habe.

(1) Wie schön ist doch ihr Füßchen!
(2) Hat die irre Füße!
(3) Wie die geht!
(4) Was die für einen Gang drauf hat!
(5) Wo war die nicht überall!
(6) Bei welchen Ärzten die nicht schon alles war!
(7) Komisch geht die!
(8) Die geht ja komisch!
(9) Daß die immer nur Turnschuhe anzieht!

Die Frage stellt sich natürlich hier, was unter exklamativ zu verstehen ist. Wie der Terminus besagt, hat es etwas mit Ausruf zu tun, worauf auch das Ausrufezeichen hinweisen soll. Oft wird auch davon ausgegangen, daß der Sprecher mit dem Ausruf Erstaunen ausdrücken will. Ganz unklar ist dabei, ob es sich um eine illokutive Funktion oder eine kommunikative Funktion auf einer anderen Ebene als der illokutiven handelt.

Auch wenn es uns gelingen sollte, die exklamative Funktion der obigen Sätze theoretisch festzulegen, bleibt die Frage, welche strukturellen Eigenschaften ein Satz haben darf/muß, um diese Funktion zu erfüllen. Wir finden im Prinzip alle distributionellen und kategoriellen Satzmuster vor: Verb-erst-, Verb-zweit-, Verb-letzt-Sätze und Sätze, eingeleitet durch eine w-Phrase. Wie Fries (1988) zeigt, handelt es sich bei Sätzen, die exklamativ interpretiert werden, auch häufig um markierte (Wortstellungs)strukturen. Die Intonation ist immer fallend. Der geäußerte Exklamativsatz weist somit im Prinzip denselben Tonhöhenverlauf wie der geäußerte Deklarativsatz auf. Von diesem unterscheidet er sich jedoch im prototypischen Fall durch den sogenannten Exklamativakzent (s. Näf 1987:146f.; Oppenrieder 1987:167f.; Batliner 1988:244ff.).[2] Darüber hinaus kommen w-Phrasen vor, die in keinem anderen Satztyp so verwendet werden. Schließlich gibt es Vorkommnisse von *nicht* und Modalpartikeln, die spezifisch für Exklamativsätze sind. Ein besonderes Pronomen (*der, die, das*) ist noch zu verzeichnen. Oft ist dieses Pronomen dann auch betont.

Interessant ist schließlich, daß die zum Ausdruck gebrachte Einstellung nicht lexikalisch durch einen Matrixsatz realisiert werden kann. Im selben Augenblick, wo wir z.B. Erstaunen propositional ausdrücken, liegt keine exklamative Äußerung (fortan Exklamation) vor (zu den sogenannten indirekten Exklamativsätzen, s. Klumpp 1988):

(10) Es ist erstaunlich, welch irre Füße die hat.

Mit einem Satz wie (10) drückt man die Einstellung des Erstaunens aus, man vollzieht damit aber keine Exklamation.[3] Daß man die Exklamation nicht mit Hilfe von Einstellungsausdrücken realisieren kann, ist sicherlich paradoxerweise einer der Gründe, weshalb der Exklamativsatz sich uns so hartnäckig als Satztyp (und Satzmodus) aufdrängt.

---

2 Nach Batliner (1988:269ff.) ist der Exklamativakzent nur prototypisch, nicht konstitutiv.

3 Dagegen kann über die Einstellung selbst exklamiert werden:

(i) Das finde ich aber schade!

S. unten 3.

Wir haben also Sätze vor uns, die sehr unterschiedlich strukturiert sind und mit denen man z.B. Erstaunen zum Ausdruck bringen kann, ohne daß das Erstaunen propositional bzw. lexikalisch ausgedrückt wird. Die erstere Eigenschaft läßt uns daran zweifeln, daß es den Exklamativsatz als Satztyp gibt, die letztere zwingt uns wieder dazu, nach den besonderen und konstitutiven Eigenschaften zu suchen, die für die gemeinsame kommunikative Funktion der Sätze (1)-(9) verantwortlich sind oder – anders ausgedrückt – das kommunikative Potential der Sätze determinieren (zu diesem Begriff, s. Brandt/Reis/Rosengren/Zimmermann [in diesem Band], im folgenden abgekürzt BRRZ).

Auf die Frage, ob es den Exklamativsatz als Satztyp (und damit Satzmodus) gibt, findet man in der Literatur auch unterschiedliche Antworten. Altmann (1987), Oppenrieder (1988), Batliner (1988) und Schwabe (1989), um nur einige zu nennen, gehen davon aus, daß es den Satztyp und den entsprechenden Satzmodus gibt. Nach Altmann handelt es sich dabei um eine propositionale Grundeinstellung, nach Schwabe identifiziert der Satzmodus eine affektiv-emotionale Einstellung. Näf (1987) verwendet den Begriff Exklamativsatz als Sammelbegriff für eine Gruppe von Satzstrukturen, definiert ihn also extensional und warnt davor, ihm eine einheitliche Funktion zuweisen zu wollen. Es kann sich zumindest nicht immer darum handeln, daß mit ihm Erstaunen ausgedrückt wird, wie Zaefferer (1983) meint. Fries (1988:4) gibt die gemeinsame exklamative Funktion folgendermaßen wieder:

(a) "Die betreffenden *Äußerungen* [drücken] stets eine affektiv-emotionale Haltung des Sprechers zu dem durch die Proposition des geäußerten Satzes denotierten Sachverhalts aus;"

(b) "die *Exklamativ-Interpretation* von Äußerungen dieser Sätze [ist] dadurch ausgezeichnet, daß der durch die Proposition des geäußerten Satzes denotierte Sachverhalt als *normabweichend* und vom Sprecher als *unerwartet* gekennzeichnet ist."

Diese Funktionsfestlegung ist also rein pragmatisch und sagt vorerst nichts darüber aus, ob es einen bestimmten Satztyp/Satzmodus gibt, den man exklamativ nennen könnte. Fries selbst zieht aus seiner grammatischen Analyse den Schluß, daß "es sich bei der *Exklamativ-Interpretation* nicht um einen *Satzmodus* handeln [kann], wenn man darunter eine Größe einer *bestimmten Sprachbeschreibungsebene* versteht." (Fries 1998:16)

Ich werde im folgenden zu zeigen versuchen, daß man die Janusköpfigkeit des Exklamativsatzes nicht in den Griff bekommt, wenn man davon ausgeht, daß es einen exklamativen Satztyp und Satzmodus gibt, genau deshalb, weil die Exklamation sich zwei der grundlegenden Satztypen bedient.

Die Hypothesen, die geprüft werden sollen, sind die folgenden:

H 1: Es gibt keinen Satztyp *Exklamativsatz* und somit auch keinen entsprechenden Satzmodus, sondern es handelt sich bei den Exklamationen um Anwendungen der bisher bekannten und auf der grammatischen Ebene zu identifizierenden Satztypen Deklarativsatz und Interrogativsatz mit den entsprechenden Satzmodi, so wie sie ansatzweise in BRRZ (4.2. und 4.3.) definiert werden. Der besondere exklamative Effekt, der zu der Annahme eines Satztyps und Satzmodus *Exklamativ* geführt hat, ist auf andere, nicht an sich satztypkonstituierende, grammatische (prosodische, syntaktische und lexikalische) Eigenschaften der verwendeten Sätze zurückzuführen.

H 2: Die *Exklamation* gehört dem Illokutionstyp der Expressiva an. Ihre Funktion ist jedoch eine andere als die der traditionellen Expressiva.

Im folgenden wenden wir uns nun der genaueren Prüfung dieser beiden Hypothesen zu. Dabei wird der Einfachheit halber bei der grammatischen Beschreibung vom Exklamativsatz gesprochen, wobei jedoch kein Satztyp oder Satzmodus gemeint ist.

2. Die grammatische Struktur der Exklamativsätze

Die Hypothese 1 kann am besten geprüft werden, wenn man sich bei der Beschreibung so genau wie möglich an die bekannten oberflächenstrukturellen Satzstrukturmuster (Verb-erst-, Verb-zweit-, Verb-letzt-Satz, mit oder ohne w-Phrase) hält, da nicht als gegeben vorausgesetzt werden kann, was zu beweisen ist, nämlich, daß jeder Exklamation ein Deklarativsatz oder ein Interrogativsatz zugrundeliegt. Unter jedem dieser Strukturmuster soll deshalb untersucht werden, um welchen Satztyp es sich handelt. Dabei werden sogenannte Exklamativsätze ohne und solche mit einer w-Phrase getrennt behandelt. Um den empirischen Bereich der Untersuchung einigermaßen abgrenzen zu können, werden nur finite Sätze beschrieben.

2.1. Sätze ohne einleitende w-Phrase

Zu unterscheiden sind hier der Verb-zweit-Satz und der Verb-erst-Satz. Der letztere kommt außerdem mit und ohne Negation vor.

2.1.1. Der Verb-zweit-Satz

Näf (1987:153ff.) diskutiert die Frage, ob es überhaupt sinnvoll ist, von einem Verb-zweit-Exklamativsatz ohne w-Phrase zu sprechen. Schon die Tatsache, daß man dies diskutieren kann, ist an sich interessant. Wenn der Verb-zweit-Exklamativsatz sich strukturell nicht von dem Verb-zweit-Deklarativsatz unterscheidet, sollte man sich vielleicht eher fragen, ob er nicht ein Deklarativsatz ist, und nach den Eigenschaften suchen, die eine exklamative Interpretation trotzdem nahelegen bzw. erzwingen. Solche Überlegungen liegen wohl auch z.B. hinter Opalkas (1977) Vorschlag, von einem Deklarativsatz mit Ausrufeintention zu sprechen. Vgl. auch Zaefferer (1988:154f.)

Folgende Beispiele sollen die Grundlage für die weitere Analyse ausmachen:

(11) Die ist (aber/vielleicht) schön!
(12) Du bist (aber/vielleicht) süß!
(13) Du bist (aber/vielleicht) groß geworden!
(14) Du bist (aber/vielleicht) gewachsen!
(15) Ich hab (aber/vielleicht) Hunger!

(16) Die hat (aber/vielleicht) ein schönes Haus gebaut!
(17) Der war (aber/vielleicht) wütend!
(18) Wütend war der vielleicht!
(19) Dem hat er es (aber/vielleicht) gegeben!
(20) Die hat (aber/vielleicht) gelacht!
(21) Gelacht hat die (aber/vielleicht)!
(22) Die geht (aber/vielleicht) komisch!
(23) Komisch geht die (aber/vielleicht)!
(24) Heiß ist es (aber/vielleicht) hier!
(25) Das war (aber/vielleicht) eine Überraschung! (Näf 1987)
(26) Das ist (aber/vielleicht) ein Idiot!
(27) Der hat vielleicht einen Bart! (Weydt et al. 1983)

Eines scheint den Verb-zweit-Exklamativsätzen gemeinsam zu sein: Ein Individuum oder ein Sachverhalt, auf das/den das d-Pronomen verweist (fortan das Argument), ist das eine Element einer Beziehung, dessen zweites Element eine Eigenschaft, ein Vorgang oder ein Zustand ist (fortan das Prädikat). Das zweite Element muß dabei graduierbar oder quantifizierbar sein und kann selbst syntaktisches Prädikat oder aber Objekt, Adverbial, Prädikativum unter VP sein. Es kann auch Teil einer DP mit diesen letzteren Funktionen (s. z.B. (16), wo das Attribut innerhalb der DP das Prädikat ist) oder aber gar nicht explizit vorhanden sein (s. z.B. (27), wo es sich um einen ungewöhnlich langen oder merkwürdigen Bart handeln kann). Auf diese Beziehung bzw. auf das Prädikat nimmt der Sprecher mit seiner Exklamation Bezug. Er gibt zu verstehen, daß es sich um einen von der Norm abweichenden extrem hohen Grad bzw. eine extrem große Menge handelt.

Eine Voraussetzung für eine Exklamation ist, daß der Sachverhalt, der ihr Anlaß ist, existiert bzw. als existent aufgefaßt wird. Offensichtlich wird bei Äußerungen des Typs (11)-(27) die Existenz des Sachverhalts jedoch nicht präsupponiert (wie beim *daß*-Satz, s. unten), sondern assertiert. Auf das Verhältnis zwischen der Assertion (zu diesem Begriff, s. BRRZ:51 und Rehbock [in diesem Band, a]) und der Exklamation kann jedoch erst in Abschnitt 3. näher eingegangen werden.

Altmann (1984:149) hat darauf hingewiesen, daß die vor dem Verb stehende Konstituente definite Referenz aufweisen muß. Diese Regel muß dahingehend modifiziert werden, daß das Argument in der oben beschriebenen Beziehung definit sein muß und daß im Vorfeld nur entweder das Argument oder das Prädikat der Beziehung stehen kann:

(28) Jemand hat der eine dreingehauen. Du wirst es kaum glauben. (nicht-exkl.)
(29) Der hat jemand eine dreingehauen! (exkl.)
(30) Dreingehauen hat der jemand eine! (exkl.)

Wenn das Bezugsprädikat im Vorfeld steht, kann es – vorausgesetzt, daß es dies auch in situ kann – jedoch sehr wohl indefinit sein:

(31) Eine Überraschung war das!
(32) Das war eine Überraschung!
(33) Ein Idiot ist das!
(34) Das ist ein Idiot!
(35) Einen Bart hat der!
(36) Der hat einen Bart!

Im unmarkierten Fall steht das Bezugsargument an der Satzspitze, im markierten das Bezugsprädikat. Wenn das Argument Subjekt ist, liegt auch Grundwortstellung vor. Beispiele wie (19) und (29) zeigen jedoch, daß nicht Grundwortstellung, sondern die Abfolge Bezugsargument – Bezugsprädikat die Unmarkiertheit determiniert.

Das Personalpronomen in der dritten Person tritt, wenn es das Argument der Beziehung ist, in der d-Form auf (wobei es sich nicht um ein Demonstrativpronomen handelt). Ob diese Form obligatorisch ist, ist wohl nicht klar. Äußerungen wie die folgende scheinen aber nur unter ganz bestimmten Bedingungen exklamativ interpretiert werden zu könnnen:

(37) Er ist aber schön!

Für die d-Form mag es mehrere Gründe geben: der Verweischarakter, die Schwere, die syntaktische Position, die Funktion als Argument der "exklamativen" Beziehung.

Es kann weiter festgestellt werden, daß die obigen Beispiele eindeutig exklamativ interpretiert werden müssen, wenn *aber* oder *vielleicht* als *Modalpartikeln* (also nicht als Konjunktionen oder Adverbien) auftreten bzw. aufgefaßt werden. Genau diese Modalpartikeln kommen in Deklarativsätzen, die nur als Assertionen verwendet werden, nicht vor. Die Frage stellt sich natürlich, welche Bedeutung und Funktion gerade diese Partikeln haben und warum Sätze mit ihnen als Exklamationen interpretiert werden. Offensichtlich tragen sie dazu bei, daß wir nicht nur verstehen, daß etwas schön, schlecht etc. ist oder daß jemand gelacht etc. hat, also daß ein bestimmter Sachverhalt vorliegt, sondern auch, daß etwas ungewöhnlich schön ist, daß jemand außergewöhnlich viel oder laut gelacht hat.

Wie kann man aber gerade diesen nicht ausgedrückten hohen Wert auf einer Skala mit Hilfe der Modalpartikeln unterstreichen? Bei Helbig (1988:80 bzw. 229) findet sich ansatzweise eine Erklärung. In beiden Fällen signalisieren die Modalpartikeln einen Gegensatz zwischen dem Sachverhalt, der vorliegt, und einem Sachverhalt, der erwartet wird, und stützen damit die Interpretation, daß es sich um eine Normabweichung handelt. Die beiden Modalpartikeln indizieren diesen Gegensatz jedoch auf unterschiedliche Weise. *Aber* signalisiert direkt den Gegensatz. Bei *vielleicht* ist die Funktion nicht ohne weiteres aus der Bedeutung des Lexems ableitbar. Wenn wir aber davon ausgehen, daß *vielleicht* die lexikalische Wiedergabe des Modaloperators M ist (s. hierzu BRRZ:67ff.), dann kann man wohl mit Helbig annehmen, daß ein Sprecher, der einen Satz wie (11)-(27) mit *vielleicht* exklamativ verwendet, sein Erstaunen etc. darüber ausdrückt, daß eine solche Beziehung überhaupt möglich ist, obwohl sie unmöglich sein sollte. Die spezielle exklamative Modalpartikelfunktion erhalten diese Lexeme also erst beim Vollzug einer Exklamation. Vgl. wenn z.B. *aber* und *vielleicht* als Konjunktionaladverb bzw. Adverb verwendet werden:

(38) Die ist nicht gerade schön. Die hat aber irre Füße.
(39) A: Warum macht der ein solches Gesicht?
B: Ich weiß es nicht. Er ist vielleicht wütend.

Hier liegen dann auch keine exklamativen Äußerungen vor.

Es gibt also gute Gründe, die beiden Modalpartikeln *aber* und *vielleicht* als lexikalische Mittel zu betrachten, mit denen eine exklamative Interpretation gestützt wird. Sie machen aber einen Deklarativsatz nicht zu einem Exklamativsatz, was schon aus ihrer Optionalität hervorgeht, jedoch auch aus einem Beispiel wie dem folgenden abzulesen ist:

(40) Der hat *vielleicht/*aber eine ganze Flasche Wein ausgetrunken!

In (40) fehlt die Grundvoraussetzung für einen exklamativen Verb-zweit-Deklarativsatz, nämlich ein propositionaler Gehalt, der ein graduierbares Element enthält. Eine Äußerung desselben Satzes mit z.B. *glatt* ist deshalb zwar voll grammatisch und zugleich emphatisch, jedoch keine Exklamation (so auch Zaefferer 1988:154; vgl. auch Oppenrieder 1989:217, Anm. 42):

(41) Der hat glatt eine ganze Flasche Wein ausgetrunken!

Die bisherige Analyse stützt die Hypothese, daß es sich bei den hier analysierten Verb-zweit-Sätzen um Deklarativsätze handelt und daß die exklamative Funktion sich aus dem Zusammenwirken zwischen Satztyp (Satzmodus) und propositionaler Füllung ergibt.

Hier soll schließlich noch kurz auf folgende Äußerungstypen eingegangen werden (die Beispiele stammen aus Helbig 1988:167):

(42) Es ist ja heute kalt!
(43) Das Essen ist ja scharf!
(44) Du hast ja keinen Bart mehr!
(45) Du siehst ja ganz bleich aus!
(46) Es regnet ja!
(47) Sie ist ja schon wieder krank!
(48) Das ist ja eine Überraschung!

Helbig (1988:166f.) betrachtet diese Beispiele als Ausrufesätze. In einer Anmerkung weist er aber darauf hin, daß *ja* sich auf das DASS und nicht auf das WIE bezieht. Man ist also nicht über den hohen Grad etc. erstaunt, entrüstet, sondern über die Tatsache, daß es kalt (und nicht warm), daß das Essen scharf (und nicht milde), daß jemand wieder krank (und nicht gesund) ist. Es ist deshalb auch nicht möglich, in allen diesen Sätzen *ja* durch *vielleicht* oder *aber* zu ersetzen. Dies geht nur, wenn ein graduierbares oder quantifizierbares Prädikat vorliegt. Ob man hier von einem Exklamativsatz sprechen sollte, ist nicht ohne weiteres klar. Auf die Eigenart dieses Typs soll jedoch erst im Zusammenhang mit den unten behandelten *daß*-Sätzen näher eingegangen werden.

Während also die Modalpartikeln *aber* und *vielleicht* eine skalare Lesart (in Anlehnung an Näf 1987 und Helbig 1988 kann man von einer (quantopere-)WIE-Lesart sprechen) und *ja* eine DASS-Lesart stützen, ist das in als Assertionen angewendeten Deklarativsätzen sonst auftretende *doch* in Exklamationen prinzipiell nicht akzeptabel, wenn auch nicht im eigentlichen Sinne ungrammatisch.[4] Das Hinzufügen von *doch* scheint zur Folge zu haben, daß die

---

[4] Ob man Fälle wie (i) als Ausnahmen betrachten soll, ist nicht leicht zu entscheiden:

(i) Das ist doch die Höhe!

In (i) handelt es sich um eine Einstellungsbekundung (zu diesem Begriff, s. BRRZ:56ff.). Es kann sich natürlich auch so verhalten, daß *doch* die exklamative Lesart in diesem Fall blockiert und (i) nur eine

Äußerung als eine Assertion aufgefaßt wird. Der Grund wird in der Funktion von *doch* in nicht-exklamativen Deklarativsätzen zu suchen sein: Der Sprecher knüpft mit *doch* an Bekanntes an und unterstellt, daß der Hörer es auch schon gewußt hat, bzw. bezieht sich reaktiv widersprechend auf eine vorhergehende Illokution oder auf eine vorangehende Handlung des Adressaten. Eine exklamative Äußerung ist initiativ und meist auch in ihrer exklamativen Funktion voll rhematisch. Man bezieht sich mit ihr nicht auf etwas Vorhergehendes. Auch *schon* kann in den hier behandelten exklamativen Deklarativsätzen nicht auftreten. Mit *schon* signalisiert der Sprecher in Verb-zweit-Deklarativsätzen ohne Zukunftsbezug "eine Zustimmung mit Vorbehalt [...] die ihrerseits einen möglichen Einwand vorbereitet" (Helbig 1988:201). Diese Funktion ist natürlich nicht vereinbar mit der exklamativen Äußerung. Interessant ist, daß sowohl *doch* als auch *schon* in exklamativen *wie*-Sätzen, *schon* auch in anderen exklamativen w-Sätzen (s. hierzu unten 2.2.1.1.), vorkommen.[5]

Aus den bisher beschriebenen Eigenschaften des Exklamativsatzes, vor allem der Beziehung zwischen dem relevanten Bezugsargument und Bezugsprädikat, läßt sich nun auch etwas genereller die Funktion der Akzentuierung ableiten. Oppenrieder (1987:167f.) stellt fest (s. hierzu auch Batliner 1988, 1989 und Oppenrieder 1988), daß in einem Exklamativsatz zwei Arten von Ausdrücken den Exklamativakzent erhalten können:

> "Erstens ein üblicherweise im Vorfeld stehender, thematischer 'definiter' Ausdruck, wie z.B. *das* und *der* [...] oder auch ein nicht-pronominaler Ausdruck mit spezifischer Referenz; zweitens ein Teil des Prädikatskomplexes, normalerweise trennbarer Verbzusatz, Vollverb oder Prädikativum. Beide Ausdrücke gehören eng zusammen. [...] Die genaue Akzentverteilung hängt hauptsächlich von kontextunabhängigen sprecherspezifischen Strategien ab: Sowohl Doppelakzentuierung als auch die Hervorhebung entweder des Prädikatsausdrucks oder des thematischen Ausdrucks allein ist möglich; allerdings wird die Hervorhebung des letzteren bevorzugt."

Die beiden akzentuierbaren Elemente sind – was zu erwarten ist – genau das Bezugsargument und das Bezugsprädikat der oben beschriebenen Beziehung. Dabei ist das Bezugsargument oft auch Subjekt (49)-(52). Es kann aber auch Objekt sein (53), wie oben festgestellt wurde:

(49) DIE ist vielleicht schön!
(50) Dìe ist vielleicht SCHÖN!
(51) DIE hat aber ein schönes Haus gebaut!
(52) Dìe hat aber ein SCHÖnes Haus gebaut!
(53) DEM hat er es aber gegeben!

Wenn das Argument in Spitzenstellung steht und den Satzakzent trägt (wobei kein weiterer Akzent vorzukommen scheint), handelt es sich um eine völlig unmarkierte Exklamation. Wenn das Prädikat in einem solchen Satz dagegen den Satzakzent trägt, erhält auch das Argument oft

---

emphatische Einstellungsbekundung ist (s. auch unten 3.). Die Exklamation und die emphatische Einstellungsbekundung stehen sich selbstredend funktional sehr nahe.

5 Zum ethischen Dativ in Exklamativsätzen, s. Näf (1987) und Jacobs (1991). Auf den ethischen Dativ und seine exakte Funktion in diesen Sätzen soll nicht weiter eingangen werden. Ich bin jedoch der Meinung, daß die Funktion des ethischen Dativs nicht auf denselben Nenner wie die der Modalpartikeln zurückzuführen ist.

einen Akzent. Bei dieser Akzentuierung wird aber das Prädikat auf Kosten des Arguments hervorgehoben. In beiden Fällen liegt grammatisch gesehen ein minimaler (emphatisch interpretierbarer) Fokus in einem Kontext vor, der meist eine vollrhematische Äußerung erwarten läßt. Dies trägt zu einer exklamativen Interpretation bei.

Tritt das Prädikat dagegen im Vorfeld auf, was zu einer markierten Wortfolge führt, scheint nur dieses (minimal) fokussiert sein zu können (54)-(55).

(54) GeLACHT hat die!
(55) KOmisch geht die!

Eine solche Struktur ist noch markierter bzgl. der FHG als z.B. (50) und (52). Möglicherweise korrespondiert diese Hervorhebung dann auch mit einer nicht vollrhematischen Lesart.

Mit der Akzentuierung einher geht eine Dehnung in Kombination mit einem späten und hohen Gipfel (s. hierzu Batliner 1988:244ff.). Die Vorliebe für die Hervorhebung des Arguments und damit auch die Festmachung des Defaultakzents am linken Satzrand kann etwas mit der Beziehung selbst zu tun haben, zu der der Sprecher exklamativ Stellung nimmt. Es könnte sich lohnen, die Ähnlichkeit mit bestimmten Topik-Kommentar-Gliederungen zu vergleichen. Dies kann aber im Rahmen dieses Beitrags nicht geleistet werden.

Da bei diesem Satztyp das Prädikat immer graduierbar oder quantifizierbar sein muß, folgt daraus auch, daß die Proposition nicht negiert werden darf. Eine nicht-existierende Eigenschaft kann nicht graduiert oder quantifiziert werden. Das bedeutet selbstverständlich nicht, daß ein durch *un-* negiertes Wort den entsprechenden exklamativen Effekt blockiert:

(56) Die ist aber unbegabt! = Die ist sehr unbegabt, in hohem Maße nicht begabt.

Man kann natürlich mehr oder weniger unbegabt sein.

Die obige Analyse stützt die Hypothese, daß der Verb-zweit-Exklamativsatz ein Deklarativsatz ist. Auf die Beziehung zwischen dem Satzmodus des Deklarativsatzes und der Illokution Exklamation komme ich unten in 3. zurück.

Zusammenfassend: Ein Verb-zweit-Deklarativsatz kann dann exklamativ angewendet werden, wenn er ein graduierbares oder quantifizierbares Element enthält. Ein Pronomen als Bezugsargument in der dritten Person tritt in der d-Form auf. Die exklamative Lesart kann durch geeignete Modalpartikeln gestützt werden. Prototypisch ist der sogenannte Exklamativakzent.

2.1.2. Der Verb-erst-Satz

Der exklamative Verb-erst-Satz wird – wenn er überhaupt mit einem der gängigen Satztypen in Verbindung gebracht wird – in der Literatur gewöhnlich mit dem Interrogativsatz verglichen bzw. als Interrogativsatz betrachtet. Im folgenden soll gezeigt werden, daß es gute Gründe gibt, zwischen dem Verb-erst-Satz ohne *nicht* und dem Verb-erst-Satz mit *nicht* zu unterscheiden. Es soll weiter dafür argumentiert werden, daß der erste Typ ein Verb-erst-Deklarativsatz, der zweite Typ ein Verb-erst-Interrogativsatz ist.[6]

1. Zuerst zum Verb-erst-Satz ohne *nicht*:

(57) Ist die (aber/vielleicht) schön!
(58) Bist du (aber/vielleicht) süß!
(60) Bist du (aber/vielleicht) groß geworden!
(61) Hab ich (aber/vielleicht) Hunger!
(62) Hat die (aber/vielleicht) ein schönes Haus gebaut!
(63) Bist du (aber/vielleicht) gewachsen!
(64) War der (aber/vielleicht) wütend!
(65) Hat der es dem (aber/vielleicht) gegeben!
(66) Hat die (aber/vielleicht) gelacht!
(67) Geht die (aber/vielleicht) komisch!
(68) Ist das (aber/vielleicht) heiß hier!
(69) War das (aber/vielleicht) eine Überraschung!
(70) Ist das vielleicht ein Idiot!
(71) Hat der (aber/vielleicht) einen Bart!

Wie die Beispiele zeigen, liegt eine völlige Parallelität zu den Verb-zweit-Deklarativsätzen vor. Es handelt sich immer um graduierbare und quantifizierbare Prädikate. Wir finden vorerst dieselben uns bekannten Modalpartikeln *aber/vielleicht* mit genau denselben Funktionen wie in den obigen Deklarativsätzen. Anders als in den entsprechenden Verb-zweit-Sätzen ((42)-(48)) ist die Partikel *ja* jedoch nicht möglich. Das braucht uns aber nicht zu stören, da diese Partikel auch sonst in Verb-erst-Deklarativsätzen nicht vorkommen kann, was vermutlich auf deren vollrhematischen Charakter zurückzuführen ist (s. unten). Modalpartikeln, die prinzipiell nur in Interrogativsätzen auftreten, z.B. *denn, etwa*, sind ebenfalls nicht erlaubt.[7]

So weit man sehen kann, verhalten sich also diese Verb-erst-Exklamativsätze strukturell völlig parallel zu den Verb-zweit-Exklamativsätzen. Es gibt deshalb auch keinen Grund anzunehmen, daß es sich um E-IS handelt, um so weniger als – wie unten gezeigt werden soll – der exklamative E-IS sich strukturell und lexikalisch von dem hier behandelten Verb-erst-Satz

---

6 Interessant ist hier auch das Englische. McCawley (1973) weist auf eine Reihe von strukturellen Unterschieden zwischen Sätzen wie den folgenden und den entsprechenden E-IS hin (sie untersucht jedoch nur affirmative Sätze):

(i) Is syntax easy!
(ii) Am I hungry!
(iii) Does she have beautiful legs!

Eine Erklärung für diese Unterschiede wird dort nicht gegeben. Die Verf. zieht aus ihrer Analyse nur den Schluß, daß die exklamativen Sätze des Typs (i)-(iii) ganz anders zu analysieren seien als entsprechende E-IS. Möglicherweise handelt es sich auch im Englischen um einen Deklarativsatz, auch wenn ein Verb-erst-Deklarativsatz heute nicht mehr vorkommt. (Zum Verb-erst-Deklarativsatz im Altenglischen, s. Bean 1983.)

7 Ausnahmsweise kommt *doch* vor (s. Helbig 1988:116):

(i) Ist das Wetter doch herrlich!

Auch hier muß man sich jedoch fragen, ob es sich nicht um eine emphatische Einstellungsbekundung handelt. S. Anm. 4.

unterscheidet. Am nächsten liegt die Annahme, daß wir hier Verb-erst-Deklarativsätze vor uns haben.

Die Verb-erst-Stellung des Deklarativsatzes ist aus mehreren Gründen bestens dafür geeignet, die exklamative Funktion zu unterstreichen: Erstens handelt es sich um eine markierte Wortstellung, mit der man die affektiv-emotionale Einstellung unterstreichen kann. Zweitens und wichtiger ist sicherlich der vollrhematische Charakter der Verb-erst-Deklarativsätze (s. hierzu Oppenrieder 1987:179f.). Da Exklamationen in der Regel (s. oben) vollrhematisch zu verstehen sind, stützt die Verb-erst-Stellung damit auch die exklamative Interpretation in einem Kontext, der eine solche nicht erwarten läßt. Insofern ist der Verb-erst-Deklarativsatz dem Verb-zweit-Deklarativsatz als Träger einer Exklamation überlegen.

Was die Akzentuierung des exklamativen Verb-erst-Deklarativsatzes betrifft, finden wir im Prinzip dieselben Verhältnisse wie beim Verb-zweit-Deklarativsatz: Akzentuierung des Bezugsarguments und des Bezugsprädikats, dieselbe Plazierung des Akzentgipfels und Dehnung. Die Intonation ist fallend wie beim Verb-zweit-Deklarativsatz. Aufgrund der Verb-erst-Stellung kommen natürlich keine Fälle mit Topikalisierung vor.

Es gibt jedoch einen interessanten Unterschied zwischen den beiden Deklarativsätzen, der dann zum Tragen kommt, wenn das Bezugsprädikat zugleich das Hauptverb ist. Bei Äußerungen wie (72) ist im prototypischen Fall neben einem Rise auf dem Prädikat (= der Satzakzent) immer ein Rise-Fall auf dem Argument realisiert (s. hierzu Batliner 1989:154). Vgl.:

(72) SÄUFT der Lèo.
(73) Säuft der LEo!

Der doppelte Akzent in (72) entspricht also genau dem Doppelakzent in Verb-zweit-Deklarativsätzen (vgl. (74)):

(74) Der Lèo SÁUFT!
(75) Der LEo säuft!

Dennoch scheint der Fokussierungseffekt nicht derselbe zu sein, was vermutlich genau auf die Abfolge der beiden Bezugselemente (des Arguments und des Prädikats) zurückzuführen ist. M.E. handelt es sich in (73) um eine pragmatisch gesehen markierte Fokussierung des Arguments, während (72) der unmarkierte Fall ist. Beim Verb-zweit-Satz verhält es sich genau umgekehrt: (74) ist markiert, (75) unmarkiert. Dies kann vermutlich darauf zurückgeführt werden, daß der Satzakzent beim Exklamativsatz im Defaultfall immer am linken Satzrand zu suchen ist. Durch die Wortstellung des Verb-erst-Deklarativsatzes ergibt sich also die Möglichkeit, das Argument markiert hervorzuheben.

2. Der Verb-erst-Satz mit *nicht* weist gegenüber dem Verb-erst-Deklarativsatz ohne *nicht* entscheidende Unterschiede auf:

(76) Ist die (*aber/??vielleicht/*etwa/*denn) nicht schön!
(77) *Bist du (aber/vielleicht/etwa/denn) nicht süß!
(78) *Bist du (aber/vielleicht/etwa/denn) nicht groß geworden!
(79) Ist der (*aber/??vielleicht/*etwa/*denn) nicht groß geworden!

(80) *Bist du (aber/vielleicht/etwa/denn) nicht gewachsen!
(81) *Hab ich (aber/vielleicht/etwa/denn) nicht Hunger!
(82) Hat die (*aber/??vielleicht/*etwa/*denn) nicht ein schönes Haus gebaut!
(83) *Ist der (aber/vielleicht/etwa/denn) nicht wütend!
(84) ??Hat die (*aber/??vielleicht/*etwa/*denn) nicht gelacht!
(85) Geht die (*aber/??vielleicht/*etwa/*denn) nicht komisch!
(86) War das (??vielleicht) nicht eine Überraschung!
(87) Ist das (??vielleicht) nicht ein Idiot!

Als erstes können wir feststellen, daß es sich immer um die Negation *nicht* handelt, auch vor *ein*, d.h. *nicht* und *ein* also nicht zu *kein* amalgamieren. Weiter sind einige der Sätze, die als Verb-erst-Deklarativsätze ohne *nicht* vorkommen, nicht akzeptabel: Fälle wie (77), (78), (80), (81) lassen sich einigermaßen leicht erklären: Offensichtlich kann man auf die akzeptablen Äußerungen mit *nicht* nicht nur antworten, sondern eine Antwort wird sogar erwartet. Dies stützt vorerst die Hypothese, daß hier E-IS vorliegen. Wenn man aber eine solche Antwort erwartet, sind die Äußerungen (77), (78), (80), (81) schon deshalb nicht akzeptabel, weil der Sprecher sich nicht fragend an den Adressaten wenden und von ihm erwarten kann, daß er bestätigen soll, daß er selbst außerordentlich groß geworden ist, süß ist oder daß der Sprecher Hunger hat. Schwieriger zu erklären sind dagegen Fälle wie (83)-(84). Hier kann nur festgestellt werden, daß E-IS anscheinend nur dann gut sind, wenn sie ein bewertendes Prädikat enthalten. Warum dies so ist, ist schwer zu sagen.

Wir können schließlich feststellen, daß Modalpartikeln nicht erlaubt zu sein scheinen, weder die in Deklarativsätzen vorkommenden, noch die in Interrogativsätzen auftretenden (*etwa*, *denn* etc.). Nach unserer Analyse der Deklarativsätze ist dies vorerst nicht erstaunlich. Am ehesten ist *vielleicht* denkbar, was vermutlich mit dem "rhetorischen" Effekt dieser Partikel in solchen Sätzen zu tun hat (s. unten).

Die Bedeutung von *nicht* wird gewissermaßen unterschlagen. Die Negation spielt also für die Interpretation keine Rolle. In der wissenschaftlichen Literatur wird deshalb auch meist angenommen, daß es sich gar nicht um eine Negation, sondern um eine Modalpartikel (so u.a. Helbig 1988; Hentschel 1986; Thurmair 1989; Brauße 1991) handelt. Eine Ausnahme ist Meibauer (1990), der zu zeigen versucht, daß dies nicht richtig sein kann. Ich schließe mich hier der Auffassung Meibauers an. Die Annahme, daß es sich um eine Modalpartikel handeln sollte, ist m.E. schon deshalb unplausibel, weil diese vermeintliche Partikel nichts zur Satzbedeutung noch zu der kommunikativen Funktion der Exklamation beizutragen scheint. Dadurch unterscheidet sie sich von den Modalpartikeln. Die Lösung des Paradoxes, daß *nicht* in einem Verb-erst-Satz mit exklamativer Funktion sozusagen nicht "gesehen" wird, soll deshalb in der Position von *nicht* in der D-Struktur gesucht werden.

Ein Vergleich zwischen zwei Typen von negierten E-IS weist auf einen möglichen Erklärungsweg hin:

(88) Hat Peter wieder keinen Aufsatz eingereicht?
(89) Hat nicht Peter wieder einen Aufsatz eingereicht?

Negierte E-IS können nur als tendenziöse Fragen verstanden werden.[8] Es ist nämlich nicht sinnvoll, eine Frage zu negieren, da die Frage aufgrund des Satzmodus des E-IS von vornherein zwei Antwortmöglichkeiten eröffnet (s. hierzu Rehbock [in diesem Band, b]). Deshalb ist eine E-IS-Frage nur dann echt neutral, wenn sie keine Negation enthält. Zwischen (88) und (89) gibt es nun bzgl. der Antworterwartung einen grundlegenden Unterschied, der auch durch die zu erwartenden Antwortpartikeln deutlich wird: im ersten Fall *nein* oder das zurückweisende *doch*, im zweiten Fall *ja* und möglicherweise *nein*. Ein Sprecher von (88) erwartet also eine Antwort, die seinen Verdacht bestätigt, daß Peter wieder einmal keinen Aufsatz eingereicht hat. Eine solche Frage hat – wenn sie an den Adressaten gerichtet wird – oft Vorwurfscharakter. Ein Sprecher von (89) erwartet genau eine gegenteilige Anwort, nämlich, daß Peter einen Aufsatz eingereicht hat.

Es versteht sich von selbst, daß der totale Ausschluß der *kein*-Konstruktion als Exklamation etwas mit der negativen Antworterwartung zu tun hat. Wie schon festgestellt wurde, kann man nicht über den hohen Grad oder die große Menge eines nicht-existierenden Sachverhalts erstaunt etc. sein. Aus diesem Grund taugen nur solche E-IS, die – wenn geäußert – einen positiven Sachverhalt unterstellen bzw. erwarten lassen. Welcher ist nun aber der (strukturelle) Mechanismus, der diese Interpretation in den *nicht*-Fällen triggert, d.h. der verhindert, daß auch in diesen Fällen ein negativer Sachverhalt unterstellt wird?

Hier kann man vorerst nur spekulieren: Ein möglicher Weg wäre, die Interpretation aus der Stellung von *nicht* relativ zu dem Satzmodus (dem OFFEN-Operator, s. BRRZ:38f.) zurückzuführen. Wie Rehbock (in diesem Band, b:192ff.) zeigt, wird bei einem E-IS nicht die Alternative p/–p, sondern die Alternative $\exists/\neg\exists$[9] zur Entscheidung gestellt. Um die Relevanz der strukturellen Position von *nicht* prüfen zu können, wollen wir Beispiele mit einem indefiniten Artikel systematisch paraphrasieren. Mit einer nicht negierten Äußerung wie (90) wird nach dem Zutreffen oder Nichtzutreffen des von der Proposition p denotierten Sachverhalts gefragt:

(90) Hat Peter ein neues Auto gekauft?

Eine einigermaßen richtige Paraphrase ist deshalb: *Ist es der Fall oder nicht der Fall, daß Peter ein neues Auto gekauft hat?* Dagegen nicht: *Ist es der Fall, daß Peter ein neues Auto gekauft hat oder daß er kein neues Auto gekauft hat?* Die Frage (90) kann mit *ja* oder *nein* beantwortet werden. Sie ist hinsichtlich der Antworterwartung neutral.

Bei einer Frage mit *kein* wie (91) wird nach dem Zutreffen oder Nichtzutreffen eines nicht-existierenden Sachverhalts gefragt:

(91) Hat Peter kein neues Auto gekauft?

---

8 Zu diesem Begriff, s. Rehbock (1985), vgl. auch (1987). Es handelt sich um Fragen, die eine bestimmte Antwort schon unterstellen, wobei es auch tendenziöse Fragen ohne *nicht* gibt; sie spielen aber in diesem Zusammenhang keine Rolle.

9 S. hierzu auch BRRZ (S. 43f.), wo jedoch von einem Prädikat G ausgegangen wird, das ich aus Einfachheitsgründen hier nicht berücksichtige.

Eine entsprechende Paraphrase wäre: *Ist es der Fall oder nicht der Fall, daß Peter kein neues Auto gekauft hat.* Man kann – wie schon oben festgestellt – darauf mit *nein* oder, die Erwartung zurückweisend, mit *doch* antworten.

Demgegenüber wird schließlich bei einer Frage wie (92)-(93) erwartet, daß der Adressat den positiven Sachverhalt bestätigt (s. oben). Er kann diese Erwartung durch ein *nein* zurückweisen:

(92) Hat nicht Peter ein neues Auto gekauft? Ja/Nein.
(93) Hat Peter nicht gestern ein neues Auto gekauft? Ja/Nein.

Die entsprechende Paraphrase würde folgendermaßen aussehen: *Ist es der Fall oder nicht der Fall, daß nicht Peter ein neues Auto gekauft hat?* Wie ist diese Paraphrase aber zu interpretieren?

Mein hypothetischer Ausgangspunkt ist nun, daß die normale satznegierende Negation in z.B. (91) ihre Grundposition unterhalb von VP hat, während *nicht* in (92) und (93) demgegenüber ein Adjunkt zu VP ist (vgl. adsententiales *nicht* in *Nicht jede Schwester bewundert einen Arzt,* Jacobs 1982:145ff.; s. auch 249f.).[10] In dieser Position wird es vom Satzmodus in den Skopus genommen, nimmt jedoch selbst [e INST p] in seinen Skopus. Damit steht es adjazent zum OFFEN-Operator und der negativen Alternative, die dieser eröffnet, und kann nicht mehr mit *ein* zu *kein* amalgamieren (zu den Berührungsbeschränkungen für *nicht*, s. Jacobs 1982:161). Wenn wir weiter davon ausgehen, daß sich zwei Negationen in einer solchen "Kontaktstellung" aufheben, ist das Resultat genau das zu erwartende: Nur die positive Alternative bleibt übrig. Von einem entsprechenden geäußerten Verb-erst-Deklarativsatz unterscheidet sich eine Äußerung eines negierten E-IS dann dadurch, daß sie mit einer Antworterwartung verbunden ist, während dies bei dem geäußerten Deklarativsatz natürlich nicht der Fall ist.

Nur noch ein Wort zu der Frage der Rhetorizität. Wenn die obige Analyse richtig ist, kann nur (91) echt rhetorisch uminterpretiert werden, d.h. als indirekter Sprechakt verstanden werden (zu der rhetorischen Frage als indirektem Sprechakt, s. Meibauer 1986). Bei (92)-(93) würde es sich um eine strukturelle Angelegenheit handeln, was natürlich nicht hindert, daß der Effekt einer solchen Äußerung einer rhetorischen Frage nahe rückt. Der Unterschied tritt trotzdem dadurch hervor, daß mit (92)-(93) m.E. keine (indirekte) Assertion, sondern deutlich eine tendenziöse Frage vollzogen wird, was letztendlich der Grund ist, daß bei Äußerungen wie (76)-(87) im Gegensatz zu rhetorischen Fragen eine Antwort erwartet wird.

Schließlich zu der Akzentuierung des exklamativen E-IS. Sie stimmt im Prinpzip mit der des Deklarativsatzes überein, d.h. das Bezugsargument oder das Bezugsprädikat oder beide werden betont. Zu vermerken ist jedoch, daß das Bezugsargument sowohl vor der Negation als auch hinter der Negation stehen kann:

---

10 Hier soll nicht Stellung dazu genommen werden, ob *nicht* in der Grundposition unterhalb von VP ein Spezifikator ist (vgl. auch die Diskussion bei Frey/Tappe 1991). Sicher ist jedoch, daß es in der Position oberhalb von VP nur Adjunkt sein kann.

(94) Hat PEter nicht ein schönes Haus gebaut!
(95) Hat nicht PEter ein schönes Haus gebaut!

Der Grund könnte in der generellen Linksorientiertheit des Akzents bei Exklamationen zu suchen sein (dazu s. auch oben). Wenn die Annahme bzgl. der Grundposition von *nicht* in den negierten exklamativen Verb-erst-Sätzen richtig ist, muß es sich in (94) um scrambling handeln.

Unklar ist wohl, ob man wie beim Verb-erst-Deklarativsatz auch das Verb selbst betonen kann:

(96) SÄUFT nicht der Léo wie verrückt!
(97) Säuft nicht der LEo wie verrückt!

Mir scheint (96) als Exklamation nicht besonders gut.

3. Was den Verb-erst-Satz betrifft, können wir nun zusammenfassend feststellen: Der Verb-erst-Satz kommt in zwei Varianten vor: als Deklarativsatz ohne *nicht* und als Interrogativsatz mit *nicht*. In beiden Fällen handelt es sich um die skalare Lesart (das WIE) und nicht um das DASS. Die beiden Satztypen und Satzmodi determinieren auf je unterschiedliche Weise die exklamative Funktion. Auf sie sind auch die strukturellen Unterschiede zwischen den beiden Gruppen (57)-(71) und (76)-(87) zurückzuführen, sowohl was das *nicht* als auch was die Modalpartikeldistribution betrifft.

Der Verb-erst-Deklarativsatz verhält sich völlig parallel zu seiner deklarativen Verb-zweit-Entsprechung. Aufgrund seiner markierten Wortstellung und seines vollrhematischen Anwendungsbereichs ist er besonders gut geeignet, exklamativ interpretiert werden zu können.

Die Analyse der zweiten Gruppe mit *nicht* oben lief darauf hinaus, daß es sich um negierte E-IS und bei den mit ihnen vollzogenen Fragen damit um tendenziöse Fragen handelt. Sie lassen eine bestimmte Antwort erwarten, nämlich eine, die den "positiven" Sachverhalt bestätigt. Dies wurde mit der Position der Negation und ihrem Zusammenwirken mit dem Satzmodus zu erklären versucht. Da keine rhetorische Uminterpretation vorliegt, verliert die tendenziöse Frage, wenn sie exklamativ verstanden wird, nicht ihren Fragecharakter.

2.1.3. Der Verb-letzt-Satz

Hier geht es vor allem um den *daß*-Satz. Es soll jedoch auch kurz auf einige andere mögliche Kandidaten eingegangen werden.

1. Der *daß*-Satz ist als Satztyp im Prinzip unproblematisch. Es gibt keinen Grund anzunehmen, daß es sich bei dem exklamativen *daß*-Satz um einen anderen Satztyp handeln sollte als um den normalen einbettbaren *daß*-Satz.

(98) Daß die (*doch/*aber/*vielleicht) so schön ist!
(99) Daß du (*doch/*aber/*vielleicht) so süß bist!
(100) Daß du (*doch/*aber/*vielleicht) so groß geworden bist!
(101) Daß du (*doch/*aber/*vielleicht) so gewachsen bist!
(102) Daß du (*doch/*aber/*vielleicht) nicht gewachsen bist!

(103) Daß ich (*doch/*aber/*vielleicht) solchen Hunger habe!
(104) Daß die (*doch/*aber/*vielleicht) so ein schönes Haus gebaut hat!
(105) Daß der (*doch/*aber/*vielleicht) so wütend wurde!
(106) Daß der (*doch/*aber/*vielleicht) nicht wütend wurde!
(107) Daß er es dem (*doch/*aber/*vielleicht) gegeben hat!
(108) Daß die (*doch/*aber/*vielleicht) so lacht!
(109) Daß die (*doch/*aber/*vielleicht) so komisch geht!
(110) Daß es (*doch/*aber/*vielleicht) hier so heiß ist!
(111) Daß das (*doch/*aber/*vielleicht) (für dich) eine Überraschung ist!
(112) Daß der (*doch/*aber/*vielleicht) ein solcher Idiot ist!
(113) Daß der (*doch/*aber/*vielleicht) (so) einen Bart hat!

Weitere Beispiele sind:

(114) Daß der sich aber auch immer so verhalten muß!
(115) Daß der nicht (auch mal) zu Hause bleiben kann!
(116) Daß die ((aber) auch) immer nur Turnschuhe anzieht!
(117) Daß (ausgerechnet) den die Mutter nicht mehr liebt!
(118) Daß der das alles gemacht hat!
(119) Daß die dort gewohnt haben!
(120) Daß sie alle kamen!
(121) Daß sie ihn nicht besucht hat!
(122) Daß er tot ist!
(123) Daß der noch schläft!

Obwohl im Prinzip alle Sätze, die als exklamative Verb-zweit- und Verb-erst-Deklarativsätze möglich sind, auch als exklamative *daß*-Sätze vorkommen können (wenn auch einige pragmatisch weniger erwartbar sind, z.B. (111)), gibt es entscheidende Unterschiede. Der *daß*-Satz kann negierte Propositionen enthalten, s. (102), (106), (117), (121). Das Prädikat muß nicht graduierbar sein, wenn es dies aber ist, kommt häufig ein graduierendes *so/solch* vor, das in dieser Funktion keine Entsprechung in den beiden anderen Subtypen hat. Dieses *so* kann in der Regel weggelassen werden, wobei sich jedoch die Bedeutung des Satzes ändert. Der *daß*-Satz erlaubt im Prinzip keine Modalpartikeln. Zwar kommt *aber*, oft zusammen mit *auch* und *immer*, vor ((114) und (116)), behält dann aber seine konjunktional-adverbiale Bedeutung und Funktion. Dasselbe gilt von *auch (mal)* und *ausgerechnet* in (114)-(117), die adverbiale bzw. Gradpartikelfunktion haben.

Die Erklärung für diese Phänomene und damit auch für die besondere Funktion des exklamativen *daß*-Satzes ist in seiner Struktur zu suchen. Wie bekannt, kann der *daß*-Satz als selbständiger Satz keine Assertion realisieren. Dies ist m.E. aus der Tatsache abzuleiten, daß er eine volle CP-Struktur aufweist (s. hierzu BRRZ:24ff.), was ihn als unselbständigen und potentiell einbettbaren Satz auszeichnet. Er hat (anders als der *ob*-Satz, dessen Komplementierer interrogative Bedeutung hat)[11] kein lexikalisches Element in C^0/I^0, das ihn für einen rhetischen Akt und damit für eine Assertion geeignet macht (zu dem Begriff 'rhetischer Akt', s. Rehbock [in diesem Band, a]). Er kann deshalb nur dann selbständig auftreten, wenn er einer Illokution zugeordnet wird (s. auch 3. unten), die dies nicht verlangt. Im Falle des exklamativen *daß*-Satzes ist der denotierte Sachverhalt präsupponiert.

---

11 Zum selbständigen *ob*-Satz, s. auch Meibauer (1988), Winkler (1989), Oppenrieder (1989).

Aus der Tatsache, daß man mit dem *daß*-Satz nicht assertieren, sondern mit ihm nur auf den präsupponierten Sachverhalt Bezug nehmen kann, erklärt sich dann auch, daß mit einer Äußerung eines *daß*-Satzes exklamativ nicht das (quantopere-)WIE, sondern nur das DASS angesprochen wird (vgl. Oppenrieder 1989:216ff.). Der Sprecher bringt also zum Ausdruck, daß er die Existenz des Sachverhalts, nicht den hohen Grad, die große Menge der vom Verb oder der Verbalphrase ausgedrückten Eigenschaft etc. unerwartet findet. Deshalb kann der *daß*-Satz auch negierte Propositionen enthalten (vgl. den Verb-zweit- und Verb-erst-Deklarativ-Satz, wo dies nicht der Fall ist). Mit dem in ihm vorkommenden *so* oder *solch* wird, wo Graduierung bzw. Quantifizierung möglich ist, auf einen bestimmten Grad/eine bestimmte Menge hingewiesen. Es handelt sich also um deiktische Lexeme. Ein entsprechendes *so/solch* kann auch in Verb-zweit-Sätzen vorkommen, hat dann aber keinen Verweischarakter, sondern verstärkt nur. Mit einem *daß*-Satz ohne *so* kann man konsequenterweise deshalb auch nie wie mit einem entsprechenden Deklarativsatz den hohen Grad/das große Ausmaß einer Eigenschaft etc. zum Ausdruck bringen.

Ein Vergleich mit dem Verb-zweit-Deklarativsatz mit *ja* mag die Eigenart des *daß*-Satzes noch verdeutlichen helfen. Wir schon oben festgestellt, bringt der Sprecher mit "exklamativen" Äußerungen, die ein *ja* enthalten, Erstaunen/Entrüstung etc. darüber zum Ausdruck, daß etwas nicht das Gegenteil von dem ist, was es ist, z.B. "kalt" statt "warm", "häßlich" statt "schön". Es handelt sich also auch hier um das DASS und nicht das WIE. Gegenüber dem *daß*-Satz geht es aber nicht um die Existenz des Sachverhalts als solchen, sondern um die Eigenschaft des relevanten Arguments, wobei man das Gegenteil erwartet hat. Man kann in diesen Fällen auch fast immer die Äußerung durch einen weiteren Ausdruck, eingeleitet durch *nicht*, ergänzen:

(124) Die Suppe ist ja sauer, nicht süß!

Entsprechend hat *so/solch* in diesen Sätzen (vgl. (125)):

(125) Die Suppe ist ja so sauer!

keinen Verweischarakter wie im entsprechenden *daß*-Satz, sondern bedeutet einfach einen hohen Grad/eine große Quantität, wie übrigens auch im Verb-erst-/Verb-zweit-Deklarativsatz.

Die schon oben gestellte Frage, ob man den Deklarativsatz mit *ja* als "exklamativ" einordnen sollte, kann man nun mit ja beantworten. Es handelt sich aber um einen besonderen Typ, dessen Eigenart durch das optionale *ja* hervorgehoben wird.

Die Akzentuierung im *daß*-Satz weicht ebenfalls von der in den beiden anderen Deklarativsätzen ab. Da mit dem *daß*-Satz auf die Existenz des Sachverhalts Bezug genommen wird, ist zu erwarten, daß im Prinzip jede Konstituente fokussiert sein kann. Oft bedeutet dies gerade Fokussierung des entsprechenden Bezugsarguments oder Bezugsprädikats im Verb-zweit-Satz. Wir finden aber auch ganz normale maximale Fokusprojektionen (zu diesem Begriff, s. Rosengren 1991):

(126) Daß der jedes Jahr zweimal nach ITAlien reisen muß!
(127) Daß der immer seiner Mutter zu Weihnachten ein BUCH schenkt!

Oppenrieder (1989:219) weist darauf hin, daß exklamative *daß*-Satz-Äußerungen auch oft eine steigende Fo-Kontur mit hohem Ende aufweisen. Da der Sprecher mit solchen Äußerungen aufgrund der Struktur des *daß*-Satzes nichts anderes tun kann als exklamieren, kann es auch keine Probleme mit der richtigen Interpretation des Fokus oder der Intonation geben. Entsprechende Verb-zweit-Sätze sind übrigens gar nicht exklamativ anwendbar.

Vielleicht könnte man erwarten, daß der *daß*-Satz gerade aufgrund der Stellungnahme zu der Existenz des ganzen Sachverhalts VERUM-fokussiert werden könnte (zu diesem Begriff, s. Höhle 1988). In der Terminologie von BRRZ (4.4.) würde es sich um die Fokussierung des Existenzoperators handeln. Dies scheint aber im Deutschen nicht gut möglich zu sein:

(128) ?DASS sie immer so schreien muß!
(129) ?DASS er nie pünktlich sein kann!!

Eine einfache Erklärung dafür ist nicht leicht zu finden. Im Schwedischen sind solche Fokussierungen in Exklamationen z.B. möglich (s. unten 2.3.).

Alles in allem weist der *daß*-Satz große strukturelle und damit auch potentielle illokutive Unterschiede gegenüber den beiden anderen deklarativen Subtypen auf. Sie sind m.E. alle auf den einen Nenner zurückzuführen: Der *daß*-Satz zeichnet sich gegenüber den beiden anderen Satztypen durch den Einbettungsknoten CP aus.

2. Außer den *daß*-Sätzen werden oft auch andere Verb-letzt-Sätze als exklamative Kandidaten genannt. In Fries (1988:13) finden wir folgende Beispiele:

(130) Ob der noch richtig im Kopf ist?
(131) Wenn der noch alle Tassen im Schrank hat!
(132) Als ob/als wenn ich das nicht wüßte!

In (130) handelt es sich um eine Frage, die auch als rhetorische Frage verstanden werden kann. Der eventuell emphatische Effekt ist hier sicherlich auf den propositionalen Gehalt selbst zurückzuführen. Mit einem neutralen propositionalen Gehalt verschwindet die emphatische Interpretation:

(133) Ob der je wiederkommt?
(134) Ob die auch rechtzeitig nach Hause kommt?
(135) Ob die je wieder einen neuen Mann findet?

Es gibt also keinen Grund, einen solchen Satz als potentiell "exklamativ" einzustufen. Vgl. hier die entsprechenden Verb-erst-Sätze wie:

(136) Sollte der noch richtig im Kopf sein?
(137) Ist der noch richtig im Kopf?

Dasselbe gilt wohl im Prinzip für (131) und (132). Der *wenn*-Satz (131) ist ein Konditionalsatz, der Satz (132) wiederum ein Vergleichssatz. Beide Typen können rhetorisch verstanden werden. Mit ihnen wird dann zum Ausdruck gebracht, daß der propositionale Gehalt nicht zutrifft (s. auch Oppenrieder 1989).

Interessanter in diesem Zusammenhang ist der *und OB*-Satz (s. hierzu u.a. Meibauer 1988; Winkler 1989; Oppenrieder 1989):

(138) Und OB ich den liebe!

Dieser Satz kann nur reaktiv als Assertion gebraucht werden, wozu die Konjunktion *und* vermutlich beiträgt. *Ob* muß außerdem betont sein. Anders als in (130) muß der Sachverhalt im Kontext schon zur Debatte gestanden haben. Vermutlich handelt es sich um eine spezielle Anwendung des VERUM-Fokus (zu diesem Begriff, s. Höhle 1988 und BRRZ:4.4.; vgl. auch Winkler 1989). Hervorgehoben wird also in (138) die Tatsache, daß Liebe vorliegt, z.B. auf dem Hintergrund einer Frage diesbezüglich. Deshalb kann auch alles in dem Satz außer *und ob* weggelassen werden. Oppenrieder (1989:208ff.) führt einige Argumente gegen eine exklamative Einstufung dieses Typs an. Ob man ihn zu den Strukturen zählt, die als Exklamation angewendet werden können, hängt natürlich davon ab, wie man die Exklamation definiert. Die Parallele zum *wie*-Satz spricht möglicherweise für eine solche Einstufung (s. unten S. 290):

(139) Und WIE ich den liebe!

In diesem Satz wird jedoch gegenüber dem *ob*-Satz der hohe Grad auch lexikalisch ausgedrückt.

2.2. Sätze mit einleitender w-Phrase

Die durch w-Phrasen eingeleiteten Exklamativsätze stellen uns vor schwierige Probleme (vgl. auch Näf 1987:142ff.; Zaefferer 1988:155ff.; Fries 1988:3ff.; Oppenrieder 1989:219ff.). Die folgenden Beispiele sollen einen Überblick über die verschiedenen Typen von w-Exklamativsätzen bieten:

(140) Wie schön sie ist!
(141) Wie ist sie schön!
(142) Wie schön ist sie doch!
(143) Wie die tanzt!
(144) Wie schön du alles machst!
(145) Wie schön machst du alles!
(146) Wer da alles wohnt!
(147) Wen der alles kennt!
(148) Wen kennt der alles nicht!
(149) Wen kennt der nicht alles!
(150) Wen der nicht alles kennt!
(151) Was der nicht alles weiß!
(152) Wo war die nicht überall/alles!
(153) Womit der sich (??denn) nicht alles beschäftigt!
(154) Bei welchen Ärzten die nicht schon alles war!
(155) Was das für ein Kerl ist!
(156) Was die doch für ein schönes Kleid anhat!
(157) Was für ein schönes Kleid die anhat!
(158) Warum/Was der immer so früh aufsteht!
(159) Wieso der immer zu spät kommt!

Folgendes läßt sich einigermaßen leicht feststellen: Alle w-Phrasentypen scheinen vorzukommen. Sie können alle auch als Interrogativphrasen fungieren. Bestimmte w-Phrasen treten in der Regel zusammen mit *alles* (*wie, was, wer, wo, womit)* auf. Die Sätze mit diesen Phrasen erlauben auch ein zusätzliches *nicht*, das keinerlei Einfluß auf die Bedeutung des Satzes zu haben scheint (s. u.a. Meibauer 1990).

Offensichtlich gibt es eine Korrelation zwischen *alles* und *nicht* einerseits und dieser Kombination mit bestimmten w-Phrasen andererseits. Im folgenden sollen deshalb zuerst die Sätze beschrieben werden, die eine w-Phrase enthalten, die unter VP generiert wird. Danach werden die übrigen w-Phrasen behandelt.

2.2.1. Die w-Phrasen *was, wer, wo, womit, wie, was für (ein)*

Um die Funktion von *nicht* und *alles* unter Kontrolle zu halten, werden zuerst solche Sätze behandelt, die weder *nicht* noch *alles* enthalten.

2.2.1.1. Sätze ohne *alles* und *nicht*

Folgende vergleichende Zusammenstellung eingebetteter exklamativer w-Sätze, *daß*-Sätze, Relativsätze und nicht-eingebetteter, durch w-Phrasen eingeleiteter, Verb-letzt-Exklamativsätze beleuchtet das Problem:

(160) Es ist erstaunlich, *was* der geschafft hat.
(161) Es ist erstaunlich, daß der *das* geschafft hat.
(162) *Was* der geschafft hat, schaffe ich auch.
(163) *Was* der geschafft hat!
(164) Es ist erstaunlich, *wen* der kennt.
(165) Es ist erstaunlich, daß der *die* kennt.
(166) *Wen* der kennt, kennt die ganze Welt.
(167) *Wen* der (schon) kennt!
(168) Es ist erstaunlich, *wo* der gewohnt hat.
(169) Es ist erstaunlich, daß der *dort* gewohnt hat.
(170) *Wo* der gewohnt hat, will ich auch wohnen.
(171) *Wo* der gewohnt hat!
(172) Es ist erstaunlich, *womit* der sich beschäftigt.
(173) Es ist erstaunlich, daß der sich *damit* beschäftigt.
(174) *Womit* der sich beschäftigt, kann man sich einfach nicht beschäftigen.
(175) *Womit* der sich beschäftigt!
(176) Es ist erstaunlich, *wie groß* die geworden ist.
(177) Es ist erstaunlich, daß die *so groß* geworden ist.
(178) *Wie groß* die geworden ist!
(179) *Wie* die *groß* geworden ist!
(180) *Was* die *groß* geworden ist!
(181) Es ist erstaunlich, *was für/welch ein Kerl* das ist.
(182) Es ist erstaunlich, daß der *so ein Kerl* ist.
(183) *Was für/Welch ein Kerl* das ist!

1. Zuerst zu den Phrasen *was, wer, wo, womit:* (163) (167) (171) (175). Wir können feststellen, daß diese Sätze obligatorisch Verb-letzt-Stellung des finiten Verbs aufweisen. Sätze wie die folgenden sind m.E. nicht exklamativ verwendbar:

(184) *Was hat der gemacht!
(186) *Wen kennt der!

(185) *Wo hat der gewohnt!
(187) *Womit beschäftigt der sich!

Zumindest die Modalpartikel *schon* kann vorkommen (167).[12] *Schon* hat hier dieselbe abwertende Funktion wie in rhetorischen Ergänzungsfragen (vgl. Meibauer 1986:112ff.).[13] Andere Modalpartikeln (vgl. unten die *wie*-Fälle) scheinen nicht vorzukommen (auch nicht solche, die in rhetorischen Fragen auftreten, wie *auch, etwa, bloß, nur)*. Die w-Phrase korrespondiert weiter systematisch mit einer d-Phrase in den *daß*-Sätzen: *was:das, wer:die, wo:dort, womit:damit*. Der Unterschied zwischen den Phrasen ist ein semantischer. Während die Phrase im *daß*-Satz deiktisch und definit ist, ist die w-Phrase in Exklamativsätzen nur definit.

Auch mit den freien Relativsätzen gibt es aber Übereinstimmungen. Diese werden deutlicher, wenn man Beispiele wie die folgenden heranzieht:

(188) (Erstaunlich) die Leute, die er umgebracht hat!
(189) (Unglaublich) das Geld, das er immer ausgibt!

Im Englischen ist dieser Typ weit gewöhnlicher (zu dieser Konstruktion, s. Elliott 1971, 1974 und Ebert/Rohdenburg 1971); vor allem kommt er mit vollständigem Matrixsatz vor:

(190) It's amazing the pancake he ate for supper!
(191) It's dismaying the things (that) he saw!
(192) It's dismaying what he saw!

Grimshaw (1977:143ff.) analysiert Beispiele wie (190)-(192) (die in Übereinstimmung mit den "concealed questions" "concealed exclamatives" genannt werden) als NP-Strukturen.[14]

Dies alles zusammen legt es nahe, die Struktur der w-Exklamativsätze (sowohl der selbständigen als auch der eingebetteten) in der Nähe der freien Relativsätze zu suchen.

Wenn wir annehmen, daß die exklamative w-Phrase das zu erwartende Korrelat sozusagen inkorporiert hat und sich daran kein Attributsatz anschließt bzw. der *w*-Satz selbst kein Attributsatz ist, bietet sich eine syntaktische Beschreibung wie in (194) für den Exklamativsatz (193) in dem in BRRZ (S. 24ff.) gegebenen Rahmen an, wobei die obligatorische Verb-letzt-Stellung auf eine CP/IP-Struktur hinweist :

(193) Wen DER kennt!

---

12 Diesen Hinweis verdanke ich Jörg Meibauer.

13 In rhetorischen Fragen blockiert die Modalpartikel *schon* aufgrund ihrer Inkompatibilität mit Fragen die Fragelesart und stützt die rhetorische Lesart. Ihr Auftreten in rhetorischen Fragen bedeutet natürlich nicht, daß wir es auch bei exklamativen w-Sätzen mit w-IS zu tun haben müssen. Eher könnte man vielleicht aus dem Auftreten von *schon* in exklamativen w-Sätzen Schlüsse auf seine Aufgabe in rhetorischen Fragen ziehen.

14 Interessant ist, daß das Englische außer Sätzen mit *what (a)* keine selbständigen exklamativen Sätze mit w-Phrasen aufzuweisen scheint (s. Elliott 1971, 1974:11ff. und Grimshaw 1977:137ff.; vgl. auch das Schwedische, unten 2.3.). Solche Sätze kommen nur eingebettet vor.

(194)

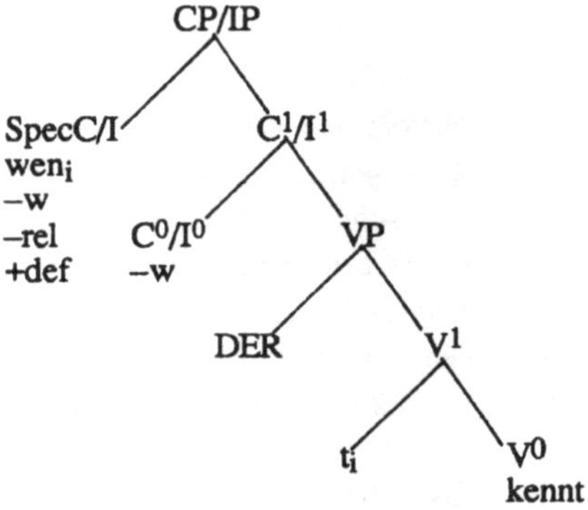

Die definite w-Phrase an der Satzspitze des Exklamativsatzes entspricht dem definiten Korrelatausdruck des Relativsatzes. Vgl. einen entsprechenden Relativsatz:

(195) Wer wagt, gewinnt.

dessen Struktur in Anlehnung an Steube (1991:101), aber mit anderer Beschreibung des phonetisch leeren D-Kopfes, folgendermaßen wiedergegeben werden kann:

(196)

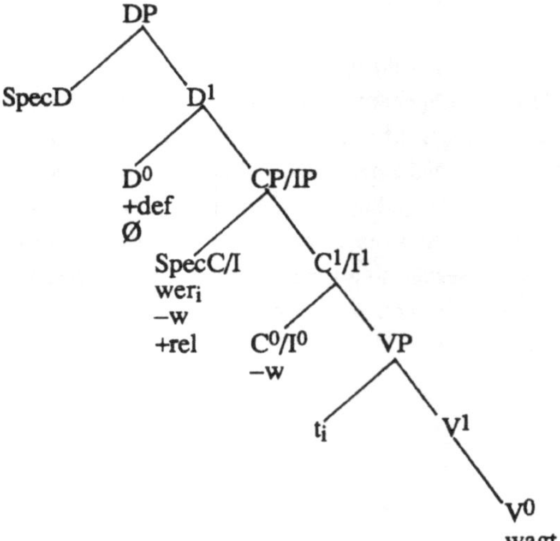

Es handelt sich also beim hier beschriebenen w-Exklamativsatz um einen *selbständigen* Verbletzt-Deklarativsatz mit –w in C^0/I^0. Die Spec-Position ist ebenfalls durch –w ausgezeichnet, wodurch sie eine Operatorposition wird, die eine Operatorphrase mit demselben satztyprelevanten Merkmal verlangt. In eine solche Position kann dann also nur eine Phrase gehen, die dieses Merkmal besitzt. Die Phrase ist außerdem keine Relativphrase. Ihre positive Kennzeichnung schließlich ist +def, wodurch sie ihre syntaktische Verwandtschaft mit u.a.

dem Demonstrativpronomen und dem bestimmten Artikel ausweist (vgl. die Struktur des Relativsatzes, wo D^0 durch +def ausgezeichnet ist).

Die Semantik des "exklamativen" Bedeutungsanteils der w-Phrase wurde in BRRZ (S. 42) folgendermaßen formalisiert :

(197) $[\lambda P\ [\lambda Q\ [\exists y\ [\forall x\ [[P\ x] \leftrightarrow [y = x]]] \wedge [Q\ y]]]]$

Mit anderen Worten: Es handelt sich um die Abbindung einer Variablen durch die logische Entsprechung der Jotaoperators. Die entsprechende Relativphrase erhält die folgende Beschreibung:

(198) $[\lambda P\ [\lambda Q\ [\lambda x\ [[P\ x\ ] : [Q\ x\ ]]]]]$

Der exklamative w-Satz ist also ein Deklarativsatz wie der Relativsatz auch, oder anders ausgedrückt: Der Deklarativsatz läßt sich untergliedern in mehrere Subtypen: Sätze mit –w bzw. Ø (±Operatorphrase) in der Spec-Position und – bei –w in der Spec-Position – Sätze mit ±rel. Da der w-Exklamativsatz nur als Verb-letzt-Satz vorkommt, bildet er als selbständiger Satz einen markierten Typ wie auch der selbständige *daß*-Satz.[15] Es versteht sich von selbst, daß eine solche Analyse der hier behandelten exklamativen w-Sätze jedenfalls fürs Deutsche attraktiver ist als eine Analyse, die sie als eine NP oder DP beschreibt, da man mit ihr erklären kann, daß es im Deutschen einen selbständigen exklamativen w-Verb-letzt-Deklarativsatz gibt, der z.B. im Englischen nicht vorkommt.

2. Die *wie*-Phrase unterscheidet sich von den anderen w-Phrasen dadurch, daß sie mit Adjektiven und Adverbien eine Konstituente bildet: *wie schön, wie oft,* aber auch allein im Vorfeld auftritt.

Näf (1987) weist darauf hin, daß es sich um das quantopere-*wie* und nicht um das quomodo-*wie* handelt. Verb-zweit-Sätze kommen neben Verb-letzt-Sätzen vor:

(199) Wie groß ist er geworden!
(200) Wie groß er geworden ist!
(201) Wie ist er groß geworden!
(202) Wie die groß geworden ist!
(203) Wie die gewachsen ist!
(204) Wie hat die doch gelacht!
(205) Wie sehr die doch gelacht hat!

Klumpp (1988) stellt außerdem fest, daß man im eingebetteten Satz intensivierende Prädikate haben kann, was auf die Bedeutung von *wie* zurückzuführen ist, das also nicht identisch mit dem interrogativen *wie* sein kann, mit dem man nach einem bestimmten Maß oder einem bestimmten Grad fragt.

(206) Es ist erstaunlich, wie unerhört/(sehr) groß Peter geworden ist.
(207) *Ich möchte wissen, wie unerhört/(sehr) groß Peter geworden ist.

---

[15] Ob man auch hier von einem präsupponierten Sachverhalt sprechen sollte, ist mir nicht klar. S. auch unten unter 2.

Eine solche explizite Intensivierung ist natürlich auch möglich im selbständigen exklamativen Deklarativsatz. Das *wie* drückt also das WIE, d.h. den hohen Grad bzw. die große Menge des Exklamativsatzes, explizit aus und entspricht der *so/solch*-Phrase im *daß*-Satz. Die beiden Phrasen unterscheiden sich aber wiederum, genau wie auch zu erwarten, dadurch, daß die *so/solch*-Phrase auf einen bestimmten Ausschnitt der Wirklichkeit verweist, d.h. auf einen bestimmten Grad/eine bestimmte Quantität, während durch die *wie*-Phrase nur der (überaus) hohe Grad/die große Menge angesprochen wird.[16]

Die Modalpartikel *doch* kann in diesen Sätzen eher vorkommen als in den entsprechenden Deklarativsätzen ohne *wie*-Phrase (s. S. 270). Eine Erklärung dafür habe ich nicht. Die Modalpartikel hat zumindest nicht dieselbe Funktion wie in nicht-exklamativen Verb-zweit-Sätzen (vgl. Helbig 1988:116). Vermutlich kann sowohl ihre Akzeptabilität als auch ihre Funktion auf das durch *wie* ausgedrückte WIE zurückgeführt werden.

Zu vermerken ist auch, daß im Mhd. der *wie*-Satz der gewöhnlichste Exklamativsatz zu sein scheint. Neben ihm kommen nach Näf (1991), der Gottfrieds "Tristan" untersucht hat, nur – aber sehr viel seltener – *daz*-Sätze und *waz*-Sätze vor. Schon im Mhd. treten sowohl Verb-zweit- als auch Verb-letzt-Strukturen auf. Interessanterweise kommen gerade Sätze wie (201)-(204), d.h. Sätze, in denen *wie* allein in der Spec-Position steht, nur mit Verb-zweit vor. Dabei steht vor dem Adjektiv, Adverb oder Partizip immer ein *sô* oder *alsô, alsus.*[17]

Die Daten sprechen einerseits dafür, daß es sich um einen Deklarativsatz handelt wie bei den anderen oben behandelten w-Sätzen auch, andererseits, daß sich der *wie*-Satz von diesen deutlich absetzt, indem das WIE lexikalisch ausgedrückt wird. Wenn man überhaupt von einem Exklamativsatz als Satztyp sprechen möchte, dann wäre dieser ein Kandidat. Die Annahme, daß es sich um einen Deklarativsatz handelt, findet auch eine Stütze darin, daß in süddeutschen Dialekten im Mittelfeld *wie*-Phrasen wie *wie oft, wie lang*[18] auftreten können:

(208) Ich bin schon wie oft dagewesen!
(209) Ich habe schon wie lang auf ihn gewartet!

Diese Sätze kommen in der Bedeutung vor, daß man etwas ungewöhnlich lange und oft getan hat. Sie sind eindeutig exklamativ in ihrer Funktion und können nur als Deklarativsätze

---

[16] Dem deutschen selbständigen *wie*-Satz entspricht im Englischen ein selbständiger *how*-Satz (s. Elliott 1974:11ff. und Grimshaw 1977:137ff.):

(i) How nice she is!

Er weist andere Eigenschaften als der entsprechende Interrogativsatz auf und kann deshalb auch – wie Elliott und Grimshaw zeigen – kein Interrogativsatz sein (fehlende Inversion, kein *any*, kein *very* etc.). Grimshaw (1977:138) weist auch darauf hin, daß *how* ein "degreee wh word" ist und mit *so* korrespondiert.

[17] Die Beispiele aus Näf (1991):

(i) wie hât si'n in sô suezer pflege!
(ii) wie minnet ir sô harte der dinge widerwarte!
(iii) wie ist mir sô leide an iu geschehen!
(iv) wie bin ich dar an sô betrogen!
(v) wie ist min trôst alsus verlorn!

[18] Auf diese Daten hat mich Marga Reis hingewiesen.

interpretiert werden. Ein Vergleich mit den Echo-w-Sätzen (s. Reis [in diesem Band]) bietet sich dabei an. Wie bei diesen wird die Phrase nicht in die Spec-Position bewegt, was bei (208)-(209) zur Folge hat, daß die Äußerung zugleich als Assertion und Exklamation aufgefaßt wird.

Wie schon oben festgestellt wurde, kann *wie* selbst entweder allein in Spitzenstellung oder aber zusammen mit einem Adjektiv oder Adverb auftreten. Fries (1988) stellt fest, daß (210)-(211) nur *eine* Exklamativlesart erlauben, während (212) s.E. zwei exklamative Lesarten aufweist:

(210) Wie groß ist er geworden! = 'ungewöhnlich groß'
(211) Wie groß er geworden ist!
(212) Wie ist er groß geworden! = 'ungewöhnlich groß' und 'auf ungewöhnliche Weise groß'.

Fries bindet dies an die Wortstellung: *wie* sei in der ersten Lesart in (212) aus der Adjektivphrase herausbewegt worden. Dies scheint mir jedoch keine richtige Analyse zu sein. Ich bezweifle auch, daß (212) zwei exklamative Lesarten erlaubt, also neben 'ungewöhnlich groß' auch 'auf ungewöhnliche Weise groß' bedeuten kann. Ich bezweifle weiter, daß die erste exklamative Lesart von (212) äquivalent ist mit der von (210). Es handelt sich in (212) m.E. nicht um eine Bewegung von *wie* aus der Adjektivphrase heraus. Die Erklärung muß anders aussehen und muß u.a. auch einen Fall umfassen wie:

(213) Wie DIE geschrien hat!
(214) *Wie geschrien DIE hat!

Die erste Frage, die zu beantworten ist, ist die Frage, ob wir es bei *wie* + Adjektiv/Adverb überhaupt mit einer Adjektivphrase zu tun haben, wie Fries (1988), Schwabe (1990), Bierwisch (1987), Zimmermann (1987, 1991a) annehmen.

In einer empirisch gut unterbauten Analyse von Links-Extraktionen im Rahmen der GB zeigt Corver (1990), daß zwischen bestimmten Gradwörtern wie *so* und *zu* einerseits und Adverbien wie *sehr, außerordentlich* etc. andererseits zu unterscheiden ist. Sie weisen u.a. ganz unter-schiedliche Distributionen auf. Corver kommt zu dem Schluß, daß der erstere Typ von Lexemen Köpfe eine Degree-Phrase (DgrP) sind, der letztere als Modifikator innerhalb von Adjektiv- und Adverbphrasen auftritt. Hier sollen nur einige seiner Argumente kurz aufgeführt werden (wobei ich mich in erster Linie auf das Englische konzentriere) (s. Corver 1990:45ff.): Im Englischen können nur solche Adjektivphrasen einem *though* vorangestellt werden, die keines der genannten Gradwörter enthalten (*extremely keen on sports though John is* gegenüber **that tall though Fred is*). Weiter können nur Phrasen mit einem Adjektiv einem indefiniten Artikel vorangestellt werden, die ein solches Gradwort enthalten, nicht solche mit z.B. *very* (*so big a car* gegenüber **very big a car)*. Wenn Gradwörter sich von Adjektiven und Adverbien, die Modifikatoren sind, unterscheiden, sollte es möglich sein, beide Typen zusammen auftreten zu lassen. In Phrasen wie: *how very interesting*, kann *how* nicht Modifikator innerhalb der AdvP mit *very* sein, da *very* nicht modifizierbar ist.

Über diese Daten hinaus werden eine Reihe von Daten und Argumente angeführt, die die DgrP-Hypothese stützen. Es handelt sich um grammatische Konstruktionen (z.B. das mögliche

Fehlen des Komplementierers *that* in einem Satz, der auf eine DgrP folgt, P-stranding innerhalb von *than*-Phrasen), die sich nicht einfach erklären lassen, wenn man z.B. *so* als Modifikator in Adjektivphrasen auffaßt. Auch folgendes holländische Beispiel ist kaum erklärbar, wenn man davon ausgeht, daß *zo* ein Modifikator ist: *Ik zoek een [zo lang mogelijke] jongen.* Nur eine Analyse, die *zo* als Kopf betrachtet, kann die Abfolge der Adjektive befriedigend erklären, ohne daß ad-hoc-Annahmen über sonst nicht vorkommende Extrapositionen von Adjektiven zugrundelegt werden müssen. Corver weist auch darauf hin, daß englisch *so* – wenn überhaupt – eine maximale Adjektivphrase, keine nicht-maximale ersetzt. Ein Beispiel wie: *John used to be very fond of Mary but now he is much less so,* würde bei der Annahme, daß *less* in der Adjektivphrase steckt, nicht erklärt werden können. Wenn es sich aber um eine DgrP handelt, ersetzt *so* die maximale Adjektivphrase.

Zusammengenommen ist die Datenpalette überzeugend. Ich will deshalb annehmen, daß *wie* ein funktionaler Kopf mit einer Adjektiv- oder Adverbphrase als Komplement ist.

Auf diesem Hintergrund und auf dem Hintergrund der Satzmodusanalyse in BRRZ (4.) erklärt sich dann, weshalb eine *wie*-Phrase in die Spitzenposition des Satzes gehen muß. Der Exklamativsatz mit einer w-Phrase hat ein –w in der obersten Spec-Position, d.h. in der Operatorposition. Diese Position muß durch eine entsprechende Phrase (eine Operatorphrase) mit demselben satztyprelevanten Merkmal besetzt werden. Wenn nun die w-Phrase Teil einer Adjektivphrase wäre, könnte –w nicht nach oben perkolieren, und damit wäre es nicht nur ungeklärt, wie die Adjektivphrase, die nicht mit –w ausgezeichnet sein kann, überhaupt in die Spec-Position gehen kann, sondern noch mehr, was sie dorthin zwingen würde. Wenn es sich aber um eine DgrP handelt, die eine Adjektivphrase als Komplement zu sich nimmt, ist die Bewegung erklärbar. Ausgehend von der Annahme, daß die *wie*-Phrase ein Adjunkt unter VP ist, erhalten wir folgenden D-Strukturbaum für (215):

(215) Wie schön die singt!

(216)

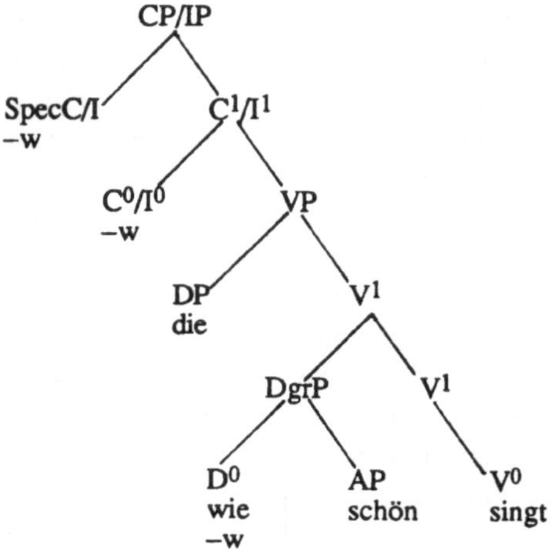

Nun gibt es aber – wie schon oben festgestellt – auch Konstruktionen, wo nur *wie* in der Spec-Position und sozusagen der "Rest" in situ steht (201)-(202). Handelt es sich hier ebenfalls um eine DgrP, was vielleicht am naheliegendsten ist, und was ist dann der "Rest" in situ? Für die holländische *wat*-Konstruktionen nimmt Corver (1990:105ff.) an, daß es sich um eine Basisgenerierung von *wat* in der Spec-Position handelt und daß *wat* zugleich eine oder mehrere Phrasen (hier: *mooi*) in seinem Skopus abbinden muß:

(217) Wat is ze mooi!
(Wie/Was ist sie schön!)

Im Deutschen ist jedoch zu unterscheiden zwischen *was*- und *wie*-Konstruktionen. Das deutsche *was* bildet keine Phrase mit einem Adjektiv, sondern kommt nur allein in der Spec-Position vor:

(218) Was die schön singt!
(219) *Was schön die singt!

Nichts spricht gegen die Annahme, daß auch im Deutschen *was* in der Spec-Position basisgeneriert ist. Dies muß aber nicht bedeuten, daß *wie*, wenn es allein in der Spec-Position auftritt, dies auch ist. Der Unterschied zwischen *was* und *wie* spricht m.E. eher dafür, *wie* immer als eine bewegte DgrP zu betrachten. In Fällen wie (201)-(202) könnte man dann annehmen, daß die *wie*-Phrase mit der Adjektivphrase keine w-Phrase bildet, sondern Adjunkt der ganzen VP wäre. Ein solcher deklarativer *wie*-Satz ließe sich bzgl. der Plazierung und Funktion der *wie*-Phrase dann eventuell mit einem w-IS wie dem folgenden vergleichen:

(220) Wie hat er denn das Haus so stabil bauen können?

wo nicht nach dem Grad der Stabilität, sondern nach der Art und Weise gefragt wird, wie eine bestimmte Person eine so große (=DgrP) Stabilität zustandegebracht hat. Beim Exklamativsatz, wo *wie* selbst eine DgrP ist, es sich also um das quantoperere-*wie* handelt, ist das *so* dann überflüssig, was vielleicht sein Verschwinden seit dem Mhd. erklären könnte.

Diese Analyse hat m.E. eine gewisse Plausibilität. Sie umfaßt zumindest auch einen Fall wie (213). Der Grammatikalitätsunterschied von (214) und (222) ist damit jedoch noch nicht erklärt. In (214) kann die VP nicht im Vorfeld stehen, in (222) kann sie es aber:

(214) *Wie geschrien die hat!
(222) Wie laut geschrien die hat!

Sogar Äußerungen wie:

(223) ?Wie schnell die Treppe hinuntergerannt sie ist!
(224) ??Wie lieb ihrer Mutter geholfen sie hat!

sind – wenn auch nicht gut – dennoch nicht im selben Ausmaß ungrammatisch wie (214). Offensichtlich wird *wie laut geschrien* gegenüber *wie geschrien* als eine Konstituente aufgefaßt, die die Eigenschaften der *wie*-Phrase übernimmt. Möglicherweise ist dieses unorthodoxe Perkolieren des Operatormerkmals in (222) darauf zurückzuführen, daß *laut* als graduierbares Element sowohl Komplement zu *wie* als auch Modifikator zu *geschrien* sein kann. Da die *wie*-

Phrase ins Vorfeld muß und, wenn sie dort steht, auch das Kommando über den Rest der Phrase haben muß, benutzt sie sozusagen das Adjektiv als Perkolationsbrücke, um V^1, das sowohl die *wie*-Phrase als auch das Verb dominiert, –w zuzuweisen. Bei (214) wäre ein solches Perkolieren nicht möglich, weil es kein gemeinsames graduierbares Element gibt, das die beiden Phrasen miteinander verbinden kann. Der Grammatikalitätsunterschied zwischen (214) und (222) ist jedoch nicht nur ein Problem für die Beschreibung von Exklamativsätzen, sondern ebenso eines für die von w-IS. Genau wie er in eine grammatische Theorie wie die GB zu implementieren ist, ist noch weitgehend unklar. Es soll ihm hier deshalb auch nicht weiter nachgegangen werden. Es soll nur noch festgestellt werden, daß Konstruktionen wie (222) uns zumindest keinen Anlaß geben, die Annahme, daß es sich bei der *wie*-Phrase um eine DgrP handelt, aufzugeben, denn das Problem wäre bei einer Adjektivphrase in noch höherem Grad anwesend.

Ehe wir die *wie*-Phrase verlassen, soll auch hier auf die Nähe zu Relativsätzen hingewiesen werden. Daß *wie* tatsächlich relative Funktion haben kann, sehen wir aus folgenden, jedoch nicht exklamativ interpretierbaren Sätzen (225)-(227):

(225) Die Art, wie die sich verhält, erstaunt mich.
(226) So (lustig), wie der dreinschaut, kann er nur glücklich sein.
(227) So (sehr/viel), wie die lacht, wird sie alle beglücken.

Die Beziehung zwischen *wie* und *so* wird auch in z.B. folgenden Fällen deutlich:

(228) Er kann sich anstrengen *so*viel, *wie* er will.
(229) Er kann sich anstrengen, *wie*viel er will.

Schließlich soll noch darauf hingewiesen werden, daß das Argument – wenn es ein Pronomen ist – nur dann ein d-Pronomen sein muß, wenn es betont ist.

Eine besondere Analyse verlangen die *was für*-Phrasen (s. Fries 1988, und für das Holländische Corver 1990:105ff., der auch hier für ein basisgeneriertes *wat* plädiert; vgl. auch zu den interrogativen *was-für*-Phrasen Pafel 1991).

(230) Was für ein tolles Auto hat der gekauft!
(231) Was der für ein tolles Auto gekauft hat!
(232) Was hat der für ein tolles Auto gekauft!
(233) Was für ein tolles Auto der gekauft hat!
(234) Was die für tolle Kleider trägt!

Vgl. hier auch das Englische, das in diesem Fall *what (a)* aufweist (Elliott 1974:11ff. und Grimshaw 1977:137ff.):

(235) What a nice guy he is!

Dieser englische Satz (wie übrigens auch eine deutscher Satz mit *welch ein*) kann kein Interrogativsatz sein. Es liegt auf der Hand, auch im Deutschen von einem Deklarativsatz zu sprechen. Vgl. auch die Entsprechung mit *was*:

(236) Was die tolle Kleider trägt!

Interessant ist die konkurrierende – wenn auch ungewöhnliche – Konstruktion:

(237) Dummkopf, der du bist = Was bist du für ein Dummkopf (Näf 1987)

die wiederum nahelegt, daß es sich um eine Struktur handelt, die in struktureller Beziehung zu den relativen Konstruktionen steht.

Die Akzentuierung aller bisher behandelten w-Sätze ist denselben Prinzipien wie bei den anderen Exklamativsätzen unterworfen. Das *wie* kann jedoch auch selbst betont sein (vgl. oben S. 280f. den OB-Satz), wenn es allein die DgrP ausmacht. Dies ist sicher darauf zurückzuführen, daß es dann auch allein das Bezugsprädikat im Satz ist.

3. Zusammenfassend kann also festgestellt werden, daß der bisher behandelte exklamative w-Satz ein Deklarativsatz ist. Der w-Satz, besonders der *wie*-Satz, hat vieles gemeinsam mit dem *daß*-Satz. Die w-Phrase hat eine syntaktisch-morphologische Merkmalauszeichnung –w, –rel, +def, durch die sie sich sowohl von den Interrogativphrasen als auch von den Relativphrasen unterscheidet. Diese Auszeichnung korrespondiert mit ihrer besonderen Semantik. Die *wie*-Phrase unterscheidet sich außerdem von der entsprechenden *so*-Phrase im *daß*-Satz dadurch, daß sie nicht deiktisch ist. Nur der *wie*-Satz kommt auch als Verb-zweit-Satz vor.

2.2.1.2. Sätze mit *alles* und *nicht*

Aus Gründen, die sich aus der Analyse ergeben, werden hier zuerst Sätze mit *w-alles* und *w-alles-nicht* und behandelt; in einem weiteren Abschnitt stehen dann die besonders schwierigen *w-nicht-alles*-Fälle zur Debatte.

1. Es soll zuerst die *w-alles*-Phrase ohne *nicht* untersucht werden, wobei *alles* als ein Ausdruck des Allquantors verstanden wird:

(238) Was du alles machst!
(239) Wen alles der (schon) getroffen hat!
(240) Wo der alles gewohnt hat!

Die Beziehung zwischen der w-Phrase und *alles* ist dieselbe wie im w-IS (s. hierzu Reis 1990 und unten 2.). Die w-Phrase und *alles* sind fest aneinander gebunden, was auch dadurch deutlich wird, daß *alles* mit der w-Phrase ins Vorfeld gehen kann. *Alles* hat seine Grundposition direkt hinter der w-Phrase, ist jedoch nicht völlig stellungsfest, andererseits aber auch kein selbständiges Satzglied. Es ist am ehesten mit einer klitischen Partikel zu vergleichen (zu diesem Begriff, s. Spencer 1991:350ff.).

Semantisch hat *alles* die Aufgabe, als verstärkendes Element zu wirken. Mit einer Äußerung mit *alles*wird zu verstehen gegeben, daß jemand (außerordentlich) vieles macht, viele Menschen getroffen, an vielen Stellen gewohnt hat. *Alles* unterstützt also die exklamative Interpretation. Diese Sätze entsprächen damit prinzipiell den folgenden *daß*-Sätzen, wo *alle(s)* auch verstärkende Funktion haben kann:

(241) Daß du das alles machst!
(242) Daß der die alle eingeladen hat!
(243) Daß der in allen diesen Städten gewohnt hat!

Die aktuellen Sätze scheinen immer Verb-letzt-Sätze zu sein, was mit den obigen Ergebnissen zu den w-Phrasen in exklamativen Deklarativsätzen übereinstimmt. Es soll angenommen werden, daß es sich auch hier um Deklarativsätze handelt.

Daß *alles* auch in anderen deklarativen Satztypen zusammen mit einer w-Phrase vorkommt, zeigt das folgende Beispiel, wo *alles* in einem Relativsatz steht:

(244) Er hatte wieder einmal sein Bett nicht gemacht, nicht aufgewaschen und darüber hinaus nicht eingekauft, was alles (zusammen) seine Frau in Rage versetzte.

Mit *alles* zusammen kann nun auch *nicht* auftreten (vgl. oben den exklamativen Verb-erst- und Verb-zweit-Deklarativsatz, wo die Negation ausgeschlossen ist):

(245) Was du alles nicht willst!
(246) Wen der alles nicht leiden kann!

Nicht kann betont sein, muß es jedoch nicht. Der Sprecher ist hier also erstaunt etc. darüber, daß der Adressat bzw. eine dritte Person vieles *nicht* will bzw. viele *nicht* leiden kann. Dieser Effekt ist offensichtlich daraus abzuleiten, daß *alles* Skopus über *nicht* hat. Die Kombination aus *alles* und *nicht* macht es möglich, über einen negativen Sachverhalt zu erklamieren, vermutlich weil die Elemente durch *alles* aufzählbar werden (vgl. unten zu den w-IS mit *alles nicht).* Entsprechende Sätze, die nur *nicht* enthalten, sind w-IS und verhalten sich – wenn sie exklamativ verstanden werden – wie rhetorisch uminterpretierte w-IS. Sie weisen also im Prinzip dieselben Eigenschaften auf, wie die w-IS mit *nicht-alles* (s. unten 2.), d.h. die Bedeutung von *nicht* wird unterschlagen:

(247) Was DER nicht schafft!

In (247) kann man *nicht* streichen; es scheint keinen Einfluß auf den propositionalen Gehalt zu haben.

Die exklamativen Sätze mit *alles nicht* sind deshalb bzgl. des Vorkommens von *nicht* auch am ehesten mit den entsprechenden *daß*-Sätzen zu vergleichen, die ja ebenfalls negiert werden können aber nicht müssen:

(248) Wen DER alles nicht kennt!
(249) Daß DER so viele nicht kennt!

wo wir wieder das für den *daß*-Satz typische *so* finden.

Bei den *wie*-Sätzen liegen die Dinge etwas anders. Sie unterscheiden sich nicht von den *wie*-Sätzen ohne *alles*. In Sätzen wie (250)-(253) hat *alles* immer einen eigenen Satzgliedwert als Objekt etc.:

(250) Wie du alles schön gemacht hast!
(251) Wie hast du alles schön gemacht!
(252) Wie schön du alles gemacht hast!
(253) Wie er alles geschaukelt hat!

Es bildet außerdem mit *wie* nie eine Konstituente und kann deshalb auch nicht mit *wie* zusammen im Vorfeld auftreten.

(254) *Wie alles hast du schön gemacht!

Die Konstruktion ist also nicht zu vergleichen mit den eben behandelten w-*alles*-Sätzen. *Alles* hat hier nicht (zumindest nicht in erster Linie) die verstärkende Funktion von *alles* in den anderen w-Sätzen. Verb-zweit-Sätze mit *wie* + *alles* sind m.E. auch möglich. Vgl. oben die exklamativen *wie*-Sätze ohne *alles*!

(255) Wie schön ist hier alles!
(256) Wie schafft der doch alles!

Es liegt auf der Hand, anzunehmen, daß die hier behandelten w-Sätze Deklarativsätze sind. Die Akzentuierung unterscheidet sich nicht prinzipiell von der der entsprechenden Deklarativsätze ohne w-Phrase.

2. Weit komplizierter ist die Erklärung der *nicht-alles*-Fälle (s. hierzu auch Meibauer 1990). Hier hat *nicht* Skopus über *alles*. Unseren bisherigen Weg weiter verfolgend, scheint es angebracht, von der Annahme auszugehen, daß es sich um Interrogativsätze handelt. Wenn dies der Fall sein sollte, müßte eine Analyse von w-IS mit *alles* und *nicht* weiterführen können.

Zuerst zu w-IS mit *alles*, aber ohne *nicht*:

(257) Was hat er denn alles getan?
(258) Was alles hat er denn getan?
(259) Wen hat er denn alles getroffen?
(260) Wen alles hat er denn getroffen?
(261) Welche Bücher hat er denn alles gelesen?

Alles hat hier denselben Status wie in den exklamativen w-Deklarativsätzen (hierzu s. Reis 1990 und oben 1.): Es ist phrasengebunden und hat keinen eigenen Satzgliedwert. Dies sehen wir schon bei einem Vergleich mit folgenden Beispielen:

(262) Was hat Peter denn insgesamt zusammengetragen?
(263) Wo hat denn Peter überall gewohnt?

In diesen Beispielen haben *insgesamt* und *überall* einen eigenen Satzgliedwert. Sie können z.B. allein im Vorfeld stehen:

(264) Insgesamt hat Peter a, b, c zusammengetragen.
(265) Überall hat Peter gewohnt.

Dies kann *alles* nicht.

Reis (1990) zeigt weiter, daß (257)-(261) in der *nichts*- oder *niemand*-Lesart rhetorisch nicht verwendbar sind, auch dann nicht, wenn man *denn* durch *schon* ersetzt. Dies sei darauf zurückzuführen, daß *alles* aufgrund seiner Bedeutung erzwingt, daß man den ganzen Antwortbereich (exhaustiv) aufzählt und dieser auch nicht leer sein darf, sondern mindestens zwei Elemente enthalten muß, wobei wohl zu erwarten ist, daß die Menge im Normalfall mehr als zwei umfaßt. Spezifische rhetorische Lesarten sind deshalb – wie zu erwarten – dagegen möglich.

Es scheint weiter so zu sein, daß *alles* sich bei den w-IS auf die (konversationelle) Implikatur auswirkt. Die Implikatur von z.B. (259) wäre hier etwa: *Peter hat viele getroffen*, was sicherlich auf *alles* zurückzuführen ist.

Wenn nun ein *nicht* hinzugefügt wird, kann es hinter oder vor *alles* stehen. Welche Konsequenzen hat dies für die Skopusverhältnisse bzw. für die Bedeutung des Satzes? Zuerst zu *alles nicht* (s. auch oben unter 1.)

(266) Was hat Peter alles nicht gemacht?
(267) Wen hat Peter alles nicht getroffen?
(268) Wohin ist Peter alles nicht gegangen?

Wir können zuerst feststellen, daß die Negation in dieser Position auch im w-IS oft betont wird. *Nicht* und *alles* bilden auch hier keine Konstituente, wie ein Satz wie der folgende zeigt:

(269) *Was alles nicht hat er getan?

Sätze wie (266)-(268) sind primär anwendbar als Fragen. Man erwartet für (267) z.B. eine exhaustive Antwort, mit der alle die Personen aufgezählt werden, die Peter nicht getroffen hat, von denen man aber erwarten könnte, daß er sie getroffen hätte. Auch hier gilt wohl deshalb die Implikatur, daß es sich um mehrere bzw. viele handelt, die er nicht getroffen hat.

Ein ganz anderes Bild erhält man, wenn *nicht* den Allquantor *alles* in seinen Skopus nimmt (vgl. Meibauer 1990). Die echt interrogative Lesart ist hier blockiert. Die exklamative Lesart dagegen ist voll akzeptabel:

(270) Was nicht alles hat der gemacht!
(271) Wen hat Peter nicht alles getroffen!
(272) Wo der nicht alles gewohnt hat!
(273) *Wen nicht hat der alles getroffen.

Wenn *was* und *alles* eine Konstituente bilden und zusammen ins Vorfeld gehen, zieht *nicht* mit, s. (270). Die Negation scheint keinen Einfluß auf die Proposition zu haben. Auch hier kommt die Modalpartikel *schon* vor:

(274) Wen hat der nicht schon alles geliebt!

Auch die Verb-zweit-Varianten sind als exklamative Äußerungen voll akzeptabel (vgl. oben beim entsprechenden Deklarativsatz).

Wenn es sich um dasselbe *alles* wie in dem w-IS handelt, d.h. um den Allquantor, und *nicht* Skopus über *alles* hat, warum können dann Sätze mit *nicht alles* nicht als Fragen verwendet werden und wie kommt es, daß *nicht alles* eine exklamative Lesart nicht nur zuläßt, sondern in diesen Fällen sogar erzwingt?

Der Grund für die Blockierung der Fragelesart könnte der folgende sein: Wenn man mit solchen Sätzen Fragen stellen würde, würde man aufgrund der Semantik nach einer negativ definierten Menge = *nicht alle* fragen. Was kann damit aber gemeint sein, daß jemand *nicht alle* aus einer Menge aufzählen soll? Zu vergleichen wäre:

(275) A. Er hat nun doch alle Häuser auf der X-Straße nicht anstreichen lassen.
B. Wieviele sind das eigentlich?

(276) A. Er hat nun doch nicht alle Häuser auf der X-Straße anstreichen lassen.
B. *Wieviele sind das eigentlich?

Die unterschiedlichen Reaktionsmöglichkeiten zeigen, daß man mit Deklarativsätzen wie (275) und (276) sehr Unterschiedliches feststellt. In (275) stellt man fest, daß er alle Häuser aus einer bestimmten Menge nicht hat anstreichen lassen. Diese kann man natürlich (auf)zählen. In (276) stellt man fest, daß er nicht alle Häuser hat anstreichen lassen, und implikatiert, daß er einige hat anstreichen lassen. Die Frage kann sich nicht auf die Implikatur beziehen. Sie kann sich auch nicht auf die negierte Proposition beziehen, weil sie keine aufzählbare Menge denotiert. Dies ist vermutlich der Grund, weshalb man mit Sätzen wie (270)-(272) keine Fragen stellen kann.

Dies braucht jedoch nicht zu bedeuten, daß auch die exklamative Lesart blockiert ist. Wir können vorerst feststellen, daß Äußerungen wie (270)-(272) rhetorisch als Assertionen verstanden werden können (s. Meibauer 1986:203, Bsp. 114). Mit einer nur rhetorischen Interpretation sind sie aber sicherlich selten. Sie werden meist exklamativ verwendet.

Ich will nun annehmen, daß die exklamative Interpretation auf eine rhetorische Uminterpretation auf der illokutiven Ebene zurückzuführen ist. (Es handelt sich damit um indirekte Sprechakte. Vgl. oben beim negierten Verb-erst-IS (S. 274ff.), wo dies nicht der Fall ist). Wenn wir weiter annehmen, daß die rhetorische Uminterpretation auf der Implikatur operiert, würden wir genau dieselbe Lesart erhalten wie sonst auch bei rhetorischen Uminterpretationen negierter w-IS: eine assertive. Wenn schließlich die Implikatur für (259) die oben angenommene ist: *Peter hat viele getroffen*, könnte (271) die Implikatur haben: *Peter hat nicht viele getroffen*. Durch die rhetorische Uminterpretation erhalten wir dann: *Es ist nicht der Fall, daß Peter nicht viele getroffen hat = Peter hat viele getroffen*. Diese Umdeutung ergibt also die Bedeutung der Exklamation (271). Vgl. oben (267), wo *nicht* hinter *alles* steht: *viele nicht* kann nicht durch die doppelte Negation *viele* ergeben.

Zwischen dem oben behandelten exklamativen E-IS und den hier behandelten exklamativen w-IS gibt es schließlich einen relevanten Unterschied. Da der w-IS seine exklamative Interpretation über eine rhetorische Uminterpretation erhält, handelt es sich um indirekte Assertionen. Eine Antwort wird deshalb auch nicht erwartet, wie dies der Fall ist beim entsprechenden E-IS, dessen exklamative Interpretation nicht über eine rhetorische Uminterpretation erfolgt.

Nun noch kurz zu den *wie*-Sätzen: *nicht* kann auch in exklamativen *wie*-Sätzen auftreten (s. hierzu Meibauer 1990):

(277) Wie DER nicht alles geschaukelt hat!
(278) Wie SCHÖN du nicht alles machst!
(279) Wie hat DER nicht alles schön organisiert!

Dies ist an sich zu erwarten. Es handelt sich auch hier um einen negierten w-IS.

Auch *nicht* in Kombination mit *was für (ein)* folgt den generellen Prinzipien für w-IS.

(280) Was hat der nicht für eine tolle Frau!

Die Akzentuierung und damit Fokussierung der Sätze mit *w-nicht-alles* scheint schließlich im Prinzip dieselbe zu sein wie bei den anderen w-Sätzen.

3. Zusammenfassend kann festgestellt werden, daß *alles* in Deklarativsätzen, eingeleitet durch eine w-Phrase *was, wer, wo, womit,* verstärkend wirkt und damit das WIE unterstreicht. Negierte w-Deklarativsätze kommen vor. Bei Sätzen, eingeleitet durch *wie,* verhält es sich anders. *Alles* ist hier ein selbständiges Satzglied. Das *wie* drückt wie sonst auch direkt den hohen Grad bzw. die große Quantität aus. Beim w-IS läuft die exklamative Interpretation über die rhetorische Uminterpretation, was die Obligatorik und zugleich die "Unsichtbarkeit" der Negation erklärt.

2.2.2. Übrige w-Phrasen

Die bisherigen w-Sätze haben wir teils als Deklarativsätze teils als Interrogativsätze verstanden, wobei die letzteren immer eine Negation enthalten mußten und über die negative Umdeutung exklamativ interpretiert wurden. Nun gibt es aber auch Interrogativsätze mit exklamativer Interpretation, die nicht über die Umdeutung via eine Negation ihre exklamative Funktion erhalten. Wir betrachten zuerst die Verb-letzt-Sätze:

(281) Warum der immer so früh aufsteht!
(282) Warum den die Mutter am meisten liebt!
(283) Wieso der das nie lassen kann!
(284) Wozu die sich immer so schön macht!
(285) Wann der wieder einmal nach Hause gekommen ist!
(286) Wann der wieder mal auftaucht!

Es kann zuerst festgestellt werden, daß es sich um eindeutige Interrogativphrasen handelt, was auch bedeutet, daß die Sätze nicht in faktive Matrixsätze eingebettet werden können. Wir können weiter feststellen, daß die Negation ihre Funktion auch in der exklamativen Äußerung beibehält: *Er steht früh auf; er kann etwas nicht lassen etc.* Man findet weiter die gewöhnlichen d-Pronomen, wobei das Akkusativobjekt in (282) vor dem Subjekt steht, ohne daß es sich um eine markierte Wortstellung handelt.

Wenn die obige Annahme richtig ist, daß w-IS nur über die rhetorische Uminterpretation exklamativ interpretiert werden können, müßte auch hier eine solche Uminterpretation vorliegen. Dies ist sicher auch der Fall. Da es sich aber um freie Adverbiale handelt, ist die Implikatur, die mit dem Interrogativsatz verbunden ist, eine andere: *es gibt einen Grund für p, es gibt einen Zeitpunkt für p.* Die entsprechende Implikatur bei einer rhetorischen Uminterpretation wäre: *es gibt keinen Grund für p, es gibt keinen Zeitpunkt für p.*

Die exklamative und die rhetorische Lesart liegen sich also auch hier nahe. Die Verb-letzt-Stellung, das d-Pronomen und die prosodischen Merkmale stützen aber die exklamative Interpretation. Ein weiterer Unterschied besteht in dem Fehlen der zu erwartenden Modalpartikeln bei einer exklamativen Lesart. Auch *schon* kann in den exklamativen Entsprechungen meist nicht auftreten. Die Umdeutung bedeutet hier jedoch nicht immer, daß der Sprecher das genaue Gegenteil meint. Die spezifische rhetorische Lesart kann auch zum Tragen kommen. Dies ist z.B. der Fall in (285), wo der Sprecher etwa über den ungewöhnlichen Termin erstaunt ist, nicht darüber, daß die aktuelle Person gar nicht nach Hause gekommen ist. Diese Lesart ist bei der gewählten Proposition wohl die einzig mögliche.

Wichtig für die exklamative Interpretation sind möglicherweise auch die oft vorkommenden Adverbien *wieder, mal, immer*, vermutlich weil sie generalisieren helfen.

Es ist nicht klar, ob es entsprechende Verb-zweit-Sätze gibt. Bei diesen Sätzen scheint mir die rhetorische Lesart die Oberhand zu gewinnen. Möglicherweise kann man mit dem Exklamativakzent die exklamative Lesart erzwingen.

Zusammenfassend kann festgestellt werden: Zwischen den oben unter 2.2.1.2. und den hier behandelten Interrogativsätzen besteht ein Unterschied. Im ersteren Fall handelt es sich um Interrogativsätze mit *nicht (alles)*, die mit Hilfe der Negation über die negierte Implikatur in ihr Gegenteil umgedeutet werden. Im letzteren Fall handelt es sich um Interrogativsätze, in denen die Umdeutung den von der w-Phrase denotierten Grund, Zeitpunkt etc. betrifft. Pragmatisch hat dies zur Folge, daß *nicht* im ersteren Fall obligatorisch ist, jedoch ohne Bedeutung zu sein scheint, im zweiten Fall optional und – wenn es vorkommt – als bedeutungstragend aufgefaßt wird.

2.3. Exkurs: Der schwedische Exklamativsatz

Mit der obigen Analyse des deutschen Exklamativsatzes wurde zu zeigen versucht, daß der sogenannte Exklamativsatz entweder ein Deklarativsatz (Verb-erst-, Verb-zweit- oder Verb-letzt-Satz) oder aber ein Interrogativsatz (E-IS und w-IS) ist. Es wurde weiter darauf hingewiesen, daß die einzelnen Varianten der Satztypen nicht ganz äquivalente exklamative Äußerungen zur Folge haben. In diesem Abschnitt soll nun zum Zwecke des Vergleichs kurz auf das Exklamativsatzsystem im Schwedischen eingegangen werden (vgl. hier auch die demnächst erscheinende Grammatik der Schwedischen Akademie, SAG).

Es gibt auch im Schwedischen die Möglichkeit, den Verb-zweit-Deklarativsatz zu gebrauchen, oft dann mit Akzentuierung des Satzglieds im Vorfeld, was jedoch nicht obligatorisch ist:

(287) Hon är minsann vacker!
(Sie ist aber schön!)
(288) Hon har då tokiga idéer!
(Die hat aber verrückte Ideen!)
(289) Hon har då rest i sina dar!
(Die ist aber in ihren Tagen gereist!)
(290) Det är minsann ett vackert hus!
(Das ist aber ein schönes Haus!)

Im Schwedischen gibt es kein ausgezeichnetes Pronomen, das dem deutschen d-Pronomen entspricht. Modalpartikeln wie *då* und *minsann*, die die exklamative Lesart stützen, kommen jedoch vor.

Einen Verb-erst-Deklarativsatz als Exklamativsatz gibt es nicht:

(291) *Är hon vacker!
(Ist die schön!)
(292) *Har hon tokiga idéer!
(Hat die verrückte Ideen!)

Da es den Verb-erst-Deklarativsatz als solchen nicht oder nur marginal gibt, ist dies nicht erstaunlich.

Wie auch im Deutschen gibt es den negierten E-IS:

(293) Är inte hon/hon inte vacker!
(Ist die nicht schön!)
(294) Har hon inte fantastiska idéer!
(Hat die nicht phantastische Ideen!)

Modalpartikeln kommen hier wie im Deutschen nicht vor.

Wie im Deutschen gibt es im Schwedischen schließlich den Verb-letzt-Satz, eingeleitet durch die Subjunktion *att*:

(295) Att hon måste bete sig så!
(Daß sie sich so aufführen muß!)
(296) Att hon ska ha ett sådant humör!
(Daß sie immer so hochgeht!)
(297) Att hon har så tokiga idéer!
(Daß sie so verrückte Ideen hat!)
(298) Att hon inte reser till Amerika!
(Daß sie nicht nach Amerika reist!)

Die Subjunktion kann betont sein (was im Deutschen also nicht möglich zu sein scheint, s.o. S. 280). Vermutlich handelt es sich um den VERUM-Fokus. Im übrigen entsprechen diese Beispiele in allem den deutschen *daß*-Sätzen. Wir finden auch das zu erwartende *så*, *sådan*, das den bestimmten Grad etc. bezeichnet.

Den interessantesten Unterschied zwischen den beiden Sprachsystemen findet man jedoch im Bereich der w-/v-Phrasen, vor allem der Phrasen, die *wie* entsprechen. Da das Schwedische zwischen Interrogativpronomen und den Phrasen in Exklamativsätzen unterscheidet (eine Ausnahme ist das schwedische *vad*, das auch im Schwedischen eine quantopere-Lesart hat), werden die für das Deutsche herausgearbeiteten Unterschiede im Schwedischen deutlicher:

(299) Vad du är vacker!
(Wie bist du schön!)
(300) Vad/Så vacker du är!
(Wie schön du bist!)
(301) Sånt humör han har!
(Was der für ein (schwieriges) Temperament hat!)
(302) Så/Som han bor!
(Wie der wohnt!)
(303) Vad/Så/Som här ser ut!
(Wie es hier aussieht!)

Das schwedische *vad* kann gegenüber dem deutschen *was* mit Adjektiven zusammen eine Konstituente bilden, entspricht damit auch dem deutschen *wie*. Die übrigen Lexeme sind *så/som/sån*. Interessant ist die Wortstellung. Es ist die Wortstellung des Nebensatzes. Vergleichbare Einbettungen sind:

(304) Det är inte klokt vad/som här ser ut.
(Es ist verrückt, wie es hier aussieht.)
(305) Det är fantastiskt vad snäll han är.
(Es ist phantastisch, wie lieb er ist.)
(306) Det är otroligt så stor han blivit.
(Es ist nicht zu glauben, wie groß er geworden ist.)
(307) Det är inte klokt sånt humör han har.
(Es ist verrückt, was der für ein (schwieriges) Temperament hat.)

Vad und *så* graduieren also das Bezugsprädikat. Auch hier liegt die Nebensatzwortstellung vor. Es handelt sich durchgehend um Deklarativsätze.

Schließlich gibt es auch:

(308) Vilket vackert hus (som) hon har!
(Welch ein schönes Haus (das) sie hat.)

Die deutsche und schwedische Konstruktion entsprechen sich hier.

Im übrigen gibt es keine v-Phrasen, die den deutschen Beispielen mit anderen nicht interrogativ zu interpretierenden w-Phrasen entsprechen, z.B. mit *vem* = *wer*, *var* = *wo*. Das schwedische System weist gegenüber dem Deutschen an dieser Stelle eine Lücke auf (vgl. hier auch das Englische, wo es sich entsprechend verhält).

Neben der eben diskutierten Variante des deklarativen Exklamativsatzes gibt es jedoch noch eine andere Variante, die heute als veraltet und stilistisch überhöht aufgefaßt wird:

(309) Hur vacker är hon inte!
(Wie schön ist sie nicht!)

Wir finden hier das interrogative *hur*, die Wortstellung des selbständigen Interrogativsatzes und die Negation. Dieser Satz entspricht also dem deutschen Satz mit *wie* und *nicht*. Im Schwedischen wird aufgrund der unterschiedlichen Phrasen *så* und *hur* der Unterschied zwischen dem nicht-negierten Deklarativsatz und dem negierten Interrogativsatz deutlicher als im Deutschen.

Negierte exklamative Interrogativsätze kommen im Schwedischen auch mit anderen w-Phrasen vor, die den deutschen *wer, was, wo* entsprechen:

(310) Vad har inte han hittat på i sina dar!
(Was hat der nicht schon alles gemacht in seinem Leben!)
(311) Var har han inte bott!
(Wo hat der nicht schon alles gewohnt!)
(312) Vem har inte han träffat under sitt långa liv!
(Wen hat der nicht schon alles in seinem langen Leben getroffen!)

Exklamative Interrogativsätze wie die folgenden sind schlecht bzw. nicht möglich:

(313) ??Varför du alltid beter dig på det viset!
(Warum du dich immer so verhältst!)
(314) *När du kommer hem nån gång igen!
(Wann du wieder einmal nach Hause kommst!)

Alles in allem stützen die schwedischen Daten die obige Analyse der deutschen w-Sätze. Die in den Deklarativsätzen auftretenden Phrasen haben dieselbe Form wie ihre Entsprechungen in den deklarativen *att*-Sätzen: *så/sådan/som*. Sie sind also keine Interrogativphrasen. Wie im Deutschen kommen aber negierte v-IS als Exklamativsätze vor. Gegenüber dem Deutschen gibt es also einen deutlichen kategorialen Unterschied zwischen exklamativen nicht-negierten Deklarativsätzen und negierten v-IS.

3. Die Exklamation

Es wurde in 2. gezeigt, daß es sich beim Exklamativsatz immer entweder um einen Deklarativsatz oder aber um einen Interrogativsatz handelt, wobei beide Satztypen alle Varianten aufweisen. In diesem Abschnitt soll der Frage nachgegangen werden, ob die Exklamation eine Illokution ist und – wenn dies der Fall sein sollte – wie sie sich in ein Illokutionssystem einordnen läßt.

Vorerst sollen jedoch nochmals kurz die oben herausgearbeiteten syntaktischen und prosodischen Merkmale der exklamativ verwendeten Satztypen zusammengestellt werden:

Allgemeine Voraussetzung für eine Exklamation ist die Selbständigkeit des Satzes. Drei Vergleiche sind besonders interessant.

(a) Der funktionale Unterschied zwischen dem *daß*-Satz einerseits und dem Verb-erst-/Verb-zweit-Deklarativsatz ohne w-Phrase andererseits wurde aus der Struktur der Sätze abgeleitet (CP/IP- gegenüber IP-(I^1-)Struktur): Mit einer Äußerung eines *daß*-Satzes wird immer auf den ganzen (präsupponierten) Sachverhalt, oder richtiger auf die Existenz dieses Sachverhalts als abweichend von der Norm, bei der Äußerung der beiden anderen Subtypen auf die Beziehung zwischen einem Argument und einem extrem hohen oder niedrigen Wert auf einer Skala Bezug genommen. Für die Proposition im *daß*-Satz gibt es deshalb im Prinzip auch nicht dieselben Restriktionen: Sie kann negiert sein. Es muß sich auch nicht um ein graduierbares Prädikat handeln. Der *daß*-Satz kommt dem Verb-erst- und Verb-zweit-Satz am nächsten, wenn er *so* enthält, das auf einen hohen Wert auf einer Skala hinweist. Er kann aber selbstredend dieses *so* nur dann enthalten, wenn es etwas zu skalieren gibt. Der prototypische Exklamativakzent findet sich vor allem im Verb-erst- und Verb-zweit-Satz, wo eine oder beide Bezugseinheiten den Akzent tragen können. Bei diesen beiden Typen kommen auch stützende Modalpartikeln vor.

(b) Der E-IS ist oben vor allem mit dem Verb-erst-Deklarativsatz verglichen worden. Während der Deklarativsatz nicht negiert sein kann, verlangt der E-IS immer eine Negation in einer bestimmten strukturellen Position. Ein weiterer Unterschied gegenüber dem Verb-erst-Deklarativsatz ist schwieriger zu erklären: Wie zu erwarten, liegen wie bei den Verb-erst-/Verb-zweit-Deklarativsätzen graduierbare Prädikate vor. Offensichtlich erlauben die E-IS aber nicht alle Prädikate die in den Deklarativsätzen vorkommen können. Die Lücken sind vermutlich darauf zurückzuführen, daß mit den E-IS Fragen gestellt werden, die der Adressat beantworten können muß. Richtig gut scheinen außerdem nur Bewertungsprädikate zu sein wie *schön, gut, süß, nett, fürchterlich, unmöglich,* bzw. Prädikate, wo eine Bewertung unterstellt werden kann wie *groß, gewachsen.* Eine nähere, empirisch untermauerte Analyse dieses Phänomens steht jedoch noch aus. Der exklamative E-IS unterscheidet sich auch darin von dem entsprechenden Verb-erst-Deklarativsatz, daß mit ihm keine Modalpartikel direkt assoziiert ist.

(c) Sätze mit einer w-Phrase lassen sich in deklarative und interrogative w-Sätze aufteilen. Im deklarativen w-Satz referiert die w-Phrase, ohne deiktisch zu sein, auf eine definite Menge. Ein entsprechender Deklarativsatz ohne w-Phrase kann dies nicht bzw. nur über *so* tun. Vgl.

(315) DER kennt aber (so) viele (Leute)!
(316) Wen DER alles kennt!

In (315) hat *viele* keine definite Referenz.

Im w-IS ist die w-Phrase interrogativ. Die Exklamation kommt im letzteren Fall über die rhetorische Uminterpretation zustande, was bei bestimmten w-Phrasen eine negierte Proposition voraussetzt. *Nicht* steht dann vor *alles.* Sätze dieser Art können nicht als Fragen angewendet und deshalb auch nicht als rhetorische Fragen verstanden werden. Unter den w-Sätzen nehmen die *wie*-Sätze eine Sonderstellung ein. Im Deklarativsatz drückt *wie* den hohen Grad, die große Menge der Exklamation explizit aus: Es handelt sich somit um den lexikalischen Ausdruck des quantopere-WIE. In exklamativen Interrogativsätzen hat es dieselbe Bedeutung wie im normalen Interrogativsatz.

Das Gemeinsame aller Exklamationen wurde schon von Fries (1988) festgestellt: Mit ihnen wird eine Bewertung des Sprechers zum Ausdruck gebracht, daß eine Normabweichung vorliegt (zu Bewertungen, s. auch Fries 1991a). Weder die Bewertung noch die Normabweichung wird dabei lexikalisch ausgedrückt. Mit Fries (1991a) will ich die Bewertung generell und die hier aktuelle Bewertung, daß etwas von der Norm abweicht, speziell, als eine konzeptuelle Kategorie betrachten, die u.a. auch sprachlich, außerdem auf unterschiedliche Weise, zum Ausdruck gebracht werden kann. Die Bewertung wird durch den propositionalen Gehalt der Äußerung ermöglicht, indem dieser den Sachverhalt bzw. die Eigenschaft denotiert, auf dem/der die Bewertung operiert.

Mit der Bewertung wird auch eine affektiv-emotionale Einstellung des Sprechers ausgedrückt. Bei diesem Affekt handelt es sich (s. Fries 1991b) um die Achse der *Intensität,* nicht um die Achse *angenehm/unangenehm.* Es ist klar, daß die prosodischen Mittel besonders gut als emphatische Realisatoren von Intensität geeignet sind.

Vieles spricht dafür, die Exklamation den Expressiva zuzuordnen, d.h. der Gruppe 2 bei BRRZ (S. 48ff., 54ff.), die Ausdruckshandlungen und Einstellungsbekundungen umfaßt. Es geht hier also um die I-Funktion Ausdruck. Es handelt sich jedoch weder um durch performative Ausdrücke eingeleitete Ausdruckshandlungen, noch um durch Einstellungsausdrücke eingeleitete Einstellungsbekundungen. Der Unterschied zwischen den Exklamationen einerseits und den beiden anderen Subtypen der Gruppe 2 andererseits besteht gerade darin, daß das, was mit der Exklamation zum Ausdruck gebracht wird, nämlich die Normabweichung und die affektiv-emotionale Einstellung, genau nicht propositionalisiert wird, weder durch einen performativen Ausdruck noch durch einen Einstellungsausdruck, sondern durch prosodische Mittel (direkt) zum Ausdruck gebracht wird.[19] Diese prosodischen Mittel haben selbstredend keine Referenz. Der Exklamation fehlt damit jegliche Referenz auf eine psychische Gegebenheit – sei sie mittelbar (wie bei den Ausdruckshandlungen) oder unmittelbar (wie bei den Einstellungsbekundungen) (zu den beiden letzten Typen, s. Rehbock [in diesem Band, a]) –, was sich darin manifestiert, daß sie keinen direkten Bezug zu einem bestimmten Satztyp und dessen Satzmodus hat. Da sie aber einen Sachverhalt braucht, über den exklamiert werden kann, bedient sie sich zweier durch das grammatische System zur Verfügung gestellter Satztypen, des Deklarativsatzes und des Interrogativsatzes, d.h. zweier Typen mit einer Defaultzuordnung zu den Darstellungshandlungen.

Damit sind bestimmte Konsequenzen verbunden. Wir wissen, daß mit einem selbständigen Verb-erst- und Verb-zweit-Deklarativsatz im Defaultfall eine Assertion vollzogen, d.h. ein Sachverhalt als gegeben dargestellt wird (s. hierzu BRRZ:49ff.). Die Exklamation bedient sich einer solchen Assertion, indem sie auf dem assertierten Sachverhalt operiert und ihn als von der Norm abweichend ausweist. Es versteht sich von selbst, daß es sich dabei nicht um einen nicht-existierenden Sachverhalt handeln kann, daß also Negationen hier ausgeschlossen sind. Die Assertion umfaßt – wie schon oben betont wurde – nicht die Normabweichung und die mit der Exklamation zum Ausdruck gebrachte affektiv-emotionale Einstellung.

Im Falle des *daß*-Satzes liegt keine Assertion vor. Der *daß*-Satz inklusive seiner Referenz wird sozusagen direkt in die faktive Exklamation "eingebettet" mit dem Ergebnis, daß die Existenz des von ihm denotierten Sachverhalts präsupponiert wird. Die Exklamation kann sich in diesem Fall nur auf den ganzen Sachverhalt bzw. auf seine Existenz beziehen, die als von der Norm abweichend bewertet wird. Dies erklärt, daß die Proposition negiert sein kann, denn man kann natürlich auch über die Nicht-Existenz eines Sachverhalts z.B. erstaunt sein. Möglicherweise verhält es sich entsprechend bei exklamativen w-Verb-letzt-Sätzen.

Auch beim E-IS bedient sich die Exklamation einer Illokution. Dies zeigt sich u.a. dadurch, daß die Exklamation nicht "vergißt", daß mit dem E-IS eine – wenn auch tendenziöse – Frage gestellt wird. Deshalb ist eine Antwort auf so vollzogenene Exklamationen auch zu erwarten. Etwas anders verhält es sich mit dem w-IS. Hier operiert die Exklamation offensichtlich auf einer rhetorischen Umdeutung. Durch diese wird eine Assertion vollzogen, deren Sachverhalt wieder der Exklamation zugrundeliegt.

Wenn diese Analyse richtig ist, ist die Unsicherheit der Grammatiker bzgl. der Einordnung des sogenannten Exklamativsatzes verständlich. Der Grund für dieses Problem ist genau das Paradox der *Nicht-Existenz des Exklamativsatztyps* und der *Existenz der Exklamation*. Dieses Paradox löst sich erst auf, wenn wir, wie oben, davon ausgehen, daß sich die Exklamation bestimmter Satztypen und Satzmodi bzw. bestimmter Illokutionen oder besser des Ergebnisses bestimmter Illokutionen bedient.

---

[19] Dies hat u.a. zur Folge, daß mit Exklamationen keineswegs immer Erstaunen ausgedrückt wird; es kann sich im Prinzip um die meisten Gefühle handeln, wie Bedauern, Freude, Trauer. Da das zum Ausdruck gebrachte Gefühl nicht propositionalisert wird bzw. an einen lexikalischen Ausdruck gebunden ist, kann selbstredend auch meist erst im Kontext entschieden werden, um welches Gefühl es eigentlich geht.

Da die Exklamation eine Bewertung und eine affektiv-emotionale Einstellung zum Ausdruck bringt, ist auch zu erwarten, daß performative Konstruktionen nicht vorkommen können. Dagegen können sehr wohl geeignete Einstellungsbekundungen der Gruppe 2 auftreten, wie:

(317) DAS finde ich aber schade!

wo es um den hohen Grad des bekundeten Gefühls des Sprechers geht. Der Grund dafür liegt in der Tatsache, daß mit einer Einstellungsbekundung wie (317) eine psychische Gegebenheit als existent gesetzt wird (s. hierzu Rehbock [in diesem Band, a:113ff.]).

Wenn sich die Exklamation einer Assertion oder einer Frage bedient, treten diese Illokutionen in den Hintergrund gegenüber der Exklamation, derentwegen sie ja vollzogen werden. Daß die Exklamation sozusagen die Assertion und die Frage dominiert, korreliert mit dem auch sonst vorzufindenden Verhältnis zwischen Prosodie und Syntax. Die Prosodie nimmt bei fehlender Korrelation das Kommando über die Syntax. Dies ist der Grund, weshalb die sogenannte Assertionsfrage und die Echofrage als Fragen aufgefaßt werden (s. hierzu Reis [in diesem Band]). Daß es in den beiden letztgenannten Fällen nicht möglich ist, zugleich eine Assertion und eine Frage zu vollziehen, ergibt sich aus dem konträren Verhältnis zwischen Assertion und Frage. Man kann selbstredend nicht zugleich assertieren und fragen. Dagegen kann man sehr wohl zugleich assertieren und exklamieren.

Die Definition und Einordnung der Exklamation läßt uns nun auch erwarten, daß es andere Äußerungen gibt, die affektiv zu interpretieren sind, ohne exklamativ zu sein. Es sind dies alle die Äußerungen, die sich einer emphatischen Prosodie bedienen, ohne die erforderlichen propositionalen Voraussetzungen aufzuweisen.

Ein letztes Wort zum Verhältnis zwischen der Interjektion und der Exklamation. Wie Fries (in diesem Band:325ff.) zeigt, können eine Interjektion und eine Exklamation verknüpft werden:

(318) Ach ist DIE schön!

Interessant dabei ist, daß Interjektion und Exklamation zusammenwirken, indem sie beide dieselbe affektiv-emotionale Einstellung zum Ausdruck bringen. Sie müssen deshalb auch kompatibel sein (s. Fries [in diesem Band:337ff.]). Es handelt sich hier also nicht um dasselbe Verhältnis wie das zwischen der Exklamation und z.B. der Assertion. Wie bei der Exklamation liegt auch bei der Interjektion keine Referenz auf einen psychischen Zustand vor (somit auch kein Satzmodus, s. Fries [in diesem Band:338]). Der Unterschied zwischen Interjektion und Exklamation wiederum liegt vor allem darin, daß die Interjektion ein bedeutungstragendes Lexem ist. Sie kann deshalb auch allein auftreten und ist nicht von einem an sie gekoppelten Satztyp abhängig.

Literatur

Abraham, W. (1991) (Hg.), Discourse Particles. Descriptive and Theoretical Investigations on the Logical, Syntactic, and Pragmatic Properties of Discourse Particles in German. Amsterdam/Philadelphia. (= Pragmatics and Beyond, New Series 12)

Altmann, H. (1984), Linguistische Aspekte der Intonation am Beispiel Satzmodus. FIPKM 19, 132-152.

— (1987), Zur Konstitution der Satzmodi als Formtypen. In: Meibauer, J. (Hg.), 22-56.

— (1988) (Hg.), Intonationsforschungen. Tübingen. (= Linguistische Arbeiten 200)

Altmann, H./Batliner, A./Oppenrieder, W. (1989) (Hgg.), Zur Intonation von Modus und Fokus im Deutschen. Tübingen. (= Linguistische Arbeiten 234)

Batliner, A. (1988), Der Exklamativ: Mehr als Aussage oder doch nur mehr oder weniger Aussage? Experimente zur Rolle von Höhe und Position des Fo-Gipfels. In: Altmann, H. (Hg.), 243-271.

— (1989), Wieviele Halbtöne braucht die Frage? In: Altmann, H./Batliner, A./Oppenrieder, W. (Hgg.), 111-162.

Bäuerle, R./Schwarze, C./v. Stechow, A. (1983) (Hgg.), Meaning, Use, and Interpretation of Language. Berlin/New York.

Bean, M.C. (1983), The Development of Word Order Patterns in Old English. London.

Bierwisch, M. (1987), Semantik der Graduierung. In: Bierwisch, M./Lang, E. (Hgg.), 91–286.

Bierwisch, M./Lang, E. (1987) (Hgg.), Grammatische und konzeptuelle Aspekte von Dimensionsadjektiven. Berlin. (= studia grammatica XXVI + XXVII)

Brandt, M./Rosengren, I./Zimmermann, I. (1989), Satzmodus, Modalität und Performativität. In: S&P 13, 1-42. [auch in: Zeitschrift für Phonetik, Sprachwissenschaft und Kommunikationsforschung 43 (1990), 120-149]

Brandt, M./Reis, M./Rosengren, I./Zimmermann, I. [in diesem Band], Satztyp, Satzmodus und Illokution. [abgekürzt: BRRZ]

Brauße, U. (1991), Nicht-propositionales *nicht* oder Modalpartikel? In: Zeitschrift für Phonetik, Sprachwissenschaft und Kommunikationsforschung 44, 439-453.

Corver, N.F.M. (1990), The Syntax of Left Branch Extractions. Diss., Kath. Univ. Brabant.

Ebert, R. P./Rohdenburg, G. (1971), Beobachtungen zu extrapositionsverdächtigen Strukturen im Englischen. In: Hyldgaard-Jensen, K. (Hg.), 352-368.

Elliott, D.L. (1971), The Grammar of Emotive and Exclamatory Sentences in English. Working Papers in Linguistics. Ohio State Univerity, Columbus/Ohio.

— (1974), Toward a Grammar of Exclamations. In: Foundations of Language, 231-246.

Frey, W./Tappe, H.-T. (1991), Zur Interpretation der X-bar-Theorie und zur Syntax des Mittelfeldes. Grundlagen eines GB-Fragmentes. Tübingen. [unveröff. Ms.]

Fries, N. (1988), *Ist Pragmatik schwer!* Über sogenannte 'Exklamativsätze' im Deutschen. In: S&P 3, 1-18. [auch in: Deutsche Sprache 3, 193-205]

— (1991a), Bewertung. Linguistische und konzeptuelle Aspekte des Phänomens. In: S&P 23, 1-31.

— (1991b), Emotionen. Experimentalwissenschaftliche und linguistische Aspekte. In: S&P 23, 32-70.

— [in diesem Band], Interjektionen, Interjektionsphrasen und Satzmodus.

Grimshaw, J.B. (1977), English Wh-Constructions and the Theory of Grammar. Ph.D. diss., Univ. of Mass., Amherst/Mass.

Helbig, G. (1988), Lexikon deutscher Partikeln. Leipzig.

Höhle, T. N. (1988), VERUM-Fokus. In: S&P 5, 1-7.

Hyldgaard-Jensen, K. (1971) (Hg.), Linguistik 1971. Referate des 6. Linguistischen Kolloquiums 11.-14. August 1971 in Kopenhagen. Frankfurt/M.

Jacobs, J. (1982), Syntax und Semantik der Negation im Deutschen. München.

— (1991), On the Semantics of Modal Particles. In: Abraham, W. (Hg.), 141-162.

Klumpp, S. (1988), Indirekte Fragesätze und indirekte Exklamativsätze – Fälle syntaktischer Subkategorisierung oder semantischer Selektion? Seminararbeit. Tübingen.

McCawley, N. (1973), Boy! Is Syntax Easy! In: CLS 9, 369-377.

Meibauer, J. (1986), Rhetorische Fragen. Tübingen. (= Linguistische Arbeiten 167)

— (1987) (Hg.), Satzmodus zwischen Grammatik und Pragmatik. Tübingen. (= Linguistische Arbeiten 180)

— (1989), *Ob sie wohl kommt?* – Zum Satzmodus von selbständigen Sätzen mit Endstellung des finiten Verbs. In: Kątny, A., (Hg.), Studien zur kontrastiven Linguistik und literarischer Übersetzung. Frankfurt/M., 11-34. [Akten der 2. Internationalen Konferenz "Theorie und Praxis der deutsch-polnischen Konfrontation und Translation". Rzeszów]

— (1990), Sentence Mood, Lexical Categorial Filling, and Non-propositional *nicht* in German. In: S&P 16, 1-28. [auch in: Linguistische Berichte 130, 441-465]

Näf, A. (1987), Gibt es Exklamativsätze? In: Meibauer, J. (Hg.), 140-160.

— (1991), *Hêrre, wie bin ich mit liebe alsus verirret!* – Zu den Exklamativsätzen in Gottfrieds "Tristan". Ms. Neuchâtel.

Opalka, H. (1977), Zum syntaktischen Verhalten der Abtönungspartikeln "aber", "ja" und "vielleicht" in Satzkonstruktionen mit prädikativen Ergänzungen. In: Weydt, H. (Hg.), 131-154.

Oppenrieder, W. (1987), Aussagesätze im Deutschen. In: Meibauer, J. (Hg.), 161-189.

— (1988), Intonatorische Kennzeichnung von Satzmodi. In: Altmann, H. (Hg.), 169-205.

— (1989), Selbständige Verb-Letzt-Sätze: Ihr Platz im Satzmodussystem und ihre intonatorische Kennzeichnung. In: Altmann, H./Batliner, A./Oppenrieder, W. (Hgg.), 163-244.

Pafel, J. (1991), *Was für*-Phrasen. Syntax und Semantik. In: Arbeitsberichte des Sonderforschungsbereiches "Sprachtheoretische Grundlagen für die Computerlinguistik", Nr. 6 , 69- 97.

Rehbock, H. (1985), Herausfordernde Fragen. Zur Dialogrhetorik von Entscheidungsfragen. In: Sucharowski, W. (Hg.), Gesprächsforschung im Vergleich. Tübingen, 177-227.

— (1987), Arten der Antworterwartung in Ergänzungsfragen. In: Rosengren, I. (Hg.), Sprache und Pragmatik. Lunder Symposium 1986. Stockholm, 357-384.

— [in diesem Band, a], Deklarativsatzmodus und pragmatische Interpretation.

— [in diesem Band, b], Fragen stellen – Zur Interpretation des Interrogativsatzmodus.

Reis, M. (1990), Interrogative *w-alles*-Phrasen. Unveröff. Ms., Tübingen.

— [in diesem Band], Zur Grammatik und Pragmatik von Echo-w-Fragen.

Reis, M./Rosengren, I. (1991) (Hgg.), Fragesätze und Fragen. Referate anläßlich der 12. Jahrestagung der Deutschen Gesellschaft für Sprachwissenschaft Saarbrücken 1990. Tübingen. (= Linguistische Arbeiten 257)

Rosengren, I. (1987) (Hg.), Sprache und Pragmatik. Lunder Symposium 1986. Stockholm

Rosengren, I. (1991), Zur Fokus-Hintergrund-Gliederung im Deklarativsatz und im w-Interrogativsatz. In: Reis, M./Rosengren, I. (Hgg.), 175-200.

SAG, Svenska Akademiens Grammatik [i.V.]. Stockholm.

Schwabe, K. (1989), Überlegungen zum Exklamativsatzmodus. In: Studien zum Satzmodus III, 89-118.

Spencer, A. (1991), Morphological Theory. An Introduction to Word Structure in Generative Grammar. Cambridge/UK.

Steube, A. (1991), w-Wörter als Konnektoren in den sog. weiterführenden Nebensätzen der deutschen Gegenwartssprache. In: Reis, M./Rosengren, I. (Hgg.), 95-112.

Studien zum Satzmodus (1988/89), I-III. Berlin. (Linguistische Studien, Reihe A, 177; 185; 193)

Sucharowski, W. (1985) (Hg.), Gesprächsforschung im Vergleich. Tübingen.

S&P (1ff.), Sprache und Pragmatik. Arbeitsberichte des Forschungsprogramms "Sprache und Pragmatik" hrsg. v. I. Rosengren. Lund:1988ff.

Thurmair, M. (1989), Modalpartikeln und ihre Kombinationen. Tübingen.

Weydt, H. (1977) (Hg.), Aspekte der Modalpartikeln. Tübingen.

Weydt, H./Harder, Th./Hentschel, E./Rösler, D. (1983), Kleine deutsche Partikellehre. Stuttgart.

Winkler, E. (1989), Selbständig verwendete V_E-Sätze. Ein Überblick. In: Studien zum Satzmodus III, 118–158.

Zaefferer, D. (1983), The Semantics of Non-Declaratives: Investigating German Exclamatories. In: Bäuerle, R./Schwarze, C./v. Stechow, A. (Hgg.), 466-490.

— (1988), Satzmodi als Satzformkategorien. Zur Analyse grammatischer Faktoren in der Illokutionstypbestimmung. In: Studien zum Satzmodus II, 139-163.

Zimmermann, I. (1987), Zur Syntax von Komparationskonstruktionen. In: Bierwisch, M./Lang, E. (Hgg.), 29-90.

— (1991a), Die Syntax der Substantivgruppe. Weiterentwicklungen der $\bar{\bar{X}}$-Theorie. In: Zimmermann, I. (Hg.), 1-32.

— (1991b) (Hg.), Syntax und Semantik der Substantivgruppe. Berlin. (= studia grammatica XXXIII)

Interjektionen, Interjektionsphrasen und Satzmodus

Norbert Fries, Göttingen

In der vorliegenden Arbeit wird die Auffassung motiviert, daß es sich bei Interjektionen in linguistischer Hinsicht um Lexeme mit unterschiedlichen lexikalischen Spezifikationen handelt. Die grammatischen (phonologischen, morphologischen, syntaktischen, semantischen) und z.T. pragmatischen Charakteristika dieser Lexemgruppe werden erörtert. Insbesondere die ermittelten syntaktischen und semantischen Eigenschaften der Interjektionen sprechen für die Auffassung, daß Interjektionen expandieren, d.h., daß sie in syntaktischer und in semantischer Hinsicht über Ergänzungen verfügen können. Wie sich allerdings Interjektionen im phonologischen und morphologischen Bereich wesentlich vom übrigen Lexembestand unterscheiden, so gilt das auch für ihre syntaktischen und semantischen Eigenschaften. Die Semantik der Interjektionsphrase wird nach der hier motivierten Auffassung durch zwei spezifische Zuordnungsfunktionen, *Exponieren* bzw. *Appellieren*, gesteuert. Hieraus resultiert ein spezifisches (und hinsichtlich des übrigen Lexembestandes idiosynkratisches) syntakto-semantisches Verhältnis von Interjektionen zu ihren Ergänzungen.

Die Bestimmung der grammatischen Eigenschaften von Interjektionsphrasen ermöglicht ferner die Bestimmung ihres Verhältnisses zum Satzmodus: Interjektionsphrasen determinieren spezifische Interpretationsprozesse; diese können nicht sinnvoll mit einer Größe Satzmodus identifiziert werden.

0. Einleitung
1. Zum sprachsystematischen Status der Interjektionen
2. Zur Phonologie der Interjektionen
3. Zur Morphologie der Interjektionen
4. Zur Syntax der Interjektionen
5. Zur Semantik und Pragmatik der Interjektionen
6. Interjektionen und Satzmodus
Literatur

0. Einleitung[1]

0.1. Interjektionen sind nach der im folgenden motivierten Auffassung *sprachsystematische Einheiten*, die dementsprechend sowohl einzelsprachlich determinierten Regularitäten bzw. Idiosynkrasien unterliegen wie übereinzelsprachlichen Gesetzmäßigkeiten; je nach Einzelspra-

[1] Die vorliegende Arbeit beruht auf einigen Vorarbeiten, die im Rahmen des von I. Rosengren (Lund) geleiteten Projektes *Sprache & Pragmatik* entstanden und erschienen sind (Fries 1988b,c, 1989, 1990, 1991a). Verschiedene dort provisorisch vorgestellte Ideen werden hier teils revidiert, teils ausführlich erörtert. Insgesamt stellt die vorliegende Arbeit das Ergebnis zahlreicher Diskussionen in erster Linie mit den Teilnehmern des Projektes *Sprache & Pragmatik* dar, denen hiermit für ihr Engagement gedankt sei; auch Michael Conrads, Göttingen, danke ich für die kritische Durchsicht mehrerer Manuskriptformen. Verbliebene Mängel gehen natürlich auf mein Konto und möglicherweise auf meine Starrsinnigkeit im Verfechten meiner eigenen Positionen.

che können Interjektionen unterschiedlich in das Sprachsystem eingegliedert sein: Sie weisen einerseits diverse (subsystemspezifische) einzelsprachlich determinierte Eigenschaften auf, andererseits sind sie in besonderer Weise in die Systeme integriert, welche für die Interpretation von Äußerungen zuständig sind. Hieraus resultiert die für die Arbeiten dieses Sammelbandes interessante Frage, in welcher Weise die betreffenden Interpretationsprozesse mit dem Begriff des Satzmodus in Verbindung gebracht werden können.

Nach einigen grundlegenden Bemerkungen zum sprachsystematischen Stellenwert der Interjektionen in Abschnitt 1. beschäftigt sich Abschnitt 2. der vorliegenden Arbeit mit der Phonologie der Interjektionen, Abschnitt 3. mit ihrer Morphologie, Abschnitt 4. mit ihrer Syntax, Abschnitt 5. schließlich mit ihren semanto-pragmatischen Eigenschaften. Abschnitt 6. diskutiert resümierend die Frage, ob interjektionalen Einheiten ein Satzmodus zugeschrieben werden kann.

0.2. Als Datenbasis dienen die in den Monographien von Carstensen (1936), Espe (1908), Hauschild (1910), Havlik (1981), Kutzelnigg (1973/1974), Leskien (1902/03) und Schwentner (1924) berücksichtigten Daten sowie die von Ehlich (1986) und Grimm (1831, 1837) und im Grimmschen Wörterbuch besprochenen Formen. Die entsprechenden Daten decken einen Großteil der in zahlreichen indoeuropäischen Sprachen schriftlich und mündlich auftretenden Formen ab.

1. Zum sprachsystematischen Status der Interjektionen

1.1. Interjektionen sind im Deutschen unflektierbare Einheiten. Insofern ist die Berechtigung zu einer Klassenbildung der Interjektionen nicht auf einer einzigen sprachsystematischen Ebene (*Lexikon*, *Morphologie*, *Syntax*, *Semantik*, *Phonologie*) begründbar. Interjektionen unterscheiden sich in diesem Punkt ebenso wie gegebenenfalls weitere Klassen nicht-flektierbarer Wörter (im Deutschen wie in zahlreichen flektierenden Sprachen) von den lexikalischen Hauptkategorien Nomen, Verb und Adjektiv.[2] Sie passen damit – zumindest in den flektierenden Sprachen – durchaus in das Gesamtbild der unflektierbaren Wortarten, von welchen ja z.B. im Deutschen (mit Ausnahme von einigen Funktionswörtern wie z.B. Complementizer) bekanntlich nur Präpositionen (inklusive gewisser Adverbien, die hier als intransitive Präpositionen aufgefaßt werden)[3] aufgrund ihrer Syntax (Komplementfähigkeit sowie Kasusrektion)[4] und Semantik

2 Das heißt nicht, daß unflektierbare Wörter nicht als gemeinsame Klasse aufgefaßt werden könnten; in flexionsmorphologischer Hinsicht handelt es sich um eine Lexem-Klasse, die vereinzelt auch als solche erfaßt wird (vgl. z.B. Duden (IV 1984[4]:90f.), mit allerdings nicht morphologisch motivierter Differenzierung von Unflektierbaren generell und Interjektionen). Eine solche Klasse ist relativ unspezifisch und kann signifikante sprachsystematische Phänomene nicht erfassen, obgleich unabhängige Phänomene mit ihr verbunden sein können. Beispielsweise ist auffallend, daß produktive Wortbildungstypen im wesentlichen auf die lexikalischen Hauptklassen Nomen, Adjektiv und Verb beschränkt sind.

3 Vgl. mit ausführlichen Literaturangaben Fries (1988a).

4 Bzw., sprachspezifisch, strukturelle Kasusrektion in der Präpositionalphrase; für das Alt- und Neugriechische vgl. Fries (1988a, 1991c,d).

(Argumentfähigkeit)[5] relativ sicher als eine Klasse grammatischer Einheiten konstatiert werden können, welche sich auf allen grammatisch-pragmatischen Beschreibungsebenen als relevant erweist. Im Vergleich mit jeder der drei lexikalischen Hauptklassen Nomen, Adjektiv und Verb ist der unflektierbare Lexembestand ausgesprochen heterogen hinsichtlich seiner grammatischen Charakteristika; das gilt sowohl in syntaktischer Hinsicht (Topologie; Phrasenbildung), in semantischer Hinsicht (Modifizierbarkeit; Argumenthaftigkeit) und in phonologischer Hinsicht (Betonbarkeit; Anteilnahme am Tonmuster): Gründe für die im Rahmen verschiedener Beschreibungsansätze feststellbare Vielzahl unterschiedlicher Klassifikationsansätze im Bereich unflektierbarer Wörter, gegenüber der Einheitlichkeit in der Beurteilung der Relevanz der lexikalischen Hauptkategorien Nomen, Verb und Adjektiv.

Entsprechend anderen Lexemklassen[6] (insbesondere solchen unflektierbarer Lexeme) stellen auch Interjektionen eine Gruppe lexikalischer Einheiten dar, welche sich auf jeder linguistischen Beschreibungsebene (d.h. in phonologischer, morphologischer, syntaktischer, semantischer und pragmatischer Hinsicht) aus einem mehr oder weniger unterschiedlichen Lexembestand zusammensetzen kann. Das bedeutet jedoch nicht, daß diese Klassifikation grammatisch irrelevant ist. Wie sich in den folgenden Abschnitten zeigen wird, weisen Interjektionen durchaus auf unterschiedlichen Beschreibungsebenen gemeinsame Spezifika auf, welche zumindest teilweise in plausiblen, wenn nicht erklärbaren Beziehungen zueinander stehen.[7] Andererseits resultieren aus charakteristischen Unterschieden gewisser interjektionaler Lexeme hinsichtlich einzelner Sprachbeschreibungsebenen bestimmte Untergruppen von Interjektionen, insbesondere (a) solche, die auf *Emotionen* (einschließlich körperlichen Erlebens) bzw. *Intentionen* des Sprechers Bezug nehmen, (b) solche, die *Geräusche* bzw. *Bewegungsabläufe* usw. symbolisieren, und (c) solche, die spezifische extra-sprachsystematische Funktionen wahrnehmen.

---

5 (Transitive) Präpositionen besitzen typischerweise ein und nur ein *internes* Argument sowie (nur) ein *externes* Argument, vgl. Bierwisch (1988).

6 Beispielsweise läßt sich im Deutschen auf morphologischer Ebene eine Kategorie Verb konstatieren, die ein relativ einheitliches Paradigma bildet. Gleiches gilt für die syntaktische Ebene der Phrasenstrukturen sowie für die topologische Beschreibung und die Beschreibung der Argumentrahmen der betreffenden Lexeme. Die Schnittmengen der jeweiligen Lexem-Mengen (von Verben) sind relativ umfangreich; auch die außerhalb einzelner solcher Schnittmengen stehenden Lexeme (z.B. hinsichtlich ihrer Morphologie Lexeme wie *sollen* oder *möchte(n)*; hinsichtlich der Morphologie, Topologie bzw. Phrasenstruktur Lexeme wie *bausparen* oder *schutzimpfen* [Parasyntheta, vgl. Henzen (1965:222)] hinsichtlich der Phonologie Lexeme wie *dürfen* [s.u.], usw.) sind relativ eindeutig der Lexemklasse Verb zuzuordnen; eine solche Zuordnung nimmt natürlich Bezug auf die Relevanz einzelner Phänomene für die betreffende Lexemklasse und gegebenenfalls für unabhängige sprachspezifische Erscheinungen. Beispielsweise entsprechen einige Verben (wie *dürfen*, *müssen*) nicht genereIleren Distributionen des Umlauts im Konjugationsparadigma (Umlaut tritt im Infinitiv auf, im Präteritum tritt die nicht-umgelautete Form auf [*dürfen* – *durfte*]); im Verhältnis zur Lexemklasse Verb sowie zum deutschen Sprachsystem besitzt diese Eigenschaft der betreffenden Lexeme nur einen geringen Stellenwert.

7 So ist beispielsweise die Herausbildung spezifischer Funktionen phonologischer Muster (nach Ehlich 1986 'Töne', vgl. u., Abschnitt 2.2.) bei Interjektionen nicht erstaunlich, berücksichtigt man, daß die betreffenden Wörter jeweils ein relativ breites und heterogenes Spektrum semanto-pragmatisch relevanter Bereiche abdecken können (z.B. kann *ah* zum Ausdruck von *Unbehagen*, *Freude*, *Erstaunen* usw. verwendet werden), und andererseits intonatorische Mittel im Bereich der Interjektionen aufgrund ihrer syntaktischen und semantischen Eigenschaften (vgl. u., Abschnitte 4./5.) nicht in der Weise in das Sprachsystem des Deutschen involviert sind, wie sie es im Falle der diversen Satztypen sind. Die syntaktische Eigenschaft einiger Interjektionen, Phrasen des Typs [INTERJEKTION-[VERB-ERSTSTELLUNGSSATZ]] (oder ähnliches) bilden zu können, hängt mit dem semanto-pragmatischen Ausdruckspotential beider Konstituenten zusammen.

Den Begriff 'Interjektion' verwende ich in einem diese (hinsichtlich verschiedener Sprachbeschreibungsebenen) heterogenen Einheiten umfassenden Sinn.

1.2. Billigt man Interjektionen lexematischen Status zu, d.h. beschreibt man sie als Elemente des einzelsprachlichen Wortschatzes, so besteht aus linguistischer Perspektive[8] das Problem, die betreffenden Lexeme abzugrenzen von solchen Lautäußerungen, die übereinzelsprachlich von Menschen als Affektgeschrei geäußert werden. Obgleich die Auswirkungen physiologischer Prozesse (z. B. von Muskelspannungen, von neurogenen Veränderungen) auf die Sprechorgane sowie die hieraus resultierenden Veränderungen im akustischen Sprachsignal zur Zeit nicht ausreichend untersucht sind (vgl. Scherer 1982), läßt sich vermuten, daß Lautäußerungen das Nebenprodukt physiologischer Veränderungen sein können. Gegenüber solchen Affektlauten sind in das Sprachsystem eingegliederte interjektionale Lexeme einzelsprachlich und müssen dementsprechend erlernt werden. Solche einzelsprachlichen Lexeme liegen beispielsweise vor bei Interjektionen wie [deutsch] *ohweh, auweh, nana,* [französisch] *flist* (*spöttische Zurückweisung*), [italienisch] *oibo* (*Zurückweisung* u. a.), [neugriechisch] *sut* (*Aufforderung zur Ruhe*), *ust* (*Scheuchruf für Hunde*), *ftu ftu ftu* (*Beschwörungsformel*), [portugiesisch] *irra* (*Ausdruck von Unwillen* u. a.), [spanisch] *olé* (*Beifallsruf*). Diese (wie andere Interjektionen) gehören ebenso zum einzelsprachlichen Lexembestand wie nicht-interjektionale Lexeme. Interjektionen verfügen folglich über einzelsprachlich-spezifische grammatische Eigenschaften, die wiederum mit einzelsprachlich-spezifischen Interpretationsprozessen korrelieren. Das gilt gleichermaßen für gewisse (häufig als *lautmalend* aufgefaßte) interjektionale Lexeme wie *miau, muh* oder *tzong, doing, tzack,* usw. Auch Lexeme dieser Art, die sich, wie sich im folgenden zeigen wird, von Lexemen wie *au, pst, pfui* usw. signifikant unterscheiden, folgen einzelsprachlichen Regularitäten.

Für ihren lexematischen Status spricht ferner, daß Interjektionen diachronem Wandel unterworfen sind, u.z. sowohl auf grammatischer (phonologisch, morphologisch, syntaktisch) wie auf pragmatischer Beschreibungsebene. Beispielhaft für diachronen semanto-pragmatischen Wandel (und zugleich für einzelsprachlich-spezifische Korrelationen zwischen grammatischen und semanto-pragmatischen Eigenschaften) sei die Interjektion e̲i̲ angeführt, die, wie ihr häufiges Auftreten in Dramentexten dieser Zeit zeigt, bis ins 18. Jahrhundert solche *reaktiven Sprechakte* einleiten konnte, welche eine Äußerungsbedeutungskomponente der Vorgängeräußerung zurückweisen (vgl. Burger 1980); im heutigen Deutsch dient e̲i̲ lediglich zum Ausdruck der Überraschung oder einer positiven Einstellung des Sprechers gegenüber dem Hörer (vgl. Ehlich 1986).

Andererseits ist die Nähe interjektionaler Lexeme zu Affektlauten mindestens eine der Ursachen, welche für gewisse übereinzelsprachliche Eigenschaften der entsprechenden Lexeme verantwortlich ist; besonders gilt das für einige ihrer phonologischen Eigenschaften (vgl. u., Abschnitt 2.1.). Zudem ist sie der Grund für den besonderen Stellenwert, welcher den Interjektionen im Rahmen der Geschichte der Sprachwissenschaft zukommt: So stehen die Interjektio-

---

8 Aus anderen wissenschaftlichen Perspektiven ergeben sich weitere Problemstellungen; z.B. können aus semiotischer Sicht Interjektionen in den Bereich der Emblem-Forschung integriert werden, vgl. Scherer (1977).

nen für die Sprachwissenschaftler des 18. Jahrhunderts zwischen Sprache und Nicht-Sprache und stellen in phylogenetischer Hinsicht für sie den wichtigsten Teil der Sprache dar. Das kommt noch bei Wundt zum Ausdruck, wenn er, hierbei freilich die wissenschaftliche Tradition des 18. und 19. Jahrhunderts einbeziehend, zwischen 'primären' und 'sekundären' Interjektionen differenziert (Wundt 1904:307f.); primäre Interjektionen unterscheiden sich von gewöhnlichen Wörtern und nehmen anders Anteil an der Sprache als diese. Aus ihrer Nähe zu Affektlauten ist unter anderem erklärbar, daß in zahlreichen Fällen dieselben Lautformen mit ähnlichen pragmatischen Funktionen in unterschiedlichen Sprachen auftreten. Als Beispiel diene die von Kutzelnigg (1973, 1974) untersuchte Interjektion *brr*. Ein Affektlaut [BR][9] entsteht aus einer bei Kälte-, Furcht- oder Ekel-Empfindung unwillkürlich ablaufenden Bewegung unter anderem der Lippen (man denke an das bekannte Zähneklappern; das Sichschütteln bei Ekelempfindungen wird durch Geruchsrezeptoren bedingt). Der bilabiale Liquid [BR] ist kein Phonem des Deutschen. Die Interjektion *brr* ist insofern eine lexematische Entsprechung des Affektlautes [BR], als sie erstens phonemisch (hinsichtlich der sie konstituierenden Laute [b] und [R]) in das Sprachsystem eingegliedert ist: Die die Interjektion *brr* konstituierenden Laute [b] und [R] gehören dem deutschen Phonembestand an. Zweitens ist die phonologische Eingliederung nicht völlig willkürlich: die wesentlichen phonetischen Merkmale [bilabial] und [intermittierend] des Affektlautes [BR] werden in der lexematischen Form *brr* (als für das Deutsche generell) phonologisch distinktive Merkmale realisiert, wenn auch in zwei verschiedenen Phonemen. Drittens verfügt die deutsche Interjektion *brr* über (für das Deutsche) spezifische pragmatische Funktionen, die den Ausdrucksfähigkeiten des Affektlautes [BR] nur zum Teil entsprechen: sie dient einerseits zum Ausdruck von Kälte- und Ekelempfindungen, andererseits als Zuruf für Zugtiere, dialektal auch als Lockruf für Pferde und Schafe und andere Tiere. Ebenso wie die durch die Interjektion *brr* ausgedrückten Empfindungen (bzw. Appelle) deutet das Faktum, daß die Lautfolge [bR] in nahezu allen indogermanischen Sprachen in mehr oder weniger ähnlicher Funktion als Interjektion auftritt (vgl. Kutzelnigg 1973, 1974), darauf hin, daß im Bereich der Interjektionen Übergänge zwischen Nichtsprachlichem und Sprachlichem, zwischen Affektlauten und Lexemen zu konstatieren sind.[10] Gleiches läßt sich zumindest für alle rein vokalischen Interjektionen wie *ah, eh, ih, oh* usw. und für die meisten diphthongischen Interjektionen (*ai, ei, oi, au, eu, ao, ui*) sagen. Interjektionen wie [a], [a:], [i], [i:], [u], [u:], [e:] treten in fast allen indogermanischen Sprachen auf (vgl. Carstensen 1936; Schwentner 1924; Ehlich 1986). Die Übergänge (zwischen sprachlichen und extra-sprachlichen Strukturen) dürften zudem dafür verantwortlich sein, daß interjektionale Lexeme über zahlreiche grammatische Besonderheiten verfügen, die auf allen Ebenen der grammatischen Beschreibung sichtbar werden. Das heißt, daß der interjektionale Lexembestand über relativ freie Gesetzmäßigkeiten verfügt, so daß zum Beispiel Interjektionen fremdsprachlichen Ursprungs kaum dem jeweiligen Sprachsystem unterworfen werden, oder daß aus dem gewöhnlichen (nicht-interjektionalen) Lexembestand hervorgehende Interjektionen (nach Wundt

---

9 [BR] steht hier für den bilabialen Liquid.

10 Daß es sich hierbei tatsächlich um Übergänge handelt, äußert sich z.B. in dem Faktum, daß der Affektlaut [BR] ebenso wie die Interjektion *brr* und wie andere Affektlaute als einleitendes Element in Phrasen mit einem Verb-Erst-Exklamativsatz auftreten kann, vgl. *[BR]/brr ist das kalt!*

1904 sogenannte 'sekundäre' Interjektionen) über analoge Besonderheiten verfügen können. Der Übergang nicht-interjektionaler Lexeme zu Interjektionen ist häufig dadurch charakterisiert, daß die betreffenden Lexeme bzw. Phrasen (z.B. *Gottseidank, ogott, (o)jerum, (o)jemine, sapperlot/sackerlot/sapperment/sackerment*) für primäre Interjektionen typische randgrammatische[11] Besonderheiten übernehmen, insbesondere:

- sie werden phonologisch instabil;
- sie verletzen kerngrammatisch geltende phonologische Regularitäten;
- ihre funktionalen Eigenschaften können wesentlich durch mediale Faktoren (Mündlichkeit, Schriftlichkeit) bzw. durch die Textsortenzugehörigkeit beeinflußt werden;
- ihre funktionalen Eigenschaften können wesentlich von formalen Mitteln modifiziert werden, die in der betreffenden Sprache sonst keinen oder nur geringen Stellenwert besitzen.

In linguistischer Hinsicht müssen im Bereich der Interjektionen mithin Übergänge zwischen sprachlichen und extra-sprachlichen Einheiten konstatiert werden; nur in semiotischer Hinsicht können (und sollten) die hier als linguistische Einheiten umfaßten Interjektionen und lautliche Äußerungen, welche nicht unter diese Klasse zu rechnen sind, als eine Zeichenklasse zusammengefaßt werden; demnach bilden die Interjektionen auch in semiotischer Hinsicht eine spezifische Subklasse der betreffenden verbalen Äußerungen, insofern sie nämlich als in einzelsprachliche Systeme integrierte Zeichen aufzufassen sind.

2. Zur Phonologie der Interjektionen

2.1. Interjektionen unterscheiden sich durch zahlreiche phonologische Besonderheiten vom übrigen Lexembestand:

Sie können erstens durch sprachunübliche Laute oder Lautdistributionen konstituiert werden. So tritt in den deutschen Interjektionen *pfui, hui* der sonst im Deutschen unübliche Diphthong [ui] auf; im Neugriechischen (wie in vielen anderen Sprachen) konstituiert ein Schnalzlaut diverse Interjektionen; im Italienischen tritt sonst nicht am phonologischen System beteiligtes [ö] als Interjektion auf; Interjektionen können ferner generellen phonologischen Wortkonstituierungsprinzipien zuwiderlaufen,vgl. etwa *he?*/[hə] oder *pst, pss, tsts*.

2.2. Zweitens hat sich, wie Ehlich (1986) nachwies, im Bereich der Interjektionen ein sonst für das Deutsche nicht wirksames Tonmuster-Distinktionssystem herausgebildet, an welchem wahrscheinlich 5 Tonmuster-Distinktionen beteiligt sind:[12] Fallender Ton [\], steigender [/],

---

[11] Zu dem hier angenommenen Begriff der Randgrammatik vgl. Fries (1980:Kap. V., 1983, 1987).

[12] Auf dieses Phänomen haben schon Clément/Thümmel (1975:22f.) hingewiesen, die allerdings lediglich zwei Formen unterscheiden: "bei einigen interjektionen [wird] zwischen Gravis und Akut unterschieden". Die von Clément/Thümmel genannte Differenzierung beschreibt die Verhältnisse nicht adäquat; insbesondere stimmen die 'Ton'-Distinktionen bei Interjektionen nicht mit den möglichen intonatorischen Realisierungen von Anrede-Nominativen überein, wie das von den Autoren angenommen wird.

steigend-fallender [/\], fallend-steigender [\/] und gleichbleibender [-] Ton. Der Anteil einer Interjektion in einer Äußerung an der Äußerungsbedeutung wird nun wesentlich von ihrem Tonmuster determiniert, wobei sich für bestimmte Tonmuster und Interjektionen gleichbleibende Ausdrucksfunktionen erkennen lassen. Beispielsweise bilden einige Interjektionen mit steigend-fallendem Tonmuster ein Subsystem zum Ausdruck des *Behagens*, dem einerseits die Interjektionen *ah*[/\], *ei*[/\], *oh*[/\], *hm*[/\] zum Ausdruck des Wohlbehagens, andererseits die Interjektionen *ih*[/\], *uh*[/\] zum Ausdruck des Unbehagens angehören. Umfang und Wirksamkeit dieses Ton(muster)systems sind zur Zeit unbekannt.[13]

2.3. Drittens sind Interjektionen in zur Zeit nicht geklärter komplexer Weise in höhere intonatorische Einheiten eingebettet: Komplexe Phrasen wie die unter (1) angeführten können ohne Pause mit einem (und nur einem) Tonmuster realisiert werden:

(1) a. Ach daß du immer meckern mußt!
b. Ih wie du stinkst!
c. Uff ist das heiß hier!
d. Oh wer kommt denn da?

Sätze wie (1) können (nicht müssen) über nur *einen* Satzhauptakzent verfügen, der dann nicht notwendig durch die Interjektion realisiert wird (*Ih wie du STINKST!*). Demgegenüber verfügen Sätze wie unter (2) über mindestens zwei Satzhauptakzente:

(2) a. Uff, heiß ist das hier![14]
b. Ih, hast du das wirklich gegessen?
c. Pst, sei still!

Das in (1) sichtbare Phänomen betrifft vor allem solche Sätze, deren Äußerungen Exklamativ-Interpretationen[15] zulassen. Der gesamte Problembereich erfordert zur Spezifikation der supra-

---

13 Unterstützend für die Annahme von Ehlich (a.a.O) eines 'Ton'-Systems im Bereich deutscher Interjektionen kann angeführt werden, daß dieses System dem 'All-or-nothing'-Prinzip genügt (vgl. Weidert 1981:105f.), das erfordert, "daß die Elemente des Tonsystems (a) zumindest für eine konsonantische Oppositionskategorie, (b) zumindest für eine phonotaktische Struktur, (c) zumindest für eine Monemklasse [...], (d) zumindest für ein phonologisches Extensionssystem (PE), und (e) bezogen auf dieselbe Monemklasse und dasselbe PE innerhalb bestimmter, nicht einseitig ausgelasteter Häufigkeitswerte definierbar sind. In diesem Fall kann keines innerhalb derselben konsonantischen Oppositionskategorie, derselben phonotaktischen Struktur, derselben Monemklasse oder derselben PEs definierten möglichen Elemente durch das Nichtvorhandensein von Ton ausgenommen sein." (Weidert:a.a.O.). Zahlreiche empirische Fragen hinsichtlich der Relevanz des von Ehlich (1986) postulierten 'Ton'-Systems sind zur Zeit offen; ungeklärt ist weitgehend die Funktion der einzelnen Töne, ferner ihr Verhältnis zum intonatorischen System des Deutschen. Unklar ist, ob die von Ehlich konstatierten Töne auch in komplexen Phrasen realisierbar sind, usw.; vgl. auch Fries (1989).

14 Ein Komma in den Beispielsätzen verweist hier und im folgenden auf den Abschluß eines Tonmusters und den Beginn eines neuen.

15 Zu Exklamativsätzen und zur Exklamativ-Interpretation vgl. Fries (1988d), Schwabe (1989), Rosengren (in diesem Band), ferner auch unten, Abschnitt 6.. Hier wie in Fries (1988d:195) verstehe ich unter der Exklamativ-Interpretation einer Äußerung ein semanto-pragmatisches Phänomen von Interpretationsprozessen: "(a) drücken die betreffenden Äußerungen stets eine affektiv-emotionale Haltung des Sprechers zu dem durch die Proposition des geäußerten Satzes denotierten Sachverhalt aus; (b) ist die Exklamativ-Interpretation von Äußerungen dieser Sätze dadurch ausgezeichnet, daß der durch die Proposition des geäußerten Satzes denotierte Sachverhalt als normabweichend und vom Sprecher als unerwartet gekennzeichnet ist."

segmentalen Phänomene empirische Untersuchungen.[16]

3. Zur Morphologie der Interjektionen

3.1. Interjektionen bilden, wie gesagt, eine Untergruppe nicht-flektierender Wörter. Nach den Markiertheitsvorstellungen der generativen Grammatik entspricht das im Deutschen einer Markierung als [-N, -V]. Nimmt man an (vgl. Fries 1988a:Kap. 3), daß Präpositionen (inklusive gewisse Adverbien) generell die Merkmalspezifikation [-N, -V, αDIR] aufweisen,[17] so verbleibt noch eine Vielzahl stark unterschiedlicher Lexeme, auf welche die Markierung [-N, -V] zutrifft; es ist also plausibel, daß Interjektionen (wie weitere Lexemklassen) über charakteristische spezifizierende weitere Merkmale verfügen. In jedem Falle jedoch deckt die Spezifizierung [-N, -V] im Deutschen (wie in zahlreichen anderen Sprachen) die Nicht-Flektierbarkeit der Interjektionen ab.

3.2. Ebenso scheinen die Wortbildungseigenschaften von Interjektionen in generellen morphologischen Eigenschaften [-N, -V]-markierter Lexemklassen begründet zu sein. Zwar sind auch für [-N, -V]-Lexemklassen im Deutschen reguläre und produktive Wortbildungsmuster konstatierbar, diese betreffen jedoch in erster Linie lediglich gewisse Adverbien (*-weise*, *-maßen*; Komposition scheint im wesentlichen unproduktiv zu sein).[18] Für die Wortbildung der deutschen Interjektionen spielen sonst im Sprachsystem nur marginale Wortbildungsprinzipien eine vornehmliche Rolle. Typisch für die Morphologie interjektionaler Lexeme sind beispielsweise Prinzipien wie Wiederholung, ablautende und nicht-ablautende Reduplikation, Wortkreuzung und Verkürzung. Beispiele für Verdopplung und Reduplikation sind Interjektionen wie *dalli dalli, eiapopeia, nana, toi toi toi, heidi heida, hoho, juchheirassassa, olala, papperlapapp, trallala.* Beispiele für Wortkreuzungen und Verkürzungen sind *herrjemine* (< *Herr Jesus domine*), *sapperlot* (< *sacré nom*) *kracks* (< *krach* + *knacks*).

Zwar kann man Trabant (1983) zustimmen, wenn er (a.a.O.:74) meint, daß es sich hierbei um allgemeinere, nicht notwendig an Interjektionen gebundene phono-stilistische und morpho-

---

16 Die im Rahmen des Münchener (Modus-/Fokus-)Intonationsprojektes (überblickshalber mit wesentlichen Ergebnissen und weiteren Literaturverweisen s. Altmann/Batliner/Oppenrieder (Hgg.) 1989) untersuchten Strukturen berücksichtigen zwar (auswahlhaft) verschiedene Exklamativsatz-Typen, jedoch keine Interjektionen.

17 [αDIR] ist als syntaktisch-relevantes Merkmal (nicht als semantische Markierung) aufzufassen, vgl. Bierwisch (1988), Fries (1988a), welches (im Deutschen wie in vielen anderen Sprachen mit lexikalisch-regierten Kasus in der Präpositionalphrase) unter anderem für die morphologische Kasus-Rektion (und möglicherweise für die Position der Präposition *links-* vs. *rechtsperipher*) verantwortlich ist. Zudem ist zumindest für einzelne Subgruppen von Präpositionen mit weiteren Merkmalen zu rechnen; bzgl. Altgriechisch vgl. Fries (1991c,d).

18 Auch andere nicht-flektierbare Lexem-Klassen widersprechen erstaunlich häufig generellen Wortbildungsprinzipien; teils unterliegen sonst vererbbare Merkmale nicht der Vererbung (vgl. *umhin, fernhin, immerhin* [-DIR]), teils bildet die rechte Konstituente nicht den Kopf des Lexems (*aufgrund, anstelle, trotzdem, derzeit,* usw.). Für den gesamten Bereich läßt sich feststellen, daß wesentliche Anteile der betreffenden Lexemgruppen durch Lexematisierung von Syntagmen erzeugt wurden, vgl. Fries (1988:Kap. 3.).

stilistische Verfahren handelt, welche auch auf andere Textelemente angewendet werden können (*jaja; dudu*); wichtig ist allerdings, daß die genannten, für das (deutsche) Sprachsystem marginalen Wortbildungsprinzipien bei Interjektionen idiosynkratische Funktionen besitzen; so dient z.B. die Wortverdopplung bzw. Reduplikation im Deutschen bei nicht-interjektionalen Lexemen im allgemeinen dem Ausdruck von (a) Vielheit (*Singsang, Klingklang, Tingeltangel, murmeln, lallen, doppelmoppel* usw.), (b) Durcheinander (*Wirrwarr, Hottentotten, Simmelsammelsurium, Schurlemurle, Schlipschlap* usw.) und (c) Abnormalem (*Wischwasch, Dächtelmächtel, Hokuspokus, Krimskrams, Summirumsummarum* usw.), vgl. Weise (1902).[19] Verdoppelte bzw. reduplizierte interjektionale Lexeme stellen demgegenüber eigenständige Formen dar mit teils idiosynkratischen phonologischen und funktionalen Eigenschaften. So etwa sind bei *hoi* [/,\,-,V] die reduplizierten Formen ausgeschlossen,[20] [a\], [a/], [aV] und [a:/\] erlauben Reduplikation ([aha\], [aha/], [ahaV], [aha/\]) mit jeweils unterschiedlichen (und von den nicht-reduplizierten Formen unterschiedenen) Ausdrucksfähigkeiten:

> "Im einzelnen ergeben die vier Varianten von *aha* eine Systematik, die unterschiedliche Einstellungen des Hörers H zum Verlauf des Problemlösungsprozesses bzw. zum Stellenwert des problemlösenden Elements in Relation zur Problemstruktur und zur Lösungserwartung zum Ausdruck bringt. Die Form [aha\] kann als Normalform des Gesamtprozesses angesehen werden. Die Form [aha/\] bezeichnet eine Intensivierung. Das Überraschende der Lösung ist stärker als bei der Normalform; zugleich steht die problemlösende Qualität des Problemlösungselementes in Übereinstimmung mit der Erwartungsstruktur von H. Die Lösung ist sozusagen eine 'angenehme' Lösung. [...] Die beiden anderen Formen sind das Gegenteil hierzu: Bei der Form [aha V] übernimmt der Hörer H zwar das Lösungselement, informiert S zugleich darüber, daß gewisse Zweifel an seiner Lösungseffektivität weiterhin aufkommen könnten. Die Form [aha/] verstärkt diesen letzten Gesichtspunkt noch, so daß H mit ihrer Verwendung einen Zweifel artikuliert." (Ehlich 1986:77).

4. Zur Syntax der Interjektionen

4.1. Obgleich Interjektionen mit Sätzen (unter unklaren Bedingungen, vgl. Abschnitt 2.3., S. 313) eine intonatorische Einheit bilden können, sind sie häufig nicht syntaktisch-hierarchisch in den Satz integriert. Wie die Beispiele unter (3) zeigen, ist ihre syntaktische Integration jedoch nicht ausgeschlossen:

(3) a. Jetzt hopphopp ins Bett!
b. Zack riß es mich vom Hocker.
c. Schwupps packte er sie.
d. Er fiel plumps ins Wasser.

---

19 Das gilt auch für zahlreiche andere Sprachen, obgleich die Relevanz entsprechender Wortbildungsmuster für das jeweilige Sprachsystem natürlich einzelsprachspezifisch ist. Die genannten Wortbildungsmuster sind stark ikonisch; Verdopplung und Reduplikation bringen häufig ein Mehr im weitesten Sinn zum Ausdruck (vgl. zum Yoruba Dürr/Schlobinski 1990:82), allerdings besitzt insbesondere die Reduplikation nicht selten rein grammatische Funktionen (z.B. Perfekt-Bildung im Latein).

20 Die Form *hoi* [/\] erlaubt möglicherweise Reduplikation, vgl. Ehlich (1986:87).

e. Jetzt legst du dich schlafen und basta.[21]
f. [die ach so liebe Großtante]

Die Bedingungen für ihre Eingliederung in syntaktische Verbände sind zur Zeit unbekannt; die folgenden Abschnitte 4./5. beschäftigen sich mit ihrer Ermittlung. Mindestens vier Typen der syntaktischen Integration von Interjektionen sind zu unterscheiden:

(a) Eine Interjektion ist maximal auf allen grammatischen Ebenen in einen Satz bzw. in eine Phrase integriert; hierfür stehen Fälle wie unter (3) sowie die oben, Abschnitt 2.3., unter (1), angeführten, vgl. ferner die Beispiele unter (4):

(4) a. Ach bist du blöd!
b. Oh doch!

Fälle wie (3a-d) und (4) unterscheiden sich signifikant: In Sätzen wie (3 a-d) unterliegt die Interjektion (falls sie nicht wie unter (b) erörtert zu interpretieren ist, was von ihrer Stellung im jeweiligen Satz abhängt) den topologischen Regularitäten,[22] welche für bestimmte Adverbien gelten, und sie ist durch ein solches Adverb ersetzbar (*jetzt schnell ins Bett; er fiel lautstark ins Wasser*, usw.). Insofern nur einige wenige Interjektionen diese Distribution erlauben (favorisiert werden beispielsweise Interjektionen, welche Geräusche bezeichnen, *plumps, doing*, vgl. Abschnitt 5.2., oder solche, die auf Charakteristika von bestimmten Bewegungsabläufen Bezug nehmen, *hopphopp, zack, schwupps*; Interjektionen wie *hm, au, aha*, usw. sind in solchen Distributionen hingegen ausgeschlossen), sind diese lexikalisch so zu kennzeichnen, daß sie den topologischen Regularitäten der betreffenden Adverb-Klasse folgen. Ähnliches gilt für Fälle wie (3 e,f): *ach* in (3 f) erfordert die Kombination mit *so*; der Ausdruck *ach so* muß lexikalisch dafür spezifiziert werden (ebenso wie *doch so*), *einen hohen Grad* zum Ausdruck zu bringen, und eben in dieser Distribution auftreten zu können; *basta* ist einer der wenigen Ausdrücke im Deutschen (im Gegensatz zum It./Span., vgl. *Basta cosi., Basta con eso.* [*Es reicht!*], *La birra non basta piu anche per questa sera.* [*Das Bier reicht nicht auch noch für heute abend.*]), welche in Kombination mit einem Satz auf die Letztposition eingeschränkt sind, und kann lediglich in Kombination mit *und* auftreten (vgl. **Basta, ich hab recht./*Ich hab recht, oder basta.*). *und basta* und *basta* sind also gleichermaßen für diese Distribution lexikalisch zu spezifizieren.

Fälle wie (4) hingegen entsprechen der Phrasen-Integration von Interjektionen (s. (c) und 4.2.), d.h. die betreffende Interjektion besitzt keine Adverb-Distribution sondern erlaubt die Distribution als phrasen-einleitendes Element (Typ: [$_{XP}$ INTERJEKTION Y]).

(b) Eine Interjektion ist zwar syntaktisch-linear in eine Phrase (einen Satz) integriert, jedoch nicht syntaktisch-hierarchisch, semantisch und phonologisch. Fälle dieser Art sind unter (5) genannt:

---

21 Beispiele (3e,f) aus Clément/Thümmel (1975:23).

22 Hierbei können verschiedene Stellungsmöglichkeiten einen unterschiedlichen Akzeptabilitätsgrad aufweisen, vgl. *??Es riß mich zack vom Hocker.*

(5) a. Du bist – ach – mir zu dumm.
b. Hast du – hm – das wirklich nicht gewußt?
c. Gib mir – au – doch endlich den Verband!

Die Distribution der Interjektion ist in diesem Fall an (phonologische) Wortgrenzen gebunden; in Fällen wie (5 d) ist das betreffende Wort nach Äußerung der Interjektion nicht vervollständigbar, vgl. (5 e):

(5) d. Paß doch end- au
e. *Paß doch end- au -lich auf!

Die Äußerungsbedeutung der Interjektion kann im Falle entsprechender Äußerungen zwar unter Umständen zur Ausdrucksbedeutung des restlichen Ausdrucks (im weitesten Sinne) passen, d.h. beispielsweise, sie kann sie kommentieren, modifizieren, ergänzen usw. (vgl. (5 a,b), sowie Abschnitt 5.4.), das muß jedoch nicht der Fall sein, wie (5 d) zeigt; in diesem Sinne unterscheiden sich Interjektionen in dieser Distribution von nicht-interjektionalen parenthetischen Einheiten, die darüber hinaus in Parenthesen-Nischen auftreten und Distributionen wie (5d) nicht erlauben. In jedem Falle dieses Typs steht die Interjektion intonatorisch außerhalb der Gesamtphrase und verfügt über den stärksten Akzent der Gesamtäußerung.

(c) Eine Interjektion ist (in zur Zeit ungeklärter Weise) syntaktisch-hierarchisch in eine Phrase integriert und besetzt hierbei die Initialposition der Gesamtphrase. Das heißt möglicherweise, daß die Interjektion auf allen grammatischen Ebenen (semantisch, phonologisch) – gleichfalls in theoretisch ungeklärter Weise – in die Phrase (den Satz) integriert ist, wie sich unter anderem darin zeigt, daß sie den einzigen Satzhauptakzent der Gesamtphrase tragen kann.

(d) Eine Interjektion besetzt eine periphere Position einer Phrase, ist aber von dieser durch ein eigenes Tonmuster abgetrennt. Zu Fällen dieser Art vgl. Abschnitt 2.3., (2). Im Unterschied zu (c) kann die der Interjektion folgende Phrase durch jede Phrase der Kategorie Satz (CP) besetzt werden.[23] Insofern die Interjektion und die ihr folgende Phrase jedoch nicht durch Koordinatoren verbunden werden können (**Ach oder wer ist gekommen?*), fasse ich Phrasen dieses Typs als Satz-Phrasen mit einer Struktur [$_{SATZ}$ INT-SATZ][24] auf, gegebenenfalls (*Ich hab recht, basta.*) mit umgekehrter Serialisierung. Eine gewisse Berechtigung zur Unterscheidung dieses Typs von dem unter (b) genannten Typ folgt aus einzelnen Serialisierungsphänomenen (**Basta, ich hab recht!*; im Unterschied zu den (b)-Typen ist die Topologie der interjektionalen und nicht-interjektionalen Konstituenten festgelegt), andererseits aus den unterschiedlichen Interpretationen von z.B. Äußerungen wie *Hallo, ich bin es./Au, du tust mir weh!/Pst, komm mal!* und solchen wie *Ich, hallo, bin es./Du, au, tust mir weh!/Komm, pst, mal!* Wir scheinen es hierbei mit einem besonderen Typ einer seriellen Verknüpfung zu tun zu haben, bei welchem eine periphere Konstituente mit der bzw. denen ihr folgenden bzw. vorgehenden Konstitu-

23 Hierzu zählen natürlich auch randgrammatische Satztypen i.S. von Fries (1983, 1987). z.B. *Pst, alle mal herhören!, Ach, in den Keller damit!*, usw.

24 Dies entspricht der von Clément/Thümmel (1975:17ff.) für alle Phrasen mit in Initialposition auftretenden Interjektionen postulierten Struktur. Im folgenden argumentiere ich dafür, Phrasen des Typs [$_{SATZ}$ INT^0-SATZ] von solchen des Typs [$_{INTP}$ INT^0 XP] zu unterscheiden.

ente(n) eine spezifische *semantische* Verbindung eingeht. Entsprechend der in Abschnitt 5. entwickelten Semantik von Interjektionen handelt es sich hierbei um die Verknüpfung einer *Ausdrucksfunktion* bzw. *Appellfunktion* mit einer anderen semantischen Funktion (beispielsweise *Prädikation*). Daß bei solchen Verbindungen unterschiedlicher semantischer Ausdrucksfunktionen spezifische Interpretationsprozesse determiniert werden, erstaunt daher nicht.

4.2.0. Eine Interjektion kann auf allen grammatischen Ebenen in eine Phrase bzw. in einen Satz integriert sein.

Entsprechend der Wortart- bzw. Phrasentyp-Zugehörigkeit der Schwesterelemente einer Interjektion in einer solchen Phrase sind unterschiedliche Typen von Phrasen mit Interjektionen differenzierbar. Diese Phrasen-Typen unterscheiden sich ferner hinsichtlich der grammatischen Beziehungen, die zwischen ihren Konstituenten bestehen können. Strukturell sind mindestens drei Typen zu unterscheiden:

1. Phrasen des Typs [INT – INT]
2. Phrasen des Typs [INT – X^0]
3. Phrasen des Typs [INT – XP]

4.2.1. Phrasen des Typs [INT – INT]:

Es handelt sich um Typen wie unter (6):[25]

(6) a. [ach hm]
 b. [tscht pst]
 c. [ach na]
 d. [i pfui]
 e. [aha aha]

Der Typ ist relativ unproduktiv und ist auf wenige Interjektionen beschränkt (möglicherweise häufiger zwei Interjektionen derselben Form und Funktion wie (6e)),- daß die betreffenden Interjektionen über eine kompatible Semanto-Pragmatik verfügen, ist keine Gewähr für die Akzeptabilität ihrer Kombination (vgl. *?[Igittigitt pfui]*) schriftliche Belege sind auch im Grimmschen Wörterbuch spärlich. Es handelt sich um eine Phrase des Typs (7):[26]

(7) $[_{INTP}\ INT^0 – INT^0]$

Die Äußerungsbedeutung solcher Phrasen scheint von beiden auftretenden Interjektionen gleichermaßen getragen zu werden. Zur näheren Bestimmung wären spezifische empirische Untersuchungen notwendig, insbesondere hinsichtlich der Frage, welche Kombinationen von Interjektionen als lexikalisiert betrachtet werden müssen.

---

25 Aufgrund ihrer spezifischen phonologisch-phonetischen sowie semanto-pragmatischen Eigenschaften sind reduplizierte Interjektionen (z.B. *nana, hmhm*) als eigenständige Formen $[_{INTP}INT^0]$ zu analysieren, vgl. Abschnitt 3.2.

26 'INTP' = Interjektionsphrase.

4.2.2. Phrasen des Typs [INT X^0]:

Auch Typ (8), in welchem [X^0] ein nicht-pronominales nicht-expandierendes Lexem repräsentiert,

(8) [$INT^0 - X^0$]

ist nur gering produktiv:

(9) a. na/o/ach ja
b. ach/i was
c. na und

Die hierzu zu rechnenden Kombinationen von *na* wurden von Ehlich (1986:93ff.) eingehender untersucht. Die Ergebnisse sind im wesentlichen auch auf Kombinationen anderer Interjektionen mit expansionsunfähigen Lexemen (bzw. X^0-Größen) übertragbar:[27]

> "Aufgrund der syntaktischen Kombinierbarkeit von *na* ergibt sich, anders als etwa bei *hm*, das kaum kombiniert wird, die Verwendung einer Verbindungsform. Sie ist einerseits phonetische Verbindungsform mit tendenziell ebener Tonstruktur; andererseits kann bei enger Verbindung von *na* und einem folgenden Ausdruck die phonetische und die phonologische Qualität, nämlich die einer Neutralisation, weiterentwickelt werden. Das ist besonders bei Verbindung mit einzelnen Kurzausdrücken der Fall, wie *naja, na und* usw. In diesen Fällen erhält der ganze Ausdruck eine eigene tonale Qualität.[28] Zugleich ist für das Verständnis dieser Form ein weiterer Gesichtspunkt wichtig: Die funktionale Differenzierung kann bei den Verbindungen mit Kurzausdrücken durch den jeweiligen Kurzausdruck spezifiziert werden, so daß die tonale Differenzierung aus sachlichen Gründen entfallen kann. [...] Die Kombination von *na* mit anderen Ausdrücken und Ausdrucksgruppen hat in einer Reihe von Fällen zu festen Formeln geführt, die standardmäßig für die Lösung bestimmter kommunikativer Aufgaben eingesetzt werden." (a.a.O., 135 ff.).

Feste Formeln diesen Typs sind beispielsweise *na wenn schon, na und, na danke, na endlich, na ja, na so was*, u.a.

Die Besetzung von INT und X^0 unterliegt Beschränkungen, welche wesentlich semanto-pragmatisch gesteuert werden, die im Großen und Ganzen jedoch nicht vorhersagbar zu sein scheinen (*ach/o ja/ach/o nein* vs. *na ja/*na nein/*i ja/*i nein*; *na schön* vs. **na schlecht*, usw.); X^0 ist möglicherweise auf Ausdrücke beschränkt, die selbst außerhalb von Satzverbänden auftreten können und interjektionalen Charakter haben ('Gesprächspartikeln' usw.). Soweit das zum gegenwärtigen Zeitpunkt aufgrund mangelnder empirischer Untersuchungen feststellbar ist, besitzen die betreffenden Phrasen keine typisch interjektionale Distribution (vgl. (10b) vs. (10 a/c)) und auch keine typisch interjektionale Auftretensweise in Äußerungen (vgl. (11)). Ihre syntaktische Distribution richtet sich – soweit feststellbar – im allgemeinen nach der Distribution von X^0 in ähnlicher semanto-pragmatischer Interpretation; in diesem Sinne besitzt die Phrase [*na schön*] die Distribution von [*schön*], die Phrase [*ach ja*] die Distribution von [*ja*], usw.:

---

27 Ehlich (a.a.O.) differenziert allerdings nicht zwischen den hier (Abschnitt 4.) unterschiedenen syntaktischen Phrasentypen. Insbesondere handelt es sich bei Phrasen des Typs [INT - SATZ] um nur beschränkt vergleichbare Phänomene (nur im Falle der Idiomatisierung wie etwa *Na komm., Na wird's bald!* usw.).

28 Diese wird von Ehlich (1986:105ff.) durch zahlreiche Oszillominkausdrucke belegt.

(10) a. Schön, daß du das weißt.
b. Na schön, daß du das weißt.
c. *Na, daß du das weißt.

(11) a. Geht's dir besser? – Ach ja./Ja./*Ach.
b. Komm doch her. – Na gut./Gut./*Na.
c. Ich hab' das Buch. – Na endlich!/Endlich!/Na.

Ich schließe hieraus, daß es sich nicht um Phrasen des Typs (12) handelt, sondern um solche des Typs (13), d.h. um Expansionen von X^0:

(12) $[_{INTP}\ INT^0\ X^0]$
(13) $[_X\ INT^0\ X^0]$

(13) entspricht auch – sieht man von lexikalisierten, idiosynkratischen Phrasen ab – den semantischen Beziehungen zwischen den Konstituenten der Phrasen: Die betreffende Interjektion modifiziert die Bedeutung von X^0 und nicht umgekehrt, vgl. Beispiel (11c). Die geringe Produktivität des Typs, semanto-pragmatische und phonologisch-phonetische Idiosynkrasien (vgl. obiges Zitat v. Ehlich 1986) sprechen dafür, die entsprechenden Phrasen als Lexikoneinträge zu beschreiben.

4.2.3. Phrasen des Typs [INT – XP]:

4.2.3.0. Für Phrasen des Typs [INT – XP] sind drei Fälle unterscheidbar: XP kann eine Substantivgruppe, eine Präpositionalphrase (PP) oder ein Satz sein; Substantivgruppen ('Nominalphrasen') kategorisiere ich als DP ('Determinierer-Phrase'), Sätze (generell) als CP ('Complementizer-Phrase').[29]

4.2.3.1. Phrasen des Typs [INT – DP]:

Interjektionen treten in jeder diachronen Entwicklungsphase des Deutschen gemeinsam mit einer DP auf und bilden mit dieser eine komplexe Phrase des Typs $[_{ZP}$ INT DP]. Die Kategorisierung von ZP ist zunächst unklar.

Interjektionen sind in solchen Phrasen strikt linksperipher und erlauben maximal eine Schwesterkonstituente. Der genannte Strukturtyp ist bis zum FNHD relativ produktiv, im NHD hingegen stark eingeschränkt. Im heutigen Deutsch erlauben Interjektionen – sieht man von den relativ unproduktiven Fällen mit *weh* ab, vgl. *?Weh dem Fritz!* – lediglich eine nominativische DP als Schwesterkonstituente. Bis zum FNHD konnten Interjektionen mit einer DP beliebigen Kasus eine Phrase bilden; im einzelnen:

a. [INT $DP^{genitiv}$]

Wie im Latein (*o hominum ingratitudinis*) treten Interjektionen im AHD, MHD und FNHD und

---

29 Es geht mir hier nicht darum, ob bestimmte SATZ-Typen als CPs analysiert werden sollten, weshalb die Kategoriesierung von Sätzen im folgenden nicht thematisiert wird.

im NHD (bis ca. zum 19. Jahrhundert) mit einer DP im Genitiv auf; die Belege[30] sind zahlreich:

(14) a. o deiner elenden bulerei! (Sachs)
b. o meines königs und meines herrn! (Ayrer)
c. o des geschickes seltsamer Wirkung! (Goethe)
d. pfui unsers unglaubens. (Luther)
e. pfui des bösewichts! (Herder)
f. ach meines leides! (Ayrer)
g. ach der wonne! (Klopstock)

Die Struktur ist im heutigen Deutsch ausgeschlossen.

b. [INT DP^{dativ}]

Wie im Altgriechischen (*Ω μοι*)) treten Interjektionen bis zum 19. Jahrhundert mit einer DP im Dativ auf; auch hierbei verfügen wir über zahlreiche Belege:

(15) a. o dem verhängnis! (Opitz)
b. o mir! (Gerstenberg; Schiller)
c. pfui mir albern narren. (Tittmann)
d. pfui ihm! (Schiller)
e. Weh mir!

Auch diese Struktur ist im heutigen Deutsch ausgeschlossen. Relikte sind lediglich mit *weh* möglich (s. (15e)).

c. [INT DP^{akkusativ}]

Wiederum wie im Latein und im Altgriechischen (ʼάι τὸν ʼΆδωνιν) treten Interjektionen bis zum 19. Jahrhundert mit einer DP im Akkusativ auf:

(16) a. o mich elenden! (Schuppius)
b. o mich vergeszlichen! (Lessing)
c. pfui dich! (Megenberg)
d. pfü dich du böse welt. (Gengenbach)
e. pfui den hundskerl! (Siegwart)

Ebenso wie die unter den vorstehenden Abschnitten behandelten Kasus ist auch eine akkusativische DP in dieser Struktur im heutigen Deutsch ausgeschlossen.

d. [INT DP^{nominativ}]

Die nominativische DP ist die einzige DP, die im NHD produktiv als Schwesterelement einer Interjektion auftreten kann:

(17) a. o unsere freiheit! (Goethe)
b. o armes volk (Gotter)
c. o mein verlorenes glück! (Schiller)
d. pfuy schlechter Mensch! (Goethe)

---

30 Die schriftsprachlichen Belege unter (14)-(17) entstammen dem Grimmschen Wörterbuch.

e. pfui has! (Birlinger)
f. Ach / pfui / i / o Peter!
g. Ach ihr tollen Linguisten!
h. O diese Philologen!
i. Ach unser schönes Filet!
k. Jesses dieses Auto / dieses andauernde Mistwetter!

Der Typ ist im heutigen Deutsch regulär und scheint keinen syntaktischen Beschränkungen zu unterliegen: Die nominativische DP wird bei Empfindungen zum Ausdruck bringenden Interjektionen beispielsweise durch auf Personen (oder Haustiere) referierende Ausdrücke realisiert (s. 17f,g,h)); auch Fälle wie (17a,c,e) sind im heutigen Deutsch prinzipiell noch möglich, vgl. (17i,k); die DP referiert hierbei z.B. auf eine Sache oder auf einen Sachverhalt.

Insgesamt läßt sich damit konstatieren, daß der Strukturtyp [INT DP] im heutigen Deutsch nicht mehr in dem Grade produktiv ist, wie er es in älteren Sprachstufen des Deutschen war (oder in anderen Sprachen sein mag), und auf eine nominativische DP als Schwesterkonstituente der Interjektion beschränkt ist. Auch die Interjektionen, welche diesen Bildungstyp erlauben, sind beschränkt. Diese Beschränkungen könnten teils aus semanto-pragmatischen Eigenschaften der betreffenden Interjektionen folgen; typischerweise referiert die DP auf jenen Sachverhalt, der den durch die Interjektion zum Ausdruck gebrachten Affekt verursachte; insbesondere erlauben auch solche Interjektionen diese Konstruktion, die in einer Äußerung einen Affekt des Sprechers zum Ausdruck bringen, der durch einen Sachverhalt, an welchem die Person, auf die die DP referiert, beteiligt ist, hervorgerufen wurde (*Pfui Peter!*; *Oh du Glückspilz!*; *Ach du mieses Schwein!*; *Ih du Ferkel!*). Die Konstruktion wird bei diesen Interjektionen stets in diesem Sinn interpretiert; beispielsweise ist *Au/Brr Peter!* nur dann akzeptabel, wenn Peter der Auslöser des Schmerz- bzw. des Ekel- bzw. des Kälte-Empfindens ist, das der Sprecher ausdrückt. Ferner erlauben solche Interjektionen diese Konstruktion, welche eine direktive Äußerungsbedeutung zum Ausdruck bringen (*Pst Peter!; Brr/hü Hasso!* [wenn Hasso z.B. ein Schlittenhund ist]). Darüber hinaus spielen auch idiosynkratische Eigenschaften einzelner Interjektionen eine Rolle; so etwa erlaubt *he* ([he:\]) die Konstruktion [INT DP], *ts* nicht (*He Sie!; *Ts Sie!*; *ts* dient wie *he* zur Kontaktaufnahme, allerdings unter speziellen Äußerungsbedingungen). Hingegen sind Interjektionen wie *kracks, tzong, muh; miau* usw. (Interjektionen, die Geräusche und Bewegungsabläufe symbolisieren) von diesem Konstruktionstyp ausgeschlossen. Das – wie auch ihre semanto-pragmatischen Eigenschaften, vgl. Abschnitt 5.2. – spricht dafür, diese Lexeme als besondere Sub-Klasse der Interjektionen zu betrachten.

Die Beispiele unter (14)-(17) zeigen, daß Interjektionen keinen bestimmten Kasus regieren, sondern – zumindest bis ins FNHD – jeden beliebigen Kasus bei einer DP als Schwesterkonstituente zulassen. Ich schließe hieraus, daß Interjektionen (zumindest in den belegbaren Fällen des Deutschen) nicht rektionsfähig sind,- eine natürlich für ihre lexematische Abgrenzung von anderen Lexemgruppen (insbesondere Präpositionen im Deutschen) wichtige Eigenschaft. In der INTP herrscht – mit anderen Worten – im gegenwärtigen Deutsch strukturelle Kasuszuweisung (*Nominativ*). Aufgrund der semanto-pragmatischen Eigenschaften betreffender Phrasen komme ich zu dem Schluß, daß für die auftretenden DPs in betreffenden Phrasen spezifische Beschränkungen hinsichtlich ihrer semantischen Funktion bestehen. Die DP verweist bei jenen Interjektionen, welche eine (psychische oder körperliche) Empfindung des Sprechers zum

Ausdruck bringen, im allgemeinen auf die *Ursache des Affektes* (bzw. auf das, was vom Sprecher als Ursache verantwortlich gemacht wird), bei jenen Interjektionen, welche eine direktive Äußerungsbedeutung determinieren, auf den/die *Angesprochenen*. Möglicherweise sind einige weitere semantische Beziehungen zu konstatieren (vgl. *He/hallo du!, Prost du dummer Kerl!, Ade/tschüss Fritz!*).

Somit folge ich auch nicht der Interpretation Grimms (vgl. z.B. Grimm 1837,IV:763ff.), der hinsichtlich der hier behandelten Strukturen zwischen einem 'Genitiv der Sache' und einem 'Dativ der Person' bzw. 'Akkusativ der Person' unterscheidet.[31] Konstruktionen wie *we mir dises leides!* sind nur für *we* und *wol* belegt; falls Grimms Erklärung zutreffen sollte, wären neben den unter (14) genannten Belegen auch Fälle wie *o dir/dich elender bulerei!, ach dir/dich deines/des leides!*, usw. erwartbar,- auf Belege dieser Art bin ich jedoch nicht gestoßen. Zwar mag Grimms Erklärung (vgl. Anm. 31) gewisse diachrone Entwicklungen plausibel beschreiben, für die synchrone Erfassung der Regularitäten der erörterten Phrasen ist sie jedoch nicht adäquat.

Hinsichtlich der Kategorisierung der Phrase [INT DP] kann aus ihrer Distribution geschlossen werden, daß es sich um eine Interjektionen-Phrase [INTP] (und nicht um eine DP) handelt; die betreffenden Phrasen besitzen weder die Semantik noch die Distribution noch die Phonologie des Anrede-Nominativs (Vokativs), wie die Beispiele unter (18) zeigen:

(18) a. Peter, komm her!
b. Ach/o/pfui/i Peter, komm her!
c. Ach/o/pfui/i, komm her!

In Phrasen wie (18b) besitzt die [INT DP]-Phrase die Distribution der betreffenden Interjektion; Phrasen wie (18b) werden wie solche in (18c) interpretiert, und nicht wie (18a). Völlig klar wird das in Fällen wie (18d-e):

(18) d. Komm her, Peter!
e. Komm her, ach/o/pfui/i Peter!
f. Komm her, ach/o/pfui/i!

(18e,f) sind beide gleichermaßen nur im Sinne der unter Abschnitt 4.1., (b) bzw. (d) genannten Analysen interpretierbar, d.h. als Strukturen des Typs [$_{SATZ}$ SATZ INTP]; demgegenüber handelt es sich in (18d) um eine reguläre Distribution des Anrede-Nominativs, der in dieser Position (d.i. [$_{SATZ}$ SATZ DP]) strikt schwachtonig realisiert wird (was auf (18 e), d.i. [$_{SATZ}$ SATZ [$_{INTP}$ INT DP]], nicht zutrifft).

Scheinbare Gegenbeispiele könnten Fälle wie (19a) darstellen, die aufgrund der Akzeptabilität von (19b) gleichfalls (mit einem und nur einem Tonmuster) akzeptabel sein müßten, was m.E. nicht der Fall ist (zumindest scheinen die Sätze (19a,c) den gleichen

31 Vgl.: "*wol* und *weh!* beide sind einander nicht völlig parallel. [...] *we* hat gewöhnlich den dat., *wol* den acc. der pers. neben sich, aber auch ein nom. der person, und außer dem persönlichen casus ein gen. der sache folgt. [...] beim ahd. mhd. *wola, wol* findet sich der persönliche acc. oft [...] seltener der dat. [...] nhd. überall mit dat.: *wol mir!* [...]. warum *wola* den acc., *we* den dat. neben sich hatte? der unterschied gleicht dem bei den impersonalien [...]. beide formeln lassen gen. der sache, wie jene impersonalie zu. mhd. *so wol mich dirre mære* [...] *we mir dises leides* [...]. ganz ähnlich den constructionen der verba mit gen. der sache neben acc. und dat. der person. *Ach ich! ach mich! ach miner tage!* sind ebenso aufzufassen." (Grimm (1837 IV: 763 ff.).

Akzeptabilitätsgrad zu haben). Die Phrase [*ach Peter*] besitzt unter vorausgesetzter Inakzeptabilität von (19a,c) die Distribution des Anrede-Nominativs, der hier gleichfalls ausgeschlossen ist:

(19) a. ??Ach Peter bist du groß geworden![32]
b. !Ach bist du groß geworden!
c. ??Peter bist du groß geworden.

Den im vorhergehenden erörterten Phrasen [INT DP] kann demzufolge eine Struktur wie (20) zugeschrieben werden:

(20) $[_{INTP}\ INT^0\ DP]$

Problematisch sind in diesem Zusammenhang noch Phrasen wie (21a,b):

(21) a. Ach/na/o du Dummerchen!
b. Ach ich Idiot!

Engel (1982:121, 150ff.; 1988:649ff.) analysiert Phrasen wie (22c,d) als Pronominalphrasen:

(22) c. Du Dummerchen!
d. Dummerchen du!
e. *Er Dummerchen!/*Dummerchen er!

M.E. handelt es sich bei solchen Phrasen um eigenständige randgrammatische Satztypen, welche, wie die Beispiele (22d,e) zeigen, spezifischen Bedingungen unterliegen;[33] andererseits können diese Phrasen auch DP-Distribution besitzen:

(22) f. Ich Idiot hab' das nicht gewußt!

Für Phrasen in Strukturen wie (22f) und solchen wie (22c,d) bestehen zwar ähnliche Beschränkungen (vgl. (22e,g)), jedoch nicht dieselben, vgl. (22h) vs. (22d):

(22) g. *Er Idiot hat das nicht gewußt!
h. *Dummerchen du hast das nicht gewußt!

(23) zeigt, daß eine Interjektion nicht mit dem für (22c,d) zu konstatierenden (randgrammatischen) Satztyp in einer Phrase auftreten kann:

(23) a. *Ach/na Dummerchen du!
b. *Pfui Ferkel du!

Sätze wie (24 a) scheinen mir nur mit zwei Tonmustern akzeptabel zu sein (entweder zwischen *ach* und *du Idiot...* oder zwischen *ach du Idiot* und *hast wieder...* muß eine Pause auftreten); empirisch eindeutig ist die Inakzeptabilität von (24b) vs. der Akzeptabilität von (24c):

(24) a. *Ach du Idiot hast wieder mal nicht geschaltet!
b. *Ich hab' ach dich Trottel schon vermißt!
c. !Ich hab' dich Trottel schon vermißt!

---

32 Natürlich ist das Beispiel dann voll akzeptabel, wenn es mit zwei Tonmustern realisiert wird (*Ach Peter! Bist du groß geworden!*).

33 Zur Argumentation und zu diesem spezifischen Fall vgl. Fries (1987:84).

Ich schließe hieraus, daß eine Interjektion zwar mit einer Phrase vom Typ [*du Dummerchen*] auftreten kann, die resultierende Gesamtphrase jedoch dann eine Interjektionsphrase (INTP) darstellt. Insofern Phrasen wie [*ich Idiot*] nach neuerer Auffassung als DP kategorisiert werden sollten, zudem Phrasen vom Typ (21a,b) im heutigen Deutsch auf solche mit nominativischen pronominalen Phrasen beschränkt sind (**Ach mir Idioten!*, **O dich Unglücklichen!*, usw.), und das generellen Prinzipien der Interjektionsphrase entspricht (s.o.), kann davon ausgegangen werden, daß auch Phrasen wie in (21 a,b) eine Struktur wie (20) aufweisen.

4.2.3.2. Phrasen des Typs [INT PP]:

Hinsichtlich Phrasen des Typs [INT PP] gilt prinzipiell das zu [$_{INTP}$ INT DP] Gesagte; Phrasen dieses Typs waren bis ins 19. Jhdt. produktiv; an Präpositionen in der PP treten vornehmlich[34] *über* und *für* auf:

(25) a. o über die vorbitterinn! (Lessing)
b. o über sie! (Gutzkow)
c. pfui übers hocken! (Schiller)
d. pfui über euch sklavenseelen! (Gotter)
e. pfui für dem all! (Klinger)
f. pfui für ein vernünftiges Geschöpf! (Gotter)

Auch für Phrasen diesen Typs gelten spezifische Bedeutungsrelationen, die im wesentlichen den in Abschnitt 4.2.3.1.5. genannten entsprechen: Eine PP mit *über* referiert beispielsweise in den obigen Belegen auf jenen Sachverhalt (auf jene Person), welche(r) nach Auffassung des Sprechers den in der betreffenden Äußerung durch die Interjektion zum Ausdruck gebrachten Affekt hervorgerufen hat. Das gilt auch für die Belege (25f) und (25d): Mit (25f) bringt der Sprecher zum Ausdruck, daß eine vom Sprecher als vernünftiges Geschöpf eingestufte Person in ihm (dem Sprecher) einen (negativen) Affekt bewirkt hat; mit (25d) bringt der Sprecher zum Ausdruck, daß Sklavenseelen ihm diesen Affekt verschafft haben. Die betreffenden Phrasen verhalten sich syntaktisch nicht wie 'Präpositionalphrasen' sondern wie 'Interjektionsphrasen';[35] sie sind entsprechend der vorgetragenen Argumentation wie in (26) zu analysieren:

(26) [$_{INTP}$ INT^0 PP]

4.2.3.3. Phrasen des Typs [INT CP]:[36]

Phrasen des Typs [INT CP] sind auch im heutigen Deutsch akzeptabel:

(27) a. Oh/pfui/igitt wie das stinkt!
b. Pfui wie stinkt das!
c. Uff/jesses ist das heiß!
d. Brr ist das kalt!

---

[34] Belege mit anderen Präpositionen sind sehr selten, für *ze* vgl. *ah ze sêre!*, *ah ze harme!*, Grimm (Wörterbuch I:161).

[35] Belege, die für eine Distribution solcher Phrasen als PP sprächen, sind nicht auffindbar.

[36] Vgl. Anmerkung 29.

e. Oh wer kommt denn da!
f. Ach wer weiß das schon!
g. Ach wenn er nur käme!
h. Ach daß du immer so rechthaberisch sein mußt!

In allen Sprachstufen des Deutschen sind weitere Satzstrukturen in der Phrase [INT CP] nachweisbar; bei den Belegen handelt es sich meist um einen Imperativsatz oder um einen *daß*-Satz:

(28) a. ach dasz er käme! (Luther)
b. ach dasz ich wasser gnug hätte! (Luther)
c. ei laszt ihn nur tanzen ((Spee)
d. ei so lasz doch nur der bohnen [...] schonen (Günther)
e. hui dasz sich das blätgen umkehrt (Weise)
f. ie fahre, galgenvogel, fahre [...]! (Weise)

Unterschiedliche Satztypen sind auch im Gegenwartsdeutsch möglich, allerdings (wie wahrscheinlich in früheren Sprachstufen)[37] Interjektionen-spezifisch:

(29) a. Na/ach/oh komm mal her!
b. *Pst sei still!
c. *Uff mach mal das Fenster auf!
d. *Brr/igitt daß das so kalt ist!

Die Beispiele sprechen dafür, auch im Falle der Phrase [INT CP] davon auszugehen, daß die betreffende Interjektion semantischen und syntaktischen Einfluß auf die Realisierungsmöglichkeit von CP besitzt; besonders deutlich ist das in Fällen wie (30a):

(30) a. Ach bist du still!
b. Bist du still!

Eine Äußerung von (30a) erlaubt zwar eine Exklamativ-Interpretation, entgegen einer Äußerung von (30b) jedoch keine *direktive* Interpretation;[38] d.h., daß *ach* die Interpretation der Gesamtphrase determiniert.

Gleiches folgt daraus, daß semantische Gründe für die Inakzeptabilität der Sätze unter (31) verantwortlich sind (z.B. gegenüber (27d)):

(31) a. ?Brr ist das heiß hier!
b. ?Brr kommst du spät!

Andererseits zeigt die Inakzeptabilität der Beispiele unter (32), daß es sich bei dieser um syntaktisch-determinierte Phänomene handelt, und nicht um semanto-pragmatisch determinierte: Nicht etwa eine mögliche Exklamativ-Interpretation von CP oder der Gesamtphrase entscheidet über die Akzeptabilität der Äußerung der [INT CP]-Phrase, sondern die grammatischen Eigenschaften der betreffenden Interjektion sowie möglicherweise generelle Eigenschaften von INTP:

---

37 Zumal bei schriftlichen Belegen aus früheren Sprachstufen sind die intonatorischen Verhältnisse natürlich nicht nachprüfbar; geht man von der Zeichensetzung aus, so sind die betreffenden Interjektionen teils durch Komma vom Satz abgetrennt, teils nicht.

38 Zu Verb-Erststellungssätzen des Typs *Bist du still!* vgl. detailliert Fries (1983:84ff.).

(32) a. *Pfui ein schlimmer Geruch ist das hier!
b. *Uff heiß ist das hier!
c. *Pst bist du still!

pst tritt zwar mit einer DP auf, erlaubt jedoch keine CP als Schwesterelement; *uff* erlaubt zwar eine Verb-Erststellungssatz (mit fallendem Tonmuster), jedoch (unter anderem) keinen Verb-Zweitstellungssatz, usw.

Das bedeutet, in Einklang mit den bisherigen Ergebnissen, daß die erörterten Strukturen [INT CP] zwar besonderen pragmatischen Interpretationsprozessen unterliegen,[39] daß es sich jedoch auch um grammatisch determinierte Erscheinungen handelt. Das äußert sich ferner darin, daß Sätze mit der Struktur [INT CP] besonderen phonologischen Bedingungen folgen, die aufgrund fehlender empirischer Analysen nicht einschätzbar sind und im wesentlichen unberücksichtigt bleiben müssen. Es sei allerdings darauf hingewiesen, daß Sätze wie (33a) nur dann mit *einem* Tonmuster realisierbar sind, wenn der Hauptsatzakzent nicht auf der Interjektion realisiert wird (vgl. (33d)):

(33) a. Ach Peter ist gekommen!
b. Ach PETER ist gekommen! (...und nicht Fritz)
c. Ach Peter ist geKOMMmen! (...und nicht gegangen)
d. ??ACH Peter ist gekommen!

In Vorfassungen zu dieser Arbeit habe ich die Auffassung vertreten, daß die Phrase [INT CP] eine Struktur wie (34) aufweist, also eine Expansion der Interjektion darstellt:

(34) $[_{\mathrm{INTP}}\ \mathrm{INT}^0\ \mathrm{CP}]$

Aus einer pragmatischen Perspektive ist feststellbar, daß die Anwesenheit einer Interjektion, d.h. das Vorliegen einer Struktur [INT(-XP)] (mit fakultativer XP), stets eine selbständige Äußerung involviert; mir scheint dies ein Erfordernis für die Distribution der Phrase [INT(-XP)] schlechthin zu sein, da Interjektionen bzw. Interjektionsphrasen nie eingebettet auftreten können, sondern entweder in Parenthesen-Nischen oder peripher distribuiert sind (vgl. **Ich weiß, ach daß er durch die Prüfung gefallen ist.*, usw.). Mir scheinen zum gegenwärtigen Zeitpunkt die oben vorgetragenen Indizien nicht stark genug für eine Struktur wie (34) zu sprechen; vielmehr scheint für [INT-CP]-Phrasen die semantisch-pragmatische Erfordernis zu bestehen, daß die Äußerungsinterpretationen von INT und CP kompatibel sind; schon Clément/Thümmel (1975:17ff.) vertreten übrigens die Auffassung, daß [INT CP]-Phrasen keine Expansionen der Interjektion oder der betreffenden CP darstellen. Es scheint sich bei [INT-CP]-Phrasen um eine spezifische Art *linearer* Verknüpfung (und nicht *hierarchischer*) zu handeln. Die Möglichkeit einer Struktur wie (34) sollte daher im wesentlichen von theoretischen Annahmen des jeweiligen Grammatikmodells bedingt werden.

4.3. Zusammenfassend läßt sich sagen, daß Interjektionen im Deutschen expansionsfähig sind und im heutigen Deutsch Strukturen dreierlei Typs bilden,

---

[39] Z.B. sind Sätze wie *Ach komm her!* in Äußerungen nicht als *Befehle* interpretierbar.

(35) a. $[_{INTP}\ INT^0\ (INT^0)]$
b. $[_{INTP}\ INT^0\ (DP)]$
c. $[INT^0\ CP]$

(3c) soll hier, gemäß den obigen Bemerkungen, nicht weiter kategorisiert werden. Für die gegenwärtige Sprachstufe des Deutschen gilt in INTP als struktureller Kasus der *Nominativ*; für CP (in (35 c)) gilt, daß C^0 [40] in CP durch Elemente wie *daß, wie*, möglicherweise *wenn* und evt. *w*-Phrasen, oder durch V^0 besetzt sein kann (*ob* scheint generell ausgeschlossen zu sein).

In semantischer Hinsicht ergeben sich in $[INT^0$-XP]-Phrasen spezifische Bedeutungsrelationen, u.z. scheint bei [INT-CP]-Phrasen die Kompatibilität der Äußerungsinterpretationen von INT und CP ausschlaggebend zu sein, bei $[_{INTP}$ INT-DP]-Phrasen INT die semantische Funktion von DP zu determinieren (ohne daß wir hier, aus Gründen, die im folgenden expliziert werden, von der Zuweisung einer Θ-Rolle an XP durch INT sprechen wollen).[41]

Darüber hinaus treten Interjektionen in weiteren Distributionen auf, welche entweder spezifischen nicht-interjektionalen Distributionen entsprechen (vgl. Abschnitt 4.1., (a)) oder typisch für Interjektionen sind, jedoch nicht als Interjektionen-Expansionen analysiert werden können. Bei letzteren handelt es sich um die in Abschnitt 4.1. unter (b) erwähnten Fälle:

(36) a. Du bist – ach – mir zu dumm.
b. Hast du – hm – das wirklich nicht gewußt?
c. Gib mir – au – doch endlich den Verband.
d. Paß doch end- au

Obgleich auch nicht-interjektionale Elemente in solchen Distributionen auftreten können (*Du bist mal wieder – natürlich – zu spät gekommen.*) ist diese Distribution für Interjektionen eines speziellen Typs die typische. Es handelt sich hierbei um Interjektionen mit einer spezifischen pragmatischen Funktion, u.z. einer ***segmentierende Funktion*** ([e:], [ə:], *hm*, u.a.; vgl. Abschnitt 5.3.). Die betreffenden Phrasen besitzen die Struktur (37):[42]

(37) $[_{XP} \ldots [_{INTP}\ INT^0] \ldots]$

Auch Distributionen von Interjektionen wie in (36) müssen lexikalisch spezifiziert sein, da nur bestimmte interjektionale Lexeme in dieser Struktur erlaubt sind:

(38) *Du – (und) basta – kommst jetzt her!

---

40 Ich nehme entsprechend zur Zeit gängigen Annahmen an, daß CP über eine interne Struktur

$[_{CP}\ [_{C1}\ SpecC\ [C^0\ [_{IP}\ SpecI\ [I^0\ [_{VP}\ V^0]]]]]]$

verfügt, und daß C^0 in Sätzen wie *Hans/wer ist gekommen* durch das finite Verb, in Sätzen wie *daß/wie Hans geht* durch den jeweiligen Complementizer besetzt wird.

41 Interjektionen unterscheiden sich im Deutschen also darin von Präpositionen, daß sie (a) keinen morphologischen (und keinen obliquen) Kasus zuweisen, (b) in INTP struktureller Kasus: *Nominativ* herrscht, (c) daß sie nicht über die Markierung [αDIR] verfügen, und (d) daß sie spezifische semantische Relationen zu ihren Schwesterkonstituenten aufweisen. Zu den diesbezüglichen Verhältnissen bei Präpositionen vgl. Bierwisch (1988), Fries (1988a, 1991c,d).

42 In den Abschnitten 5.3. und 5.4. wird diese Struktur noch näher spezifiziert.

Interjektionsphrasen, welche Komplemente enthalten, sind in dieser Distribution zwar nicht ausgeschlossen; Äußerungen wie *Ich – hallo Peter – freue mich, dich zu sehen.* werden allerdings generell so interpretiert, daß die INTP außerhalb der durch die CP ausgedrückten Proposition steht. Demgegenüber gliedern Interjektionen wie [e:], [ə:], *hm* usw. die betreffende Proposition in kognitiv relevante Subeinheiten.

5. Zur Semantik und Pragmatik der Interjektionen

5.1. Interjektionen sind entsprechend der im vorstehenden genannten Daten durch volle lexikalische Einträge spezifizierbar, die sich in den in den charakterisierten Hinsichten von anderen Lexemen bzw. Lexemklassen unterscheiden.

Beispielsweise ist für *pfui* entsprechend der Akzeptabilität und Semantik von Phrasen wie

(39) Pfui (Peter)!

anzunehmen, daß diese Interjektion für eine (fakultative) DP subkategorisiert ist, welcher sie die semantische Funktion 'Verursacher (der durch *pfui* ausgedrückten Ekel-Empfindung)' zuweist. *au* ist für eine DP subkategorisiert, welcher die semantische Funktion 'Verursacher (der Schmerz-Empfindung)' zukommt (*Au Peter!*). *hü* oder *put put* u.ä. selektieren (wenn überhaupt) Ergänzungen, welche auf bestimmte Tiere bzw. Tiergruppen referieren müssen (vgl. **Put put / hü Peter!*).

Offen wurde gelassen, ob Interjektionen Sätze (CPs) als Komplemente haben können. Beachtenswert ist in diesem Zusammenhang, daß eine Äußerung von Sätzen wie *Pfui ist der dünn!* das Ekel-Empfinden des Sprechers (hier: über die Dünnheit des Referenzobjektes) kundtut, und nicht nur im Sinne einer Exklamativ-Interpretation verstanden wird, (d.h. nicht in dem Sinne) wie eine Äußerung des Satzes *Ist der dünn!*, daß der Sprecher nämlich mit seiner Äußerung eine affektive Einstellung über einen normabweichenden Sachverhalt ausdrückt. Gleichermaßen gilt das für Sätze wie *Pfui wie der geht!* vs. *Wie der geht!*: Erstere bringen eine mehr oder weniger spezifische Empfindung (hier: Ekel) des Sprechers über die Art und Weise der Ausführung der durch das Prädikat von CP genannten Handlung (bzw. Eigenschaft, vgl. *Pfui ist der dreckig!*, ferner jedoch auch *Pfui was für ein Säufer!*, usw.) zum Ausdruck, letztere die affektive Einstellung des Sprechers, daß dieser die Art und Weise der Ausführung der durch das Prädikat genannten Handlung (bzw. den Grad einer Eigenschaft, usw.) als normabweichend empfindet. Hinsichtlich der Äußerungsinterpretation von [INT-CP]-Strukturen spricht das für mehr oder weniger komplexe Interaktionen der jeweiligen Äußerungsinterpretationen von INT und CP, d.h. eher für ein pragmatisches als für ein semantisches Verhältnis von INT und CP; man beachte, daß dies hinsichtlich der in Kapitel 4. erörterten [INT-DP/PP]-Strukturen anders ist, in welchen DP bzw. PP jeweils spezifische semantische Funktionen (*Verursacher* usw.) zukommen.

Interjektionen können also in syntaktischer und semantischer Hinsicht über Ergänzungen verfügen; im Unterschied zu Präpositionen können sie im Deutschen jedoch nicht über ein externes Argument verfügen. Dennoch ist es ein semanto-pragmatisches Charakteristikum solcher Interjektionen, welche Strukturen des Typs $[_{INTP}\ INT^0\ XP]$ bilden können, daß sie stets eine

Emotion (*ach, ih, oh*, usw.) bzw. eine körperliche Empfindung (*au, aua, uff, brr*, usw.) oder einen Appell (*pst, put put, hallo, hm* [als *turn*-Anforderung, vgl. Ehlich (1986:50)], *prost, he, topp*, usw.) des Sprechers (und nicht des Hörers usw.) kundtun. Insofern dieser Bedeutungsanteil entsprechender Äußerungen von diesen Phrasen obligatorisch ist, fasse ich diesen als lexikalisch-semantisch determinierten auf.

Interjektionen, welche Emotionen (sowie körperliche Empfindungen) zum Ausdruck bringen, konstituieren demnach in semantischer Hinsicht eine Relation zwischen Objekten bzw. Sachverhalten und Emotionen (bzw. körperliche Empfindungen) des Sprechers: Sie referieren somit auf den Sprecher, *indem* sie sein Erleben über ein Objekt bzw. einen Sachverhalt kundtun,- sie *referieren* (auf den Sprecher) und sie *tun kund* (ein *Erleben*) zugleich.

Ähnlich gilt das für Interjektionen, die einen Appell zum Ausdruck bringen; in semantischer Hinsicht konstituieren diese Wörter eine Relation zwischen Objekten und einem Appell des Sprechers: Sie referieren somit auf den Sprecher, indem sie seinen Appell an ein Objekt kundtun, sie *referieren* (auf den Sprecher) und *appellieren* zugleich.

Im Prinzip könnte man also sagen, daß die Struktur [$_{INTP}$INT^0 XP] die semantische Struktur (40a) bzw. (40b) aufweist ((40) ist durchaus provisorisch):

(40) a. EMOTION (x)
b. APPELL (x)

wo 'EMOTION' bzw. 'APPELL' noch weiter zu spezifizierende Funktionen aus der Menge von Emotionen (einschließlich körperlicher Empfindungen) bzw. Appell-Typen darstellen und 'x' jeweils die Variable für dasjenige Objekt bzw. denjenigen Sachverhalt, über welche die 'EMOTION' bzw. der 'APPELL' kundgetan wird, darstellt.

Nun gleichen (40a,b) einer Art *Prädikation*, unterscheiden sich von dieser jedoch logisch in wesentlicher Hinsicht: Die Zuordnung einer 'EMOTION' bzw. eines 'APPELLS' ist nämlich weder negierbar, noch ist sie logischen Verknüpfungen zugänglich, die gewöhnlicherweise für *Prädikationen* erwartbar sind (insbesondere sind *ODER*-Verknüfungen ausgeschlossen: **Oh oder/und ach Peter!, *Ach und weh Peter!*, usw.; die *UND*-Verknüpfung scheint in bestimmten Fällen möglich zu sein, vgl. u., Abschnitt 5.2.). Sie ist zudem in Äußerungen nicht als *wahr* oder *falsch* beurteilbar, d.h. auf eine Äußerung wie *Au!* kann man nicht *Das stimmt nicht!* oder *Das ist wahr!* antworten. Man wird höchstens beurteilen können, ob die durch den Sprecher zum Ausdruck gebrachte Empfindung (usw.) *zutrifft* oder *nicht zutrifft*, u.z. insofern, als es gewisse (z.Zt. nur näherungsweise bekannte, s.u.) Instanzen geben kann, nach welchen beurteilt werden kann, ob derjenige, der eine 'EMOTION' oder einen 'APPELL' kundtut, tatsächlich über die psychischen bzw. physischen Äquivalente der 'EMOTION' bzw. des 'APPELLS' verfügt. Die Äußerung der Phrase *Au! trifft* also in diesem Sinne dann und nur dann *zu*, wenn es hinreichend viele situative Bedingungen dafür gibt, daß der Sprecher *Schmerz* empfindet.[43] Eine Negierung der in (40a) symbolisierten Zuordnungsfunktionen bedeutet hingegen, *daß die Zuordnung nicht stattfindet*. Die Negierung einer 'EMOTION' würde in diesem Zusammen-

---

43 In kommunikationswissenschaftlicher Hinsicht ist allerdings eher unwichtig, ob eine zum Ausdruck gebrachte Emotion tatsächlich vom Sprecher erlebt wird. Wesentlich ist hier, daß Emotionsmanifestationen spezifische Konsequenzen für die Interaktion besitzen, unabhängig davon, ob und inwieweit einer Emotionsmanifestation ein wirkliches Erleben zugrundeliegt, vgl. Fiehler (1990).

hang heißen: *Der Sprecher verfügt nicht über diese 'EMOTION'*, es gibt keine Zuordnungsfunktion. Gleichermaßen gilt das für (40b): Die Negierung eines 'APPELLS' heißt soviel wie: *Der Sprecher tut den 'APPELL' nicht kund*, es gibt keinen 'APPELL'. In diesem Sinne wird die in (40) angenommene Funktion nicht auf *Wahrheitswerte* abgebildet, sondern in eine Menge {1,0}, wobei *1* soviel bedeutet wie: *'EMOTION'* (bzw. *'APPELL') trifft zu*; *0* soviel wie: *in allen anderen Fällen.*[44]

Wir müssen aus den genannten Gründen also annehmen, daß es sich bei den in (40a,b) genannten Zuordnungsfunktionen nicht um eine *Prädikation* handelt, sondern um jeweils einen besonderen semantischen Typ einer Zuordnungsfunktion. Das entspricht im übrigen auch den Ergebnissen, die ich in Kapitel 4 vorgestellt habe.

Es handelt sich bei den Interjektionen um sprachliche Zeichen, die in ihren Bezeichnungsmöglichkeiten einseitig festgelegt sind,- sie besitzen (im Sinne Bühlers 1978 *Organon*-Modells) keine *Darstellungsfunktion*, sondern entweder nur eine *Ausdrucksfunktion* (*au, oh*, usw.) oder nur eine *Appellfunktion* (*pst, put put*, usw.). Ich möchte in diesem Sinne die beiden in (40) provisorisch symbolisierten Zuordnungsfunktionen benennen und charakterisieren: In (40 a) soll es sich um die Zuordnungsfunktion *Exponieren* handeln, in (40b) um die Zuordnungsfunktion *Appellieren*.

Die Zuordnungsfunktionen *Exponieren* bzw. *Appellieren* können nun wie folgt spezifiziert werden:

Die Zuordnungsfunktion *Exponieren* ordnet ihrem Funktionsargument (Sachverhalt, Objekt) eine *'EMOTION'* des *Sprechers* zu; der *Sprecher* gehört (zumindest in den hier involvierten Fällen der Interjektionen,- ich komme unten, Abschnitt 5.2., auf Fälle von Interjektionen zu sprechen, bei welchen der *Sprecher* nicht zur *Extension* zählt) stets zur *Extension* des Ausdrucks vor der Klammer in (40a), für welchen ich den Begriff *EXPONAT* (analog zu *PRÄDIKAT* sowie zu, s.u., *APPELLAT*) verwenden möchte. Das Exponat verfügt also über mindestens ein Funktionsargument (nämlich den *Sprecher*, in Fällen wie *Au!*), in Fällen wie *Au Peter!* über zwei Funktionsargumente. Zudem ist auch mit Fällen zu rechnen, in welchen der Sprecher nicht (notwendig) zur Extension des Exponats gehört. Wir können (40 a) somit wie in (41) explizieren:

(41) EM (x, z)

mit 'EM' als eine Variable für Elemente der Funktionsfamilie von Emotionen, 'x' als erstes Funktionsargument von 'EM', das auf den Sprecher referiert, und – gegebenenfalls – 'z' als zweites Funktionsargument von 'EM', das auf das Objekt bzw. den Sachverhalt referiert, über welchen 'EM' exponiert wird. Interjektionen des für (41) spezifizierten Typs können also als ein- bzw. als zwei-stellige Exponate aufgefaßt werden.

---

[44] Natürlich können in prädikativen Strukturen Emotionen und körperliche Empfindungen negiert werden (*Das tut mir nicht weh.*), ebenso Appelle (*Ich bitte dich, nicht zu gehen.*); in kommunikationswissenschaftlicher Hinsicht handelt es sich in diesen Fällen um Emotions- bzw. Appell-Thematisierungen; vgl. zu ersteren Fiehler (1990:128ff.). Zwischen dem *Ausdruck von Emotionen* und dem *Berichten über Emotionen* besteht ein wichtiger, auch sprachlich signifikanter Unterschied: Der Ausdruck von Emotionen bezieht sich obligatorisch auf Emotionen des Sprechers, ein Bericht über Emotionen natürlich nicht notwendigerweise; vgl. hierzu auch Fries (1991b).

Formal kann die Funktion *Exponieren* mithin wie folgt gefaßt werden:

(42) Es sei:

EMM = {mögliche Emotionstypen}, EM ∈ EMM
x ∈ {SPRECHER}, y ∈ {'Interjektionen$_1$'}
dann gilt:
$f_{\text{EXPONIEREN}}$: (x, y) → EM

Beispielsweise ist die Interjektion *ach* lexikalisch als Element der Menge {'Interjektionen$_1$'} spezifiziert; *Kummer* sei ein Element der Funktionsfamilie EMM ({mögliche Emotionen}), dann gilt (43):

(43) *KUMMER ∈ EMM*
f_{KUMMER} ∈ FAMILIE $f_{\text{EXPONIEREN}}$
(x,y) → {1,0}
1, falls KUMMER
0, sonst

Zur genauen Bestimmung der Menge {mögliche Emotionen} sind empirische Untersuchungen notwendig (s.u.).

Analog zur Zuordnungsfunktion *Exponieren* kann die Zuordnungsfunktion *Appellieren* verstanden werden als diejenige Zuordnungsfunktion, welche einem Appellat mindestens ein *Funktionsargument* zuordnet. Zur Extension des Appellats gehört in den erörterten Fällen wiederum stets der *Sprecher* (*Pst!*); als zweites Funktionsargument tritt – wenn überhaupt – meist ein Lebewesen auf, an welches der 'APPELL' gerichtet wird (*Pst Peter!*). Dementsprechend kann (40b) wie in (44) expliziert werden:

(44) AP (x, z)

mit 'AP' als eine Variable für Elemente der Menge von Appell-Typen, 'x' als erstes Funktionsargument von 'AP', das auf den Sprecher referiert, und – gegebenenfalls – 'z' als zweites Funktionsargument von 'AP', das auf das Objekt referiert, an welches 'AP' appelliert wird. Interjektionen des für (44) spezifizierten Typs können als ein- (*gar gar!*) oder als zwei-stellige Appellate (*Pst Peter!*) aufgefaßt werden.

Formal kann (44) (analog zu (42)/(43)) wie unter (45) gefaßt werden:

(45) Es sei:
APM = {mögliche Appell-Typen}, AP ∈ APM
x ∈ {SPRECHER}, y ∈ {'Interjektionen$_2$'}
dann gilt:
$f_{\text{APPELLIEREN}}$: (x, y) → AP

Bei der Menge APM ({mögliche Appell-Typen}) scheint es sich um eine nur kleine Menge zu handeln, in welcher sich mindestens die Elemente *Ruhe verlangen* und *Herkommen verlangen* befinden, jedoch auch weitere (vgl. *Topp!, Prost!, He du!*, usw.).

Für die Ermittlung der jeweiligen Syntax und Semantik einzelner Interjektionen sind empirische Detailuntersuchungen notwendig. Gleiches gilt für die vielfältigen pragmatischen Interpretationsprozesse, welche auf Äußerungen der erörterten grammatischen Strukturen angewandt werden. Besondere Probleme ergeben sich in der systematischen Darstellung der Äußerungsbedeutung für die Berücksichtigung dessen, was ich 'EM' genannt habe. Emotionen sind komplexe Phänomene, welche nach ihrer Art, ihrer Intensität, ihrer Dynamik, ihrem Verlauf, ihrer Lokalisierung im Körper, ihren körperlichen Ausdruckserscheinungen, ihren Folgen, und möglicherweise nach weiteren Faktoren differenziert werden können; möglicherweise kann EMM auf einige grundlegende Emotionen eingeschränkt werden (vgl. Fries 1991b). Der Ausdruck von Emotionen hat ferner immer etwas mit *Bewerten* zu tun (vgl. Fiehler 1990:127; Fries 1991b). Der Gesamtkomplex ist zudem eingebettet in komplizierte soziale Zusammenhänge. Analysen zu ihrer Entschlüsselung und zur Ermittlung der für die Äußerungsbedeutung relevanten Faktoren sind heute erst in den Anfängen.[45]

Es ist also offensichtlich, daß, wie in Abschnitt 2. erörtert, Interjektionen nicht nur in phonologisch-phonetischer Hinsicht gegenüber dem übrigen Lexembestand erhebliche Unterschiede aufweisen, sondern daß dies ebenso für ihre Semantik gilt.

5.2. Um eine offenbar auch in semantischer Hinsicht andere Gruppe von Interjektionen als der im vorhergehenden fokussierten handelt es sich bei Lexemen wie *doing, zack, kracks*, usw. sowie solchen wie *muh, kickeriki*, usw. Erstens sind für Lexeme dieser Art Konstruktionen wie **Doing Peter!, *Zisch Peter!, *Miau Peter!*., usw. ausgeschlossen; zweitens können diese Lexeme als Komplement und Argument von Verben wie *machen* (auch in einer Konstruktion des Typs *es machte X*) auftreten, was auf Interjektionen, die die Konstruktionen $[_{\text{INTP}}\text{INT}^0$ XP] erlauben, nicht zutrifft (vgl. *Wumms machte es*. vs. **Au/pfui/ach/ih/hm machte es*.). In semantischer Hinsicht referieren diese Lexeme nie auf den *Sprecher* und ordnen Objekten oder Sachverhalten keine *Emotionen* oder *Appelle* zu. Die betreffenden Lexeme verfügen – im Bühlerschen und in dem von mir oben spezifizierten Sinne – über die Zuordnungsfunktion *Exponieren*, es sind *null-stellige Exponate* (im Peirceschen Sinn könnte man sie als *Ikone* klassifizieren, u.z. als *Bilder*, die ihrem Gegenstand in einigen Merkmalen gleichen). Auch Interjektionen dieses Typs können nicht negiert werden,- eine Negierung würde auch in diesem Fall soviel bedeuten wie: *Der Ausdruck findet nicht statt*,- sie können jedoch durch *und* verknüpft werden (*Bumms und doing!, Zackzack und wumms*.). Die lexikalische Semantik dieser Interjektionen kann wie in (46) beschrieben werden:

(46) OPA

mit 'OPA' (ich komme gleich auf Gründe für gerade dieses Symbol zu sprechen) als Variable für Elemente einer spezifischen Menge *exponierbarer Bedeutungen* (*Intensionen*). Lexeme mit der semantischen Struktur (46) erlauben keine syntaktischen Konstruktionen des Typs $[_{\text{INTP}}\text{INT}^0$ XP].

(46) unterscheidet sich signifikant von (41), indem es sich hierbei um ein *null-stelliges Exponat* handelt; bei für (41) spezifizierten Interjektionen handelt es sich stets um mindestens

[45] Die Arbeit Fiehlers (1990) (mit ausführlicher Bibliographie; ferner Fries 1991b; Fries/Zühlke 1991) ist ein erster Schritt. Zur sprachsystematischen Relevanz einer Kategorie Emotionalität vgl. überblickshalber Volek (1977).

ein-stellige Exponate (mit der obligatorischen *Extension 'Sprecher'*). Hinsichtlich ihrer Null-Stelligkeit sind sie also vergleichbar mit *null-stelligen Prädikaten* wie z.B. *REGNEN*, usw.

Was die *Intension* von OPA in (46) betrifft, so ist diese ähnlich auf spezifische Bereiche festgelegt, wie das für *null-stellige Prädikate* gilt: *null-stellige Exponate* können nur einen spezifischen Ausschnitt der Welt umfassen. Trabant (1988), für welchen die hierunter fallenden Ausdrücke *Onomatopoetika* darstellen,[46] meint, daß sie "nur einen limitierten Aspekt der Welt, nämlich das *Tönen der Welt*" gestalten (a.a.O. 261), "Sie erfassen das an der Welt, was wie die Sprache lautlich ist, und wo das von ihnen Erfaßte nicht lautlich ist – etwa Bewegungen – da fassen sie es, als ob es lautlich wäre." (a.a.O.). Ich wähle daher das Symbol 'OPA' als Variable für Interjektionen aus der Menge der Interjektionen, welche *onomatopoetische Ausdrücke* darstellen.

Unsere Erkenntnisse hinsichtlich der erörterten Interjektionen-Gruppe können entsprechend meinen Ausführungen in Abschnitt 5.1. wie folgt formalisiert werden:

(47) Es sei:
EMM = {mögliche Emotionen}, EM $\in$ EMM
OPAM = {onomatopoetische Ausdrücke}, OPA $\in$ OPAM
A = OPAM $\cup$ EMM, OPAM $\cap$ EMM = Ø
x $\in$ {SPRECHER}, y $\in$ {'Interjektionen$_1$'}
dann gilt:
$f_{\text{Exponieren}} : (x, y) \rightarrow A$

Die Festlegung OPAM $\cap$ EMM = 0 in (47) bedarf der empirischen Überprüfung; es scheint so zu sein, daß es zwischen den beiden Mengen EMM und OPAM im Deutschen (sprachspezifisch) keine Überschneidungen gibt: Eine 'Interjektion$_1$' gehört alternativ der Menge OPAM oder der Menge EMM an, ist entweder ein OPA-Ausruck oder ein Ausdruck für eine 'EMOTION' EM. Daher können Interjektionen wie *au* und *doing* als Interjektionen eines Typs 'Interjektionen$_1$' klassifiziert werden, die sich lexikalisch spezifiziert lediglich in der Hinsicht unterscheiden, daß *null-stellige* 'Interjektionen$_1$' zur Menge OPAM zählen, *nicht-null-stellige* zur Menge EMM. Diese semantische Generalisierung bedeutet nicht, daß die betreffenden Lexeme nicht für spezifische EM bzw. OPA lexikalisch charakterisiert werden müßten. Sie spiegelt gewissermaßen die Intuition eines deutschen Muttersprachlers wider, auch Neubildungen wie *plauck* usw. in die Gruppe der OPAM bzw. EMM einordnen zu können.

Interjektionen des semantischen Typs OPAM verfügen ferner sowohl in grammatischer (insbesondere morphologisch-phonologischer) wie in pragmatischer Hinsicht über spezifische Eigenschaften. In pragmatischer Hinsicht sind sie textsortenspezifisch; in bestimmten Textsorten haben sich relativ eigengesetzliche Systeme von Interjektionen diesen Typs herausbilden können, wie sich eindrucksvoll an den *Comics* zeigt (vgl. Havlik 1981). Interjektionen treten hier vornehmlich in Großschrift auf, wobei sich ihre jeweilige Funktion innerhalb und außerhalb der Sprechblasen unterscheidet, und darüber hinaus sowohl von der Form, Größe und

46 Allerdings trifft Trabant (a.a.O.) nicht die von mir hinsichtlich unterschiedlicher Interjektionen-Gruppen entwickelten Differenzierungen. Für ihn sind die hier 5.2. behandelten Interjektionen schlechthin die Gruppe der *onomatopoetischen Interjektionen*.

Farbe der einzelnen Buchstaben, wie auch von der Gestalt und Richtung der Schrift und von der Umrandung der Schriftfolge determiniert wird. Mehrfachbuchstaben-Verwendung, Reduplikation und Wiederholung wie zum Beispiel bei *tuuut* (auch bei Interjektionen des unter 5.1. erwähnten Typs wie *iiiiiih* oder *laaaa* oder *lalalalala*) dienen zur eindeutigen Kennzeichnung von Geräusch- bzw. Äußerungsdauer; Silbentrennungen wie in kr - ack oder ka - wumm dienen zum Ausdruck abgehackter Geräusche; Zusammensetzungen von Interjektionen wie *badaboing* (wiederum auch bei anderen Interjektionen wie *iau, aiiiiih*) drücken heterogene Affekte oder Geräusche aus.

In Comics hat sich ein eigenes Affixsystem für die Neubildung von solchen Interjektionen herangebildet: So verweisen mit [K], [KA] und [FA] beginnende Lautfolgen wie *krk, kraff, krash* auf mit Gewalt verbundene Geräusche, auf *ash* endende Interjektionen verweisen auf Zerstörung, auf *oing* endende wie *zoing, boing, doing* auf durch elastische Vorgänge entstehende Geräusche. In phonologischer Hinsicht scheinen die betreffenden Lexeme gegenüber dem Sprachsystem und gegenüber den anderen Interjektionen-Gruppen völlig frei bezüglich ihrer Lautgestaltung zu sein, obgleich sich, wie gezeigt, bestimmte vage Regularitäten herausbilden können.

Die entwickelte Auffassung erlaubt es, diese Phänomene adäquat einzelnen linguistischen Beschreibungsebenen zuzuordnen. Was die genannten morphologischen, phonologischen, syntaktischen und semantischen Phänomene angeht, sind diese in der Tat als grammatisch bedingte aufzufassen, wenn es sich auch um randgrammatische Phänomene handeln sollte.

5.3. Auch für Interjektionen in Distributionen wie (48) gilt, daß sie für diese lexikalisch spezifiziert sein müssen:

(48) $[_{XP} \ldots [_{INTP}\ INT^0] \ldots]$

Nicht jede Interjektion kann in dieser Distribution auftreten; darüber hinaus ist die in (48) angezeigte Distribution für einige Interjektionen die typische bzw. manche (auch in anderen Distributionen auftretende) Interjektionen besitzen in der Distribution (48) spezifische semanto-pragmatische Eigenschaften.

So treten Interjektionen wie im Deutschen *ah, em, ahm, hm, ehe* (mit spezifischer 'Ton'-Realisierung) in Äußerungen an unterschiedlichen Positionen des Sprachflusses auf. Neben der Ausdrucksfunktion *Exponieren*, indem sie z.B. die Unsicherheit des Sprechers signalisieren, können sie *segmentierende Eigenschaften* besitzen, wenn sie den Sprachfluß mit kognitiven Verarbeitungsprozessen beim Sprecher bzw. Hörer in Einklang zu bringen suchen. Die betreffenden Interjektionen werden von einer Reihe von Psychologen als wichtige Hilfsmittel bei der Umsetzung kognitiver Prozesse in Äußerungsakten angesehen. (vgl. Scherer 1977). Sie unterliegen in dieser Distribution mithin nicht der in Abschnitt 5.1., (42) (bzw. (47)) explizierten Semantik (falls sie nicht, wie in *Wisch mir doch, au, das Pattex aus dem Auge!*, usw., als syntaktisch und semantisch von CP abgetrennt zu interpretieren sind, s.u., 5.4.). Welche Funktionen mit einzelnen Interjektionen dieses Typs verbunden sind, kann zur Zeit aufgrund unzureichender empirischer Analysen nicht entschieden werden. In syntaktischer Hinsicht handelt es sich bei INTP stets um eine Phrase des Typs $[_{INTP}\ INT^0]$, d.h., die betreffenden Interjektionen besitzen keine Argumente und kein Komplement. Die Äußerung eines Satzes wie (49) kann nur in dem unter Abschnitt 5.4. erörterten Sinne interpretiert werden, nicht jedoch als eine durch *eh* in kognitive Subeinheiten gegliederte Proposition:

(49) Wisch mir – eh Peter – das Pattex aus dem Auge!

5.4. In Fällen wie *Wisch mir eh Peter/au das Pattex aus dem Auge!* handelt es sich ebenfalls um Strukturen wie (50); die betreffende Struktur kann – im Gegensatz zu den unter 5.3. vorgestellten Fällen – eine INTP enthalten, die (Interjektionen-spezifisch) über ein Komplement verfügt, oder über eine weitere Interjektion (Typ: *ach ach*):

(50) a. $[_{XP} \ldots [_{INTP}\ INT^0\ (YP)] \ldots]$
b. $[_{XP} \ldots [_{INTP}\ INT^0\ (INT)] \ldots]$

Strukturen dieses Typs werden stets so interpretiert, daß die Interjektionsphrase semantisch unabhängig von der Semantik von XP verstanden wird (vgl. auch *Du – ehe ehe – hast das wohl getan.*). In pragmatischer Hinsicht können die unabhängigen Interpretationsprozesse (für INTP und XP) u.U. allerdings zu einer Äußerungsbedeutung verbunden werden (*Du bist, ach, wirklich ein Pechvogel!; Tut das, au, weh!*). Sätze wie (49) besitzen mithin eine semantische Struktur wie in (51):

(49) Wisch mir – eh Peter – das Pattex aus dem Auge!
(51) $WISCH(x,y,z) \wedge AP(v,w)$

Auf pragmatischen Interpretationsebenen wird der Referenzidentität der Funktionsargumente v und x Rechnung getragen, indem die semantische Struktur (51) wie in (52) interpretiert wird:

(52) $WISCH(x,y,z) \wedge AP(x,w)$

5.5. Interjektionen können in pragmatischer Hinsicht über einige weitere Funktionen verfügen, welche hier nicht ausführlich erörtert werden können. Die in Scherer (1977) und Fries (1988c) unterschiedenen Funktionstypen können aufgrund der oben entwickelten grammatischen Struktur der Interjektionsphrase abgeleitet werden. Als Beispiel sei lediglich die mögliche amplifizierende (verstärkende) Funktion von Interjektionen in Fällen wie (53) genannt:

(53) a. Tut das, au, weh!
b. Ach, mir tut das wirklich leid.

'EM' kann (muß nicht) im Äußerungskontext dem durch die CP denotierten Sachverhalt zugeordnet werden, was beispielsweise den Ausdruck der in einer Äußerung von (53 a) propositional (durch CP) zum Ausdruck gebrachten Schmerzempfindung verstärken kann.

Insofern es sich hierbei um komplexe pragmatische Phänomene handelt, die von diversen extra-sprachsystematischen Faktoren determiniert werden (vgl. oben, Abschnitt 5.1.), muß die Ermittlung hierbei herrschender sprachlicher und extra-sprachlicher Regularitäten zukünftigen empirischen Forschungen überlassen bleiben, was für Strukturen des Typs $[INT^0\ CP]$ generell gilt.

6. Interjektionen und Satzmodus

In den vorhergehenden Abschnitten habe ich die Auffassung motiviert, daß es sich bei Interjektionen um *Lexeme* handelt. Die *grammatischen* (phonologischen, morphologischen, syntaktischen und semantischen) und z.T. *pragmatischen* Charakteristika dieser Lexemgruppe zeigen, daß sie unterschiedliche lexikalische Spezifikationen aufweisen. Insbesondere die ermittelten *syntaktischen* und *semantischen* Eigenschaften der Interjektionen berechtigen zu der Auffassung, daß Interjektionen *expandieren*, d.h., daß sie über Ergänzungen verfügen können. In der Interjektionsphrase (INTP) herrscht im heutigen Deutsch strukturelle Kasus-Rektion; als Kasus ist in der INTP nur noch der Nominativ zulässig. Interjektionen weisen aufgrund ihrer semantischen Eigenschaften ihren Funktionsargumenten jeweils eine und nur eine semantische Funktion zu. Bei Emotionen zum Ausdruck bringenden Interjektionen ist eine dieser semantischen Funktionen obligatorisch: Der *Träger* der *'EMOTION'*, der hierbei obligatorisch auf den Sprecher referiert.

Die Semantik von INTP ist allerdings nicht als *Prädikation* interpretierbar; sie wird wesentlich durch zwei spezifische Zuordnungsfunktionen determiniert, die ich als *Exponieren* bzw. *Appellieren* definiert habe. Aus diesem Grunde ist auch die Zuweisung semantischer Funktionen an Ergänzungen nicht als 'Θ-Rollen-Zuweisung' identifizierbar.

Exponate und *Appellate* können, analog zu *Prädikaten*, *null-*, *ein-* und *mehr-stellig* sein. *Ein-* und *mehr-stellige Exponate* bringen im Deutschen obligatorisch eine 'EMOTION' des Sprechers zum Ausdruck, ebenso bringen *ein-stellige Appellate* stets einen *Appell* des Sprechers zum Ausdruck. Demgegenüber bringen *null-stellige Exponate* lediglich *tönende Aspekte der Welt* zum Ausdruck.

Der vorgestellte Beschreibungsansatz ermöglicht nicht nur eine rudimentäre adäquate Erfassung der vorgelegten Daten, sondern zugleich eine relativ tiefgreifende Strukturierung der komplexen und heterogenen Bereiche, welche ausdrucks- und inhaltsseitig mit dem Bereich der Interjektionen verbunden sind. Er ermöglicht zudem die Erfassung dessen, was traditionell unter den Begriff der *sekundären Interjektionen* gerechnet wird. Einige Lexeme nicht-interjektionaler Lexem-Klassen (*Scheiße!*, *Mist!*) und einige ('idiomatische') Syntagmen (*Verdammt noch mal!*, *Mein Gott!*, *Gott sei Dank!*) können lexikalisch für die jeweilige Interjektionen-Klasse spezifiziert werden. Hierfür sind gewisse lexikalische Präferenzen feststellbar (wie z.B. die Bevorzugung von Verbstämmen für Interjektionen, die der Klasse OPAM zuzurechnen sind, vgl. *knacks*, *gurgel*, *platsch*, usw.), auf welche im Rahmen dieser Arbeit ebensowenig eingegangen werden konnte, wie auf eine Analyse der Emotionen und Appelle bzw. der als APM bzw. OPAM und EMM bezeichneten Mengen.

In Äußerungen unterliegen Strukturen, welche eine INTP enthalten, charakteristischen Interpretationsprozessen. Das führt schließlich zu der zu Beginn gestellten Frage zurück, in welcher Weise diese Interpretationsprozesse mit dem in Verbindung gebracht werden können, was im Fokus dieses Sammelbandes steht: *Satzmodus*. Da Interjektionen schon aufgrund ihrer lexikalischen Eigenschaften eigengesetzliche semantische Interpretationsfunktionen determinieren, können diese nicht mit den Interpretationsfunktionen identifiziert werden, welche durch extralexikalische Faktoren determiniert werden. Wie immer man jedoch den Begriff Satzmodus verstehen mag: in jedem Falle wird es sich hierbei um ein extra-lexikalisch bedingtes Phänomen handeln. Nehmen wir beispielsweise an, daß Sätze wie unter (54) einen jeweils unterschiedlichen Satzmodus determinieren:

(54) a. Du bist ruhig.
b. Bist du ruhig?
c. Sei (du) ruhig!

Eine Äußerung von (55) kann nun möglicherweise in einer spezifischen Situation dasselbe (handlungstheoretisch zu bestimmende) *Ziel* und dieselbe (handlungstheoretisch zu bestimmende) *Einstellung* zum Ausdruck bringen wie eine der Äußerungen von (54 a-c),- auf grammatischer Seite und hinsichtlich der *Äußerungsbedeutung* besteht zwischen ihnen jedoch ein signifikanter Unterschied:

(55) Pst!

Trotz möglicher Annahmen über Einstellungen repräsentierender Operatoren sind die Sätze unter (54) *propositional* gegliedert, *Pst!* nicht. Die auf (55) operierende *Appellfunktion* (45) weist ein 'Appellat' auf, dem nicht derselbe theoretische Stellenwert zugeordnet werden kann, wie er möglichen Operatoren für Sätze wie (54) zukäme. Die *Propositionen* in Sätzen wie (54) sind *negierbar* (und *logisch verknüpfbar* mit anderen Propositionen), die *Appellfunktion* läßt (ebenso wie die Funktion *Exponieren*) entsprechende logische Relationen nicht zu. Interjektionen sind, mit anderen Worten, festgelegt auf die beiden genannten Zuordnungsfunktionen; ebenso ist die Größe 'Satz' festgelegt auf eine *Prädikation*. In diesem Sinne können Interjektionen oder ihre Phrasen nicht als Sätze klassifiziert werden (sie teilen diese Eigenschaft mit solchen randgrammatischen Konstruktionen, welche ich in Fries (1983, 1987) erörtert habe); sie stellen vielmehr einen Typ selbständig äußerbarer syntaktischer Konstruktionen dar, der sich in grammatisch relevanten Hinsichten von einer plausibel zu rechtfertigenden Größe Satz unterscheidet. Aus dieser Auffassung resultieren auch die unter 2.2./2.3., S. 312ff., genannten phonologisch-phonetischen Phänomene: Interjektionen verfügen über eigenständige Tonmuster: sie partizipieren hierbei am generellen Tonmuster-System (des Deutschen: *fallend-steigend, steigend-fallend, gleichbleibend*, usw.), die betreffenden Tonmuster sind jedoch im interjektionalen Bereich funktional umgewertet.

Die Größe INTP kann demzufolge auch keinen Satzmodus determinieren,- sie determiniert quasi ein Satzmodus-Äquivalent, nämlich spezifische *Zuordnungsfunktionen*. Letztere konstituieren (sofern sie sich auf die Mengen EMM und APM beziehen) ein für die Kommunikation grundlegendes pragmatisches Verhältnis, nämlich den *Ausdruck* (und nicht in Form einer *Prädikation*) von Bedürfnissen des Sprechers in Bezug auf Objekte. Ich sehe hierin den grundlegenden Unterschied zum Satzmodus, der in keinem Falle (zu Exklamativsätzen vgl. Fries 1988d und insbesondere Rosengren [in diesem Band] sowie unten) auf *den Ausdruck von Bedürfnissen des Sprechers* festgelegt werden kann. Das gilt ebenso für den Satzmodus von Imperativsätzen, die beispielsweise *allgemeine Anweisungen* zum Ausdruck bringen können.

Am ehesten sind Äußerungen von Interjektionen-Phrasen (INTP) (aufgrund des Ausdrucks von Affekten) mit Äußerungen von Exklamativsätzen vergleichbar. Wie Rosengren (in diesem Band) zeigt, kann für Exklamativsätze nicht widerspruchslos eine Größe 'Satzmodus: *Exkla-*

mativ' angesetzt werden, die mit der für Sätze wie unter (54) zu rechtfertigenden Kategorie Satzmodus identifizierbar wäre. Vielmehr erfordert eine stringente Satzmodus-Kategorisierung, daß den unterscheidbaren Exklamativsätzen der jeweilige Satzmodus der betreffenden Satztypen Interrogativ- oder Deklarativsatz zugeordnet wird. Das pragmatisch Spezifische von Exklamativsatz-Äußerungen ist, daß sie einen *Affekt des Sprechers* (und nicht den eines anderen) zum Ausdruck bringen; sie unterstellen zudem einen Fakt (der den Sprecheraffekt auslöste), der durch die jeweilige Proposition des Satzes zum Ausdruck gebracht wird. Äußerungen von Exklamativsätzen *tun* also (ebenso wie Äußerungen von Interjektionen) *Sprecher-Erleben kund*, im Gegensatz zu Äußerungen von Interjektionen tun sie das jedoch aufgrund des gleichzeitigen Ausdrucks des Faktes, welcher das *Sprecherleben* ausgelöst hat. Auch Äußerungen von Exklamativsätzen besitzen demnach (im Sinne des Bühlerschen *Organon-Modells*) eine *exponierende* Funktion, im Unterschied zu interjektionalen Äußerungen ist diese bei ihnen jedoch an die *Darstellungsfunktion* gebunden.

Verstehen wir unter *expressiven Sprechakten* eine Oberklasse solcher Sprechakte, die lediglich Informationen über ein Sprechererleben darstellen, so lassen sich hierunter zwei Subgruppen klassifizieren: Expressive Akte, die (a) nur die betreffende Sprechereinstellung ausdrücken, und (b) solche, die zudem den Fakt, der das Erleben auslöste, darstellen. Akte wie (a) können durch Äußerungen von Interjektionen vollzogen werden, Akte wie (b), die man als 'Exklamationen' bezeichnen könnte, können durch Äußerungen von Exklamativsätzen vollzogen werden.

Die durch Äußerungen von grammatischen Einheiten wie (56), (57) und (58) vollziehbaren Sprechakte unterscheiden sich mithin signifikant:

(56) Au!
(57) Was bist du gewachsen!
(58) Au Peter!

Mit einer Äußerung von (57) bringt der Sprecher seinen Affekt über das unerwartete Wachstum des Angesprochenen zum Ausdruck, mit einer Äußerung von (56) sein in der Äußerungssituation mehr oder weniger spezifizierbares *körperliches* Erleben, mit einer Äußerung von (58) sein *durch Peter* verursachtes *Erschrecken.*

Obgleich sie in bestimmten Äußerungssituationen dasselbe Sprechererleben zum Ausdruck bringen können, liegt den betreffenden sprachlichen Zeichen eine jeweils unterschiedliche *grammatische Struktur* zugrunde.

Somit läßt sich abschließend feststellen, daß INTP über keinen Satzmodus verfügt, obgleich ihre Äußerung in ihrer Äußerungsbedeutung einer Äußerung grammatischer Größen entsprechen kann, die über einen Satzmodus verfügen.

Literatur

Altmann, H./Batliner, A./Oppenrieder, W. (1989) (Hgg.), Zur Intonation von Modus und Fokus im Deutschen. Tübingen. (= Linguistische Arbeiten 234)

Angermeyer, A. (1979), Die Interjektion. In: Linguistik und Didaktik 37, 39-50.

Bierwisch, M. (1988), On the Grammar of Local Prepositions. In: Bierwisch, M./Motsch, W./Zimmermann, I. (Hgg.), Syntax, Semantik und Lexikon. Berlin (= studia grammatica XXIX), 1-66.

Bühler, K. (1978), Sprachtheorie. Frankfurt.

Burger, H. (1980), Interjektionen. In: Sitta, H. (Hg.), Ansätze zu einer pragmatischen Sprachgeschichte. Tübingen, 53-69.

Burkhardt, A. (1982), Gesprächswörter. Ihre lexikologische Bestimmung und lexikographische Beschreibung. In: Mentrup, W. (Hg.), Studien zur Bedeutungserklärung in einsprachigen Wörterbüchern. Tübingen, 138-142.

Carstensen, R. (1936), Die Interjektionen im Romanischen. Bochum.

Chomsky, N. (1981), Lectures on Government and Binding. Dordrecht.

Clément, D./Thümmel, W. (1975), Grundzüge einer syntax der deutschen standardsprache. Frankfurt.

Delava, J.-P. (1967), Die deutschen Interjektionen. Antwerpen.

Duden IV (1984^4), Die Grammatik. Mannheim.

Dürr, M./Schlobinski, P. (1990), Einführung in die deskriptive Linguistik. Opladen.

Ehlich, K. (1986), Interjektionen. Tübingen.

Elwert, T. (1965), Interjections, onomatopées et système linguistique, à propos de quelques exemples roumains. In: Actes du 10e Congrès International de Linguistique et Philologie Romanes, Vol. 3. Paris, 1235-1246.

Espe, H. (1908), Die Interjektionen im Altfranzösischen. Berlin.

Fiehler, R. (1990), Kommunikation und Emotion. Berlin/New York.

Fries, N. (1980), Ambiguität und Vagheit. Tübingen.

— (1983), Syntaktische und semantische Studien zum frei verwendeten Infinitiv. Tübingen. (= Studien zur deutschen Grammatik 21)

— (1987), Zu einer Randgrammatik des Deutschen. In: Meibauer, J. (Hg.), Satzmodus zwischen Grammatik und Pragmatik. Tübingen (= Linguistische Arbeiten 180), 75-95.

— (1988a), Präpositionen und Präpositionalphrasen im Deutschen und im Neugriechischen. Grundlagen einer kontrastiven Grammatik des Deutschen und des Neugriechischen. Tübingen.

— (1988b), Interjektionen. Forschungsbericht 1. In: S&P 2, 24-36.

— (1988c), Interjektionen. Forschungsbericht 2. In: S&P 9, 1-16.

— (1988d), *Ist Pragmatik schwer!* Über sogenannte 'Exklamativsätze' im Deutschen. In: Deutsche Sprache 3, 193-205. [auch in: S&P 3, 1-18]

— (1989), Interjektionen. Forschungsbericht 3. In: S&P 13, 63-68. [auch in: PBB 1991]

— (1990), Interjektionen und Interjektionsphrasen. In: S&P 17, 1- 43.

— (1991a), Zur Grammatik von Interjektionen. In: Feldbusch, E./Pogarell, R. (Hgg.), Akten des 25. Linguistischen Kolloquiums Paderborn 1990. [im Druck]

— (1991b), Bewertung. / Emotionen. In: S&P 23, 1-31, 32-70.

— (1991c), Präpositionen und Präpositionalphrasen im Deutschen, Altgriechischen und Neugriechischen. In: Olsen, S./Fanselow, G. (Hgg.), DET, COMP und INFL. Zur Syntax funktionaler Kategorien und grammatischer Funktionen. Tübingen (= Linguistische Arbeiten 263), 73-82.

— (1991d), Prepositions and prepositional phrases: a contrastive analysis. In: Rauh, G. (Hg.), Approaches to Prepositions. Tübingen, 53-75.

Fries, N./Zühlke, S. (1991), Rezension von Fiehler (1990). Ms., Göttingen. [erscheint in: PBB]

Gerhardt, D. (1967), *Ei, Ei, Ei!* In: Annuaire de l'Institut de Philologie et d'Histoire Orientales et Slaves 18, 139-170.

Grimm, J. (1831/1837), Deutsche Grammatik. Bde. III/IV. Göttingen.

Grimm, J./Grimm, W. (1854ff.), Deutsches Wörterbuch. Leipzig.

Hauschild, O. (1910), Naturlaute der Tiere in Schriftsprache und Mundart II. In: Zeitschrift für deutsche Wortforschung 12 (1), 1-47.

Havlik, E.J. (1981), Lexikon der Onomatopöien. Frankfurt.

Henzen, W. (1965), Deutsche Wortbildung. Tübingen.

Kluge, F. (1975), Etymologisches Wörterbuch der Deutschen Sprache. Berlin/New York.

Kutzelnigg, A. (1973/1974), *Br* als Bedeutungsträger. In: Linguistics 103/131.

Leskien, A. (1902/03), Schallnachahmungen und Schallverba im Litauischen. In: Indogermanische Forschungen 13, 165-212.

Oppenrieder, W. (1989), Selbständige Verb-Letzt-Sätze: Ihr Platz im Satzmodussystem und ihre intonatorische Kennzeichnung. In: Altmann (Hg.), 163-244.

Poggi, I. (1981), Le interiezioni. Studio del linguaggio e analisi della mente. Turin.

Rosengren, I. [in diesem Band], Zur Grammatik und Pragmatik der Exklamation.

Scherer, K.R. (1977), Affektlaute und vokale Embleme. In: Posner, R./Reinecke, H.P. (Hgg.), Zeichenprozesse. Wiesbaden, 199-214.

— (1982) (Hg.), Vokale Kommunikation. Nonverbale Aspekte des Sprachverhaltens. Weinheim.

Schwabe, K. (1989), Überlegungen zum Exklamativsatzmodus. In: Studien zum Satzmodus III. Berlin (= Linguistische Studien, Reihe A, 193), 89-118.

Schwentner, E. (1924), Die primären Interjektionen in den indogermanischen Sprachen. Heidelberg.

S&P (1ff.), Sprache und Pragmatik. Arbeitsberichte des Forschungsprogramms "Sprache und Pragmatik" hrsg. v. I. Rosengren. Lund: 1988ff.

Trabant, J. (1983), Gehören die Interjektionen zur Sprache? In: Weydt, H. (Hg.), Partikeln und Interaktion. Tübingen, 69-81.

— (1988), Onomato-Poetika. In: Lüdtke, J. (Hg.), Das sprachtheoretische Denken Eugenio Coserius in der Diskussion (2). Tübingen, 253-264.

Volek, B. (1977), Die Kategorie der Emotionalität in der Sprache. In: PzL 17/18, 123-148.

Wackernagel-Jolles, B. (1973), *Nee, also, Mensch, weißt du...* Zur Funktion der Gliederungssignale in der gesprochenen Sprache. In: Wackernagel-Jolles, B. (Hg.), Aspekte der gesprochenen Sprache, Göppingen, 159-182.

Weidert, A. (1981), Tonologie. Tübingen.

Weise, O. (1902), Die Wortdoppelung im Deutschen. In: Zeitschrift für deutsche Wortforschung 2, 8-24.

Wundt, W. (1904), Völkerpsychologie I. (2. Aufl.) Leipzig.

Anschriften der Autoren

Margareta Brandt
Germanistisches Institut
Universität Lund
Helgonabacken 14
S-223 62 Lund

Norbert Fries
Seminar für Deutsche Philologie der
Georg-August-Universität Göttingen
Humboldtallee 13
3400 Göttingen

Helmut Rehbock
Seminar für Deutsche Sprache
Technische Universität Braunschweig
Mühlenpfordtstr. 22/24
3300 Braunschweig

Marga Reis
Deutsches Seminar
Universität Tübingen
Wilhelmstraße 50
7400 Tübingen

Inger Rosengren
Germanistisches Institut
Universität Lund
Helgonabacken 14
S-223 62 Lund

Ilse Zimmermann
Sonnenlandstr. 8
1570 Potsdam